长江水网
防洪河道动态监测
技术研究

■ 梅军亚　周建红　郑亚慧　刘世振　白亮　等　著

长江出版社
CHANGJIANG PRESS

CONTENTS

目　录

下　册

第 7 章　大时空尺度下河势控制水沙要素快速获取及处理关键技术研究 ……… 515

7.1　概述 ……………………………………………………………… 515

7.2　水沙监测架构 …………………………………………………… 516

7.3　基于外部传感器的流量快速测量技术 ………………………… 516

   7.3.1　基本原理 ………………………………………………… 516

   7.3.2　系统组成及安装 ………………………………………… 517

   7.3.3　ADCP 流量测验误差来源及精度控制 ………………… 537

   7.3.4　主要结论 ………………………………………………… 538

7.4　控制断面悬移质泥沙快速测量技术研究 ……………………… 538

   7.4.1　悬移质泥沙测验仪器 …………………………………… 539

   7.4.2　悬移质泥沙快速测量技术研究 ………………………… 540

7.5　临底悬沙测验技术研究 ………………………………………… 547

   7.5.1　临底悬沙测验简介 ……………………………………… 547

   7.5.2　临底悬沙质采样仪器改进 ……………………………… 547

   7.5.3　资料整理分析技术 ……………………………………… 550

   7.5.4　输沙量改正分析 ………………………………………… 551

7.6　推移质测量技术研究 …………………………………………… 554

   7.6.1　推移质运动特性 ………………………………………… 554

   7.6.2　推移质测验技术 ………………………………………… 554

7.6.3 推移质测验技术在长江河道的适应性分析 …………………………… 559

7.6.4 基于 ADCP 的长江口推移质运动遥测技术 ………………………… 560

7.6.5 基于走航式 ADCP 的推移质移动地带边界确定技术 ……………… 567

7.6.6 基于高悬点、无拉偏缆道的推移质测验技术 ……………………… 569

7.6.7 推移质测验、分析计算 ……………………………………………… 573

7.7 床沙测验研究 …………………………………………………………… 575

7.7.1 床沙采样仪器 ………………………………………………………… 575

7.7.2 床沙测验 ……………………………………………………………… 581

7.7.3 床沙颗粒级配分析及沙样处理 ……………………………………… 583

7.7.4 床沙资料计算 ………………………………………………………… 583

7.8 泥沙颗粒分析及数据处理 ……………………………………………… 584

7.8.1 泥沙颗粒分析的一般规定 …………………………………………… 584

7.8.2 泥沙颗粒分析方法 …………………………………………………… 586

7.8.3 泥沙颗粒分析资料的整理 …………………………………………… 588

7.8.4 泥沙颗粒分析关键技术 ……………………………………………… 591

7.9 潮汐河口水沙测验技术研究 …………………………………………… 594

7.9.1 感潮河段水文现象 …………………………………………………… 594

7.9.2 长江河口水沙测验技术研究概述 …………………………………… 594

7.9.3 长江河口潮流量测验技术研究应用实践 …………………………… 596

7.9.4 长江河口输沙率测验技术研究应用实践 …………………………… 601

7.10 小结 …………………………………………………………………… 607

第8章 典型河段不平衡输沙测定及匹配性控制分析处理技术 …………… 609

8.1 概述 …………………………………………………………………… 609

8.2 不平衡输沙理论 ………………………………………………………… 609

8.2.1 扩散方程的底部边界条件 …………………………………………… 609

8.2.2 恢复饱和系数 ………………………………………………………… 611

8.2.3 床面泥沙的转移概率及状态概率 …………………………………… 612

8.2.4 水量百分数 …………………………………………………………… 613

8.2.5　挟沙能力级配及有效床沙级配 ············ 613

8.2.6　床沙质与冲泻质统一挟沙能力 ············ 616

8.2.7　粗细泥沙交换 ············ 616

8.3　不平衡输沙观测布置 ············ 616

8.3.1　河段的选取 ············ 617

8.3.2　观测要求与布置 ············ 617

8.4　不平衡输沙观测及分析技术 ············ 619

8.4.1　河道勘测 ············ 619

8.4.2　水文测验 ············ 623

8.4.3　河床勘测调查 ············ 623

8.4.4　分析研究的主要内容 ············ 624

8.4.5　分析研究的技术路线 ············ 624

8.5　不平衡输沙观测成果分析 ············ 624

8.5.1　河道概况 ············ 624

8.5.2　水沙条件 ············ 625

8.5.3　河道演变 ············ 630

8.5.4　输沙法观测成果分析 ············ 633

8.5.5　断面地形法观测成果分析 ············ 645

8.5.6　两种计算方法分析比较 ············ 659

8.6　小结 ············ 670

第9章　超大长度多河型河道冲淤边界确立及分级控制计算技术 ············ 674

9.1　概述 ············ 674

9.2　资料预处理技术 ············ 674

9.2.1　河道地形图矢量化 ············ 674

9.2.2　数据获取与处理 ············ 676

9.2.3　地形资料的选用 ············ 676

9.2.4　资料合理性检查 ············ 678

9.3 河道冲淤计算方法 ······ 678

9.3.1 断面地形法 ······ 679

9.3.2 网格地形法 ······ 684

9.3.3 输沙量平衡法 ······ 685

9.4 节点河道划分与河长量算技术 ······ 686

9.4.1 节点河道划分 ······ 686

9.4.2 河长量算技术 ······ 686

9.5 计算流量级确定 ······ 688

9.6 计算分级高程及水面线确定 ······ 688

9.7 冲淤计算精度控制 ······ 688

9.7.1 断面法精度控制 ······ 688

9.7.2 网格法精度控制 ······ 690

9.7.3 输沙量法精度控制 ······ 691

9.8 体积法与重量法匹配性研究 ······ 692

9.8.1 体积法—断面地形法冲淤量计算 ······ 693

9.8.2 体积法—网格地形法冲淤量计算 ······ 694

9.8.3 重量法冲淤量计算 ······ 700

9.8.4 匹配性分析 ······ 704

9.8.5 匹配性影响分析 ······ 709

9.9 小结 ······ 711

第 10 章 监测成果综合整编技术及系统实现 ······ 712

10.1 概述 ······ 712

10.2 整编技术 ······ 712

10.2.1 整编的项目和步骤 ······ 712

10.2.2 资料成果的审查要求 ······ 714

10.2.3 河道资料汇总提交的方法与内容 ······ 715

10.2.4 河道监测信息获取工作流优化 ······ 725

10.3　整编系统设计 ·· 730

　　10.3.1　需求分析 ··· 730

　　10.3.2　系统的总体架构 ······································ 732

　　10.3.3　系统开发关键技术 ···································· 734

10.4　整编系统实现 ·· 739

　　10.4.1　河道监测数据采集记录系统实现 ···················· 739

　　10.4.2　河道监测数据处理系统实现 ························· 745

　　10.4.3　河道监测资料分析系统实现 ························· 751

10.5　小结 ·· 755

第 11 章　监测数据管理及分析系统研发与实现 ······················· 756

11.1　需求分析 ··· 756

11.2　系统开发的思路 ··· 757

　　11.2.1　分析管理系统的设计理念 ···························· 757

　　11.2.2　分析管理系统的设计原则 ···························· 758

　　11.2.3　分析管理系统的设计依据 ···························· 760

　　11.2.4　分析管理系统开发的设计思路 ························ 760

11.3　分析管理系统的总体结构 ····································· 761

11.4　分析管理系统功能的实现 ····································· 765

　　11.4.1　图形矢量化与编辑子系统 ···························· 765

　　11.4.2　对象关系型数据库管理子系统 ························ 766

　　11.4.3　水文泥沙专业计算子系统 ···························· 775

　　11.4.4　水文泥沙信息可视化分析子系统 ···················· 790

　　11.4.5　水文泥沙信息查询子系统 ···························· 806

　　11.4.6　长江河道演变分析子系统 ···························· 810

　　11.4.7　长江三维可视化子系统 ······························ 821

　　11.4.8　水文泥沙信息网络发布子系统 ························ 821

11.5　小结 ··· 823

第 12 章　防洪河道电子图研发关键技术及实现 ································· 824

12.1　概述 ··· 824

12.2　河道防洪底图编绘方案设计 ··· 824

12.2.1　符号设计 ··· 824

12.2.2　色彩设计 ··· 825

12.2.3　纹理设计 ··· 826

12.2.4　图表设计 ··· 827

12.2.5　附图设计 ··· 827

12.3　河道底图数据处理 ··· 828

12.3.1　数据导入 ··· 828

12.3.2　做好底图数据的比例变换 ·· 828

12.3.3　底图综合 ··· 828

12.3.4　专题要素添加 ·· 829

12.3.5　特殊问题的处理 ··· 830

12.4　河道底图编制 ·· 830

12.4.1　主要技术指标设计 ·· 830

12.4.2　地图比例尺及表示内容 ·· 832

12.4.3　资料使用和分析 ··· 833

12.4.4　底图编制 ··· 834

12.5　多源电子图数据处理 ·· 837

12.5.1　河道电子图 GIS 数据类型 ··· 837

12.5.2　地形图数据检查 ··· 842

12.5.3　电子图数据转换 ··· 845

12.6　河道电子图框架 ··· 846

12.6.1　电子图开发框架 ··· 846

12.6.2　电子图功能框架 ··· 847

12.7　河道电子图设计与实现 ·· 849

12.7.1　总体设计方案 ·· 849

12.7.2 总体功能设计 ……………………………………… 852

12.7.3 界面原型设计 ………………………………………… 856

12.7.4 接口设计 ……………………………………………… 860

12.7.5 系统安全设计 ………………………………………… 860

12.8 小结 ………………………………………………………… 867

第 13 章 防洪河道动态监测成果分析 …………………………… 868

13.1 概述 ………………………………………………………… 868

13.2 长江中下游水沙特性 ……………………………………… 869

13.2.1 干流径流量及输沙量 ………………………………… 869

13.2.2 长江中下游水位变化特征分析 ……………………… 876

13.2.3 洞庭湖水沙分析 ……………………………………… 882

13.2.4 鄱阳湖水沙分析 ……………………………………… 891

13.3 长江中下游河段冲淤特征分析 …………………………… 893

13.3.1 宜昌至湖口河段 ……………………………………… 893

13.3.2 湖口至河口河段河道冲淤变化 ……………………… 902

13.4 长江中下游河床演变分析 ………………………………… 905

13.4.1 宜枝河段 ……………………………………………… 905

13.4.2 荆江河段 ……………………………………………… 912

13.4.3 城陵矶至湖口河段 …………………………………… 928

13.4.4 湖口至徐六泾河段 …………………………………… 943

13.4.5 河口段 ………………………………………………… 982

13.5 长江中下游重点险工护岸段分析 ………………………… 993

13.5.1 沙市盐观险工段 ……………………………………… 994

13.5.2 石首北门口险工段 …………………………………… 997

13.5.3 洪湖燕窝险工段 …………………………………… 1001

13.5.4 团林岸险段 ………………………………………… 1005

13.5.5 六圩弯道险工段 …………………………………… 1007

13.5.6 扬中指南村险工段 ………………………………… 1010

13.5.7 太仓新太海汽渡—七丫口险工段 ………………………………… 1012

13.6 小结 ……………………………………………………………………… 1016

第 14 章 总结与展望 ……………………………………………………… 1019

14.1 总结 ……………………………………………………………………… 1019

14.1.1 河道监测工作实施与管理 ……………………………………… 1019

14.1.2 多项关键技术研究取得突破 …………………………………… 1021

14.1.3 取得了多项创新成果 …………………………………………… 1022

14.1.4 社会效益、生态效益和经济效益 ……………………………… 1035

14.2 展望 ……………………………………………………………………… 1036

14.2.1 增加监测频次、扩大监测范围、丰富观测形式 ……………… 1036

14.2.2 加强河道观测基本设施及能力建设 …………………………… 1037

14.2.3 提升监测工作信息化能力 ……………………………………… 1037

14.2.4 深入开展关键技术研究工作 …………………………………… 1037

参考文献 ……………………………………………………………………… 1040

第 7 章　大时空尺度下河势控制水沙要素快速获取及处理关键技术研究

7.1　概述

　　水资源是基础性的自然资源和战略性的经济资源,是经济建设发展的重要支撑。长江中下游经济的持续发展,对水资源的需求越来越高。长江中下游水资源总量虽然相对丰富,但存在时空分布严重不均的特点,需要通过持续不断地开展长江中下游水文测报,准确分析水文要素的变化规律,为长江中下游水资源的保护和合理开发利用,以及流域经济社会发展提供基础支撑。控制断面流量是长江流域中下游地区经济建设和可持续发展不可或缺的重要基础信息资源,是长江中下游综合治理开发和防洪对策科学研究十分重要的基础信息和决策依据。控制断面水位、流量及泥沙的快速获取对长江中下游河段防汛抗旱、河道安全度汛及河道综合治理开发以及对策研究具有重要意义。

　　长江中下游河道为宽窄相间、江心洲发育、汊道众多的藕节状分汊河型,两岸又有大量支流汇入。为了获取不同河道控制断面的水位、流量、悬移质泥沙、临底悬沙、推移质、床沙等不同要素,长江水利委员会水文局不断创新、开发和引进新技术应用于不同要素的获取。本章节主要介绍近几年来在长江中下游河段开展的水文要素快速获取技术。

　　①针对长江中下游河道在中、高水流量出现动床情况下,走航式 ADCP 流量测验出现偏小情况的设备配置、外置 GNSS 和罗经设备的校正等快速流量获取方法。

　　②悬移质泥沙采样器设备的研发及光电、超声波及图像测沙等方法,悬移质含沙量和泥沙颗粒级在线快速获取技术。

　　③临底悬沙测验观测设备的研发及快速施测技术。

　　④针对推移质运动的复杂性,开展沙质推移质和卵石推移质施测设备、施测方法及分析方法的研究。

　　⑤针对床沙采集过程开展了器测法、试坑法、网格法、面块法、横断面法等床沙测验方法研究,并研发了适合长江中下游采样的抓斗式采样器。

　　⑥开展潮汐河段潮流量与输沙率测验方法研究,通过建立代表垂线方法实现长期水位、

流速、流向及泥沙要素的采集，通过建立与断面流量等关系，实现了潮汐河段流量、输沙测验快速获取和潮汐河段资料整编方法的突破。

7.2　水沙监测架构

不同河段条件下、各时空尺度下的水位、流量、悬移质泥沙、临底悬沙、推移质、床沙等水沙要素的快速获取是长江中下游防洪河道动态监测的重要组成部分。近年来，长江水利委员会水文局通过技术创新与应用，在流量与输沙率测验方法、临底悬沙测验、床沙测验等方面获得了很多先进的技术成果，已初步建立起系统的大时空尺度下河势控制水沙要素快速获取及处理技术体系。水沙监测总体架构见图 7.2-1。

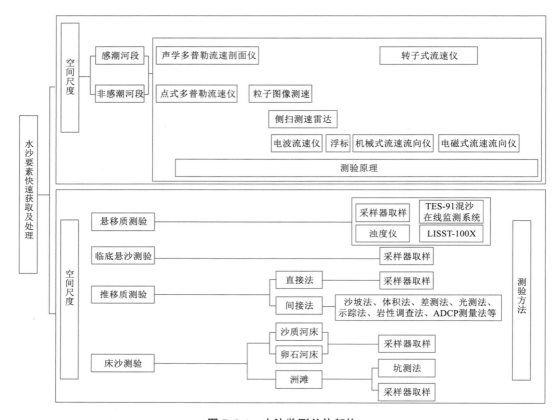

图 7.2-1　水沙监测总体架构

7.3　基于外部传感器的流量快速测量技术

7.3.1　基本原理

声学多普勒流速剖面仪（Acoustic Doppler Current Profiler，ADCP），它是 20 世纪 80 年代才发展和应用的流速（流场）测量仪器，当装备 ADCP 的测船沿测流断面航行后，现场就测出该断面的分层流速、流向和流量等水文要素,它比传统的河流流量测验方法提高了几十倍的效率,具有测验时间短、测验效率高的特点。

我国河流一般含沙量较大,特别是长江,导致ADCP一定频率的测定的"底"实际是河底床面上的运动的泥沙或一定浓度悬移质(下面称为"动底")。受来自河底床面泥沙运动速度的影响,导致运动"底跟踪"方式测得船速相对于河底的速度严重失真,使流量测验不准确。在流量较大时其现象尤其突出,主要表现为"底跟踪"(BTM)时施测的流量偏小。"动底"的解决采用差分GNSS测量船速的方案。但对于长江干流断面一般走航施测均采用铁质测船作为施测平台,只考虑差分GNSS测量船速改正时往往达不到预想的效果,还需要选择外界罗经才能获取正确的数据。

7.3.2　系统组成及安装

基于外部传感器的流量快速测量系统由ADCP、GNSS、罗经及测深仪等组成。

7.3.2.1　设备的安装

(1)安装要求

《声学多普勒流量测验规范》(SL 337—2006)对走航式ADCP的安装提出了明确的要求,主要有以下几点:

1)安装支架

①应根据所使用仪器的结构特点专门设计、定做安装支架,或直接使用仪器生产商提供的配套支架。

②安装支架应采用防磁、防锈、防腐蚀能力强,重量轻,硬度大的材料制作。

③安装支架应设计合理、结构简单、操作方便、升降转动灵活、安全可靠。

④安装支架应能保证仪器垂直,不因水流冲击或测船航行等原因导致倾斜。

⑤安装支架上宜配置仪器探头保护装置。

2)ADCP应符合的规定

ADCP一般可安装在船头、船舷的一侧或穿透船体的井内,并应符合下列规定:

①ADCP安装离开木质测船船舷的距离宜大于0.5m,离开有铁磁质测船船舷的距离宜大于1.0m,以减少船体对测验带来的影响。

②仪器探头的入水深度,应根据测船航行速度、水流速度、水面波浪大小、测船吃水深、船底形状等因素综合考虑,使探头在整个测验过程中始终不会露出水面。入水后,应保证船体不会妨碍信号的发射和接收。

③铁磁质测船井内安装时,应外接罗经。

3)外接设备的安装应符合的规定

①GNSS天线宜安装在ADCP正上方平面位置1m以内。

②外部罗经的安装指向应与船首方向一致。安装位置离船上任何铁磁性物体的距离应

不小于 1.0m。

③测深仪换能器宜垂向安装在 ADCP 同侧，测量过程中换能器不应露出水面并应防止发生空蚀。

（2）系统的连接

根据 ADCP 安装环境和断面实际情况，由 ADCP 和选择的 GNSS、外部罗经及测深仪等设备构成 ADCP 流速仪系统。连接根据不同的设备有以下两种（图 7.3-1），一种是 ADCP 及各种传感器数据都进入计算机采集，另一种是一体化的 GNSS 罗经数据进入 ADCP 后再同 ADCP 数据一起输入计算机。

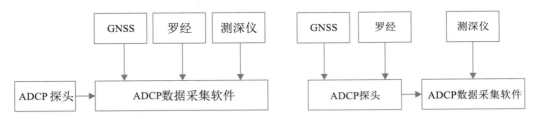

（a）ADCP 及各种传感器数据都进入计算机采集　　（b）GNSS 罗经数据进入 ADCP 后再一同进入计算机

图 7.3-1　ADCP 连接

（3）校正

当 ADCP 系统在外部环境影响下底跟踪、内部罗经及测深等不能满足正常测验时，才需配备相应的外置传感器替代工作。外置传感器安装后，就需与 ADCP 系统进行校准，以下将分别介绍 GNSS 和罗经的校准方法。

1）GNSS 安装校准

按照要求，GNSS 天线需安装在 ADCP 探头的垂直上方，这样 GNSS 施测的速度才能代表 ADCP 探头运动速度。

若 GNSS 没有安装在上方，则在 ADCP 施测过程中，特别是在船首方向晃动或转弯时，采用 GNSS 测量船速（GGA 或 VTG 模式）不能代表 ADCP 运动的速度，导致 ADCP 软件计算的船速是错误的。

①测船直线测试。

测船以直线方式匀速施测，船首方向尽量保持不变，测速底跟踪（或称 BTM）和 GNSS VTG 模式下轨迹及流速矢量线图中的轨迹也是相对比较顺直，流速矢量线相对平行，流速等值线图分布均匀，而两种模式下的数据基本一致。

②测船"S"形测试。

测船以"S"形运动方式施测，船首方向随运动方向左右转动，底跟踪模式下流速矢量线相对平行，流速大小基本一致，流速等值线图分布均匀，这时虽 GNSS 天线与 ADCP 探头的位置不一致，但底跟踪模式没有使用到 GNSS 施测数据。

所以应根据 ADCP 数据采集软件中是否有 GNSS 天线位置改正功能确定安装方式，如没有则一定要使 GNSS 天线安装在 ADCP 探头的上方，软件中有 GNSS 天线与 ADCP 的位置改正计算的则需量测后在软件中设置（图 7.3-2）。

2）外部罗经安装校准

ADCP 系统外部罗经的安装校准可结合 GNSS 来进行。其方法是沿断面施测半测回或垂直水流施测一段距离，检查底跟踪与 GNSS 轨迹线的重合情况，当底跟踪和 GNSS GGA 两轨迹开始和结束点方向线重合时，即 $GC-BC=0$（或 360）时，检查两条轨迹线之间是否完全重合，重合则说明施测断面或一段距离上是没有"动底"的，否则则有"动底"。

①校准步骤。

当底跟踪和 GNSS GGA 两条轨迹线不能完全重合时，说明断面有"动底"现象。"动底"情况下校准相对复杂，外部罗经具体安装偏差校正步骤如下：

a. ADCP 设备、外部罗经及 GNSS 都按要求安装完毕。

b. 在一个断面上施测一个测回（一个来回）。

c. 通过在回放往返一测回的配置中"罗经偏移量"（图 7.3-3）输入相同的罗经偏差值后，检查 ADCP 底跟踪和 GNSS 的航迹线是否满足修正"罗经偏移量"原则。

d. 如一测回往返 ADCP 底跟踪和 GNSS 的航迹线不满足修正"罗经偏移量"原则，则重复 c 步骤，直至输入的罗经偏差值就是外部罗经安装偏差值。

图 7.3-2　GNSS 时延和天线
安装偏差校正设置

图 7.3-3　外部罗经安装偏移量校正设置

②修正"罗经偏移量"的原则。

"动底"情况下修正"罗经偏移量"校准的原则如下：

在图 7.3-4 中，假设：左为上游，上方为左岸，下方为右岸，ADCP 施测为匀速运动，黑线为 GNSS 轨迹线（也可认为是 ADCP 实际运行轨迹），断面靠近两岸为无"动底"区域，中间为有"动底"区域，罗经校准正确后，底跟踪轨迹（红线）应满足图 7.3-4 要求。

根据断面"动底"情况下罗经偏移量校准后往返 ADCP 在 GNSS（GGA 或 VTG）模式下轨迹应符合图 7.3-4：在无"动底"区域，两个轨迹线应重合或平行。在有"动底"区域时，底跟踪轨迹线应在 GNSS 轨迹线的上游方向，在匀速运动时，"动底"越大，底跟踪与 GNSS 轨迹线夹角就越大，反之越小。也就是说，若以任意段底跟踪轨迹与 GNSS 轨迹看，底跟踪轨迹应往上游方向偏移，若出现往下游的趋势，则说明校正有错误，还需调整。

若在有"动底"断面外部罗经校准正确后，检查往返断面区段偏移轨迹，在无"动底"的区段，若往测重合，则返测与往测重合或平行；有"动底"的区段是固定位置，不可能在往返施测中移动。

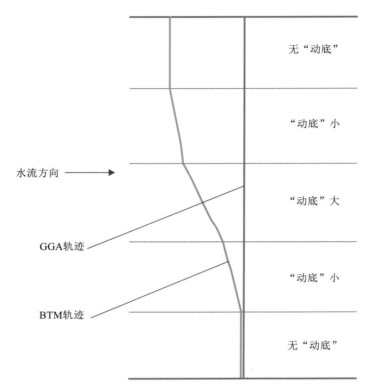

图 7.3-4　底跟踪和 GNSS(GGA 或 VTG)模式断面轨迹

7.3.2.2　流量测验

（1）跟踪模式的选择

1）底跟踪模式

底跟踪是 ADCP 向河底或海底发射底跟踪脉冲信号，由河底或海底的回波测量河底或海底相对于 ADCP 的运动，它是通过河底回波多普勒频移来计算船速。如果河底或海底无"动底"现象，底跟踪测得的速度即为测船的速度。底跟踪模式在 ADCP 测流系统中是精度最高的测量船速方式，因为它是一个连续不间断过程。在有"动底"情况下，施测的船速不准，它就需要通过外接 GNSS 来测定船速。

2）GNSS GGA 模式

GGA 模式施测船速是通过 ADCP 施测数据块的开始和结束时间的两点位置来计算的，它是两点间的直线距离与时间的比值。

3）VTG 模式

VTG 格式中速度和方向的计算,有一点需要注意,就是 GNSS 接收机并非简单地将两次坐标相减进行计算,而是采用多普勒效应进行处理,所以在实际应用中,速度和方向的计算会稍后一点延迟,因为信号是 1s 接收一次。

采用 GNSS VTG 模式进行船速的计算,虽然 ADCP 软件上有这个功能,但对施测情况和精度统计都介绍得很少。根据 VTG 格式的原理,VTG 测速与 GNSS 的精度无关,它是 GNSS 特有的测速指标,要将 VTG 速度模式用得好,就要尽量按照 VTG 格式的特性做,也就是采用 VTG 格式时应将船速保持匀速运动,这样才能充分保证 VTG 格式速度的准确性。

（2）"动底"的判断和解决方法

长江中下游河道在汛期或大流速期间都存在"动底",由于受来自河底床面泥沙运动速度的影响,导致"底跟踪"方式测的船速相对于河底的速度严重失真,使流量测验不准确。在流量较大时其现象尤其突出,主要表现为"底跟踪"(BTM)时施测的流量偏小。

在之前的文献中对"动底"提出了回路法、定点多垂线法和 DGNSS 解决方案,并对"动底"及其 GNSS 解决方案均作了阐述,但是在这些文献中未见到 GNSS 解决方案应用于实际"动底"情况的流量数据和结果。在实际施测时,对于长江中下游干流流量测验,前两种方法均不适宜,而以差分 GNSS 解决方案比较好。一般情况下,长江中下游干流 20000m³/s 以上存在"动底"的可能性很大,只考虑差分 GNSS 测量船速改正时往往达不到预想的效果,其主要是由施测现场环境对 ADCP 内部数字磁罗经影响导致的。

解决由"动底"产生的船速失真最直接的方法是外接 GNSS 测定测船在航迹上运动的任意两点的船速。

ADCP 底跟踪(BTM)模式测流时,其流量结果与磁偏角和安装偏差无关,若受河底"动底"影响,施测的流量就偏小,这是由 ADCP 测流原理所决定的。当无"动底"时,ADCP 测得的流量是正确的,由于受外界磁物干扰存在磁偏角,故流向是错误的,但流速是正确的;如有"动底"时,则流速、流向成果都是错误的。

当有"动底"时底跟踪(BTM)方式施测流量偏小,采用外接 GNSS 方式施测的流速与磁偏角有直接关系,若 ADCP 内置罗经确定大地坐标与 GNSS 大地坐标之间偏角差异较大,则施测流量误差较大、精度较低。这样对于配置外接罗经就显得更加重要。

1）"动底"的判断

"动底"的判断可以通过抛锚法判断或 GNSS 来检测。

①抛锚法判断。

抛锚法判断就是将测船抛锚固定后开始采用 ADCP 施测,在 BTM 模式下假如测船向上游移动(图 7.3-5),则说明该位置有"动底"现象。

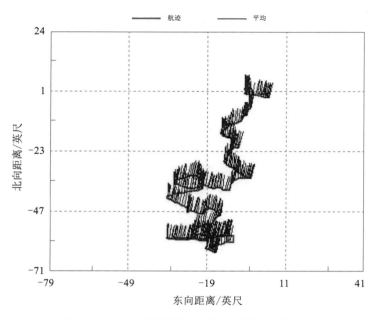

图 7.3-5　定点抛锚下测船因"动底"向上游移动

②GNSS 检测。

GNSS 检测"动底"的方法就是在 ADCP 施测时接入 GNSS，通过切换 BTM 和 GGA 模式对照 BTM 和 GGA 的移动距离，若 BTM 模式下移动距离比 GGA 模式下移动的距离长（图 7.3-6），也可以从罗经校正框中的"GC-BC"和"BC/GC"的值判断，当"GC-BC"不等于零或"BC/GC"大于 1 时，则说明该区域有"动底"现象，当距离一样或"GC-BC"等于零时则无"动底"。

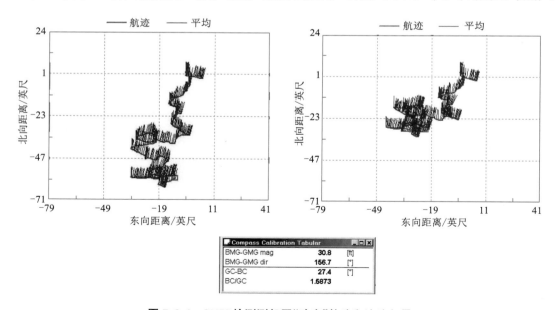

图 7.3-6　GNSS 检测测船因"动底"轨迹和流速矢量

断面有无"动底"现象,在后面将着重讲解和分析。

2007 年 7 月 19 日在长江下游某处断面定点抛锚检测情况。从航迹和流速矢量线(图 7.3-7)可以看出,在抛锚模式下,GNSS GGA 模式测船的轨迹是左右移动,而在 BTM 模式下,测船的轨迹除了左右移动外还在往上游移动,这说明测船因"动底"才有相对往上的轨迹,BTM 和 GGA 两种模式下测船航迹比较图可以直观地看出"动底"情况下的 BTM 向上游运动的趋势(图 7.3-8)。在 BTM 和 GGA 模式下测船速度过程变化(图 7.3-9)中,GGA 模式下的船速小于 BTM 模式下的船速,而水流速度过程变化(图 7.3-10)中的 GGA 模式下的水流流速则大于 BTM 模式下的水流流速,这真实反映"动底"情况下两种模式下的变化规律。罗经校正表(图 7.3-11)BC/GC 是 BTM 和 GGA 两种模式下测船航迹的直线距离比值,正常情况下,比值大于 1 时,说明有"动底"现象,比值的大小与时间有关,时间越长,比值越大。

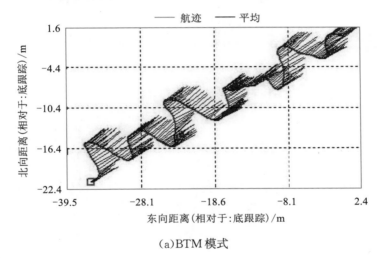

(a)BTM 模式

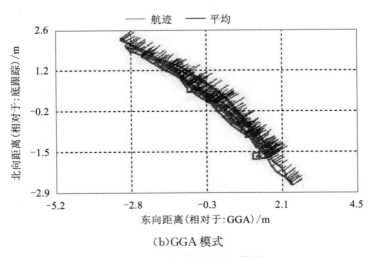

(b)GGA 模式

图 7.3-7 航迹和流速矢量线

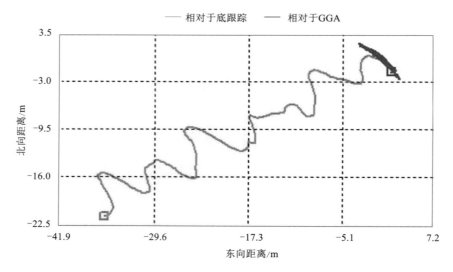

图 7.3-8　BTM 和 GGA 模式下测船的航迹

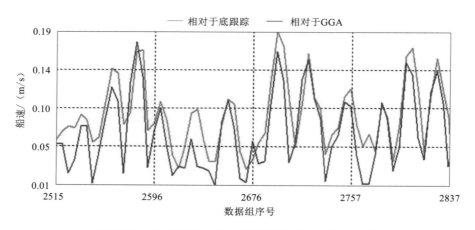

图 7.3-9　在 BTM 和 GGA 模式下测船速度过程变化线

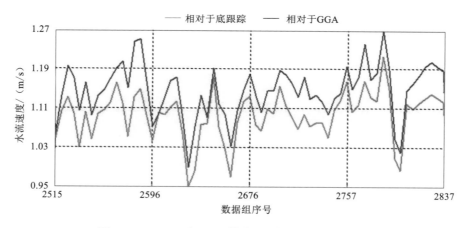

图 7.3-10　BTM 和 GGA 模式下测船速度过程变化线

罗经校准表 4 - TRDI		
BMG-GMG大小	42.3	[m]
BMG-GMG方向	242.4	[°]
GC-BC	262.2	[°]
BC/GC	19.5267	

图 7.3-11 罗经校正表

2）"动底"的解决方案

ADCP 解决"动底"的方法主要有利用 GNSS 测量船速、回路法、定点多垂线法 3 种。

①回路法。

回路法就是利用 ADCP 自身的底跟踪功能在断面连续施测一个来回,但开始和结束必须是同一位置（图 7.3-12 至图 7.3-14）,通过观测导航面板中直线距离和回路施测历时就可以计算出断面的"动底"平均速度,再将"动底"平均速度乘以断面面积就是因"动底"而偏小的流量。

$$V_{mb} = D_{UP} / 历时$$

$$Q_{修正后} = Q_{实测} + V_{mb} \times A_{pf}$$

式中,D_{UP}——一个来回同一位置因"动底"原因向上游的距离;

V_{mb}——一个来回的"动底"平均速度;

A_{pf}——断面的面积。

例如:回路历时,615.6s;位移,15.26m;$V_{mb} = 0.025$m/s。

回路法的主要优缺点有:

优点:不需要 DGNSS,实施方便,计算简便。

缺点:精度取决于起点与终点重合、罗盘必须精确标定、断面必须垂直于主流向、必须保持底跟踪、只能改正断面流量,但垂线位置上的流速无法改正。

②定点多垂线法。

定点多垂线法（图 7.3-15）与转子式流速仪施测的方法一样,就是将 ADCP 定点施测垂线平均流速,计算断面流量。

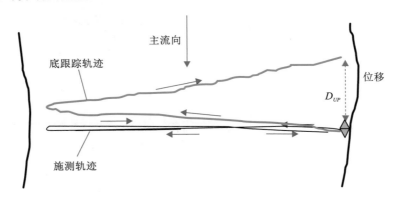

图 7.3-12 回路法施测

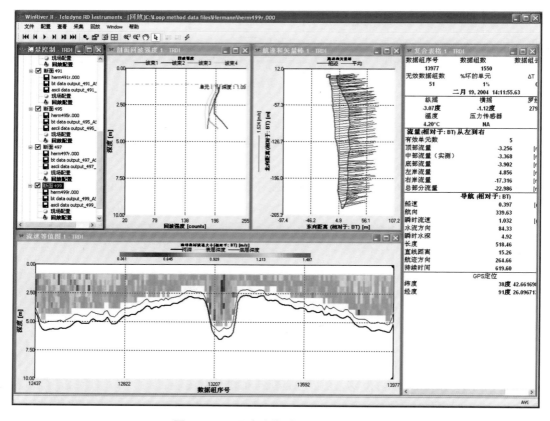

图 7.3-13　回路法施测 ADCP 显示面板

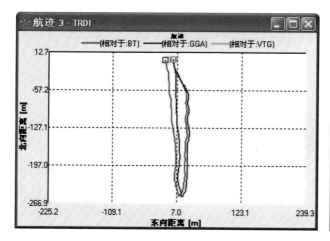

图 7.3-14　回路法 BTM 和 GGA 轨迹和罗经校正

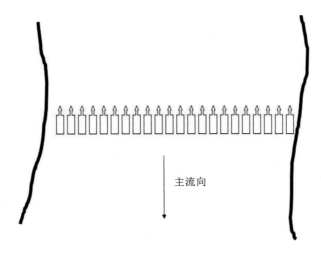

主流向

图 7.3-15 定点多垂线法

定点多垂线法的主要优缺点有：

优点：不需要 DGNSS，与转子式流速仪法相似。

缺点：人工定位、流向必须考虑；必须保证 ADCP 不移动；没有测量整个断面；费时；对于航运繁忙的河流不适用。

3）"动底"的 GNSS 解决方案

当存在"动底"现象时，为了解决因"动底"导致底跟踪施测流量偏小的问题，可以为 ADCP 配备 GNSS 和外部罗经等传感器。当底跟踪无法施测到正确的船速时（ADCP 运动速度），可采用 GNSS 来测量船速，即在 WinRiver 软件里利用差分 GNSS 提供的 GGA 或 VTG 参考。

采用 GNSS 来测量速度时，需要通过系统校准来统一 ADCP 与 GNSS 和罗经三者的坐标系统，罗经的校正是关键的，对于内部和外部罗经，都应校准出磁偏角或安装偏差角等多种因素的偏差（具体校准方法已在前面章节中介绍）。而罗经校正不准确或存在偏差，将导致在 GGA 或 VTG 模式下流量计算不准确，在一个测回中往返产生很大偏差的现象特别明显。

若罗经只存在系统的偏差，无论有无"动底"，都可以通过事后改正来处理。

如罗经因自身和外界的原因导致不是线性变化时，则无论什么模式，导致的流量计算是错误的。在底跟踪模式下，对于某一块数据来说，在没有"动底"时，流速值施测是正确的，但方向却无法改正。在有"动底"时，流速和方向值都将无法改正。在 GGA 或 VTG 模式下，罗经不线性变化计算出的流速、方向及流量值都是错误的，并且无法改正。

①例1：长江下游某束窄江段。

a. 测验概况。

测验断面位于长江下游某束窄江段，断面水深35m，断面下游200m处有塔高100m以上500kV送电线路，数字磁罗经在现场无法线性工作。根据ADCP安装环境和断面实际情况，则采用由ADCP、差分GNSS和外部罗经构成的ADCP测流系统。测验使用RDI公司的骏马系列瑞江牌600kz的ADCP，测流软件采用WinRiver Version 1.04。GNSS选用的是美国SDS公司生产的NAVCOM SF-2050G双频星站差分GNSS，单台定位精度优于15cm，10Hz GGA数据格式输出。外部罗经采用的是由泰雷兹导航定位公司设计的3011 GNSS罗经仪，一种拥有2个GNSS天线，同时从每个天线接受多达12颗卫星的信号来快速计算出一个天线相对于另一个天线的位置，提供0.5°定向精度（分辨率为0.5°、10Hz数据输出）的数字化罗经。2007年7月17日，在断面上来回施测两个测回（往返各2次），施测时间近38min，任一次BTM和GGA模式下流量与平均值的相对误差都小于5%（最大为−1.75%），满足规范精度要求，见表7.3-1。

表 7.3-1　　　　　　　　　　　BTM 和 GGA 模式断面流量统计

文件名	底跟踪模式		GNSS GGA 模式)		Q(GGA-BTM) /(m³/s)
	Q/(m³/s)	误差/%	Q/(m³/s)	误差/%	
jy_000r.000	35008	−0.37	42656	−1.73	7648
jy_001r.000	35232	0.27	43617	0.48	8385
jy_002r.000	35360	0.63	43906	1.15	8546
jy_003r.000	34955	−0.52	43455	0.11	8500
平均	35139		43409		8270

b. 数据分析。

在表7.3-1中，底跟踪方式下施测的流量为34955～35360m³/s，平均流量为35139m³/s，而GGA模式时流量为42656～43906m³/s，平均流量为43409m³/s，两种方式误差8270m³/s，底跟踪方式流量比GGA模式下流量偏小19.1%。4个半测回施测流量BTM和GGA模式断面流速分布分别见图7.3-16至图7.3-19。从断面图可以看出，在距左岸150～650m范围内，ADCP施测是底跟踪因"动底"导致这一范围内流速明显偏小，但GGA模式下流量得到了改正，在选用断面流量时，首先需要断面上任一次BTM和GGA模式下流量与平均值的相对误差不大于5%，若BTM和GGA模式下流量存在不同，说明存在着"动底"现象，导致底跟踪偏小，可选用GGA模式下流量作为该断面流量。

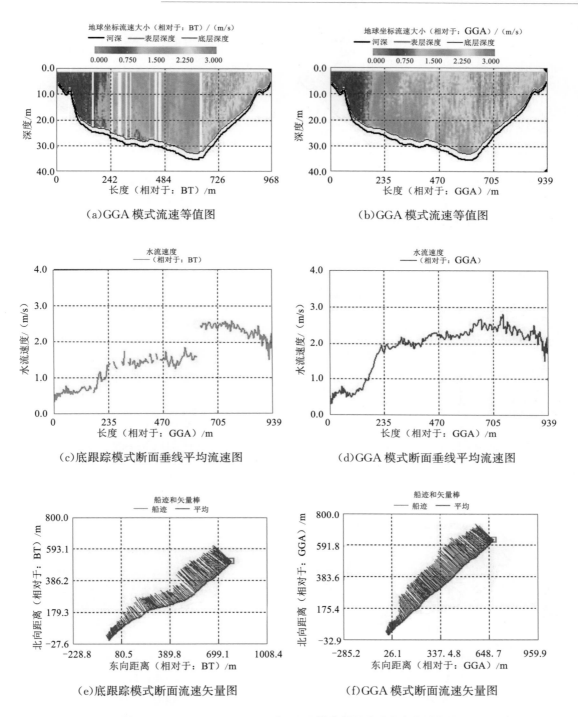

(a)GGA 模式流速等值图 （b)GGA 模式流速等值图

(c)底跟踪模式断面垂线平均流速图 （d)GGA 模式断面垂线平均流速图

(e)底跟踪模式断面流速矢量图 （f)GGA 模式断面流速矢量图

图 7.3-16 jy_000r.000 BTM 和 GGA 模式断面流速分布和流矢图

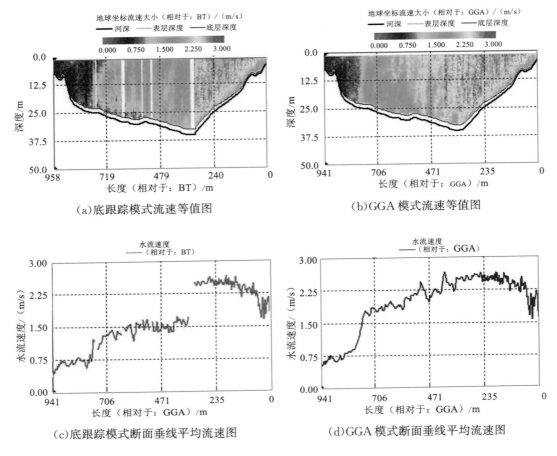

（a）底跟踪模式流速等值图

（b）GGA 模式流速等值图

（c）底跟踪模式断面垂线平均流速图

（d）GGA 模式断面垂线平均流速图

图 7.3-17　jy_001r.000BTM 和 GGA 模式断面流速分布

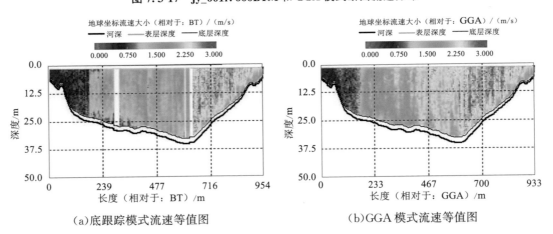

（a）底跟踪模式流速等值图

（b）GGA 模式流速等值图

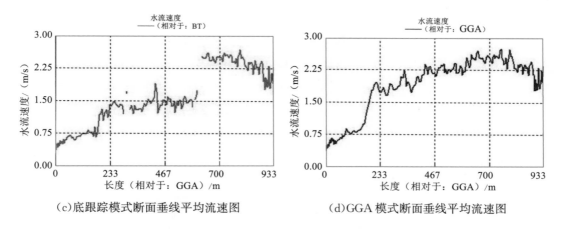

（c）底跟踪模式断面垂线平均流速图　　　　（d）GGA 模式断面垂线平均流速图

图 7.3-18　jy_002r.000 BTM 和 GGA 模式断面流速分布

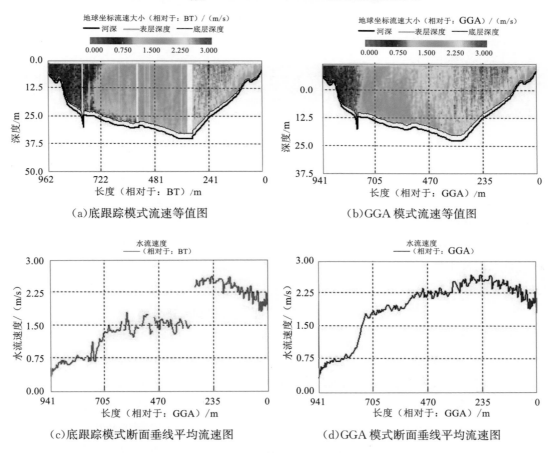

（a）底跟踪模式流速等值图　　　　　　　（b）GGA 模式流速等值图

（c）底跟踪模式断面垂线平均流速图　　　　（d）GGA 模式断面垂线平均流速图

图 7.3-19　jy_003r.000 BTM 和 GGA 模式断面流速分布

②例 2：长江下游彭泽县某断面流量测验。

a. 测验概况。

2007 年 7 月 22 日，对长江下游彭泽县境内某断面进行流量测验，施测时采用设备分别为瑞江牌 600kz 的 ADCP，因 ADCP 安装在铁质测船上，外部罗经采用的是 KVH AutoComp100 数字化数字磁罗经（精度：±0.5°，定北误差＜10°），定位则是 NAVCOM SF-2050G 双频星站差分 GNSS，测流软件采用 WinRiver Version 1.04。因采用的是数字磁罗经，虽然在测前进行了校正，但因不同断面环境影响等原因，在施测该断面时产生变化，存在偏差。表 7.3-2 是在不同模式下的断面流量统计表，底跟踪方式下施测的流量为 37440～39250m³/s，平均流量为 38154m³/s，单次最大相对误差 2.87％。而 GGA 模式时流量为 35363～48961m³/s，最大最小流量相差 13598m³/s，平均流量为 42109m³/s，单次最大相对误差 16.27％，从单次流量误差来说不满足规范要求。

表 7.3-2　　　　　　　　　　　　　　在不同模式下断面流量统计

文件名	开始岸	偏移量/°	BTM 模式		GGA 模式	
			流量/(m³/s)	相对误差/％	流量/(m³/s)	相对误差/％
PZ01000r.000	左	0	38236	0.22	36352	−13.67
PZ01001r.000	右	0	37440	−1.87	47762	13.42
PZ01002r.000	左	0	37690	−1.22	35363	−16.02
PZ01003r.000	右	0	39250	2.87	48961	16.27
平均			38154	0	42109	0
标准差			803	2.1	7247	17.21
标准差/平均值			0.02	0	0.17	0

b. 数据分析。

根据 ADCP 在 GGA 模式下进行流量计算的原理，BTM 与 GGA 模式轨迹图应符合在无"动底"时，两个轨迹线重合或平行，有"动底"时，BTM 轨迹线在 GGA 轨迹线的上游方向，"动底"越大，BTM 与 GGA 轨迹线夹角就越大，反之越小。

通过对图 7.3-20 和图 7.3-21 在两种模式下的轨迹线和航迹与流速矢量线图分析，外部罗经存在着偏差。检查校正的方法就是按照往返断面的轨迹试算偏差角度，断面的相同位置出现"动底"现象在往返轨迹线上的反映是一致的。通过判断和试算，断面左岸靠岸边部分"动底"现象较小，往中泓"动底"现象将增大，中泓往右岸断面区段没有"动底"，而且来回偏差角度不一样，从左往右是 7°，而从右到左是 5°（图 7.3-22）。这是数字磁罗经在往返施测时由外部环境发生变化引起的。通过改正后，GGA 模式下流量发生了变化（表 7.3-3），罗经偏差角改正后的 BTM 和 GGA 模式下流速等值图（图 7.3-23）和 GGA 模式下航迹与流速矢量线图（图 7.3-24）中断面分布合理。其中，4 次流量在 42954～44432m³/s，最大最小流量相差 1478m³/s，单次流量最大相对误差−1.75％，单次流量精度满足规范要求。

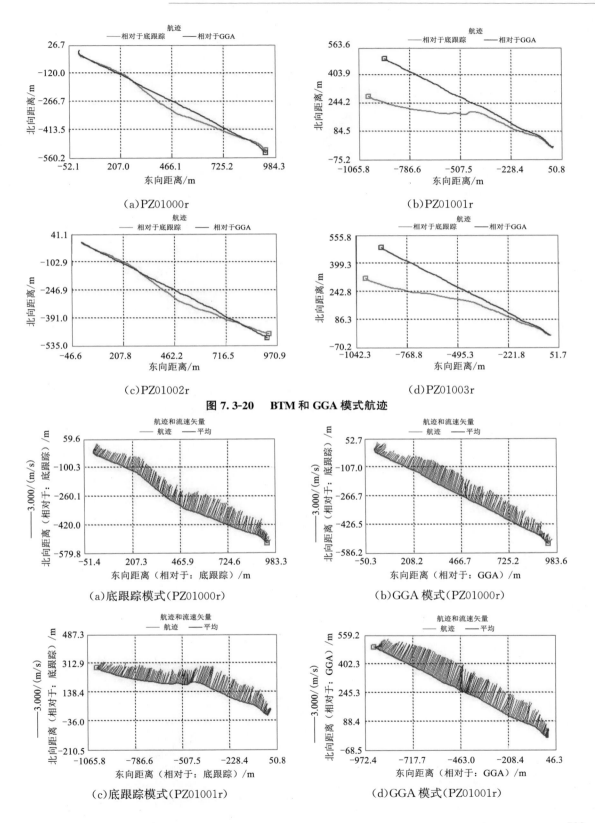

（a）PZ01000r

（b）PZ01001r

（c）PZ01002r

（d）PZ01003r

图 7.3-20 BTM 和 GGA 模式航迹

（a）底跟踪模式（PZ01000r）

（b）GGA 模式（PZ01000r）

（c）底跟踪模式（PZ01001r）

（d）GGA 模式（PZ01001r）

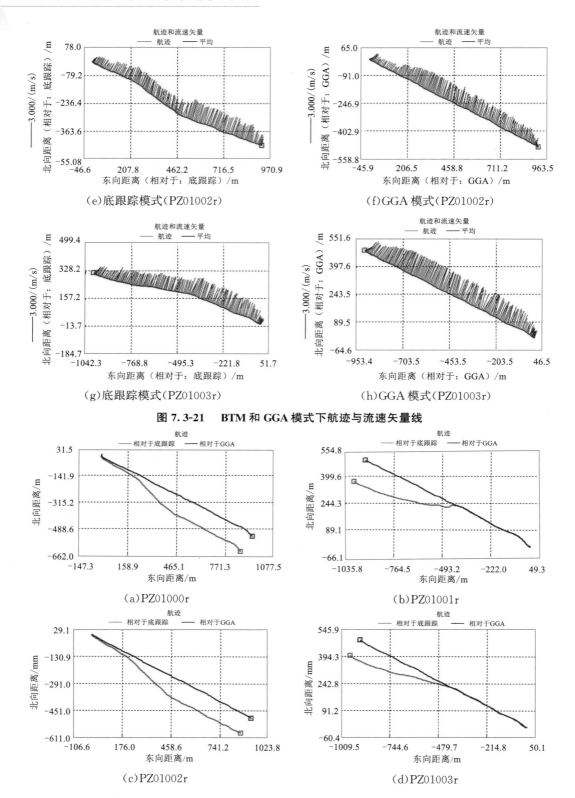

（e）底跟踪模式（PZ01002r）　　　（f）GGA 模式（PZ01002r）

（g）底跟踪模式（PZ01003r）　　　（h）GGA 模式（PZ01003r）

图 7.3-21　BTM 和 GGA 模式下航迹与流速矢量线

（a）PZ01000r　　　　　　　　（b）PZ01001r

（c）PZ01002r　　　　　　　　（d）PZ01003r

图 7.3-22　BTM 和 GGA 模式的航迹（罗经校正了偏差）

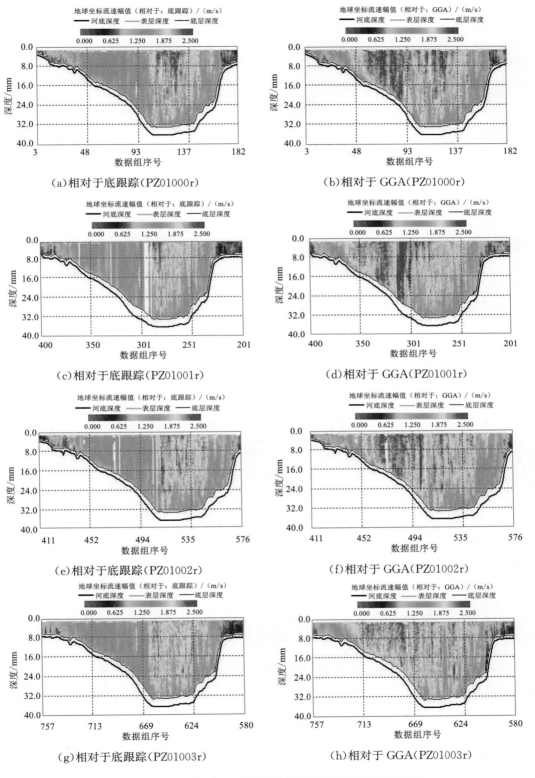

(a)相对于底跟踪(PZ01000r)

(b)相对于GGA(PZ01000r)

(c)相对于底跟踪(PZ01001r)

(d)相对于GGA(PZ01001r)

(e)相对于底跟踪(PZ01002r)

(f)相对于GGA(PZ01002r)

(g)相对于底跟踪(PZ01003r)

(h)相对于GGA(PZ01003r)

图7.3-23 BTM和GGA模式下流速等值图(罗经校正了偏差)

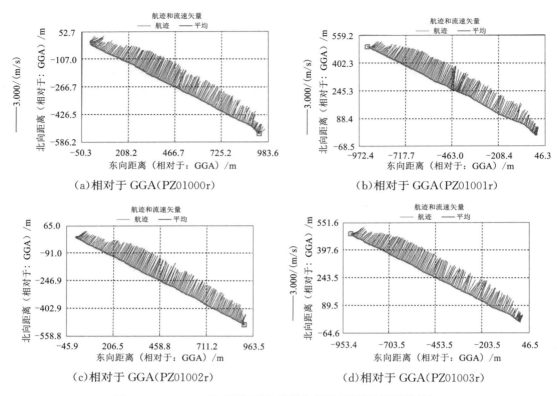

（a）相对于 GGA（PZ01000r）　　　　（b）相对于 GGA（PZ01001r）

（c）相对于 GGA（PZ01002r）　　　　（d）相对于 GGA（PZ01003r）

图 7.3-24　　GGA 模式下航迹与流速矢量线（罗经校正了偏差）

表 7.3-3　　　　　　　　　　　　校正后不同模式下断面流量统计

文件名	开始岸	偏移量/°	BTM 模式		GGA 模式	
			流量/(m³/s)	相对误差/%	流量/(m³/s)	相对误差/%
PZ01000r.000	左	7	38236	0.22	44432	1.63
PZ01001r.000	右	5	37440	−1.87	42954	−1.75
PZ01002r.000	左	7	37690	−1.22	43568	−0.35
PZ01003r.000	右	5	39250	2.87	43920	0.46
平均			38154	0	43719	0
标准差			803	2.1	621	1.42
标准差/平均值			0.02	0	0.01	0

　　ADCP 作为一种流场或流量测验的设备，在实际应用时因不同频率测定的"底"随河床面上有泥沙或一定浓度含沙量运动导致流速、流量的偏小是正常的，也符合 ADCP 设计的原理，从例 1 和例 2 可以看出，结合 ADCP 测流的原理，在增加外部设备和对资料的合理性分析后是可以改正的。

　　对于"动底"现象，从各种设备校正好的前提下也可以从断面的罗经校正图表来判断，见图 7.3-25。采用罗经校正图表判断原则是：没有"动底"时，GC-BC 的值接近于零。有"动底"时,GC-BC 的值不为零;若来回施测船速基本相等且匀速时,来回的 GC-BC 角度值接近,但方向相反;船速越慢,则 GC-BC 角度值越大。

BMG-GMG大小	120.1（m）
BMG-GMG方向	216.1（°）
GC-BC	353.6（°）
BC/GC	0.9936

(a) PZ01000r

BMG-GMG大小	138.1（m）
BMG-GMG方向	205.9（°）
GC-BC	7.5（°）
BC/GC	1.0036

(b) PZ01001r

BMG-GMG大小	105.2（m）
BMG-GMG方向	213.2（°）
GC-BC	354.2（°）
BC/GC	0.9965

(c) PZ01002r

BMG-GMG大小	101.1（m）
BMG-GMG方向	211.8（°）
GC-BC	5.6（°）
BC/GC	1.0110

(d) PZ01003r

图 7.3-25　罗经校正图表

7.3.3　ADCP 流量测验误差来源及精度控制

7.3.3.1　流量测验误差来源

走航式 ADCP 流量测验误差来源,应包括下列各项内容:

①测船走航速度测量误差;

②ADCP 安装存在偏角产生的误差;

③流速脉动引起的剖面流速测量误差;

④多普勒噪声引起的流速、水深误差;

⑤采用不适合的流速分布经验公式进行盲区流速插补产生的误差;

⑥仪器入水深度测量误差;

⑦左右岸水边测距误差;

⑧入水物体干扰流态导致的误差;

⑨水位涨落率大,相对的测流历时较长所引起的流量误差;

⑩仪器检定误差。

7.3.3.2　流量测验精度控制

①ADCP 作为流量基本资料收集的一种测验方法,其投产使用应实行报批制度。在投产使用前,应与流速仪法进行比测分析,编制 ADCP 流量测验比测分析报告。报上级水文管理部门审批。

②ADCP 流量测验比测分析报告应包括的内容:测验河段水文特性、测站特征等测站基本概况、试验内容与资料收集方法、使用的仪器设备情况、流量测验参数的设置、误差分析、存在问题与解决办法、审报生产应用范围、质量保证措施等。

③对 ADCP 流量测验中可能产生的误差,应采取措施将其消除或控制在最低限度内:

a. 对 ADCP 噪声引起的流速误差和流速脉动引起的垂线或剖面流速测量误差,宜采用

多组测量值的平均值作为垂线或剖面流速,可用5~10组测量值进行平均;

b. 宜通过实验分析,选取合适的垂线经验公式进行盲区流速插补;

c. 应执行有关测深、测宽的技术规定,并经常对测深、测宽的工具、仪器及有关设备进行检查和校正;

d. 对ADCP应定期进行检测,以消除可能存在的系统误差。

④走航式ADCP流量测验应根据断面水流、泥沙特性选择合适的仪器,并根据需要配备外部GNSS、罗经及测深仪等设备,特别注意安装偏角控制、罗经标定、"动底"运动检测等环节。

7.3.4　主要结论

通过十几年对走航式ADCP流量测验技术的研究,在长江中下游大范围下应用情况得出主要的认识与结论如下:

①通过走航式ADCP施测成果(每次两个测回)与转子式流速仪比测分析,走航式ADCP单次流量测验系统误差为−2%~1%;总随机不确定度小于5%~9%,满足《声学多普勒流量测验规范》测验精度要求。走航式ADCP施测成果与转子式流速仪成果为同一系列资料。

②长江中下游水文测站及控制断面应根据流速、水深及含沙量等水文特性选择合适频率的ADCP进行测验。

③当外部环境复杂影响走航式ADCP施测流量精度时,需根据实际情况有目的地选择满足精度的GNSS、罗经或测深仪等外部传感器来解决系统的施测误差来提高流量测验精度。

④当选择的走航式ADCP施测时存在"动底"时,可以选择低频ADCP施测或采用GNSS施测船速来校准。

⑤当采用GNSS施测船速时,GNSS天线应安装在走航式ADCP探头的垂直上方或在软件中进行校准,并对罗经进行严格校准。

⑥当外部磁环境复杂导致走航式ADCP内部罗经发生非线性变化时,应选择外部罗经代替,并牢固安装,起到替代走航式ADCP施测方位的作用。

⑦通过比测分析,除了应针对施测断面的水流、泥沙特性对走航式ADCP施测流量中的参数进行明确外,还应对岸边部分流量采用系数以及垂线流速分布与插补模型进行分析确定。

7.4　控制断面悬移质泥沙快速测量技术研究

河流悬移质泥沙含量(含沙量)是重要的水文参数之一,河流含沙量监测对于水利水电工程建设、水资源开发利用、水土流失治理、工农业取水用水和水文预报等意义重大。目前,水文测量河流含沙量的主要方法是人工取样,使用烘干和称重计算含沙量,该方法从样品的采集到分析,均需要大量的人力、物力和时间投入,而且测量周期长,操作过程烦琐,劳动强度大,难以实时监测河流含沙量的变化,泥沙测验成了制约水文全要素在线监测的瓶颈。

7.4.1 悬移质泥沙测验仪器

悬移质泥沙测验仪器分为泥沙采样器和测沙仪两大类。

(1)泥沙采样器

泥沙采样器又分为瞬时式、积时式两种。泥沙采样器取样可靠,取得的水样不仅可以计算含沙量,而且也可用于泥沙颗粒分析。泥沙采样器一般由人工操作,取得泥沙水样后,必须将采集的水样带回实验室进行处理计算后才能得到含沙量的数值。

1)瞬时式采样器

瞬时式采样器一般由盛样筒、阀门及控制开关构成,以其盛样筒放置形式不同,分为竖式和横式两种。目前,我国在河流中使用较多的是横式放置,又称横式采样器。横式采样器又分为拉式、锤击式和遥控横式 3 种。在水库等大水深、小流速的水域测验时,有时也采用竖式设置的采样器。瞬时式采样器结构简单、工作可靠、操作方便,能在极短时间采集到泥沙水样,提高了采样速度,但因采集水样时间短,不能克服泥沙脉动的影响,所取水样代表性差。为克服这一缺陷,往往需要连续在同一测点多次取样,取用平均值作为该点的含沙量,因此劳动强度也相对较大。

2)积时式采样器

积时式采样器有很多种,按工作原理可分为瓶式、调压式、皮囊式;按测验方法分为积点式、双程积深式、单程积深式;按结构形式分为单舱式、多舱式;按仪器重量又可分为手持式(几千克至 10kg 重)、悬挂式(几十千克至近百千克重)等多种;按控制口门开关方式分为机械控制阀门与电控阀门,其中电控阀门又分为有线控制与无线控制等。

(2)测沙仪

悬移质测沙仪一般只能用于测得水中的悬移质含沙量,可以在水中长时间工作,它们的输出数据或信号能自动转换为水中的悬移质含沙量,能够接入专用仪器、计算机、遥测终端机,并利用不同通信方式远距离传输。这样的仪器主要有光电测沙仪、超声波测沙仪、同位素测沙仪和振动测沙仪等。目前这些仪器处在不同的发展阶段,尚不完善,有各自的适用范围和特点,其主要技术参数见表 7.4-1。

表 7.4-1　　　　　　　　　悬移质含沙量测沙仪主要技术参数

仪器名称	测沙范围 /(kg/m³)	适应测点流速/(m/s)	适应水深/m
光电测沙仪(激光测沙仪)	≤10	< 2.00	≤15.0
超声波测沙仪	0.5~1000.0	≤3.00	≤10.0
同位素测沙仪	0.5~1000.0	≤5.00	≤20.0
振动(管式)测沙仪	1.0~1000.0	> 0.75,≤4.00	> 0.3

7.4.2 悬移质泥沙快速测量技术研究

7.4.2.1 泥沙在线监测比测应用

为探索破除泥沙监测瓶颈之策、提高现代化水平,2019年10月,枝城水文站在大量调研的基础上,引进TES-91泥沙在线监测系统,论证在线光学测沙仪器在上荆江的适用性,开展仪器精度、稳定性、可靠性比测试验,进而寻求建立与断面平均含沙量关系。

（1）测站基本概况

1）地理位置及河段特征

枝城站为荆江入口的重要控制站,1925年6月由扬子江水道讨论委员会设立,当时命名为枝江水文站,位于现在的湖北省宜都市枝城镇。而后分别于1951年、1961年两次改级,1991年1月改名为枝城水文站。枝城水文站基本水尺断面位于枝城镇客运码头下游约150m处,流速仪测验断面位于基上80m,见图7.4-1。

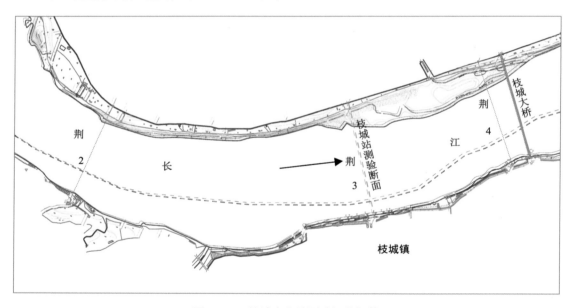

图 7.4-1　枝城水文站测验河段河势

枝城水文站测验河段在两弯道之间的顺直过渡段上,顺直段长度约3km,略显上窄下宽状。枝城水文站测流断面河床组成为沙质和礁岩,冲淤变化不大,河床较为稳定。

2）常规测验方式和垂线分布

常规法输沙测验采用横式采样器施测,施测垂线8条（表7.4-2）,低水平均测验时间约为1.5h,中水平均测验时间为1.5～2h,高水平均测验时间约为2.5h,测验精度和时效性都均受测验方式、方法的限制。

3）相应单样含沙量的采样

含沙量变化小时,采样1次;含沙量变化较大时,应在测输沙率的开始、结束各取1次,用两次单沙的平均值作为相应单沙。选点法时,测前、测中、测后各取1次。

4）相应单样含沙量与断面平均含沙量的关系

相应单样含沙量与断面平均含沙量的关系呈直线分布,枝城水文站单、断沙关系良好,关系系数 2015 年 $K=1.0424$,2016 年 $K=1.0058$,2017 年 $K=1.0000$,2018 年 $K=1.0000$,2019 年 $K=1.0000$,见图 7.4-2。

表 7.4-2　　　　　　　　　　　　　悬移质输沙率测验方法垂线方案

测验方法	采样线点	垂线起点距/m(随水位涨落而增减)
选点法	15～18 线 5 点	100,300,500,700,780,840,900,930,960,990,1020,1060,1100,1140,1180,1220,1260,1290
垂线混合法	9～12 线 2 点混合	100,300,500,700,840,900,960,1020,1100,1180,1260,1290
异步测沙法	8 线 2 点混合	700,840,900,960,1020,1100,1180,1260

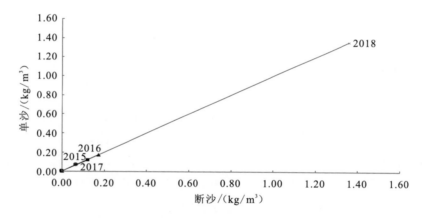

图 7.4-2　枝城水文站 2015—2018 年单断沙关系

（2）系统工作原理

1）系统组成

监测仪器:TES-91 测沙传感器。

RTU:数据采集控制器,无线传输模块,雷击防护装置,现场液晶显示屏,太阳能供电系统。

通信网络:GPRS/4G/北斗卫星等。

数据中心:服务器,用户计算机,软件(含中心站软件、泥沙数据管理软件)。

2）系统工作原理

系统的监测仪器由单个或多个 TES-91 测沙传感器组成,TES-91 的数据采集、控制、供电由 RTU 控制，RTU 通过通信网络将测量数据发送到数据中心，并将数据存储在服务器数据库中，用户可登录在线自动监测平台查询浊度、含沙量、输沙率等数据，并可生成各类图表，进行资料整编（图 7.4-3）。此外，RTU 还自带内存（可存储 1 年以上的测量数据），可将每次测验完成的数据存储在内存中，支持现场下载读取存储的测量数据。

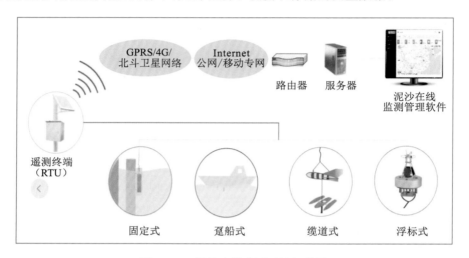

图 7.4-3　泥沙在线监测系统拓扑图

（3）系统技术方案

1）系统功能特点

①能自动采集及处理数据，根据浊度—断沙关系自动计算断面平均含沙量，支持导入断面流量数据，自动计算断面输沙率，对泥沙进行 24h 连续在线监测。

②可同时接收多个断面的泥沙含量数据，每个断面可同时支持多个测沙传感器。

③同一断面，可按泥沙含量级别（高、中、低）分别率定浊度—断沙关系，对不同泥沙含量可自动选择相应的关系计算含沙量。率定公式支持多种形式的线性关系，并可人工设定和修改。

④实时监测数据可自动传输并存储在监测中心数据库中，并可进行数据统计，生成逐日平均悬移质输沙率表和逐日平均含沙量表等符合《水文资料整编规范》的报表，与 Excel 无缝对接，同时接驳南方片整编软件，自动实现批量数据整编。

⑤支持远程双向控制仪器运行状态并且进行修改采集信号。

⑥报警信息主动上报：现场防水箱开门、断电、设备运行异常、测量值超出设定值、电压过低等信息能够主动发送到监测中心。

2）系统核心设备说明

①数据中心。

数据中心负责整个泥沙测验系统的监控，主要完成各站遥测数据的实时收集、存储以及数据处理任务，并负责将所收集的实时数据报送给有关部门。

泥沙在线监测数据管理平台见图 7.4-4。

主要特点为:网页浏览,客户端无需安装任何软件;数据保存在服务端数据库,客户端访问服务端查询和修改数据;多权限管理,管理者和访问者拥有不同的权限,便于系统的管理;后台统一升级,确保客户端任何时候使用的都是最新版本的软件;适合多用户访问;支持移动终端查询和修改数据,现场获取到数据后,可直接将数据上传至平台;软件界面友好,能兼容不同分辨率的移动设备。

图 7.4-4　泥沙在线监测系统管理平台

主要功能为:数据管理分为数据的存储及数据的访问;数据显示包括报表显示,图形显示(图 7.4-5);数据补插;数据导入;数据输出;数据后处理;报警功能。

②遥测终端 RTU。

RTU 由数据采集控制器、无线传输模块、雷击防护装置、GSM 断电控制器、太阳能供电系统和防水箱组成,系统集设备控制、数据采集、数据储存、无线通信、自我供电等功能于一体。系统的功能可通过编程定制,使系统具备了良好的开放性及可扩展性,并可自动生成系统事件日志。

另外,系统还具备远程开关功能。通过 RTU 中的无线 GSM 断电控制器,可远程控制系统的开关。这使得系统在恶劣天气(雷雨)或极端情况下,可根据用户的意愿远程控制系统是否运作,对系统运行起到很大的安全保障。在设备现场安装一套 RTU 即可把仪器数据发送至远程的监测中心,现场不需要有人管理,蓄电池充电和数据的采集发送都是自动完成的,这种方式能够解决比较偏僻的安装点无人管理的问题,适用于所有手机。

3)监测仪器(TES-91)

TES-91 的核心是一个红外光学传感器(图 7.4-6),主要是监测散射角为 90°~135°的红外光散射信号(此间散射信号稳定)并将其转化为浊度。通过数理模型计算,进一步将浊度转换成含沙量,即 TES-91 直接输出含沙量,非浊度值。

TES-91 配有一个后散射传感器和一个侧向散射器，并自带防污清洁刷以保证测量精确度。泥沙在线监测红外光学传感器散射见图 7.4-7，主要技术参数见表 7.4-3。

图 7.4-5　泥沙在线监测系统现场显示屏　　**图 7.4-6　泥沙在线监测红外光学传感器**

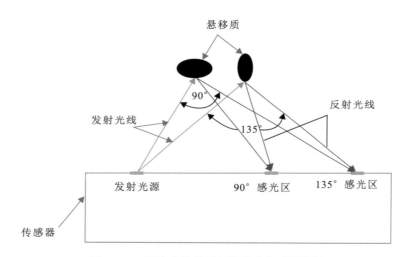

图 7.4-7　泥沙在线监测红外光学传感器散射

表 7.4-3　　　　　　　　　泥沙在线监测红外光学传感器主要技术参数

传感器原理（0～120kg/m³）	光学原理，并带自动清洗与斜率校正
测量范围	$0.001～120kg/m^3$
测量精度	读数的 5%
流速	$≤6.0m/s、19.8ft/s$
测量环境温度	0～55℃
传感器主要材料	钛合金、蓝宝石、PVC、氟橡胶等
校准	根据泥沙同质性进行多点校准
防护等级	IP68/NEMA6P

TES—91仪器特点:后向与侧向双传感器设计,对浊度进行双重测量;配备防污清洁传感器,为生物学活性水质提供高精度测量;方式可选单沙点测沙、缆道多点测沙、便携式测沙;自动计算断面平均含沙量与输沙率,24h连续在线监测;支持整合多个断面泥沙传感器数据;建立泥沙与水位、流量等相关的关系线;泥沙同质性标定与分析识别;直接生成水文规范报表,可直接参与资料整编。

（4）比测试验方法

1)仪器稳定性率定分析

人工测验含沙量（横式采样器采样,烘干法）与TES-91在线测沙同步比测,通过在线含沙量和人工测验含沙量样本建立模型。

2)在线含沙量与断面平均含沙量率定分析

在线含沙量同步与断面平均含沙量样本建立模型。

3)在线含沙量数据采集频次及计算

在线测沙每5min平均测量采集一组数据,按断沙和单沙取样起止时间,将每5min采集的数据进行平均计算,得到一份在线含沙量样本。

将TES-91在线测沙仪器示值与断沙建立的关系线节点嵌入后台程序中,按一元三点插值法实时推求在线断面平均含沙量,输出示值即为断面平均含沙量实测值,实现泥沙在线监测。

（5）结果与讨论

TES-91在线测沙仪器示值与传统人工测验含沙量相关性显著,模型符号检验、适线检验及偏离值检验,误差分析均满足要求,表明该仪器在枝城水文站测验点的性能稳定;在含沙量 0.003～0.972kg/m³ 范围内,建立的仪器示值与枝城水文测验断面平均含沙量模型关系良好,通过了3项检验和误差分析,满足《水文资料整编规范》的要求。

需要定期检查仪器设备,测量电压、检查通信,查看探头有无漂浮物缠绕,检查固定装置是否牢固、浮标船是否位移。高洪期或数据异常时加强检查巡视,随时排障排险。当仪器设备故障或关系发生变化时,要及时分析原因,调整测验方法。

7.4.2.2　基于浊度仪的含沙量快速测定技术

（1）浊度仪简介

HACH2100N浊度仪是一种可以在转换因子处于开或关的状态下进行浊度测定的仪器。仪器满足美国环保局的设计标准,并通过认证。仪器的光学系统由一个钨丝灯、用于聚光的透镜和光圈、一个 90°检测器、一个前向散光检测器和一个透射光检测器组成（图 7.4-8）。

仪器可以只使用90°散光检测器或使用全套检测器（转换因子）在浊度少于 40NTU 的情况下进行测量。当转换因子处于开的状态时,仪器的微处理器可以将每个检测器的转换信号进行数学运算。测量时使用转换因子的优点在于可以得到良好的线性关系、校准稳定性以及在存在色度的情况下进行浊度测量。

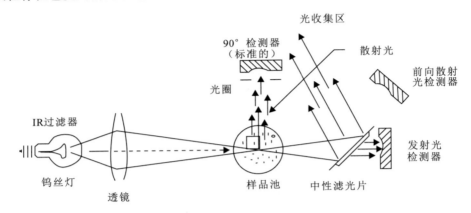

图 7.4-8　浊度仪示意图

仪器的光学系统包括一套 870±30nm 光发射二极管（LED）装置、一个 90°散射光检测器和一个 LED 检测检测器。在 FNU 测量模式下，仪器使用单一的 90°检测器可以测量高达 1000 个单位的浊度。

（2）工作原理

浊度是表现水中的悬浮物对光线透过时所产生的阻碍程度。水中的泥土、粉尘、微细有机物、浮游动物及微生物等悬浮物和胶体物都可使水中呈现浊度。HACH2100N 浊度仪采用 90°散射光原理，由光源发出的平行光束通过溶液时，一部分被吸收和散射，另一部分透过溶液，与入射光成 90°方向的散射光强度符合雷莱公式：

$$I_s = ((KNV2)/\lambda) \times I_0$$

式中，I_0——入射光强度；

I_s——散射光强度；

N——单位溶液微粒数；

V——微粒体积；

λ——入射光波长；

K——系数在入射光恒定条件下，在一定浊度范围内，散射光强度与溶液的混浊度成正比。

上式可表示为：

$$I_s/I_0 = K'N \qquad （K' 为常数）$$

根据这一公式，可以通过测量水样中微粒的散射光强度来测量水样的浊度。

（3）含沙量测定方法

通过比测率定出浊度—单样含沙量的相关关系，在允许使用的含沙量范围内，将浊度转换成单沙,再由单断沙关系将单沙转换成断面含沙量,以达到快速测定水样悬移质含沙量的目的。

7.5 临底悬沙测验技术研究

7.5.1 临底悬沙测验简介

临底悬沙是指河床床面层顶端附近,悬移质分布最低点的泥沙。临底悬沙测验既要能测到距床面 0.5m、0.1m 处的含沙量,又要尽量减少采样器对河床水流的扰动,一般有以下要求:

①采用多线多点法进行测验。

②枯季含沙量较小时,对沙样可采用同一相对水深分层混合法取样,包括含沙量水样与颗分水样,以此代表概化垂线分布。

③测深垂线应能控制河床转折点,测速垂线应能控制流速分布转折点,取样垂线布置应能控制含沙量的横向分布。

④采用 7 点法取样,相对水深以河床为零点,相对水深 η 分别为 1.0、0.8、0.4、0.2、0.1m,距床面 $r=0.5\text{m},r=0.1\text{m}$。当相对水深 0.1 与距床面 $r=0.5\text{m}$ 相同时,则改为 6 点法,即相对水深 η 分别为 1.0、0.8、0.4、0.2m,距床面 $r=0.5\text{m}、r=0.1\text{m}$。

7.5.2 临底悬沙质采样仪器改进

(1)临底悬沙质采样仪器分类

20 世纪 70 年代,在长江的部分站开展了临底悬移质泥沙测验。当时,采样器的研制工作多由测站自力更生、因地制宜,因而出现了多种型式各异的采样器,归纳起来,可分为以下几类。

1)单体铅鱼体外安装型式

20 世纪 70 年代,在奉节、寸滩等站施测临底悬移质时采用单体铅鱼体外安装型式采样器。临底悬沙质采样器中心至铅鱼底的距离为 0.1m,装在铅鱼一侧;另一采样器的中心距铅鱼底为 0.5m,装于铅鱼上方。铅鱼重量为 240~280kg,外装两个采样器后,需增大和加长尾翼,才能保持整个取样装置的稳定和平衡。此取样装置系用在卵石河床测站采集临底层水样,取样时,用锤击方法击闭器盖,使上、下两个采样器同步取样。

2)双体铅鱼(体)之间双采样器垂直安装型式

这种类型的仪器有两种型式:第一种是将上、下两个采样器装在两个扁平的铅块之间,用锤击方法取样,用于卵石河床测站采集临底层水样,原万县、朱沱站曾采用此种仪器取样。第二种型式的采样器是将垂直连接的两个采样器装在两个铅鱼之间,采用接触河底自动关闭的方法取样。为了采集垂线上其他测点的水样，这种仪器还安设了锤击开关，也可锤击取样。这种型式仪器的优点是：保持了横式采样器原有结构，取样性能无改变，采用接触河底、器盖自动关闭的取样方式，可以减少铅鱼对河床的搅动，适用于沙质河床测站应用，长江干流中游的新厂水文站应用这种仪器施测。

3）铅鱼体内安装型式

这种临底悬移质采样器，由宜昌水文站研制、应用。临底采样器为一内径为 5.3cm、长 43cm 的钢管，管顶和两侧附加流线型铅块。仪器通过河底触关方法使垂直安装的两个采样器自动关闭，同步取样。两采样器中心至河底距离分别为 0.1m 和 0.5m。另外，还安设了锤击装置，可以锤击取样。

（2）临底悬移质采样仪器需解决的问题

三峡工程蓄水后，临底悬移质测验面临新的难题。蓄水后库区淤积物状态与天然河底上的淤积物状态发生了很大的变化，蓄水后的库区流速大为减小，水流挟沙能力变弱，床面上有相当厚的细砂，短时间内不能形成紧密的沉淀物，而呈泥浆状的半流态物质。为了尽量减少采样器对河床的扰动，床面上 0.1m 和床面上 0.5m 两处的悬沙取样以使用触底开关为宜；为了减少采样器关闭对水沙扰动给成果带来的影响，上下采样器应同时关闭。在库区淤积条件下，由于床面上层是淤泥浆，触底开关需要接触床面时，床面对触底开关有一定的阻力才能实现自动关闭；而触底开关不能做得过大，否则对水沙扰动太大，测量值不真实。过去使用的采样器不能完全达到这一要求，因此对于临底悬移质采样器的构造型式必须重新思考、设计。

（3）改进后悬移质采样仪器的主要性能

分析过去采样器的构造特点，都是用横式采样器与各种形式的铅鱼来组合制造。横式采样器有由工厂定型生产、自重较轻、使用较方便的优点，在不同的水流条件下，配制不同重量的铅鱼，就可以达到取样目的。因此，新仪器研制仍然采用横式采样器与铅鱼组合的方式。选用双管垂直连接型式（河底上 0.1m 和河底上 0.5m 两管），双管可进行同步取样，双管开关联动布置，采样器器盖采用触及河底立即关闭的结构型式，可有效防止仪器放到床面后扰动河床，使测得的近底悬沙真实可靠。为减少采样器因重力下放陷入淤泥中的可能，在采样器底部加装一护板（活动的，可插卸），护板的作用主要是增大对软质床面的承压面，使之不易下陷，以防止泥浆涌入采样区域。同时，为了在不更换仪器的情况下采集垂线上其他测点的水样，仪器还加装了锤击关闭器盖设备。仪器制作完毕后按《水文测验设备设施检查规定》要求进行检查，并与常规测验仪器进行比测，各项指标均达到要求。图 7.5-1 至图 7.5-3 分别为长江水利委员会水文局上游局、荆江局、三峡局改进后的临底悬沙采样器。

图 7.5-1 长江水利委员会水文局上游局(清溪场站、万县站)临底悬沙采样仪器

图 7.5-2 长江水利委员会水文局荆江局(沙市站、监利站)临底悬沙采样仪器

图 7.5-3 长江水利委员会水文局三峡局(宜昌站)临底悬沙采样仪器

7.5.3 资料整理分析技术

（1）概化垂线流速垂直分布计算

1）同一相对水深横向平均流速计算

$$V_\eta = \sum \frac{a_i}{A} V_{\eta-i} = \sum K_{Ai} V_{\eta-i} \qquad (7.5\text{-}1)$$

式中，i——垂线（或部分面积）的序号；

η——垂线上测点的相对水深值；

a_i——第 i 条施测垂线的权重代表面积，其中 $a_1 = a_1 A_0 + A_1/2$，$a_n = a_2 A_n + A_{n-1}/2$，$a_i = (A_{i-1} + A_i)/2$，$A_i$ 为两条垂线间面积，a_1、a_2 为岸边流速系数；

A——全断面面积，$A = A_0 + A_1 + \cdots + A_n$；

K_{Ai}——面积权值，$K_{Ai} = \dfrac{a_i}{A}$；

$V_{\eta-i}$——第 i 条垂线相对水深 η 处的测点流速；

V_η——同一相对水深 η 处的横向平均流速。

2）概化垂线平均流速计算

$$\bar{V} = \sum K_\eta V_\eta \qquad (7.5\text{-}2)$$

式中，$\bar{V}$——概化垂线平均流速（即断面平均流速）；

K_η——水深权值，$K_\eta = \dfrac{h_{\eta i}}{h_\eta}$。

（2）概化垂线含沙量垂直分布计算

1）同一相对水深横向平均含沙量计算

$$C_{S\eta} = \sum \frac{Q_i V_{\eta-i}}{A V_{m-i} V_\eta} C_{S\eta-i} = \sum K_s C_{S\eta-i} \qquad (7.5\text{-}3)$$

式中，Q_i——测验垂线的代表权重流量，其中 $Q_1 = q_0 + q_1/2$，$Q_n = q_n + q_{n-1}/2$，$Q_i = (q_{i-1} + q_i)/2$，q_1 为两条垂线间部分流量；

$V_{\eta-i}$——垂线 i 相对水深 η 处的测点流速；

V_{m-i}——垂线 i 实测垂线平均流速；

$C_{S\eta-i}$——垂线 i 在相对水深 η 处的测点含沙量。

$$K_s = \frac{Q_i V_{\eta-i}}{A V_{m-i} V_\eta} \qquad (7.5\text{-}4)$$

2）概化垂线真正平均含沙量计算

$$C_{sz} = \sum K_\eta C_{S\eta} \qquad (7.5\text{-}5)$$

此处加上"真正"二字，以示与概化垂线实测平均含沙量（即断面平均含沙量）$\bar{C}_S$ 的区别。

3）概化垂线实测平均含沙量计算

$$\bar{C}_S = \sum K_\eta V_\eta C_{S\eta}/\bar{V} = \sum K'_\eta C_{S\eta} \qquad (7.5\text{-}6)$$

式中，$\bar{C}_S$——概化垂线实测平均含沙量（即断面平均含沙量）。

$$K'_\eta = \frac{K_\eta V_\eta}{\bar{V}} \qquad (7.5\text{-}7)$$

7.5.4 输沙量改正分析

（1）输沙量改正系数的计算

输沙量改正系数为综合概化曲线公式按积分法所计算的输沙量与按规范规定的方法得出的输沙量的比值，计算式为：

$$\theta_{d\langle全\rangle} = \int_A^1 \eta^{\frac{1}{m}} \left[\frac{1}{\eta}-1\right]^{z'} d\eta / X = E/X \qquad (7.5\text{-}8)$$

$$\theta_{dc(床)} = \int_A^1 \eta^{\frac{1}{m}} \left[\frac{1}{\eta}-1\right]^{z'} d\eta / X = E/X \qquad (7.5\text{-}9)$$

式中，$\theta_{d_{c(床)}}$——$d_{c(床)}$组床沙质年输沙量改正系数；

$\theta_{d\langle全\rangle}$——全部粒径 d 组床沙质年输沙量改正系数。

相对水深 A 值，一般认为是悬移质泥沙层与沙质推移泥沙层的分界点，H. A. 爱因斯坦提出 $A = \frac{2\bar{D}}{h}$（对概化垂线来说，h 应为断面平均水深，$\bar{D}$ 为近河底（$y=0.1$m）处悬移质泥沙 d_i 组的平均粒径）。对水深较大的河流，A 值是极其微小的，不妨把 A 作为一个数值微小的常数来计算，一般可取为 0。

$$E = \int_A^1 \eta^{\frac{1}{m}} \left(\frac{1}{\eta}-1\right)^{z'} d\eta = \frac{1-A^M}{M} - \frac{Z'(1-A^{M+1})}{M+1} - \frac{Z'(Z'-1)(1-A^{M+2})}{M+2}$$
$$(7.5\text{-}10)$$

式中，$M = \frac{1}{m'} - Z' + 1$。

求 X 的公式按上述建立的综合曲线公式求得，公式为：

$$X = \sum_\eta K'_\eta \eta^{\frac{1}{m}} \left[\frac{1}{\eta}-1\right]^{z'} \qquad (7.5\text{-}11)$$

X 应以临底多线多点法观测资料，按常规观测的测点计算。根据式（7.5-8）至式（7.5-11）求出的改正系数见表 7.5-1。

表 7.5-1   **各站输沙量改正系数计算结果**

测站	测验方法		$\theta_{dc(床)}$	$1-1/\theta_{dc(床)}$ /%
清溪场	选点法	三点法	1.065	6.5
万县	选点法	三点法	0.9996	−0.04
宜昌	选点法	三点法	0.9852	−1.50
沙市	选点法	三点法	1.2928	22.65
监利	选点法	三点法	1.2451	19.68

（2）年输沙量改正

在河道水流中运动的泥沙可分为冲泻质与床沙质两大类。冲泻质主要以浮游的形式存在于水流层，自河底至水面，单位水体中含量相差甚微，在床面层中为数极少，对河床的冲淤影响较小，可不修正。床沙质既可以以推移质或悬移质的形式存在于水流层，也可以以静止的形式存在于床面层，两种形式的泥沙可以相互交换、相互补给，也是临底悬移质测验的重点。如何确定划分床沙质与冲泻质的临界粒径，是在理论上争论较多、在实践中困难较大的问题。在具体的资料分析工作中运用较多的是将拐点法、最大曲率点法以及床沙粒配曲线上纵坐标 5% 相应的粒径作为临界粒径。

根据各站本次试验同步施测的床沙颗粒级配曲线，清溪场、万县、宜昌、沙市、监利平均床沙粒配曲线上纵坐标 5% 所对应的粒径除万县站小于 0.004mm 外，其他断面均在 0.1mm 附近，考虑到万县站颗粒级配分析的下限粒径为 0.004mm，因此此次分析床沙质与冲泻质的临界粒径除万县站选定为 0.004mm 外，其余各站选定为 0.1mm。

将床沙质泥沙不分多组改正，未经改正的以床沙 d_c 分组年输沙量为：

$$W'_{s-d_{c(床)}} = W'_s \times \Delta P_{d_{c(床)}} \tag{7.5-12}$$

式中，W'_s——悬移质泥沙（全沙）年总输沙量；

    $\Delta P_{d_{c(床)}}$——$d_{c(床)}$ 组床沙质年输沙量 $W'_{s-d_{c(床)}}$ 占年总输沙量 W'_s 的百分数；

    $W'_{s-d_{c(床)}}$ 未改正的 $d_{c(床)}$ 组床沙质年输沙量。

改正后的床沙质年输沙量计算：

$$W_{s-d_{c(床)}} = \theta_{d_{c(床)}} \cdot W'_{s-d_{c(床)}}$$
$$\Delta W_{s-d_{c(床)}} = W_{s-d_{c(床)}} - W'_{s-d_{c(床)}} \tag{7.5-13}$$

式中，$W_{s-d_{c(床)}}$——改正后的 $d_{c(床)}$ 组床沙质年输沙量；

    $\theta_{d_{c(床)}}$——$d_{c(床)}$ 组床沙质年输沙量改正系数；

设 W_s 与 W'_s 分别为改正后与改正前的全沙年总输沙量，则有计算式：

$$W_s = W'_s + \Delta W_{s-d_{c(床)}} \tag{7.5-14}$$

床沙质年改正量占改正前床沙质年输沙量的比值 $B_{(床)}$：

$$B_{(床)} = \frac{\Delta W_{s-d_{c(床)}}}{W'_{s-d_{c(床)}}} \tag{7.5-15}$$

床沙质年改正量占改正前全沙输沙量比值 $B_{(全)}$：

$$B_{(全)} = \frac{\Delta W_{s-d_{c(床)}}}{W'_s} \tag{7.5-16}$$

通过以上计算,各站年输沙量改正计算成果见表 7.5-2。

表 7.5-2　　　　　　　　　　各站年输沙量改正计算成果

站名	时间	年输沙量（全沙）W'_s/万 t	床沙质部分年输沙量 $W'_{s-d_{c(床)}}$/万 t	改正系数 $\theta_{d_{c(床)}}$	改正后床沙质部分年输沙量 $W_{s-d_{c(床)}}$/万 t	年输沙量改正值 $\Delta W_{s-d_{c(床)}}$/万 t	改正后的年输沙量 W_s/万 t	占改正前床沙输沙量比值 $B_{(床)}$/% $\dfrac{\Delta W_{s-d_{c(床)}}}{W'_{s-d_{c(床)}}}$	占改正前全沙输沙量比值 $B_{(全)}$/% $\dfrac{\Delta W_{s-d_{c(床)}}}{W'_s}$
清溪场	2006 年	9620	327	1.0650	348.0	21.0	9640.0	6.50	0.20
万县	2006 年	4830	2507	0.9996	2506.0	−1.0	4830.0	−0.05	−0.02
宜昌	2006 年 7—12 月	811	19	0.9852	18.7	−0.3	810.7	−1.58	−0.04
沙市	2006 年 7 月至 2007 年 3 月	1782	611	1.2928	798.0	188.0	1970.0	30.71	10.52
监利	2006 年 7 月至 2007 年 5 月	3487	2169	1.2451	2755.0	586.0	4073.0	27.03	16.82

从表 7.5-2 可以看出,万县、清溪场、宜昌站年输沙量改正系数都比较小,所改正的床沙质输沙量占全沙的比例基本可忽略不计,用常规悬移质输沙测验方法精度较高,完全可用于年输沙量测验、计算。沙市、监利站改正系数相对较大,应进一步通过试验丰富基础数据,分析实验数据的代表性,最终确定误差的性质和主要来源,得出合理的分析结论。

（3）成果合理性分析

将输沙改正成果与床沙质输沙率相关关系线比较,所得到的结论除清溪场外基本一致,即关系线斜率小于 1.0（说明临底常规法输沙率略小于临底多点法）则计算得到的床沙质改正量为正值,关系线斜率大于 1.0（说明临底常规法输沙率略大于临底多点法）则计算得到的床沙质改正量为负值,说明输沙改正成果基本合理。但两种分析手段（关系线法和输沙改正系数计算）在方法上存在一定差异,因此所得有关系数略有不同。

清溪场两种分析方法成果不一致的原因可能是由于测次较少,且又有多次测验含沙量成果不符合概化垂线公式描述的分布规律,因此计算的含沙量垂线分布公式系数代表性不好,据此求得的输沙量改正值可能不够准确。至于沙市及监利站从输沙量比较来看相差不大,但床沙改正系数相对较大,原因可能也是所采用含沙量分布公式对实际分布情况的代表性不好,为探究这些问题的原因,研究各个测站含沙量沿垂线分布的规律特点,使分析成果更加合理可靠，应进一步进行试验观测，特别是高含沙量情况下的观测，丰富基础资料。

7.6 推移质测量技术研究

7.6.1 推移质运动特性

河流中的推移质泥沙一般指沿河床以滚动、滑动、跳跃形式运动的泥沙，这部分泥沙经常与床面接触，运动着的泥沙与静止的泥沙经常交换，运动一阵，停止一阵，呈间歇性向前运动，前进速度较水流小很多。一般可以把河流泥沙分为悬移质、推移质和床沙，但从河床到水面，泥沙的运动是连续的。推移质泥沙与悬移质具有不同的运动状态，遵循不同的运动规律，推移质与悬移质、推移质和床沙之间均可相互转化，在同一水流条件下，推移质中较细的部分与悬移质中较粗的部分，构成彼此交错状态，就同一粒径组来说，泥沙在某一河段可能表现为静止不动的床沙，也可能在不同的水流条件表现为推移质或悬移质运动。推移质的间歇运动实质上是泥沙颗粒在不同时期，分别以推移质及床沙的面貌出现，当它转化为床沙时就出现了间歇，在水流较强时一部分床沙也可转化为推移质。

影响推移质运动的因素主要有河段的水力条件（流速、比降、水深等）、河床组成（床沙颗粒大小、形状、排列情况等）以及上游泥沙补给等。这些因素中，任何一项发生变动都会引起推移质输沙率的变化，相同的水力条件下，输沙率可能相差几倍、几十倍甚至上百倍。推移质运动是一个随机现象，随时间脉动剧烈，即使在水力条件和补给条件基本不变的情况下，也是忽大忽小的。推移质输沙率变化与流速的高次方成正比，因此推移质输沙量主要集中在汛期，特别是几场大洪水过程中。河道上推移质输沙率横向分布也非常不均匀，一般是某一部分运动强烈，而在其他位置推移质输沙率却很小，甚至为零，推移质强烈输移的宽度远比河宽小得多，有明显的成带输移特性。

由于推移质运动极其复杂，特别是推移质泥沙又主要集中在洪水期间输移，其间洪水浑浊，水势凶猛，导致推移质测验难度较大，至今仍是世界各国江河泥沙测验的薄弱环节。虽然在河流中，推移质与悬移质泥沙相比较数量相对较少，但推移质泥沙带来的危害比悬移质泥沙有过之而无不及。为尽量避免或减轻推移质带来的危害，弄清推移质输沙量及其运动规律尤为重要。虽然目前确定推移质输沙量的方法主要有水槽输沙实验、推移质输沙率公式计算和现场测验3种，但采用直接现场测验方法迄今仍然是确定推移质输沙率的一种不可替代的方法。

7.6.2 推移质测验技术

目前国内外推移质测验方法较多，概括起来可分为直接测验法和间接测验法两类。

7.6.2.1 直接测验法

直接测验法分为器测法和坑测法。器测法是将利用一种专门设计的机械装置或采样器直接放至河床直接测量推移质沙样的方法。坑测法是在河床上沿横断面设置若干个固定式测坑或测槽来测验推移质的方法。目前,世界各国使用的直接测验法采样器种类繁多,归纳起来,主要有网篮式、压差式、盘盆式和槽坑式 4 种类型。国内外有代表性的采样器见表 7.6-1。

表 7.6-1   **国内外有代表性的采样器**

类别	型号	主要尺寸/cm			总重/kg	平均效率/%		适应范围			研制单位
		口门 宽	口门 高	总长		水力	采样	水深	流速	粒径	
网篮式	Y64	50	35	160	240	89	8.62	<30	<4.0	8～300	长江委
	Y802	30	30	120	200	93		<30	<4.0	1～250	长江委
	AWT160	50	40	200	250			<5.0	<4.0	5～450	成勘院
	MB2	70	50	340	734	90		<6.0	<6.5	5～500	四川水文局
	Swics Federal Anthaity							45	<2.0	10～50	瑞士
压差式	AYT300	30	24	190	320	102	$48.5G_A^{0.058}$	<40	<4.5	2～200	长江委
	Y78-1	10	10	176	100	105	61.4	<10	<2.5	0.1～10	长江委
	Y90	10	10	180	250	102		<30	<4.0	<2.0	长江委
	HS	7.62	7.62	95	27	154	100			0.25～10	美国
	TR2	30.48	15.24	180	200	140				1～150	美国
	VUV	45	50	130		109	70		<3.0	1～100	
盘盆式	Polyaksn						46		<2.0	<2.0	苏联
槽坑	东汉河装置						100	小河		<10	美国
	坑测器	变动						<10.0	<2.0	<2.0	江西水文局

（1）网篮式采样器

该仪器通常用于施测粗颗粒推移质,如卵石、砾石等。仪器由一个筐架组成,除前部进口处,两壁、上部和后部一般由金属网或尼龙网所覆盖,底部为硬底或软网,软网一般由铁圈或其他弹性材料编制而成,以便较好地适应河底地形变化。国外有代表性的采样器主要有瑞士的 Swics Federal Anthaity 采样器,国内有代表性的主要有水利部长江水利委员会研制的 Y64 型采样器（图 7.6-1）、Y802 型采样器（图 7.6-2）,成都勘测设计研究院研制的 AWT160 型采样器以及四川省水文局研制的 MB2 型采样器。

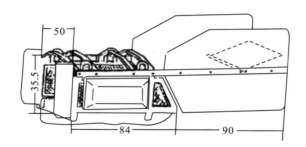

图 7.6-1　Y64 型卵石推移质采样器示意图(单位:cm)

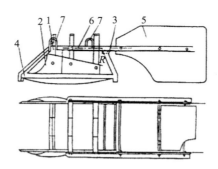

图 7.6-2　Y802 型采样器示意图

1—框架;2—加重铅;3—背网;4—底网;5—尾翼;6—连杆;7—吊环

（2）压差式采样器

压差式采样器主要是根据负压原理,将采样器出口面积设计成大于进口面积,从而形成压差,增大进口流速系数。国外有代表性的采样器主要有 VUV 型采样器、HS 型采样器;国内有代表性的主要有水利部长江水利委员会研制的 Y78-1 型采样器(图 7.6-3)、Y90 型采样器、AYT 型采样器(图 7.6-4)。

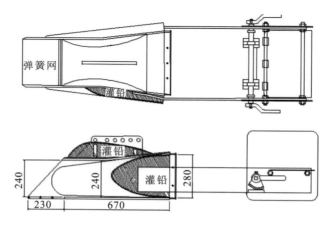

图 7.6-3　Y—781 型采样器示意图(单位:mm)

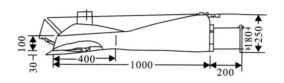

图 7.6-4　AYT 型采样器示意图(单位:mm)

（3）盘盆式采样器

盘盆式采样器有开敞式和压差式两种。仪器的纵剖面为楔形。推移质从截沙槽上面通过,并被滞留在由若干横向隔板隔开的截沙槽内。代表性的采样器主要有 Polyakov 采样器和美国的 SRIH 采样器。

（4）槽坑式采样器

将一些槽形或坑形的机械装置沿横断面装在河床上,使运动的推移质泥沙落入滞留的槽或坑内,在一定时间后取出沙样,并分析决定其输移量和颗粒级配。代表性的有美国东汉河槽式采样器和我国江西省赣江蒋阜水文站的坑测采样器。实践表明,该类仪器只适合水浅、流速低的小河道使用。

7.6.2.2　间接测验法

（1）沙波法

沙波法是根据河底沙波要素的测量来确定推移质输沙量,适用于河底沙波形成情况较好的河道。当河床形状为沙波形式时,可通过对比沙波纵断面图来确定某时段内泥沙移动的体积。如河床出现沙波,可以采用沿河流纵剖面测深的方法,测出沙波形状和有关参数如沙波平均运动速度、波高、波长,然后用计算的方法求出单宽输沙率。

用沙波法确定河道推移量时有以下假定:

①沙波向下游传播时,假定其形状不变,即使其形状有变化,也可以统计一个不变的平均值。

②沙波迎水面被冲刷的泥沙,全部在背水面淤积,其体积相等。

③在测验河段内布置多条和水流方向相同的航线施测沙波,得出每条垂线的单宽推移质输沙率,然后用这些垂线输沙率计算全断面的输沙率。

（2）体积法

如果一些水库淤积物主要由推移质堆积形成,那么定期采用测量方法(地形法、断面法或混合法)对河口淤积的三角洲或水库的淤积物测量体积,从而推算推移质输沙率。使用本

557

方法的前提是要弄清淤积泥沙的主要来源,在计算推移质输沙率时,必须将其他来源的沉积泥沙数量以及悬移质淤积数量从淤积体中扣除。使用体积法,若推移质输沙率不大,那么两次测量间隔就需要较长的时间,且此法只能得出某时段的总推移质量,不能得出推移质输沙率的连续过程,一般只适用于回水末端位置比较固定、库尾三角洲推移质淤积十分典型的水库。

（3）差测法

该法是在河流中选择两个断面:一个断面有推移质和悬移质两种泥沙运动,另一个断面利用人工或自然紊流,使所有泥沙转化为悬移质。在这两个断面同时施测悬移质泥沙,紊流断面的悬移质泥沙量减去上一个断面的悬移质泥沙量,即为上一断面的推移质泥沙量。使用差测法时,推移质沙粒粒径应小于2mm,两断面之间应有稳定的推移质输沙率出现。

（4）光测法

如果从水面可以清楚看到河床,则可以使用照相技术,得出推移质的运动轨迹。在大颗粒泥沙运动时,可以采用声学传感器和记录设备测量推移质运动轨迹,以此来推算推移质输沙率。此方法适用性较差,要求河流的浑浊度较低、水深浅、泥沙颗粒大,且对仪器设备的精度、维护均要求较高。

（5）示踪法

示踪法是利用示踪粒子探测推移质运动的一种方法,原理是将示踪物质对泥沙颗粒进行化学或物理学上的处理,使沙粒具有示踪物质的特性,这种沙粒称为示踪粒子。此方法常与稀释法同时使用,在河流上游某断面将示踪粒子投入河中,经过一段距离后由于水流的紊动作用,示踪粒子和床面上的泥沙充分混合,再选择一个断面测取推移质沙样,用仪器检测示踪粒子的数量和运动速度来计算推移量。常用的示踪物质有荧光、放射性同位素和稳定性同位素。

（6）岩性调查法

推移质泥沙是流域岩石风化、破碎,经水流长途搬运磨蚀而成的,其岩性（矿物成分）与流域地质有关。如果知道某一支流的推移量,而此支流的推移质岩性又与干流和其他支流的岩性有显著差别,就可以通过岩性调查,求出干流和其他支流的推移量。

（7）ADCP测量法

采用ADCP技术,在测量流速的同时,利用底部跟踪和反向散射功能测量推移质的运动速度,以此来推算推移质输沙率。Gaeuman和Jacobson在密苏里河（Missouri River）采用ADCP测量过推移质运动。ADCP测量法是近几年发展起来的推移质测验新技术,目前尚处在研究阶段。

（8）声学法

在大颗粒泥沙运动时,采用声学传感器和记录设备,测量颗粒之间相碰撞的声音。该方法的主要设备是音响器,利用音响器将颗粒碰撞声音的强度放大并记录。国内外均有单位进行了音响器的研制。音响器虽然可以辨别有无推移质运行,但如何将声音的频率转化为推移量,目前还没有一种比较完善的仪器,音响器只能作为施测推移质的辅助设备。

7.6.3　推移质测验技术在长江河道的适应性分析

长江河道,断面平均水深一般变化在 10~40m;水流速度一般变化 0.5~5m/s;河宽一般变化在 300~11000m;推移质级配较宽,粒径一般变化在 0.031~300mm;汛期河水浑浊;洪峰涨落剧烈,洪峰过程持续时间较长。这些特点决定了需要根据长江水沙条件和观测要求,选择合适的测验方法。

(1)测坑法

该法需要在横断面上布设测坑,这种方法多用于洪水涨落快的小河或溪沟,而长江属于大江大河,汛期水位一般较高,很难在横断面上布设测坑。即使汛初在洲滩上能勉强布置测坑,如 1960 年在长江上游寸滩水文站右边滩上布置了 3 个测坑,几何尺寸分别为 20m×2m×1.5m、15m×2m×2m、10m×2m×2m。由于这些测坑一个汛期均没有露出水面,不能弄清坑内推移质淤积过程,也就没办法弄清推移量变化。汛后退水后,每个坑都淤满了,也无法弄清是何时淤满的,故坑测法在寸滩站没有试验成功。

(2)沙波法

该法主要用于沙质河床上的推移质测验,由于不易形成有规则的沙波,加上沙波法自身有一些参数至今还无法确定,故该法用于推移质测验比较困难。

(3)差测法

由于需要采用人工的或自然的紊流的方法,将推移质转化为悬移质,故只适应于小溪或小河的沙质推移质测验。

(4)体积法

一般只适用于水库回水末端位置比较固定,库尾三角洲推移质淤积十分典型的水库。

(5)声学法和光测法

主要用于水浅、水清且流速低的小河或小溪沟,野外成功的实例不多,用于大江大河更没有先例。但作为测验理念较先进的方法,今后有进一步研究的必要。

(6)示踪法

示踪法也是一种较先进的推移质方法。1964 年,将同位素 Zn65 装入卵石中,在长江寸滩水文站开展了示踪标记卵石运动试验。由于示踪法需要在断面下游观测收集施放的示踪颗粒,故一次洪水过程后,下游河床或洲滩需露出水面,同时因每次施放的示踪颗粒有限,像长江这样的大江大河,由于卵石颗粒相互掩埋作用,下游河床很难找到示踪颗粒。试验表明,寸滩站采用示踪法观测卵石推移质,效果不理想。此外,放射性同位素还存在污染环境的问题。示踪法不能作为常规观测方法。

（7）岩性调查法

该法原理清楚，在缺乏实测推移质资料的情况下，可以在短时间内根据野外岩性调查资料推算出河流各支流的推移质相对来量。当已知某支流的绝对推移量时，即可推得其他支流的绝对数量。岩性调查法用于长江推移质的研究始于 1960 年，当时为了查明长江卵石的来源与数量，南京大学地理系分别在宜宾—长寿河段和金沙江、岷江、嘉陵江、沱江等支流进行了 25000 颗卵石的岩性鉴定，统计了它们的岩性组成，并根据各支流卵石岩性组成及汇入后对川江卵石岩性组成的影响程度，定性分析了各支流卵石推移质的相对来量，认为长江宜宾—长寿河段卵石首先来源于金沙江，其次来源于岷江、嘉陵江。1974 年继续调查了长江岩性，定量计算出长江三峡进口段与出口段卵石推移质的来源。1966 年，长江流域规划办公室科学院河流室与长江流域规划办公室水文处再次对长江及主要支流金沙江、岷江、沱江、嘉陵江、乌江、清江等河流的卵石推移质进行了大量研究，统计了约 3 万颗卵石的岩性，开始按不同粒径级算出长江及主要支流的卵石岩性百分数，并根据岩性统计资料定量地计算了长江主要支流的卵石来量和南津关出峡的卵石量。1981 年，林承坤等对葛洲坝沙砾推移质的来源及数量进行了调查，认为宜昌站长江葛洲坝沙砾石推移质中大部分来源于奉节—宜昌，特别是黄陵背斜地区。岩性调查法虽在长江得到了成功运用，对了解长江推移质来源具有重要作用，但该方法工作量很大，得到的结果只能大致反映多年平均情况，不能反映推移质变化过程，同时，当调查河段较长时，由于不同种类岩性卵石的磨损研究尚不充分，对成果精度有较大影响，在这方面需要开展进一步研究。

（8）器测法

将推移质采样器放至河床直接测取推移质沙样，取样过程方便、灵活、直观，适应的河道条件和水沙条件较其他方法较宽，一般可在需要推移质资料的地点取样，可以测出推移质输沙率的横向分布和断面推移率，当测次能控制推移质输沙率变化过程时，可以得出某一测站的月、年推移量和各项特征值。基于上述优点，器测法是目前国内外应用最为广泛的方法，也是长江推移质泥沙基本测验方法。该法也存在不足之处：一是测验工作量仍然较大；二是采样器还不完善，有的采样器采样效率较低，甚至还没有可供使用的采样效率；三是采样器阻水较大，在高洪条件下存在不能下放到河底现象，影响到大输沙率资料的正常收集；四是测验及资料整理整编方法还需进一步完善。

鉴于器测法是推移质的主要观测方法，故推移质观测技术研究主要是围绕器测法进行的。

7.6.4 基于 ADCP 的长江口推移质运动遥测技术

（1）研究背景

胡浩、程和琴等利用 ADCP 底跟踪技术遥测了长江河口北港段推移质运动过程，并对推移质运动状态进行了分段研究。

河流、河口和近岸地区的推移质运动研究一直是泥沙运动力学中最复杂难解的课题之一。目前,常见推移质运动研究手段有人工示踪沙试验方法、地形地貌和沙波反演方法,以及传统采砂器测量方法。从总体上看,大部分方法反演周期长或破坏现场水流结构,误差较大。受研究手段的限制,现有推移质运动研究成果都是概化理论研究和水槽试验得到的理论或半理论公式,有必要研发一种实时推移质运动的遥测技术。

ADCP是一种推移质运动遥测的新方法,其底跟踪功能曾被成功应用于推移质运动研究,多集中于粗砂和砾石质河床的单向河道。因此,本节针对长江河口北港粗粉砂至极细砂质河床,利用 ADCP 遥测技术进行河口推移质运动研究。

(2)遥测原理

1)底跟踪测量推移质原理

基于 ADCP 底跟踪功能进行河口推移质遥测,即由探测器单独发射声波信号探测底部河床。船舶航行时,在底跟踪数据有效以及床面保持为静止条件下,将底跟踪数据视为船速;而当水流高流速条件下床面存在推移质运动时,底跟踪脉冲信号存在偏斜,该偏斜为推移质运动视速度(v_a),可由底跟踪速度(v_{BT})连接 DGNSS(全球差分定位系统)速度(v_{DGPS})求得:

$$v_a = v_{DGPS} - v_{BT} \tag{7.6-1}$$

2)底跟踪脉冲长度与观测体积

脉冲长度是指 ADCP 发射音鼓振动持续时间与水中声速的乘积,其长度直接影响底跟踪量测水平。ADCP4 个换能器与中心垂线向外夹角为 20°,故底跟踪脉冲自 ADCP 探头发射至底床形成的投射面积为观测面积,也为底跟踪信号来源的范围。当近底区有悬浮颗粒存在时,亦会造成声波散射,使底跟踪信号来源范围向上方近底区扩充涵盖某一高度,形成一观测体积。C. S. Rennie 提出两项确保最佳信号质量和最大信号强度的假设,来估算观测体积高度。

利用底跟踪测量推移质运动时,由于观测体积涵盖近床区悬浮颗粒,脉冲长度的增大将造成观测体积高度的增大,悬浮颗粒散射信号所占比例随之增大,从而使测量的推移质运动速度有偏高趋势(因悬浮颗粒速度通常较大);然而,脉冲长度增大亦会使底床反射信号数量增多,一定程度上降低了数据的不确定性。

(3)数据采集及预处理

1)数据采集

采用美国 RDI 公司 1200 kHz Work Horse ADCP 对长江河口北港河道上段(图 7.6-5)进行连续 26h(2012 年 6 月 6—7 日)定点采集。由于测点位于潮汐河口,流速及水深变化范围较大,因此采用适应能力最强且最稳定的 WM1 水跟踪模式;底跟踪模式也采用适应能力较强的 BM5 模式。测量时,ADCP 通过缆绳捆绑于船体的右侧靠近船头位置,入水深度

1m，水深单元厚度取 25cm。同时，使用差分全球定位系统获取船速。

采用蚌式采泥器采集沉积物，并用聚乙烯塑料袋（保鲜袋）密封盛放，使用 mASTER SIZER 2000 型激光粒度分析仪进行沉积物颗粒粒度分析。

2）数据预处理

由于转流时段船体运动剧烈，导致纵、横摇角度过大，产生较大误差，势必影响数据的准确性，本书重点研究流速较为持续、稳定时段内的推移质运动过程。提取 4 个时段（落潮 1 测量时长为 6.25h，涨潮 1 为 2.5h，落潮 2 为 6.25h，涨潮 2 为 2.5h）进行分析，见图 7.6-6。

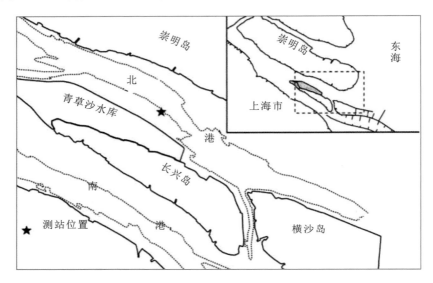

图 7.6-5 长江口北港自然地理概况及测量位置

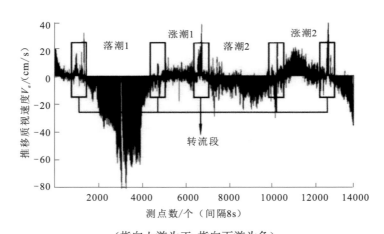

（指向上游为正，指向下游为负）

图 7.6-6 测量位置推移质视速度过程

（4）分析方法

本书将推移质运动状态分成 3 个阶段：①无推移质运动状态，无泥沙起动；②部分推移质运动状态,床面部分泥沙进入起动状态;③普遍推移质运动状态,床面泥沙基本处于全部起动状态。

泥沙起动判别条件可以用流速、拖曳力或功率来表示。由于水力坡降在野外测量中较难获取且现有手段获得坡降值误差较大,而 ADCP 可以直接获取垂线平均流速,本书采用起动流速方法作为推移质运动状态的判别条件。根据采样点底床表层泥沙中值粒径 D,采用窦国仁黏性泥沙起动流速公式。

将垂线平均流速 U 与起动流速 U_c 比较以判断床沙起动状态,进而判别推移质运动状态。当 $U<U_{c1}$,无推移质运动状态;当 $U_{c1}<U<U_{c2}$ 时,部分推移质运动状态;当 $U>U_{c2}$ 时,普遍推移质运动状态。U_{c1} 和 U_{c2} 分别是泥沙颗粒处于轻微起动临界状态的起动流速和处于普遍起动状态时的起动流速。

(5)结果与讨论

1)床沙粒径

床沙中值粒径 $D_{50}=0.096$mm,为极细砂,其累积频率曲线表现为单峰型,其中粉砂占 29%、极细砂占 41%、细砂占 30%(图 7.6-7),因此该测点为粉砂至极细砂质河床。

2)起动流速

落潮时段水深 h_e 小于涨潮时段水深 h_f,而起动流速 U_c 为水深 h 的增函数,因此落潮时段起动流速小于涨潮时段起动流速。落潮时,个别泥沙起动流速为 68~79cm/s,普遍泥沙起动流速为 104~122cm/s;涨潮时,个别泥沙起动流速为 77~83cm/s,普遍泥沙起动流速为 118~128cm/s。

由于落潮时段垂线平均流速普遍大于涨潮时段垂线平均流速,且落潮时段起动流速小于涨潮时段起动流速,因此同一地点落潮时段泥沙更易起动,且推移质运动视速度较大。

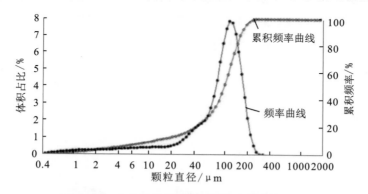

图 7.6-7 北港底沙的频率曲线和累积频率曲线

3)推移质运动视速度

①推移质运动状态划分。

以起动流速为临界值划分推移质运动状态。由于起动流速随水深变化而改变,为了保持实测数据序列的完整性，本书统一取上临界值。

a. 潮时段（图 7.6-8（a））。U_{c1} 和 U_{c2} 取上临界值，分别为 83cm/s、128cm/s；将涨潮划分为两个阶段：无推移质运动段（$U<83$cm/s）和部分推移质运动段（$83<U<128$cm/s）。

b. 落潮时段（图 7.6-50（b））。U_{c1} 取 70cm/s（U_{c1} 上临界值为 79cm/s，但是由于该时段内 U 均大于 70cm/s，介于 U_{c1} 的取值范围，故为以下处理数据方便，取 70cm/s），U_{c2} 取上临界值 122cm/s，将落潮划分为两个阶段：部分推移质运动段（$70<U<122$cm/s）和普遍推移质运动段（$U>122$cm/s）。

②无推移质运动状态。

当涨潮时段内 $U<83$cm/s 时（图 7.6-8（a）），底床处于无推移质运动状态，理论推移质运动速度应该等于零，而实测推移质运动视速度在该状态下基本介于 $0\sim4$cm/s，平均值为 1.5cm/s，说明推移质运动速度有被高估的趋势。推移质运动视速度方向以指向上游为主（图 7.6-9），与其对应潮流方向一致，由此可见，推移质运动视速度在沿流速方向被高估。

流速变化会带动近底悬沙运动的变化，无推移质运动状态时，垂线平均流速与推移质运动视速度线性相关系数 R^2 仅为 0.02（图 7.6-8（a）），说明两者无相关性。侧面反映近底悬沙对推移质运动速度的高估值维持不变。

③部分推移质运动状态。

当涨潮段内 $83<U<128$cm/s 和落潮段内 $70<U<122$cm/s 时，底床处于部分推移质运动状态，推移质运动视速度介于 $2\sim15$cm/s。垂线平均流速与推移质运动视速度呈现指数相关，相关系数 R^2 分别为 0.43 和 0.39（图 7.6-8）。北港中上段大潮期间，涨、落潮都存在推移质运动，说明北港在大规模圈围工程后仍存在"双跳跃"现象。

部分推移质运动状态，是泥沙从不起动向普遍起动的过渡段。在该阶段内，随着水流速度增大，底床起动颗粒数增大，即脉冲观测面积内动床部分面积占总面积比例增大，因此致使垂线平均流速与推移质运动视速度呈现指数相关。

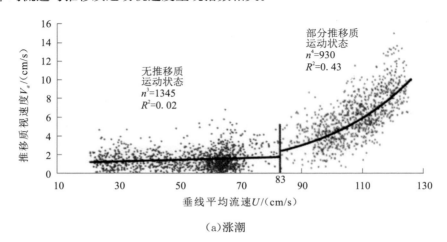

（a）涨潮

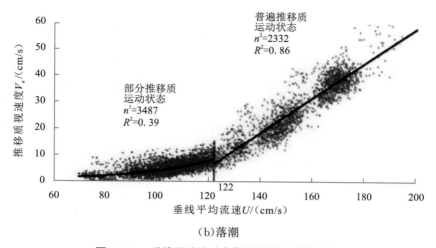

(b)落潮

图 7.6-8 垂线平均流速与推移质视速度相关性

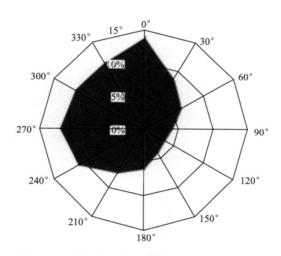

图 7.6-9 涨潮段无推移质运动方向频率玫瑰图

④普遍推移质运动状态。

当落潮段 $U > 122\text{cm/s}$ 时(图 7.6-8(b)),底床处于普遍推移质运动状态,推移质运动视速度在该数据段介于 $10 \sim 70\text{cm/s}$,平均值达 27.5cm/s。垂线平均流速与推移质运动视速度呈现显著的线性相关,相关系数 R^2 达到 0.86。已有野外实测资料证实了推移质运动视速度能够达到这一范围。

⑤误差分析。

基于 ADCP 遥测推移质运动的误差主要由 DGPS 系统误差、罗盘误差、倾斜误差和仪器噪声组成,其中仪器误差为主要误差来源。此外,受观测体积的限制,近底悬沙亦会对底跟踪信号产生影响。

在无推移质运动条件下,本书从理论出发,得出在长江口北港中上段为极细砂河床,近底悬沙对推移质运动速度产生 1.5cm/s 的高估,这可能与此次野外测量所选取的底跟踪脉冲长度和长江口浊度较高有关。本次测量底跟踪选取默认值 $R20$,即脉冲长度为水深的20%,同时采用 C. D. Rennie 提出的两项假设,则底跟踪观测体积高约 1m。由于长江口浊度较高,悬浮颗粒散射信号所占比例较大,因而使测量的推移质运动速度有偏高趋势,脉冲长度选用需谨慎。

当存在推移质运动时,已有传统采砂器、ADCP 以及经验公式的对比研究表明,推移质运动速度有沿流速方向被高估趋势,且随着流速增大,高估趋势越明显。这是因为随着流速增大,近底再悬浮强烈,悬沙浓度增大,对底跟踪信号的影响也随之增强,表现为对推移质运动速度的高估加剧,但尚不能定量确定高流速状态下悬沙浓度对底跟踪信号的影响。

4)推移质单宽输沙率公式

推移质运动速度的单宽输沙率公式:

$$g_b = \int_0^{h_{\bar{z}}} c_z u_z \mathrm{d}z \cong v_s h_s c_s \tag{7.6-2}$$

式中,g_b——单宽输沙率;

h_s——推移质层厚;

c_z 和 u_z——推移质层内 z 处沉积物浓度和运动速度;

c_s 和 v_s——推移质层垂线平均浓度和平均运动速度。

现已有很多关于推移质层厚(h_s)的研究,因此较易获得;垂线平均浓度 c_s 可根据活动层的空隙率求解。底跟踪脉冲信号穿透底床厚度值仍未知,视 v_s 为推移质层平均运动速度,$v_a = v_s$,就可求得基于 ADCP 测量数据的单宽推移质输沙率。

现已有多人根据此公式,得出推移质输沙率与经验理论和传统采砂器结果对比,验证了该公式计算推移质输沙率的可行性。因此,该输沙率公式可用于基于 ADCP 测量数据的河口推移质输沙率快速定量。

（6）小结

ADCP 底跟踪技术可以用于遥测河口推移质运动连续过程,该方法采用非侵入式手段,不干扰现场水流结构,洪季测量安全隐患低。将其应用于长江河口北港粗粉砂至极细砂质河床推移质运动研究,结果表明,近期大面积圈围工程后,北港底床在大潮期间仍存在"双跳跃"现象,推移质运动速度最大可达 70cm/s;在低流速条件（无推移质运动状态）下,推移质运动速度误差主要受近底悬沙影响,沿流速方向高估 1.5cm/s,且误差在该状态下不受流速变化（近底悬沙变化）影响;在部分推移质运动状态下,推移质运动视速度与垂线平均流速存在指数相关性;在高流速条件（普遍推移质运动状态）下,推移质运动视速度与垂线平均流速线性相关性显著,且推移质运动速度误差将随流速变化而改变,但尚不能确定误差值大小;底跟踪脉冲长度制约测量数据准确度,需根据现场条件调整至最优尺度;同时,基于 ADCP 测量数据的推移质单宽输沙率公式合理有效,可以用于河口推移质输沙率的快速定量。

7.6.5 基于走航式 ADCP 的推移质移动地带边界确定技术

依据走航式 ADCP 在"运动河底"条件下底部跟踪速度跟外接精确的 GNSS 系统测流速度相互比较的方式,丁良卓、邓颂霖、陈德保提出利用 ADCP 处理软件中的复合航迹和编写 ADCP 流速软件提取流速比较确定边界的两种方法,并且在枝城水文站测验中取得了很好的效果。

7.6.5.1 推移质移动地带的边界确定原理

(1)"运动河床"和"运动河底"成因分析

1)高含沙量

ADCP 是采用底部跟踪的原理来测量测船航速,当洪水期含沙量较大时,水体对声波能量的反射和吸收都增加,在离换能器较近的区域,回波强度增大。但在离换能器较远的区域,回波强度衰减很快至本底噪声,从而使 ADCP 不能根据回波强度沿深度变化曲线在河底处突起的峰值来识别河底,甚至不能识别底部部分与水深,简称"运动河床"。

2)河底推移质移动

河底床沙在高速水流时会随水流迁移形成推移质。这种存在于河床底部运动的推移质,即使船不动也导致底部跟踪速度的存在,从而使 ADCP 自身的对地运动速度(ADCP 假定河床是不动的,以河底为参照物)错误。这种错误将直接影响水流速度相对变小从而影响流量的大小,简称"运动河底"。根据"运动河床"或"运动河底"导致测验流量跟实际流量偏小的原因,即底跟踪速度都小于实际水流速度,本书提出依据底部跟踪速度跟外接精确的 GNSS 系统测流速度相互比较的方法确定推移质边界。该方法在枝城水文站测验中取得了很好的效果。

(2)"运动河床"和"运动河底"判断方法

将测验船驶到断面流速最大的区域附近锚定,以 ADCP 进行测验。在 ADCP 处理软件中打开显示航迹线图功能,并收集至少 10min 数据,检查底跟踪(BTM)航迹线,如果会向河流上游移动,则说明有"运动河底"存在。如果河流的含沙量高,则还需要通过在 ADCP 测量配置文件的"Direct Commands"段中加入特殊命令加以判断改正(软件版本不同,设置有差异)。重新打开 ADCP 收集数据,此时如果 BTM 航迹线上移消失,说明是由高含沙量引起的。

7.6.5.2 走航式 ADCP 在确定推移质移动地带的边界方法

(1)复合航迹法

由于"运动河底"的存在,使 BTM 航迹向上游偏移;同时,由于采用外接 GNSS 和罗经,测得无"运动河底"干扰的 GGA 航迹。当每次流量测验完成时(为了降低测验误差,一般 ADCP 在断面上来回各测验一次),依次打开"Winriver 回放模式—查看—船迹—复合航迹"。根据存在"运动河底"BTM航迹才发生偏移的事实，再打开"设置—文件分段"，分别将ADCP测验来回从最后一组数据号截到两航迹初分叉为止。

以枝城水文站2009年8月6日测验为例。最后将数据号截后Winriver回放软件显示的"导航—GPS位置"数据写入本站高斯投影换算表中即得到左右岸的推移质边界位置，本例边界为392～953m。本书用复合航迹法与试探法进行了9次比测，测验按水位级均匀布设。结果表明：两者推移质运动边界范围在流量为26300m³/s以上时基本一致，左岸最大偏差为90m，右岸最大偏差为160m（偏左岸）；当流量小于此流量时"动底"不明显，此方法失效。

（2）流速比较法

根据"运动河底"导致测验流量与实际流量偏小是因为ADCP底跟踪速度小于实际水流速度的缘故，编写ADCP流速提取软件，其将ADCP在GGA模式和BTM模式下相对水深1.0处的流速分别提取比较。软件将ADCP在GGA模式和BTM模式各"输出ASCII数据文件"结合测验时设置的配置文件，按起点距一定范围平均处理的原则（消除垂线流速脉动的影响、船速以及ADCP脉冲间距等），依据垂线相对水深输出5点流速（ADCP上层和底层未测区域流速用1/6指数曲线插补），比较两者流速大小做出推移质边界判断。以枝城水文站2009年8月6日测验为例。根据测验船速和ADCP相关设置，本次各垂线（从200m至1100m在固定垂线间每隔50m加一垂线）流速平均处理值为2.5m/s，将各垂线平均流速提取并绘制GGA模式和BTM模式河底流速（相对水深1.0m处）。从起点距300～1100mGGA模式和BTM模式河底流速存在着明显的差异，表明此期间为该次推移质测验的边界，同时可知可能在350m、450～800m以及1000m左右存在着强推移质运动——卵石推移质。该结果与试探法测试的结果很吻合。本书用此方法进行了9次比测，测验按水位级均匀布设，流量为8750～39900m³/s。比测结果发现：推移质运动边界全部与实测吻合，可能强推移质垂线数目大于实测垂线数目，主要出现在起点距500m附近（实际测验中没有取到卵石），这主要是因为该处河床面复杂，致使卵石采样器口门不能较好地伏贴河床。

7.6.5.3 小结

本书由"运动河床"或"运动河底"导致ADCP底跟踪速度小于实际水流速度，提出了两种确定河流推移质运动边界的方法，并且在枝城水文站实际测验中取得了很好的效果。

（1）复合航迹法

该种方法简单，不需要借助其他的工具，实地操作性强；但是，受到"运动河床"或"运动河底"运动强度的巨大影响，同时也受操作人员的主观影响较大。

（2）流速比较法

该种方法准确、翔实，特别是对卵石推移质效果更加明显，可以大大地缩短测验时间，降低工作强度。

7.6.6 基于高悬点、无拉偏缆道的推移质测验技术

刘德春、易定荣等在乌江武隆站高悬点、无拉偏缆道上,从采样器在床面及出入水的稳定性、是否拖刮河床,以及偏离断面等方面对推移质测验的可靠性进行了试验;在此基础上,进一步测试了推移质断面输沙率。试验结果表明,在缆道高悬点、无拉偏条件下,AYT型采样器在中、低水位测验时效果较好,但高洪水位时可靠性难以保证。该成果对指导山区性河道推移质测验有重要意义。

(1)采样稳定性及可靠性试验

不同类型采样器的适用条件是不同的。为研究AYT型采样器在缆道高悬点,无拉偏条件下采样的稳定性、可靠性,选择武隆站起点距110m、130m两条垂线,进行了以下几个方面试验。

1)采样器出、入水稳定性试验

观测采样器出、入水情况,如果采样器出、入水时出现打横、左右摆动等现象,说明采样器导向性不好,采样时测点位置就难以准确控制,采集的砾卵石样品代表性、可靠性就差。从测试情况看,AYT型采样器出、入水比较稳定。

2)采样器在床面的稳定性试验

将采样器缓慢下放并搁置在床面上,观察悬索偏角是否有突变,如果悬索偏角有突变,说明采样器在河底可能出现滑动、翻转或漂离床面的情况,从而影响正常的采样过程,采集到的样品也是不可靠的。本次试验在中、高水进行了4次,每次重复3点,每点间隔1min观测偏角。从试验结果看,悬索偏角未发生突变现象,说明AYT型采样器在河底采样时是基本稳定的。

3)采样器拖刮河床试验

分别在高、中、低水各进行了一次,每次重复10点,前5点和后5点试验方法不同,前5点采用1.0m/s左右的速度将采样器直接放至河底,到河底就上提(无采样历时);后5点按平常测验方法,当仪器接近河底时稍停,然后缓慢放至河底,触底时上提。从拖刮量看(表7.6-2),不同水位级均存在拖刮现象,随着水位升高,拖刮量增大。对比前、后5点拖刮量,前5点拖刮量明显大于后5点,这是由于前5点采样器下放速度较快,仪器撞击床面,被打翻的卵石进入了采样器。从总体上看,采样器在不同水位级的拖刮量不大,相对于每次取样几千克甚至几十千克砾卵石而言,采样器拖刮量对实测成果精度无实质性影响。

表 7.6-2 采样器在不同水位级拖刮量统计

水位 /m	各测点拖刮量/g										平均/g
	1	2	3	4	5	6	7	8	9	10	
177.2	0	5	10	7	4	0	0	0	0	0	2.6
184.5	8	0	23	13	0	5	0	7	6	0	6.2
194.8	0	35	40	0	15	15	0	0	20	8	13.3

4）采样器偏离断面试验

在各级水流条件下，观测采样器在水面和河底时悬绳的偏角，了解采样器偏离断面的情况。如果采样器偏离断面较远，实测资料的代表性、可靠性就难以保证。原因主要是：①偏角愈大，采样器拖刮量愈大；②因推移质运动速度较慢，若采样器偏离断面较远，仪器采集到的砾卵石级配就不能代表测验时通过水文断面的砾卵石级配；③由于推移质输沙率与流速的高次方成正比，流速的稍微变化就会引起输沙率的显著变化，若仪器偏离断面较远，断面形状发生变化，采样器测点断面的流速与水文断面不一致，从而导致采样器测点断面的推移质输沙率与水文断面差异较大。此外，如果悬绳偏角较大，缆道行车可能出现跳槽现象，从而影响测验进程甚至发生安全事故。本次试验共量测偏角 69 次，偏角与水位相关关系见图 7.6-10。

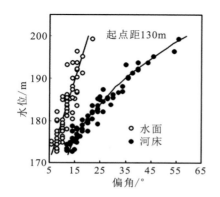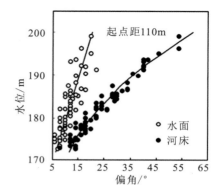

图 7.6-10　采样器在水面和河底时的偏角与水位相关关系

为分析采样器偏离断面的距离，采用韩其为公式计算采样器距悬绳入水点的水平距离 X_c：

$$\frac{X_c}{H} = \eta_c \tan\alpha - \left[\tan\alpha - \Phi^2(\eta_c)\tan\alpha_0\right]\frac{\Phi_2(\eta_c)}{\Phi_1(\eta_c)} \qquad (7.6\text{-}3)$$

式中，H——水深；

α_0、α——采样器在水面和入水后的偏角；

η_c——相对水深，从水面起算；

$\Phi(\eta_c)$、$\Phi_1(\eta_c)$、$\Phi_2(\eta_c)$——分布函数，当垂线流速分布采用抛物线公式时，各分布函数为：

$$\Phi(\eta_c) = 1 - 3(1-K)\eta_c^2 \qquad (7.6\text{-}4)$$

$$\Phi_1(\eta_c) = \eta_c - 2(1-K)\eta_c^3 + \frac{9}{5}(1-K)^2\eta_c^5 \qquad (7.6\text{-}5)$$

$$\Phi_2(\eta_c) = \frac{1}{2}\eta_c^2 - \frac{1}{2}(1-K)\eta_c^4 + \frac{3}{10}(1-K)^2\eta_c^6 \qquad (7.6\text{-}6)$$

式中,K——水面流速系数,经分析,武隆站 $K \approx 0.85$。

当 $\eta_c = 1$ 时,X_c 即为采样器下放至河底时距悬绳入水点的水平距离。

悬绳入水点距断面的水平距离 L_c 由式(7.6-7)计算:

$$L_c = (Z_悬 - Z) \tan\alpha \tag{7.6-7}$$

式中,$Z_悬$——缆道某垂线的悬点高程;

　　Z——水位。

采样器下放至河底时偏离断面的水平距离等于悬绳入水点距断面的水平距离与采样器距悬绳入水点的水平距离之和,即

$$L = X_c + L_c \tag{7.6-8}$$

采样器在河底时偏离断面的水平距离与水位关系见图 7.6-11。可以看出:①同水位时,采样器在起点距 110m、130m 河底处偏离断面的距离基本相同,这是因为两线的水流条件、河底高程、缆道悬点高度差别不大的缘故;②随着水位的升高,采样器偏离断面的距离迅速增大,如水位 172m 时,采样器偏离缆道断面约 11m,水位 200m 时,采样器偏离断面达 55m。

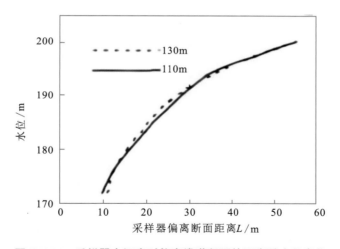

图 7.6-11　采样器在河底时偏离缆道断面的距离随水位变化

究竟允许采样器偏离断面多远才较合适,目前未有专门的论述,但从长江朱沱、寸滩、万县站推移质测验情况看,采样器最大偏离断面距离一般在 30m 以内。《水文缆道测验规范》要求偏角一般控制在 30°～35°,取上限 35°,查得采样器允许最大偏离距离约 29m,与朱沱、寸滩、万县站基本一致,说明将武隆站采样器最大允许偏离距离控制在 29m 以内是比较合适的。以此距离控制,在无拉偏条件下,武隆站推移质测验水位应控制在 192m 以下。

(2)推移质断面输沙率测试

为进一步了解在缆道高悬点、无拉偏条件下推移质的测验情况,武隆站分别于 1998 年,1999 年开展了推移质断面输沙率测验。测验时,根据规程要求,推移质测验垂线共布置了 10 条,平均间隔 10m 左右一条;每线重复取样 2 次,每次采样历时 2～3min。资料基本情况

见表 7.6-3。

表 7.6-3　　　　　　武隆站推移质断面输沙率测验成果统计

年份	测次	水位 /m	流量 /(m³/s)	流速 /(m/s)	断面输沙率 /(kg/s)	最大粒径 /mm	中数粒径 /mm
1998	44	169.84～195.14	528～13800	0.79～2.72	0～298	12～145	5.3～14.3
1999	40	169.12～199.09	349～17700	0.89～3.07	0～230	27～158	4.0～22.0

推移质输沙率一般与流速有较好的关系，其关系式为：

$$G_b = k(V - V_c)^m \tag{7.6-9}$$

式中，G_b——推移质断面输沙率；

k、m——系数和指数；

V、V_c——流速和起动流速。

据分析，武隆站 $V_C = 1.20 \text{m/s}$。G_b 与 $V-V_C$ 关系见图 7.6-12。以点群重心定线，得如下经验公式：

1）1998 年

$$G_b = 74.07 \times (V - V_c)^{2.00} \tag{7.6-10}$$

2）1999 年

$$G_b = 22.8 \times (V - V_c)^{2.47} \tag{7.6-11}$$

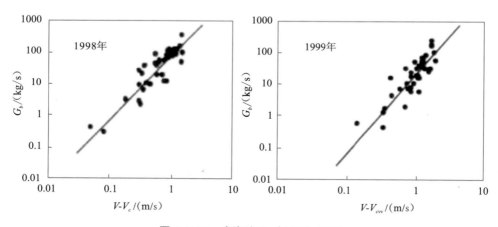

图 7.6-12　武隆站 G_b 与 V-V_c 关系

将实测输沙率与计算值比较，1998 年相对偏差在±80％以内的点数占实测总点数的 71.4％，1999 年占实测总点数的 66.7％，均未达到规程规定的 75％以上的精度要求，说明武隆站 G_b 与 $V-V_c$ 关系欠佳。为分析原因，按水位 192m 以上、以下分别进行统计，结果表明，水位 192m 以下，1998 年相对偏差在±80％以内的点数占 78.9％，1999 年占 75.8％；192m 以上，1998 年有 4 个测点，其中只有 1 个测点的相对偏差在±80％以内，占 25.0％，

1999 年有 6 个测点,也只有 1 个测点的相对偏差在±80％以内,占 16.7％。

以上分析说明,在缆道高悬点、无拉偏条件下,AYT 型采样器在中、低水位的测验基本符合规程要求,但在高洪水位,由于采样器偏离断面较远等原因,测验精度较差。

7.6.7　推移质测验、分析计算

7.6.7.1　推移质测验

长江推移质观测采用过多种仪器和方法,但这些仪器和方法各有优点和使用条件,如沙波法、体积法、岩性调查法、标记法等监测方法都具有不扰动水流的优点,但无法了解推移质输沙率变化过程,也难推求输沙率与水力因素的关系,而且受各种条件限制,难以广泛使用。器测法虽然存在扰动水流和床面的缺点,但其取样过程灵活,可以在需要推移质资料的地点取样,可以测出推移质输沙率的横向分布和断面输沙率。当测次能够控制住推移质输沙率变化过程时,可以得出某一测站的月、年推移量和各项特征值,是目前长江推移质测验广泛使用的方法。

20 世纪 50 年代,长江宜昌站便开展了沙质推移质测验,使用的仪器有荷兰(网)式、波里亚柯夫(盘)式和顿(压差)式 3 种。但在使用中发现,3 种仪器的口门都不能伏贴河床,采集的样品缺乏代表性。从 60 年代起着手,经过多年努力,制成了名为 Y78-1 型沙推采样器,先后在宜昌、奉节、新厂等站进行测验。2003 年三峡水库蓄水运用后,水库下游水流含沙量明显减小,河床冲刷,坝下游河床出现了一定数量的推移质泥沙运动,2003 年以后长江中下游的枝城、沙市,以及 2008 年以后监利、螺山、汉口站陆续开始进行推移质测验。

推移质测次布置应主要分布在主汛期,在各级输沙率范围内均匀布置,较大沙峰时应加密测次,以能满足建立 Q_b—Q 关系,准确推算日、月、年输沙率为原则。全年沙质推移质年测次不少于 20 次,卵石推移质年测次不少于 20 次。

推移质采样时,每条垂线采样历时为 2～5min,重复取样 2 次。当所取沙样超过采样器规定容积,可缩短采样历时,但不得少于 30s,重复取样 3 次。垂线 2 次取样沙重之差大于 3 倍,应重复取样 1 次。

7.6.7.2　推移质分析计算

根据推移质输移带宽度,沿断面布置若干条测验垂线,当需要施测悬移质泥沙时,这些垂线可与悬沙垂线重合。规程要求基本垂线见表 7.6-4。当基本垂线不能控制断面输沙率横向变化时,应增加垂线,使两垂线间的部分输沙率小于断面输沙率的 30％。

表 7.6-4　　　　　　　　　　　　推移质输沙率基本垂线数

推移带宽/m	<50	50～100	100～300	300～1000	>1000
垂线数/条	5	5～7	7～10	10～13	>13

注:推移质边界垂线不计入本表垂线数。

推移质垂线每次取样历时可为 $2 \sim 3 \mathrm{min}$，在强烈推移带应取样两次，当推移量甚大，可以缩短历时，但需取样 3 次。这样每条垂线的单宽推移质输沙率为：

$$q_{bi} = \frac{100W_{bi}}{t_i b_k \eta} \tag{7.6-12}$$

式中，q_{bi}——第 i 条垂线的实测推移质单宽输沙率，$\mathrm{kg/(s \cdot m)}$；

$\quad\quad W_{bi}$——第 i 条垂线的取样总重量，g；

$\quad\quad t_i$——第 i 条垂线的取样总历时，s；

$\quad\quad \eta$——推移质采样器采样效率，$\%$；

$\quad\quad b_k$——采样器口门宽，cm。

全断面上的推移质泥沙总输沙率根据下式计算为：

$$Q_b = \left(\frac{\Delta b_0 + \Delta b_1}{2}\right) q_{b1} + \left(\frac{\Delta b_1 + \Delta b_2}{2}\right) q_{b2} + \cdots + \left(\frac{\Delta b_{n-1} + \Delta b_n}{2}\right) q_{bn} \tag{7.6-13}$$

式中，Q_b——实测断面推移质输沙率，$\mathrm{kg/s}$；

$\quad\quad \Delta b_0$——起点推移边界与第 1 条垂线的距离，m；

$\quad\quad \Delta b_n$——终点推移边界与第 n 条垂线的距离，m；

$\quad\quad \Delta b_1$、Δb_2，$\cdots$，Δb_{n-1}——第 1 条、第 2 条，$\cdots$，第 $n-1$ 条垂线与其后一条垂线的距离，m；

$\quad\quad q_{b1}$，q_{b2}，$\cdots$，q_{bn}——第 1 条、第 2 条，$\cdots$，第 n 条垂线的单宽输沙率，$\mathrm{kg/(s \cdot m)}$。

7.6.7.3　沙样处理及级配分析

（1）卵石推移质

称沙样总重量，按规定的粒径组称重分组粒径重量并计算百分数，得到各垂线颗粒级配。

（2）沙质推移质

①沙样水中称重少于 1000g 时，全样带回泥沙室处理分析。

③沙样水中称重大于 1000g 时，可在现场用水中称重法测定干沙重，用下式计算：

$$W_s = K W_s{}'$$

式中，W_s——总干沙重量，g；

$\quad\quad W_s{}'$——泥沙在水中的重量，g；

$\quad\quad K$——换算系数，通过试验确定。

推移质断面级配按下式计算：

$$P_i = \frac{1}{Q_b} \left[\left(\frac{\Delta b_0 + \Delta b_1}{2}\right) q_{b1} P_1 + \left(\frac{\Delta b_1 + \Delta b_2}{2}\right) q_{b2} P_2 + \cdots + \left(\frac{\Delta b_{n-1} + \Delta b_n}{2}\right) q_{bn} P_n \right]$$

$$\tag{7.6-14}$$

式中，P_i——断面小于某粒径的沙重百分数，%；

$P_1，P_2，\cdots，P_n$——第1条、第2条，$\cdots$，第n条垂线小于某粒径的沙重百分数，%。

7.7　床沙测验研究

床沙是指受泥沙输移影响的那一部分河床中存在的颗粒物质。床沙组成中有沙、砾石和卵石3种。床沙又称床沙质或河床质。

河床类型按床沙组成划分为沙质、砾石、卵石和混合河床4种。当其中之一的含量大于80%时，河床类型就属该种河床，如沙的含量大于80%，称为沙质河床，砾石的含量大于80%，称为砾石河床，一含量较多的两种命名，如某河床的沙含量为65%、砾石为25%、卵石为10%，则该河床称为沙砾石河床，以此类推。

采取测验断面或测验河段的床沙，进行颗粒分析，获取的泥沙颗粒级配资料可用于分析研究悬移质含沙量和推移质输沙率的断面横向变化。床沙颗粒级配还是研究河床冲淤变化、推移质和输沙量理论公式、河床糙率等方面的基本资料。

床沙测验方法有器测法、试坑法、网格法、面块法、横断面法等。器测法主要用于床沙采样，试坑法网格法、面块法、横断面法等主要用于无裸露洲滩采样。

7.7.1　床沙采样仪器

7.7.1.1　床沙采样器的选择与应用

（1）床沙采样器的技术性能要求

①能取到天然状态下的床沙样品。

②有效取样容积应满足颗粒分析对样品数量的要求。

③用于沙质河床的采样器，应能采集到河床表面以下500mm深度内具有粒配代表性的沙样；卵石河床采样器，其取样深度应为床沙中值粒径的2倍。

④采样过程中，采集的样品不被水流冲走或漏失。

⑤仪器结构合理牢固，操作维修简便。

（2）床沙采样仪器的分类

1）按采集泥沙的类型分类

床沙采样器分为沙质、卵石和砾石采样器。

2）按结构形式分类

床沙采样器分为圆柱采样器、管式戽斗采样器、袋式戽斗采样器、横管式采样器、挖斗式采样器、芯式采样器和犁式采样器。其中芯式采样器主要有插入型采样器和自重型采样器。

3）按采样位置

床沙采样器划分为床面采样器（用于河床表面采样）、芯式采样器（用于河床下一定深度采样）、表层采样器（用于河床表层、覆盖层采样）、泥浆采样器（用于河床泥浆采样）。

4）按操作使用方式分类

床沙采样器分为手持式采样器、轻型远距离操纵采样器、远距离机械操纵采样器。

（3）床沙采样仪器的选用

床沙采样器应根据河床组成、测验设施设备、采样器的性能和使用范围等条件选用。

（4）床沙采样仪器的使用

1）沙质床沙采样器的使用要求

①用拖斗式采样器取样时，牵引索上应吊装重锤，使拖拉时仪器口门伏贴河床。

②用横管式采样器取样时，横管轴线应与水流方向一致，并应顺水流下放和提出。

③用挖斗式采样器时取样时，应平稳地接近河床，并缓慢提离床面。

④用转轴式采样器取样时，仪器应垂直下放，当用悬索提放时，悬索偏角不得大于10°。

2）卵石床沙采样器的使用要求

①犁式采样器安装时，应预置15°的仰角，下放的悬索长度，应使船体上行取样时悬索与垂直方向保持60°的偏角，犁动距离可在5～10m。

②使用沉筒式采样器取样时，应使样品箱的口门逆向水流，筒底铁脚插入河床。用取样勺在筒内不同位置采取样品，上提沉筒时，样品箱的口门应向上，不使样品流失。

7.7.1.2 床沙采样器介绍

（1）手持式采样器

手持式采样器属于轻型设备，主要由一个人涉水操作。手持式采样器包括手式床面采样器和手式芯式采样器两类。

1）手持床面采样器

手持床面采样器包括圆柱采样器、管式戽斗采样器、袋式戽斗采样器、横管式采样器。

①圆柱采样器。

圆柱采样器由一个金属圆筒构成。采样时圆筒插入河床表层，围住被采面积，凭借自身的重量抵住水流。使用挖掘工具来取出带有沙样的采样器，圆筒有助于减少沙样中的细粒受到的冲刷，采到的是扰动沙样，采集深度约为河床床面以下0.1m。

②管式戽斗采样器。

管式戽斗采样器由一段管子组成，管子的一端封闭，另一端斜截成切削口，在管顶安装一涉水持杆。一个带绞链的盖板装在戽斗切削口的上面，盖板用绳子开启，利用弹簧关闭（图7.7-1）。将管式戽斗放入水中沿着河床推进，拉开盖板进行采样，而后立即关闭，以此减少对沙样的冲刷。采到的是扰动沙样，一次采集量达3kg，采集深度约为河床床面以下0.05m。

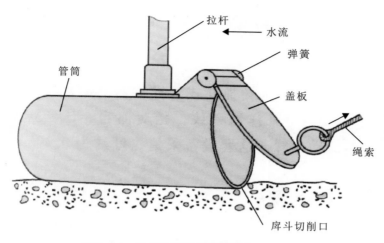

图 7.7-1　装有铰链盖板的管式戽斗采样器

③袋式戽斗采样器。

袋式戽斗采样器由一个带有帆布口袋的金属圈和一根拉杆组成,拉杆与圆顶(金属圈)相连。使用时,将金属圈用力插入河床并向上游拖曳,直到口袋装满为止。当采样器提起时,袋口会自动封闭。采到的是扰动沙样,一次采集量达 3kg,采集深度约为河床床面以下 0.05m。

④横管式采样器。

如图 7.7-2 所示为横管式采样器。它主要由手持杆、连接管和横管等组成。有时还将横管做成斜管,即横管与连接管成小于 90°,以利于在水中采集沙样。

2)手持芯式采样器

手持芯式采样器由人工手持操作,可以取得较深处的河床床芯,包括插入型或锤入型取样器等。插入型或锤入型取样器整套设备包括直径达 150mm 的金属或塑料取样器和边长达 0.25m 的取样盒,见图 7.7-3。

使用时,将取样器或取样盒用力插入或锤入河床,然后掘取并提出沙样。可采用以下一种或多种方法来确保沙样采集成功。在取样器或取样盒下面插入一块板后再提出。

在沙样上面制造一个"真空"状态。可以在取样器或取样盒插入河床后,沙样上面被水充满的空间可通过旋紧盖帽来封死,这样在提出收回时就形成了一个真空。

在圆柱形取样器的圆筒底部安装一组由灵活的不锈钢花瓣状薄片组成的取芯捕集器,构成一个简单的机械单向控制装置,使得沙样只能进入圆筒,不能退出,有利于沙样采集。

使用该方法,虽然颗粒总量不会受损,但沙样的组成和结构受到干扰。其最大采集深度可达 0.5m。

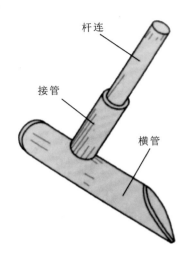

图 7.7-2　横管式采样器结构

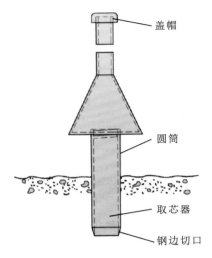

图 7.7-3　插入型或锤入型芯式采样器

（2）轻型远距离操纵采样器

这些采样器既可用手操作，又可在测船上使用。它们也包括床面采样器和取芯采样器。

1）床面采样器

这类采样器有管式戽斗和袋式戽斗采样器、拖拉铲斗式采样器、轻型 90°闭角抓斗式采样器、轻型 180°闭角抓斗式采样器等。

①管式戽斗和袋式戽斗采样器。

管式戽斗和袋式戽斗的构造分别与手持式仪器基本相同。不过可以大一些，杆子长些，戽斗上的拉杆可长 4m。

在使用中，一般必须将测船抛锚停泊。此方法采到的是扰动沙样，只适用于水深小于 4m 和流速小于 1.0m/s 的河道。

②拖拉铲斗式采样器。

这种采样器由一个重型铲斗或一个圆筒组成，圆筒的一端带喇叭形切边，另一端是一个存样容器。拖拉绳索连接在圆筒切边端的枢轴中心点。

使用时把设备放入河床，测船顺着水流缓慢移动而将其拖拉。一定的重量附加到拉绳上，以确保切边与河床接触。此方法采到的是扰动沙样，一次采集量达 1kg，采集深度约深入河床 0.05m，见图 7.7-4。

③轻型 90°闭角抓斗式采样器。

这种采样器和装卸沙料的起重机抓斗一样，抓斗用绞车放下河底，抓斗在到达河底前始终打开。碰到河床后，抓斗合拢，抓采床沙。

该方法采到的经常是相对不受扰动的沙样，一次采集量达 3kg，采集深度约深入河床 0.05m。

④轻型180°闭角抓斗式采样器。

在一个流线型平底外罩舱内,安装一个能在枢轴上转动的半圆筒抓斗和一根弹簧。当抓斗转入舱内时,弹簧绷紧。一个碰锁系统使得抓斗保持这一状态直到触及河底,绳索一松,弹簧使抓斗转动关闭,转动中挖取河床质采样。采样器重量约为15kg,采到的是扰动沙样,一次采集量达1kg,采集深度约达河床床面以下的0.05m。

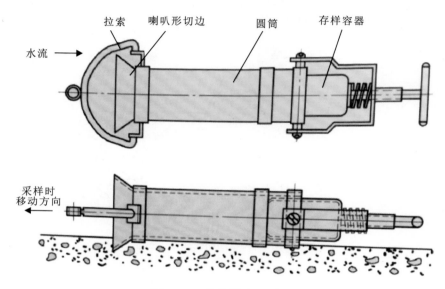

图7.7-4 拖拉铲斗式采样器

2)芯式采样器。

这类采样器与手持式大致相同,只是大一些、杆长些。采样器要在前后抛锚停泊的船上使用。对非黏性河床质没有扰动,但对黏性河床质会引起结构断裂。取芯器最大采集深度约为0.5m,这种采样器很难用于流速大于1.5m/s的河道。

(3)远距离机械操纵采样器

为了要在河床表面或某一深度处采集较多沙样,或者要在大流速($C>1.5m/s$)条件下采样,必须应用一些重型设备。在大小合适的船上(大于5m)装上转臂起重机和绞车,这种设备通常无法在水深小于1.2m的河道上工作。

1)床面采样器

①泊船挖掘器。

泊船挖掘器是较大的袋式戽斗采样器,由一段直通的圆筒或矩形盒组成,圆筒的直径或矩形盒的边长可达0.5m。它的一端接柔韧的厚重大口袋,另一端为带有切边的喇叭开口。牵引杆安装在开口处,并被固定在一根牵引索上(图7.7-5),用测船牵引在河底采样,采到的是扰动沙样,一次采集量可达0.5t,采集深度约达河床的0.1m。

②重型 90°闭角抓斗式采样器。

在结构上和轻型 90°闭角抓斗式采样器一致。相对而言，该仪器采到的是无扰动沙。这套设备采集深度约为 0.15m，采集面积可达 0.1m²。

③重型 180°闭角抓斗式采样器。

这些采样器是轻型 180°闭角抓斗式采样器的式样放大。该仪器采到的是扰动沙样。这套设备采集深度约为 0.1m，采集面积可达 0.5m²。

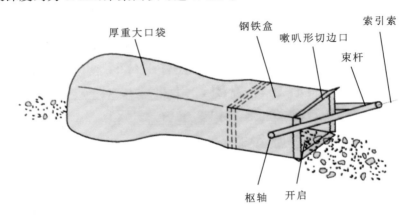

图 7.7-5　泊船挖掘器

2）芯式采样器

这类采样器分为自重式采样器和自重架式采样器，使用圆形取芯管、方形取芯盒，利用重力使圆形取芯管、方形取芯盒穿入河床，有铅磁加重系统。根据主要基质的坚硬程度和需要达到的穿透深度来确定所需铅舵重量，最大可到 1.0t，一般安装取芯器帮助取样。

自重式采样器在较大测船上使用，使用时将采样器下降到距河床一定距离处，让它自由落下，穿入河床，然后取芯器绞取床沙，采集量的多少依据取芯器和阀门下设定的"真空"量。在取回时必须垂直拉起，所以船也必须抛锚停泊。

自重架式采样器的基本构造与自重式采样器一样，只是添加了一个引导构架。它包括一个锥形垂直构架和一个环形水平构架。在采集前，构架支撑在河床上，于是可引导取芯管盒垂直地进入沉积层。

一种振动式采样器具，也有与架式采样器同样的结构，只是在取样管顶端多一个电子振动，以便增加对沙石层的穿透力。需要一条电力控制缆将取样管联系到装在船上的电源和控制开关，用于沙质、沙砾质河床取样时，在所有的采样技术中振动式采样器穿透力最强。

（4）表层采样

如果有一层砂砾罩住了细小的床沙，那么就需要应用表层采样技术对这一保护层进行采样，再用常规的采样技术采集下面的床沙。

为便于比较选用，将部分河床质采样器的主要技术参数列于表 7.7-1。

表 7.7-1　　　　　　　人工操作和轻型远距离操纵床沙采样器主要技术参数

结构和采样原理	仪器名称	适用床质	采样深度/m	样品重量/kg
床面采样器	圆柱采样器	沙质河床	0.1	1～3
	管式戽斗采样器	沙质河床	0.05	3
	袋式戽斗采样器	沙质河床	0.05	3
	挖斗式采样器	沙质河床	0.05	1～5
	横管式采样器	沙质河床	0.05	<1
芯式采样器	插入型采样器	沙质、砾石、卵石河床	<0.5	2～5
	自重型采样器			

7.7.2　床沙测验

7.7.2.1　取样的测次布置

（1）沙质床沙取样的测次布置要求

①一类站应能控制床沙颗粒级配的变化过程,汛期一次洪水过程测 2～4 次,枯季每月测 1 次。受水利工程或其他因素影响严重的测站,应适当增加测次。

②二类站每年测 5～7 次,大多数测次应分布在洪水期。

③三类站设站时取样 1 次,发现河床组成有明显变化时再取样 1 次。

（2）卵石床沙取样的测次布置要求

①一类站每年在洪水期应用器测法测 3～5 次,在汛末卵石停止推移时测 1 次,枯季在边滩用试坑法和网格法同时取样 1 次。在收集到大、中、小洪水年的代表性资料后,可停测。

②二类站设站第一年在枯水边滩用试坑法取样 1 次,以后每年汛期末用网格法取样 1 次,在收集到大、中、小洪水年的代表性资料后,可停测。

③三类站设站第 1 年,在枯水边滩用试坑法取样 1 次。

④各类站在停测期间发现河床组成有显著变化时,应及时恢复测验。

7.7.2.2　取样方法

（1）床沙水下取样垂线布置

①床沙取样垂线应能控制床沙级配的横向变化,垂线数不应少于 5 条。

②测悬移质输沙率的测站,床沙取样垂线数应与悬移质取样垂线数相同,并重合。

③测推移质输沙率的测站,床沙取样垂线数应与推移质垂线数相同,并重合。

（2）器测法取样的样品重量要求

器测法取样的样品重量应符合表 7.7-2 的规定,当一次取样达不到样品重量的要求时,应重复取样。

表 7.7-2 器测法取样的样品重量

沙样粒配组成情况	样品重量/g
不含大于 2mm 的颗粒	50～100
粒径大于 2mm 的样品重小于样品总重的 10%	100～200
粒径大于 2mm 的样品重占样品总重的 10%～80%	200～2000
粒径大于 2mm 的样品重大于样品总重的 30% 以上	2000～20000
含有大于 100mm 的颗粒	>20000

（3）沙质洲滩取样

在沙质洲滩上取样时，可用钻管采不同深度的样品。

（4）卵石洲滩上取样

在卵石洲滩上取样可用试坑法，并满足以下技术要求：

①取样地点应选在不受人为破坏和无特殊堆积形态处。

②粒径分布均匀或洲滩窄小时，可取 3 个点位的样品；粒径分布不均匀或洲滩宽大时，应取 5 个点位的样品。取样位置应与高水期的推移质和悬移质泥沙测验垂线重合。

③每个试坑均应揭取表层样品，下面再分 3 层取样。坑的平面尺寸及分层深度应符合表 7.7-3 的规定。

表 7.7-3 试坑平面尺寸及分层深度

D_{90}/mm	平面尺寸/(m×m)	分层深度/m	总深度/m
<50	0.5×0.5	0.1	0.3
50～200	0.75×0.75	0.2	0.8
>200	1.0×1.0 或 1.5×1.5	0.3 或 0.4	0.9 或 1.2

（5）卵石洲滩上表层样品采集

卵石洲滩上表层样品的采集，可用网格法、面块法、横断面法等，并应符合以下规定。

①网格法的分块大小及各块间的距离应大于床沙最大颗粒的直径，取样可按以下两种方法执行。

a. 用定网格法取样时，可将每个网格为 100mm × 100mm、框面积为 1000mm × 1000mm 的金属网格紧贴在床面上，采取每个网格交点下的单个颗粒，合成一个样品。

b. 用直格法取样时，应先在河段内顺水流方向的卵石洲滩上等间距平行布设 35 条直线，每条直线的长度宜大于河宽。在每条直线的等距处取样，一条直线所采取的颗粒合成一个样品。

②用面块法取样时，应在河滩上框定一块床面，其面积应大于表层最大颗粒平面投影面积的 8 倍，并将表面层涂满涂料，然后将涂有标记的颗粒取出，合成一个样品。

③用横断面法取样时,应在取样断面上拉一横线,拾取沿线下面的全部颗粒合成一个样品。

一个表层样品,不应少于100颗。一个试坑的样品重量应为10～100kg。

7.7.3 床沙颗粒级配分析及沙样处理

沙质沙样应在现场装入容器,并记载编号,及时送分析室分析。粒径大于8mm的砾石、卵石样品,颗粒分析宜风干后在现场进行;粒径小于8mm的样品,其重量大于总重的10%时,送室内分析,小于10%时,只称重量,参加级配计算。

床沙样品应先称总重,再称分组重,各组的重量之和与总重的差,不得大于3%。现场分析的沙样均不保存,室内分析的沙样,保存至当年资料整编完成即可。

对于大颗粒泥沙可选用现场尺量法,并注意满足以下要求:

①样品中大于32mm的颗粒可用尺量。

②大于64mm的沙样颗粒数少于15颗时,应逐个测量粒径。

现场筛分适用于8～32mm的颗粒。当分组筛的孔径不能控制级配曲线变化时,应加密粒径级。

7.7.4 床沙资料计算

(1)垂线颗粒级配计算

在尺量法中应以各自由组的最大粒径为分组上限粒径,按分组重量计算颗粒级配,点绘级配曲线后,再查读统一粒径级的百分数。

(2)床沙平均颗粒级配计算

床沙平均颗粒级配计算可按以下方法进行:

①试坑法的坑平均级配,用分层重量加权计算。

②边滩平均级配分左、右两岸统计,用坑所代表的部分河宽加权计算。

③水下部分的断面平均颗粒级配用式(7.7-1)计算。

$$\overline{P}_j = \frac{(2b_0 + b_1)P_1 + (b_1 + b_2)P_2 + \cdots + (b_{n-1} + 2b_n)P_n}{(2b_0 + b_1) + (b_1 + b_2) + \cdots + (b_{n-1} + 2b_n)} \tag{7.7-1}$$

式中,$\overline{P}_j$——断面平均小于某粒径沙重百分数,%;

b_0、b_n——两近岸边垂线到各自岸边的距离,…,第$n-1$条垂线到第n条垂线的距离,m;

$b_1, \cdots, b_{n-1}$——第1条垂线到第2条垂线的距离,m,其余类推;

$P_1, \cdots, P_n$——第1线、…、第n线小于某粒径沙重的百分数,%。

特殊情况下,床沙组成复杂,可不计算断面平均颗粒级配,只整编单点成果。

④断面平均粒径计算可采用式(7.7-2)。

$$\overline{D} = \sum_{i=1}^{n} \overline{D}_i \frac{\Delta P_i}{100}$$

$$\overline{D}_i = \sqrt{D_L D_U} \tag{7.7-2}$$

式中，$\overline{D}$——断面平均粒径，mm；

$\quad\quad \overline{D}_i$——某粒径组的平均粒径，mm；

$\quad\quad D_U$、D_L——该粒径组的上下限粒径，mm；

$\quad\quad n$——粒径组数；

$\quad\quad \Delta P_i$——某粒径组的部分沙重百分比，%。

7.8 泥沙颗粒分析及数据处理

泥沙颗粒级配是影响泥沙运动形式的重要因素，在水利工程设计管理、水库淤积部位的预测、异重流产生条件与排沙能力、河道整治与防洪、灌溉渠道冲淤平衡与船闸航运设计，以及水力机械的抗磨研究工作中，都离不开泥沙级配资料。泥沙颗粒分析是确定泥沙样品中各粒径组泥沙量占样品总量的百分数，并以此绘制级配曲线的操作过程，是水文测验工作的一项重要内容。

泥沙颗粒分析工作的内容包括：悬移质、推移质及床沙的颗粒组成；在悬移质中要分析测点、垂线（混合取样）、单样含沙量及输沙率等水样颗粒级配组成和绘制颗粒级配曲线，计算并绘制断面平均颗粒级配曲线；计算断面平均粒径和平均沉速。

7.8.1 泥沙颗粒分析的一般规定

7.8.1.1 悬移质泥沙颗粒分析的测次布置及取样方法

进行泥沙颗粒分析的目的是掌握断面的泥沙颗粒级配分布及随时间的变化过程。常规的颗粒分析是：以单样含沙量的颗粒分析测次（单颗），了解洪峰时期泥沙颗粒级配的变化过程，以输沙率颗粒分析测次（断颗），建立单颗－断颗关系，再由单颗换算成断颗。输沙率颗粒分析测次的多少，应以满足建立单颗－断颗关系为原则，测次主要应分布在含沙量较大的洪水时期。

输沙率测验中，同时施测流速时，颗粒分析的取样方法与输沙率的取样方法相同，即用选点法（一、二、三、四、五、六点等）、积深法、垂线混合法和全断面混合法等。输沙率测验的水样，可作为颗粒分析的水样。用选点法取样时，每点都作颗粒分析，用测点输沙率加权求得垂线平均颗粒级配，再用部分输沙率加权，求得断面平均颗粒级配。

按规定做的各种全断面混合法的采样方法，可为断颗的取样方法。其颗粒分析结果，即为断面平均颗粒级配。

在输沙率测验中，根据需要，同一测沙垂线上可用不同的方法另取一套水样，专作颗粒分析水样用,断颗级配仍用部分输沙率加权法求得。

7.8.1.2 取样数量及沙样处理

作颗粒分析沙样的取样数量,应根据采用的分析方法、天平感量及粒径大小来确定。筛分法主要考虑粒径大小,水分析法根据采用的具体分析方法来确定。根据最小沙重的要求及取样时含沙量的大小,确定采取水样容积的数量。

用水分析法分析沙样时,必须使用新鲜的天然水样(悬移质)或湿润沙样(推移质、河床质),除全部使用筛分析的粗砂和卵石外,不允许使用干沙分析。为此,用置换法做水样处理的测站,水样处理后可留作颗粒分析用;用过滤法、烘干法处理水样的测站,可用分沙器进行分样或同时取两套水样分别处理。颗粒分析水样沉淀浓缩时,不得用任何化学药品加速沉降。

水分析法必须使用蒸馏水或用离子交换树脂制取的无盐水。为避免分析时沙样成团下降,在浓缩水样中,可加入反凝剂,一般使用浓度为 25% 的氨水反凝,也可加入反凝效果更好的其他药品,如偏磷酸钠、水玻璃等。

采取的水样静置 1 天,发现絮凝下沉或沉积泥沙的上部呈松散的绒絮状时,说明水中有使泥沙成团下降的水溶盐存在。遇到此情况,可用下述方法处理:①冲洗法。将水样倒入烧杯,加热煮沸,待静止沉淀后,抽出部分清水,再用热蒸馏水冲淡、沉淀,抽取清水,如此反复进行至无水溶盐为止。②过滤法。将硬质滤纸巾贴在漏斗上,将沙样倒入漏斗中,再注入热蒸馏水过滤。过滤时,应经常使漏斗内的液面高出沙样 5mm,直至水溶盐过滤完毕为止。

7.8.1.3 泥沙粒径级的划分

河流泥沙颗粒分析粒径级宜采用 φ 分级法划分,也可采用其他分级法划分。

①φ 分级法基本粒径级为:0.001mm、0.002mm、0.004mm、0.008mm、0.016mm、0.031mm、0.062mm、0.125mm、0.25mm、0.50mm、1.0mm、2.0mm、4.0mm、8.0mm、16.0mm、32.0mm、64.0mm、125mm、250mm、500mm、1000mm。

②影响级配曲线形状的粒径级插补:当采用的粒径级不足以控制级配曲线形状时,可在间距较大的两分析点之间插补粒径级作补充分析。

7.8.1.4 级配曲线的绘制

①泥沙颗粒级配曲线,可点绘在纵坐标为对数坐标(表示粒径)、横坐标为概率坐标(表示小于某粒径沙重的百分数)的对数概率格纸上,也可点绘在纵坐标为方格(小于某粒径沙重的百分数)、横坐标为对数格(粒径大小)的对数格纸上。

②将沙样分析结果,按粒径为纵坐标,小于该粒径以下沙重占总沙重的百分数为横坐标,全部分析测点绘入图中,然后通过测点中心连成光滑曲线,即颗粒级配曲线。

③对泥沙颗粒分析成果进行合理性检查,查读特征粒径和变自由粒径级为统一的粒径级时,应绘制颗粒级配曲线。

④绘制级配曲线时,应根据分析点子绘制成光滑曲线,遇有突出点或特殊线型时,应详

细检查各个工序。发现错误时，应进行改正和加以说明。不同分析方法的接头部分，应按曲线趋势并通过点子中间连线。对大于 2.0mm 的泥沙样品，可根据分析点定线。

⑤当同时测得悬移质、推移质和床沙的颗粒级配，或悬移质颗粒分析为选点法取样时，应在同一图纸上点绘有关的级配曲线，进行对照分析。

7.8.1.5　颗粒分析的上下限

颗粒分析时，按以上划分的粒径级为界，进行分析计算，即分析沙样中小于某粒径以下沙重占总沙重的百分数，从最小粒径级算起，逐渐向上，直至最大粒径为止。

颗粒分析的上限点，累积沙重百分数应在 95% 以上，当达不到 95% 以上时，应加密粒径级。级配曲线上端端点，以最大粒径或分析粒径的上一粒径级处为 100%。

悬移质分析的下限点，应至 0.004mm，当查不出 D_{50} 时，应分析可能的最小粒径。推移质和床沙分析的下限点的累积沙重百分数应在 10% 以下。

7.8.2　泥沙颗粒分析方法

泥沙颗粒分析方法可分为直接量测法和水分析法两类。直接量测法中主要有尺量法、筛分法；水分析法中主要有沉降法和激光法。沉降法又分为粒径计法、吸管法、消光法、离心沉降法等，见表 7.8-1。

表 7.8-1　　　　　　　　　　分析方法的适用粒径范围及沙量要求

分析方法		测得粒径类型	粒径范围/mm	沙量或浓度范围		盛样条件
				沙量/g	质量浓度比/%	
量测法	尺量法	三轴平均粒径	>64.0	—	—	—
	筛分法	筛分粒径	2.0~64.0	—	—	圆孔粗筛，框径 200mm/400mm
			0.062~2.0	1.0~20	—	编织筛，框径 90mm/120mm
				3.0~50	—	编织筛，框径 120mm/200mm
沉降法	粒径计法	清水沉降粒径	0.062~2.0	0.05~5.0		管内径 40mm，管长 1300mm
			0.062~1.0	0.01~2.0		管内径 25mm，管长 1050mm
	吸管法	混匀沉降粒径	0.002~0.062	—	0.05~2.0	量筒 1000mL/600mL
	消光法	混匀沉降粒径	0.002~0.062	—	0.05~0.5	
	离心沉降法	混匀沉降粒径	0.002~0.062	—	0.05~0.5	直管式
			<0.031	—	0.05~1.0	圆盘式
激光法		衍射投影球体直径	2×10^{-5}~2.0	—		烧杯或专用器皿

（1）尺量法

尺量法适用于较大卵石颗粒（粒径大于 4mm）的分析，一般可作为筛分法的补充方法。

用直尺或卡尺测量颗粒的三轴长度,取几何平均粒径或中轴粒径作为颗粒的大小(16mm以下取中轴粒径作为颗粒的大小)。该方法直观、简单、易操作,一直是野外和室内常用的颗粒分析方法。

(2)筛分法

筛分法的分析粒径范围一般为 32～0.062mm,是分析沙、砾石和卵石最常用的方法。它用不同规格的标准筛把相应的粒径颗粒分离出来后,通过计算分组粒径的累积重量而得到相应的颗粒级配。

筛分法主要有人工筛分、机械筛分和音波筛分(音波筛分仪)等 3 种。32～2mm 的泥沙一般使用人工筛分;2～0.062mm 的泥沙使用机械筛分和音波筛分。机械筛分始于 20 世纪70 年代,该方法需要人工进行称重和计算,噪声和劳动强度都很大,且每点分析时间较长;音波筛分是可以完全替代机械筛分的一种较先进的设备,整个分析过程由电脑自动控制、噪声小,完成后可以直接得出分析结果。

(3)粒径计法

粒径计法属于泥沙清水沉降,是根据泥沙颗粒在清水中单颗自由沉降的原理,利用颗粒的沉降速度来计算粒径大小的一种分析方法(使用沙玉清过渡区公式)。粒径计法对管径和管长有较明确的规定,分析粒径范围一般为 1.0～0.062mm,需要人工进行接杯、烘干、称重、计算等,工作量大且烦琐。

使用粒径计法分析全样悬移质泥沙颗粒多年以后,试验发现其结果偏粗。为了搞清楚其偏粗的原因,许多研究泥沙的前辈们进行了大量艰苦细致的试验研究,弄清了试验室中单颗沉降和生产时全样沉降结果的区别,揭示了粒径计法 3 个不同沉降阶段(即整体沉降、异重沉降和匀速沉降)的特点和规律,明确了整体沉降和异重沉降是分析结果偏粗的主要原因,并以此为依据提出了改变悬移质泥沙颗粒分析方法的必要性。

(4)粒吸结合法(粒径计法与吸管法结合)

吸管法属于浑匀沉降,分析粒径范围一般为 0.062～0.002mm。吸管法根据泥沙颗粒在沉降皿(量筒)内混匀后自由下沉,在某一深度的浑液水平切面上,其浓度会随着时间的不同而发生变化,通过分析不同时刻的浑液浓度,而间接得到颗粒大小变化(使用司托克斯公式)。

(5)消光法(消光仪、离心仪)

消光法的分析粒径范围与吸管法基本相同,优点是分析时间短、效率高、样品沙量较少、操作方便,可直接生成分析结果;缺点是分析结果受环境因素影响较大,还需与吸管法进行比测后作消光系数修正。

(6)激光法(激光粒度分析仪)

激光粒度分析仪集成了激光技术、现代光电技术、电子技术、精密机械和计算机技术,具有分析速度快、分析粒径范围大、重复性好、操作简便、沙样需求较少等优点,现已成为当前最流行的颗粒分析仪器。

根据条件变化和需要,可改变颗粒分析方法或改变主要技术要求。当改变颗粒分析方法或改变主要技术要求时,应用标准方法或标样进行试验检验,试验统计误差结果应达到小于某粒径沙量百分数的系统偏差的绝对值在级配的 90% 以上部分小于 2,在 90% 以下部分小于 4;小于某粒径沙量百分数的随机不确定度应小于 10。

7.8.3　泥沙颗粒分析资料的整理

泥沙颗粒分析资料整理的主要内容是推求悬移质、推移质和床沙的断面平均颗粒级配、断面平均粒径和断面平均沉速。其整理计算方法介绍如下:

资料整理的主要内容:悬移质、推移质和床沙等泥沙样品颗粒级配测定后,应及时进行资料计算、整理。

①计算悬移质垂线平均颗粒级配。

②计算悬移质、推移质、床沙断面平均颗粒级配。

③点绘悬移质、推移质、床沙断面平均颗粒级配曲线。

④计算悬移质、推移质、床沙断面平均粒径。

7.8.3.1　悬移质垂线平均颗粒级配的计算

（1）积深法

积深法样品的颗粒级配即为垂线平均颗粒级配。

（2）选点法

用选点法(六点法、五点法、三点法、二点法)测速取样作颗粒分析时,应按下列公式计算垂线平均颗粒级配。

1)畅流期

五点法、三点法、二点法可用于畅流期,其计算公式分别如下:

①五点法。

$$P_{mi} = \frac{P_{0.0}C_{s0.0}V_{0.0} + 3P_{0.2}C_{s0.2}V_{0.2} + 3P_{0.6}C_{s0.6}V_{0.6} + 2P_{0.8}C_{s0.8}V_{0.8} + P_{1.0}C_{s1.0}V_{1.0}}{C_{s0.0}V_{0.0} + 3C_{s0.2}V_{0.2} + 3C_{s0.6}V_{0.6} + 2C_{s0.8}V_{0.8} + C_{s1.0}V_{1.0}}$$

$$(7.8\text{-}1)$$

②三点法。

$$P_{mi} = \frac{P_{0.2}C_{s0.2}V_{0.2} + P_{0.6}C_{s0.6}V_{0.6} + P_{0.8}C_{s0.8}V_{0.8}}{C_{s0.2}V_{0.2} + C_{s0.6}V_{0.6} + C_{s0.8}V_{0.8}}$$

$$(7.8\text{-}2)$$

③二点法。

$$P_{mi} = \frac{P_{0.2}C_{s0.2}V_{0.2} + P_{0.8}C_{s0.8}V_{0.8}}{C_{s0.2}V_{0.2} + C_{s0.8}V_{0.8}}$$

$$(7.8\text{-}3)$$

2)封冻期。

封冻期可采用六点法和二点法。其计算公式如下:

①六点法。

$$P_{mi} = \frac{P_{0.0}C_{s0.0}V_{0.0} + 2P_{0.2}C_{s0.2}V_{0.2} + 2P_{0.4}C_{s0.4}V_{0.4} + 2P_{0.6}C_{s0.6}V_{0.6} + 2P_{0.8}C_{s0.8}V_{0.8} + P_{1.0}C_{s1.0}V_{1.0}}{C_{s0.0}V_{0.0} + 2C_{s0.2}V_{0.2} + 2C_{s0.4}V_{0.4} + 2C_{s0.6}V_{0.6} + 2C_{s0.8}V_{0.8} + C_{s1.0}V_{1.0}}$$

$$(7.8-4)$$

②二点法。

$$P_{mi} = \frac{P_{0.15}C_{s0.15}V_{0.15} + P_{0.85}C_{s0.85}V_{0.85}}{C_{s0.15}V_{0.15} + C_{s0.85}V_{0.85}} \qquad (7.8-5)$$

式中,P_{mi}——垂线平均小于某粒径沙重百分数,%。

$P_{0.0}, \cdots, P_{1.0}$——相对水深或有效相对水深处的测点小于某粒径沙重百分数,%。

$C_{s0.0}, \cdots, C_{s1.0}$——相对水深或有效相对水深处的测点含沙量,$kg/m^3$。

$V_{0.0}, \cdots, V_{1.0}$——相对水深或有效相对水深处的测点流速,m/s。

3)垂线混合法

垂线混合法水样作颗粒分析时,其成果即为垂线平均颗粒级配。

7.8.3.2 断面平均颗粒级配的计算

(1)悬移质断面平均颗粒级配计算

1)积深法、选点法、垂线混合法取样

悬移质用积深法、选点法、垂线混合法取样作颗粒分析时,断面平均颗粒级配应按下式计算。

$$\overline{P}_i = \frac{(2q_{so} + q_{s1})P_{m1j} + (q_{s1} + q_{s2})P_{m2j} + \cdots + (q_{s(n-1)} + 2q_{sn})P_{mnj}}{(2q_{so} + q_{s1}) + (q_{s1} + q_{s2}) + (q_{s(n-1)} + 2q_{sn})} \qquad (7.8-6)$$

式中,$\overline{P}_i$——断面平均小于某粒径沙重百分数,%。

$q_{so}, q_{s1}, \cdots, q_{sn}$——取样垂线分界的部分输沙率,$kg/s$。

$P_{m1j}, P_{m2j}, \cdots, P_{mnj}$——各取样垂线平均小于某粒径沙重百分数,%。

2)全断面混合法

全断面混合法作颗粒分析,其成果即为断面平均颗粒级配。

3)特殊取样情况

当按等部分流量布线且取样容积相等时,可采用分层混合水样作颗粒分析。测点含沙量采用分层混合水样实测值,测点流速采用资料分析所得的概化相对流速垂线分布曲线查读值,按式(7.8-8)计算,即为断面平均颗粒。

(2)推移质断面平均颗粒级配计算

$$\overline{P}_j = \frac{(b_0 + b_1)q_{b1}P_{1j+} (b_1 + b_2)q_{b2}P_{2j} + \cdots + (b_{(n-1)} + b_n)q_{bn}P_{nj}}{(b_0 + b_1)q_{b1} + (b_1 + b_2)q_{b2} + \cdots + (b_{(n-1)} + b_n)q_{bn}} \qquad (7.8-7)$$

式中，$\overline{P_j}$——断面平均小于某粒径沙重百分数，%；

    $q_{b1}, q_{b2}, \cdots, q_{bm}$——各取样垂线分界的单宽输沙率，kg/s；

    $b_1, b_2, \cdots, b_{(n-1)}$——各取样垂线间距离，m；

    b_0, b_n——两近岸边垂线与推移质移动带边界的间距，m；

    $P_{1j}, P_{2j}, \cdots, P_{nj}$——各取样垂线平均小于某粒径沙重百分数，%。

（3）床沙断面平均颗粒级配计算

$$\overline{P_j} = \frac{(2b_0 + b_1) P_{1j} + (b_1 + b_2) P_{2j} + \cdots + (b_{(n-1)} + 2b_n) P_{nj}}{(2b_0 + b_1) + (b_1 + b_2) + \cdots + (b_{(n-1)} + 2b_n)} \tag{7.8-8}$$

式中，$\overline{P_j}$——断面平均小于某粒径沙重百分数，%；

    $q_{b1}, q_{b2}, \cdots, q_{bm}$——各取样垂线分界的单宽输沙率，kg/s；

    $b_1, b_2, \cdots, b_{(n-1)}$——各取样垂线间距离，m；

    b_0, b_n——两近岸边垂线至水边的间距，m；

    $P_{1j}, P_{2j}, \cdots, P_{nj}$——各取样垂线平均小于某粒径沙重百分数，%。

对于河床组成复杂的断面，不计算全断面床沙的平均颗粒级配，可根据河床组成不同将断面划分为若干区间，分别计算各区间床沙的平均颗粒级配，划分区间的方法是粒径小于2mm为沙质，粒径在2~16mm为砾石，粒径大于16mm为卵石，无泥沙覆盖的为基岩。

7.8.3.3　断面平均粒径及平均沉速的计算

（1）断面平均粒径计算

悬移质、推移质、床沙的断面平均粒径，应根据规定的粒径级用沙重百分数加权计算，最末一组的平均粒径，按级配下限粒径的1/2计算，平均粒径的计算公式为：

$$\overline{D} = \frac{\sum \Delta P_i D_i}{100} \tag{7.8-9}$$

式中，$\overline{D}$——断面平均粒径；

    ΔP_i——某组沙重百分数，%；

    D_i——某组平均粒径，$D_i = \sqrt{D_\mu D_L}$；

    $D_\mu D_L$——某组上、下限粒径，mm。

（2）悬移质断面平均沉速计算

悬移质断面平均沉速应根据实际需要进行计算，其计算公式为：

$$\overline{\omega} = \frac{\sum \Delta P_i \omega_i}{100} \tag{7.8-10}$$

$$\omega_i = \sqrt{\omega_\mu \omega_L} \tag{7.8-11}$$

式中，$\overline{\omega}$——断面平均沉速，cm/s；

ΔP_i——某组沙重百分数，%；

ω_i——某组平均沉速，cm/s；

$\omega_\mu \omega_L$——某组上、下限粒径的沉速，cm/s。

7.8.4　泥沙颗粒分析关键技术

7.8.4.1　MS2000 激光粒度分析仪

（1）基本原理

激光粒度分析仪的理论基础基于物理光学的夫琅和费（J. Von. Fraunhofer）衍射与米氏（G. mie）散射。衍射和散射的经典理论指出，光在传播过程中，波前受到与波长尺度相当的隙孔或颗粒的限制，以受限波前处各元波为源的发射在空间干涉而产生衍射和散射，是电磁感生偶极矩和高次电磁感生偶极矩共同作用的结果。

激光衍射法，又称小角激光散射法。激光粒度分析仪检测过程是：激光器发出的单色光，经光路变换为平面波的平行光，射向光路中间的透光样品池，分散在液体分散介质中的大小不同颗粒遇光发生不同角度的衍射、散射（图 7.8-1）。

衍射、散射后产生的光投向布置在不同方向的光信息接收器（检测器），经光电转换器将衍射、散射转换的信息传给微机进行处理，转化成颗粒的分布信息。

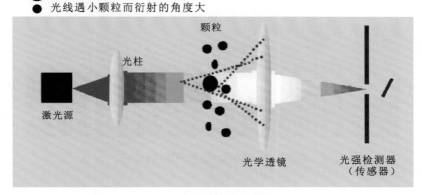

图 7.8-1　激光粒度分析仪测量原理

（2）MS2000 激光粒度分析仪的构成及主要功能指标

1）激光粒度分析仪的构成

仪器系统的构成见图 7.8-2，主要包括 3 个部分。

①主机（光学元件）。

该仪器的主机一般都是相同的，标志为 MasterSizer2000，主机用来收集测量样品内粒度大小的原始数据。

②附件（进样器）。

根据用户的需要可配置各种不同的附件，标识为 Hydro2000G、Hydro2000MU 等。附件唯一的目的就是将样品分散混匀充分并传送到主机以便于测量。

③计算机和 Malvern 测量软件。

Malvern 软件可定义、控制整个测量过程，并同时处理测量的粒度分布数据、显示打印结果等。

2）激光粒度分析仪的主要功能指标

①单量程检测范围 0.00002～2.0mm 的颗粒直径，不需要换镜头。

②检测速度快，扫描速度 1000 次/s。

③设计原理符合 1997 年颁布的 ISO13320 激光衍射方法粒度分析国际标准。

④MS2000 具有 SOP（Standard Operation Programme）功能，即标准操作规程。

⑤智能化程度高，MS2000 采用最先进的模块化设计思想，当操作者遇到问题或对仪器操作不熟悉时，可以通过软件提示功能解决问题。

⑥结果报告形式多样，可提供粒度分布数据、图形、平均值、中数粒径、峰值等大量信息。根据用户要求，粒度可自由分级，灵活设计报告界面等。

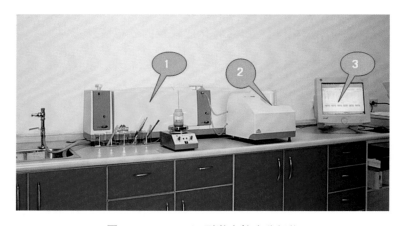

图 7.8-2　MS2000 型激光粒度分析仪

7.8.4.2　BT3000 国产激光粒度分析仪应用实践

荆江河段悬移质泥沙颗粒级配分析，一直使用进口的马尔文激光粒度分析仪，大大提高了生产效率，减轻了劳动强度，分析成果得到广泛应用，但其购买和售后成本高，技术服务与支持效率低，售后和配件不容易保证。而国产仪器设备商能根据用户需求更改或订制软件功能，技术服务和售后效率高，能更好满足水文行业泥沙分析需求。

（1）仪器简介

国产 BT3000 是由丹东百特仪器有限公司设计并制造的具有国际先进水平的双镜头、斜入射式、激光图像粒度粒形分析仪。仪器基本指标与性能优点如下：

①测试范围大。百特独创的双镜头技术,能全方位接收前向、侧向和后向散射信号,散射光探测角度为 0～168°,保证了微弱散射光信号的分辨率,加上高度集成的信号转换与传输系统和精确的数据处理系统,使系统的测试范围达到 0.01～3500μm。

②仪器操作完全自动化。只要加入样品,其他操作如进水、消泡、背景测试、浓度调整、分散、测试、存储、排放、清洗等都自动完成。

③采用精确的 Mie 散射理论,配合自由模式反演算法,可以得到样品真实的粒度分布结果,结果可以实时迅速显示,报告可以方便转换为 Word、Excel 等格式文件。

④激光与图像联合测试。激光法测试细颗粒具有优势,图像法测试粗颗粒准确度高,采用激光法和图像法结合,可以得到更准确的结果。

⑤仪器自身可以测量折射率,不知道折射率的物质时可以先测试折射率。

⑥可以测试含量。含量结果包括"体积百分比""重量百分比""重量"3 种形式。即此仪器可以测样品的含沙量。

⑦首创的三维自动对中系统,最小步距 1.3μm,定位精度高,运行平稳,随动性好,提高了测试结果的准确性。

(2)研究应用

长江水利委员会水文局荆江局经过一年多的比测试验,分析确定了 BT3000 激光粒度分析仪的分散时间、搅拌转速、超声时间、采样时间、连续时间、遮光率、折射率等基础参数,进行了准确性和重复性测试;并收集荆江局样品,分别采用 BT3000 激光粒度分析仪、马尔文 2000 激光粒度分析仪和传统法进行平行分析。

比测试验研究结果表明:国产 BT3000 激光粒度分析仪准确性测试,与碳酸钙标样和马尔文标样粒子比较,其 D_{10}、D_{50}、D_{90} 偏差分别为 0.9%、0.3%、0.3% 和 2.1%、2.7%、0.1%,满足《激光粒度分析仪操作技术指南》(F 版)第 5.1.1 款其相对偏差均≤±5% 的要求;选取粗、中、细 3 种沙型进行重复性测试,其最大误差为 -2.7%,满足《激光粒度分析仪操作技术指南》(F 版)第 5.1.1 款最大误差不应超过 ±3% 的要求。

选取中、细 2 种沙型进行平行性试验,各型沙各粒径级小于某粒径沙量百分数的标准差范围为 0～2.5,满足《河流泥沙颗粒分析规程》标准差均小于 3 的要求;选取粗、中、细 3 种沙型样品进行人员对比试验平行分析,各级级配的互差范围为 -1.88～1.96,满足《河流泥沙颗粒分析规程》各级级配的互差均小于 3 的要求。

用国产 BT3000 激光粒度分析仪对碳酸钙标样进行试验检验,小于某粒径沙量百分数的系统偏差的绝对值在级配的 90% 以上部分为 0,在 90% 以下部分也为 0,小于某粒径沙量百分数的随机不确定度为 0.6,满足《河流泥沙颗粒分析规程》的要求;当改变分析方法或改变主要技术要求时,应用标准方法或标样进行试验检验,试验统计误差结果应达到小于某粒径沙量百分数的系统偏差的绝对值在级配的 90% 以上部分小于 2,在 90% 以下部分小于 4;小于某粒径沙量百分数的随机不确定度应小于 10。

国产 BT3000 激光粒度分析仪完全满足现行的技术规范要求，可应用于悬移质泥沙颗粒级配分析。

7.9 潮汐河口水沙测验技术研究

河口水文学的发展和研究领域的扩大需要新的观测技术和仪器设备，而新仪器的出现和新观测技术的应用，又扩大和深化了对河口水文现象的认识，促使河口水文学向纵深发展，故国内外对现场观测都很重视。感潮河段受潮流、径流以及风浪的交错作用，水位、流速随时随地变化，流向往复转变，构成复杂的水文现象。因此，开展潮流量与输沙率测验，无论在测验仪器设备、测验方法和资料整编等方面，都要比非潮汐河段困难得多。

7.9.1 感潮河段水文现象

潮汐在大洋生成后，潮波沿着入海河道溯流而上，由于河道向上游逐渐变窄，水深变浅，阻力增加，以及径流压迫等，潮流上溯速度逐渐减小，愈向上游，潮差愈小，涨潮历时愈短，到一定地段，当上溯潮水流速与下泄径流流速相抵时，潮水停止倒灌，此为潮流界，但此时河口仍有壅高现象，潮波继续上溯，当波能不断消耗到波幅为零的地段时，则为潮区界，此处的水位不再受潮汐的影响。

如长江河口在不同的季节，潮流界和潮区界的位置不同，洪水期遇小潮汛时，径流作用强，潮流界和潮区界均下移；枯水期遇大潮汛时，径流作用弱，潮流界和潮区界则大幅上移。实测资料表明，在枯水期（大通流量在 $10000\sim20000\,\mathrm{m^3/s}$），潮流界在南京长江大桥以上，至苏皖交界附近；在平水期（大通流量在 $30000\,\mathrm{m^3/s}$ 左右时），潮流界在镇江至南京一线；在洪水期（大通流量在 $40000\,\mathrm{m^3/s}$ 左右以上时），潮流界一般在江阴附近；而在汛期小潮时段，潮流界退至徐六泾附近。

感潮河段的潮流一般呈往复流态，在涨落潮交替时，水流转换方向，在一个较短时间内潮水停止流动，称为憩流，由落潮流转为涨潮流，称落憩，反之称涨憩。感潮河段潮流与水位的涨落一般不同步，在潮汐低潮后，有一段时间水位已上涨，但水流依然流向口外，此时称涨潮落潮流；水位继续上涨，水流开始流向上游，此时称涨潮涨潮流；涨潮至高潮后，水位开始下降，但水流依然流向上游，此时称落潮涨潮流；以后水位继续下降，水流开始流向口外，此时称落潮落潮流。潮汐河段水流的这种复杂运动，使其水文情势比非潮河段要复杂得多。

7.9.2 长江河口水沙测验技术研究概述

长江河口区分 3 个区段：①近口段——安徽省大通至江苏江阴，长 400km，受径流控制；②河口段——江阴至口门（拦门沙滩顶），长 240km，径流、潮流相互作用；③口外海滨段——口门至 $30\sim50\mathrm{m}$ 等深线附近，以潮流作用为主。

长江口上起江阴鹅鼻嘴，下迄口外 50 号灯标，全长约 278km。起始江阴鹅鼻嘴断面宽约 2km,河口启东嘴至南汇嘴展宽至 90km。徐六泾以下由崇明岛将长江分为南、北支;南支在浏河口以下由长兴岛和横沙岛分为南、北港;南港在横沙岛尾由九段沙分为南、北槽,为三级分汊、四口入海的河势格局,共有北支、北港、北槽、南槽 4 个入海通道(图 7.9-1)。

潮汐在口外为正规半日潮,在口内为不正规半日潮。南支潮差由口门往里递减,口门附近的多年平均潮差为 2.66m,最大潮差 4.62m,属于中等强度(平均潮差为 2～4m)的潮汐河口。北支潮差较南支稍大。潮流在口内为往复流,出口门后向旋转流过渡,旋转方向为顺时针向。通过口门的进潮量枯季小潮为 13 亿 m³,洪季大潮时达 53 亿 m³。

长江河口水丰沙富,据大通站资料,最大、最小和年平均流量分别为 92600m³/s、4620m³/s、29300m³/s,年径流总量 9240 亿 m³。5—10 月为洪季,径流量占全年的 71.7%,以 7 月最大;11 月至次年 4 月为枯季,占 28.3%,以 2 月最小。年平均含沙量 0.544kg/m³,年平均输沙量为 4.86 亿 t,沙量在年内分配比水量更集中。

长江口入海控制站为徐六泾水文站,徐六泾水文站地处江苏省常熟市碧溪新区,是长江干流距河口口门最近的综合性水文站。该站建于 1984 年 1 月,其建站目的是进行潮位、潮流量、悬移质泥沙、风速风向、波浪、水温、含盐度等要素的观测、分析和整编工作。

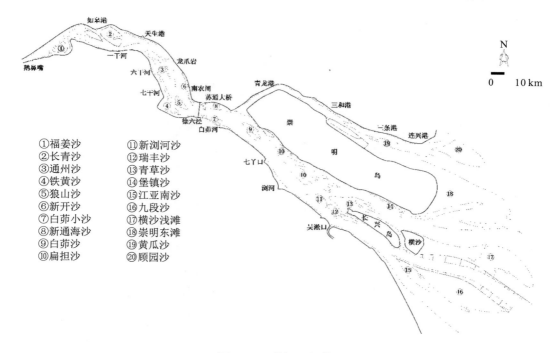

①福姜沙　⑪新浏河沙
②长青沙　⑫瑞丰沙
③通州沙　⑬青草沙
④铁黄沙　⑭堡镇沙
⑤狼山沙　⑮江亚南沙
⑥新开沙　⑯九段沙
⑦白茆小沙　⑰横沙浅滩
⑧新通海沙　⑱崇明东滩
⑨白茆沙　⑲黄瓜沙
⑩扁担沙　⑳顾园沙

图 7.9-1　长江口河势

长江口潮流量测验的历史表明,在 GNSS 和 ADCP 出现之前收集一次全断面全潮测验资料是十分困难的,而潮流量整编更是无从谈起。在原水利部水文司的支持下,徐六泾水文站于 1991 年 6 月引进了 ADCP,实现了潮流量测验,其成果满足规范的要求,然而据此只能整理成实测潮流量,尚不能满足潮流量整编的要求。

2003年长江水利委员会水文局研究徐六泾断面"采用代表线法测验与整编潮流量过程"，认为由于徐六泾水文站测流断面在涨落潮过程中的流速分布变化比较复杂，以单线或双线组合作为代表线整编潮流量过程精度相对较差，多线组合才能满足潮流量整编精度的要求，并根据4次全潮水文测验流速及流量成果，确定徐六泾站测流断面中泓部分各组合代表线的位置，即ADCP测流浮标的投放位置。2004年，在水利部和交通运输部长江口航道管理局的共同投入下，在徐六泾水文断面建设了4只遥测浮标（从左向右依次为1#、2#、3#、4#）及2#水文平台（图7.9-2）。遥测浮标和水文平台由太阳能板、充电控制器、蓄电池、GNSS、OBS-3A、ADCP、SCADA、数字电台、GPRS终端等仪器设备组成。采集的数据发送到徐六泾中心站。

潮流量整编包括两个方面的工作：一方面为验证代表线与断面流量的关系是否在规范规定的精度范围内，必须进行代表线的率定工作；另一方面要对浮标及平台的数据进行整理计算，得到潮流量过程，进而整编出月、年统计值。

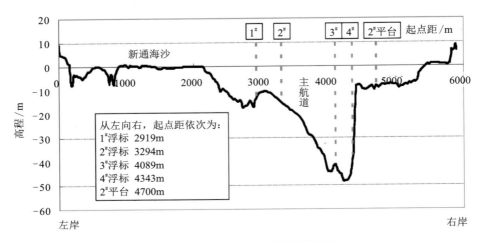

图7.9-2　徐六泾站水文观测断面形态

悬移质含沙量受到涨潮海水挟带的泥沙、上游河流的来沙及河口段泥沙运动三个方面的制约，还受潮汐、潮流的影响而随时作周期性的剧烈变化，泥沙运动远比无潮河流复杂，相应的悬移质含沙量测验与整编难度很大。对测流断面悬移质含沙量的推求分中泓（起点距为2000～5200m）和边滩分别进行研究。对中泓部分采用单沙断沙关系法推求中泓部分断面平均含沙量，用各次推求的断沙乘以相应时间的流量，即得各次中泓断面输沙率。

7.9.3　长江河口潮流量测验技术研究应用实践

7.9.3.1　研究概述

在河流流量测验断面中取一条或若干条组合流速与断面流速或流量有较好关系的垂线，称该组合垂线为代表线，组合垂线流速为代表线流速。

每次同步采集组合各垂线的平均流速,便可以得到一个代表线流速值,定义"同步测验组合各垂线的垂线平均流速一次"为"测验代表线流速一次"。

在一个月的朔或望前后的潮流量测验中,包含了大、中、小潮潮流周期至少各一个的潮流量过程测验时,定义为"一次潮流量测验"。

潮流量整编的思路为:以 ADCP 连续测验代表线流速(如每隔 30min 测验代表线流速一次),以获取代表线流速变化过程的信息。根据丰、平、枯不同水文期及测流河段水道的比降、河床形状、河床糙率等水力因子的变化情况,布置以走航式测流方法测验潮流量若干次。然后根据不同时期实测的测潮流量与相应时间的代表线流速建立关系,由代表线流速过程资料推算出全年潮流量过程的资料。

由于长江河口徐六泾水文站流量测验断面,其水面宽近 6000m,为保证测验资料的同步性,将流量测验断面分为 6 个子断面(图 7.9-3),采用了 4 条测流船,分别在 2$^\#$～5$^\#$ 子断面上(中泓部分)进行同步测流。1$^\#$ 及 6$^\#$ 子断面处于左、右岸的边滩部分,测流船无法或只能在涨潮时到达,难以正常进行流量测验。本应用实践研究为关于 2$^\#$～5$^\#$ 子断面代表线法潮流量测验与整编研究的部分,对于 1$^\#$、6$^\#$ 子断面流量计算使用规范中的边滩系数进行推求。

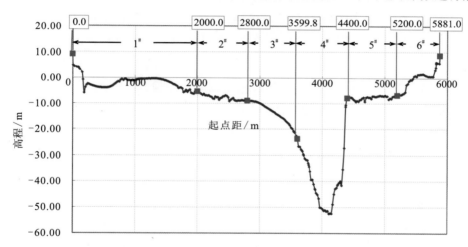

图 7.9-3 徐六泾站水文测流部分断面划分

徐六泾水文站分别于 2003 年 5 月、7 月、11 月及 2004 年 2 月采用走航式测流方法施测潮流量 4 次。该 4 次测流时间涵盖了丰、平、枯水期,施测了大、中、小 3 个全潮的潮流量过程。

7.9.3.2 研究内容

(1)潮流量测验方法研究

①测验断面布置:子断面划分,测速垂线布置;

②测次布设;

③流量、流速测验及数据整理。

（2）潮流量整编分析及方法研究

①代表线选配，含单线、多线组合代表线的选配、分析；

②代表线与断面流量关系线型分析；

③潮流量整编方法研究；

④定线精度分析；

⑤关系曲线检验。

（3）研究成果

①部分断面界线位置；

②各水期、潮流段的最佳代表线（组合垂线的垂线条数及其组合方式）；

③断面流量测次布置；

④潮流量整编方法及精度要求。

7.9.3.3 测验资料整理

关于建立感潮河流代表线流速与流量关系的精度要求，早期的有关规范对此尚无明确规定，需要进行专门研究，以确定科学合理的精度指标。2004 年研究时按《水文资料整编规范》(SL 247—1999)相关的定线精度指标及曲线检验标准等问题进行分析。

规范规定，关系曲线为单一曲线、使用时间较长的临时曲线及经单值化处理的单一线，且测点在 10 以上者，应做符号检验、适线检验和偏离数值检验。为判断原定曲线能否继续使用，或判断相邻年份、相邻时段是否分别定线，均应进行 t（学生氏）检验。考虑到代表线流速与流量关系曲线均为线性相关曲线，增加了关于线性相关性检验。

7.9.3.4 代表线流速整编流量的原理与方法

通过流量与水位或其他相关因子建立关系，以实测的水位或其他相关因子过程，推求流量过程。本章首先根据水力学原理讨论垂线或组合垂线流速与断面平均流速的关系及垂线或组合垂线流速与流量的关系问题；分析垂线流速或组合垂线流速与断面平均流速或流量有稳定良好线性关系的条件，以及选配代表线的方法等。

7.9.3.5 潮量计算

为了检验采用代表线法流量整编成果的精度，对各种组合垂线与流量建立的线性相关关系推算的流量，进行了潮量计算。这些计算成果均与由实测流量计算的潮量作了比较。公式类型"全潮"是指全潮包括涨落所有测点建立的线性关系公式；涨落潮分开，是指涨落潮分开建立公式，涨潮部分潮量是按涨潮公式推算的流量计算得到，落潮部分潮量是按落潮公式推算的流量计算求得。由组合线流速推算的流量，并由该流量计算的潮量，其精度与流速流量关系线大致相吻合。

分别采用 2003 年 5 月、7 月、11 月及 2004 年 2 月 4 次的实测资料，组合垂线包括单线、双线组合线、三线组合线、四线组合线等的流速，根据它们与断面流量建立的线性相关关系公式,推算得到流量所计算得到的潮量,与用实测流量计算得到的潮量比较汇总分析,总体上看,由三或四组合线流速推算得流量后,由该流量所计算得到的潮量,与用实测流量计算的潮量比较,精度高于单线或双线所算得到的潮量。

7.9.3.6　小结

通过单线代表性、双线代表性、三线代表性、四线组合代表性分别进行多种代表性分析和计算,得出提出如下结论:

①当断面平均水深 $\bar{H}$ 与某垂线水深 h_m 的比值 $\bar{H}/h_m$ 在潮位涨落变化过程中,保持稳定,则该垂线平均流速 V_{mv} 与断面平均流速 $\bar{V}$ 将呈线性相关关系:

$$\bar{V} = KV_{mv} + C$$

它们的相关曲线有如下规律:

a. 所选定垂线 h_m 相对较小时,$\bar{H}/h_m$ 随水位上升而变小,垂线流速与断面平均流速关系点时序连线呈现为逆时针绳套曲线。

b. 所选定垂线 h_m 相对较大时,$\bar{H}/h_m$ 随水位上升而变大,垂线流速与断面平均流速关系点时序连线呈现为顺时针绳套曲线。

c. 所选定垂线 h_m,其 $\bar{H}/h_m$ 在涨落潮过程中相对稳定,垂线流速与断面平均流速呈现为线性关系。

②当断面平均水深 $\bar{H}$ 与某垂线水深 h_m,其 $\bar{H}^{y+3/2}/h_m^{y+1/2}$ 在潮位涨落变化过程中,保持稳定,则该垂线流速 V_{mq} 与断面流量 Q 呈线性相关关系:

$$Q = K^{'} V_{mq} + C$$

它们的相关曲线有如下规律:

a. 所选定垂线 h_m 相对较小时,$\bar{H}^{y+3/2}/h_m^{y+1/2}$ 随水位上升而变小,垂线流速与流量关系点时序连线呈现为逆时针绳套曲线。

b. 所选定垂线 h_m 相对较大时,$\bar{H}^{y+3/2}/h_m^{y+1/2}$ 随水位上升而变大,垂线流速与流量关系点时序连线呈现为顺时针绳套曲线。

c. 所选定垂线 h_m,其 $\bar{H}^{y+3/2}/h_m^{y+1/2}$ 在涨落潮过程中相对稳定,垂线流速与流量呈现为线性关系。

③我们称垂线流速(指垂线平均流速,下同)与断面平均流速呈线性相关关系的垂线为断面平均流速代表线;称垂线流速与断面流量呈线性相关关系的垂线为断面流量代表线。可知,断面流量代表线水深较断面平均流速代表线小。

④当过水断面几何形状复杂,使断面中任何一条垂线的 $\bar{H}/h_m$ 或 $\bar{H}^{y+3/2}/h_m^{y+1/2}$ 均随水位涨、落变化均较大,在垂线流速与断面平均流速或断面流量关系间不存在线性关系时,可

以将该断面划分为若干个形状单一的部分断面,每一个部分断面均可找到一条与断面平均流速或断面流量有线性关系的垂线,将这些垂线组合起来,称之为组合垂线。组合垂线流速计算公式如下:

$$V_m = \alpha_1 V_{m1} + \alpha_2 V_{m2} + \alpha_3 V_{m3} + \cdots$$

式中:α_1、α_2、$\alpha_3 \cdots$ —— $\overline{V}_1$、$\overline{V}_2$、$\overline{V}_3 \cdots$ 的面积权重。

⑤部分断面划分方法有两种:

a. 按断面几何形状划分,根据划分后的部分断面,分别选配该部分断面的代表线,然后再组合为全断面的组合代表线。

b. 根据设施位置,结合断面几何形状,以相邻测验设施的中心线为部分断面的分界线划分部分断面。根据划分后的部分断面,分别选配该部分断面的代表线,然后再组合为全断面的组合代表线。如结果不太理想,可适当调整部分断面分界线。

⑥经过分析,和经过四次实测资料的相互验证,可以选作代表线的垂线或组合垂线如下:

单垂线作为徐六泾测流断面流量代表线不是很理想,在特殊情况下可采用个别垂线作为单线代表线:2 浮、4 浮。

双组合线作为徐六泾测流断面流量代表线优于单垂线,但也不是最理想的。可选作流量双组合代表线的依次为:2 浮+4 浮;2 浮+3 浮组合线。

三组合线与四组合线作为徐六泾测流断面流量代表线可以得到符合规范有关规定的精度。可选作流量三组合代表线的依次为:2 浮+3 浮+2 台、2 浮+4 浮+2 台组合线。

四组合线,可选作流量四组合代表线的为:2 浮+3 浮+4 浮+2 台。

一次包括大、中、小潮的潮流量测验,其垂线流速与流量关系,如按时序连接,则大、中、小潮将形成为围绕同一核心的绳套曲线。由此证明,可以把一次包括大、中、小潮的流量测验资料看作为是一个总体,在绘制流速流量关系线时,不必分开定线。这同时得到了曲线 t 检验的证实。但因涨潮流和落潮流时水力条件有差异,则需分开定线。

测验涨潮流流量时,比较落潮流更容易受外因干扰等,代表线流速与流量关系,涨潮流精度差于落潮流精度。

憩流附近流量测点,因流速脉动的影响或因流速小而容易引起较大的相对误差,因此在建立流速流量关系时,略去了憩流的前、后各一个测点的资料。

流量实测成果的正确性和准确性是高精度整编流量资料的前提。因此在定线时,仍应做好异常点的分析工作。

曲线检验:符号检验,是检验定线是否存在系统偏离,由于关系曲线采用线性回归法确定,符号检验一般都能满足规范规定要求。适线检验,是检查关系线正负号分布的均匀性,对于周期性往复流动的潮汐水流很难达到规范规定的要求。偏离数值检验,是不同样本均值偏离检验;对于,在大、中、小潮合并定线后,偏离数值检验一般都能满足规范规定要求。由此可说明大、中、小潮以同一总体进行分析是可行的。

当河床稳定,测验流量断面几何形状没有发生变化时,作为代表线垂线不变。当断面几何形状发生变化后,作为代表的线垂线也随之改变。对于一次包括大、中、小潮的流量测验,处于相对稳定时期,符合建立代表线流速与断面流量关系所要求的条件。

由各组合垂线流速推算得到的流量计算得到的潮量,与实测流量计算的潮量比较,不论在涨潮潮量部分、落潮潮量或是净泄量,偏差都较小。其精度与它们相应的流速流量关系线精度基本相吻合。

7.9.4 长江河口输沙率测验技术研究应用实践

7.9.4.1 研究背景

长江口地处长江三角洲地区,河段平面呈扇形,为三级分汊、四口入海的河势格局,共有北支、北港、北槽、南槽 4 个入海通道,每年承接上游巨量的水沙出海。据大通站资料统计,多年平均径流量达 8974 亿 m^3(统计年份为 1950—2007 年),年输沙量近年虽有减少的趋势,但 2007 年依然达到 1.37 亿 t。大通站离长江口徐六泾断面的距离约为 515km,区间面积约 7 万 km^2,其间有多条支流汇入,南岸主要有青弋江、水阳江、秦淮河、太湖水系,北岸有裕溪河(含巢湖水系)、滁河和淮河入江水道,两岸引排水闸门密布,因此大通站的水沙资料不足以代表进入长江口的来水来沙条件,有必要建立长江口水沙通量观测站。

长江口徐六泾断面为长江河口段的门户,也是江阴以下唯一的人工节点。水利部长江水利委员会在 20 世纪 80 年代即在此处建立了水文观测站,并开展了基础资料的收集与整理,为长江口动力地貌学科的发展提供基础资料。

2003 年初,开展了《徐六泾水文站潮流量测验整编代表线法研究》专题研究工作。该专题研究的核心问题就是如何利用 5 根垂线的平均流速推算出全断面的流量并对其精度进行评价。2009 年,对浮标系统进行了升级改造,以 ADCP 取代了原 ADP,在每个浮筒 4m 水深的地方安置了 OBS,用于施测浊度,从而得到测点含沙量。

7.9.4.2 技术路线

(1)研究思路

要达到既定的目标,必须开展两个方面的研究:第一方面是对现有的物理测沙仪器进行比测试验及分析,以选用一种适用于现有潮流测验系统,既能实现自动测量又能达到一定精度的物理测沙设备。第二方面是进行简化悬移质输沙率计算方法的分析,主要是精简垂线数目的分析,包括对利用现有测验设施进行测验的精度评价。详细研究思路见图 7.9-4。

单沙断沙关系法是我国在无潮水河流推求断面平均含沙量所采用的主要方法,该方法适用于断面比较稳定的测站。

徐六泾水文断面位于长江河口段的节点,江面宽阔,水面宽近 6km,处于洪水期潮流界以下,是长江口潮波由外向内上溯的咽喉。河床断面为不对称"V"字形,深槽部分偏于南侧,近几年断面局部有冲有淤,但总体构架变化不大。测流断面悬移质含沙量的推求分中泓

（起点距为 2000～5200m）和边滩分别进行研究，大断面见图 7.9-5。本书只对中泓部分采用单沙断沙关系法推求中泓部分断面平均含沙量，用各次推求的断沙乘以相应时间的流量，即得各次断面输沙率。

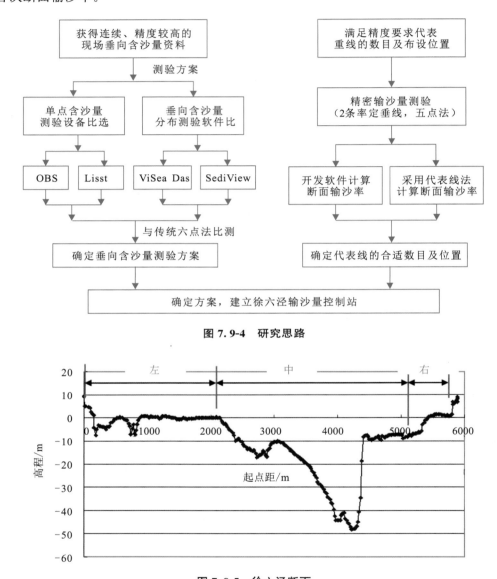

图 7.9-4　研究思路

图 7.9-5　徐六泾断面

（2）研究的内容

由于单沙断沙关系法应用于断面比较稳定的单一断面，根据徐六泾水文断面几何形状和已布置的锚系系统（2#、3#、4#浮标和2#平台），把中泓部分分成2～4个形状单一的部分子断面，分别选配每一子断面的代表垂线，该垂线的垂线平均含沙量与相应子断面平均含沙量应存在稳定的线性关系（单沙断沙关系），与子断面平均含沙量有稳定的线性关系的垂线为其相应部分子断面的测沙代表线。

中泓全断面的组合代表线：根据断面几何形状，结合已有锚系系统设施位置，以相邻测验设施的中心线划分子断面，以子断面的面积占全断面的百分率为该子断面代表线含沙量的权重，按面积权重组合各垂线的平均含沙量即得中泓全断面的组合垂线含沙量，最后利用组合垂线的含沙量与断面含沙量建立单沙断沙关系。

（3）单层（表层）泥沙浓度仪的选择

水体悬移质泥沙观测主要有两种途径：一是通过汲取水样（即传统方法），经过室内水样烘干称重等处理后，推求含沙量以及进行级配分析；其二为通过光电等物理技术直接观测水体中的泥沙数量及颗粒形态。传统方法耗时费力，不能实时现场监测，不予考虑。

根据徐六泾河段的水流特性，初步选定两种在潮流河段使用效果较好的仪器进行比选试验，即采用红外线后向散射原理的 OBS。

7.9.4.3　声学方式测沙基本原理

ADCP 是根据声波的多普勒效应制造的用于水流流速测量的专业声学仪器设备。当 ADCP 向水中发射固定频率的声波短脉冲遇到水体中的散射体的时候将发生散射，由于散射体会随着水流发生运动，ADCP 接收到的被散射体反射回来的声波会产生多普勒平移效应。ADCP 通过对比发射的声波频率和接收到散射后的声波频率，就可以计算出 ADCP 和散射体之间的相对运动速度。由于 ADCP 还能接收和识别底床反射的声波信号，进而计算出相对于地的运动速度，因此能最终得到水流的运动速度（假设水体中的散射体和水流具有相同的运动速度）。从 ADCP 测流原理可知，ADCP 输出数据中含有 ABS（Acoustic Back Scatter，声后向散射，下同）的信息，使 ADCP 具备了估算整个垂线（定点测量）或断面（走航测量）的悬移质含量的潜力。

ADCP 将后向散射强度转换为质量浓度的过程不是直截了当的，必须考虑由声束扩散和衰减导致的声学传输损失。传输损失取决于多个因素，包括：①环境特性如悬浮物质和水体的含盐度、温度、压力；②仪器特性如功率和传感器尺寸、频率等。

由 ABS 估算 SSC 的方法是以小颗粒的声散射声呐方程为基础的，在简化形式的声呐方程（Urick，1975）包含的项有声传播区、散射强度区（是颗粒形状、直径、密度、刚度、压缩性以及声波长的函数）、声源电平（发射信号强度，已知或可测量）以及双向传输损失项。传输损失是至声传播区距离以及水体吸收系数的函数，它包含了由扩散和吸收导致的损失，由泥沙引起的衰减如果量级显著的话也必须予以考虑。水体吸收系数是声学频率、含盐度、温度和压力的函数，可以利用 Schulkin 和 Marsh（1962）的方程得到。散布损失在传感器的近声场和远声场是不同的，近声场和远声场之间的过渡是传感器半径和声学波长的函数，传感器近声场散布损失的改正可以利用 Downing 等（1995）的公式进行计算。下文描述的方法涉及指数或对数形式的声呐方程，通过率定参数将 SSC 与相对声向散射关联起来，并遵从 Thevenot 等（1992）单一颗粒理论。声呐方程的指数形式为：

$$SSC_{estimates} = 10^{(A+B \times RB)} \quad\quad (7.9\text{-}1)$$

式中，$SSC_{estimates}$——估算的 SSC 浓度。

式(7.9-1)的指数项包含有：测量的相对声后向散射 RB，以及表示截距 A 和斜率 B 的项，截距和斜率是在一个半对数面上通过同时得到的 ABS 和已知的 SSC 之间的回归分析确定的，形式为 $\log(SSC_{measured}) = A + B \times RB$（$SSC_{measured}$ 指实测浓度）。

7.9.4.4 悬沙输沙率观测和精度分析

利用声学原理测（推算）水体悬浮物含量，ADCP 的声散射强度转化成质量浓度，不但不破坏水体的自然特性（非扰动式），且能提供整个剖面的数据，是目前唯一能实现潮汐河段自动在线测量输沙率的技术手段，但转换计算必须考虑声波在水体中的传输损失，标定较复杂，精度需分析。

荷兰 Aqua Visea 公司的产品 ViSea DAS 中子程序 PDT 可以依靠同步采集的光学后散射（OBS）、电导率、温度以及水深（CTD）等数据将 ADCP 后向声散射信号在线（实时）转换成悬移质含量，该软件用于悬沙观测的数据采集和后处理。OBS-3A 因 PDT 对它支持，被选为单点测沙设备。

分别在 2007 年 9 月的中水期、2008 年 1 月的枯水期和 2008 年 8 月的洪水期进行了垂线含沙量比测，共收集了 718 个测次的垂线比测和 240 个测次的断面比测数据。

通过 ADCP 声散射强度计算的含沙量分析，徐六泾河段在不同水情、不同潮型、不同水深、不同频率的 ADCP 仪器情况下，只要标定得当，均能得到精度较高的含沙量结果。与传统垂线平均含沙量相比，六点法标定的结果，一般误差在 ±5% 以内的样本数在 80% 以上，误差在 ±10% 以内的样本达到 90% 以上，误差基本呈正态分布，标准差在 5% 左右，随机不确定度在 10% 左右，精度较高。

误差分析表明，对测点含沙量而言，当采用六点法标定时，表层和底层平均相对误差一般在 11% 左右，表层偏小，底层偏大，偏离度大致相当；中间层在 6.50% 上下，比较稳定，无系统偏离。对垂线平均含沙量而言，六点法标定精度最高，平均相对误差介于 3.04% ~ 3.87%；三点法标定精度稍差，平均相对误差为 4.58%；连时序一点法标定时平均相对误差介于 7.60% ~ 12.49%。

7.9.4.5 测验资料整理

河口区水流因受到潮流、径流及风浪的交互作用而构成复杂的水文情势。在丰、平、枯水期的上游来水与潮水相互作用下有不同水力学特点。

徐六泾水文站分别在 2007 年 9—10 月中水期、2008 年 1 月枯季和 8 月洪季，于徐六泾测流断面各布置了一次 3 种不同代表潮型（大、中、小潮）全潮水文测验，采用 ADCP 进行流量走航施测，通过对断面 ADCP 声学散射信号的标定，计算出断面走航断面输沙率。

（1）垂线平均含沙量

前面章节已详细说明了传统的和声学剖面的悬移质含沙量的测验方法和垂线平均含沙量的计算方法，即通过 ADCP 声散射信号强度估算垂线平均含沙量的计算方法：从采样开始到结束,利用这段时间所有的 ADCP"Ping"信号,算术平均计算该时间段内的水体平均含沙量。用于分析的代表垂线的含沙量是从实测值中摘取的。

(2)输沙率

断面输沙率及断面平均含沙量按下式计算:

$$Q_s = \int_0^B \int_0^h \rho v \, dh \, dB = \int_0^B \left(\int_0^h \rho v \, dh \right) dB \tag{7.9-2}$$

$$\overline{\rho_s} = \frac{Q_s}{Q} \tag{7.9-3}$$

式中,Q_s——断面输沙率,kg/s;

ρv——断面上任一点的单位面积输沙率,kg/(s·m)^2;

$\int_0^h \rho v \, dh$——断面上任一垂线位置的单位宽度输沙率,kg/(s·m);

$\overline{\rho_s}$——断面平均含沙量,kg/m^3;

Q——断面流量,m^3/s。

(3)输沙量

$$W_s = \frac{1}{2} Q_{s1} t_1 + \frac{Q_{s1} + Q_{s2}}{2} t_2 + \cdots + \frac{1}{2} Q_{sn-1} t_n \tag{7.9-4}$$

式中,W_s——断面输沙量,kg;

$Q_{s1}, Q_{s2}, \cdots, Q_{sn-1}$——"Ping"间输沙率,kg/s;

$t_1, t_2, \cdots, t_n$——历时,s。

7.9.4.6 子断面划分和单沙测验位置的选择

为了与潮流量整编方案一致,子断面的划分以 2$^\#$、3$^\#$、4$^\#$浮标和 2$^\#$平台位置为依据,其中子断面的组合方案也是基于潮流量整编方案的优化组合。当中泓部分被划分成 4 个、3 个或 2 个子断面时,在各个子断面上,无论枯季还是洪季均能选出一条垂线作为该子断面的单沙测验垂线,此垂线与断面含沙量之间均有稳定的关系。从以上统计分析来看,枯季的单断沙线性相关关系更好,所有测点与平均关系线的偏差不超过±10%的样本数目均在 95%以上,所有测点密集成一带状;洪季的单断沙线性相关关系较枯季差,所有测点与平均关系线的偏差不超过±10%的样本数目均在 80%以上,但仍大于规定的 75%。

7.9.4.7 推求中泓部分断面平均含沙量

(1)断面平均含沙量推求的方法

中泓断面平均含沙量的推求与潮流量整编相似:将各子断面的代表测沙垂线的垂线平均含沙量,按面积权重组合各垂线的平均含沙量即得中泓断面的组合垂线含沙量。利用组合垂线的含沙量与断面含沙量建立单沙断沙关系。

以徐六泾测流断面上布置的 2$^\#$、3$^\#$、4$^\#$浮标和 2$^\#$平台 4 条垂线进行各种代表线选配组合,分以下 5 种组合方式:4 线组合(2$^\#$、3$^\#$、4$^\#$浮标和 2$^\#$平台)、3 线组合(2$^\#$、3$^\#$浮标和 2$^\#$

平台,$2^{\#}$、$4^{\#}$浮标和$2^{\#}$平台两种)、2线组合($2^{\#}$、$3^{\#}$浮标,$2^{\#}$、$4^{\#}$浮标两种)。

（2）资料整理精度及检验

《水文资料整编规范》(SL 247—1999)中与悬移质泥沙相关的定线精度指标及曲线检验标准对潮汐河流单沙断沙关系的精度与曲线检验问题进行分析。

（3）涨、落潮分别进行单沙断沙定线

1)2008年1月（枯季）单沙断沙定线

参照水位流量关系曲线检验要求和《水文资料整编规范》中关于悬移质泥沙关系曲线法定线精度指标规定,2008年1月（枯季）5种组合垂线单沙与中泓断沙的关系曲线的定线精度均达到了一类精度的水文站要求,测点与关系线的偏差均在±10%以内；系统误差均在±1%以下；随机不确定度(α=5%)在6%范围内。除$2^{\#}$浮标＋$4^{\#}$浮标组合下的符号检验没通过外,其余各种组合下的相关关系线均通过了符号检验、适线检验、偏离数值检验和线性相关关系检验等4种检验。

2)t（学生氏）检验

为判断2008年1月（枯季）组合垂线单沙与断沙关系曲线能否应用于2008年8月（洪季）,对枯季和洪季的关系点应进行t（学生氏）检验。从t（学生氏）检验结果来看,同一种组合情况下,涨、落潮不能同时都被接受,也就是要么涨潮时原定曲线可继续使用,要么落潮时原定曲线可继续使用,要么是涨、落潮时的原定曲线都不能被继续使用。由此可见,枯季的组合单沙与断沙关系曲线不能应用于洪季,洪季必须重新定线。

3)2008年8月（洪季）单沙断沙定线

2008年8月（洪季）5种组合垂线单沙与中泓断沙的关系曲线的定线精度也均达到了一类精度的水文站要求,但洪季的精度低于枯季,洪季的测点与关系线的偏差均在±5%～±20%范围内；系统误差均在±1%以下,表明测点基本均匀分布在关系线周围；随机不确定度(α=5%)在5%～13%范围内。除$2^{\#}$浮标＋$4^{\#}$浮标＋$2^{\#}$平台组合下的适线检验没通过外,其余各种组合下的相关关系线也均通过了符号检验、适线检验、偏离数值检验和线性相关关系检验等4种检验。

4)小结

从以上组合垂线含沙量与中泓断面平均含沙量的定线结果来看,无论是枯季还是洪季,涨、落潮组合单沙和断沙都有比较稳定的线性关系,而且基本上均能通过4种检验。5种情况下,4线组合关系曲线优于3线,3线优于两线。其中,3线组合中,$2^{\#}$浮标＋$3^{\#}$浮标＋$2^{\#}$平台组合优于$2^{\#}$浮标＋$4^{\#}$浮标＋$2^{\#}$平台；两线组合中,$2^{\#}$浮标＋$3^{\#}$浮标组合优于$2^{\#}$浮标＋$4^{\#}$浮标。

（4）涨、落潮合并进行单沙断沙定线

涨、落潮合并定线时,枯季和洪季的5种组合垂线单沙与中泓断沙的线性相关关系线的定线精度也均达到了一类精度的水文站要求。各种精度指标与涨、落潮分开定线的指标基本一致：系统误差很小，小于1%；测点与关系线的偏差枯季在±10%以内，洪季在±20%以内；随机不确定度（$\alpha=5\%$）枯季在6%范围内，洪季在10%左右。

除枯季 2# 浮标＋3# 浮标组合下没通过符号检验，洪季 2# 浮标＋4# 浮标＋2 平台、2# 浮标＋4# 浮标两种组合下的没通过适线检验外，其余各种组合下的线性相关关系线均通过了符号检验、适线检验、偏离数值检验和线性相关关系检验等4种检验。

7.9.4.8　实测与计算输沙率比较

枯季的各种组合线性相关关系推算的输沙率与实测相比，相对误差基本均在±10%以内，系统误差很小，随机不确定度在6%以内。各项误差统计值都比较小，说明枯季的实测值的精度比较高，稳定性也好。

洪季各项误差统计值相对大点，洪季相对误差基本均在±20%以内，系统误差也很小，随机不确定度在12%以内，各项误差统计值约是枯季的两倍。

7.9.4.9　输沙量计算

为了检验采用单沙断沙法推求的断面输沙率（断面平均含沙量乘以相应时间的流量，即得各次断面输沙率）整编成果的精度，对各种组合垂线含沙量与断面含沙量建立的线性相关关系推算得到的输沙率，进行了输沙量计算，与实测输沙率计算的输沙量作比较。从统计结果看：涨、落分开定线和涨、落合并定线两种情况下无论枯季还是洪季，涨、落潮输沙量和净泄沙量的偏差均小于±5%。其中，落潮输沙量的平均偏差均小于±1%；涨潮输沙量平均偏差，枯季小于±1%，洪季大于±1%，最大平均偏差达到−3.15%（涨落合并定线）；净泄沙量平均偏差枯季大于洪季，枯季涨、落合并定线的小潮期净泄沙量偏差最大，最大达−5.68%。

综合上述，由3垂线或4垂线组合代表线含沙量所计算得到的涨、落潮输沙量，净泄沙量，与用实测输沙率计算的涨、落潮输沙量，净泄沙量比较，精度高于双线组合所算得到的涨、落潮输沙量，净泄沙量。2# 浮标＋4# 浮标＋2# 平台和 2# 浮标＋4# 浮标两种组合的精度比其他3种组合的精度差。涨、落潮分开定线和涨、落潮合并定线所计算的涨、落潮输沙量和净泄沙量与实测相比，偏差都均小于±5%，所以两种情况下的定线都是合理可行的。

7.10　小结

本章节分别对长江河道控制断面流量、悬移质泥沙、临底悬沙、推移质、床沙、沿程流速流向、潮汐河口水沙等不同水文要素的快速获取技术进行了探索和研究。

①针对外部环境复杂而影响走航式 ADCP 施测流量精度时，提出了根据实际情况有目的地选择满足精度的 GNSS、罗经或测深仪等外部传感器来解决系统的施测误差来提高流量测验精度的方法。

②针对不同的河流流速和含沙量，提出了采用不同悬移质泥沙采样设备以及不同测沙方法，从而在线或快速获取悬移质（包括临底悬移质）含沙量测验的技术方法。

③鉴于推移质运动极其复杂和测验存在的技术瓶颈，提出了使用器测法采取推移质样

品,测出推移质输沙率的横向分布和断面输沙率,从而计算出某一测站的月、年推移量和各项特征值的理论和方法。

④针对长江中下游不同河段床沙颗粒级配的不同组成,通过不同采样设备和方法采取相应床沙,进行颗粒分析,为分析研究悬移质含沙量和推移质输沙率的断面横向变化及研究河床冲淤变化等提供基本资料的技术方法。

⑤针对水体环境因素的复杂性以及仪器测量原理与测量方法的差异,提出了通过不同的仪器设备和方法施测不同水体及水流流速、流向的方法。

⑥针对长江潮汐河段水流复杂的特点,提出了长江河口水文、泥沙实时在线测量融合理论与方法,开展潮汐河段潮流量与输沙率测验方法研究,解决了长江入海口潮流量和悬移质输沙率实时监测和潮量资料整编的难题,为大江大河入海河口水文测验提供了成功案例。

第8章 典型河段不平衡输沙测定及匹配性控制分析处理技术

8.1 概述

地形法和输沙法是计算河道冲淤量广泛采用的两种方法。长期以来,受到水文泥沙测验和地形测量技术的限制,两种计算方法得到的结果在定量上往往相差较大,甚至在定性上还出现反向的情况。虽然相关单位和学者对河道实测冲淤量计算方法进行了研究,但由于实测资料的局限性、对河道地形测量和泥沙测验方法缺乏深入了解及河道泥沙冲淤规律本身的复杂性等,使得泥沙冲淤量的计算过程与结果在评判上还存在许多争议。2006 年以来,长江水利委员会水文局就临底悬沙开展了实验,对悬移质输沙进行了相应的改正,取得了具有实用价值的研究成果;2013 年长江水利委员会水文局荆江局选择沙市至监利河段开展了输沙平衡法与地形法匹配性研究。三峡水库蓄水运行以来,坝下游河段发生普遍冲刷,床面泥沙粗化,悬移质粗颗粒粒径组所占比重增大,由于粒径组在 0.5～1.0mm 范围悬移质主要分布在近河底部分,而目前的测验手段对于近河底部分采样存在一定困难,临底部位悬沙及床面输沙的监测仍有待进一步分析研究。2015 年受三峡集团委托,选择枝城至沙市河段进行专项观测,并对输沙平衡法与地形法差异问题、悬移质和床沙级配变化规律等进行了分析研究,但由于该河段河床组成沿程差别很大,悬移质含沙量及级配验证计算需要考虑的限制条件较多,区间存在分流、汇流及无序采砂等对冲淤计算均产生一定影响,枝城至沙市河段运用地形法、输沙法计算河道冲淤量及悬移质含沙量验证,其结果不太理想。为了避开不利因素的影响,2016 年及 2017 年非平衡输沙项目选择了沙市至新厂段进行观测。

8.2 不平衡输沙理论

8.2.1 扩散方程的底部边界条件

扩散方程在床面的边界条件是不平衡输沙尚未彻底解决的一个重要问题,它在一定程度上决定含沙量大小、河床冲淤以及恢复饱和系数等问题。由韩其为提出的泥沙运动随机理论导出的边界条件经过研究证实是恰当的。

$$-\varepsilon_y\frac{\partial S_l}{\partial y}\bigg|_{y=a}-\omega_l S_{l.b}=(\lambda_{1.4.l}-\lambda_{4.1.l})\frac{\pi}{6}\gamma_s D_l^3=\frac{2}{3}m_0\gamma_s\frac{P_{1.l}R_l\beta_l D_l}{t_{4.0.l}}$$

$$-(1-\varepsilon_{0.l})(1-\beta_l)\frac{qP_{4.l}S}{L_{4.l}} \tag{8.2-1}$$

式中，S_l——第 l 组沙的含沙量；

　　　ε_y——扩散系数；

　　　ω_l——第 l 组的泥沙沉速；

　　　$S_{l.b}$——该泥沙在床面底部的含沙量；

　　　$\lambda_{1.4.l}$ 和 $\lambda_{4.1.l}$——单位时间、单位面积由床沙变为悬移质和由悬移质变为床沙的颗数；

　　　D_l——第 l 组泥沙的直径；

　　　γ_s——干容重；

　　　m_0——静密实系数，$m_0=0.4$；

　　　$P_{1.l}$——床沙级配；

　　　R_l——床面泥沙静止的概率；

　　　β_l——起悬概率；

　　　$\varepsilon_{0.l}$——止动概率；

　　　$t_{4.0.l}$——泥沙脱离床面时间；

　　　$L_{4.l}$——泥沙悬浮的单步距离；

　　　S——总含沙量；

　　　q——单宽流量。

该边界条件的优点是：经过较严格的理论推导，对于二、三维扩散方程以至一维均是适用的；对于不同冲淤状态，不均匀泥沙都是成立的，并且在形式上可概括已有的其他边界条件，更重要的是可以阐述和解释不少泥沙运动的现象和机理。下面举出该边界条件的几个重要特性，以反映其概括性。

由式(8.2-1)可推导挟沙能力公式的结构式：

$$S^*(D_l)=S^*(l)=\frac{2}{3}m_0\gamma_s\Omega_l\left(\frac{D_l}{\omega_l t_{4.0.l}}\right)\left(\frac{L_{4.l}^*\omega_l}{q}\right) \tag{8.2-2}$$

式中，$S^*(l)$——粒径为 D_l 的均匀沙挟沙能力。

$$\Omega_l=\frac{\beta_l}{1-(1-\varepsilon_{1.l})(1-\beta_l)+(1-\varepsilon_{0.l})(1-\varepsilon_{4.l})} \tag{8.2-3}$$

在稳定流条件下，式(8.2-1)是一维不平衡输沙的直接表达式，它可化成式(8.2-5)、式(8.2-6)。

$$\frac{\mathrm{d}S_l}{\mathrm{d}x}=\frac{\omega_l}{q}\left[\alpha^* P_{1.l}S^*-\tilde{\alpha}_l P_{4.l}S\right]=\frac{\alpha_l\omega_l}{q}\left[P_{4.l}^* S^*\frac{L_{4.l}}{L_{4.l}^*}-P_{4.l}S\right] \tag{8.2-4}$$

$$\alpha_l^*=\frac{(1-\varepsilon_{0.l})(1-\varepsilon_{4.l})q}{L_{4.l}^*\omega_l} \tag{8.2-5}$$

$$\tilde{\alpha}_l = \frac{(1-\varepsilon_{0.l})(1-\varepsilon_{4.l})q}{L_{4.l}\omega_l} \tag{8.2-6}$$

式中，$\tilde{\alpha}_l$——冲淤条件下恢复饱和系数；

$\quad\quad \alpha_l^*$——平衡条件下恢复饱和系数；

$\quad\quad \alpha_l$——综合恢复饱和系数；

$\quad\quad L_{4.l}$——一般条件下单步距离；

$\quad\quad L_{4.l}^*$——平衡条件下的单步距离。

8.2.2　恢复饱和系数

对于不平衡输沙时的恢复饱和系数 α，以往的研究分歧很大。

根据式（8.2-4），从理论上证明了恢复饱和系数的特性，其特性如下

① $\tilde{\alpha}_l$、α_l^* 在下述条件下可以归结为一个综合恢复饱和系数 α_l，即

$$\alpha_l = \frac{S_l}{S_L - S_l^*} - \alpha_l^* \frac{S_l^*}{S_l - S_l^*} \tag{8.2-7}$$

② 淤积时 $\tilde{\alpha}_l < \alpha_l^*$；冲刷时 $\tilde{\alpha}_l > \alpha_l^*$。

③ 如按式（8.2-7）的 α_l 概括 $\tilde{\alpha}_l$ 及 α_l^*，则不论淤积还是冲刷均有 $\alpha_l < \tilde{\alpha}_l$ 及 $\alpha_l < \alpha_l^*$。在数学模型中，一般只采用一个 α_l，故使恢复饱和系数减小。例如，若为淤积，$\alpha_l^* = 2$，$S_l = 3\text{kg/m}^3$，$\tilde{\alpha}_l = 1.5$，$S_l^* = 2.1429$，则 $\alpha_l = 0.25$；若为冲刷，加上 $\tilde{\alpha}_l = 2.5$，$S_l^* = 4.5$，则 $\alpha_l = 1.0$。

④ 若假定泥沙落入床面后，以概率 1 变为床沙，则 $(1-\varepsilon_{0.l})(1-\varepsilon_{4.l})=1$，此时由式（8.2-5）和式（8.2-6）知，$\alpha_l^* = \dfrac{q}{L_{4.l}^*\omega_l} > 1$，$\alpha_l > 1$。

平衡时恢复饱和系数为 α_l^*，其表达式为：

$$\alpha_l^* = \frac{(1-\varepsilon_{0.l})(1-\varepsilon_{4.l})q}{L_{4.l}^*\omega_l} \tag{8.2-8}$$

$$L_{4.1}^* = q(h_l^*)\left[\frac{1}{u_{y.0.l}} + \frac{1}{\overline{u}_{y.D.l}}\right] = \frac{q(h_l^*)}{\omega_l}\left\{\left[\frac{1}{\sqrt{2\pi}}\frac{u_*}{\omega_l\varepsilon_{4.l}}e^{-\frac{1}{2}\left(\frac{\omega_l}{u_*}\right)^2} - 1\right]^{-1} + \right.$$
$$\left. \left[\frac{1}{\sqrt{2\pi}}\frac{u_*}{\omega_l(1-\varepsilon_{4.l})}e^{-\frac{1}{2}\left(\frac{\omega_l}{u_*}\right)^2}\right]^{-1}\right\} \tag{8.2-9}$$

$$\frac{q(\eta_1^*)}{q} = 0.647\eta_1^* + 0.520\eta_1^{*2} - 0.176\eta_1^{*3} \tag{8.2-10}$$

$$\eta_1^* = \frac{h_l^*}{h} = \int_0^l \frac{2\eta S(n)}{S_l}d\eta = 2\left[\frac{Ku_*}{6\omega} - \frac{e^{-\frac{6\omega}{ku_*}}}{1-e^{-\frac{6\omega}{ku_*}}}\right] \tag{8.2-11}$$

$$\alpha_l^* = \frac{(1-\varepsilon_{0.l})(1-\varepsilon_{4.l})q}{q(\eta_1^*)}\left\{\left[\frac{1}{\sqrt{2\pi}}\frac{u_*}{\omega_l\varepsilon_{4.l}}e^{-\frac{1}{2}\left(\frac{\omega_l}{u_*}\right)^2} - 1\right]^{-1}\right.$$

$$+\left[\frac{1}{\sqrt{2\pi}}\frac{u_*}{\omega_l(1-\varepsilon_{4.l})}e^{-\frac{1}{2}(\frac{\omega_l}{u_*})^2}\right]^{-1}\Bigg\} \tag{8.2-12}$$

式中，u_*——动力流速。

8.2.3 床面泥沙的转移概率及状态概率

床面泥沙有静止（床沙）、滚动、跳跃与悬浮 4 种状态，也可简化为静止、推移与悬浮 3 种。其中，推移包括滚动与跳跃。当为 4 种状态时，静止、滚动、跳跃及悬浮的概率分别为：

$$P_1=\frac{(1-\varepsilon_0)(1-\varepsilon_4)}{1+(1-\varepsilon_0)(1-\varepsilon_4)-(1-\varepsilon_1)(1-\beta)}\frac{A_1}{A} \tag{8.2-13}$$

$$P_2=\frac{(1-\varepsilon_0)(1-\varepsilon_4)(\varepsilon_1-\varepsilon_2)(1-\beta)+[1-(1-\varepsilon_1)(1-\beta)](\varepsilon_0-\varepsilon_2)(1-\varepsilon_4)}{1+(1-\varepsilon_0)(1-\varepsilon_4)-(1-\varepsilon_1)(1-\beta)}$$

$$=\frac{A_1}{A}(\varepsilon_1-\varepsilon_2)(1-\beta)+\frac{A_2}{A}(\varepsilon_0-\varepsilon_2)(1-\varepsilon_4) \tag{8.2-14}$$

$$P_3=\frac{(1-\varepsilon_0)(1-\varepsilon_4)\varepsilon_2(1-\beta)+[1-(1-\varepsilon_1)(1-\beta)]\varepsilon_2(1-\varepsilon_4)}{1+(1-\varepsilon_0)(1-\varepsilon_4)-(1-\varepsilon_1)(1-\beta)}$$

$$=\frac{A_1}{A}\varepsilon_2(1-\beta)+\frac{A_2}{A}\varepsilon_2(1-\varepsilon_4) \tag{8.2-15}$$

$$P_4=\frac{(1-\varepsilon_0)(1-\varepsilon_4)\beta+[1-(1-\varepsilon_1)(1-\beta)]\varepsilon_4}{1+(1-\varepsilon_0)(1-\varepsilon_4)-(1-\varepsilon_1)(1-\beta)}$$

$$=\frac{A_1}{A}\beta+\frac{A_2}{A}\varepsilon_4 \tag{8.2-16}$$

当为 3 种状态时，其状态概率为：

$$P_1=\frac{(1-\varepsilon_0)(1-\varepsilon_4)}{1+(1-\varepsilon_0)(1-\varepsilon_4)-(1-\varepsilon_1)(1-\beta)}=\frac{A_1}{A} \tag{8.2-17}$$

$$P_B=P_2+P_3=\frac{(1-\varepsilon_0)(1-\varepsilon_4)\varepsilon_1(1-\beta)+[1-(1-\varepsilon_1)(1-\beta)]\varepsilon_0(1-\varepsilon_4)}{1+(1-\varepsilon_0)(1-\varepsilon_4)-(1-\varepsilon_1)(1-\beta)}$$

$$=\frac{A_1}{A}\varepsilon_1(1-\beta)+\frac{A_2}{A}\varepsilon_0(1-\varepsilon_4) \tag{8.2-18}$$

$$P_4=\frac{(1-\varepsilon_0)(1-\varepsilon_4)\beta+[1-(1-\varepsilon_1)(1-\beta)]\varepsilon_4}{1+(1-\varepsilon_0)(1-\varepsilon_4)-(1-\varepsilon_1)(1-\beta)}$$

$$=\frac{A_1}{A}\beta+\frac{A_2}{A}\varepsilon_4 \tag{8.2-19}$$

式中，P_B——推移的概率。

现以 3 种状态为例，介绍其特点。

①从中看出 $u_*=1\text{cm/s}$ 时，床面泥沙静止概率 P_1 为 1，随着水力因素加大，静止概率迅速减小，以至接近于零。

②当 $u_*=20\text{cm/s}$ 时，床面泥沙全部运动，出现所谓层移状态。

③底部泥沙处于推移的概率 P_B 随着 D 及 u_* 不断变化。颗粒愈粗，u_* 愈小，处于推移的概率就越大。当 $u_*=8\text{cm/s}$ 时，$D=1\text{mm}$ 颗粒推移概率可达 85%；当 $u_*=5\text{cm/s}$，$D=0.5\text{mm}$ 颗粒，其推移概率可达 81%。但是随着 u_* 的进一步加大，由于悬浮概率加大，推移概率又减小。

④底部泥沙处于悬浮的概率 P_4 随着 u_* 的增加而单调增加。对于 $D=0.01\text{mm}$ 细颗粒容易达到 50% 左右；而对于粗颗粒，悬浮概率小。当 $D=1\text{mm}$ 时，若 $u_*=5\text{cm/s}$，则悬浮概率约为 0.82%；若 $u_*=12\text{cm/s}$，为 16%；当 $u_*=20\text{cm/s}$，为 28%。

8.2.4 水量百分数

8.2.4.1 定义

水量百分数定义为：

$$S_l^* = \frac{G_i}{\sum Q_i} = \frac{G_i}{Q}\frac{Q_i}{\sum Q_i} = S^*(l)K_i \tag{8.2-20}$$

式中，K_i ——水量百分数；

G_i ——全部水体 $\sum Q_i$ 中挟带第 l 组泥沙的含量；

Q_i ——挟带 D_l 组泥沙所需的水量；

$S^*(l)$ ——分组挟沙能力。

8.2.4.2 水量百分数的性质

水量百分数是研究非均匀不平衡输沙的重要概念和有效工具。例如，可以将均匀沙挟沙能力叠加为混合沙（总）挟沙能力。

$$S^*(\omega*) = \sum_{l=1}^{n} K_i S^*(l) \tag{8.2-21}$$

在强平衡条件下，水量百分数恰好等于床沙级配 $P_{1.l1}$

$$K_l = P_{1.l1} \tag{8.2-22}$$

在不平衡条件下，水量百分数恰等于有效床沙级配 $P_{1.l}$

$$K_l = P_{1.l} \tag{8.2-23}$$

水量百分数等于能量百分数。

8.2.5 挟沙能力级配及有效床沙级配

8.2.5.1 强平衡情况

在强平衡条件下，只需要含沙量级配和床沙级配就足以描述非均匀悬移质运动。

已有的研究表明，对平衡输沙，既可以由床沙级配，也可以由悬沙级配叠加。用床沙级配与悬沙级配叠加的混合沙总含沙量结果是相同的。

$$S^* = \frac{1}{\sum \dfrac{P_{4.l}}{S^*(l)}} \tag{8.2-24}$$

$$S^* = \sum P_{1.l.1} \frac{S^*(l)}{S^*} \tag{8.2-25}$$

式中，$P_{4.l}$——含沙量级配。

此时床沙级配与含沙量级配并不独立，彼此有关系并称为级配相应。

$$P_{4.l} = P_{1.l.1} \frac{S^*(l)}{S^*} \tag{8.2-26}$$

8.2.5.2 不平衡情况

清水冲刷，挟沙能力只能用床沙级配加权（冲积河道）；超饱和淤积时（在卵石、基岩河床）只能用含沙量级配加权。可见一般应由两者按一定的权重叠加。权重如何，怎样叠加？这都是非均匀沙挟沙能力及有效床沙级配研究的任务。经过反复深入研究挟沙能力，得到挟沙能力级配及有效床沙级配的表达式如下。

$$S^*(\omega^*) = \begin{cases} P_{4.1}S + P_{4.2}S \dfrac{S^*(\omega_2^*)}{S^*(\omega_{1.1})} + \left[1 - \dfrac{P_{4.1}S}{S^*(\omega_1)} - \dfrac{P_{4.2}S}{S^*(\omega_{1.1}^*)}\right] P_1 S^*(\omega_{1.1}^*) \\ \left(l=1,2,\cdots,n; \dfrac{P_{4.1}S}{S^*(\omega_1)} + \dfrac{P_{4.2}S}{S^*(\omega_{1.1}^*)} < 1\right) \\ P_{4.1}S + \left[1 - \dfrac{P_{4.1}S}{S^*(\omega_1)}\right]S^*(\omega_2^*) \quad (l=1,2,\cdots,n;\text{其余情况}) \end{cases} \tag{8.2-27}$$

$$P_{4.l}^* = \begin{cases} P_{4.1}P_{4.l.1} \dfrac{S}{S^*(\omega^*)} + P_{4.2}P_{4.l.2} \dfrac{S}{S^*(\omega^*)} \times \dfrac{S^*(l)}{S^*(\omega_{1.1}^*)} + \\ \left[1 - \dfrac{P_{4.1}S}{S^*(\omega_1)} - \dfrac{P_{4.2}S}{S^*(\omega_{1.1}^*)}\right] \times P_{4.l.1}^* P_l \dfrac{S^*(\omega_{1.1}^*)}{S^*(\omega^*)} \\ \left(l=1,2\cdots,n; \dfrac{P_{4.1}S}{S^*(\omega_1)} + \dfrac{P_{4.2}S}{S^*(\omega_{1.1}^*)} < 1\right) \\ P_{4.1}P_{4.l.1} \dfrac{S}{S^*(\omega^*)} + \left[1 - \dfrac{P_{4.1}S}{S^*(\omega_1)}\right] \dfrac{S^*(l)}{S^*(\omega_{1.1}^*)} P_{4.l.2} \\ (l=1,2,\cdots,n;\text{其余情况}) \end{cases} \tag{8.2-28}$$

$$P_{1.l} = \begin{cases} P_{4.1}P_{4.l.1} \dfrac{S}{S^*(L)} + P_{4.2}P_{4.l.2} \dfrac{S}{S^*(\omega_{1.1}^*)} + \\ \left[1 - \dfrac{P_{4.1}S}{S^*(\omega_1)} - \dfrac{P_{4.2}S}{S^*(\omega_{1.1}^*)}\right] P_l P_{1.l.1.1} \\ \left(l=1,2,\cdots,n; \dfrac{P_{4.1}S}{S^*(\omega_{1.1}^*)} + \dfrac{P_{4.2}S}{S^*(\omega_{1.1}^*)} < 1\right) \\ P_{4.1}P_{4.l.1} \dfrac{S}{S^*(L)} + \left[1 - \dfrac{P_{4.1}S}{S^*(\omega_1)}\right] P_{4.l.2} \\ (l=1,2,\cdots,n;\text{其余情况}) \end{cases} \tag{8.2-29}$$

式中

$$P_{4.1} = \sum_{l=1}^{K} P_{4.l}$$

$$P_{4.2} = \sum_{l=K+1}^{n} P_{4.l}$$

$$P_{4.1.l} = \begin{cases} \dfrac{P_{4.l}}{P_{4.1}} & (l \leqslant K) \\ \\ 0 & (K < l \leqslant n) \end{cases}$$

$$P_{4.2.l} = \begin{cases} \dfrac{P_{4.l}}{P_{4.2}} & (K < l \leqslant n) \\ \\ 0 & (l \leqslant K) \end{cases}$$

$$S^*(\omega_1^*) = \sum_{l=1}^{N} P_{1.l.1} S^*(l) = \sum_{l=1}^{N} P_{1.l.1} S^*(\omega_l)$$

上式中粒径范围 $n < l \leqslant N$ 表示有不能悬浮的泥沙组次，而 K 由 $D_k = f^{-1}(\omega_1^*)$ 确定，而 f^{-1} 为 $\omega = f(D)$ 的反函数。

$$S^*(\omega_{1.1}^*) = \sum_{l=1}^{N} P_{1.l.1.1} S^*(l)$$

$$P_{1.l.1.1} = \begin{cases} \dfrac{P_{1.l.1}}{P_1} & (l \leqslant n) \\ \\ 0 & (l > n) \end{cases}$$

$$P_l = \sum_{l=1}^{n} P_{1.l.1}$$

$$S^*(\omega_2^*) = \sum_{l=K+1}^{n} P_{4.l.2} S^*(l)$$

$$\frac{1}{S^*(\omega_2^*)} = \sum_{l=1}^{K} \frac{P_{4.l.1}}{S^*(l)}$$

$$P_{4.l.1}^* = \frac{S^*(l)}{S^*(\omega_1^*)} P_{1.l.1}$$

$$P_{4.l.1.1}^* = \frac{S^*(l)}{S^*(\omega_{1.1}^*)} P_{1.l.1.1}$$

上述各式中 $S^*(\omega_x^*)$ 表示沉速为 ω_x^* 的混合沙（总）挟沙能力。它按相应的级配由均匀沙挟沙能力公式 $S^*(l) = S^*(\omega_1)$ 叠加得到。

8.2.5.3　床沙全部可悬

当床沙全部可悬，来沙全部转为挟沙能力，这正是水库下游冲积河道冲刷的情况，则上式简化为：

$$S^*(\omega^*) = S + \left[1 - \frac{S}{S^*(\omega)}\right] S^*(\omega_1^*) \left(l = 1, 2, \cdots, n; \frac{S}{S^*(\omega)} < 1\right) \qquad (8.2\text{-}30)$$

$$P_{4.l}^* = P_{4.1} \frac{S}{S^*(\omega^*)} + \left[1 - \frac{S}{S^*(\omega)}\right] P_{4.l.1}^* \frac{S^*(\omega_1^*)}{S^*(\omega^*)}$$

$$= P_{4.1} \frac{S}{S^*(\omega^*)} + \left[1 - \frac{S}{S^*(\omega)}\right] P_{4.l.1}^* \quad (l = 1,2,\cdots,n; \frac{S}{S^*(\omega)} < 1) \quad (8.2\text{-}31)$$

$$P_{1.l} = P_{4.1} \frac{S}{S^*(L)} + \left[1 - \frac{S}{S^*(\omega)}\right] P_{1.l.1}^*$$

$$= P_{4.1} \frac{S}{S^*(L)} + \left[1 - \frac{S}{S^*(\omega)}\right] P_{1.l.1}^* \frac{S^*(\omega^*)}{S^*(\omega_1^*)} \quad (8.2\text{-}32)$$

8.2.6 床沙质与冲泻质统一挟沙能力

床沙质含沙量 S_b 与冲泻质含沙量 S_w 相互调整。

床沙质、冲泻质及全沙具有统一挟沙能力。若采用

$$\frac{S_b^*}{k_b} \sim \frac{V^3}{gh\omega_b^*}, \; \frac{S_w^*}{k_w} \sim \frac{V^3}{gh\omega_w^*}, \; S^* \sim \frac{V^3}{gh\omega^*}$$

则它们具有统一规律。

8.2.7 粗细泥沙交换

采用来沙部分计入挟沙能力床沙全部可悬的公式即得到挟沙能力为：

$$P_{4.l}^* S^*(\omega*) = P_{4.1} P_{4.l.1} S + P_{4.2} P_{4.l.2} \frac{S^*(l)}{S^*(\omega_l)} + \left[1 - \frac{P_{4.1} S}{S^*(\omega_1)}\right] P_{4.l.1}^* S^*(\omega_l^*)$$

$$(8.2\text{-}33)$$

将其代入不平衡输沙公式有：

$$\frac{d(P_{4.l} S)}{dx} = -\frac{\alpha_l \omega_l}{q} \left[1 - \frac{S^*(l)}{S^*(\omega_1)}\right] P_{4.2} S P_{4.l.2} + \frac{\alpha_l \omega_l}{q} \left[1 - \frac{P_{4.l}}{S^*(\omega_1)}\right] P_{4.l.1}^* S^*(\omega_l^*)$$

$$(8.2\text{-}34)$$

上式右边第一项表示来的粗颗粒悬移质要淤一部分，而第二项表示床沙总是要冲起一部分。而且对于细颗粒，上式仅有第二项，故仅会淤积。

冲淤分界粒径的确定：

$$D_k = f^{-1}(\omega_1^*) \quad (8.2\text{-}35)$$

$f^{-1}(\omega_1^*)$ 为 $\omega = f(D)$ 的反函数，而 ω_1^* 决定于下式：

$$S^*(\omega_1^*) = \sum_{l=1}^n P_{1.l.1} S^*(\omega_l) \quad (8.2\text{-}36)$$

8.3 不平衡输沙观测布置

河道勘测与水文测验是研究河道冲淤变化资料收集中必不可少的关键性与基础性技术。为获得河道冲淤的准确数量以及为河道的防洪抗旱、综合治理提供重要基础资料，需要

掌握河道冲淤的时间、数量、分布情况等,其中测绘与测验技术是基础,计算方式与方法是关键。

目前,河道演变观测主要依赖于河道勘测和水文测验技术,河道勘测主要以水下地形测量采用地形法及断面法的方式,水文测验采用一级水文断面测量的方法,配合采砂调查等方式进行基础资料的收集工作。在资料的内业处理及计算研究方面,主要是采用地形法和输沙率法两种方法计算河道冲淤量,并以此进行对比分析,得出有益结论。

8.3.1　河段的选取

不平衡输沙观测的河段选取十分关键,主要要求为:

①河段内首尾(包括区间内入汇或分流的河道)需要有水文控制站,以便进行水文项目测验。

②河段内的河势情况尽量单一,避免支流、汊道、浅滩过多或复杂。

③在河段实验项目开展期间应避免大量采砂、抛石、灌溉等影响河道观测因素的情况。

④选取的观测河道不宜过短或过长,以 30～50km 为宜。图 8.3-1 所示为 2016 年三峡工程坝下游进行不平衡输沙观测研究布置的河段情况。

8.3.2　观测要求与布置

8.3.2.1　观测内容

(1)水文测验

对测区内首尾水文站以及分流或入汇的水文(位)站,按一级水文测验断面测验内容观测。

一般要求各站在实验研究期间内水位每天观测 1 次;流量、含沙量、悬移质颗分、床沙、沙推、卵推每 7 天测验 1 次(各站同步测验);单沙逐日取样;遇洪水涨、落较大时,应加密测次。

(2)固定断面观测

在河段测区内进行固定断面观测。

一般按 1∶5000 测量精度观测。在实验研究期间开始、结束各观测 1 次,每次应在 7 天内完成。

(3)床沙取样

对测量固定断面按间隔断面进行床沙取样,每个取样断面床沙取样 5～7 点。布点原则:在分析已有床沙资料的基础上,采用适宜取沙设备,准确拾取卵石和沙质河床样品,做到能辨析卵石床面所占比例。施测时间与固定断面观测同步进行。

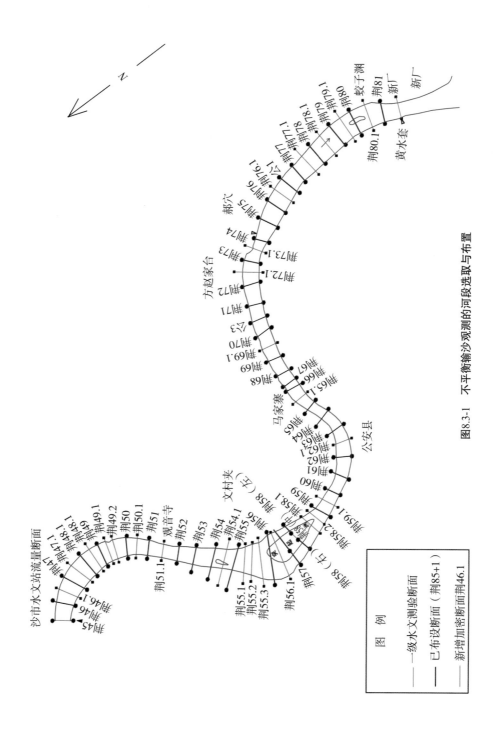

图8.3-1　不平衡输沙观测的河段选取与布置

图　例

———— 一级水文测验断面

———— 已布设断面（荆85+1）

———— 新增加密断面荆46.1

（4）临底悬沙观测

对测区内首尾水文站以及分流或入汇的水文（位）站进行临底悬沙观测，与一级水文测验同步观测，每 7 天一次。

（5）采砂调查

在河段内，如果存在人为采砂、抛石情况，则需要进行采砂调查。调查的内容包括：采砂作业区域、时间，采砂船只数量及吨位，采砂的品种（细砂、粗砂、卵石）等。

（6）河床组成调查

在河段内，于实验研究始末各进行 1 次干容重测验。根据河段内河床特性，除两水文站水文断面取样（每断面 3～5 点）外，另选取多而有代表性的点容重取样、分析。

8.3.2.2　观测布置要求

（1）观测时间段选取

为了获取一段时间内的河道观测与水文测验之间的输沙关系，一般不平衡输沙观测要有一定的时间跨度，一般观测至少连续 3 个月以上，且整个观测时间段内河道的含沙量较大，可以考虑布置在主汛期。

（2）河道观测布置

河道观测包括固定断面地形测量和河床质取样等内容。固定断面地形测量比例尺为1∶5000。其固定断面的布置以 1km 左右 1 个，且在河势变化较大、分汊处、汇流处、洲滩等位置需要布置或加密断面，河床质取样需要与固定断面同步实施。

河道要素观测一般在项目安排的起止两个时间节点进行观测，以便计算整个时间区间的输沙量。

（3）水文观测布置

水文观测一般布置在测区内首尾水文站以及分流或入汇的水文（位）站，通过水文测验内容计算测区的时间节点内的输沙量。

8.4　不平衡输沙观测及分析技术

不平衡输沙观测主要包括水文泥沙观测、河道要素观测、河床组成调查等几个方面，具体包括：研究河段内的控制测量、水道地形测量、固定断面测量。测验项目包括水位、水温、流速、流量、悬移质含沙量、悬移质颗粒级配及床沙颗粒分析等项目在内的水文测验，以及主要内容包括钻探、探坑、散点法床沙取样、干容重测量等方面的河床组成勘测调查。

8.4.1　河道勘测

河道勘测测量属于线性工程测量，其主要测量要素包括控制测量技术、水深测量技术、水道地形测量技术、声速剖面技术以及内外业成图一体化等。

（1）控制测量技术

由于国家等级控制测量所建立的控制点精度高，但是数量比较少，同时又可能远离测区，无法满足水文河道测量的需要。为此，必须在国家等级控制点的基础上进行加密基本控制网（点），在此基础上再进行加密图根控制网（点），以便直接为水位接测、地形测量及水文测验等提供基准和起算数据。

控制测量主要包括平面控制测量、高程控制测量两个方面。

1）平面控制测量

河道勘测的平面控制测量根据网的等级以及采用的不同仪器有着不同的划分方式，主要划分情况如下：

①根据平面控制网等级划分，平面控制测量包括基本平面控制（二、三、四、五等）、图根平面控制（一、二、三级）及测站点平面控制（用于碎布点测图）。

②根据采用不同的仪器及测量方法，平面控制测量有三角网、三边网、边角网（分二、三、四、五等和一、二级），GNSS 网（分二、三、四、五等和一、二、三级，GNSS 控制网二、三、四、五等可对应为 GNSS B、C、D、E 级），导线或导线网（三、四、五等和一、二级）。

基本平面控制必须经过严密平差，需精度评定；平面图根及测站点控制一般采用简易平差或解析法得到。

控制测量布设层次、相互关系及精度要求见表 8.4-1。

表 8.4-1　　　　　　　　控制测量布设层次、相互关系及精度要求

控制层次	平面控制				高程控制			
	1：500	1：1000，1：2000，1：5000，1：10000	精度要求图上/mm		h=0.5m	h=1.0m	$h \geqslant$ 2.0m	精度要求
基本控制	二、三、四、五等点			基本平面控制最弱相邻点点位允许中误差为 ±0.05	三、四、五等水准点			最弱点高程允许中误差为 ±h/20，当 h=0.5m，允许中误差为±h/16
图根控制	一级	一级 二级		最末级图根点较邻近基本平面控制点的点位允许中误差为 0.1	一级	一级 二级		最后一级图根高程控制点对于邻近基本控制点高程允许中误差为±h/10，且最大不大于±0.5m
测站点	测站	测站		测站点对邻近图根点的点位允许中误差为 0.2	测站	测站		测站点高程对于邻近图根高程控制点高程允许中误差不大于±h/6

2）高程控制测量

河道勘测的高程控制网的划分情况也类似于平面控制网的划分情况，主要分为：

①根据高程控制等级划分，高程控制测量包括基本高程控制、图根高程控制及测站点

高程。

②根据采用不同的仪器及测量方法,高程控制测量有水准测量(二、三、四、五等及图根)、光电测距三角高程测量(三、四、五等及图根)、GNSS 拟合高程等。

基本高程控制应布设成闭合环形网或附合高程导线(网),采用条件观测平差或间接平差,同时应进行精度评定;图根高程控制可布设成附合线路、闭合环、节点网,一般经过简易平差而得。

(2)水深测量技术

水深测量是内陆水体河道测量的主要内容和关键性技术。水深测量工具有测深杆、测深锤、回声测深仪、单波束测深仪、多波束测深仪、机载激光测深仪、水下机器人等,目前使用的测深设备主要是数字测深仪(包括单频、双频,单波束、多波束)。根据河道测量特性,选用性能良好、适应性强的数字测深仪,并采用正确的观测技术与信息处理技术,是准确获取水深数据的根本保证。

(3)水道地形测量技术

目前,长江水道地形测量模式已基本定型于利用 GPS 测定水底点的平面位置,利用测深仪测定水底点的水深,附之以瞬时潮位或水位资料,获得点位的高程。近年来,随着 GPS 现代化以及双星新型 GPS 的投入使用,以及各地连续运行卫星定位服务系统的投入运行,并通过国内外运用 GPS 进行高精度动态测量作了大量研究,表明使用连续运行卫星定位服务系统的测量技术,精度可达厘米级,可以满足高精度测量需求。水上测量作业一般没有遮挡,开阔的环境尤其适合运用网络 CORS,且具有较大的优势。

1)断面及测点布设

测深点采集一般按横断面布设,断面方向应与岸线(或主流方向)基本保持垂直;对于局部小面积或极为复杂的水域测量也可采用散点法。

2)测深精度要求

测深点的水深中误差,一般不应超过表 8.4-2 的规定。

表 8.4-2　　　　　　　　　　　　　　　　测深点深度中误差

水深范围/m	测深点深度中误差/m
0～20	±0.10
> 20	±0.005H

注:水底树林和杂草丛生等不适合使用回声测深仪的水域,用测深锤、杆测深时,测点深度中误差可放宽 1 倍。

测深精度检查,测深检查线与测深线相交处,图上 1mm 范围内水深点的深度比对较差应符合表 8.4-3 的规定。

表 8.4-3 深度比对较差要求

水深 H /m	深度比对较差/m
≤20	≤0.3
>20	≤0.015H

3）水边线测量

水边线是陆上部分与水域部分的分界线，亦称水边界、水崖线。它是水道测量的重要地形要素之一，是陆上与水下地形图绘的重要依据。

水边线以能准确确定水域边界为原则，它由若干具有控制性的水边测点（多为转折点）经过线性拟合而成。水边测点间距及测量精度与相应测图比例尺要求一致，一般与水深测量同步，按表 8.4-4 中测点间距要求执行，如遇到转折需要进行加密测量，要保证地形测量的真实性。

表 8.4-4 地形测点及断面间距

测图比例尺	岸上	水下	
	地形点间距/m	断面间距/m	测点间距/m
1:500	5～8	8～13	5～10
1:1000	10～20	15～25	12～15
1:2000	20～40	20～50	15～25
1:5000	50～80	80～150	40～80
1:10000	80～150	200～250	60～100
1:25000	200～300	300～500	150～250
1:50000	320～480	750～850	230～400

4）水位控制测量

水深数据通过水面的高程（即水位）可以批量地转换为水体底部测点高程，因此水位值具有控制性作用，对成果质量有直接的、重要的影响。通常把水面或水尺零点采用仪器进行施测的过程称为水位控制测量。

水位控制测量一般要符合相关规范、标准或任务书的要求，一般要符合下列规定：水位控制测量的引据点高程规定不低于四等高程，采用精度不低于五等几何水准或相应于五等测距三角高程；水尺零点高程的联测，一般不低于四等水准测量精度；水位观测间距（上、下游或相邻段）及频次（同一地点）应根据水位变化速度而定，并符合表 8.4-5 规定。

表 8.4-5 水位控制测量频次要求

区域	水位变化特征	观测次数	备注
内陆水体	$\Delta H<0.1$m	测深开始及结束时各一次	
	0.1m≤ΔH≤0.3m	测深开始、中间、结束各一次	

续表

区域	水位变化特征	观测次数	备注
内陆 水体	$\Delta H>0.3\text{m}$	每 1h 一次	
	充泄水影响	10～30min	水利枢纽影响河段

注：ΔH 为日水位变化值，使用自记水位计自记水位(潮位)，采集时间间隔宜为 10min。

8.4.2　水文测验

水文测验是指系统收集和整理水文资料的各种技术工作的总称。狭义的水文测验指水文要素的观测。

运用水文测验取得各种水文要素的数据，通过分析、计算、综合后为水资源的评价和合理开发利用，为工程建设的规划、设计、施工、管理运行及防汛、抗旱提供依据。如桥涵的高程和规模、河道的航运、城市的给水和排水工程等都以水位、流量、泥沙等水文资料作为设计的基本依据。

水文泥沙测验是内陆河道水文测量的基本观测内容，包括：

①为了获得水文要素各类资料，建立和调整水文站网；

②为了准确、及时、完整、经济地观测水文要素和整理水文资料并使得到的各项资料能在同一基础上进行比较和分析，研究水文测验的方法，制定出统一的技术标准；

③为了更全面、更精确地观测各水文要素的变化规律，研制水文测验的各种测验仪器、设备；

④按统一的技术标准在各类测站上进行水位观测，流量测验，泥沙测验和水质、水温、冰情、降水量、蒸发量、土壤含水量、地下水位等观测，以获得实测资料；

⑤对一些没有必要作为驻站测验的断面或地点，进行定期巡回测验，如枯水期和冰冻期的流量测验、汛期跟踪洪水测验、定期水质取样测定等；

⑥水文调查，包括测站附近河段和以上流域内的蓄水量、引入引出水量、滞洪、分洪、决口和人类其他活动影响水情情况的调查，也包括洪水、枯水和暴雨调查。水文测验得到的水文资料，按照统一的方法和格式，加以审核整理，成为系统的成果，刊印成水文年鉴，供用户使用。

水文测验基本测验项目包括水位、水温、降水、冰情、蒸发、水质、土壤含水量、地下水、盐度、流速、流量、纵横比降、沿程水面线变化、悬移质含沙量、悬移质颗粒级配及床沙颗粒分析等项目。

8.4.3　河床勘测调查

河床组成调查是为了全面准确地了解水体河床的推移质泥沙淤积特征与规律，了解河段一定深度的河床组成及粒径级配组成等情况，其中包括洲滩的沿程分布、堆积规律、颗粒组成、堆积体大小，特别是沙卵石层的厚度和卵石岩性结构、河床基底岩石岩性等，了解洲滩活动层的组成以及与浅层和深层颗粒组成的变动规律，从立体空间和平面分布查明测验河段内床沙分布情况及级配组成情况。河床组成勘测调查主要包括钻探、探坑、散点法床沙取样、干容重测量等。

8.4.4　分析研究的主要内容

非平衡输沙研究项目探讨的主要内容如下。

①水文观测资料分析：对研究河段悬移质含沙量沿时程及沿垂线变化进行分析；对悬沙级配沿程及沿时程变化进行分析；利用进出口输沙观测成果计算研究河段冲淤量；对临底悬沙观测计算方法及改正方法进行探讨；对输沙量法计算冲淤成果进行合理性分析。

②断面地形观测资料分析：利用实测的断面地形资料计算河段冲淤量；分析研究河段深泓纵剖面及典型断面变化；分析研究河段床沙特征值、床沙级配等时空变化特点。

③输沙平衡法及断面地形法计算的冲淤量比较分析：探讨两种计算方法存在差异的原因及误差的来源；对不同河段冲淤量计算影响因素进行分析总结；对非平衡输沙项目输沙法及断面地形法计算的冲淤量成果进行总结分析。

④对于冲刷条件下挟沙力运用条件及进出口站挟沙力进行了分析研究；利用一维水沙数学模型对含沙量及悬移质级配的变化进行验证。

8.4.5　分析研究的技术路线

利用观测资料及近年研究河段原型观测的固定断面地形资料、水沙测验数据，运用水力学、泥沙动力学、河床演变学等基本原理，对断面地形观测及输沙法测验资料进行计算分析，结合研究河段已有研究成果，对断面地形法及输沙平衡法计算的河段冲淤量进行分析比较，利用泥沙动力学一维水沙计算模型对悬移质含沙量及级配变化进行验证计算。

8.5　不平衡输沙观测成果分析

8.5.1　河道概况

2013—2017 年非平衡输沙研究项目选择枝城至监利河段进行研究。2013 年选择沙市至监利河段，河道长度约 144km，布设固定断面 115 个，断面平均距离约 1.3km；2015 年选择枝城至沙市河段，河段长度 94km，布设 59 个固定断面，断面平均间距约 1.6km；2016 年及 2017 年选择沙市至新厂河段，河段长度 63.4km，布设 67 个断面，断面平均间距约 990m。

研究河段处于长江荆江河段，上起枝城（荆 3 断面），下止监利姚圻脑（荆 140 断面），河段全长约 240.9km。其中，枝城至新厂段为微弯分汊河型，新厂至监利段为蜿蜒性河型。研究河段内自上而下左岸有玛瑙河、沮漳河入汇，另有引江济汉工程引水入汉江，右岸有松滋口、太平口、藕池口、调弦口（1959 年建闸节制）分流入洞庭湖。

河床边界条件,枝城至松滋口为土、砾、岩结构,松滋口至藕池口,河床组成为土、砂、砾 3 层结构,其余则为土、砾二相结构,土层一般厚 8～16m,以粉质壤土为主,夹粉质黏土和砂壤土。砂层一般厚 30m 以内,以细砂为主。洲滩多为砂、砾两层结构,有的成型洲滩为土、砂、砾 3 层结构。藕池口至监利为土、砂两层结构,洲滩多为砂质单层结构,老滩土层厚达 25～40m,现代洲滩上层一般厚 3～12m,以粉质黏土和粉质壤土为主,砂层厚 30m 以上,一般为上部细砂,下部中砂,含粉砂泥质较重。

研究河段内,松滋口以上河岸主要由丘陵或阶地基座的基岩组成,抗冲能力很强,河岸较稳定;松滋口以下河岸主要由现代河流的沉积物组成,两岸无阶地,河岸主要由堤防组成。松滋口以下两岸均建有不同等级的堤防,目前大部分堤防段修建了护岸工程,仅在边滩较宽的局部河段未进行守护,河道的横向变形受到一定抑制,但在局部河岸有崩岸发生。研究河段洲滩发育,主要洲滩有关洲、董市洲、柳条洲、江口洲、火箭洲、马羊洲、太平口心滩、三八滩、金城洲、突起洲、蛟子渊等。

河段进口控制站为枝城站,出口为监利站;松滋口、太平口、藕池口分流分沙控制站分别为新江口站、沙道观站、弥陀寺站、藕池(管)站、藕池(康)站。

8.5.2 水沙条件

8.5.2.1 来水来沙

研究河段来水量主要来自宜昌以上长江干流以及清江入汇(入汇水量约占宜昌来水量的 3%),研究河段上游有玛瑙河和沮漳河入汇,其中玛瑙河入汇水量极小,沮漳河入汇水量约占宜昌来水量的 0.6%。荆江三口年分流量自 20 世纪 50 年代以来持续萎缩,三口年分流比(占枝城来水)由 50 年代的 30% 左右下降到近期的 10% 左右,近期 2006 年三口分流比最小,仅为 6.2%。引江济汉工程设计流量 350m³/s,最大引水流量 500m³/s,年均输水量 37 亿 m³,约占枝城来水量的 0.9%,2014 年 9 月通水。

分析时段以 2003 年为界分为三峡水库蓄水运行前(1993—2002 年)、后(2003—2017 年)两个时段统计,河段来水来沙特征以枝城、沙市、监利站为代表,荆江三口分流分沙以新江口、沙道观、弥陀寺、藕池(管)、藕池(康)站为代表,统计研究河段来水来沙特征见表 8.5-1。

表 8.5-1　　　　　　三峡水库蓄水运行前、后研究河段来水来沙变化统计

项目	时段	荆江干流来水来沙			荆江三口分流分沙					
		枝城	沙市	监利	新江口	沙道观	弥陀寺	藕池(管)	藕池(康)	合计
径流量	1993—2002	4346	4007	3814	271.8	69.16	124.50	153.2	9.765	628.4
/亿 m³	2003—2017	4146	3798	3677	237.8	52.23	83.87	102.2	3.710	479.8

项目	时段	荆江干流来水来沙			荆江三口分流分沙					
		枝城	沙市	监利	新江口	沙道观	弥陀寺	藕池（管）	藕池（康）	合计
输沙量	1993—2002	38160	34840	30510	2571.0	710.00	1205.00	1988.0	130.000	6604.0
/万 t	2003—2017	4339	5413	6896	356.0	106.00	121.00	273.0	11.600	870.0

表 8.5-1 统计成果表明，三峡水库蓄水运行前、后荆江河段多年平均来水量（枝城径流量）分别为 4346 亿 m^3、4146 亿 m^3，三峡水库蓄水运行后枝城来水量相对蓄水运行前减少 4.6%。同期荆江三口多年平均分流量分别为 628.4 亿 m^3、479.8 亿 m^3，三峡蓄水运行后分流量相对蓄水运行前减少 23.6%。受荆江三口分流影响，枝城、沙市、监利 3 站年径流量沿程逐步减少。

荆江河段来沙主要来自枝城以上长江干流，清江来沙量极小。20 世纪 90 年代后长江上游来沙量逐渐减少，三峡水库蓄水运行后，长江上游泥沙大量沉降在库区内，研究河段来沙量大幅度减少。多年平均来沙量（枝城输沙量）分别为 38160 万 t、4339 万 t，三峡水库蓄水运行后枝城来沙量相对蓄水运行前减少 88.8%。同期，荆江三口多年平均分沙量分别为 6604 万 t、870 万 t，三峡水库蓄水运行后分沙量相对蓄水运行前减少 86.8%。

统计资料表明，三峡水库蓄水运行以前，研究河段内年内来水来沙过程与长江上游来水来沙过程基本一致；2003 年 6 月三峡水库蓄水运行后，研究河段内来水来沙年内分配主要受长江上游来水来沙过程及三峡水库蓄水运行影响。2003 年以来，研究河段汛期 7—9 月枝城来水量年内占比相对蓄水运行前有所减小，同期来沙量占全年来沙量比例较蓄水运行前有所增大（表 8.5-2），即全年来水分配有所坦化，来沙有所集中。

表 8.5-2 三峡水库蓄水运行前、后枝城来水来沙年内分配比变化统计

项目	时段	1 月	2 月	3 月	4 月	5 月	6 月	7 月	8 月	9 月	10 月	11 月	12 月
径流分配	1993—2002	2.8	2.4	2.9	4.0	6.8	11.2	19.4	17.4	13.6	10.1	5.8	3.7
	2003—2017	3.9	3.4	4.2	5.3	8.3	11.0	17.3	14.9	13.2	8.4	5.9	4.2
输沙分配	1993—2002	0.1	0.1	0.1	0.6	2.4	10.6	33.5	27.2	16.1	6.8	2.0	0.3
	2003—2017	0.2	0.2	0.2	0.6	1.7	5.7	36.7	28.6	22.5	2.8	0.6	0.2

8.5.2.2 悬移质含沙量变化

1993 年以来，按照三峡水库建设及蓄水过程分为蓄水前（1993—2002 年）、围堰蓄水期（2003—2005 年）、初期蓄水期（2006—2008 年）和试验性蓄水期（2009—2017 年）4 个阶段。根据枝城、沙市、监利站实测资料分时段统计，本河段悬移质含沙量变化统计见表 8.5-3，历年变化过程见图 8.5-1。

表8.5-3及图8.5-1显示,1993—2000年,研究河段内年均悬移质含沙量呈现震荡波动变化;2001—2003年,本河段年均悬移质含沙量大幅减小;2003年三峡水库蓄水运行后,本河段年均悬移质含沙量沿时震荡减小,枝城、沙市、监利站沿程逐渐增大,与三峡水库蓄水运行后坝下游河床冲刷补充悬移质相符。

表 8.5-3 　　　　　　　　　　1993 年以来研究河段悬移质含沙量变化统计 　　　　（单位:kg/m³）

时段	枝城			沙市			监利		
	平均	最大	最小	平均	最大	最小	平均	最大	最小
1993—2002	0.862	1.310	0.680	0.855	1.270	0.610	0.794	0.923	0.564
2003—2005	0.253	0.311	0.191	0.304	0.352	0.246	0.329	0.357	0.285
2006—2008	0.098	0.162	0.041	0.138	0.198	0.088	0.200	0.257	0.143
2009—2017	0.054	0.103	0.012	0.086	0.146	0.039	0.135	0.184	0.074

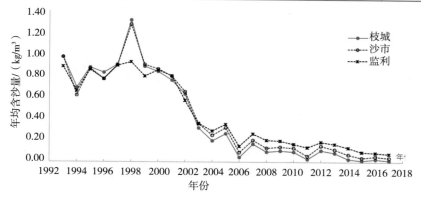

图 8.5-1　荆江河段干流站年平均含沙量变化过程

8.5.2.3　分组粒径含沙量变化

根据枝城、沙市、监利站 1993 年以来历年输沙率及悬移质级配测验整编成果计算分析,3 站不同时段各粒径组含沙量变化见表 8.5-4 及图 8.5-2、图 8.5-3、图 8.5-4。

由表 8.5-4 及图 8.5-2、图 8.5-3、图 8.5-4 可知,三峡水库蓄水运行以来,随着上游来沙量逐渐减少,枝城、沙市、监利三站含沙量相应减少,各分组($d \leqslant 0.031$mm、$0.031 < d \leqslant 0.125$mm、$0.125 < d \leqslant 2.00$mm)含沙量亦同步减小。受坝下游河床冲刷影响,枝城、沙市、监利 3 站含沙量沿程逐渐增大,各分组含沙量沿程变化则显现不同特点。其中 $d \leqslant 0.031$mm 组含沙量,2003—2017 年,枝城至监利段沿程无明显变化。$0.031 < d \leqslant 0.125$mm 及 $0.125 < d \leqslant 2.00$mm 组含沙量,2003—2017 年,枝城至监利全程补充,且 $0.125 < d \leqslant 2.00$mm 组含沙量补充更加明显,沿程级配粗化愈加明显。

表 8.5-4　枝城、沙市、监利站分组含沙量变化统计

站名	时段	年均及分组含沙量/(kg/m³)				分组含沙量占比/%			含沙量相对蓄水前变化/%			
		年均	$d\leqslant$ 0.031mm	0.031<d <0.125mm	0.125<d <2.00mm	$d\leqslant$ 0.031mm	0.031<d <0.125mm	0.125<d <2.00mm	年均	$d\leqslant$ 0.031mm	0.031<d <0.125mm	0.125<d <2.00mm
枝城	1993—2002	0.862	0.642	0.160	0.059	74.5	18.6	6.9				
	2003—2005	0.253	0.175	0.027	0.052	68.9	10.6	20.5	−70.6	−72.8	−83.2	−12.7
	2006—2008	0.098	0.069	0.012	0.017	70.1	12.4	17.5	−88.6	−89.3	−92.4	−71.1
	2009—2017	0.054	0.045	0.006	0.003	82.8	11.6	5.6	−93.8	−93.1	−96.1	94.9
沙市	1993—2002	0.855	0.588	0.183	0.084	68.8	21.4	9.8				
	2003—2005	0.304	0.178	0.044	0.082	58.5	14.5	27.0	−64.5	−69.8	−76.0	−2.0
	2006—2008	0.138	0.073	0.015	0.049	53.3	11.1	35.6	−83.9	−87.5	−91.6	−41.6
	2009—2017	0.086	0.055	0.011	0.020	64.2	12.8	23.0	−89.9	−90.6	−94.0	−76.3
监利	1993—2002	0.794	0.565	0.152	0.076	71.2	19.2	9.6				
	2003—2005	0.329	0.168	0.068	0.094	50.9	20.7	28.4	−58.5	−70.3	−55.3	22.7
	2006—2008	0.200	0.071	0.035	0.094	35.7	17.4	46.9	−74.8	−87.4	−77.2	22.7
	2009—2017	0.135	0.063	0.019	0.053	46.7	14.2	39.1	−82.9	−88.8	−87.4	−30.5

注：表中"—"表示相对蓄水前减少。

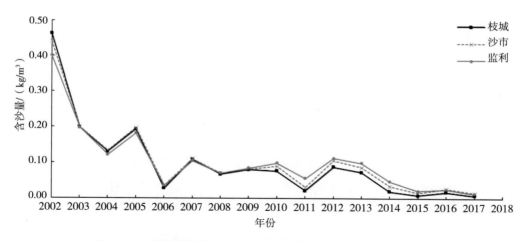

图 8.5-2　荆江河段干流站年平均含沙量($d \leqslant 0.031$mm)变化过程

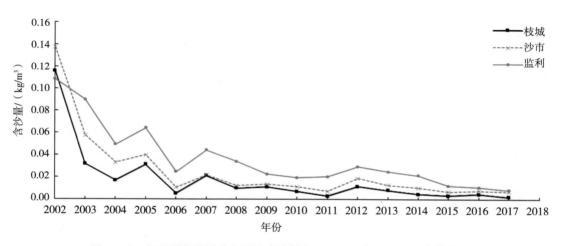

图 8.5-3　荆江河段干流站年平均含沙量($0.031 < d \leqslant 0.125$mm)变化过程

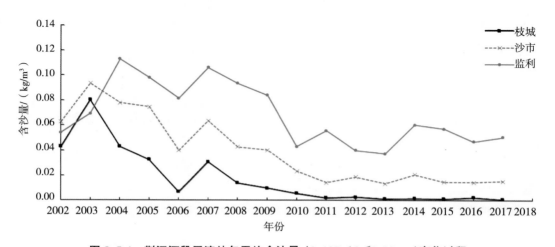

图 8.5-4　荆江河段干流站年平均含沙量($0.125 < d \leqslant 2.00$mm)变化过程

8.5.3 河道演变

8.5.3.1 近期岸线变化

研究河段内,江口以上河岸主要由丘陵或阶地基座的基岩组成,抗冲能力很强,河岸较稳定;江口以下河岸大部分由沙土二元结构组成,抗冲能力与河岸稳定性相对较差,易发崩岸险情。

研究河段内,左岸自枝江市沙集坪起,沙集坪以下至枝江市马家店大部岸线建有民堤;马家店以下至沮漳河口建有下百里洲江堤;沮漳河口以下至监利建有荆江大堤,局部河段在荆江大堤堤外另建有民垸围堤。右岸自上百里洲洲头起建有堤防,百里洲洲头至采穴河口为上百里洲围堤;采穴河口以下至浣市隔堤建有松滋江堤;浣市隔堤至石首市五马口建有荆南长江干堤,局部河段在干堤外建有民垸围堤;五马口以下至监利测验断面建有岳阳长江干堤。目前,研究河段内大部分堤段修建了护岸工程,仅在边滩较宽的局部河段未进行守护,河道的横向变形受到一定抑制,近年来,岸线总体保持稳定。

1993年以来,研究河段岸线变化主要表现为局部岸线略有崩塌,三峡水库蓄水运行初期崩岸强度一度有所增强,但随着坝下游河道冲刷强度转缓和护岸工程的大范围建设,崩岸强度有所减弱。

1993年以来,研究河段崩岸主要分布在枝城大桥(荆3至荆5断面之间)段、洋溪段、松滋口口门处的偏洲边滩、腊林洲边滩、突起洲左汊的青安二圣洲段、公安县南五洲段、石首市新厂段、茅林口至向家洲段、北门口段、北碾子湾段、寡妇夹段、调关段。

8.5.3.2 洲滩变化

研究河段内主要洲滩有关洲、董市洲、柳条洲、江口洲、火箭洲、马羊洲、太平口心滩、三八滩、金城洲、突起洲、蛟子渊等,洲滩特征变化见表8.5-5。

关洲卵石夹砂江心洲,洲头由胶结卵石组成,抗冲性强,多年来稳定少变。1993年以来,35m等高线面积有所萎缩,洲体虽有冲刷但幅度有限,受2010年后人类采砂活动影响并叠加河床冲刷,左汊沙质边滩主体消失,关洲35m等高线面积缩小较明显,洲尾上提缩窄。

董市洲卵石夹砂江心洲,1993年以来,洲头冲刷下移,洲尾略有淤积下延,洲头心滩变化相对较小,35m等高线洲滩面积呈现萎缩。

柳条洲卵石夹砂江心洲,1993—1998年,洲体淤涨,1998年后洲体开始萎缩,2013年后洲体相对稳定。

江口洲砂质江心洲,位于柳条洲尾部。伴随柳条洲的发育,江口洲洲头及洲体右缘冲刷崩退,2002年以来,洲体处于缓慢萎缩状态。

火箭洲砂质江心洲,1993年以来,洲体呈现冲刷萎缩态势,主要表现为洲头的冲刷及两侧的萎缩;2008年后,洲头及洲体右缘崩退有所加速,而洲体下尾部近年来一直相对稳定。

表 8.5-5

研究河段洲滩特征值统计结果

名称	洲长/m							最大洲宽/m							洲面积/km²							等高线/m
	1993	1998	2002	2006	2008	2013	2016	1993	1998	2002	2006	2008	2013	2016	1993	1998	2002	2006	2008	2013	2016	/m
关洲	4840	5030	4660	4590	4620	4200	3732	1483	1412	1523	1498	1447	1417	1316	0.28	0.68	1.15		1.39	0.72		40
董市洲	3787	3639	3774	3436	2906	3489	3412	536	477	554	549	546	497	463	5.11	4.79	4.87	4.74	4.50	3.25	3.02	35
柳条洲	4064	4113	3794	3914	3885	2916	3600	540	522	505	470	479	443	460	1.23	1.13	1.14	0.95	0.98	0.98	0.57	35
江口洲	2148	1956	1074	807	833	579	704	430	201	75	63	63	54	43	0.54	0.29	0.056	0.033	0.033	0.023	0.028	35
火箭洲	3525	3550	3580	3340	3220	2900	2800	849	892	820	800	803	748	720	1.82	1.79	1.72	1.61	1.53	1.36	1.26	40
马羊洲	6580	6480	6340	6335	6330	6330	6300	1668	1665	1740	1740	1742	1750	1760	6.57	6.72	7.12	7.06	7.08	7.04	7.02	35
太平口	4855	3440	4265	3664	6140	4380	1946	500	380	375	786	450	502	378	1.78	0.85	0.85	1.26	2.13	1.33	0.52	40
心滩				1922							318							0.39				30
	3850	2920	3970	571	2764	2271	1570	1380	870	790	153	288	460	262	3.28	1.49	2.05	0.06	0.45	0.79	0.23	30
三八滩				3029		1627					461		160					0.80		0.17		30
				1408							365							0.38				30
金城洲	5850	5263	6950	5760	4000	2259	1389	690	795	1184	810	750	609	547	2.57	8.59	4.32	3.25	2.35	0.89	0.45	30
				400		1687	584				185		287	505				0.06		0.28	0.15	30
突起洲	6554	5350	5870	5447	5950	7215	6536	2348	2350	2200	1937	2100	1986	1785	8.26	8.18	6.78	6.93	7.67	8.27	8.02	30
蚊子渊	3454	3993	4763	4690	1552	4305		617	619	760	797	197	770		1.27	1.51	2.52	2.74	0.19	2.28	2.19	30
	2691				4713			782				796			1.20				2.47			30

马羊洲砂质江心洲，1993年以来洲体相对稳定，洲头部有所冲刷。

太平口心滩砂质心滩，1993—2002年滩体冲刷萎缩；2002—2008年滩体一度淤涨；2008年滩体面积为历年最大；2008年以后心滩再次冲刷萎缩。

三八滩砂质心滩，1993—1998年滩体大幅萎缩，滩头后退，1998年大洪水后，滩顶淤至历年最高；1998—2002年，滩体复淤，滩头上移；2002年后，滩体逐渐萎缩，至2006年，滩顶降低、滩面一分为三；2006年后，受航道整治工程影响，滩体冲淤交替。

金城洲砂质心滩，1993—1998年，洲头右移，洲体有所冲刷萎缩；1998—2002年，洲体复淤，面积达到近期最大；2002年以后，金城洲洲体持续冲刷萎缩。

突起洲砂质心滩，1993—2002洲体有所冲刷萎缩，2002年面积为近期最小；2002—2013年洲体有所淤积；2013年面积达近期最大，随后转入冲刷。

蛟子渊心滩砂质心滩，1993—2006年，滩体呈淤积状态；2006年后略有冲刷。

自1993年以来，研究河段洲滩总体表现为有所冲刷萎缩（柳条洲、蛟子渊心滩例外），三峡水库蓄水运行后，本河段高程较低洲滩（低滩部分）加速冲刷萎缩，部分洲滩滩槽交替比较频繁，而高程相对较高洲滩（高水未淹没洲滩）表现相对稳定，如突起洲、蛟子渊心滩等表现相对稳定。

8.5.3.3 河道冲淤变化

根据研究河段1993—2017年实测资料计算成果，枝城至监利河段（荆3～荆140）枯水河槽、平均河槽、平滩河槽（相应宜昌流量5000 m^3/s、10000 m^3/s、30000 m^3/s 水面线下河槽）的冲淤量，计算成果见表8.5-6。

计算结果表明，1993—2003年，研究河段平均河槽以下冲刷，其中以枯水河槽冲刷为主（约占平均河槽冲刷量的99.3%），10000 m^3/s 水面线以上至30000 m^3/s 水面线之间则略有淤积。2003—2005年围堰蓄水期，本河段河床加速冲刷，以枯水河槽冲刷为主，枯水河槽冲刷量占平均河槽冲刷量的93.3%。2005—2008年初期蓄水期，本河段枯水河槽继续冲刷，但冲刷强度较围堰蓄水期有所减缓，10000 m^3/s 水面线以上至30000 m^3/s 水面线有所复淤。2008—2017年试验蓄水期，本河段河床再次加速冲刷，并以枯水河槽冲刷为主，枯水河槽冲刷量占平滩河槽冲刷量的97.6%。从总体上来看，自1993年以来，研究河段河床以枯水河槽冲刷为主，平均河槽至平滩河槽之间则略有淤积。

表8.5-6　　　　　　　　枝城至监利河段冲淤成果统计　　　　　　（单位：万 m^3）

河槽	1993—2002	2002—2003	2003—2005	2005—2008	2008—2017	2003—2017	1993—2017
枯水河槽	−10624	−3892	−12722	−5624	−49856	−68202	−82718
平均河槽	−10704	−4266	−13626	−5688	−50821	−70316	−85106
平滩河槽	−7361	−5296	−15467	−4153	−51078	−70698	−83355

8.5.3.4 近期河道演变综述

1993年以来，研究河段（荆3～荆140）平面形态总体基本稳定，局部河势发生调整；岸线总体基本稳定,局部岸线发生调整;1993 年以来,研究河段河床持续冲刷,纵向深泓冲刷下切;研究河段洲滩总体表现为有所冲刷萎缩,部分洲滩汊道格局发生变化。

研究河段藕池口以上河道平面形态相对稳定,藕池口以下河段局部河势调整相对较频繁。1994 年石首河湾段向家洲发生切滩撇弯,整个河湾段主流走向发生变化,顶冲点随之调整,北门口受水流冲刷岸线崩退,主流向右岸方面不断摆动;1998 年后沙市河湾段三八滩及金城洲主体逐渐冲刷萎缩;2003 年后沙市河湾段滩槽交替频繁,原来相对稳定的汊道格局被打破,河道变得宽浅,枯水碍航严重;2003 年后受河道冲刷及无序采砂的影响,关洲汊道左汊冲刷扩展,汊道分流格局逐渐发生变化,主支汊易位的临界流量由 2003 年 20000m³/s 左右变为 2015 年的 12000m³/s 左右;公安河湾段在 2002 年后主流向左移动,左岸岸线崩塌后退。

受来沙减小及局部河势调整的影响,局部岸线发生调整。藕池口以上岸线总体相对稳定,藕池口以下局部岸线时有调整,在部分未有护岸段岸线崩塌剧烈,如 1994 年后石首河湾段局部河段发生调整,北门口以下岸线剧烈崩退,北门口下游左岸北碾子湾岸线崩塌剧烈;三峡水库蓄水运行初期崩岸强度一度增强,随着坝下游河道冲刷强度转缓和护岸工程的大范围建设,崩岸强度有所减弱。

1993 年以来,研究河段河床持续冲刷,2003 年后河道冲刷强度加大,冲刷主要集中在枯水河槽,枯水河槽平均冲刷深度约 2.2m,纵向深泓冲刷下切,受河道冲刷影响,河床床面显现粗化。

受来沙减小影响,1993 年以来,研究河段洲滩总体表现为有所冲刷萎缩,三峡水库蓄水运行后,低滩加速冲刷萎缩,在冲刷萎缩的同时滩槽冲淤交替频繁,而大部分高滩保持相对稳定。

8.5.4　输沙法观测成果分析

8.5.4.1　含沙量沿垂线变化

(1)全沙含沙量沿垂线分布

选择沙市水文站在三峡水库蓄水运用前后典型年(蓄水前 2001 年,蓄水后 2008 年、2015 年、2017 年)精测法最高水测次进行含沙量垂线分布分析。

沙市站在三峡水库蓄水运用前后典型年典型测次(起点距 500m)含沙量垂线分布见图 8.5-5(图中相对水深取河底为 0,水面为 1)。在三峡水库蓄水前,典型测次含沙量沿垂线分布表现为从水面到河底逐渐增加,但河底含沙量比垂线平均含沙量增加的幅度不大。三峡水库蓄水后含沙量沿垂线分布表现为从水面到河底逐渐增大,且越接近河底增加的幅度越大,河底含沙量远大于垂线平均含沙量。出现这种现象主要是因为底部粗颗粒泥沙含量比重在蓄水后增加,且大部分粗颗粒组泥沙分布在临底部位。

（2）粗颗粒组含沙量沿垂线分布

天然河道垂线含沙量分布受多种因素影响，不仅仅包括上游来沙粒径组成和垂线流速分布的影响，还受到测验设备和测验方法的影响。为探寻粗颗粒泥沙组沿垂线的分布规律，根据含沙量理论分布公式，分析对比理论分布与现有测沙取样条件下实际分布的差异。

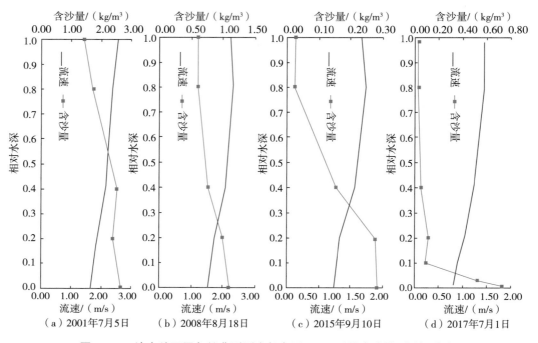

图 8.5-5　沙市站不同年份典型测次起点距 500m 垂线含沙量（全沙）分布

主要选择 2001 年、2003 年、2008 年、2012 年、2015 年、2016 年和 2017 年沙市站高水典型测次进行分析对比。结合荆江河段水沙特性，选取奥布赖恩—劳斯含沙量理论分布公式：

$$S = S_b e^{-\frac{6\omega}{ku_*}\eta} \tag{8.5-1}$$

同时采用含沙量对应流速分布：

$$V = V_b + \frac{\alpha u_*}{\kappa}(2\eta - \eta^2) \tag{8.5-2}$$

式中，S_b——底部含沙量，kg/m^3。

ω ——平均沉速，m/s。

κ ——卡门常数，取 0.4。

u_* ——动力流速，$u_* = \sqrt{ghJ}$，其中 g 为重力加速度，取 $9.8m/s^2$；h 为垂线水深，m；J 为水面坡降。

η ——相对水深。

利用以上公式计算得到最底部测点含沙量与垂线平均含沙量比值结果见表 8.5-7 和表 8.5-8。

粗颗粒泥沙沿垂线的分布基本符合指数分布特点,越往底部含沙量越大,底部含沙量远大于垂线平均含沙量。从 5 点法测验成果和相应理论计算分析结果上看,三峡水库蓄水前后大于 0.125mm 粒径组和大于 0.250mm 粒径组的底部含沙量与垂线平均含沙量的比值随时间呈现逐渐增大的变化趋势,从蓄水前的 2 左右增大到 2017 年的 7 左右;在参与分析计算的资料序列中,大于 0.500mm 粒径组含沙量于 2012 年开始出现,该粒径组底部含沙量与垂线平均含沙量的比值呈现逐渐减小的变化趋势,从 2012 年的 6 左右减少到 2017 年的 2 左右。从 2015—2017 年 7 点法测验成果和相应理论计算分析结果上看,大于 0.125mm 粒径组和大于 0.250mm 粒径组的底部含沙量与垂线平均含沙量的比值随时间呈现逐渐增大的变化趋势,比值从 2015 的 7 左右增大到 2017 年的 14 左右;大于 0.500mm 粒径组底部含沙量与垂线平均含沙量的比值变化趋势由于统计时段较短,未表现出比较明显的变化趋势。这些变化主要是因为三峡水库蓄水后河床不断冲刷,断面床沙逐年不断粗化,悬移质与床沙发生交换,不断补给粗粒径组,因而悬沙粗粒径组含沙量比重逐渐增加。

8.5.4.2　输沙法计算冲淤量

(1)冲淤量计算原理

输沙量平衡法是使用河段进出口、区间支流来沙、分沙的水文站输沙率资料,根据物质守恒定律,计算进出口输沙量的差值,作为该河段的冲淤量。水文站输沙量计算公式为:

$$W = Q \times C_s \times T \tag{8.5-3}$$

式中,Q——流量;

$\quad C_s$——断面平均含沙量;

$\quad T$——时间。

河段泥沙冲淤量计算公式为:

$$W_s = W_1 - W_2 + S_3 - S_4 \tag{8.5-4}$$

式中,W_s——河段冲淤量;

$\quad W_1, W_2$——进、出口站输沙量;

$\quad S_3$——区间加入的泥沙量;

$\quad S_4$——区间引沙量。

其中,进、出口站输沙量一般包括悬移质输沙量、沙质推移质输沙量和卵石推移质输沙量。区间加入的泥沙主要为崩岸。区间引沙包括灌溉和取水引沙、分洪引沙、河道采砂等。

(2)计算时段和计算方法

沙市至新厂河段输沙量法计算时段与断面法计算时段相同,统计起止时间为 2017 年 7 月 1 日至 10 月 6 日。

表 8.5-7 沙市站 2001—2017 年典型测次悬沙粗粒径组底部与垂线平均的比值（5点法计算）

年份	项目	最底部测点含沙量/(kg/m³)			垂线平均含沙量/(kg/m³)			最底部测点含沙量与垂线平均含沙量比值		
		大于0.125mm	大于0.250mm	大于0.500mm	大于0.125mm	大于0.250mm	大于0.500mm	大于0.125mm	大于0.250mm	大于0.500mm
2001	实测	0.4340	0.0289		0.2268	0.0084		1.9	3.4	
	理论	0.3969	0.0234					1.8	2.8	
2003	实测	0.1687	0.0033		0.0794	0.0034		2.1	1.0	
	理论	0.1528	0.0026					1.9	0.8	
2008	实测	0.2706	0.0451		0.1026	0.0143		2.6	3.2	
	理论	0.2491	0.0380					2.4	2.7	
2012	实测	0.1588	0.0810	0.0043	0.0392	0.0168	0.0007	4.1	4.8	6.0
	理论	0.1425	0.0686	0.0030				3.6	4.1	4.2
2015	实测	0.2565	0.1866	0.0099	0.1066	0.0717	0.0047	2.4	2.6	2.1
	理论	0.2032	0.1346	0.0051				1.9	1.9	1.1
2016	实测	0.2332	0.1713	0.0088	0.0789	0.0505	0.0027	3.0	3.4	3.3
	理论	0.1973	0.1364	0.0056				2.5	2.7	2.1
2017	实测	0.4849	0.3831	0.0103	0.0686	0.0525	0.0032	7.1	7.3	3.2
	理论	0.3952	0.2924	0.0059				5.8	5.6	1.8

表 8.5-8　　　　沙市站 2015—2017 年典型次悬沙测次粗粒径组底部与垂线平均的比值

（7 点法计算）

年份	项目	最底部测点含沙量/(kg/m³)			垂线平均含沙量/(kg/m³)			最底部测点含沙量与垂线平均含沙量比值		
		大于 0.125mm	大于 0.250mm	大于 0.500mm	大于 0.125mm	大于 0.250mm	大于 0.500mm	大于 0.125mm	大于 0.250mm	大于 0.500mm
2015	实测	0.7088	0.5188	0.0305	0.0940	0.0630	0.0040	7.5	8.2	7.6
	理论	0.6728	0.4860	0.0267				7.2	7.7	6.7
2016	实测	0.9466	0.7517	0.0290	0.0841	0.0543	0.0032	11.3	13.8	9.1
	理论	0.9136	0.7182	0.0264				10.9	13.2	8.3
2017	实测	0.6731	0.5379	0.0152	0.0463	0.0347	0.0027	14.5	15.5	5.6
	理论	0.6422	0.5087	0.0136				13.9	14.7	5.0

沙市至新厂河段进出口控制站为沙市水文站、新厂水文站，河段内无分流洪道和支流入汇，区间计算时段不考虑汇流及区间来沙。本河段无大的引水、灌溉工程设施，崩岸规模不大，有少量的采砂作业船活动。

荆江干流沙市（荆 45）至新厂（荆 82），输沙法冲淤计算含沙市、新厂两站。沙市、新厂两站卵石推移质输沙量很小，忽略不计；崩岸多发生在退水期，本次 7—9 月为汛期，河段内崩岸量忽略不计；计算河段内无大引水工程，工农业用水、生活取水而产生的引沙量很少，忽略不计。综上，本次计算统计了进、出口的悬移质输沙量、沙质推移质输沙量，估算了河道采砂量，并对进出口水量不平衡引起沙量变化进行了改算。同时，根据沙市、新厂站临底悬沙测验资料，对悬移质输沙量进行了改正。

（3）悬移质输沙量计算

依据水文测验资料，对计算河段内沙市站、新厂站悬移质输沙量进行统计（表 8.5-9）。其中，沙市站时段悬移质输沙量为 765.2 万 t，新厂站时段悬移质输沙量为 992.9 万 t，时段内，悬移质输沙量进出口不平衡数为冲刷量 227.7 万 t。分组输沙量用月平均悬移质颗粒级配和月输沙量计算，然后分组逐月累加，从悬移质泥沙分组进出口不平衡数来看，沙市至新厂段悬移质泥沙冲刷主要集中在 0.062～0.25mm 粒径段，占悬沙冲刷总量的 55.2%，0.125～0.25mm 泥沙冲刷量占比 39%，粒径小于 0.016mm 的泥沙占总量的 25%，0.5mm 的悬移质泥沙表现为淤积。

表 8.5-9　　　　　　　　　　时段分组粒径悬移质输沙量统计

粒径区间 /mm	沙市站		新厂站		进出口分组 平衡数
	总量 /万 t	分组沙量 /万 t	总量 /万 t	分组沙量 /万 t	
0～0.002		29.9		42.7	−12.8
0.002～0.004		38.6		51.6	−13.0
0.004～0.008		90.3		105.1	−14.8
0.008～0.016		131.5		149.9	−18.4
0.016～0.031	765.2	93.3	992.9	106.2	−12.9
0.031～0.062		49.6		65.2	−15.6
0.062～0.125		27.1		64.0	−36.9
0.125～0.250		124.7		213.6	−88.9
0.250～0.500		166.4		185.5	−19.1
0.500～1.00		13.9		9.0	4.9

（4）推移质输沙量计算

依据水文测验资料，对长江干流沙市站、新厂站的沙质推移质输沙量进行统计。7 月 1

日至 10 月 6 日,沙市站沙质推移质输沙量为 42.9 万 t,新厂站为 94.5 万 t,沙市至新厂两站时段内沙质推移质进出口平衡数为 51.6 万 t。推移质输沙总体表现为冲刷,冲刷粒径组集中在 0.125～0.250mm,约占推移质冲刷总量的 77%。按粒径分组统计的分组输沙量见表 8.5-10。

表 8.5-10 沙推移质输沙量统计

粒径区间 /mm	沙市站输沙量		新厂站输沙量		分组平衡数
	总量 /万 t	分组沙量 /万 t	总量 /万 t	分组沙量 /万 t	
0.0625～0.125		0.1		0.9	0.8
0.125～0.250	42.9	11.3	94.5	50.8	39.5
0.250～0.500		30.9		42.7	11.8
0.500～1.000		0.6		0.1	−0.5

8.5.4.3 临底悬沙的观测及悬移质输沙量的改正

(1)临底悬沙观测

临底悬沙观测选择的时间及测站为:2013 年 5—12 月选择沙市、监利站;2015 年 7—9 月选择枝城站、沙市站;2016 年 7—9 月及 2017 年 7—9 月选择沙市(二郎矶)站、新厂站。

设计方案要求利用多线多点法试验开展临底悬移质观测,测次原则上按时间均匀分布,并兼顾洪水涨落。

(2)概化垂线流速垂直分布采用的计算方法

1)同一相对水深横向平均流速计算

$$V_\eta = \frac{A^*}{A} \sum \frac{a_i}{A^*} V_{\eta-i} = R_A \sum K_{Ai} V_{\eta-i} \tag{8.5-5}$$

式中,i——垂线(或部分面积)的序号;

η——垂线上测点的相对水深值;

a_i——第 i 条施测垂线的权重代表面积,其中 $a_1 = \alpha_1 A_0 + A_1/2$,$a_n = \alpha_2 A_n + A_{n-1}/2$,$a_i = (A_{i-1} + A_i)/2$,$A_i$ 为 2 条垂线间面积,α_1、α_2 为岸边流速系数;

A^*——全断面概化面积(下同),$A^* = \alpha_1 A_0 + A_1 + \cdots + \alpha_2 A_n$;

A——全断面面积,$A = A_0 + A_1 + \cdots + A_n$;

K_{Ai}——面积权值,$K_{Ai} = \dfrac{a_i}{A}$;

R_A——面积概化系数,$R_A = A^*/A$;

$V_{\eta-i}$——第 i 条垂线相对水深 η 处的测点流速;

V_η——同一相对水深 η 处的横向平均流速;

2）概化垂线平均流速计算

$$\overline{V} = \sum K_\eta V_\eta \tag{8.5-6}$$

式中，$\overline{V}$——概化垂线平均流速（即断面平均流速）；

K_η——水深权值，$K_\eta = \dfrac{h_{\eta i}}{h_\eta}$。

（3）概化垂线含沙量垂直分布采用的计算方法

1）同一相对水深横向平均含沙量计算

$$C_{S\eta} = R_A \sum \frac{Q_i V_{\eta-i}}{A * V_{m-i} V_\eta} C_{S\eta-i} = R_A \sum K_s C_{S\eta-i} \tag{8.5-7}$$

式中，Q_i——测验垂线的代表权重流量，其中 $Q_1 = (q_0 + q_1)/2$，$Q_n = (q_n + q_{n-1})/2$，$Q_i = (q_{i-1} + q_i)/2$，q_i 为 2 条垂线间部分流量；

$V_{\eta-i}$——垂线 i 相对水深 η 处的测点流速；

V_{m-i}——实际垂线 i 实测垂线平均流速；

R_A——面积概化系数，$R_A = A^*/A$，其中，A^* 为全断面概化面积；

$C_{S\eta-i}$——垂线 i 在相对水深 η 处的测点含沙量。

$$K_s = \frac{Q_i V_{\eta-i}}{A V_{m-i} V_\eta}$$

2）概化垂线真正平均含沙量计算

$$C_{sz} = \sum K_\eta V_\eta C_{S\eta} \tag{8.5-8}$$

此处加上"真正"二字，以示与概化垂线实测平均含沙量（即断面平均含沙量）$\overline{C}_s$ 相区别。

3）概化垂线实测平均含沙量计算

$$\overline{C}_s = \sum K_\eta V_\eta C_{S\eta} / \overline{V} = \sum K'_\eta C_{S\eta} \tag{8.5-9}$$

式中，$\overline{C}_s$——概化垂线实测平均含沙量（即断面平均含沙量）。

$$K'_\eta = \frac{K_\eta V_\eta}{\overline{V}} \tag{8.5-10}$$

（4）输沙量改正系数

输沙量改正系数，为综合概化曲线公式按积分法所计算的输沙量与按规范规定的方法得出的输沙量的比值。输沙量改正系数计算式为：

$$\theta_{d_i} = \int_A^1 \eta^{\frac{1}{m'}} \left[\frac{1}{\eta} - 1 \right]^{z'} \mathrm{d}\eta / X = E/X \tag{8.5-11}$$

$$\theta_{dc_{\langle 床 \rangle}} = \int_A^1 \eta^{\frac{1}{m'}} \left[\frac{1}{\eta} - 1 \right]^{z'} \mathrm{d}\eta / X = E/X \tag{8.5-12}$$

式中，$\theta_{d_{c\langle 床 \rangle}}$——$d_{c\langle 床 \rangle}$ 组床沙质年输沙量改正系数；

θ_{di}——d_i 组泥沙年输沙量改正系数；

相对水深 A 值，一般认为是悬移质泥沙层与沙质推移泥沙层的分界点，H. A. 爱因斯坦提出 $A=\dfrac{2\overline{D}}{h}$（对概化垂线来说，$h$ 应为断面平均水深，$\overline{D}$ 为近河底（$r=0.1\mathrm{m}$）处悬移质泥沙 d_i 组的平均粒径）。对水深较大的河流，A 值是极其微小的，可把 A 作为一个数值微小的常数来计算，一般可取 0。

$$E=\int_A^1 \eta^{\frac{1}{m'}}\left(\frac{1}{\eta}-1\right)^{z'}\mathrm{d}\eta=\frac{1-A^M}{M}-\frac{Z'(1-A^{M+1})}{M+1}-\frac{Z'(Z'-1)(1-A^{M+2})}{2(M+2)}$$
$$-\frac{Z'(Z'-1)(Z'-2)(1-A^{M+3})}{6(M+3)} \tag{8.5-13}$$

其中：$M=\dfrac{1}{m'}-Z'+1$

求 X 的公式按上述建立的综合曲线公式求得，公式为：

$$X=\sum_\eta K'_\eta \eta^{\frac{1}{m'}}\left[\frac{1}{\eta}-1\right]^{z'} \tag{8.5-14}$$

通过对多站的临底悬沙观测成果整理分析，发现常规输沙率测验输沙量系统偏小，应该进行改正，各站的改正系数差别比较大，同测站不同观测时段的改正系数也不一样，床沙质部分改正比例高于冲泻质部分。

表 8.5-11 统计了沙市站 2017 年 7—9 月输沙量改正情况，沙市站 7—9 月常规法统计输沙量为 710 万 t，经过改正输沙量为 802 万 t，改正量占输沙量的 13%；7—9 月床沙质部分输沙量为 280 万 t，改正后为 340 万 t，改正量占床沙质部分输沙量的 21.4%，占 7—9 月输沙量的 8.5%。统计结果表明，临底常规法施测的输沙量比临底多线多点法施测的输沙量要偏小。

表 8.5-12 统计了新厂站 2017 年 7—9 月输沙量改正情况，新厂站 7—9 月输沙量为 1062 万 t，经过改正后输沙量为 1229 万 t，改正量占输沙量的 15.7%；7—9 月床沙质部分输沙量为 479 万 t，改正后为 600 万 t，改正量占床沙质部分输沙量的 25.3%，占年输沙量的 11.4%。统计结果表明，临底常规法施测的输沙量比临底多线多点法施测的输沙量要偏小。

根据沙市站、新厂站 7—9 月输沙量改正系数，对本实验时段内两站的悬移质输沙量进行改正，改正后沙市站悬移质时段输沙量为 913 万 t，新厂站悬移质时段输沙量为 1258 万 t（与表格统计略有差别，实际计算增加至 10 月 6 日）。

8.5.4.4　区间河道采砂量估算

沙市至新厂河段河势平缓，从 20 世纪 70 年代起，为满足基本建设需要就开始大量开采砂石料；开采方式逐步由人力开采过渡到机械化开采，开采部位也由洲滩转移到水下。至 20 世纪 80 年代采石洲上卵石基本消失，全河段基本为沙质河床，采砂规模也逐步缩小，现在本河段只有小规模的采砂作业。根据走访采砂河段附近村民，采砂船一般在流量小于 20000m³/s 时作业，当流量大于 20000m³/s 时采砂船一般停止工作或转移到流速较小的区域。在部分河道中大规模采砂属于违法行为，所以采砂一般以夜间偷采为主，但仍然有部分采砂船白天开采。

表 8.5-11　沙市站 2017 年 7—9 月输沙量改正计算

站名	7—9月输沙量（全沙）W_s（万 t）	全沙			床沙质部分					
		全沙输沙量总改正量 ΔW_s（万 t）	改正后 7—9 月输沙量 $W_{s(全)}$（万 t）	$B_{(全)}=\Delta W_s/W_s$（万 t）	床沙质部分 7—9 月输沙量 $W_s-d_{c(床)}$（万 t）	床沙质部分 7—9 月输沙量改正量 $d_{c(床)}$（万 t）	改正后床沙质部分 7—9 月输沙量 $d_{c(床)}$（万 t）	进行床沙质部分改正后全沙 7—9 月输沙量 W_{sc}（万 t）	$B_{(床)}=\Delta W_s-d_{c(床)}/W_s-d_{c(床)}$ /%	$B_{(床全)}=\Delta W_s-d_{c(床)}/W_s$ /%
沙市	710	92	802	13.0	280	60	340	770	21.4	8.5

表 8.5-12　新厂站 2017 年 7—9 月输沙量改正计算结果

站名	7—9月输沙量（全沙）W_s（万 t）	全沙			床沙质部分					
		全沙输沙量总改正量 ΔW_s（万 t）	改正后 7—9 月输沙量 $W_{s(全)}$（万 t）	$B_{(全)}=\Delta W_s/W_s$（万 t）	床沙质部分 7—9 月输沙量 $W_s-d_{c(床)}$（万 t）	床沙质部分 7—9 月输沙量改正量 $d_{c(床)}$（万 t）	改正后床沙质部分 7—9 月输沙量 $d_{c(床)}$（万 t）	进行床沙质部分改正后全沙 7—9 月输沙量 W_{sc}（万 t）	$B_{(床)}=\Delta W_s-d_{c(床)}/W_s-d_{c(床)}$ /%	$B_{(床全)}=\Delta W_s-d_{c(床)}/W_s$ /%
新厂	1062	167	1229	15.7	479	121	600	1183	25.3	11.4

根据安排,2017 年 7—9 月对沙市至新厂河段采砂船分别进行了调查,每月一次共 3 次。表 8.5-13 列出了区间河段采砂船数量,调查发现,本河段有一艘较大采砂船在金城洲采砂,采砂船类别为链斗式。

表 8.5-13　　　　　　　　　　　　区间河道采砂量统计

月份	沙市可采天数/d (Q≤20000)	新厂可采天/d (Q≤20000)	天数平均/d	船数/艘	效率/(t/h)	工作时间/h	采砂量/万 t
7	17	17	17	1	100	8	1.36
8	3	1	2	1	100	8	0.16
9	6	5	6	1	100	8	0.48
10	1	1	1	1	100	8	0.08
合计							2.08

在禁采区采砂系非法行为,故一般为偷采,开采量取证较难,只能根据调查结果间接估算。根据对各类采砂船的数量、开采能力或效率、作业时间的调查,估算采砂量的计算公式为:

$$W = D \times T \times R \qquad (8.5\text{-}15)$$

式中:D——一年中适合采砂的天数,d,将一年中平均流量小于 20000 m^3/s 的天数作为可采砂天数。

T——采砂船的作业时间,h,由于采砂船在白天、夜间均有作业活动,但以夜间采砂为主,综合考虑,每条采砂船每天平均工作 8h。

R——采砂船采砂能力或效率,t/h。根据调查,大型或特大型采砂船平均采砂效率为 150t/h,中型采砂船为 100t/h,小型采砂船为 50t/h。

表 8.5-13 统计出了时段沙市至新厂河段区采砂量,采砂船效率按 100t/h 计算,据估算,时段内河段总采砂量为 2.08 万 t。

8.5.4.5　进出口水量不闭合对输沙量的影响

根据水文测验及整编相关规范,本年度及统计时段内,水量平衡满足水文资料整编规范等相关技术要求。因测验、整编定线、计算等各环节均存在一定的误差,导致水量并不严格平衡,进出口水量值不闭合,分析时段 7 月 1 日至 10 月 6 日,沙市站径流量 1512 亿 m^3,新厂站径流量 1492 亿 m^3。两站水量不平衡数 20 亿 m^3。

以沙市站为基数,不闭合水量占年径流量的 1.3%,满足水文行业规范±5%的要求。新厂站7—9 月内平均含沙量为 0.065kg/m^3,以此估算,统计时段内新厂站少算悬移质输沙量 13 万 t。

8.5.4.6　泥沙干容重

按照本项目的计划,本年进行干容重取样一次,2017 年 10 月 5—9 日在研究河段取样一次,取样范围为荆 45 至荆 82,干容重样本共 30 个,平均干容重为 1.52g/cm^3,成果见表8.5-14。

表 8.5-14 干容重成果

序号	断面	垂线	湿沙重 /g	干沙重 /g	湿容重 /(g/cm³)	干容重 /(g/cm³)
1	荆45	400	121.7	95.6	1.89	1.48
2		600	125.9	99.8	1.95	1.55
3		900	129.4	102.4	2.01	1.59
4		1100	126.7	99.3	1.97	1.54
5	荆49	200	123.1	96.3	1.91	1.50
6		400	123.2	96.8	1.91	1.50
7		800	125.2	97.4	1.94	1.51
8		1100	129.5	101.0	2.01	1.57
9		1300	117.8	90.0	1.83	1.40
10		1500	118.2	92.3	1.84	1.43
11	荆57	460	119.9	91.6	1.86	1.42
12		600	121.7	94.8	1.89	1.47
13		750	129.4	102.1	2.01	1.59
14	荆63	700	125.2	96.2	1.94	1.49
15		900	125.3	97.6	1.95	1.52
16		1100	130.3	102.8	2.02	1.60
17		1200	129.3	100.1	2.01	1.55
18	荆78	250	129.6	100.0	2.01	1.55
19		500	125.8	98.0	1.95	1.52
20		775	124.2	96.6	1.93	1.50
21		1050	122.1	95.4	1.90	1.48
22		1300	128.1	100.0	1.99	1.55
23		1425	120.2	92.4	1.87	1.43
24		1650	127.5	100.0	1.98	1.55
25	新厂	350	128.5	99.7	2.00	1.55
26		500	125	96.4	1.94	1.50
27		650	126.3	98.3	1.96	1.53
28		850	129.7	100.0	2.01	1.55
29		1050	128.2	100.0	1.99	1.55
30		1250	129.2	99.2	2.01	1.54

注：环刀容积60cm³。

8.5.4.7　输沙量平衡法计算结果及分析

根据泥沙运动学相应公式,河段冲淤量 $W_s = W_1 - W_2 + S_3 - S_4$,式中,$W_1$,$W_2$ 为分别为进、出口站输沙量,S_3 为区间加入的泥沙量,S_4 为区间引沙量。其中,进、出口站输沙量(W_1,W_2)包括悬移质输沙量、沙质推移质输沙量和卵石推移质输沙量,由于沙市、新厂两站卵石推移量很小,忽略不计;区间加入的泥沙 S_3 主要为崩岸,由于崩岸多发生在退水期,本次 7—9 月为汛期,河段内崩岸量忽略不计;区间引沙量 S_4,包括灌溉和取水引沙、分洪引沙、河道采砂等,由于取水而产生的沙量较少,忽略不计,故采用河道采砂值,同时考虑了进、出口水量不平衡引起的输沙量变化。计算结果见表 8.5-15。

表 8.5-15　　　　　　　　　　　　　　　输沙法冲淤量计算结果

进口(沙市站) 输沙量 W_1/万 t			出口(新厂站) 输沙量 W_2/万 t			区间 采砂 S_{4-1}/万 t	水量平衡 改正 S_{4-2}/万 t	冲淤量 W_s/万 t
悬移质	沙推	全沙 改正量	悬移质	沙推	全沙 改正量	2.1	13	−360
765.2	42.9	105.1	992.9	94.5	170.7			

由表 8.5-15 可见,2017 年 7 月 1 日至 10 月 6 日,进口(沙市站)悬移质输沙量为 765.2 万 t,沙质推移质为 42.9 万 t,全沙改正率为 13%,改正量为 105.1 万 t,进口总输沙量为 913.2 万 t;出口(新厂站)悬移质输沙量为 992.9 万 t,沙质推移质为 94.5 万 t,全沙改正率为 15.7%,改正量为 170.7 万 t,出口总输沙量为 1258.1 万 t;区间采砂量为 2.1 万 t;水量平衡改正为 13 万 t。综上,沙市至新厂河段输沙法计算冲刷量为 360 万 t,按实测干容重 1.52g/cm³ 计算,合约 236.8 万 m³。

8.5.5　断面地形法观测成果分析

8.5.5.1　断面布置

本书研究河段为沙市水文站至新厂水文站河段(荆 45 至荆 81 下 1.6km),河段全长 63.4km,无支流汇入与分流情况。长江干流固定断面地形观测按水文局常测固定断面布置并适当加密断面,共布置 67 个固定断面,计算时荆 58 左、中、右合并为一个断面,实际参与计算断面数为 65 个,平均断面间距 990m。

8.5.5.2　水面线确定

研究河段共计算 4 条水面线对应的冲淤量,第 4 条水面线使用测区内各站 2017 年最高水位按距离线性插补,各站水位见表 8.5-16。第一条至第三条水面线沿用宜昌流量 5000m³/s、10000m³/s、17000m³/s(沙市站对应)、30000m³/s 对应沿程水位进行计算。

表 8.5-16   **2017 年水文站点实测最高洪水位（基面：85 基准）**

站名	沙市	郝穴	新厂
水位/m	37.96	36.05	35.58
时间	7 月 14 日	7 月 13 日	7 月 13 日

8.5.5.3   计算方法

断面法计算冲淤量通行两种方法：一种是梯形法，另一种是锥体法。两种方法计算结果有一定差异，但差别不大。

本次计算采用锥体法，相邻断面间槽蓄量为：

$$V_i = \frac{1}{3}(A_i + A_{i+1} + \sqrt{A_i \times A_{i+1}i}) \times \Delta L_i \qquad (8.5\text{-}16)$$

式中，V_i——第 $i \sim i+1$ 横断面之间的槽蓄量；

A_i——第 i 个横断面面积；

ΔL_i——第 $i \sim i+1$ 横断面之间间距或高差。

锥体法计算河段槽蓄量的公式为：

$$V = \sum_1^n \frac{1}{3}(A_i + A_{i+1}) + \sqrt{A_i \times A_{i+1}}) \times \Delta L_i \qquad (8.5\text{-}17)$$

式中，V——第 $1 \sim n$ 个横断面之间的槽蓄量，即河段槽蓄量。

8.5.5.4   断面法冲淤量及分布

分析河段（荆 45—新厂，下同）计算了 5 条水面线下的冲淤量，表 8.5-17 列举出 2017 年各组水面线下分析河段冲淤量，2017 年最高洪水水面线下河床总冲刷量为 301.184 万 m^3，其中枯水河槽冲刷 329.575 万 m^3，表现为冲槽淤滩。

表 8.5-17   **荆 45—新厂水文站河段冲淤量**

水面线条件	冲淤量/万 m^3
5000m^3/s 流量	−329.575
10000m^3/s 流量	−327.048
17000m^3/s 流量	−315.575
30000m^3/s 流量	−298.626
2017 年最高洪水	−301.184

沿程冲淤量分布见图 8.5-6，沿程有 34 个断面区间表现为冲刷，30 个断面区间为淤积，荆 45 断面下游约 60.74km 处的荆 59.1 断面冲刷量最大，荆 45 断面下游约 2.26km 处的荆 46.1 断面淤积量最大。2017 年荆 45 断面至新厂水文站河段冲淤主要发生在枯水河槽内，河段在枯水位至 2017 年最高水位的河槽整体保持稳定，局部（观音寺至文村夹和柳口至新厂）有小幅淤积。

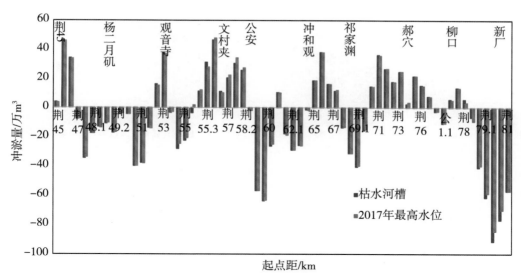

图 8.5-6　沿程冲淤量分布

分析河段(荆 45-新厂)2017 年最高洪水水面以下河床断面间冲淤量、冲淤厚度见表 8.5-18。将长江干流沙市至新厂段分为 10 段,统计各河段的冲淤量及冲淤厚度见表 8.5-19,表中列出了 2017 年最高洪水以及宜昌 5000m³/s 流量水面线以下河床分段冲淤量、冲淤厚度等数据。如表所示,2017 年最高洪水水面线以下河床荆 65 至荆 68 河段平均淤积厚度最大,为 0.26m,荆 78.1 至新厂站河段平均冲刷厚度最大,为 0.31m;宜昌 5000m³/s 流量水面线以下河床,荆 65 至荆 68 河段平均淤积厚度最大,为 0.29m;荆 78.1 至新厂河段平均冲刷厚度最大,为 0.46m。河段整体表现为弯道、汊道进口段及顺直河段表现为淤积,弯道、汊道出口段多表现为冲刷,河段冲淤表现形式与 2017 年 7—9 月水流变化相一致。

表 8.5-18　　　　　　　　　**2017 年最高洪水水面以下河床断面间冲淤量、冲淤厚度**

断面名	里程 /km	水面 宽/m	水面 面积 /万 m²	淤积量 /万 m³	淤积 厚度 /m	断面名	里程 /km	水面 宽/m	水面 面积 /万 m²	淤积 量 /万 m³	淤积 厚度 /m
荆 45	1.278	1142	0	0.00	0.00	荆 62.1	30.787	1060	126.0	−18.81	−0.15
荆 46	2.262	1363	160.1	3.59	0.02	荆 63	31.909	971	113.9	−29.03	−0.25
荆 46.1	2.981	1626	147.1	45.81	0.31	荆 64	33.343	1061	145.7	−26.05	−0.18
荆 47	3.916	1719	120.3	33.73	0.28	荆 65	34.573	737	110.6	−1.79	−0.02
荆 47.1	4.891	1822	165.5	−7.44	−0.04	荆 65.1	35.508	1016	82.0	18.68	0.23
荆 48	5.571	1834	178.2	−33.83	−0.19	荆 66	36.459	1059	98.7	37.83	0.38
荆 48.1	6.333	1690	119.8	−17.48	−0.15	荆 67	36.944	1005	50.1	16.13	0.32
荆 49	7.105	1595	125.2	−13.53	−0.11	荆 68	37.806	1214	95.6	12.08	0.13
荆 49.1	7.824	1456	117.8	−10.18	−0.09	荆 69	39.096	1039	145.3	−13.33	−0.09

续表

断面名	里程/km	水面宽/m	水面面积/万 m²	淤积量/万 m³	淤积厚度/m	断面名	里程/km	水面宽/m	水面面积/万 m²	淤积量/万 m³	淤积厚度/m
荆 49.2	8.409	1435	103.9	−16.55	−0.16	荆 69.1	40.134	1121	112.1	−31.39	−0.28
荆 50	9.274	1309	80.3	−3.88	−0.05	荆 70	41.142	1068	110.3	−40.01	−0.36
荆 50.1	10.158	1192	108.2	−4.35	−0.04	公 3	42.042	1065	96.0	−14.82	−0.15
荆 51	11.26	1117	102.1	−39.81	−0.39	荆 71	43.362	1107	143.4	14.36	0.10
荆 51.1	12.457	959	114.4	−38.14	−0.33	荆 72	44.957	1227	186.1	35.60	0.19
荆 52	13.738	1105	123.5	−14.03	−0.11	荆 72.1	45.858	1254	111.8	26.75	0.24
荆 53	15.177	1237	150.0	15.24	0.10	荆 73	46.581	1145	86.7	17.64	0.20
荆 54	15.943	1746	214.6	36.92	0.17	荆 74	48.346	906	181.0	24.71	0.14
荆 54.1	16.828	2137	148.7	−2.85	−0.02	荆 75	49.768	1370	161.8	3.50	0.02
荆 55	17.645	2407	201.1	−24.59	−0.12	荆 76	51.116	1538	196.0	21.72	0.11
荆 55.1	18.445	2890	216.4	−20.61	−0.10	荆 76.1	52.091	1567	151.4	14.86	0.10
荆 55.2	19.314	3525	256.6	1.75	0.01	公 1	52.966	1531	135.5	7.39	0.05
荆 55.3	20.098	3625	310.7	12.13	0.04	公 1.1	53.542	1453	85.9	−2.58	−0.03
荆 56	21.058	3520	280.1	27.86	0.10	荆 77	54.08	1410	77.0	−10.69	−0.14
荆 56.1	21.568	2630	295.2	47.69	0.16	荆 77.1	55.073	1516	145.3	4.96	0.03
荆 57	22.38	961	91.6	10.17	0.11	荆 78	56.082	1872	170.9	13.35	0.08
荆 58	23.343	1697	107.9	22.41	0.21	荆 78.1	57.18	2119	219.1	3.32	0.02
荆 58.1	24.211	1467	152.3	34.14	0.22	荆 79	58.158	1780	190.7	−9.35	−0.05
荆 58.2	25.154	1442	126.3	27.39	0.22	荆 79.1	58.936	1709	135.7	−40.00	−0.29
荆 59	26.021	1180	123.6	−1.97	−0.02	荆 80	59.686	1774	130.6	−58.83	−0.45
荆 59.1	26.836	1089	98.4	−56.76	−0.58	荆 80.1	60.74	1739	185.1	−84.70	−0.46
荆 60	28.136	997	85.0	−63.33	−0.75	荆 81	61.802	1435	168.5	−70.24	−0.42
荆 61	29.644	1064	134.0	−24.95	−0.19	新厂站	63.402	1161	207.7	−57.17	−0.28
荆 62	1.278	1145	166.6	10.18	0.06						

表 8.5-19　　　　　　　　　　各河段冲淤量、冲淤厚度

河段	河长/km	断面个数	平均断面间距/km	2017 最高洪水水面线以下河床			宜昌 5000 m³/s 流量以下河床		
				河段冲淤量/万 m³	水面面积/万 m²	平均冲淤厚度/m	河段冲淤量/万 m³	水面面积/万 m²	平均冲淤厚度/m
荆 45～荆 47	2.981	4	0.99	83.12	427.38	0.19	84.16	412.41	0.20
荆 47～荆 52	9.476	12	0.86	−199.21	1338.85	−0.15	−200.20	1260.58	−0.16
荆 52～荆 54	2.72	3	1.36	52.16	364.63	0.14	53.81	294.68	0.18

续表

河段	河长/km	断面个数	平均断面间距/km	2017 最高洪水水面线以下河床			宜昌 5000m³/s 流量以下河床		
				河段冲淤量/万 m³	水面面积/万 m²	平均冲淤厚度/m	河段冲淤量/万 m³	水面面积/万 m²	平均冲淤厚度/m
荆 54～荆 55.2	3.268	5	0.82	−46.30	822.77	−0.06	−57.55	440.61	−0.13
荆 55.2～荆 58.2	5.766	8	0.82	181.79	1364.03	0.13	176.59	761.08	0.23
荆 58.2～荆 65	10.362	10	1.15	−212.52	1103.74	−0.19	−212.53	987.08	−0.22
荆 65～荆 68	3.233	5	0.81	84.72	326.31	0.26	84.49	289.17	0.29
荆 68～公 3	4.236	5	1.06	−99.56	463.73	−0.21	−101.25	397.34	−0.25
公 3～荆 78.1	15.138	15	1.08	174.89	2051.97	0.09	178.19	1887.95	0.09
荆 78.1～新厂	6.222	7	1.04	−320.29	1018.35	−0.31	−335.28	726.91	−0.46

8.5.5.5 深泓纵剖面变化

2017 年研究河段河道纵剖面冲淤变化见图 8.5-7 及表 8.5-20。

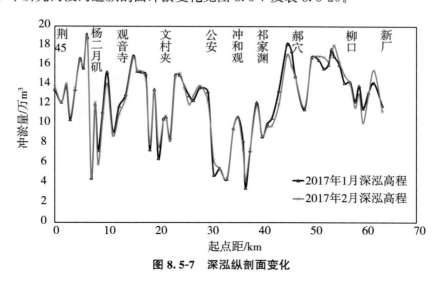

图 8.5-7 深泓纵剖面变化

表 8.5-20 三峡水库蓄水运用后沙市至新厂河段河床纵剖面冲淤变化统计

时段	深泓冲刷深度/m	
	平均	冲刷或淤积最大值（出现位置）
2003 年 10 月至 2016 年 9 月	−0.56	−5.3（突起洲洲头荆 55 断面），+6.4（金城洲中部荆 48 断面）
2017 年 7 月至 2017 年 9 月	−0.11	−1.5（江陵县城边荆 72.1 断面和蛟子渊上游荆 80 断面），+1.5（公安湾道荆 62.1 断面）

注："−"表示冲刷，"+"表示淤积。

2003 年 10 月至 2016 年 9 月，研究河段各断面深泓点高程普遍降低，平均降低约 0.56m，最大降低为 5.3m，位于突起洲洲头荆 55 断面。

2017 年 7—9 月，沙市至新厂深泓纵向高程有所降低，总体冲深的幅度不大，平均降低 0.11m，最大降低 1.5m，位于江陵县城边荆 72.1 断面和蛟子渊上游荆 80 断面，最大抬高为 1.5m，位于公安湾道荆 62.1 断面。

8.5.5.6　典型断面变化

选取研究河段荆 45、荆 48 等 12 个断面，分析 2003—2017 年断面的冲淤变化（图 8.5-8，图 8.5-9）。

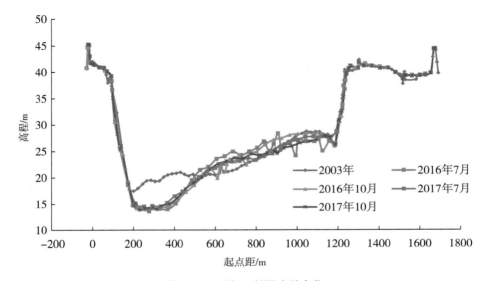

图 8.5-8　荆 45 断面冲淤变化

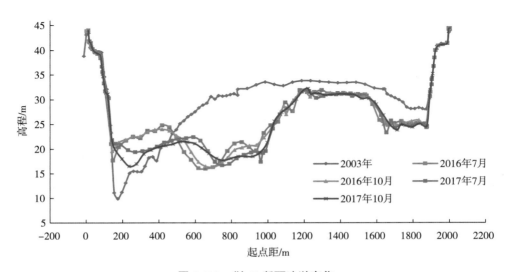

图 8.5-9　荆 48 断面冲淤变化

研究河段在 2003 年以来典型断面岸坡除荆 55 右岸与荆 81 左岸发生崩岸,岸线分别崩退 65m、51m 外,总体基本稳定。河段冲淤主要发生在枝水河槽,河床总体表现为冲刷,冲刷形式主要表现为以展宽为主,局部有一定的冲刷下切。从沿程分布及沿断面的横向分布来看,冲刷较大部位主要位于细沙质边滩,如金城洲低滩荆 48 断面、荆 59 断面、荆 62 断面、荆 71 断面、荆 74 断面、荆 77 断面、蛟子渊边滩荆 79 断面等,而深槽部位有冲有淤,深槽冲深较大的有荆 45 断面、荆 55 断面、荆 59 断面、荆 79 断面等,深槽淤积抬升的断面如荆 48、荆 62、荆 77 等。

2017 年 7—9 月,河床的冲淤变化较小,河段整体表现为微冲。河段冲淤主要发生在河槽部分,局部深槽有冲有淤,如荆 62 断面、荆 77 断面等断面局部深槽有所淤积,而荆 59、荆 81 断面局部深槽发生冲刷,部分河段细沙质边滩略有冲刷,如荆 51、荆 55。

8.5.5.7　床沙变化分析

(1)沙市至新厂河段床沙变化分析

1)2017 年床沙特征值沿程变化

2017 年在沙市至新厂河段共布置 21 个床沙取样断面,7 月、10 月各取样一次。测验河段断面床沙取样成果见表 8.5-21。

由表 8.5-21 可见,本河段主要为沙质河床,床沙颗粒组成以 0.125～0.500mm 为主(特殊点荆 67 以大于 2.0mm 砾卵石为主)。7 月分析河段 D_{50} 变化范围为 0.214～0.320mm,10 月分析河段 D_{50} 变化范围为 0.200～0.287mm(不包括一特殊点)。

表 8.5-21　　　　2017 年 7 月沙市至新厂河段固定断面床沙取样成果

断面名称	D_{max} /mm	D_{50} /mm	粒径 d/mm 范围内沙重百分数					
			$d \leqslant 0.125$ /%	0.125～0.250 /%	0.250～0.50 /%	0.500～1.00 /%	1.00～2.00 /%	$d > 2.00$ /%
荆 42	2.00	0.265	0.2	39.2	59.5	1.1		
荆 45	2.00	0.262	1.1	42.1	55.9	0.9	0.0	
荆 47	2.00	0.248	2.1	49.0	45.3	3.5	0.1	
荆 49	2.00	0.240	13.6	41.6	44.0	0.8	0.0	
荆 51	2.00	0.268	1.2	38.1	52.9	7.6	0.2	
荆 53	2.00	0.224	16.8	44.0	37.6	0.9	0.7	
荆 55	2.00	0.278	1.8	31.7	64.6	1.2	0.7	
荆 57	36.60	0.320	7.3	21.3	39.8	1.8	0.7	29.1
荆 59	2.00	0.249	2.8	47.8	32.8	15.5	1.1	
荆 61	2.00	0.256	0.5	45.4	53.1	0.8	0.2	
荆 63	48.80	0.270	0.4	39.2	39.6	0.5	0.0	20.3
荆 64	1.00	0.252	0.5	47.7	51.6	0.2	0.0	
荆 65	38.70	0.214	1.4	66.5	10.2	0.2	21.7	

断面名称	D_{max} /mm	D_{50} /mm	粒径 d/mm 范围内沙重百分数					
			$d \leqslant 0.125$ /%	$0.125 \sim 0.250$ /%	$0.250 \sim 0.50$ /%	$0.500 \sim 1.00$ /%	$1.00 \sim 2.00$ /%	$d > 2.00$ /%
荆67	32.60	0.260	0.9	44.8	32.9	0.5	0.0	20.9
荆69	1.00	0.248	0.9	50.4	48.6	0.1	0.0	
荆71	2.00	0.246	0.3	53.1	45.9	0.6	0.1	
荆73	1.00	0.238	1.4	57.9	40.7	0.0		
荆75	2.00	0.221	1.1	69.7	29.0	0.2		
公1	1.00	0.218	10.6	58.8	30.5	0.1		
荆78	1.00	0.235	1.8	57.8	40.2	0.2		
荆80	1.00	0.264	0.7	38.9	60.2	0.2		
公2	1.00	0.229	2.3	63.2	34.5	0.0		

2）测验河段床沙级配沿时程变化

根据上游来水条件，考虑三峡水库蓄水影响，结合 2000 年、2004 年、2009 年、2012 年典型年固定断面床沙资料，分析测验河段各年汛后床沙粒径的年际变化。

统计河段沿程床沙中值粒径 D_{50} 年际变化，见图 8.5-10。统计河段历年来的不同粒径组的沙重百分数沿程年际变化，见图 8.5-11、图 8.5-12。从沿程床沙 D_{50} 特征值来看，三峡水库蓄水后本河段床沙 D_{50} 变化呈现为粗化—调整过渡—继续粗化的过程，年际 D_{50} 随着河床的冲淤有粗化也有细化，三峡水库蓄水以来 D_{50} 总体呈现粗化态势。

沙市至新厂河段主要为沙质河床，历年床沙颗粒组成以 $0.125 \sim 0.500$mm 为主，占比 85% 以上。表 8.5-22 给出了年际河段床沙 D_{50} 及主要粒径组沙重百分数均值对比变化，三峡水库蓄水后初期，分析河段处于上荆江下端，不同粒径组的沙重百分数变化并不明显。随着坝下游冲刷持续发展，三峡水库蓄水以来 D_{50} 总体呈明显粗化态势，小于 0.125mm 的细颗粒在床沙级配中所占的百分数总体呈现减小，中沙 $0.125 \sim 0.25$mm 粒径组沙重百分数也在减少，粗沙 $0.25 \sim 0.50$mm 粒径组沙重百分数总体呈现增加。$0.125 \sim 0.500$mm 的沙重百分数蓄水后多年来总体变化不明显。

表 8.5-22　测验河段床沙 D_{50} 及主要粒径组沙重百分数（河段均值）的年际变化

年份	床沙 D_{50} 及主要粒径组沙重百分数（河段平均）变化			
	D_{50} /mm	<0.125mm 沙重百分数/%	$0.125 \sim 0.250$mm 沙重百分数/%	$0.250 \sim 0.500$mm 沙重百分数/%
2000	0.207	12.8	57.4	29.3
2004	0.203	12.8	59.3	27.0
2009	0.240	3.91	51.9	39.8

续表

年份	床沙 D_{50} 及主要粒径组沙重百分数（河段平均）变化			
	D_{50} /mm	<0.125mm 沙重百分数/%	0.125~0.250mm 沙重百分数/%	0.250~0.500mm 沙重百分数/%
2012	0.231	8.0	49.6	36.3
2014	0.236	4.1	51.9	37.5
2016	0.240	3.3	53.6	32.1
2017	0.247	5.6	44.4	42.1

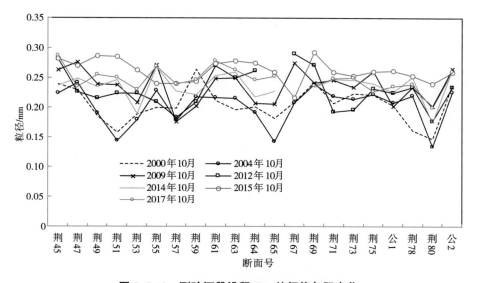

图 8.5-10　测验河段沿程 D_{50} 特征值年际变化

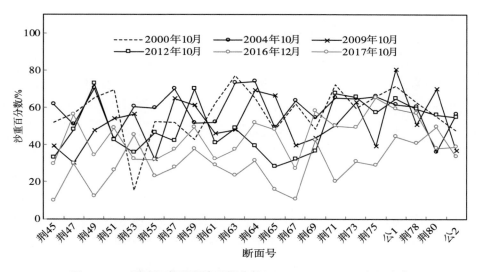

图 8.5-11　测验河段沿程沙重百分数（0.125~0.250mm）年际变化

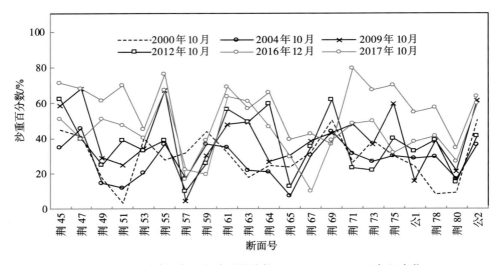

图 8.5-12　测验河段沿程沙重百分数(0.250～0.500mm)年际变化

(2)枝城至监利河段固定断面床沙取样成果分析

1)沙质床沙组成分布规律

荆江河段枝城至陈家湾段河床为卵、砾、沙混合组成。沙是主要的组成部分,同时卵、砾石的颗粒级配成果存在着测次、取样等方面的问题而影响到可比性,故采用小于2mm粒径的沙质泥沙级配成果分析整个河段沿流程、时程分布变化。

荆江河段沙质床沙 D_{50} 粒径呈沿程不规则锯齿状变小的态势。其中,枝江河段处于上游,平均粒径最粗,2017年达0.318mm;中游的沙市、公安、石首河段平均粒径相对变小,2017年分别为0.265mm、0.239mm、0.224mm;监利河段处于下游,又受洞庭湖出流顶托影响,比降最小,床沙粒径也最小,2017年10月施测沙质河床床沙 D_{50} 为0.165mm。

三峡水库蓄水前,沙市以上河段 D_{50} 平均值大于0.2mm,沙市至监利河段 D_{50} 平均值大于0.15mm,小于0.2mm。监利至城陵矶河段 D_{50} 平均值小于0.15mm。三峡水库蓄水以来,沿程床沙总体呈现粗化态势。各河段床沙均呈现不同程度的粗化,上游的枝江河段粗化明显,后期呈粗化加剧态势。沙市河段粗化程度次之,公安下游河段粗化态势较小,但沿时程均呈粗化态势。至2017年,荆江不同河段沙质床沙 D_{50} 平均值均大于0.2mm,以上游枝江河段 D_{50} 平均值最大,大于0.3mm。

2)砾卵石床沙分布情况

枝城至沙市河段处于丘陵向平原过渡段,河床组成为砂卵石夹沙向沙质河床过渡,沿程分布不均匀。1995年勘测调查表明,宜昌至江口段为卵、砾夹沙河床,江口至陈家湾为沙夹少量卵、砾石河床,陈家湾以下为沙质河床。三峡水库蓄水后,坝下游河段普遍冲刷(只有少数控制节点冲刷较小),河床床沙组成随着河床冲刷也发生了较大变化。床沙变化特点是床沙粒径明显粗化,细颗粒含量明显减少和粗颗粒含量增加。2015年床沙分析成果表明,枝城至大埠街河段为砾卵石夹沙河床,大埠街至太平口河段为沙夹卵、砾河床,太平口以下为沙质河床。2017年床沙分析成果表明,枝城至马羊洲(荆28附近)为砾卵石夹沙河床,马羊洲至祁家渊(荆67附近)为沙夹卵、砾河床,郝穴以下为全沙质河床。

图8.5-13为杨家脑至新厂河段固断床沙D_{max}沿程分布图,至2017年杨家脑以下至马羊洲这一段,粗颗粒砾、卵石含量增加占比多于沙质,且沿程比较连续,可见砾、卵石夹沙河床从2015年的大埠街下移至马羊洲主泓附近。下游公安斗湖堤弯道这一段砾、卵石粗颗粒含量比较集中且沿程比较连续,出现这种现象存在着几种可能性:一是公安斗湖堤河湾冲刷坑深槽交换出河床卵石层,二是有部分卵石已经集中输移到下游公安附近,三是砂、卵石运输船掉落。

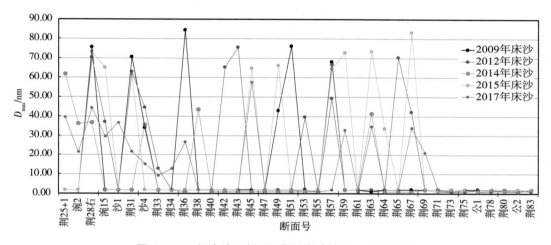

图8.5-13　杨家脑至新厂河段固断床沙 D_{max} 沿程分布

3)枝城、沙市、新厂、监利水文控制断面床沙级配变化

枝城站测验断面荆3位于荆江河段进口,关洲汊道上游进口附近,断面形态呈偏"V"形,主流稳定贴右岸而行,右岸河床为胶板卵石,右岸岸线稳定。蓄水前断面水下河床以沙质为主,河床主要粒径范围分布为0.125～0.50mm。

根据枝城站实测床沙资料分析,三峡水库蓄水运用后,水库135～139m运行期和144～156m运行期,大部分床沙粒径在0.125～1.00mm。在三峡水库175m运行期,床沙粗化更为明显,更粗一级的粒径组所占的比重总体呈现上升,断面床沙组成以卵石夹沙为主。荆13断面(枝城站)历年汛后来床沙级配曲线见图8.5-14,荆3断面历年来固定断面床沙取样成果见表8.5-23。蓄水后多年来枝城站沙质床沙级配总体呈现粗化态势。枝城站汛后10月床沙级配特征值D_{50}蓄水后多年来总体呈现粗化,蓄水后至2011年D_{50}达到最大值为0.375mm,其后有所减小。

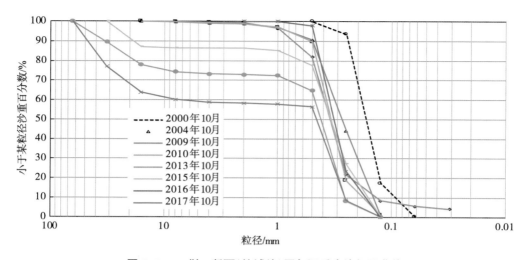

图 8.5-14　荆 3 断面（枝城站）历年汛后床沙级配曲线

表 8.5-23　　　　　　　　　　　荆 3 断面历年来固定断面床沙取样成果

年份	小于某粒径沙重百分数/%												D_{50} /mm
	粒径级/mm												
	0.031	0.062	0.125	0.25	0.5	1.00	2.00	4.00	8.00	16.0	32.0	64.0	
2000		0.3	17.3	93.6	100.0								0.158
2004			0.9	44.2	90.7	96.8	98.7	99.1	99.6	100.0			0.373
2009	4.4	5.7	8.5	21.8	81.9	96.5	99.2	99.7	99.9	100.0			0.317
2012			0.3	8.3	64.8	72.5	73.0	73.3	74.3	77.9	89.6	100	0.320
2016			0.1	23.5	97.9	99.9	100.0						0.295
2017			0.2	8.6	56.4	57.8	58.2	58.7	60.1	63.7	77.0	100	0.374

荆 45 断面在沙市河湾下盐卡附近，位于三八滩到金成洲汊道段的缩窄过渡段。断面形态较稳定呈偏"V"形，主泓一般偏左岸，多年来岸线较稳定，右岸金城洲头部边滩多年来有冲有淤。断面河床为沙质河床，河床主要粒径范围分布在 0.125～0.50mm，见表 8.5-24 和图 8.5-15，年际床沙粒径粗细相间，三峡水库蓄水后荆 45 断面床沙级配总体呈现粗化。粒径范围总体变化不大，D_{50} 变化区间为 0.20～0.35mm。

表 8.5-24　　　　　　　　　　　荆 45 断面历年来固定断面床沙取样成果

年份	小于某粒径沙重百分数/%												D_{50} /mm
	粒径级/mm												
	0.031	0.062	0.125	0.25	0.5	1.00	2.00	4.00	8.00	16.0	32.0	64.0	
2000			2.4	54.5	99.1	100.0							0.239
2004			3.7	65.2	100.0								0.224

年份	小于某粒径沙重百分数/%												D_{50} /mm
	粒径级/mm												
	0.031	0.062	0.125	0.25	0.5	1.00	2.00	4.00	8.00	16.0	32.0	64.0	
2009			1.0	40.5	99.4	100.0							0.263
2012			0.5	33.3	95.5	99.7	100						0.281
2016			0.1	23.5	97.9	99.9	100						0.295
2017			0.4	36.6	99.8	100.0							0.277

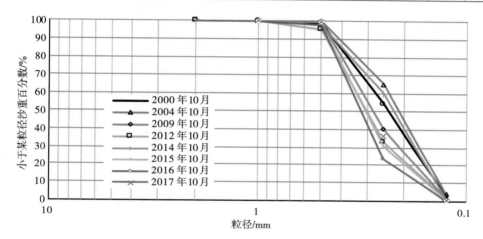

图 8.5-15　荆 45 断面(沙市站)历年来汛后床沙级配曲线

公 2 断面为新厂站控制断面,处于斗湖堤河湾与石首天星洲过渡段,断面形态呈"U"形,主泓一般偏左,蓄水后左岸有所冲刷,近期较稳定。表 8.5-25 给出了公 2 断面历年来固定断面床沙取样成果,图 8.5-16 给出了该断面历年来床沙级配曲线,2004—2009 年公 2 断面床沙级配呈现细化,2009—2012 年粗化明显。三峡水库蓄水以来公 2 断面粒径范围总体呈现粗化,粒径范围总体变化不大,D_{50} 变化区间主要集中在 0.20~0.30mm。

表 8.5-25　　　　　　　　　　　　公 2 断面历年来固定断面床沙取样成果

年份	小于某粒径沙重百分数/%												D_{50} /mm
	粒径级/mm												
	0.031	0.062	0.125	0.25	0.5	1.00	2.00	4.00	8.00	16.0	32.0	64.0	
2000			1.8	49.6	99.7	100.0							0.238
2004			7.0	63.6	99.9	100.0							0.226
2009			1.2	38.1	99.6	99.9	100.0						0.265
2012		0.2	2.8	57.8	99.1	99.8	100.0						0.234
2016		0.1	2.1	35.9	99.6	100.0							0.270
2017		0.1	1.2	40.1	99.8	100.0							0.261

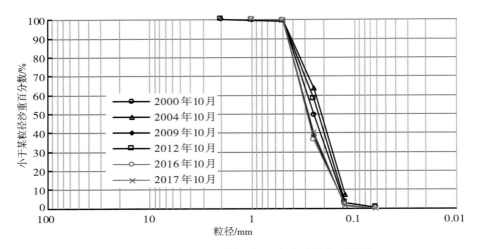

图 8.5-16 公 2 断面（新厂站）历年来床沙级配曲线

荆 141 断面在监利站测流断面下游 1.8km,位于监利河湾乌龟洲头上游附近,主泓偏右有所摆动。三峡水库蓄水后 2000—2009 年断面床沙粗化明显,其后变化不大,见图 8.5-17 和表 8.5-26。D_{50} 粒径范围总体变化不大,变化区间主要集中在 0.14～0.20mm。蓄水运用后,断面 2000 年、2009 年、2012 年、2016 年和 2017 年汛后断面床沙中值粒径 D_{50} 分别为 0.145mm、0.191mm、0.205mm、0.198mm 和 0.194mm,蓄水后总体呈现粗化。

图 8.5-18 为枝城、沙市、新厂、监利控制断面历年来汛后床沙 D_{50} 变化。

从流程上看,处于河段进口的枝城站床沙粗化最明显,床沙粗化的幅度最大;处于中游的沙市、新厂站床沙粗化程度次之;下游河段的监利床沙粗化的幅度较小。沿时程,三峡水库蓄水以来初始时段,床沙粗化呈单向的上升趋势,然后构筑一个高位平台,年际床沙 D_{50} 围绕某一中轴线波动变化。从单向的上升趋势,到构筑一个高位平台的转折时间各站有所不同,枝城站发生在 2006 年,沙市、新厂站发生在 2009 年,监利站发生在 2007 年。为枝城、新厂、监利控制断面历年来床沙 D_{50} 变化。

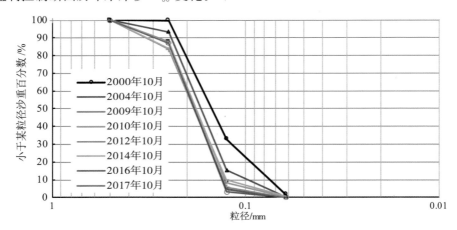

图 8.5-17 荆 141 断面（监利站）历年汛后床沙级配曲线

表 8.5-26 荆 141 断面历年来固定断面床沙取样成果

年份	小于某粒径沙重百分数/%												D_{50} /mm
	粒径级/mm												
	0.031	0.062	0.125	0.25	0.5	1.00	2.00	4.00	8.00	16.0	32.0	64.0	
2000		1.8	32.8	99.7	100.0								0.145
2004		0.5	15.4	93.4	100.0								0.175
2009		0.1	4.6	87.7	100.0								0.191
2012		0.1	5.9	83.6	99.9	100.0							0.205
2016		0.1	3.2	87.0	100.0								0.198
2017		0.1	5.0	87.1	100.0								0.194

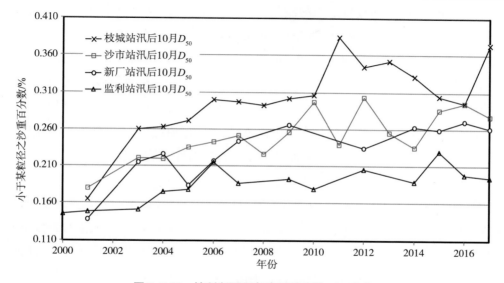

图 8.5-18   控制断面历年来汛后床沙 D_{50} 变化

8.5.6   两种计算方法分析比较

输沙量平衡法和断面地形法冲淤量计算结果存在差异,断面地形法偏大,输沙量平衡法偏小,长期以来此问题一直存在。究其根源,计算方法的影响是较小的,外业测量精度和测验方法对计算结果的影响较大。研究上也是如此,各种计算方法研究得比较多,研究得也相对深入,测验、测量的瓶颈在仪器、仪表、传感器方面,一直难以突破。下面就断面地形法与输沙量平衡法计算冲淤量的误差主要来源进行探讨,对两种计算结果进行合理性分析。

8.5.6.1   断面地形法误差分析

影响断面地形法计算精度的主要因素有断面测量精度(特别是水深测量精度)、河段测验的时间、断面间距大小方向以及断面的代表性、局部采砂引起冲淤计算的放大效应等。

（1）地形测量精度

影响测量精度主要是水深测量的误差，河道水深测量精度受其所使用测深仪和河床界面的制约，水深测量的精度有待大幅提高。影响水深测量精度的主要因素有船体姿态（艏摇、纵摇和横摇）、换能器动吃水、定位与测深延时效应、定位测深设备的稳定性和可靠性、水温跃层及船速等多种因素，同时各因素间又相互关联和影响。

（2）断面间距及代表性探讨

1）断面间距

长江干流断面间距合理，断面间距在各级水面线对应河宽的 2 倍以内；支流断面间距偏大，断面间距为相应河宽的 4 倍左右。段光磊、元媛等对荆江河段断面间距的合理性进行了比较详细的分析研究，在河宽较窄的河段如长江宜昌至枝城段断面间距在 1600m 以内（约相当于 2 倍河宽），冲淤量与断面间距 200m 时差别在 4% 以内；断面间距在 3200m 以内（约相当于 4 倍河宽），冲淤量与断面间距 200m 时差别大于 5%、小于 10%。河床床面起伏大在断面间距小于 1.8km（约 2 倍枯水河宽）情况下，与断面间距 200m 时的差异大，在河段起伏较小的河段差异较小。在断面间距大于 2.0km 情况下，河床床面起伏大的河段与断面间距200m 时的结果接近一倍。在弯道且含多个汊道段，河床床面起伏大，即使断面间距较小，断面地形计算的结果有时差异也较大，这就涉及断面布置的代表性问题。

2）断面代表性

根据 2002 年 10 月和 2008 年 10 月 1:10000 地形数据，将断面布置计算冲淤量结果与断面间距 200m 进行比较，代表断面间冲刷分布特征，在弯道及汊道段，从沿程冲淤分布看，分布相对均匀。如石首弯道段：从河床冲淤厚度分布看，冲刷部位主要位于深泓，滩地有冲有淤，再加上固定断面布设时间多数在 1990 年代以前，而 1994 年 6 月河段内发生了向家洲切滩撇湾，目前的固定断面难以控制河床冲淤分布，且断面间距难以量算，故两种方法计算结果相差很大。

由于固定断面测量工作量大，投入多，断面布设不可能足够密集。若断面间距较大或布置不尽合理，两断面的变化不能在一定程度上反映断面间河床冲淤情况，断面法计算的冲淤量误差将很大，断面代表性问题是值得研究的问题。

荆江河段地形法（约 200m 断面间距）与常测固定断面计算结果比较，固定断面间距大，弯道、分汊等局部河段断面代表性较差，常测固定断面控制不了地形变化，两种方法计算结果差异大。荆江局部河段固定断面代表性不强，需要适当加密固定断面，有些断面方向需要调整。

（3）固定断面观测时间

固定断面观测时段，由于受到测验手段及测验技术等限制，测量不能在短时间内完成。

在主汛期,一周左右时间内河床将发生冲淤变化,使得地形法计算成果与输沙平衡法存在时间不完全匹配的问题,可能对计算结果带来一定误差。

8.5.6.2　输沙量平衡法误差分析

输沙量平衡法冲淤量修正考虑的因素比较多,主要有临底悬沙未测到层、河道采砂量估算、崩岸塌方量估算、大型引水工程的泥沙输送、水量不平衡、输沙简测法定线误差、沙峰过程的控制、推移质测验误差等因素。其中,临底沙问题、单断沙相关性引起的误差、输沙简测法定线误差问题技术难度大,探讨的也相对较多,其他几个因素以实地调查工作居多,文献中已经多有介绍,在此不作重复。

(1)悬移质测验取样及计算方法带来的误差

悬移质断面平均含沙量的测验误差,主要是指垂线平均含沙量误差。垂线平均含沙量误差包括:仪器误差;水样处理误差,为不同的水样处理方法或操作带来的误差;垂线上单点取样有限历时引起的含沙量脉动误差;垂线上有限取样点数和计算规则引起的垂线平均含沙量误差;垂线上有限取样点数和计算规则引起的断面平均含沙量误差。生产实践中,对误差的控制是严格要求的,基本能达到规范要求,但是由于河道冲刷量占输沙量的比例很小,尽管日常水文测验能达到规范要求,但其对河道冲淤量计算精度的影响不容忽视。

精简测之间带来偏差,在水文测验工作中,广泛应用精简分析的方法,选择有代表性的地区、时段、测次,以尽可能精密的方法(如多站、多次、多线、多点)测量,以其(精测法或选点法)结果作为标准。再按一定规则,在精测资料中抽取若干测量值,作为精简方案。以精简后的结果与标准值之间的相对差值作为"精简偏差",而以其统计指标不超过某一限界为原则来选定简测方案。通常选用简测法,如对一条垂线的取样来说,采用积点法时(0.2,0.8)两点法、(0.2,0.6,0.8)三点法以及全断面混合法等。在取样垂线精简方面,在精测法基础上减少垂线数量和测点。

垂线的布设可能带来测验偏差,悬沙横向分布特性,是确定垂线布设的基础,但因天然河道中的泥沙横向分布十分复杂,至今尚难建立经验或半经验模型。输沙率系统误差和标准差均随测沙垂线数目的增加而减少,床沙质的各种误差,约为全部悬沙的 2 倍。我国规范规定的测沙垂线数目偏少,特别是床沙质系统偏少可达 5% 以上,对单颗取样误差则可能更大。三峡大坝下游河段为冲积平原型河道,测验河段的泥沙分布特性,不单取决于本断面的水流挟沙能力的横向分布,而且在很大程度上受其上游河道的平面几何形态和水流结构影响,完全不同于室内试验研究中的分布规律。

单断沙关系带来的测验偏差,荆江河段干流测站日常输沙率测验一般采取单沙、常测法(0.2,0.8)两点法、全断面混合法,每年高中低水各开展一次精测法,常测法和全断面混合法与之对比。单沙是指选取 3~4 条垂线,每垂线取两点,所有水样混合在一起计算含沙量(单位含沙量），根据单断关系推求断面含沙量，不测流速、流量，流量值按水位流量关系线推求。常测法取样垂线一般为10条左右。两点法，垂线混合，同时施测流速流量。精测法取样垂线一般大于15条，五点法，同时施测流速、流量。全断面混合法在常测法垂线中挑取代表性垂线，垂线数量比常测法略少，7条左右，两点法，根据垂线加权系数计算断面含沙量，不施测流速、流量。根据枝城、沙市和监利站简测法与精测法含沙量、输沙率关系，以及枝城、沙市站单断关系与实际采用的关系比较。可以看出，枝城、监利两站常测法误差很小，枝城站单沙取样代表性很好，而沙市站常测法比精测法、断沙比单沙均偏大，需要对实测悬移质输沙量进行改正。日常水文测验中，单沙的代表性及合理地处理好单断沙关系很重要。段光磊对沙市站年实测悬移质输沙量进行了改算，改正系数为0.973，2003年10月至2008年10月沙市站实测悬移质输沙量为5.18亿t，修正后减少0.14亿t，经修正后的输沙量平衡法与网格地形法计算的冲淤量结果差值进一步缩小。

有关悬移质测验脉动强度及阵发性误差的影响，悬移质脉动强度及阵发性对含沙量测验误差的影响研究较少，李丹勋、王兴奎等通过室内循环水槽对不同水流及粗细颗粒的脉动强度进行了研究，得到试验结果：在靠近床面，泥沙颗粒越大脉动强度越大，当摩阻流速较大时，较粗泥沙颗粒在纵垂向脉动均较大，而悬移质脉动强度对含沙量测验及输沙率的影响没有实质性的研究分析成果。2015年9月，枝城站开展了临底泥沙运动的摄像观测，发现悬移质的阵发性输移非常明显，而目前悬移质均为瞬时采样，无法消除阵发性带来的测验误差，有关悬移质阵发性对输沙率的影响有待进一步分析研究。

（2）不同河段临底悬沙改正分析

就常规悬移质泥沙测验而言，按照测验规范要求，测量范围多是在距河底0.4～0.5m水深以上，而距河底0.4～0.5m水深以下的泥沙却没有实测。另外，受水深、仪器测具的限制，临底部分存在"测不到层"。龙毓骞等统计了1972—1978年共59组水沙基本资料，求出潼关站的平均漏测率为12.4％，漏测的沙量是大于0.05mm的粗颗粒泥沙。申冠卿等研究表明，黄河下游沙量平衡法计算冲淤时在一些河段存在明显的失真现象。输沙率修正主要是在爱因斯坦全沙计算结果分析的基础上，建立输沙率修正系数与实测含沙量间的关系，修正后的输沙率资料基本能反映黄河下游各河段的实际冲淤情况。熊贵枢等研究认为，在细泥沙河流0.05mm以上的粗颗粒泥沙显然得不到正确的结果；从黄河洛口站的资料（不包括大洪水）来看，使用常测法对粗颗粒泥沙的测验误差平均可达50％，而对总沙量的改正率一般都小于3％；用一点法、二点法、三点法采取粒度分析的泥沙样品是不适宜的。韩其为从理论上研究认为：粗颗粒悬移质在长江中游绝大部分集中于离河底相对水深0.2～0.1m以下的近底部分，对于$D=0.50～1.00$mm颗粒在荆江输沙量约81％集中于$\eta=0.1$以下，而对于城汉河段可能达到92％，这种粒径的底部含沙量较之其平均含沙量可以高17～60倍；

$\eta=0.04$ 以下的平均含沙量则大于全水深平均含沙量的 27～35 倍；粗颗粒在某些条件下二点法比三点法和一点法精度高，原因是这种方法离河底 0.2m 处占的权重大；在荆江平均床沙质条件（0.25～0.5mm 及 $\lambda=9.68$）下，两点法和三点法（1∶1∶1）的误差为 7.4% 和 26.7%。

由于悬移质泥沙常测法造成测验误差，为此需对临底悬移质进行专项测验，通过分析研究来对悬移质输沙率进行系统修正。20 世纪 80 年代末，荆江局与黄河水利委员会水科所曾合作开展全沙输沙率改正方法研究，引进修正爱因斯坦法和托法拉蒂法软件开展全沙计算，取得了一些阶段性成果，这是荆江局对解决临底沙问题的早期尝试。2006—2007 年、2011—2013 年、2015—2017 年长江水利委员会水文局首先在三峡水库进出库 5 个水文站（含沙市、枝城、监利 3 站），2016 年、2017 年荆江局增加新厂站，开展临底悬沙试验研究。对临底层输沙情况进行了监测，分析常规测验和临底悬沙测验成果的差异，为研究含沙量测验精度及采用输沙量法计算的冲淤量与同期体积法计算河道泥沙冲淤量不匹配的影响因素分析提供基础数据。

目前，长江中下游干流各水文站所使用的悬移质取样器主要仍为横式取样器。就一个水文断面而言，多线多点法的输沙率测验仍是推求总输沙量的基础，通过多线多点法所求出的断面平均含沙量，与相应时间取得的单位水样含沙量之间建立关系，将日常单位水样成果换算为断面平均含沙量，再推算一个时段或全年的输沙量。不同粒径的泥沙在垂线上的分布存在不同的梯度，尤其是粗颗粒的泥沙，其含沙量梯度在邻近河床处常常特别大。因此，采用简测法时，由于邻近河床的这部分泥沙输移量误差较大，而不可避免地会有实测偏小的情况。理论研究和试验结果表明，逐点法测量输沙率确实存在系统偏小的现象。这种现象在三峡大坝下游河段还比较明显。

2006 年和 2011 年临底悬沙观测试验结果表明（表 8.5-27），三峡库区站清溪场、万县站悬沙改正率很小，但沙市、监利站全断面输沙率相差较大，2006 年两点法改正率分别为 7.6% 和 11.9%。2011 年沙市、监利站两点法、三点法改正率分别为 23% 和 23.8%。2013 年在沙市及监利站进行了临底悬沙观测试验，2015 年在枝城站、沙市站进行了临底悬沙试验，2016 年、2017 年在沙市、新厂站进行了试验。枝城站试验次数少，改正系数较小；沙市站试验次数较多，最大（年）改正率为 23%，最小为 7.7%，平均约 13%；监利站最大为 23.8%，最小为 15.2%。各水文站悬沙输沙率的改正率与悬沙级配有相关性，悬沙粗颗粒含量越大改正率越大。

表 8.5-27　　　　　　　　　　荆江河段水文站年输沙率改正率统计

站名	观测时段	全沙输沙量/万 t	全沙输沙量改正量/万 t	改正后年输沙量/万 t	改正率/%
枝城	2015	568	21	589	3.7
沙市	2006.7 至 2007.3	1782	188	1790	10.5
	2011	1805	416	2220	23.0
	2012	6175	675	6850	10.9
	2013	4087	316	4403	7.7
	2015	1418	188	1606	13.3
	2016	1262	148	1410	11.7
	2017	808	105	913	13
新厂	2016	1118	164	1282	14.7
	2017	1087	171	1258	15.7
监利	2006.7 至 2007.5	3487	586	4073	16.8
	2011	4482	1068	5550	23.8
	2012	7450	1293	8740	17.4
	2013	5628	856	6484	15.2

8.5.6.3　断面地形法与输沙平衡法计算结果分析

将 2013—2017 年各河段断面地形计算的冲淤量与输沙量法进行比较,见表 8.5-28。两种观测方法计算得到的结果主要表现为:输沙量法得到的冲刷量总体偏小,枝城至沙市河段偏小程度较大,沙市至监利河段输沙量法偏小 15%～32%,偏小的幅度相对稳定;临底悬沙未进行改正时,输沙量法偏小的程度较小,临底悬沙进行改正后,输沙量法偏小的程度变小,沙市以下河段改正的幅度较大,但枝城至沙市段变化很小。

表 8.5-28　　　　　　　　　　断面地形与输沙平衡计算结果比较

时段	测站名称	临底改正量/%	输沙平衡法冲淤量/万 t		断面地形法/万 m³	较差/%（与地形法比较）	
			临底未改正	临底改正		临底未改正	临底改正
2013.5.21 至 2013.12.7	沙市	7.7	−1546.7	−2048.8	−1842.4	−40.0	−25.4
	监利	15.2					
2015.7 至 2015.9	枝城	3.2	−643.1	−667.2	−1648	−72.1	−71.1
	沙市	8.7					

续表

时段	测站名称	临底改正量/%	输沙平衡法冲淤量/万 t		断面地形法/万 m³	较差/%（与地形法比较）	
			临底未改正	临底改正		临底未改正	临底改正
2016.7 至 2016.9	沙市	5.7	93.9	77.9	81.9	−18.1	−32.8
	新厂	8.2					
2017.7 至 2017.9	沙市	13.0	−294.4	−360	−301.2	−30.2	−14.6
	新厂	15.7					

8.5.6.4　强冲刷条件下冲淤量计算影响分析

运用输沙平衡法计算河段冲淤量,对冲淤计算结果的影响主要存在以下几个方面:泥沙观测的项目不齐全;临底悬沙是否进行改正;悬沙测验取样和计算方法,如单断沙相关性等;水量不平衡产生的误差;河道采砂量估算的不准确性。从已有的计算分析成果来看,全沙输沙率是指包括悬移质和推移质在内,观测项目不齐全如推移质未进行观测将导致总输沙量有所偏小,即便考虑悬移质和推移质输沙总量,通过对 2002 年 10 月至 2008 年 11 月宜昌至监利河段输沙平衡法与地形法计算结果对比分析,输沙平衡法仅考虑目前的测验方法取得的成果(悬移质输沙量和推移质输沙量),计算结果远小于地形法。临底悬沙是否改正也将影响冲淤量计算结果,对于库区,2006—2007 年清溪场、万县站的试验数据得知,改正量接近于 0,而库区下游段沙市及监利站分别为 3.51%、5.62%,冲刷河段不进行临底悬沙改正也将导致总输沙量偏小。河道采砂量的估算非常困难,采砂量估算是否准确将直接影响总冲淤量的计算结果。至于单断沙相关性强弱与水量不平衡引起的误差是否改正对冲淤量结算结果也将产生影响。

运用网格地形法及断面地形法计算冲淤量,对计算结果产生影响主要有以下方面的因素:地形测量的时间长短;水深测量的精度;断面地形法时断面的代表性。对于以上影响因素均需要通过试验研究并在实际观测过程中加以控制。荆江河段长时段两种计算法冲淤量比较见表 8.5-29。

以下对坝下游冲淤量重点影响因素进行总结分析。

(1)强冲刷河段临底悬沙对冲淤量的影响

坝下游不平衡输沙河段有输沙率、断面地形观测资料,为了比较断面地形法与输沙量法存在的差异,将年度及总时段输沙量法与断面地形法的冲淤量进行统计比较,其中推移质输沙量以 2002—2017 年平均推悬比来进行计算,计算结果见表 8.5-29。

表 8.5-29　　荆江河段长时段两种计算法冲淤量比较

时段	测站	悬沙输沙量/万t	悬沙平均改正率/%	区间	区间分沙量/万t	推移质输沙量/万t	河段冲淤量/万t 临底不改正	河段冲淤量/万t 临底改正	断面地形法/万m³	未改正输沙法偏小/%	改正后输沙法偏小/%
2002.10—2003.10	枝城	13855		—		665.0					
	沙市	14527		枝城—沙市	1302	697.3	-2006	-3397	-1414	-41.9	-140
	监利	13173		沙市—监利	727	632.3	692	184	-5200	定性反	定性反
2003.10—2004.10	枝城	8116		—		389.6					
	沙市	9530		枝城—沙市	947	457.4	-2429	-3377	-2734	11.2	-23.5
	监利	10556		沙市—监利	508	506.7	-1583	-2267	-7296	78.3	68.9
2004.10—2005.10	枝城	11562		—		555.0					
	沙市	13183		枝城—沙市	1631	632.8	-3330	-4629	-1828	-82.2	-153
	监利	13962		沙市—监利	723	670.2	-1539	-2367	-4432	65.3	46.6
2005.10—2006.10	枝城	1727		—		82.9					
	沙市	3174		枝城—沙市	195	152.4	-1711	-2063	-871	偏差大	偏差大
	监利	4847		沙市—监利	51.1	232.7	-1804	-2276	1571	偏差大	偏差大
2006.10—2007.10	枝城	6759		—		324.4					
	沙市	7556		枝城—沙市	849	362.7	-1684	-2424	-2083	19.1	-16.4
	监利	9168		沙市—监利	478	440.1	-2167	-2855	-4230	48.8	32.5
2007.10—2008.10	枝城	3867		—		185.6					
	沙市	4850		枝城—沙市	484	232.8	-1514	-2006	-190	偏差大	偏差大
	监利	7370		沙市—监利	247	353.8	-2888	-3601	-166	偏差大	偏差大

续表

时段	测站	悬沙输沙量/万t	悬沙平均改正率/%	区间	区间分沙量/万t	推移质输沙量/万t	河段冲淤量/万t 临底不改正	河段冲淤量/万t 临底改正	断面地形法/万m³	未改正输沙法偏小/%	改正后输沙法偏小/%
2008.10— 2009.10	枝城	4198		—		201.5					
	沙市	5187		枝城—沙市	585	249.0	−1621	−2146	−938	−72.9	−128.7
	监利	7616		沙市—监利	247	365.6	−2793	−3507	−3634	23.2	3.5
2009.10— 2010.10	枝城	3786		—		181.7					
	沙市	4777		枝城—沙市	603	229.3	−1642	−2127	−2130	22.9	0.1
	监利	6026		沙市—监利	325	289.2	−1634	−2111	−1837	11.1	−14.9
2010.10— 2011.10	枝城	957		—		45.9					
	沙市	1733		枝城—沙市	115	83.2	−928	−1120	−4251	78.2	73.7
	监利	4324		沙市—监利	33	207.6	−2748	−3313	−2743	−0.2	−20.8
2011.10— 2012.10	枝城	4833		—		232.0					
	沙市	6102		枝城—沙市	816	292.9	−2146	−2766	−3472	38.2	20.3
	监利	7406		沙市—监利	419	355.5	−1786	−2342	−1725	−3.5	−35.7
2012.10— 2013.10	枝城	3209		—		154.0					
	沙市	4267		枝城—沙市	516	204.8	−1625	−2065	−4666	65.2	55.7
	监利	5960		沙市—监利	136	286.1	−1910	−2442	−2762	30.8	11.6
2013.10— 2014.10	枝城	1172		—		56.3					
	沙市	2639		枝城—沙市	252	126.7	−1789	−2092	−3660	51.1	42.8
	监利	4651		沙市—监利	143	223.2	−2252	−2757	−3410	34.0	19.1

续表

时段	测站	悬沙输沙量/万t	悬沙平均改正率/%	区间	区间分沙量/万t	推移质输沙量/万t	河段冲淤量/万t 临底不改正	河段冲淤量/万t 临底改正	断面地形法/万m³	未改正输沙法偏小/%	改正后输沙法偏小/%
2014.10—2015.10	枝城	576		—		27.6					
	沙市	1465		枝城—沙市	90.9	70.3	-1023	-1193	-1808	43.4	34.0
	监利	3818		沙市—监利	25.6	183.3	-2492	-2998	-1800	-38.4	-66.6
2015.10—2016.10	枝城	1149		—		55.2					
	沙市	2106		枝城—沙市	261	101.1	-1264	-1497	-4598	72.5	67.4
	监利	3219		沙市—监利	158	154.5	-1324	-1638	-6396	79.3	74.4
2016.10—2017.10	枝城	481		—		23.1					
	沙市	1439		枝城—沙市	110	69.1	-1114	-1285	-4560	75.6	71.8
	监利	2664		沙市—监利	39.8	127.9	-1324	-1623	-4612	71.3	64.8
2002.10—2017.10	枝城	64543	3.7		—	2582					
	沙市	79800	13.1	枝城—沙市	8756.9	3192	-25827	-34188	-39203	52.9	37.7
	监利	101140	18.3	沙市—监利	4260.5	4046	-27552	-35911	-48672	59.6	47.3
				枝城—监利			-53379	-70099	-87875	56.6	43.0

从统计结果可以看出:输沙量法与断面地形法冲淤量的年度计算结果与三峡库区一样都存在较大偏差,以输沙量法偏小为主,且个别年份存在冲淤性质不一致的现象。从长时段(2002—2017年)来看,枝城至监利河段输沙法计算冲淤量成果比断面地形法偏小约56.6%,在输沙量法进行临底悬沙改正后,比断面地形法偏小约40%,两种计算方法得到的结果相差较大。可见原有断面布置及临底悬沙是否改正对输沙量法计算的冲淤量产生较大影响。

(2)断面间距对断面地形法冲淤量的影响

2016年、2017年研究河段(沙市至新厂)全长63.4km,无支流汇入与分流情况,共布置67个固定断面,平均断面间距990m,枯水河床断面平均河宽约1200m,实测的断面间距小于枯水河宽,断面间距选择合理。

表8.5-30为常规断面及加密断面布置的冲淤计算结果,从计算结果来看,加密与不加密相差很大。2013年石首至监利河段常规断面冲刷量偏大约50%;2016年常规断面淤积量偏大达24倍;2017年常规断面冲刷量偏小约55%。可见,原常规布置的断面计算的河段冲淤量很不稳定,而断面加密间距小于枯水河宽时,计算的河段冲淤量较稳定。

表 8.5-30   **断面布置对冲淤结果的影响**

年份	河段	断面布置	冲淤量/万 m³			
			枯水河槽	基本河槽	平滩河槽	年最高洪水
2013	石首至监利	常规 间距 1889m	—	—	—	−1452
		加密 间距 1273m	—	—	—	−976
2016	沙市至新厂	常规 间距 1600m	1287	1429	1822	1982
		加密 间距 990m	−5.9	5.3	83.3	81.9
2017	沙市至新厂	常规 间距 1600m	−177	−182	−131	−136
		加密 间距 990m	−330	−327	−299	−301

8.5.6.5 两种方法计算冲淤量运用条件

断面地形法与输沙平衡法为常见的计算冲淤量的方法,由于观测方法的差异,其实际运用条件有所差别。受测验手段及仪器设备等因素影响,两种方法均存在一定误差。断面地形法计算冲淤量,优点是可以了解某一河段冲淤量沿程及不同水面线下的分布,有利于掌握局部河段的演变情况,若在有条件的情况下观测水道地形,利用网格地形法可以得到较为精确的冲淤量结果,但观测成本较高且时间较长;输沙平衡法利用河段进出口输沙观测资料计算河段冲淤量成果,可以得到不同级配的冲淤量,有助于开展泥沙沿断面及垂线的分布,以及悬沙与床沙的交换情况。

当断面布置合理(断面间距与枯水河宽相当)时断面地形法计算的结果较精确,弯道、汊道较多的局部河段不适宜运用断面地形法,需要增加局部水道地形观测资料,利用网格地形法计算冲淤量;当固定断面间距较大,其计算的结果精度较差,只能了解断面的冲淤变化情况。对于区间无分、汇流的单一河段,当含沙量较大(大于 0.2kg/m³)时,配合临底悬沙改正,利用输沙平衡法计算的结果相对可靠;当区间分、汇流较多,且受到采砂的影响较大时,输沙平衡法计算的差别较大。

8.6　小结

①2013—2017 年非平衡研究项目选择枝城至监利河段进行研究,河段总长度为 240.9km。其中,2013 年、2015 年、2016 年及 2017 年分别选择了沙市至监利河段、枝城至沙市河段、沙市至新厂河段。研究河段在 1990 年代后来沙量逐渐减少,三峡水库蓄水运行后,泥沙大量沉降在三峡库区内,研究河段来沙量大幅度减少,枝城站在三峡水库蓄水前后多年平均输沙量分别为 38160 万 t、4340 万 t,减少近 90%。

②受上游来沙量减小影响,1993 年以来,研究河段河床发生冲刷,但冲刷强度较小,2003 年后河道冲刷强度加大,冲刷主要集中在枯水河槽,枯水河槽平均冲刷深度约为 2.2m,纵向深泓冲刷下切。受河道冲刷影响,河床床面显现粗化。

③受来沙减小影响,1993 年以来,研究河段局部河势发生调整,洲滩总体表现为有所冲刷萎缩,部分洲滩汊道格局发生调整。三峡水库蓄水运行后,低滩加速冲刷萎缩,在冲刷萎缩的同时滩槽冲淤交替频繁,而大部分高滩保持相对稳定。

④三峡水库蓄水运行以来,随着上游来沙量逐渐减少,枝城、沙市、监利 3 站含沙量相应减少,各分组含沙量亦同步减小。受坝下游河床冲刷影响,枝城、沙市、监利 3 站含沙量沿程逐渐增大,各分组含沙量沿程变化则显现不同特点。其中 $d \leqslant 0.031mm$ 组含沙量,2003—2017 年,枝城至监利段沿程无明显变化。$0.031 < d \leqslant 0.125mm$ 及 $0.125 < d \leqslant 2.00mm$ 组含沙量,2003—2017 年,枝城至监利全程补充,$0.125 < d \leqslant 2.00mm$ 组含沙量补充更加明显,沿程级配粗化愈加明显。

⑤在三峡水库蓄水前,含沙量沿垂线分布表现为从水面到河底逐渐增加,但河底含沙量比垂线平均含沙量增加的幅度不大。三峡水库蓄水后含沙量沿垂线分布表现为从水面到河

底逐渐增大,且越接近河底增加的幅度越大,河底含沙量远大于垂线平均含沙量。粗颗粒泥沙沿垂线的分布符合奥布赖恩－劳斯理论,理论计算值与实测值吻合较好。从悬移质泥沙沿垂线分布来看,大于 0.125mm 粒径组和大于 0.250mm 粒径组的底部含沙量与垂线平均含沙量的比值随时间呈现逐渐增大的变化趋势,比值从 2015 的 7 左右增大到 2017 年的 14 左右。

⑥由于研究河段在三峡水库蓄水运行后含沙量大幅减小,悬移质粗颗粒组所占比重大幅增加,粗颗粒组主要集中在临底,常规泥沙测验难以有效观测临底层悬移质,因此研究河段悬移质常规测验所计算的输沙率需要进行改正。2017 年 7—9 月测验的沙市、新厂站悬移质输沙改正率分别为 13.0%,15.7%。2006—2007 年、2011—2013 年、2015—2017 年首先在三峡水库进出库 6 个水文站(含枝城、沙市、新厂、监利 4 站)开展临底悬沙试验研究。测验结果表明,三峡库区清溪场站、万县站悬移质输沙改正率很小;枝城站改正率为 3.7%,改正率较小;沙市站改正率在 7.7%～23.0%;新厂站两年改正率均在 15%左右,改正率较稳定;监利站改正率在 15.2%～23.8%。悬移质临底改正率总体表现为:淤积河段基本没有改正,冲刷量较小河段改正率较小;研究河段沿程改正率逐渐增大,悬移质输沙率改正与粗颗粒含量相关,粗颗粒所占比重大,改正率就大,随着河床的持续冲刷,床面粗化,沙市站、监利站改正率沿时程有所增大。

⑦沙市至新厂段在三峡水库蓄水后床沙 D_{50} 呈现粗化—调整过渡—继续粗化的变化过程,总体呈现粗化态势。枝城至监利各河段床沙均呈现不同程度的粗化,上游的枝江河段粗化明显,后期呈粗化加剧态势;沙市河段粗化程度次之,公安下游河段粗化态势较小,但沿时程均呈粗化态势。分析结果表明,砾卵石夹沙河床逐步往下游移动。

⑧沙市至新厂河段输沙法计算冲刷量为 360 万 t,悬移质泥沙冲刷主要集中在 0.062～0.25mm 粒径段,占悬沙冲刷总量的 55.2%,0.125～0.25mm 泥沙冲刷量占比 39%,粒径小于 0.016mm 的泥沙占总量的 25%,0.5mm 的悬移质泥沙表现为淤积。

⑨利用断面地形法计算的沙市至新厂段冲淤量成果为:2017 年 7—9 月,2017 年最高洪水水面线下河床总冲刷量为 301 万 m^3,其中枯水河槽冲刷 330 万 m^3,表现为冲槽淤滩。深泓纵向高程有所降低,总体冲深的幅度不大,平均降低 0.11m。

⑩2013—2017 年各河段断面地形量与输沙量法计算的结果表明:输沙量法得到的冲刷量总体偏小,枝城至沙市河段偏小程度较大,沙市至监利河段输沙量法在进行临底悬沙改正后偏小为 15%～32%,偏小的幅度相对较小且较稳定。

⑪从断面地形法与输沙量法计算三峡库区及枝城至监利河段冲淤量成果来看,两种计算方法计算的年度结果偏差较大,个别年份存在冲淤性质相反的现象,长时段累积冲淤量结果偏差相对较小,三峡库区年度结算结果偏差较大,这主要与库区干容重取值是否准确、坝

下游河段与断面间距、断面的代表性及临底是否改正等有关。

⑫数值模拟的主要方案及结果：

a.计算模式。采用一维水沙非耦合模型，计算主要处理单一时段资料验证问题，除河床质外，所有要素不考虑时间连续性。

b.计算方案。选择2015—2017年3个年份，两个河段及枝城至沙市、沙市至新厂。计算采用两种方案：第一方案仅考虑悬移质计算挟沙能力，第二方案采用挟沙能力级配即悬移质及床沙以不同模式参与挟沙能力计算。

c.进出口条件。时段以进、出口站同步临底悬沙测验测次进行时段划分；进口条件采用时段平均流量、含沙量、水温、悬移质级配；初始河床质级配使用每年7月初取样值；验证出口条件为时段平均流量、含沙量、悬移质级配、床沙级配。

d.计算结果。利用挟沙能力级配计算模式验证含沙量与实测资料符合较好，悬移质级配计算值与实测资料基本符合。仅考虑悬移质挟沙能力计算含沙量偏离实测值数倍，悬移质级配计算与实测资料相去甚远。

e.计算结果表明，强冲刷河段水流挟沙能力不能单纯考虑悬移质挟沙能力，如2003年后荆江河段挟沙能力特性发生较大变化。挟沙能力计算需要考虑悬移质及床沙以不同比率贡献参与。在冲刷阶段，由于河床组成及悬移质级配的变化，不同河段计算模式存在一定差别，对于挟沙能力的贡献存在差异，如卵石夹沙河床采用悬移质含沙量全部计入挟沙力，床沙部分计入挟沙力，沙质河床或偶遇卵石的河床如沙市站、新厂站以悬移质含沙量绝大部分计入挟沙力、床沙大部分计入挟沙力进行计算。

⑬对于水流挟沙能力计算主要考虑：挟沙能力级配的影响；恢复饱和系数的变化带来的挟沙力多值性；临界流速多值性引起的挟沙能力多值性；临底悬沙含沙量及级配改正带来的影响。本次模拟计算所利用的水流挟沙力采用挟沙能力级配计算模式计算，对恢复饱和系数及临界流速的影响只采用综合系数改正平均值进行计算，对临底悬沙含沙量及级配改正带来的影响，由于计算的复杂性而没有考虑。

⑭输沙平衡法与断面地形法运用条件。当断面布置合理（断面间距与枯水河宽相当）时断面地形法计算的结果较精确；弯道、汊道存在较多的局部河段不适宜运用断面地形法，需要增加局部水道地形观测资料，利用网格地形法计算冲淤量；当固定断面间距较大时，其计算的结果精度较差，只能了解断面的冲淤变化情况；对于区间无分、汇流的单一河段，当含沙量较大（大于0.2kg/m^3）时，配合临底悬沙改正，利用输沙平衡法计算的结果相对可靠；当区间分、汇流较多，且受到采砂的影响较大时，输沙平衡法计算的差别较大。

⑮从非平衡输沙项目观测计算的结果以及常规法计算结果来看，得到以下认识：

a.非平衡输沙项目选取干扰因素较多的河段，输沙平衡法与断面地形法计算的结果吻合不理想,如枝城至沙市河段两种计算方法得到的结果偏差很大;干扰因素较少的单一河段,两种计算结果偏差较小,如沙市至新厂河段在微冲微淤的状态下计算的结果偏差较小且稳定。

b. 在没有运用临底实测资料对输沙率进行改正,且断面地形法断面间距较大、断面代表性较差时,两种计算方法得到的结果偏差很大,有时甚至出现冲淤性质相反的现象。

c. 在利用断面地形法观测来计算冲淤量时,枝城至监利河段原来布置的常测固定断面明显偏少,断面间距偏大,弯道、汊道河段断面布置不尽合理。若需要得到相对精度较高的年度冲淤量成果,建议加密固定断面,将断面间距调整至 1km 左右,对部分弯道及汊道断面进行调整或在复杂的汊道段进行地形观测。对于输沙观测也需要改进:悬沙取样必须取到底层;尽量消除悬移质脉动及阵发性带来的影响,开展悬移质临底泥沙运动观测。

第9章 超大长度多河型河道冲淤边界确立 及分级控制计算技术

9.1 概述

河道的冲淤量及其分布是河道防洪、河道演变及整治研究、水利工程调度和科学试验的重要基础资料,大量的数学模型、实体模型、涉水工程泥沙试验、河道整治和航道整治研究等,均建立在河道实测冲淤变化资料的基础上。河道冲淤的准确数量是研究河道冲淤变化规律的关键,除此之外还需要掌握河道冲淤的时间和空间分布情况。

目前,河道冲淤计算方法主要有重量法和体积法。重量法又称输沙量平衡法,体积法又称地形法,主要包括断面法和网格地形法。本章通过对河道冲淤计算技术的研究,分析几种河道冲淤计算方法的适用性和可靠性。

9.2 资料预处理技术

9.2.1 河道地形图矢量化

传统的河道地形图使用半透明的薄膜纸张绘制及保存,在进行分析前,要对原实测地形图底图进行蓝晒,所有的分析过程都需要在蓝晒纸上进行,如切割断面、丈量与计算水域表面积等。如今,随着图形的地理信息系统的发展与完善,上述基于图纸进行操作与分析的方法已较为落后,而且原测绘底图的永久保存也是档案管理的一大难题。针对上述问题,河道地形图的矢量化是一个很好的解决方法,即将底图扫描并进行矢量化入库,在需要时随时调出并采用地理信息系统化软件分析,使底图易于保存和使用,因此河道地形图底图的矢量化及入库工作非常具有实际意义。

9.2.1.1 河道地形图矢量化的特点与难点

（1）对扫描图形文件的分辨率要求较高

底图的扫描工作是河道地形图计算机矢量化开展的基础,所形成图像文件的清晰度直接关系到矢量化的难度和精度要求,因此需要选择合适的扫描参数以保证图像文件的最大分辨率。

(2)后期图面处理工作量大

形成基础的扫描图像文件后,再进行系列的参数设置、图形具体信息指定、图形误差校正。完成准备工作,需要对河道地形图内的所有地物地貌进行重叠绘制。河道地形图涉及地物的种类繁多,数量庞大,重叠绘制其地物地貌相当于重新临摹一张完整的河道地形图,只不过图上的点、线、面都具有其特殊代码并可获得分层。除此之外,还要求操作员对河道地形图上的地物标记熟悉。因此,后期图面处理工作具有很强的专业性。

(3)图纸误差精度要求高

历史手工绘制的薄膜纸河道地形底图,由于使用的材质不同以及存放年限、存放条件各异,会产生一定程度的伸缩变形,因此要求相应的矢量化软件不仅具备检测图纸变形程度并形成误差报告的功能,还能最大限度地减小档案存放环境及材质所造成的底图变形产生的误差。

(4)要求文件格转换方便快捷

为能在各种地理信息化软件中方便地运用,矢量化软件所形成基本图形的格式需实现快速转换,以最大限度地发挥矢量化地形图的使用价值。

9.2.1.2 EPScan 软件及其应用

一般采用清华山维 EPScan 矢量化软件对纸质地形图资料进行电子矢量化。EPScan 软件具有如下特点:

(1)适用于各种分辨率的扫描图形文件

在具体工作中,各种清晰程度不同的扫描文件给河道地形图矢量化工作带来很大困难。针对以上问题,EPScan 软件能形成客观的"图纸变形误差"报告和正式的"校正报告",在具体操作时,可根据需要对较模糊或密集的线条区域进行加强放大,同时可对照底图进行内插处理,大大提高了图纸矢量化的精度。

(2)能大大减少后期图面处理工作量

EPScan 软件中的单线法(方向法)有自动跟踪线性地形的功能,通过热键转换可较方便地实现自动跟踪与人工干预的转换,从而可较快地完成图形线性地物的矢量化操作,还有集连线与修改于一体的工具以及堤线的方便绘制等功能。完成所有图形地物的矢量化操作及检查,并对各种水下地物属性进行分层处理后,即可输出 AutoCAD2000 的 dxf 格式文件。可方便地与其他数字化图形类型文件相互转换,如利用立体三维图像处理软件进行河道地形立体图模拟成像,可作为检查图形矢量化错误的一种辅助工具。

(3)能满足较高的图纸误差精度要求

EPScan 软件有各种精度控制机制,在进行矢量化前可对扫描底图文件图像形成正式的

"图纸变形误差"报告和正式的"较正报告"。矢量化图形的错误检查可在 AutoCAD 中精确地进行,从而最大限度地避免了可能发生的成图错误,有较高的误差精度保障。

（4）具有快捷的文件格式转换功能

根据 EPScan 矢量化软件所形成的 .mdb 数据库文件,可直接用于微软的 Access 数据库程序,并可修改各种属性。经过系列参数设置,也可转换为 AutoCAD2000 的 dxf 格式文件,进而实现各种图形类型文件之间的相互转换。

9.2.2 数据获取与处理

网格地形法计算河道冲淤量,需要获取地形数据(x,y,z),DEM 原始数据从地形图分层数据中提取实测点坐标(x,y,z),包含控制点、水下实测点和岸上实测点坐标。还可通过提取等高线属性来获取或 TIN 向规则格网 DEM 转换。断面法采用在地形图上切割横断面,在断面线上遇等高线取点,并对照地形图补充断面特征点,保证了断面数据"忠实"于地形图。

采用实测点坐标进行网格化存在以下误差。

①由于野外作业完成后成图作业时,根据规范要求,生成等高线之后并非所有实测点都上图,特别是陡坡之处,造成网格化原始文件实际提取的实测点较原始测点减少（保留特征点）,地形点有所遗失。根据等高线高程内插,点高程会产生一定误差。

②岸上地形测点间距较水下更大,且在等高线生成之后,删除了较多实测点,导致网格化岸上原始实测点较少。

③长江中下游,特别是荆江河段,施测水道地形时水位较低,两岸洲滩密布,淤泥较多,部分沟塘水下没有水深数据,局部出现空白区,另外有局部的树林茂密和码头施工区没有实测点,实测点的提取尚不能完全覆盖整个河床,树林等漏测的地方只能插补地形点,造成一定的误差。

9.2.3 地形资料的选用

（1）地形资料的选用

采用地形法进行计算冲淤,资料选用原则如下:

①根据研究课题的需要及历年水文年的变化,选择有代表性年份的水道地形测图或固定断面。

②资料应选用历年相应时间的资料。一般汛前（5 月前）或汛后（10 月后）的资料为宜,避免使用大汛期间的资料。

③计算时应统一高程基面。目前,长江测图有各种高程基面,计算冲淤量时应统一基面。

④各项原始数据要经过一校、二校并签名,成果资料经检验合格后方可用于冲淤计算。

首先应对电子地形资料合理性进行检查,对于断面法,应合理布置断面,并在电子地形图上读取断面成果。

(2)断面布置原则

采用断面法计算冲淤,断面布置应该尽量合理、均匀,弯道段适当加密。断面布设原则如下:

①在计算河段起讫处,应布设计算断面。

②在计算河段内的固定断面应作为计算断面。

③在计算河段内平面形态特征点处,如节点、支流入汇点及分流点以及重要港口、码头、河道整治工程的水域应布设计算断面。

④在单一顺直微弯河段,应在河道宽浅、束窄、滩、槽等转折处布设计算断面。

⑤在分汊河段中,应在弯道出入口、弯道深槽和弯顶处布设计算断面。

⑥在弯曲河段中,应在分流点、汇流点、江心洲顶、潜洲顶处布设计算断面(通江断面)。

a. 洲、滩变化不大的分汊河段,汊道中首、尾两断面必须分别靠近洲头和洲尾布设,以分流点和汇流点划分左、右两部分的面积。断面的间距按如下方法确定:左断面与左汊第一个断面的几何中心轴线长为断面间距,右断面与右汊第一个断面的间距量法同左汊,见图 9.2-1。

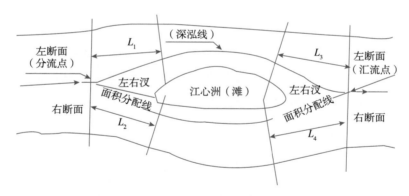

图 9.2-1　汊道河段断面布置

b. 洲、滩多年变化较大的分汊河段,按如下要求布置断面:

根据历年水道地形资料首先确定汊道段的首末控制断面即标准断面(历年水道地形套绘),其位置以多年最上分流点与多年最下汇流点位置为准,其他年份的断面(活动断面)划分以分流点和汇流点位置为准,分流点、汇流点的位置每年可能不相同,切取时每年可不需要固定,见图 9.2-2。

⑦断面间距一般以接近该计算河段平滩流量下河宽为准,对于单一顺直微弯河段,断面间距可以适当放宽,但不得超过河宽的 1 倍。

⑧对于河床冲淤变化较大和崩护岸处,计算断面的布设应适当加密。

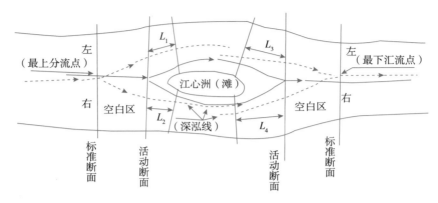

图 9.2-2　汊道河段断面布置

⑨计算断面应根据某一次测图垂直或基本垂直流向布设，其他年份一般不得变更断面坐标，但如下情况可以变动：

a. 河势发生较大变化则断面进行相应调整；

b. 断面间的加密断面，根据每年实际情况可以进行调整。

（3）断面要素的摘录

①切割计算断面时，用三棱尺直接在测图上量取或采用合格软件进行提取。

②任一断面各测次的起始点必须一致（特殊情况除外），应从左岸记到右岸，水边线也应读出。

③在任一断面上，所读取的对应点数，应视等高线分布的疏密程度而定，对等高线分布均匀的地方，点数可少取。对于河床最深点转折点、滩、洲顶、坡等特征点必须一一读取。

④切割断面时河床高程转折点均要选用。

9.2.4　资料合理性检查

网格地形法，要对地形资料进行合理性检查，合格后方可用于计算。

对于断面地形法，套绘各测次断面图，对断面资料进行合理性检查，主要有以下几点：

①各测次采用断面数量、断面间距应该保持一致；

②对于断面河床冲淤变化较大的，应检查原始资料以查证；

③所选用的计算断面起始点要保持一致，尤其对于分汊河段进、出口断面，各测次计算采用的起始点距要确保一致，以尽量减小计算误差。

9.3　河道冲淤计算方法

研究河道冲淤变化的规律，需要掌握河道冲淤的时间、数量和空间分布情况等，其中获得河道冲淤的准确数量是关键。大量的数学模型、实体模型和涉水工程泥沙试验、河道整治、航道整治研究等，均建立在河道实测冲淤变化资料的基础上，因此河道的冲淤数量及其分布是科学试验、工程调度和河道演变及整治研究的重要基础资料。目前,体积法(断面地形法、网格地形法)和重量法(输沙量平衡法)是计算河道冲淤量中两种广泛采用的方法。

9.3.1　断面地形法

断面地形法计算断面面积、相邻断面空间及若干断面控制的河段的容积、历次测量期间的冲淤量等,用以描述河道、水库的定量演变情况。断面地形法主要是利用河道横断面,测量断面形态,将相邻断面间的几何图形近似为台体或截锥体,确定河段各级计算水位,通过比较同一水位下相邻断面间容积的差异,得出两测次间相邻断面河道泥沙冲淤的体积,累积各断面间河道泥沙冲淤体积来反映不同高程河床冲淤情况。

河道、水库中槽蓄量或库容(以下简称"槽蓄量")计算的数学定义为:在水道长度区间 $[a,b]$ 内($b > a \geqslant 0$),沿水道长度的面积函数 $A = f(L)$ 可积,则区间内槽蓄量是沿水道长度的面积函数 $A = f(L)$ 对水道长度 L 的定积分,即

$$V = \int_a^b f(L)\mathrm{d}L \tag{9.3-1}$$

水库中槽蓄量也可以表达为:在高程区间 $[c,d]$ 内,$d > c \geqslant 0$,沿高程的面积函数 $A = f(Z)$ 可积,则区间内槽蓄量是沿高程的面积函数 $A = f(Z)$ 对高程 Z 的定积分,即

$$V = \int_c^d f(Z)\mathrm{d}Z \tag{9.3-2}$$

河道中使用沿河长的算法,用式(9.3-1)表述,水库中使用式(9.3-2)表述更适合生产实际。测量工作不可能严格地按数学定义进行,要沿河道或水库布置横断面测出一个连续的可积的面积函数几乎是不可能的,只有在保证精度要求的情况下进行概化的测量,计算方法也是从定积分的定义出发进行概化。

为对上述算法进行详细分析,先对数学上定积分的表述做探讨。

设函数 $f(X)$ 在 $[a,b]$ 上有定义,任给 $[a,b]$ 一个分法 T,作积分和:

$$\sigma_n = \sum_{k=1}^n f(\xi_k)\Delta X_k \tag{9.3-3}$$

如果当 $\ell(T) \to 0$,积分和 σ_n 存在极限 I,即

$$\lim_{\ell(T) \to 0} \sigma_n = \lim_{\ell(T) \to 0} \sum_{k=1}^n f(\xi_k)\Delta X_k = I \tag{9.3-4}$$

且数值 I 与分法 T 无关,也与 ξ_k 在 $[X_{k-1}, X_k]$ 上的取法无关,则称函数 $f(X)$ 在 $[a,b]$ 上可积,I 是函数 $f(X)$ 在 $[a,b]$ 上的定积分,表述为:

$$\int_a^b f(X)\mathrm{d}X = \lim_{\ell(T) \to 0} \sigma_n = \sum_{k=1}^n f(\xi_k)\Delta X_k = I \tag{9.3-5}$$

槽蓄量计算实际使用的是式(9.3-3),即积分和式,而不是式(9.3-4)或式(9.3-5),固定断面测算槽蓄量时,式(9.3-3)中的 ΔX_k 为断面间距,在单次槽蓄量计算时按常数处理,也就是分法确定,$f(\xi_k)$ 的计算方法比较多,若算出来恰好是第 k 个区间上的积分中值,则

式（9.3-3）的计算结果是真值且理论上该真值存在，否则计算出来的结果为近似值，$f(\xi_k)$ 的不同取法会产生不同的近似值，使用不同的方法计算 $f(\xi_k)$ 本质上都是为了使结果尽量接近真值，常用的有梯形法和锥体法，两种方法的适用条件不同，锥体法使用较多。

9.3.1.1 梯形法

梯形法相邻断面间槽蓄量为：

$$V_i = \frac{1}{2}(A_i + A_{i+1}) \times \Delta L_i \tag{9.3-6}$$

式中，V_i——第 $i \sim i+1$ 横断面之间槽蓄量；

A_i——第 i 个横断面面积；

ΔL_i——第 $i \sim i+1$ 横断面间距，$\Delta L_n = 0$。

梯形法计算河段槽蓄量的公式为：

$$V = \sum_{i=1}^{n} \frac{1}{2}(A_i + A_{i+1}) \times \Delta L_i \tag{9.3-7}$$

式中，V——第 $1 \sim n$ 个横断面之间的槽蓄量，即河段槽蓄量。

横断面面积为给定计算水位，水边附近部分面积为三角形面积，采用插值方法计算；水下非水边部分面积采用梯形法计算；断面总过水面积为各部分面积之和。采用式（9.3-6）和式（9.3-7）计算各测次间、断面间和河段梯形法槽蓄量，两测次槽蓄量差值即为冲淤量。

9.3.1.2 锥体法

锥体法相邻断面间槽蓄量为：

$$V_i = \frac{1}{3}(A_i + A_{i+1} + \sqrt{A_i \times A_{i+1} i}) \times \Delta L_i \tag{9.3-8}$$

式中，V_i——第 $i \sim i+1$ 横断面之间的槽蓄量；

A_i——第 i 个横断面面积；

ΔL_i——第 $i \sim i+1$ 横断面之间的间距。

锥体法计算河段槽蓄量的公式为：

$$V = \sum_{1}^{n} \frac{1}{3}(A_i + A_{i+1} + \sqrt{A_i \times A_{i+1}}) \times \Delta L_i \tag{9.3-9}$$

式中，V——第 $1 \sim n$ 个横断面之间的槽蓄量，即河段槽蓄量。

采用式（9.3-8）和式（9.3-9）计算各测次间、断面间和河段锥体法槽蓄量，两测次槽蓄量差值即为冲淤量，其面积沿自变量轴（河长或高程）的分布是一条凹向向上的二次函数，关于曲线的凹向问题，下面将进一步说明。

9.3.1.3 方法的适用性

关于梯形法与锥体法的应用问题在业内讨论较多，段光磊、牛占等在这方面作了深入的研究，本书在他们研究的基础上提出两种算法相对差率的概念，假设实数 R_i 使得：

$$A_{i+1} = R_i A_i$$

式中,R_i——第 $i \sim i+1$ 的断面面积扩张或收缩系数,简称面积变化系数。

梯形法断面间槽蓄量为:

$$V_i = \frac{1}{2} A_i \Delta L_i (1 + R_i)$$

锥体法断面间槽蓄量为:

$$V'_i = \frac{1}{3} A_i \Delta L_i (1 + R_i + \sqrt{R_i})$$

$$V_i - V'_i = \frac{1}{6} A_i \Delta L_i (1 - \sqrt{R_i})^2 \geqslant 0 \qquad (9.3\text{-}10)$$

式(9.3-10)表明,梯形法与锥体法在相邻断面面积相等时槽蓄量计算结果相同,否则梯形法槽蓄量大于锥体法槽蓄量,该误差具有系统性,实际工作中若该误差较大则表明断面的代表性不好。按照式(9.3-3)的定义,断面位置确定,即分法确定,$f(\xi_k)$ 的处理方式不同,得出的结果也不同,则该积分和就不存在,这个问题没有解析解。常用方法为梯形法和锥体法,换其他的方法求 $f(\xi_k)$,算法之间的差值也必然存在,需对算法不同而产生的差率给出一定量的标准,计算结果才能使人信服。习惯上,计算槽蓄量使用锥体法,因此两种算法的相对差率可表示为:

$$\delta_i = \frac{V_i - V'_i}{V'_i} = \frac{(1 - \sqrt{R_i})^2}{2(1 + R_i + \sqrt{R_i})} \qquad (9.3\text{-}11)$$

式(9.3-11)给出了梯形法与锥体法两种算法的相对差率,两种方法的选择和使用与面积函数凹向有关。面积函数上凹的情况见图 9.3-1 的 $y = f_2(x)$,使用锥体法定性更准确,而梯形法定性不准确,牛占等证明断面面积沿河长线性变化的情况下梯形法完全适用,如图 9.3-1 的 $y = ax + b$ 所示。面积变化见图 9.3-1 的 $y = f_1(x)$,面积函数为下凹型,则梯形法和锥体法定性都不准确,布置断面时应该避免这种情况发生。

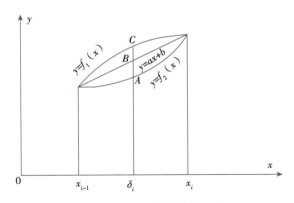

图 9.3-1　不同凹向函数

现实问题中锥体法和梯形法有一定的适用条件,关键要看区间内面积函数的变化趋势。

图 9.3-1 所示的函数都是单调增加的，单调减少的也一样，在此不做赘述。如果断面布置时完全控制了河道面积变化的拐点和极值点，选用梯形法或锥体法取决于区间内（断面间）面积分布函数的凹向。

定性上，区间内面积函数上凹使用锥体法；下凹没有适合使用的公式，使用梯形法误差较小；区间内面积函数为直线时，使用梯形法。

用数学语言讲，锥体法使用时要求区间面积分布函数是上凹的，是充分条件，而不是必要条件；根据锥体法的定义，标准的截圆锥（台）是：在闭区间 $[X_1, X_2]$ 内，直线 $y = kx + b$ 绕 x 轴旋转的旋转体体积，通过定积分可推导出锥体法计算式(9.3-8)，推导过程从略；其面积分布函数是 $\pi(kx + b)^2$，面积分布函数的二阶导数为：$2\pi k^2$，恒大于零，故其面积分布函数上凹。但面积分布函数上凹时不一定使用锥体法，算法的选择与函数的曲率有关，不同曲率应采用不同的算法，根据行业标准提供两种计算公式，此时应使用锥体法。

区间面积分布函数为直线时使用梯形法是充分必要条件，已有相关证明，在此不再赘述。锥体法和梯形法的使用与区间内面积分布函数的增减性无关，证明过程从略。

理论上水库高程—面积关系曲线和河长—面积关系曲线是存在的，实践中很难找到这种关系曲线的解析表达，因此也无法从理论上判定曲线的凹向，实际工作中常采用散点图连线，观察连线的趋势以确定函数凹向。点绘高程—面积关系曲线时使用右手系，即高程为横坐标轴，面积为纵坐标轴。水库高程—面积关系曲线上凹线居多，而河道中断面面积沿程分布要复杂得多。

图 9.3-2 是随机抽取的荆江河段某局部沿程横断面面积散点连线图，相比于锥体法，梯形法计算公式更符合实际情况。基于更细致的工作和密集的断面设置，也可根据散点连线图凹向趋势的分段采用相应的公式进行计算。

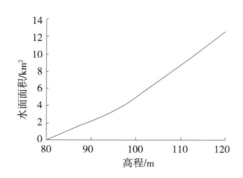

图 9.3-2　某水库高程—面积关系曲线

图 9.3-3 是某水库高程—面积关系曲线的低水部分，局部分段近似直线，总体趋势为上凹线，因此使用锥体法计算高程—库容曲线定性准确。对于天然河道而言，河长—面积关系曲线的变化无趋势性，计算河道槽蓄量时要根据具体情况选择不同的计算公式。

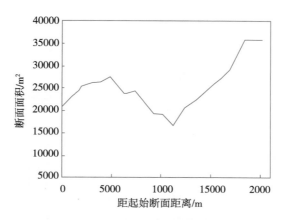

图 9.3-3　某河段河长—面积关系曲线

9.3.1.4　地形测量误差对计算的影响

为方便讨论，此处设计一正六面体河道，河长为 L，河宽为 B，水深为 H。

河长测量误差为 ΔL，水深测量误差为 ΔH，河宽测量误差为 ΔB，河道的理论槽蓄量为 $V'=BHL$，河道测量槽蓄量为 $V=(B+\Delta B)(H+\Delta H)(L+\Delta L)$。

槽蓄量测算的相对误差为：

$$\delta_v = \frac{V-V'}{V'} = \frac{(H+\Delta H)(B+\Delta B)(L+\Delta L)}{HBL}$$

$$= \frac{\Delta L}{L} + \frac{\Delta B}{B} + \frac{\Delta H}{H} + \frac{\Delta B \Delta L}{BL} + \frac{\Delta H \Delta L}{HL} + \frac{\Delta H \Delta B}{HB} + \frac{\Delta B \Delta H \Delta L}{BHL} \qquad (9.3\text{-}12)$$

忽略式（9.3-12）中的二、三阶小量后：

$$\delta_v \approx \frac{\Delta L}{L} + \frac{\Delta B}{B} + \frac{\Delta H}{H} \qquad (9.3\text{-}13)$$

直角坐标系中任一点 (X,Y,Z) 与三坐标轴围成的正六面体体积测算的相对误差表达式为：

$$\delta_v \approx \frac{\Delta X}{X} + \frac{\Delta Y}{Y} + \frac{\Delta Z}{Z} \qquad (9.3\text{-}14)$$

式中，ΔX，ΔY，ΔZ——坐标测量误差，式（9.3-14）与式（9.3-13）结构完全相同，下文只讨论式（9.3-13）描述的情况。

式（9.3-13）表明槽蓄量测算工作中，河长、河宽和高程测量的误差权重相等，地形测量比例尺不同平面定位精度不同，$\frac{\Delta B}{B}$ 可控制在 1‰ 左右，$\frac{\Delta H}{H}$ 随测量比例尺变化不大，与测量手段和方法有关，一般来说水下部分比岸上部分误差略大。$\frac{\Delta L}{L}$ 的问题比较复杂，主流局部摆动、河势大的调整都会引起该值的较大变化，河长量算过程中的人为误差也是其误差的重要来源。本次计算两个测次的资料因测量间隔时间较短，所测河段河床演变不剧烈，断面间距（河长）统一使用 2012 年水道地形图按枯水河长几何中心线量算值。

按照国家土石方计算标准 3％的相对误差标准，δ_v 应控制在 3‰以下为宜。而要做到这一点，两测次同区域（或称比较区域）的平面控制点应尽可能在同一控制网（统一平差计算）中，若平面控制点不在同一控制网中，则存在一定的系统误差。两测次同区域（或称比较区域）高程控制点的水准线路应尽量相同，否则会存在较大的系统误差。如两条水准线路的水准点存在 0.1m 的误差，两测次同区域测图高程就存在 0.1m 的系统误差，按河道水深 10m 计算，仅此一项换算到槽蓄量测算的相对误差就达 1％；按照现行行业规范，采用四等水准点作为工作基点接测水位比较可靠，五等及以下高程控制点接测水位精度偏低。

9.3.2　网格地形法

采用网格法进行体积比较计算河道冲淤量，需要在网格化基础上计算两测次同水位下的水体体积，即河道槽蓄量。两测次河道槽蓄量之差即河道冲淤量。Surfer 同时采用梯形规则、辛普森规则、辛普森 3/8 规则对生成的网格数据进行槽蓄量计算，最后取平均值。3 种土石方量计算原理及公式如下：

（1）梯形规则

梯形规则是各领域中常用的面积与体积计算算法，见式（9.3-15）和式（9.3-16）：

$$s_i = \frac{\Delta x}{2} \left[h_{i1} + 2h_{i2} + 2h_{i3} + \cdots + 2h_{im-1} + h_{in} \right] \tag{9.3-15}$$

$$\text{Volume} = \frac{\Delta y}{2} \left[S_1 + 2S_2 + 2S_3 + \cdots + 2S_{n-1} + S_n \right] \tag{9.3-16}$$

（2）辛普森规则

辛普森规则是用拟合二次抛物线替代曲边梯形曲线边，再用积分求曲边梯形面积并用网格数据点高程表示，将这种方法进行推广得到沿网格数据第 i 行做断面的断面面积公式，见式（9.3-17）；利用二重积分思想并再次结合辛普森规则可以得到辛普森规则体积计算公式，见式（9.3-18）：

$$s_i = \frac{a}{3} \left[h_{i1} + 4h_{i2} + 2h_{i3} + \cdots + 2h_{im-1} + h_{in} \right] \tag{9.3-17}$$

$$\text{Volume} = \frac{b}{3} \left[S_1 + 4S_2 + 2S_3 + \cdots + 2S_{n-1} + S_n \right] \tag{9.3-18}$$

（3）辛普森 3/8 规则

辛普森 3/8 规则是用拟合三次抛物线代替曲边梯形曲线边，公式推导方法类似辛普森规则体积计算公式推导，具体公式见式（9.3-19）、式（9.3-20）：

$$s_i = \frac{3\Delta x}{8}\left[h_{i1} + 3h_{i2} + 3h_{i3} + \cdots + 2h_{ij-1} + h_{ij}\right] \tag{9.3-19}$$

$$\text{Volume} = \frac{3\Delta y}{8}\left[S_1 + 3S_2 + 3S_3 + \cdots + 2S_{n-1} + S_n\right] \tag{9.3-20}$$

式中, h_{ij} ——第 i 行 j 列网格数据点高程;

　　i、j ——网格数据文件列、行数;

　　S_i ——第 i 个横断面面积;

　　Δx、Δy ——网格数据列、行间距;

　　Volume——体积。

河道槽蓄量计算原理与土方量计算类似,较多学者对采用 Surfer 进行土方量和河道冲淤量计算的精度问题进行了研究。陈竹安等通过 Surfer 应用于土地整理土石方量计算过程中的数据网格化方法、体积计算原理和精度进行理论与实验分析,认为在对不规则土地整理场地土石方量计算时,采用辛普森规则与辛普森 3/8 规则比梯形规则更符合实际,通过理论与实验分析,最终表明 Surfer 的体积计算精度远高于国家土石方计算标准 3% 的相对误差标准,证实 Surfer 用于土地整理工程中土石方量计算的可靠性。

地理信息系统(GIS)是一项以计算机为基础的新兴技术,围绕着这项技术的研究、开发和应用形成了一门交叉性的学科。GIS 是管理和研究空间数据的技术系统,在计算机软硬件支持下,它可以对空间数据按地理坐标或空间位置进行各种处理、有效管理各种数据、研究各种空间实体及相互关系。通过对众多因素的综合分析,它可以迅速获取满足应用所需要的信息,并能以地图、图形或数据等形式表达处理的结果,是近年来空间数据管理的主要方式,可以为信息管理、过程控制、科学研究、空间决策等提供相应的空间知识。

基于 GIS 的河道冲淤及河床演变分析的具体实现方法为:将 GIS 技术和河床演变分析有机结合,利用地理信息系统软件强大的数据输入和空间数据分析功能,将河道地形图数字化,在此基础上通过分析计算可得到河道冲淤量以及河道冲淤变化图,直观地显示河道冲刷淤积部位,从而分析河道演变规律和演变趋势。

9.3.3　输沙量平衡法

输沙量平衡法,使用河段进出口、区间支流来沙、分沙测站的输沙率资料,利用物质守恒规律,计算进出口沙量的差值作为该河段的冲淤量。水文测站观测的资料一般有水位、流量、含沙量、输沙率等。测站输沙量计算公式为:

$$W_S = QC_S T \tag{9.3-21}$$

式中, W_S ——输沙量;

　　Q ——流量;

C_S —— 断面平均含沙量；

T —— 时间。

河段泥沙冲淤量计算公式为：

$$\Delta W = W_{S进口} + W_{S区间} - W_{S分沙} - W_{S出口} \tag{9.3-22}$$

式中，ΔW —— 河段泥沙冲淤量，"+"表示淤积，"-"表示冲刷；

$W_{S进口}$ —— 河段进口输沙量；

$W_{S区间}$ —— 河段区间来沙量；

$W_{S分沙}$ —— 区间分沙站输沙量；

$W_{S出口}$ —— 河段出口输沙量。

需要注意的是，上述输沙量一般应包含悬移质输沙量和推移质输沙量，其中推移质输沙量包括沙质推移质输沙量和卵石推移质输沙量。

就输沙量而言，影响其精度的因子主要包括水文站的悬沙测验系统误差、单沙和断沙转化的误差、水量不平衡引起的误差以及其他因子（如河道崩岸、河道采砂等）。

9.4 节点河道划分与河长量算技术

9.4.1 节点河道划分

进行冲淤计算时，节点河段的划分较为重要，一般按以下原则划分：

①河段内河流的比降、断面形态、流量变化及床面物质组成应大致相同，避免在一个河段中有突出的变化。

②河段内如有洲滩，一般以洲滩分流点、汇流点作为河段划分的参考依据。

③河段的长度一般不宜过长或者过短，过长无法反映冲淤的纵向分布，过短也由于局部河段剧变，造成认识上的错误，在满足第一条原则的基础上，一般以 30~50km 为宜。

9.4.2 河长量算技术

9.4.2.1 河长量算基本方法

采用断面地形法进行冲淤计算，断面间距是非常关键的因素，其准确与否直接影响冲淤计算的结果。一般说来，工程中的断面间距应是一个与应用目标相联系的概念，如计算或预报水流从上断面流到下断面的时间，应采用主流或主河长的曲线长度即流程作间距，从地形图量河长亦采用该方法。两断面平行时，断面之间的公垂线段即为间距，但实际上，两断面基本上不可能平行，因而在具体的河长量算中提出许多确定断面间距的方法。

（1）断面线中点连接法

在河道地图上标出断面线,量取相邻断面线的中点后,将两中点连成直线段,以此直线段的长作两断面的间距。

（2）两侧边线平均法

在河道地图上,以相邻两断面线的 4 个端点作控制点画四边形,四边形的两边是断面线,另两边是顺河道的侧边线,用两侧边线长的平均值作两断面的间距。

（3）断面线多点连接法

参考断面形态,在两断面线确定若干对应且点数相等的控制点断面两端点、河道主槽两边点、河流中泓点等,将其画放至河道地图的断面线上,连接对应点成线段,分别量取各线段的长,用其均值作两断面的间距。

（4）断面形心连线法

分别确定相邻两断面的几何中心点,量算两几何中心点的空间长度作两断面的间距。

（5）断面线中点垂线法

断面线中点垂线法有两种理解和做法。

1）本线中点垂线法

分别确定两相邻断面线的中点,经各断面线的中点作各自的垂线分别交于另一断面线的某点（交点）,两中点与对应交点为两垂线段,用此两垂线段长的平均值作两断面的间距。

2）它线中点垂线法

分别确定两相邻断面线的中点,经各断面线的中点做另一断面线的垂线分别交于另一断面线的某点（垂足点）,两中点与对应垂足点为两垂线段,用此两垂线段长的平均值作两断面的间距。

9.4.2.2　局限性分析

以上用断面线中点连接法、两侧边线平均法、断面线多点连接法、断面线中点垂线法（本线中点垂线法和它线中点垂线法）推求断面间距,出发点都是将两断面线确定的平面看作近似梯形的四边形,由断面间距乘以两断面线长度的均值获得平面四边形（梯形）的面积。体积（容积）与面积存在竖向的一维之差,断面线的长度和断面面积的量纲不同,数值通常也不相等,因而仅在平面考虑断面间距并不妥当。

目前,不平行断面计算容积所用断面间距的标准值难以确定,但在工程实践中,尽可能平行地布设断面或限制断面间的交角或采用容积等效概化断面间距、用解析法计算断面间距等方法措施,以尽可能地减小断面间距量算对冲淤计算的影响。在实际计算中,一般应用时将其投影到规定高程的水平面,然后采用断面形心连线法确定断面间距,量算两相邻断面几何中心点的空间长度作为两断面的间距。

9.5 计算流量级确定

计算流量级的确定，主要是根据流域内各控制水文站实测流量进行分级，以长江中下游干流河道为例。

①根据长江中游河道特性，宜昌至城陵矶河段以宜昌站流量为控制流量，其流量分为 4 级：$Q_1 = 5000 \text{m}^3/\text{s}$（枯水流量）、$Q_2 = 10000 \text{m}^3/\text{s}$（平均流量）、$Q_3 = 30000 \text{m}^3/\text{s}$（平滩流量）、$Q_4 = 50000 \text{m}^3/\text{s}$（洪水流量）。

②城陵矶至九江段流量级，上段城陵矶至汉口以螺山站为控制流量，下段汉口至九江以汉口站为控制流量。流量级确定先以荆江河段流量级为准推求螺山站流量级，再以螺山站推求汉口站流量级。九江至江阴段计算流量级以大通站为准，但应与上游相适应。

9.6 计算分级高程及水面线确定

①流量级选定后，以典型水文年 $H—Q$ 关系确定控制断面水位。

②再根据长江中、下游基本水位站之间水位比降关系，推求各控制水位站断面水位。

③各河段计算断面水位由各水位站断面水位线性插补求得。对于分汊河段支汊的计算断面水位，由分汊前后断面水位控制作线性插补。

9.7 冲淤计算精度控制

9.7.1 断面法精度控制

9.7.1.1 断面测量和切割断面精度控制

三峡大坝下游宜昌至长江口段常测固定断面测图比例尺为 1∶5000，控制测量、水位接测和水下点测量方法同 1∶10000 水道地形图，控制测量精度高；水深测量与水下地形图一样，存在仪器、测船吃水和测船姿态改正等方面的误差。长江河道断面测量历时一般需一个月左右，其间发生冲淤变化，使得断面法计算成果与网格法存在着一定的误差。

断面法采用在 1∶10000 地形图上切割横断面，在断面线上遇等高线取点，并对照地形图补充断面特征点，保证了断面数据"忠实"于地形图，因此断面切割带来的误差较小。

9.7.1.2 锥体法和梯形法精度控制

断面法计算河道冲淤量为两测次同高程下槽蓄量的差值，断面间槽蓄量计算有锥体法和梯形法。

截锥公式是有严格立体几何定义的公式,要求两底面平行且相似,各条侧棱延长后交于一点(顶点),并且两底面的面积与顶点到各自底面的距离(锥高)的平方成比例。实际河道断面间的立体很难符合上述条件,但因其立体概念明确,理论严谨,在计算河道槽蓄量中常被采用。

梯形公式也适合断面宽深、二维仅有一维呈线性变化的情况。两个断面间宽呈线性变化是布设河道水库断面时从平面考虑的重要条件,在扩张或收缩变形转折处布设断面就是这种控制对于两断面面积和间距确定的空间体。

①采用断面法计算河道冲淤量,计算公式采用梯形法与锥体法槽蓄量差值小。

②梯形法槽蓄量一般略大于锥体法。

③理论上可证明两种方法相对差异大的河段主要位于相邻断面面积变化大的河段,如卡口段附近、放宽(束窄)段附近。

④从冲淤量计算精度角度看,两种方法均适用,对计算精度影响较小。

9.7.1.3　断面间距量算的适宜性

两个断面和河道边界之间围成一个立体,以河道走向或流向为主轴看待该立体时,常简化为以两断面为底的(斜)柱体或(斜)截锥体。两断面平行时,断面之间的公垂线即为间距;两断面不平行时,几何学不定义间距。因此,在采用断面法进行河道冲淤计算时确定断面间距的方法很多又很难统一。牛占等认为,计算两断面间的容积,就应采用立体几何学柱体或截锥体高的概念,斜底柱体面积加权平均推得的高,即容积等效概化断面间距。

在采用断面法计算长江河道冲淤量时,确定断面间距的一些方法主要以地图量算为获取有关要素的基本作业方式,有河道中心线法、深泓线法。

常测固定断面法断面间距大,考虑到枯水河槽冲刷量占全河槽比例大,且深泓线附近一定河宽断面面积占全断面面积比例相对较大,故采用深泓线法。然而,长江中下游河段河道弯曲、汊道多,深泓走向曲折多变,两个相邻常测固定断面夹角往往很大,尤其在弯曲段,实际采用的断面间距除顺直河段外,与理论值有较大的差异,导致断面法冲淤量计算结果产生较大误差。特别是弯曲分汊河道,布设断面和确定比较适宜的断面间距是比较困难的工作。

9.7.1.4　断面代表性

由于固定断面测量工作量大,投入多,断面布设不可能足够密集。若断面间距很大,两断面的变化不能在一定程度上反映断面间河床冲淤情况,断面法计算的冲淤量误差将很大,直接影响计算精度。断面代表性问题是值得深入研究。

长江中下游河段床面具有明显的分形特征,其分形维数基本反映了河床的粗糙程度,床面分形维数大的河段往往是弯道且发育多个洲滩,床面分形维数小的河段往往是为顺直河段或随发育洲滩但洲滩基本并岸,在断面间距小于约 2 倍枯水河宽的情况下,河床床面起伏大的河段两种方法差异大，反之，差异较小，弯道且含多个汊道段，河床床面起伏大，即使断面间距很小，两种方法计算结果也很大。

荆江河段网格法与常测固定断面计算结果比较，固定断面间距大、弯道、分汊的局部河段，常测固定断面控制不了地形变化，两种方法计算结果差异大，顺直河段若断面间距不大于枯水河槽河宽的 2 倍，相差较小。荆江局部河段固定断面代表性不强，需要适当加密固定断面，有些断面方向需要调整。

影响断面法计算精度的主要因素有断面测量精度，特别是水深测量精度，断面间距大小方向以及断面的代表性等。断面间距的大小是影响程度最大的，河床起伏大的局部河段常测固定断面不宜大于 2 倍河宽。

9.7.2 网格法精度控制

9.7.2.1 地形资料精度

地形测量精度主要受控制测量精度和水深测量精度影响。

平面基本控制不低于 GPS-E 级点或一级图根点精度，高程基本控制不低于四等水准精度。河道地形测量采用的原有基本控制点平面高程等级很高，新控制网布设，平面和高程控制网布设层次和精度要求满足规范要求，能达到河道冲淤量计算精度要求。

河道水深测量精度受所使用测深仪和河床界面的制约，因此水深测量的精度有待大幅提高。影响水深测量精度的主要因素有船体姿态（艏摇、纵摇和横摇）、换能器动吃水、定位与测深延时效应、定位测深设备的稳定性和可靠性、水温跃层和船速等，同时各因素间又相互关联和影响。按照《水运工程测量规范》，水深测量最终地形成果精度控制在 1% 水深。

9.7.2.2 地形测量时间

一般情况下，在较长时段内地形法测量成果较为可靠。但地形测量在长江干流段是一项艰巨的工作，测量无法在短时间内完成。三峡水库蓄水后，长江中下游河段 1∶10000 地形测量一般安排在汛后 10—11 月，依靠目前的技术手段，全程水道地形测量一般分多组分段施测，全部完成水下作业需要近一个月时间。水下地形测量虽为枯季，水流平稳，但河床仍会发生冲淤变化，使得地形法计算成果与输沙平衡法存在一定误差。

9.7.2.3 DEM 网格插值方法

采用克里格插值法建立 DEM 以计算河道槽蓄量，利用两测次之间的槽蓄量差值计算河道冲淤量。DEM 精度对河道槽蓄量计算结果的精度影响十分显著。其主要误差分为离散点自身的观测误差和离散点数学模型的拟合误差，离散点自身误差来自采样点的分布、密度和采样点的观测误差，数学模型则主要受选择的函数和模型方法影响。一般来说，在利用空间数据时，已知的数据是有限的，必须经过内插才能获得未知数据，满足空间数据建模的需要。

格网 DEM 插值一般是等权或等距的空间内插,但采样点通常并不规则,此时需要根据矩形或圆形对邻近区域的采样点进行插值计算,采用的方法多为顾及地形特征的加权平均值内插。

插值是对待插未知点高程的一种估算,每种插值算法都直接或者间接地表达了地理目标之间的空间相关关系。针对不同差值方法相对真实地形的误差,研究表明克里格法精度较高。

9.7.2.4　DEM 网格尺寸大小

网格地形法计算河道冲淤量的计算精度除与原始地形数据精度和网格插值方法有关外,还与网格大小(DEM 网格分辨率)有关。高精度 DEM 可以理解为对真实地表模拟表达的逼近效果最好的 DEM,此时对应的 DEM 分辨率即 DEM 最佳分辨率。换言之,DEM 最佳分辨率就是格网 DEM 对地表模拟表达的逼近程度达到最优时的栅格单元大小的临界值。理论上,DEM 的分辨率越高,越能真实地反映地形特征,但是对于较大的区域,往往受到计算机存储容量和数据源的限制,高分辨率的 DEM 在应用上有一定困难,因此一般选择相对较低分辨率的 DEM,但在一定程度上导致计算的地形参数的改变,从而影响地形信息的正确提取。

网格尺寸理论上越小越好,小网格的计算量大,具体运用时需要考虑测图比例尺和高程精度。在长江坝下游河段,基于 1∶10000 和 1∶5000 水道地形图,采用克里格法插值建立DEM,网格尺寸分别不大于 60m 和 30m 能达到较高的河道冲淤量精度,可作为几种方法的基准,即"真值"。

9.7.3　输沙量法精度控制

9.7.3.1　输沙测验布置及方法

(1)测验项目不全

由于受三峡水库拦沙蓄水影响,坝下游河段河床普遍冲刷。推移质,特别是沙质推移质运动剧烈。而且推移质采样器的口门具有一定高度,其所采集的沙样包含有少量悬沙,并不完全是推移质。另外,上述各站虽然开展了悬移质泥沙测验,往往采用两点法和三点法,由于现有悬沙采样器不能测到临近河底的含沙量,故实测值并不是真正的悬沙输沙率。即使考虑悬移质和推移质输沙总量,通过对 2002 年 10 月至 2008 年 11 月宜昌至监利河段输沙平衡法与地形法计算结果对比分析可知,输沙平衡法仅考虑目前的测验方法取得的成果(悬移质输沙量和推移质输沙量),计算结果远小于地形法。

(2)悬沙改正与否及改正方法

长江中下游水流携带的泥沙主要为冲泻质。当颗粒很细时,垂向和横向的含沙量分布都比较均匀,从推求河流输沙总量的角度考虑,使用常规的测验方法和相应的计算方法不会存在很大的误差。但是,长江中下游的来沙中也带有一部分较粗的床沙质,特别是三峡水库蓄水后河床冲刷,悬移质泥沙中粗颗粒明显增多,这部分泥沙更多地集中在河床附近,使用常规方法往往未考虑这部分泥沙导致得出很大的误差。

对于具体测站而言,悬沙改正也并非固定值,即使同一测站,其改正值也不一样,其变化规律随来水来沙条件的改变而变化,含沙量越高,泥沙掺混越充分,含沙量垂线分布梯度小,改正值较小;若含沙量越小、泥沙越粗,则含沙量沿垂线分布越不均匀,改正值相对越大。

(3)悬沙测验取样和计算方法

流量与悬移质泥沙较严格的单次测验中的断面流量 Q、断面输沙率 Q_s 和断面平均含沙量 C 等,既难以测得客观真值,又不易在真值不变的条件下进行重复测量,还存在如何确定测算的水文物理量的代表时刻等问题。悬移质断面平均含沙量的测验误差,主要是指垂线平均含沙量误差,包括:仪器误差,为仪器处于标准工作状态下参证仪器比测的误差;水样处理误差,为不同的水样处理方法或操作带来的误差;C_{SI} 型误差,为垂线上单点取样有限历时引起的含沙量脉动误差;C_{SII} 型误差,为垂线上有限取样点数和由计算规则引起的垂线平均含沙量误差;C_{SIII} 型误差,为垂线上有限取样点数和由计算规则引起的断面平均含沙量误差。生产实践中,对误差的控制是十分严格的,基本能达到规范要求,但是由于河道冲刷量占输沙量的比例很小,尽管日常水文测验能达到规范要求,但其对河道冲淤量计算精度影响不容忽视。

9.7.3.2 水量不平衡

在输沙量平衡法计算河道冲淤量时,由于研究河段区间水量严重不平衡带来的误差也不可忽视。因此,应对水量进行修正。

9.7.3.3 河道采砂量的准确性

经济发展对砂卵石等建筑骨料的需求很大,而本河段没有规划可采区,其他途径来源很少,因此长江干流河段非法采砂屡禁不止。尽管多年来有关部门对研究河段每年开展禁采砂巡查 10 余次,但由于是非法作业,采砂地点和时间都具有隐蔽性,巡查暗访的次数不多,目前只有通过适合的作业时间、采砂运砂船的数量和吨位进行估算,故通过调查暗访估算的数量具有较大的误差。而采砂量相比河道冲淤量的数量很大,故河道采砂量的准确性是输沙量平衡法与地形法计算结果比较的关键因素之一。

9.8 体积法与重量法匹配性研究

本次以宜昌至枝城河段为例,参考段光磊相关研究成果,对体积法与重量法的匹配性进行分析研究。

9.8.1　体积法—断面地形法冲淤量计算

9.8.1.1　梯形法与锥体法河道槽蓄量和冲淤量比较

(1)宜昌至枝城河段 200m 断面间距比较

计算采用 2002 年 300 个 200m 间距断面数据,河长 59.8km。梯形法槽蓄量略大于锥体法,枯水和洪水河槽分别大 27.64 万 m³ 和 20.28 万 m³,占河段总槽蓄量的 0.02%～0.06%,占河道总冲淤量 9000 万 m³ 的 0.3%,差别极小,见图 9.8-1 和图 9.8-2。

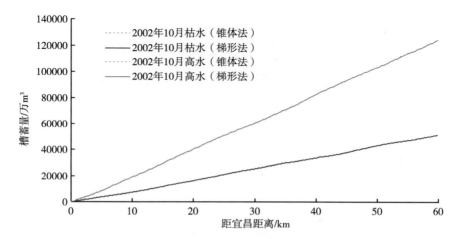

图 9.8-1　200m 间距锥体法与梯形法洪、枯河槽槽蓄量对比

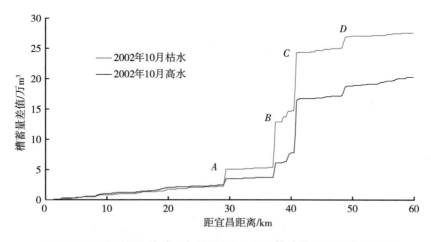

图 9.8-2　200m 间距锥体法与梯形法洪、枯河槽槽蓄量沿程累积差值

(2)宜昌至枝城河段 3200m 断面间距比较

计算采用 2008 年 19 个 3200m 间距断面数据,河长 57.6km。梯形法槽蓄量略大于锥体法，枯水和洪水河槽分别大 98.55 万 m^3 和 63.02 万 m^3，占河段总槽蓄量的 0.05％～0.17％，占河道总冲淤量9000 万 m^3 的 0.1％，差别极小，见图 9.8-3、图 9.8-4。

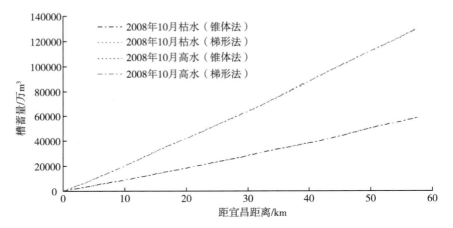

图 9.8-3　3200m 间距锥体法与梯形法洪、枯河槽槽蓄量对比

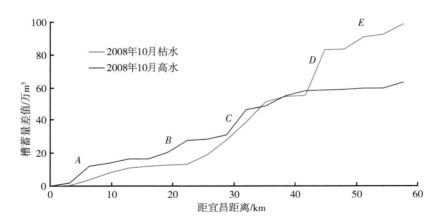

图 9.8-4　3200m 间距锥体法与梯形法洪、枯河槽槽蓄量沿程累积差值

9.8.1.2　主要结论

①采用断面法计算河道冲淤量，梯形法与锥体法计算公式所得的槽蓄量差值很小，且梯形法槽蓄量一般略大于锥体法。

②理论上可证明两种方法差异大的河段主要位于相邻断面面积变化大的河段，如卡口段、放宽（束窄）段附近。

③经实测数据计算证明，冲积河流相邻断面面积变化不是很大，两种方法均适用，对计算精度影响较小。

9.8.2　体积法—网格地形法冲淤量计算

采用不同网格大小槽蓄量和冲淤量比较。

9.8.2.1 河段选择、网格尺寸及计算水位

为了详细分析所采用的网格大小对不同类型河段计算的差异,将宜昌至枝城河段划分为 11 个分河段,计算水位选择枯水、平滩和高水,其数值为上述章节中断面地形法分河段首尾断面平均计算水位,采用不同大小的网格(表 9.8-1)计算 2002 年 10 月至 2008 年 10 月枯水、平滩和高水河槽槽蓄量和冲淤量,均存在差异。

9.8.2.2 计算结果分析

数字高程模型(Digital Elevation Model,DEM),是通过有限的地形高程数据实现对地面地形的数字化模拟(即地形表面形态的数字化表达)。它是用一组有序数值阵列形式表示地面高程的一种实体地面模型。

DEM 分辨率是 DEM 刻画地形精确程度的一个重要指标,同时也是决定其使用范围的主要影响因素。DEM 的分辨率是指 DEM 最小的单元格的长度。因为 DEM 是离散的数据,所以(x,y)坐标可表示为一个个的小方格,每个小方格上标识出其高程。该小方格的长度即 DEM 的分辨率。分辨率数值越小,分辨率就越高,刻画的地形程度就越精确,同时数据量也呈几何级数增长。所以 DEM 的制作和选取的时候要依据需要,在精确度和数据量之间做出平衡选择。自 20 世纪 80 年代以来,国内外对 DEM 精度问题的研究取得了一些重要成果。DEM 精度是指所建立的 DEM 对真实地面描述的精确程度。DEM 误差的大小被认为是衡量 DEM 准确性的标准。

一般可以将 DEM 误差分为 DEM 采样点上高程采样误差和有限的 DEM 栅格对实际地面的近似模拟误差。DEM 误差影响 DEM 分析与应用的可靠性,因此 DEM 精度研究对减少 DEM 误差,提高在实际应用中的可信度有积极意义。

宜昌至枝城各分河段枯水、平滩和高水河槽槽蓄量及冲淤量计算结果见表 9.8-2 至表 9.8-4,基于荆江干流宜昌至枝城河段 1:10000 河道地形图不同大小网格表明:

①全河段大小网格计算槽蓄量结果差异在 2% 以内,小网格和中网格计算结果差异更小。

②多数分河段槽蓄量大小网格比较计算结果差异在 1.5% 以内、冲淤量计算结果差异在 7% 以内。除个别分河段外,中小网格槽蓄量和冲淤量计算结果较为接近。

③大小网格差异百分数大的河段仅有镇江楼至万寿桥顺直段(枯水、平滩、高水河槽)、胭脂坝分汊段(平滩河槽)和磨盘溪至林家河微弯段(枯水、平滩、高水河槽)3 个分河段,白沙脑至磨盘溪顺直段由于平滩水位以上于 2007 年枯季码头大面积施工,较大面积高水部分无实测点,故高水部分差异较大。

④从整体分析,宜昌至枝城河段采用 1:10000 地形图开展网格地形法计算,网格大小不大于 50m(小于 1:10000 地形图测点间距)是适宜的。

表 9.8-1 各分河段大中小网格 x,y 间距

河段	河段类型	长度/km	小网格(200m×200m)间距		中网格(100m×100m)间距		大网格(50m×50m)间距	
			x/m	y/m	x/m	y/m	x/m	y/m
1—25	镇江楼至万寿桥顺直段	4.8	21.11	17.09	42.21	34.17	84.42	68.34
25—49	胭脂坝分汊段	4.8	19.60	22.11	39.20	44.22	78.39	88.44
49—81	白沙脑至磨盘溪顺直段	6.4	25.13	27.14	50.25	54.27	100.50	108.54
81—105	磨盘溪至林家河微弯段	4.8	12.06	24.62	24.12	49.25	48.24	98.49
105—137	古老背顺直段	6.4	17.59	60.51	35.18	121.02	70.35	242.04
137—161	陈背溪微弯段	4.8	16.08	22.11	32.16	44.22	64.32	88.44
161—185	杨家咀顺直过渡段	4.8	11.56	23.12	23.12	46.23	46.23	92.46
185—201	宜都弯顶段	3.2	13.57	17.59	27.14	35.18	54.27	70.35
201—225	宜都顺直过渡段	4.8	24.62	10.55	49.25	21.11	98.49	42.21
225—257	梅子溪弯道段	6.4	13.57	30.15	27.14	60.30	54.27	120.60
257—299	沙集坪弯道段	8.4	19.60	41.21	39.19	82.41	78.39	164.82

表 9.8-2　不同网格大小各分河段枯水河槽蓄量与冲淤量计算结果比较

河段	河段类型	长度/km	2002 年 10 月槽蓄量/万 m³			大小网格槽蓄量差值百分比/%	2008 年 10 月槽蓄量/万 m³			大小网格槽蓄量差值百分比/%	冲淤量/万 m³			大小网格冲淤量差值百分比/%
			小网格	中网格	大网格		小网格	中网格	大网格		小网格	中网格	大网格	
1—25	镇江楼至万寿桥顺直段	4.8	3633	3625	3562	-2.0	3907	3893	3892	-0.4	-274	-268	-330	20
25—49	胭脂坝分汊段	4.8	3502	3484	3432	-2.0	4091	4063	4013	-1.9	-589	-579	-581	-1
49—81	白沙脑至磨盘溪顺直段	6.4	5638	5614	5528	-2.0	6206	6178	6104	-1.6	-568	-564	-576	1
81—105	磨盘溪至林家河微弯段	4.8	4337	4336	4312	-0.6	4280	4261	4227	-1.2	57	75	85	49
105—137	古老背顺直段	6.4	6166	6154	6129	-0.6	6961	6948	6898	-0.9	-795	-794	-769	-3
137—161	陈青溪微弯段	4.8	3933	3933	3923	-0.3	4707	4706	4686	-0.4	-774	-773	-763	-1
161—185	杨家咀顺直过渡段	4.8	3756	3752	3724	-0.9	4452	4446	4416	-0.8	-696	-694	-692	-1
185—201	宜都弯顶段	3.2	2400	2391	2372	-1.2	3006	2995	2959	-1.6	-606	-604	-587	-3
201—225	宜都顺直过渡段	4.8	3596	3588	3559	-1.0	5412	5390	5353	-1.1	-1816	-1802	-1794	-1
225—257	梅子溪弯道段	6.4	6630	6629	6563	-1.0	8481	8460	8373	-1.3	-1851	-1831	-1810	-2
257—299	沙集坪弯道段	8.4	6778	6737	6621	-2.3	8850	8806	8642	-2.4	-2072	-2069	-2021	-2
全河段	微弯分汊河段	59.6	50369	50243	49725	-1.3	60353	60146	59563	-1.3	-9984	-9903	-9838	-1

表 9.8-3　不同网格大小各分河段平滩河槽蓄量与冲淤量计算结果比较

河段	河段类型	长度/km	2002 年 10 月 槽蓄量/万 m³			大小网格槽蓄量差值百分比/%	2008 年 10 月 槽蓄量/万 m³			大小网格槽蓄量差值百分比/%	冲淤量/万 m³			大小网格冲淤量差值百分比/%
			小网格	中网格	大网格		小网格	中网格	大网格		小网格	中网格	大网格	
1—25	镇江楼至万寿桥顺直段	4.8	6911	6906	6757	-2.2	7220	7201	7256	0.5	-309	-295	-499	61
25—49	胭脂坝分汊段	4.8	8348	8335	8291	-0.7	8975	8941	8766	-2.3	-627	-606	-475	-24
49—81	白沙脑至磨盘溪顺直段	6.4	11052	11027	10811	-2.2	11740	11695	11598	-1.2	-688	-668	-787	14
81—105	磨盘溪至林家河微弯段	4.8	8270	8273	8219	-0.6	8158	8131	8065	-1.1	112	142	154	38
105—137	古老背顺直段	6.4	11428	11410	11389	-0.3	12250	12228	12173	-0.6	-822	-818	-784	-5
137—161	陈背溪微弯段	4.8	7816	7824	7827	0.1	8582	8589	8571	-0.1	-766	-765	-744	-3
161—185	杨家咀顺直过渡段	4.8	8115	8114	8066	-0.6	8742	8740	8686	-0.6	-627	-626	-620	-1
185—201	宜都弯顶段	3.2	5770	5758	5756	-0.2	6423	6410	6369	-0.8	-653	-652	-613	-6
201—225	宜都顺直过渡段	4.8	7928	7919	7879	-0.6	9918	9888	9851	-0.7	-1990	-1969	-1972	-1
225—257	梅子溪弯道段	6.4	10960	10974	10906	-0.5	12630	12614	12538	-0.7	-1670	-1640	-1632	-2
257—299	沙集坪弯道段	8.4	14278	14229	14083	-1.4	16479	16427	16254	-1.4	-2201	-2198	-2171	-1
全河段	微弯分汊河段	59.6	100876	100769	99984	-0.9	111117	110864	110127	-0.9	-10241	-10095	-10143	-1

表 9.8-4　不同网格大小各分河段洪水河槽蓄量与冲淤量计算结果比较

河段	河段类型	长度/km	2002 年 10 月 槽蓄量/万 m³			大小网格槽蓄量差值百分比/%	2008 年 10 月 槽蓄量/万 m³			大小网格槽蓄量差值百分比/%	冲淤量/万 m³			大小网格冲淤量差值百分比/%
			小网格	中网格	大网格		小网格	中网格	大网格		小网格	中网格	大网格	
1—25	镇江楼至万寿桥顺直段	4.8	8252	8247	8040	-2.6	8536	8518	8602	0.8	-284	-271	-562	98
25—49	胭脂坝分汊段	4.8	10530	10522	9904	-5.9	11112	11076	10479	-5.7	-582	-554	-575	-1
49—81	白沙脑至磨盘溪顺直段	6.4	13320	13295	13018	-2.3	13992	13945	13850	-1.0	-672	-650	-832	24
81—105	磨盘溪至林家河微弯段	4.8	9813	9817	9751	-0.6	9681	9652	9575	-1.1	132	165	176	33
105—137	古老背顺直段	6.4	13551	13533	13522	-0.2	14392	14367	14317	-0.5	-841	-834	-795	-5
137—161	陈青溪微弯段	4.8	9365	9376	9387	0.2	10165	10176	10163	0.0	-800	-800	-776	-3
161—185	杨家咀顺直过渡段	4.8	9879	9881	9826	-0.5	10491	10493	10437	-0.5	-612	-612	-611	0
185—201	宜都弯顶段	3.2	7170	7157	7168	0.0	7831	7821	7783	-0.6	-661	-664	-615	-7
201—225	宜都顺直过渡段	4.8	9765	9756	9717	-0.5	11774	11743	11711	-0.5	-2009	-1987	-1994	-1
225—257	梅子溪弯道段	6.4	12763	12786	12726	-0.3	14328	14316	14254	-0.5	-1565	-1530	-1528	-2
257—299	沙集坪弯道段	8.4	17426	17384	17260	-1.0	19641	19596	19447	-1.0	-2215	-2212	-2187	-1
全河段	微弯分汊段	59.6	121834	121754	120319	-1.2	131943	131703	130618	-1.0	-10109	-9949	-10299	2

9.8.3 重量法冲淤量计算

9.8.3.1 河段选择及资料选取

宜昌至枝城河段进出口均建有水文站，有系列水沙资料，河段区间有清江于枝城站上游15km宜都入汇，其出口上游12km建有高坝洲水文站，但无沙量观测。鉴于清江水电梯级开发前，长阳(搬鱼咀)站资料统计多年平均年输沙量为997万t(1954—2000年)，而隔河岩水电站于1993年投产发电、高坝洲电站于2000年7月投产发电、水布垭电站于2002年底截流，三大梯级电站基本将泥沙拦截在水库中，清江入汇长江沙量极小，故忽略清江入汇沙量。研究河段内无分流，故选择研究河段进口水文站宜昌站和出口水文站枝城站输沙资料进行计算。

宜昌、枝城水文站泥沙观测项目有悬移质输沙率、沙质推移质和卵石推移质测验资料。输沙量法采用全沙计算。为了便于与地形法计算比较，考虑到研究河段地形资料时间为2002年10月至11月初和2008年10月至11月初，输沙量法计算时段选择为2002年11月至2008年10月。

9.8.3.2 进出口测站悬移质累积输沙量差值

宜昌、枝城站悬移质输沙量计算采用计算时段内输沙率月整编资料。宜昌、枝城站于2002年11月1日至2008年10月31日悬移质累积输沙量分别为3.663亿t和4.494亿t，研究河段出口枝城站输沙量比进口宜昌站多0.831亿t，按沙重1.35t/m³计算(下同)，约合6148万m³。河段进出口测站悬移质累积输沙量过程(逐月)线见图9.8-5，悬移质累积输沙量差值过程见图9.8-6。

由两图可以看出，三峡水库蓄水后6年左右时间，悬移质冲刷年际主要发生在蓄水初期的2003年、2004年和2005年(占全时段69.4%)，年内主要发生在每年主汛期5—10月(占85%以上)。

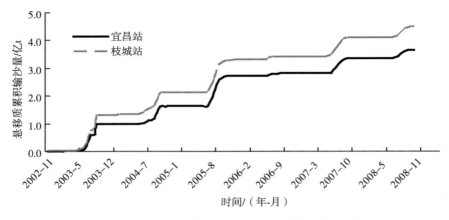

图9.8-5　宜昌、枝城站悬移质逐月累积输沙量过程线

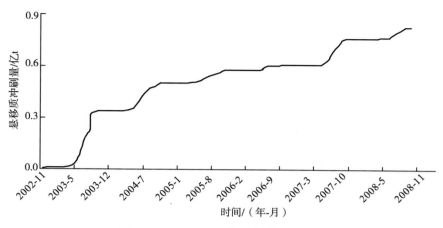

图 9.8-6　宜昌、枝城站悬移质逐月累积输沙量差值过程线系

9.8.3.3　进出口沙质推移质输沙量差值

宜昌水文站断面上距葛洲坝水利枢纽约 2km,1981 年该枢纽运行后由于大坝拦沙,坝下游河道出现长时段冲刷,三峡水库蓄水后,大量泥沙被拦截在水库中,下泄泥沙很少,而水文断面与葛洲坝枢纽间河段短,较粗泥沙难以补给,沙质推移质输沙量很小,2003—2008 年最大年输沙量约 50 万 t,年输沙量呈减少趋势,见图 9.8-7。

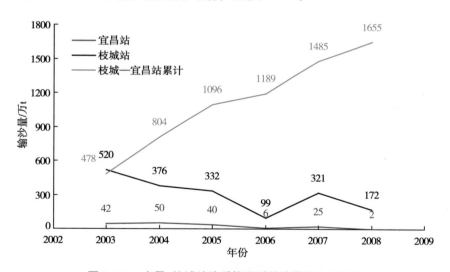

图 9.8-7　宜昌、枝城站沙质推移质输沙量逐年过程线

三峡水库蓄水后,枝城站沙质推移质输沙量呈减少趋势(2006 年为长江中下游特枯水年份,沙质推移质输移量很小),从 2003 年的 847 万 t 减少到 2008 年的 280 万 t,但由于宜昌—枝城河段泥沙补给,枝城站沙质推移质输沙量远大于宜昌站。

三峡水库蓄水以来,除 2006 年为特枯年份外,上游来水无明显趋势性变化,说明水流条件没有根本性变化,而沙质推移质输沙率减少反映了三峡水库蓄水后,上游来沙大幅减少、较粗颗粒难以得到充分补给,而宜昌—枝城河段经过河床逐年冲刷,床沙粗化后,床面泥沙出现难以起动的现象。

2003—2008 年宜昌站沙质推移质量很小,年输沙量均不大于 10 万 t,枝城站年沙质推移质输沙量较大,在 100 万~500 万 t。2003—2008 年,枝城站沙质推移质累积输沙量大于宜昌站 1655 万 t,合约 1226 万 m³,见图 9.8-7。

9.8.3.4 进出口测站卵石推移质累积输沙量差值

（1）宜昌站卵石推移质测验情况

2003—2008 年宜昌站施测了卵石推移质输沙量,采样器选用 Y64 型卵石推移质采样器,口门宽为 0.5m,现场称重,筛分析。考虑到卵石推移质输沙主要发生在汛期,测次基本布置在汛期 5—9 月,每年分别施测 30 次左右。断面取样垂线一般不小于 6 线,年内两次精测法,布置垂线 15 个,断面平均输沙率采样河宽与输沙率加权。单次测验时间一般为 2~3h。

测验结果表明,宜昌站卵石推移质量很小,年最大仅 10.6 万 t,6 年累积仅 25.63 万 t,与悬移质输沙量和沙质推移质输沙量比较,几乎可以忽略不计,见表 9.8-5。

表 9.8-5　　　　　　　　　　宜昌站卵石推移质输沙量统计结果

年份	卵石推移质输沙量/万 t
2003	2.54
2004	2.18
2005	10.59
2006	0
2007	6.38
2008	3.94
2003—2008	25.63

（2）枝城站卵石推移质测验情况

与宜昌站一样,枝城站卵石推移质输沙量观测,采样器选用 Y64 型卵石推移质采样器,口门宽为 0.5m,现场称重,筛分析。测次基本布置在汛期 6—9 月,每年分别施测 20 次左右。

表 9.8-6 为三峡水库蓄水后枝城站卵石推移质取样情况统计。三峡水库蓄水后,枝城站测流断面存在明显的卵石推移现象。卵石推移带较窄,约 200m 范围,根据断面形态判断,主要集中在断面深泓(断面起点距 800~1020m 范围卵砾石河床);卵石推移质最大粒径范围在 30~70mm;一般断面流量达到 16000 m³/s 以上就可能存在卵石推移运动;随着河

床床沙粗化,卵石起动流速有增加趋势;随着蓄水年份增加,能测到卵石推移现象的次数有所减少。

图 9.8-8 为能测到卵石推移质较多测次的 2005 年枝城站断面卵石推移质输沙率与断面平均流速关系图。由于测次较少,卵石推移质输沙率与断面流速关系散乱,较为准确建立二者间相关关系还较为困难,因此卵石推移质输沙量计算困难。即使按图 9.8-8 所示相关关系计算,2005 年卵石推移质输沙量不到 2 万 t,也可说明该站卵石推移量很小,与悬移质和沙质推移质输沙量相比可以忽略不计。

表 9.8-6　　　　　　　　　三峡水库蓄水后枝城站卵石推移质测验情况统计

年份	施测次数/次	取到样品次数/次	流量范围/(m³/s)	起点距范围/m	D_{max}/mm	单颗 W_{max}/g
2003	22	1	44400	1100	74.4	
2004	20	20	16400～30800	840～1020	35.5	
2005	21	16	12300～32100	840～1020	61.7	250
2006	24	3	17800～30700	840～1020	32.2	40
2007	21	10	18100～49900	840～1020	70.7	360
2008	20	11	20700～38100	840～1020	57.8	300
2009	25	7	26300～36700	900～1020	44.7	142
2010	25	9	26100～41200	840～1020	68.7	300

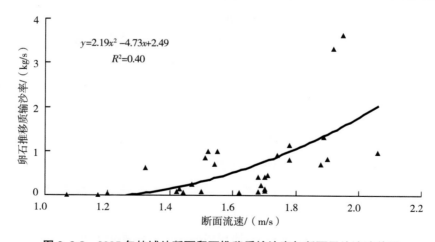

图 9.8-8　2005 年枝城站断面卵石推移质输沙率与断面平均流速关系

9.8.3.5　实测输沙量平衡法计算结果及分析

宜昌、枝城站 2002 年 11 月 1 日至 2008 年 10 月 31 日悬移质累积输沙量分别为 3.663 亿 t 和 4.494 亿 t,研究河段出口枝城站输沙量比进口宜昌站大 0.831 亿 t,约合 6156 万 m³。

2003—2008 年宜昌站沙质推移质输移量很小，年输沙量均不大于 10 万 t，枝城站沙质推移质年输沙量较大，在 100 万～500 万 t。2003—2008 年，枝城站沙质推移质累积输沙量较宜昌站多 1655 万 t，约合 1226 万 m³。

测验结果表明，2003—2008 年，宜昌、枝城站卵石推移质输移量很小，与悬移质输沙量和沙质推移质输沙量比较，可以忽略不计。

根据宜昌、枝城两站全沙，包含（悬移质、沙质推移质、卵石推移质）实测输沙量，宜昌至枝城河段 2002 年 11 月至 2008 年 10 月输沙量平衡法计算量，河道冲刷量约 9965 万 t，约合 7382 万 m³。

9.8.4 匹配性分析

9.8.4.1 断面地形法与网格地形法冲淤量差异

为了与历史资料对比，断面地形法计算水位采用长江水利委员会水文局提交三峡集团报告中采用的枯水、平滩和洪水河槽计算水位，网格地形法各分河段计算水位采用一个值，即断面地形法各分河段首尾计算断面平均水位，网格大小为 50m×50m。全河段不同河宽不同水位级计算结果见表 9.8-7，200m 断面间距分河段枯水、平滩和高水河槽冲淤量计算结果见表 9.8-8 至表 9.8-10。宜昌至枝城河段布置 51 个常测固定断面（宜枝 34～荆 3），除施测地形年份（2002 年、2006 年和 2008 年）按常测固定断面切割断面外，其他年份开展 1：10000 地形观测。河道泥沙冲淤统计见表 9.8-11。

断面地形法、常测固定断面法和网格法等 3 种方法计算结果差异表明：

①宜昌—枝城河段采用中等网格计算冲淤量与 50％和 1 倍河宽断面间距断面法比较，枯水、平滩和洪水河槽全河段冲淤量差异较小，在 8％以内。

②宜昌—枝城河段 11 个分河段 200m 断面间距断面地形法与网格地形法比较，两种方法计算结果稍大，但 80％分河段枯水河槽冲淤量差值在 22％以内，少数分河段平滩、高水河床差值百分数较大，全河段冲淤量差值在 5％以内。产生的差异可能与断面法沿程计算水位与网格法略有差异和网格地形法在岸坡转折处插值误差等有关。

③从整个河段看，常测固定断面、断面地形法与网格法计算结果差异极小。由于 1：10000 地形图断面间距为 180～200m，而 200m 间距切割断面基本采用地形图数据，计算精度高，网格法网格尺寸为 50m×50m，与地形图横断面点距相近，两种方法比较，证明网格地形法精度较高，可以认为接近"真值"。

④由于本段常测固定断面间距仅 1.2 倍河宽，基本能控制地形变化，与 200m 断面间距比较，具有很高的精度，计算结果可靠，可不进行断面加密。

表 9.8-7　　　　　　　　不同河宽断面地形法与网格地形法冲淤量对比　　　　（单位：万 m³）

河槽类别	断面地形法			网格地形法
	50% 河宽	1 倍河宽	2 倍河宽	
枯水河床	−9390	−9049	−9123	−10110
平滩河槽	−9750	−9436	−9516	−10324
洪水河床	−9785	−9476	−9556	−10248

表 9.8-8　　　　　　200m 间距断面法与网格法枯水河槽冲淤量计算结果比较

起止断面	河型	长度/km	冲淤量/万 m³		绝对差/万 m³	差值百分比/%
			断面法	网格法		
1～25	镇江楼至万寿桥顺直段	4.8	−194	−229	35	−15
25～49	胭脂坝分汊段	4.8	−461	−589	128	−22
49～81	白沙脑至磨盘溪顺直段	6.4	−444	−568	124	−22
81～105	磨盘溪至林家河微弯段	4.8	−139	−114	−25	22
105～137	古老背顺直段	6.4	−707	−795	88	−11
137～161	陈背溪微弯段	4.8	−696	−774	78	−10
161～185	杨家咀顺直过渡段	4.8	−810	−696	−114	16
185～201	宜都弯顶段	3.2	−696	−606	−90	15
201～225	宜都顺直过渡段	4.8	−1692	−1816	124	−7
225～257	梅子溪弯道段	6.4	−2009	−1851	−158	9
257～299	沙集坪弯道段	8.4	−1983	−2072	89	−4
全河段	微弯分汊河段	59.6	−9830	−10110	280	−3

表 9.8-9　　　　　　200m 间距断面法与网格法平滩河槽冲淤量计算结果比较

起止断面	河型	长度/km	冲淤量/万 m³		绝对差/万 m³	差值百分比/%
			断面法	网格法		
1～25	镇江楼至万寿桥顺直段	4.8	−227	−245	18	−7
25～49	胭脂坝分汊段	4.8	−549	−627	78	−13
49～81	白沙脑至磨盘溪顺直段	6.4	−464	−588	124	−21
81～105	磨盘溪至林家河微弯段	4.8	−171	−135	−36	27
105～137	古老背顺直段	6.4	−718	−822	104	−13
137～161	陈背溪微弯段	4.8	−693	−766	73	−10
161～185	杨家咀顺直过渡段	4.8	−840	−627	−213	34
185～201	宜都弯顶段	3.2	−730	−653	−77	12
201～225	宜都顺直过渡段	4.8	−1752	−1990	238	−12
225～257	梅子溪弯道段	6.4	−2022	−1670	−352	21

起止断面	河型	长度/km	冲淤量/万 m³		绝对差/万 m³	差值百分比/%
			断面法	网格法		
257～299	沙集坪弯道段	8.4	−2035	−2201	167	−8
全河段	微弯分汊河段	59.6	−9830	−10324	494	5

表 9.8-10 　　　　　200m 间距断面法与网格法洪水河槽冲淤量计算结果比较

起止断面	河型	长度/km	冲淤量/万 m³		绝对差/万 m³	差值百分比/%
			断面法	网格法		
1～25	镇江楼至万寿桥顺直段	4.8	−231	−258	27	−10
25～49	胭脂坝分汊段	4.8	−553	−582	29	−5
49～81	白沙脑至磨盘溪顺直段	6.4	−470	−572	102	−18
81～105	磨盘溪至林家河微弯段	4.8	−176	−133	−43	32
105～137	古老背顺直段	6.4	−721	−841	120	−14
137～161	陈背溪微弯段	4.8	−692	−800	108	−14
161～185	杨家咀顺直过渡段	4.8	−839	−612	−227	37
185～201	宜都弯顶段	3.2	−733	−661	−72	11
201～225	宜都顺直过渡段	4.8	−1758	−2009	251	−13
225～257	梅子溪弯道段	6.4	−2022	−1565	−457	29
257～299	沙集坪弯道段	8.4	−2037	−2215	178	−8
全河段	微弯分汊河段	59.6	−10233	−10248	15	0

表 9.8-11 　　　　常测固定断面法宜昌至枝城河段河道泥沙冲淤统计结果 　　　　（单位:万 m³）

时段	枯水河槽	基本河槽	平滩河槽	洪水河槽
2002—2003	−2911	−3026	−3765	−3668
2003—2004	−1641	−1754	−2054	−2066
2004—2005	−2173	−2279	−2309	−2287
2005—2006	−45	−23	−10	6
2006—2007	−2199	−2297	−2301	−2323
2007—2008	−218	11	71	63
2002—2008	−9187	−9368	−10368	−10275

9.8.4.2　计算结果比较

①顺直河段常测固定断面法与网格法差值最小,如太平口顺直段、监利河湾上过渡顺直段和监利河弯下过渡顺直段枯水河槽冲淤量最大相差不到 10%,洪水河槽大于枯水和平滩河槽,但优于其他类型河段。从断面间距看,断面平均间距为 1~1.5 倍河宽。

②断面间距过大的河段,冲淤量差值大。如马羊洲汊道段断面平均间距达 2.9km,约为枯水河槽宽度的 3 倍,两种方法河道冲淤量差值在 50%～85%。

③断面间距不大的汊道和弯道段两种方法冲淤量差异也较大。如三八滩汊道段和乌龟洲汊道段断面平均间距分别为 0.9km 和 2.0km,但前者差异在 50% 以上,后者高水差 1 倍以上。

④具有河漫滩的分汊、弯道河段,平滩与高水河槽冲淤量的差值远大于枯水河槽。如石首弯道和乌龟洲汊道段平滩和高水河槽冲淤量差值是枯水河槽的数倍。从 2002 年 10 月至 2008 年 10 月荆江来水情况看,高水漫滩的时间很短,平滩以上河床发生大幅冲刷的可能性不大。

9.8.4.3 实测输沙量平衡法与地形法比较

2002 年 11 月至 2008 年 10 月 200m 断面间距断面法洪水河床冲刷量为 10233 万 m^3,其间枝城站悬移质输沙比宜昌站大 0.831 亿 t,约 6156 万 m^3,2003—2008 年枝城站沙质推移质输沙量比宜昌站大 1655 万 t,约 1226 万 m^3,两站卵石推移质输沙量忽略不计,估算 2003—2008 年河道采砂量约 2492 万 t,合约 1846 万 m^3。考虑河道采砂量,实测全沙河道冲淤量为 9228 万 m^3。

在日常河道观测没有施测地形图时,宜昌至枝城河段施测固定断面,根据宜昌至枝城河段 2002—2008 年每年 10—11 月固定断面测量或切割断面计算成果,采用断面地形法分别计算枯水河槽、基本河槽、平滩河槽、洪水河槽(对应宜昌 5000m^3/s、10000m^3/s、30000m^3/s、50000m^3/s 水面线下河槽)冲淤量,分别为 9187 万 m^3、9050 万 m^3、10368 万 m^3 和 10275 万 m^3。

考虑河道采砂量,实测输沙量法与 200m 断面法、常测固定断面法和网格地形法高水河槽冲淤量差值百分比均在 10% 以内。若仅考虑悬移质输沙量,则实测输沙量小于地形法约 40%;若考虑实测全沙而不考虑采砂影响,则实测输沙量法比地形法小约 28%,见图 9.8-9。

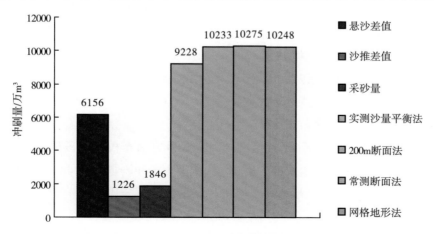

图 9.8-9 宜昌—枝城河段实测输沙平衡法冲刷量与地形法(高水河槽)对比

9.8.4.4　修正后输沙平衡法与地形法比较

韩其为从理论上分析认为，对于荆江平均河床沙质条件（0.25～0.5mm 及 λ＝9.68）的两点法和三点法（1∶1∶1）的误差分别为 7.4％和 26.7％。临底悬沙观测试验结果表明，宜昌、沙市、监利站全断面输沙率相对差较大，2006 年两点法改正率分别为 2.2％、7.6％和 11.9％。2011 年沙市站两点法和监利站三点法改正率分别为 23％和 23.8％，试验结果与理论分析基本一致。

以长江水利委员会水文局 2006 年临底悬沙观测试验为例，三峡大坝下游河段悬沙漏测率与悬沙级配有较大关系，点绘宜昌、沙市和监利站 2006 年两点法漏测率与三站悬沙中值粒径 d_{50} 有较好的关系，悬沙粒径越粗，改正率越大，见图 9.8-10。

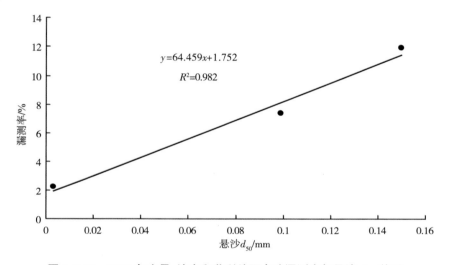

图 9.8-10　2006 年宜昌、沙市和监利站两点法漏测率与悬沙 d_{50} 关系

在枝城站没有进行临底悬沙观测试验的情况下，粗略估计枝城站日常两点法悬沙改正量。根据图 9.8-10 关系，枝城站 2006 年实测悬沙 d_{50} 为 0.06mm，估算漏测率为 5.6％。

考虑宜昌、枝城站悬沙改正情况时，由于沙质推移质为悬沙底沙一部分，因此不考虑沙质推移质输沙量。宜昌站和枝城站悬沙改正率分别取 2006 年实测和估算比例，分别为 2.2％和 5.6％，2002 年 11 月至 2008 年 10 月宜昌站悬沙漏测量为 36630 万 t×2.2％＝805.9 万 t，合 596.9 万 m³，枝城站悬沙改正量为 44940 万 t×5.6％＝2516.6 万 t，合 1864 万 m³，枝城站比宜昌站悬沙多改正 1267 万 m³。

考虑悬沙改正情况，2002 年 11 月至 2008 年 10 月宜昌至枝城河段进出口悬沙差值为 7423 万 m³，考虑河道采砂估算量 1846 万 m³，沙量平衡法冲刷量为 9269 万 m³，与 200m 断面法、常测固定断面法和网格地形法高水河槽冲淤量差值百分比均在 10％以内。若不考虑河道采砂，沙量平衡法比地形法小 28％左右，见图 9.8-11。

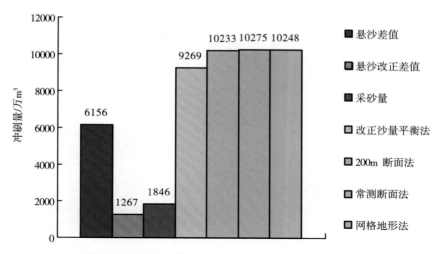

图 9.8-11　宜昌—枝城河段修正后输沙平衡法冲刷量与地形法(高水河槽)对比

9.8.5　匹配性影响分析

采用体积法与重量法计算河段冲淤量存在一定差异,主要是从两种方法来说,都存在一定的误差影响因素。

(1)体积法误差

从断面法计算模式看,影响断面法冲淤计算和冲淤分布成果精度的因素主要取决于测量误差、断面代表性误差和计算误差 3 个方面的误差。

1)测量误差

测量误差主要包括断面测点起点距测量误差、高程测量(包括水位测量和水深测量)误差、断面间距测量误差以及测点代表性误差。如果测量时间选择不当,测量过程不是跨越洪峰就是流量较大,此时测量结果也会存在一定的误差。另外对较长河段而言,断面测量不同步是产生误差的主要原因之一。

2)断面代表性误差

断面法适用于两断面间为顺直河段且断面方向垂直于流向的情况。实际上,天然条件下的河道形态十分复杂,有限的断面、位置和方向较难满足天然河道冲淤计算与分析的要求,再加上河道的变迁,使得设置的一部分断面已经完全失去了代表性,特别是由于断面间距过大,断面间河道变化明显,使两断面间河道边界条件与理论要求相差较大,导致利用公式计算河段冲淤体积产生误差。一定河段内断面密度在一定范围内对河段冲淤具有较大影响。

3)计算误差

计算误差主要包括计算模型适用范围与实际河道不一致所造成的误差,以及公式中有关参数的确定方法不当所造成的误差。由计算公式参数确定不当而造成的误差有以下几种：一是断面间距确定方法不合理造成的误差；二是断面宽度确定不当造成的误差；三是河段断面面积计算方法或滩槽界的划分不合理造成的误差；四是塌岸和区间支沟可能造成的误差。

在上述误差中，测量误差属偶然误差，测量次数的增加以及同步测量，其误差会逐渐减小；断面代表性误差和计算方法误差则给河段冲淤带来系统的影响，随着测量次数的增加，其误差会越来越大。

（2）重量法误差

根据输沙率法计算模式，可以看出输沙率法计算冲淤量误差产生的主要原因有：测验误差、计算误差、不易收集的平衡因素、水量不平衡引起的误差、淤积率带来的误差等。

1）测验误差

测验误差主要是沙量漏测。天然河道断面含沙量分布是极不均匀的。就垂线含沙量分布而言，一般含沙量是随着水深的增加而增加，底部含沙量最大，不同粒径泥沙的含沙量垂向分布相差也很大——泥沙粒径越粗，垂线含沙量的变化梯度越大。因此无论采用积深法还是积点法取样，泥沙的漏测是不可避免的。该漏测不但使输沙率法测得的总沙量偏小，而且使所求出的悬移质泥沙平均粒配偏细。

就横向含沙量的分布而言，细颗粒泥沙的含沙量横向分布比较均匀，而粗颗粒则有较明显的差异。取样垂线的位置布置不当、数目过少或测次过少，也会给测验带来较大的误差。特别是对于断面比较宽浅的河流，采用简测法后误差更大。此外，将距河底 0.5m 处的含沙量作为河底点处理也将带来误差。

含沙量测量时间间隔过长，也容易造成粗颗粒泥沙的漏测；单沙的测量方法与混合比例也带来测量误差；各水文测站普遍漏测且漏测率各不相同也带来计算误差。另外，因为输沙率法与时段有关，断面测量代表时间选择不当或整编资料时取小数位数不同等也会带来人为的影响。

2）计算误差

计算误差包括模型的选取、计算方法的确定等。

3）不易收集的平衡因素

主要表现为塌岸、人为采砂、吸泥淤堤、分蓄洪量、未控区间加沙量和推移质输沙量差。

4）水量不平衡引起的误差

如小浪底站 1952—1990 年较三门峡和花园口偏小 105 亿 m^3，相对差为 0.7%，影响小浪底沙量偏小 3.45 亿 t 。

5）淤积率带来的误差

河道内的冲刷量或淤积量占来沙量的比例较大时，计算冲淤量的精度高，而当河段淤积率降低到一定程度时，冲淤量的误差迅速增大，甚至超过 100%。

9.9 小结

本章从资料预处理、数学原理、精度控制以及方法之间的匹配性等方面,对不同河道冲淤计算方法做详细介绍,并对 3 种方法的局限性和误差进行了全面、系统的分析和总结。

①本章首先介绍了河道冲淤资料的预处理流程,河道地图矢量化(EPScan 的使用)、数据获取与处理技巧、地形资料的选用原则及合理性检查。河道地形矢量数据是河道冲淤计算的基础。

②河道冲淤量计算常用方法有断面地形法、网格地形法和输沙量平衡法。冲淤计算前首先要确定计算断面间距、计算流量级及相应水位。

③各种计算方法各有利弊。断面法计算精度受计算方法、断面代表性及断面间距等影响较大,对实际地形控制较差,能反映断面间的冲淤总量,无法反映河段的冲淤分布,但野外测量工作量相对较小;网格地形法计算精度主要受测量精度和网格尺寸影响,网格地形法可以反映河段冲淤的空间变化,可计算河道冲淤量的沿程分布和沿不同高程分布,但需要施测河段一定比例尺的地形测图;输沙量平衡法利用水文站输沙量资料计算河段冲淤量,资料具有连续性,但只能反映相邻水文站间长河段全河槽冲淤量,不能反映沿程和不同高程河床冲淤量,另外计算精度受测验布置、测验项目或泥沙取样垂线和测点影响。

④断面法和网格法匹配性分析表明,顺直河段断面法与网格法差值最小,断面间距过大会对冲淤量计算精度产生影响,断面间距宜选择 1～1.5 倍河宽;冲淤量差值弯道及汊道差异较顺直河段大,平滩与高水河槽较枯水河槽大。

⑤体积法和重量法匹配性分析表明,因两种计算法方存在不同的误差影响,至少两种方法在计算河段冲淤量时存在一定差异。在进行河道冲淤量计算时,应根据收集的资料和实际需求选择合适的计算方法。

第 10 章 监测成果综合整编技术及系统实现

10.1 概述

河道勘测工作包括基本控制测量、图根控制测量、河道地形测量、固定断面测量、基本控制断面水沙要素测验及河段动态水沙要素测验等多项内容。其基本工作流程为测前数据准备，外业数据采集记录、计算检核，内业数据预处理、入库、数据处理、合理性分析及成果图表的制作。目前，此工作流程基本实现了数字化、自动化，但是依然存在以下问题：

①多数河道测绘信息获取软件不能实现原始数据、中间计算统计数据及成果数据的结构化存储，无法实现任意条件的查询、检索和统计，不能很好地获取数据在业务逻辑流程中的状态，并充分保证信息获取、加工的质量。

②在某些技术环节中，内、外业工序边界依然存在，有必要通过技术手段进行改进优化。

③多数软件的自动化质量检核功能较弱，人工干预多，作业效率低，差错率高。有时因过程检查不到位，出现的错误未及时发现，返工现象时有发生，甚至造成重大的经济损失。

④多数软件在数据处理和成果合理化分析环节可视化程度较差，不利于成果质量的保证和提高。

为此，本章将通过介绍整编技术要求、布局和 4 种典型的河道勘测成果的整编形式以及质量控制技术方法向大家介绍当前的河道勘测整编技术，并通过具体实例论述具体应用。

10.2 整编技术

10.2.1 整编的项目和步骤

10.2.1.1 整编项目及主要内容

（1）资料考证

主要内容包括河段考证、基本平面控制及高程控制的考证，断面考证、水尺考证、钻孔考证等项。

（2）地形资料整编

主要内容包括平面控制、高程控制、水道地形、固定断面等实测资料的抽审、合理性检查以及各种成果表图的绘制。

(3)水沙要素资料整编

主要内容包括水位、比降、流速流量、水面流速流向等各项资料的抽审。合理性检查以及编制各种成果图表。

(4)泥沙资料的整编

主要内容包括悬移质、推移质、河床质各种泥沙测验资料和泥沙颗分成果的抽审、合理性检查以及编制各种成果图表。

(5)勘探资料整编

主要内容包括对钻孔土壤资料的审查及合理性检查,并绘制各种成果图表。

10.2.1.2　整编工作的步骤

(1)准备工作

在整编工作开始之前,应做好各项准备工作,搜集有关原始资料、任务书、技术总结、成果资料、历史资料及工作底图等,按河段组织整理、编制资料目录,并根据各个河段和观测项目进行组织分工,制订整编工作计划,进行资料整编技术培训,使整编人员全员熟悉或掌握整编方法,然后进行整编工作。对整编所用的成果表格和河段观测平面布置图等应事先准备,以便工作的顺利开展。

(2)资料考证

资料考证工作在整编之前已经进行改正的,只需对已经考证的资料进行了解其是否满足整编需要,缺者补充考证,并根据已经考证清楚的资料成果,以供整编时应用。整编时未进行考证的,则需要按资料考证的要求,在整编工作之前进行,或结合资料抽审工作平行进行,避免由考证工作中可能出现的问题引起大量连锁返工。

(3)资料审核

审核工作应在资料考证工作之后、合理性检查之前进行。在资料审核过程中,应严格执行相关规范、任务书(合同)和专业技术设计书要求。

(4)合理性检查

在资料审核完毕后,按段次和全年各段次进行单项和综合性的合理性检查。单项合理性检查是各段次、各观测项目以一个测次的资料进行检查。进行全面的相互之间的综合性检查,最后确定整编成果。

合理性检查的对象是:凡是整编刊印成果均须进行检查。例如:水位资料中的水位、比降、垂线流速、断面面积、流量均须逐项进行合理性检查。其检查方法应根据各河段各测次的具体情况,选用适宜的方法进行。如一个方法难以确定时,应首先着重分析第一测次资料;再用其他方法进行检查,以资对比。凡是经过合理性检查所发现的问题,必须对原始资料和运算资料进行认真的、全面的审查,据有关资料充分论证,然后做出正确的处理。

（5）编制实测成果图表

依据相关规定的要求编制各种实测成果图表。

（6）整编成果图表的审查

整编成果图表是刊印和应用资料的最终成果，必须进行校对审查，以确保成果质量。

（7）编制整编说明书和资料清理结整工作

资料经过整编以后，需要编制整编说明书和资料清理结整工作。编制整编说明书和资料清理结整工作是整编最后一道工序。

整编说明书内容包括：①河段观测布置；②观测方法和情况；③资料审查情况；④合理性检查；⑤资料成果鉴定；⑥对观测布置、资料审查方法和资料合理性检查方法的意见；⑦附件，包括整编过程中所绘制的各种图表；⑧存在的问题。

历年资料整编说明书可按河段分测次编写阶段性说明书。全年编写综合说明书。阶段性说明书可详细些，以供最后综合编写时参改，综合说明书的编写，要求文字简要。

资料清理结尾工作包括原始资料清理成套归档，整编成果汇集编号、装订成册以便刊印，以及处理一切结尾工作等。

10.2.2 资料成果的审查要求

10.2.2.1 编印成果审查要求

（1）编印成果审查程序

从资料考证开始，到汇编出刊印成果为止，要经过初作、一校、二校、审查等4个工序。现将各个工作项目需要经过工作程序列于表10.2-1。

表 10.2-1   编印成果审查程序

序号	程序	初作	一校	二校	审查
1	资料考证	√	√	/	√
2	资料审核	√	/	/	√
3	资料合理性检查	√	√	/	√
4	编制刊印成果图表	√	√	/	√
5	写整编说明书	√	/	/	√
6	综合性检查	√	/	/	√
7	汇编刊印	√	/	/	√

表10.2-1中，初作指第一次进行的计算和制图工作；一校指对初作成果进行逐字逐句的校核工作；二校指对一校成果的复核工作，如一校已达到质量标准，可以不进行二校；审查工序是检查以上3个工序或所用合理性检查方法是否正确。表面是否统一，必要时从成果

中抽出一部分成果做全面检查。其余部分做重点检查,保障成果质量。

表 10.2-1 中有"√"记号者,表示应作的工序,"/"记号表示不需要做的工序,表列各个项目中,其中编制刊印成果图表应普遍进行表面统一审查,消除表面矛盾和规格不统一的现象。综合合理性检查主要指同河段先后测次及邻近河段同项目资料对照检查,有无矛盾不合理现象,并对各项成果图表再一次进行表面统一检查。

(2)整编刊印成果质量的基本要求

1)项目完整,图表齐全

刊印的项目和各个项目的刊印图表都应完整,如检查发现缺漏时,均应补齐,无法整理的项目,应作出说明。

2)考证清楚,方法正确

经过资料审查以后,应保证资料考证清楚和整理方法的合理可靠,尤其是对水尺零点、水准基面、平面控制系统,固定断面和水文断面的位置以及起点桩位置都应该考证清楚,对于地形、水文、泥沙等资料所用的检查方法均应正确合理。

3)规格统一,数字无误

①对于整编成果同一项目所取用单位和有效数字必须一致(历年资料尽可能统一,如不能统一,则维持原数),对于各种图表按标准图。

②对于审核以往成果复制刊印底稿和刊印本按最后一遍校对发现的错误率,不论大小,应小于 1/10000。

(3)资料合理,说明完备

对合理检查所发现的问题和处理情况应作出完备的说明。

10.2.2.2 整编阶段及工作流程

长江河道观测资料整编刊印工作,分为整编、汇编、送厂刊印等阶段。整编工作由上级技术主管部门派人参加,要求整编成果能达到送厂刊印标准。汇编刊印工作主要汇编全流域河道观测资料整编成果和说明,上下游邻近河段的合理性检查、全流域统一图表形式和规格的审查、刊印前的准备工作以及驻厂校对等,以上综合汇编及送厂刊印校对等工作由上级技术主管部门负责、项目承担单位熟悉资料整编的专业技术人员参加。

10.2.3 河道资料汇总提交的方法与内容

10.2.3.1 测次编排方法

①测次由年份及序号组成,如 1998 年第一个测次写为 98-1,第二个测次写为 98-2,依次类推。如果两个测次之间,另外又加测了部分内容,则在测次后加子号表示。如朱家铺 1963 年弯道河演观测全年测 3 个测次,而 63-2 测次后加测了部分固定断面,则其固定断面测次编为 63-2-1。

②测次系按项目全年各类观测所有次数排序,不按单项次数排序,如长程固定断面观测

单项次数、长程水道地形观测单项次数等。汇总提交时,若某一单项资料不提交,则汇总资料中测次可不连续。

③以起止时段确定测次的观测项,如某河段河演水流泥沙观测,其某一时段进出口水文断面,在洪峰起止的观测应为同一测次,此种情况测次,对起始时段观测应写为：××—×(1)；对终止时段观测应写为：××—×(2)。

④特殊情况的测次编排在技术设计中规定。

⑤测次编排应在成果说明中进行说明。

10.2.3.2 资料汇总原则

①当两类观测相结合施测时,其资料只在为主的一类中列出,另一类可在成果说明中说明。但当长程固定断面与河段河演中的河道水文断面结合施测时,则固定断面资料在两类资料中应同时列出。

②同一河段由多个单位施测时,若未指定汇总单位,则各单位分别汇总,在资料类名称后从上到下分别加注(之一)、(之二)或(之一)、(之二)、(之三)、(之四)等区别号。

③当同一单位施测的项目中某类资料分多本或册时,在资料类名称后按序分别加注之一、之二等区别号。

④当以河段为汇总单元成册时,应以河段为单元编写总的成果说明,说明中应对河段内汇总的各项成果资料进行全面交代。其中对有特殊情况的资料,则应单独写成果说明于单项成果之前。

⑤若以项目内容为汇总单元时,应以项目为单元编写成果说明。

⑥成果汇总装订时应加隔页,其具体要求如下：

a. 当多河段及多测段或多河流汇总装订时,用红色软纸隔页分开(若某一河段或河流少于10页,其成果前不插蓝色隔页)。其中的分类资料则用蓝色软纸隔页分开。

b. 当有说明部分及不同类成果汇总装订时,说明部分与正文资料用红色软纸隔页,其中的分类资料则用蓝色软纸隔页(若某一类少于10页,其成果前不插蓝色隔页)。

c. 软纸隔页上均须印制河段、测段或河流等资料类名称。

d. 当归档时,彩色隔页改为白色类别页。

e. 隔页不打印页码,但归档时应压印页码。

资料经过审核,合理性检查,综合审查等步骤以后,应立即编制整编成果图表,其内容包括观测河段说明书、河段观测布置图、考证成果表、实测资料成果表及附图等。

10.2.3.3 汇总成册内容及组成

(1)以河段为单元汇总成册编排

1)排序

以固定断面观测为例,项目按项目—年份—类别—地名—测次—固定断面(水尺)排序,具体可根据实际情况作调整。

2)观测项目

按成果总表、水位或比降表、流速含沙量表、流速流向特征值统计表、断面表、悬移质级配表、床沙级配表、推移质成果表、常年水位表等排序。其中控制测量成果及地形图独立成册。

3)年份

按时间先后排序。

4)类别

按汉道、分流、护岸、崩岸、微弯、弯道(裁弯)、浅滩(险滩)、水库及其他(按水位、挟沙力、放淤、造滩等)排序。

5)地名

自上而下排序。

6)测次

按时间先后排序,若在同测次中,同一项目测有两次以上的资料时,则以观测项目为单元,按施测时间的先后进行排序。

7)固定断面

排序原则为:①先上后下。②汉道、裁弯河段先左泓后右泓。③遇分、支流河段,先上干、次分支流,后下干。同一测次中既有全江断面又有半江断面,则各自集中排序,半江排于全江之后,并加表题"半江断面"。

8)水尺

排序原则是:①先上后下。②同一断面左、右两岸设尺则先左后右。③遇分、支流河段,先上干、次分支流,后下干。

(2)按项目及资料单元成册汇总与排序

1)控制测量

①资料组成。

a. 水文局技术设计文件(一册,下同)。

b. 勘测局技术设计书(技术设计书、技术总结<第 e 项>及检查验收报告<第 f 项>特殊情况可根据需要按顺序印成一册)。

c. 控制点埋石点之记,点之记后附控制网图(此项不附成果说明)。

d. 成果表(附成果说明)。

当控制点成果较少时,c、d 两项可合并成一册,其合成顺序为封面、副封、工序签名表、目录、成果说明、成果表、点之记、控制网图。

e. 技术总结。

f. 检查验收报告(初检或终检)。

g. 检查验收报告(复检或验收)。

②成果说明编写内容。

a. 任务来源与测区简介。

b. 采用基准（包括中央子午线东经度数，测区分带数等）。

c. 已知点情况。

d. 观测布置与施测情况。

e. 成果整理。

包括数据处理与计算方式、计算参数、成果精度情况、问题处理及成果汇总方式等。

2）河道地形及固定断面观测

①地形。

a. 资料组成：水文局技术设计文件，勘测局技术设计书，控制成果（同上，不含技术文件），技术总结，检查验收报告（初检或终检），检查验收报告（复检或验收），地形图。

须编写"成图说明"，粘贴于底图图夹盖内侧（若为图纸袋则粘贴于其袋外正面）和副本资料盒盖内侧（见河道有关归档要求）。

b. 成图说明编写内容：任务来源与测区简介（包括施测范围、测次等）；测图规格；图式标准；施测方法（包括陆上、水下及分别施测日期）；成图情况（包括分幅情况，图幅数，结合表数，装盒情况等（字数不超过 A4 幅面一页））。

c. 险工护岸观测成果简要说明。

对险工护岸观测，全年最终成果提交时，若需要应写出成果简要说明，内容主要为概述、岸线变化（表格）、深坑点变化（表格）、典型断面套绘图等。说明单独装订成册。

②固定断面。

a. 资料组成：项目技术大纲；专业技术设计书；控制成果（不含技术文件）；断面标点点之记；断面标志考证表；固定断面成果；床沙成果；固定断面图册；专业技术报告；检查验收报告（初检或终检）检查验收报告（复检或验收）。

固定断面成果调制具体要求见《断面编名、成果调制及成图规定》（CSWH 131—2004）。

b. 床沙成果说明编写内容：任务来源与测区简介（包括观测范围等）；观测布置；取样方法；成果整理（包括断面平均的计算方式）；成果简析（包括典型断面级配图、特征粒径变化等）；附床沙取样一览表。

3）河演观测

①资料组成。

a. 水文局技术设计文件。

b. 勘测局技术设计书。

c. 控制成果（不含技术文件）。

d. 固定断面标志考证表（有固断观测时）。

e. 水流泥沙成果（附成果说明，有水位或比降观测时，在成果说明后附河段水位观测综合说明表、河段水位观测高程控制考证表）。

f. 固定断面图册(附成果说明。当固定断面表较多时,固定断面成果可另单独成册,其成果说明应单独编写)。

g. 技术总结。

h. 检查验收报告(初检或终检)。

i. 检查验收报告(复检或验收)。

②成果说明编写内容。

a. 河段概况。

b. 水沙特性(概述并列表)。

c. 使用基准及控制测设。

d. 观测布置及施测情况(包括测次情况)。

e. 资料整理与成果提交(包括数据处理、存在问题处理、成果质量、资料编排方式、数据格式及电子文件等)。

f. 河床演变简述:河相关系(列表)(包括弯道、汊道特征等);分流分沙情况;岸线变迁(概述);护岸冲刷坑变化(摆动及高程列表);深泓线平面变化(典型断面列表);典型断面变化(与上一年或测次套绘图);河床冲淤(概述)。

4)长程河道水位观测

①资料组成。

a. 测验报告(其合成顺序为封面、副封、工序签名表、目录、正文、河段水位观测高程控制考证表、成果质量评定表)。

b. 成果(其合成顺序为封面、副封、工序签名表、目录、成果说明、河段水位观测基本情况说明表、水位观测布置示意图、成果表)。

c. 水文局检查文件。

②测验报告编写内容。

a. 测区简况。

b. 采用基准及控制与考证。

c. 观测布置。

d. 测验情况。

e. 资料整理(整编)与提交,包括成果计算、问题处理、资料整理或整编及汇编情况、数据格式及电子文件等(对水文站资料汇交时,测验报告编写内容与此同)。

f. 成果质量。

g. 水文(位)特征值变化情况。

③成果说明编写内容。

a. 观测段次。

b. 测站布设及变动情况。

c. 不同基面水位换算关系(列表)。

5）工程类观测

资料组成包括点之记、控制成果、各项成果表、地形图、断面图、技术文件、有关附件及相关电子文件与有关报告或文字材料等，具体在相应的任务与技术要求中规定。

（3）总体合成方式

①资料成册总体合成规则为：说明部分＋成果部分，其中说明部分包括成果说明与图，图按范围大小排序。

②资料成册合成的具体排序为：封面、副封面、责任页、说明部分、红色隔页、成果部分。当有其他附件时，放入成果部分后。

③对各类成册方式，其目录应反映各项成果，对每项成果只标注其起止页码（单独的报告除外）。点之记、考证表册有附图时列目录，否则不列目录。

10.2.3.4　资料汇总整理及印制

（1）汇总整理符号

为真实反映汇总整理成果表中数字的特殊情况，规定以下河道汇总整理专用符号，以代替文字说明：

①※——可疑符号：凡其数字欠准可疑，对质量有较大影响者，于该数字的右上角注此符号。

②——缺测符号：凡规定应该有而没有，对质量或对用户易产生误解者（如缺测、因质量太差而舍弃、因沙样损失或混合而缺少等情况），均用此符号。

③＋——改正符号：凡因原测资料明显不合理，后用其他方法加以改正者，于其数字的右上角注此符号。

④△——插补符号：凡因原资料缺测，后用相关法予以插补者，于其数字的右上角注此符号。

⑤（）——判别符号：凡非实际的名称或数字，均加此符号。

⑥″——省略符号：凡其文字与上行相同者，用此符号代替。

（2）汇总成果（或文件）标题拟写

①标题名称应简练、概括、准确地反映汇总资料的性质及内容。

②标题结构。

项目名称（合同或任务或观测项目）＋扩大单位工程（或任务）名称＋单位工程（或任务）名称＋分部工程（或观测区段或观测河段）名称＋分项工程（任务或观测类别）名称＋单元工程（任务）名称＋（测次）＋资料类名（或文件类名）＋（区别号）。

a.项目名称、扩大单位工程（或任务）名称、单位工程（或任务）名称、分部工程（或观测区段或观测河段）名称、分项工程（任务或观测类别）名称、单元工程（任务）名称等，依据项目科学规范划分确定。

b. 资料类名称或文件类名称指在生产中产生的不同性质或不同类型的资料群名称（或文件群名称），如综合性类、质量管理文件类、检查验收类、设备类、图表资料类等。

c. 当河段内分不同段时，按长程"××河段""××河段""××段""××测段"排序。

③范例。

a. 一般性。

i) <u>西陵长江大桥</u>　<u>左岸锚碇</u>　<u>施工测试检查记录</u>
　合同项目名称　　分部工程名称　资料类名

ii) <u>三峡坝区十四小区</u>　<u>食堂楼工程</u>　<u>质量评定报告</u>
　　合同项目名称　　分项工程名称　　资料类名

iii) <u>三峡杨家湾港口工程</u>　<u>施工综合管理文件</u>
　　项目名称　　　　　　文件类名

iv) <u>三峡左岸 98.7 拌和系统工程</u>　<u>制冷系统</u>　<u>89[#]90[#] 氨压机组</u>　<u>设备成套文件</u>
　　合同项目名称　　　　　单位工程名称　分部工程名称　　文件类名

b. 对基本和专题观测，在标题中应加观测类名，例如：

i) <u>2003 年长江三峡工程</u>　<u>库区变动回水区</u>　<u>土脑子浅滩河段</u>　<u>河床演变观测</u>
　合同项目名称　　分部工程名称　　分项工程名称　　观测类别

<u>水流泥沙成果</u>
资料类别

ii) <u>2002 年长江宜昌至长江口河段长程固定断面观测</u>　<u>南京河段八卦洲汊道段</u>
　　　观测项目名称　　　　　　　　观测区段

<u>固定断面图册</u>
　资料类名

c. 对为专业工程服务的观测，标题中一般不列观测类别，例如：

<u>2004 年长江荆江河段河势控制应急工程可行性研究</u>　<u>沙市河湾段水道地形图</u>
　　任务项目名称　　　　　分部工程名称　　资料类名

d. 对为专业工程服务的观测，当测段有桩号时，对文本成果桩号写在测段后并加括号，对图则写在图后并加括号，例如：

i) <u>2004 年长江荆江河段河势控制应急工程可行性研究</u>　<u>沙市河湾段水道地形图</u>
　　　任务项目名称　　　　　　　分部工程名称

<u>（757＋948－745＋220）</u>
资料类名　桩号

ii) <u>2004 年长江荆江河段河势控制应急工程可行性研究</u>　<u>沙市河湾段</u>
　　　任务项目名称　　　　　　分部工程名称

<u>（757＋948－745＋220）</u>断面成果
　桩号　　　　资料类名

e. 对同一项目由各单位分别施测或同一成果分多本，加"之一""之二"等区别号时，如三峡库区固定断面观测，按以下方式拟写：

<u>2003 年长江三峡工程</u>　　　<u>库　区</u>　　　<u>大坝至李渡镇干支流</u>　　<u>固定断面观测</u>
　　合同项目名称　　　分部工程名称　　　分项工程名称　　　观测类别资料类名

<u>断面图册</u>　<u>（之一）</u>
　区别号

f. 若以上项目按测次提交，在观测名称后加测次，按以下方式拟写：

<u>2003 年长江三峡工程</u>　　<u>库　区</u>　　<u>大坝至李渡镇干支流</u>　<u>固定断面观测</u>
　　合同项目名称　　分部工程名称　　分项工程名称　　　　观测类别

<u>（03-1）</u>　<u>断面图册</u>　<u>（之一）</u>。
　测次　　　资料类名　　区别号

g. 对地形图资料类名不加比例尺。

h. 当盒内资料不为单纯的某项成果时，如含有报告、成果表或含有图等，则资料类名写为"技术资料"。

（3）资料册印制

汇总文本及报告为 A4 幅面。

对图形，其常规观测类为 A3 幅面，工程类观测，图纸高度为 A3 高度，长度一般控制在 100cm 以内，装订时折叠成 A3 幅面（此种情况的封面、目录、责任页及成果说明文字注记按 A3 幅面控制），具体在技术设计书中规定。印制组版应以美观协调为原则。

成果装订成册分为平装与精装 2 种，采用平装时封面（底）统一采用白色，纸质为白色花纹纸（180g）或白色铜版纸（157g）。当有特殊要求时可制作精装，其精装的程度根据需要决定。

为区别不同类别不同阶段的成果，以便用户合理使用，在副封左上角须印制标志线，见附录 A1。分为工程阶段标志线与成果标志线，标志线色样见附录 A2。

①工程阶段标志线。

线粗 7 磅，与左上角构成内边长 30mm 的三角形。当为一般性观测时，可不加此标志线，如河道基本观测。

②不同设计阶段与类型色样。

a. 规划设计、项目建议书及水行政管理为浅绿；

b. 可行性研究（等同电口预可行性研究）、初步设计（等同电口可行性研究）阶段为金黄；

c. 招投标文件阶段为粉红；

d. 施工设计及验收为浅蓝；

e. 安全鉴定、竣工验收为海绿；

f. 科技攻关、专题研究为浅灰；

g. 监理阶段为紫色；

h. 工程运行维护及质量管理阶段为大红。

③成果标志线色样。

在工程阶段标志线外侧相间 1mm 印制线粗 12 磅的不同阶段成果标志线，色样要求如下：

a. 中间成果（经初检合格所提交的部分成果），用大红表示。分多次提交时，首次用大红、第二次用粉红、第三次用玫瑰红、第四次用梅红；

b. 阶段性成果（经审查通过的分阶段完成的项目成果），用金黄表示；

c. 初检成果用绿色表示；

d. 最终检查（复检）成果用蓝色表示；

f. 初验成果用紫色表示；

g. 验收（或审查）及最终提交成果，用深绿色表示（观测技术设计书、技术总结不印两标志线，检查验收报告印制成果标志线，其他技术报告皆须印制上述两标志线）。

④分析或试验报告成果标志线色样。

a. 阶段性成果为淡蓝；

b. 全年综合性成果为蓝灰；

c. 最终成果为灰色（40％）（分析或试验报告外封面可印制成上述彩色）。

⑤封面印制时，一般情况下标题第一行字上边距封面顶边控制在 55 ± 5mm，落款及日期下边线距封面底边控制在 40 ± 5mm。具体见附录 A。

⑥封面成果标题注记要求。

a. 成果标题根据字数多少，分一或二行注记，最多不超过三行，以美观协调为宜。第一行为观测项目名称，第二行为资料类（文件）名称，或第一、二行为观测项目名称，第三行为资料类（文件）名称。

b. 当观测项目有大项目名与单项目名时，则可将大项目名组合在成果标题中。

c. 当大项目名无法组合在成果标题中时或字数较多（一般超过 10 个）且其进入正文标题使之标注超过三排时，可将大项目名注记在封面的左上角，否则仍应进入正文标题。注记在封面的左上角时用矩形框线框定，当注记格式超过 2 行时，字号相应缩小半号。大项目名在各项注记中仍应反映。

如 2004 年长江重要堤防隐蔽工程建设质量观测项目，其观测项目为大项目名，则左上角矩形框内分两排写为"长江重要堤防隐蔽工程质量缺陷整改及建设期维护测量工作（第二批）"，正文标题名称注记单项目名，可写为：第一行"××年武汉市堤三标段"，第二行写为"龙王庙段（桩号）护岸工程观测"，第三行写为"断面成果"。外封样式见附录 A3。

d. 当为区别不同类别的观测项目时，可采用相关规定要求的方式。

e. 当注记在左上角的大项目由多项内容组成，如包括类别名、专题及子题名时，可采用不加左上角框线形式，而直接在左上角分项分行注记，其中若某一项题目太长，分两行注记。

⑦副封右上角印制密级，用细点线组成矩形框标注，框大小为 2.2cm×1.3cm。当密级有规定时，印制规定密级，当无规定时，印制"内部"。

⑧首页为副封，作为正式交付的成果，副封必须加盖单位公章。

⑨当用户有规定的封面时，则采用用户规定样式的外封及内封或副封，当需要注记标志线时采用特定方式，密级不注记。

⑩加包用户规定封面样式时，如三峡工程水文泥沙观测，三峡集团有专门的封面样式，则其字体统一规定为黑体字，字号统一为 3 号，若字数较多，除"编制单位"与"编制时间"字体字号大小不变外，其他按版位按字数调整字号大小。

⑪在封面中，对落款日期用中文注记为×年×月，若需注明起止时间则用阿拉伯数字写为"年．月．日"，但标题中的日期一律用阿拉伯数字写为中文注记。

⑫在卷内备考表、卷内目录中，标题栏用黑体字注记，其他用宋体注记。对日期则用阿拉伯数字写为"年．月．日"。

⑬第 2 页为工序签名表（对成果与资料），对分析报告和技术报告为责任页。用于对外使用或验收的责任页参考格式为：

报告的标题（黑体加粗 3 号）

批（核）准：（签字）

审定：（签字）

审查：（签字）

校核：（打印并手签）

编写（设计）：（打印并手签）

参加人员（必要时）：（打印）

以上各项可根据情况调减或整合，需要时增加"项目负责人"（此项打印人名及职务，不手签）及"项目技术负责人"（此项打印人名，不手签），插入在"局长"和"批（核）准"之间。

⑭单位落款印制承担单位，写为"长江水利委员会水文局"或"长江水利委员会×××勘测局"。日期排为第二行。

⑮封面一般不印制长江水利委员会徽记。

⑯报告、文字说明或文本正文版式一般要求。

a. 报告版心尺寸：长×宽为 240mm×165mm（含页码±5mm），即在标准 A4 型幅面中，上白边（天头）宽 30mm，下白边（地脚）宽 27mm，左白边宽 25mm，右白边宽 20mm。对成果表格（本）可按河道有关归档的版芯进行调制。

b. 正文字号字体：4 号仿宋。行距：约为正文字体的 4/5。

c. 标题字号及各条款号：

```
                                                                1.
                                               1.1.1.1          2.
                              1.1.1                             ...
                              1.1.2
              1.1             ...
              1.2                              1.1.1.2
1             ...
```

（黑体）   （黑体）   （楷体加粗）   （仿宋）
3号/小3号   4号   4号   4号

d. 正文标题用小 2 号黑体,文内有小标题时用 3 号黑体。

e. 目录采用格式(正式)按二级编排,4 号黑体,"目录"二字为 2 号黑体。对 A3 及以上幅面,目录为黑体 3 号。除责任页外皆应进入目录,但页码应从正文开始编排。

f. 当有文字说明需要控制页数时(1~2 页),字号可根据打印版心调整。

g. 表格(文内插表):

表序——距左版心空一字,小 4 号黑体。

表名——居中,小 4 号黑体。

表单位——距右版心空一字,小 4 号黑体。

表头及表文——5 号仿宋。

表底注——5 号仿宋。

数值——Times New Roman

在一页内排不完的表需在下页续排时,要重排竖表头,并注记"表××(续)"字样(若表格另有规定的按单独规定执行)。

10.2.4 河道监测信息获取工作流优化

河道勘测工作基本的技术流程主要分为:外业数据采集记录(实时质检)、外业现场检核、内业数据预处理(质检)、入库、内业数据处理、成果的检查及合理性分析(质检)、成果图表的制作输出等。

根据河道勘测工作的主要内容,将其划分为河道地形测量、固定断面测量、基本控制断面水沙要素测验及河段动态水沙要素测验 4 个内容模块,分析采用的技术方法、主要工序以及成果需求,分析优化工作流,进而确定外业数据采集处理、内业数据处理、资料整编的业务边界,采用适宜的软件技术,开发相应的软件系统,使其能够精准耦合。

下面以平面控制测量、高程控制测量、水道地形测量、固定断面测量等工作内容为例阐述河道监测信息获取工作流的优化过程,进而进行系统的总体架构设计。

10.2.4.1 平面控制测量

依据《水利水电工程测量规范》(SL 197—2013),平面控制测量的主要内容包括基本平面控制、图根平面控制和测站点平面控制等,可采用 GNSS 测量、三角形网测量和导线(网)

测量等方法。三角形网测量和导线（网）测量技术方法多应用在 GNSS 测量无法使用的隐蔽区域。测站点测量常用 RTK 图根控制测量代替。故只对 GNSS 基本控制测量和 RTK 图根控制测量的作业流程进行分析，见图 10.2-1。

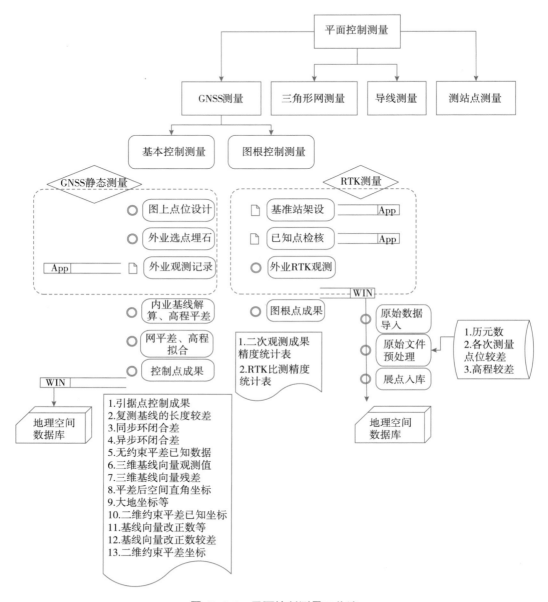

图 10.2-1　平面控制测量工作流

10.2.4.2　高程控制测量

依据《水利水电工程测量规范》（SL 197—2013），高程控制测量的主要内容包括基本高程控制、图根高程控制和测站点高程控制等，可采用水准测量、光电测距三角高程测量、GNSS 高程测量等方法。根据限差库实时或准实时质量检核、文本加密存储、自动化报表输出等理念对其进行作业流程的分析优化,见图10.2-2。

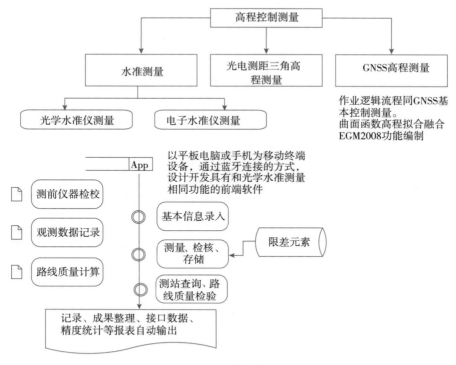

图 10.2-2　高程控制测量工作流

10.2.4.3　水道地形测量

水道地形测量分为岸上地形测量、水位控制测量及水下地形测量3个部分。

（1）岸上地形测量

岸上地形测量可采用全站仪测图、RTK测图、三维激光扫描测图、数字航空摄影测图等方法。

（2）水位控制测量

水位控制测量可采用常规和GNSS三维水深测量的方法。常规水位控制测量,即采用水准测量、光电测距三角高程测量（高程导线）等方法进行水位接测,人工观测水尺或自记水位的方式进行水位过程控制,内业应用GIS技术在地理工作底图上应用河道中心线法完成水位推算。GNSS三维水深测量技术方法执行《水道观测规范》（SL 257—2017）相关规定。

（3）水下地形测量

水下地形测量可分为水下地形平面定位和水深测量两部分。水下地形平面定位分为常规模式和自动化模式。常规模式可采用前方交会法、后方交会法、极坐标法、断面索法;自动化模式可采用RTK法、GNSS激光测距移动定位法等。在现有的技术条件除自动化模式下的RTK法外,其他方法几乎不采用,因此,本书只对RTK法水下地形测量进行作业流程分析优化,见图10.2-3。

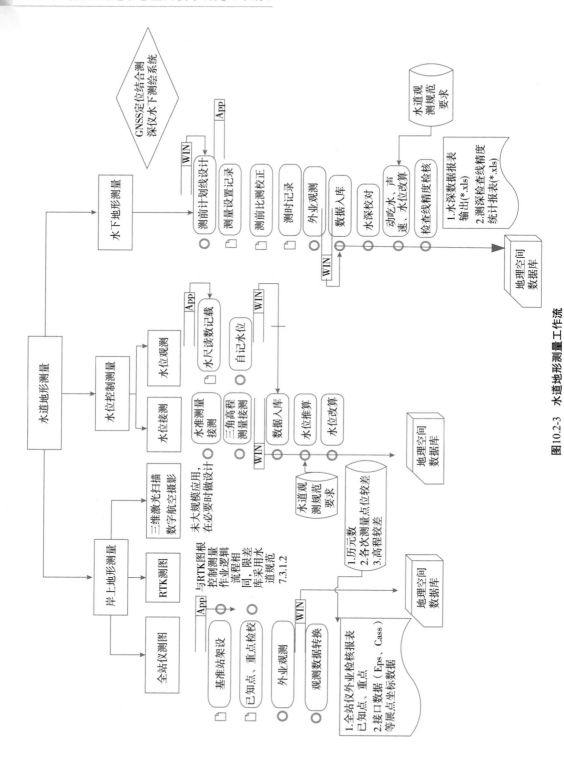

图10.2-3 水道地形测量工作流

10.2.4.4　固定断面测量

固定断面测量分为岸上断面测量、断面水位控制、水下断面数据采集及床沙观测 4 个部分。

岸上断面测量采用的技术方法同水道地形测量。

断面水位控制采用的技术方法同水道地形测量。

水下断面数据采集的技术方法同水道地形测量。

床沙观测的技术方法执行《水道观测规范》(SL 257—2017)相关规定。

在内业数据处理时基于 GIS 技术在地理工作底图上应用缓冲区技术实现起点距数据表的生成,应用限差库进行数据质量检核,通过图表联动的方式对起点距数据进行合理性分析,最终自动化报表及图件输出。具体作业流程分析优化见图 10.2-4。

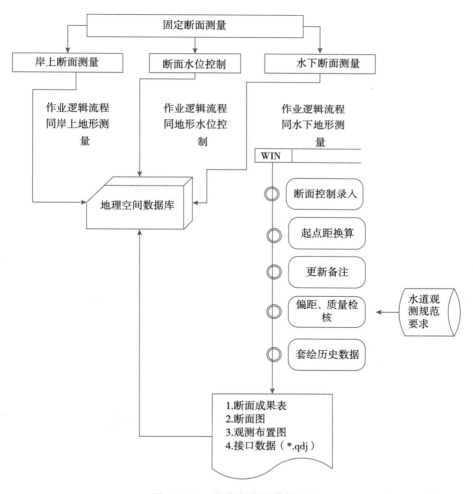

图 10.2-4　固定断面测量工作流

经过对河道勘测技术流程工作流进行剖析，可以更加清晰地了解各工序之间是否存在间隙，分析是否可以通过一定的信息化手段实现耦合，做到更加科学的处理与管理。目前，在数据处理的工序中，大部分软件是通过读取文件来操作，并且需要格式不一的中间格式数据进行计算处理，造成中间过程数据杂而乱，成果数据由各种各样格式的文件组成，没有系统存储。因此，需要进一步细致地研究各工序，通过一定的信息化手段，实现外业数据采集处理由纸质到电子的转换，中间计算统计数据及成果由表到空间数据库的转换，应用空间分析手段实现资料的可视化整编。

10.3　整编系统设计

整编系统基于 GIS 技术，按照河道勘测业务的作业逻辑流程进行工作流优化设计，在此基础上，设计了系统的总体架构，应用限差库实现观测数据的实时或准实时质量检核、加密文本数据存储、Personal GeoDataBase 及 ArcSDE GeoDataBase 空间数据和属性数据一体化存储、可视化数据处理和成果合理化分析、GIS 空间分析辅助数据处理和计算分析等技术，设计开发了一套河道勘测信息获取解决方案，这对规范河道勘测信息获取作业程序，提高成果质量和保证工作效率具有十分重要的现实意义。

10.3.1　需求分析

河道地形资料整编主要内容包括平面控制、高程控制、水道控制、水道地形等 4 项实测资料的抽审、合理性检查，以及各种成果图表的绘制。

（1）准备工作

在河道地形资料整编工作开始之前，应做好各项准备工作：搜集包含项目原始数据、中间计算统计数据及成果数据的资料处理阶段桌面数据库（＊.mdb）、任务书、专业技术设计书、技术总结等；确认整编系统中包含资料整编所需的历史资料及工作底图，按河段组织整理数据，并根据各个河段和观测项目进行组织分工、制定整编工作计划，进行资料整编技术培训，使整编人员全员熟悉或掌握整编方法，然后进行整编工作。

（2）资料考证

河道地形测量的资料考证主要内容包括河段考证、平面控制及高程控制的考证、平面及高程基准转换模型考证、水尺考证等。资料考证工作应是动态执行的，如在整编之前已经进行修正的、只需对已经考证的资料进行了解其是否满足整编需要，缺者补充考证，并根据已经考证清楚的资料成果，供整编时应用。若在整编时未进行考证的，则需要按资料考证的要求，在整编工作之前进行，或结合资料抽审工作平行进行，避免由于考证工作中可能出现的问题引起大量连锁返工。

（3）资料审核

河道地形测量的质量控制应贯穿于项目的整个生命周期中，在外业数据采集阶段依据相关规范和专业技术设计书要求，设置移动终端软件的限差库，以便进行质量实时控制；在内业数据处理阶段原始数据入库前，应进行质量检查；整编时的资料审核工作应在资料考证工作之后、合理性检查之前进行。在资料审核过程中，重点对河道地形数据处理软件的输入条件进行检查。

（4）合理性检查

在资料审核完毕后，按段次和全年各段次进行单项和综合性的合理性检查。单项合理性检查是各段次、各观测项目以一个测次的资料进行检查。综合合理性检查是将全河段、全年各测次的观测资料进行全面的综合性检查，分析其合理性，最后确定整编成果。

河道地形资料合理性检查的主要内容为：河道地形图测点及等高线赋值检查、拓扑检查、测点精度检查、DEM 精度检查等合理性检查分析，通过空间叠加分析确定岸线变迁、护岸冲刷坑变化、深泓线平面变化等是否具备合理性；通过断面地形法、网格地形法及输沙量平衡法计算河流冲淤量，进而分析其合理性。凡是经过合理性检查所发现的问题，必须对原始资料和运算资料进行认真、全面的审查，根据有关资料充分论证，然后做出正确的处理，处理方法有以下几方面。

①当原始资料和中间计算资料确有错误时，按相关规范和专业技术设计书要求进行错误改正。

②凡是原始资料和中间计算资料查不出错误，经过分析研究、确有明显不合理现象的，按以下情况处理：在数量上有把握确定的，可改正。在数量上无把握确定的，可舍去；或以疑问符号表示；或者用文字加以说明情况。

以上处理原则必须经过外业数据采集人员、内业数据处理人员及项目负责人、技术负责人充分讨论后确定。

（5）编制实测成果图表

依据相关规定的要求编制各种实测成果图表。

（6）整编成果的图表审查

整编成果图表是刊印和应用资料的最终成果，必须进行校对审查，以确保成果质量。

（7）编制整编说明书和清理结整工作

资料经过整编以后，需要编制整编说明书和资料清理结整工作，编制整编说明书和资料清理结整工作是整编的最后一道工序。整编说明书内容包括：

①河段观测布置；

②观测方法和情况；

③资料审查情况；

④合理性检查；

⑤资料成果鉴定；

⑥对观测布置、资料审查方法和资料合理性检查方法的意见；

⑦附件，包括整编过程中所绘制的各种图表；

⑧存在问题。

历年资料整编说明书可按河段分测次编写阶段性说明书。全年编写综合说明书。阶段性说明书可详细些，以供最后综合编写时参改，综合说明书的编写要求文字简要。

资料清理结整工作包括原始资料清理成套归档，整编成果汇集编号、装订成册以便刊印，以及处理一切结尾工作等。

10.3.2　系统的总体架构

通过对河道监测信息获取工作流的优化分析，认为河道地形测量、固定断面测量、基本控制断面水沙要素测验及河段动态水沙要素测验 4 个内容模块具有相同的业务逻辑流程，即数据采集记录（实时质检）、数据预处理（原始数据质检）、入库、数据处理、成果审查及合理性分析、统一规范图表的自动化输出。河道监测成果综合整编系统以相关政策法规与标准规范体系及数据安全保障体系为依托，并贯穿系统设计开发的整个生命周期，系统的总体架构分为硬件基础设施层、数据层、平台功能层及应用层 4 个层次，见图 10.3-1。

（1）硬件基础设施层

硬件基础设施层依托已有的网络体系、服务器、存储设备、安全保障体系等软硬件基础设施，为平台运转提供必要的运行环境与保障。

（2）数据层

收集和整理历年勘测的河段空间和属性信息、基本平面及高程控制信息、水尺信息、断面位置信息、平面及高程基准转换模型信息等构建资料考证数据库；以现时采集的河道勘测原始及中间数据组成桌面数据库（＊.mdb）；以历年勘测和收集的河道地形图、固定断面成果数据、基本控制断面水沙要素、河段动态水沙要素等成果数据构建成果数据库；以互联网地图数据（DOM＋DEM）和现场采集倾斜摄影测量数据为数据源建立河段岸线保护区内三维地表模型；以历年勘测和收集的水下地形数据为数据源建立现状历史河床三维模型及可视化符号模型等共同组成长江中下游防洪河道三维实景空间数据库。以上勘测、收集及整理的数据共同为系统建设提供数据支撑。

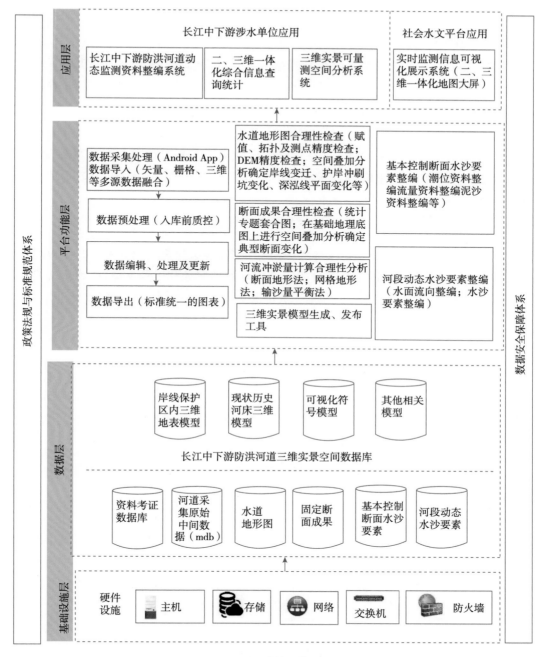

图 10.3-1　系统的总体架构设计

（3）平台功能层

通过对河道监测信息获取工作流的优化分析，确定外业数据采集处理、内业数据处理及成果资料合理性分析 3 个功能边界。其中，外业数据的采集处理采用 Android App 的形式设计研发。内业数据处理软件基于 GIS 技术实现多源数据转化为空间数据进行导入融合、数据预处理（入库前质控）、数据编辑、处理及更新、导出标准统一的图表数据。河道勘测资料整编软件遵循 GIS 软件的标准工作流，具备河道地形图测点及等高线赋值检查、拓扑检查、测点精度检查、DEM 精度检查等合理性检查分析功能，通过空间叠加分析确定岸线变迁、护岸冲刷坑变化、深泓线平面变化等是否具备合理性；针对固定断面成果，通过在基础地理底图上进行空间叠加分析及统计专题套合图等方式确定典型断面变化；通过断面地形法、网格地形法及输沙量平衡法计算河流冲淤量，进而分析其合理性；资料整编软件具备三维实景模型生成、发布工具、潮位资料整编、流量资料整编、泥沙资料整编等基本控制断面水沙要素整编功能，具备水面流向整编、水沙要素整编等河段动态水沙要素整编功能，为平台运转提供二、三维 GIS 功能支撑。

（4）应用层

通过构建长江中下游防洪河道动态监测资料整编系统，为长江中下游涉水单位提供河道勘测综合数据管理、查询统计、计算分析等结构化数据服务和工具支撑，并为水文实时监测信息可视化展示提供二、三维一体化地图大屏服务。

10.3.3　系统开发关键技术

10.3.3.1　Android 开发技术

Android 是一个开源的，基于 Linux 的移动设备操作系统，主要使用于移动设备，如智能手机和平板电脑。Android 是由谷歌及其他公司带领的开放手机联盟开发的。

（1）Android 架构

Android 操作系统是一个软件组件的栈，在架构图中它大致可以分为 5 个部分和 4 个主要层。Android 架构见图 10.3-2。

1）Linux 内核

在所有层的最底下是 Linux，包括大约 115 个补丁的 Linux 3.6。它提供了基本的系统功能，比如进程管理、内存管理、设备管理（如摄像头、键盘、显示器）。同时，内核处理所有 Linux 所擅长的工作，如网络和大量的设备驱动，从而避免兼容大量外围硬件接口带来的不便。

2）程序库

在 Linux 内核层的上面是一系列程序库的集合，包括开源的 Web 浏览器引擎 Webkit，知名的 libc 库，用于仓库存储和应用数据共享的 SQLite 数据库，用于播放、录制音视频的库，用于网络安全的 SSL 库等。

3）Android 程序库

这个类别包括了专门为 Android 开发的基于 Java 的程序库。这个类别程序库的示例包括应用程序框架库，如用户界面构建，图形绘制和数据库访问。一些 Android 开发者可用的 Android 核心程序库总结如下：

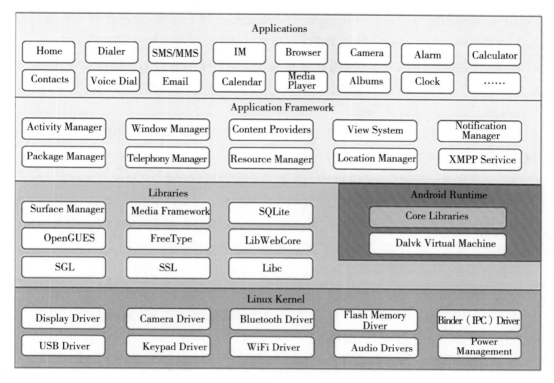

图 10. 3-2　Android 架构

①android. app—提供应用程序模型的访问，是所有 Android 应用程序的基石。

②android. content—方便应用程序之间、应用程序组件之间的内容访问、发布、消息传递。

③android. database—用于访问内容提供者发布的数据，包含 SQLite 数据库管理类。

④android. opengl—OpenGL ES 3D 图片渲染 API 的 Java 接口。

⑤android. os—提供应用程序访问标注操作系统服务的能力，包括消息、系统服务和进程间通信。

⑥android. text—在设备显示上渲染和操作文本。

⑦android. view—应用程序用户界面的基础构建块。

⑧android. widget—丰富的预置用户界面组件集合，包括按钮、标签、列表、布局管理、单选按钮等。

⑨android. webkit——一系列类的集合，允许为应用程序提供内建的 Web 浏览能力。

在看过 Android 运行层内的基于 Java 的核心程序库后，需要关注 Android 软件栈中的基于 C/C＋＋的程序库。

4）Android 运行时

这是架构中的第三部分，自下而上的第二层。这个部分提供名为 Dalvik 虚拟机的关键组件，类似于 Java 虚拟机，但专门为 Android 设计和优化。

Dalvik 虚拟机使得用户可以在 Java 中使用 Linux 核心功能，如内存管理和多线程。Dalvik 虚拟机使每一个 Android 应用程序运行在自己独立的虚拟机进程中。

Android 运行时为 Android 应用程序开发者提供一系列核心的程序库以使用标准的 Java 语言来编写 Android 应用程序。

5）应用框架

应用框架层以 Java 类的形式为应用程序提供许多高级服务。应用程序开发者被允许在应用中使用这些服务。

①活动管理者—控制应用程序生命周期和活动栈的所有方面。

②内容提供者—允许应用程序之间发布和分享数据。

③资源管理器—提供对非代码嵌入资源的访问，如字符串、颜色设置和用户界面布局。

④通知管理器—允许应用程序显示对话框或者通知给用户。

⑤视图系统——一个可扩展的视图集合，用于创建应用程序用户界面。

6）应用程序

顶层中有所有的 Android 应用程序，包括应用者写的应用程序也将被安装在这层。这些应用程序包括通讯录、浏览器、游戏等。

（2）Android 应用程序组件

应用程序组件是一个 Android 应用程序的基本构建块。这些组件由应用清单文件松耦合的组织。AndroidManifest. xml 描述了应用程序的每个组件，以及它们如何交互。

表 10.3-1 是可以在 Android 应用程序中使用的 4 个主要组件。

表 10.3-1   Android 应用程序组件

组件	描述
Activities	描述 UI，并且处理用户与机器屏幕的交互
Services	处理与应用程序关联的后台操作
Broadcast Receivers	处理 Android 操作系统和应用程序之间的通信
Content Providers	处理数据和数据库管理方面的问题

10. 3. 3. 2 ArcGIS Engine 技术

ArcGIS Engine 是 ArcGIS 的一套软件开发引擎，可以让程序员创建自定义的 GIS 桌面程序。

ArcGIS Engine 支持多种开发语言，包括 COM、. NET 框架、Java 和 C＋＋，能够运行在 Windows、Linux 和 Solaris 等平台上。这套 API 提供了一系列比较高级的可视化控件，大大方便了程序员构建基于 ArcGIS 的应用程序。

ArcGIS Engine 是 ESRI 在 ArcGIS9 版本才开始推出的新产品，它是一套完备的嵌入式 GIS 组件库和工具库，使用 ArcGIS Engine 开发的 GIS 应用程序可以脱离 ArcGIS Desktop

而运行。ArcGIS Engine 面向的用户并不是最终使用者,而是 GIS 项目程序开发员。对开发人员而言,ArcGIS Engine 不再是一个终端应用,不再包括 ArcGIS 桌面的用户界面,它只是一个用于开发新应用程序的二次开发功能组件包。

在 ArcGIS Engine 产品出现之前,使用 ArcGIS 开发自定义 GIS 功能有 3 种方法:在 ArcGIS Desktop 软件的 VBA 环境中编写代码;使用支持 COM 技术的编程语言,通过实现 ArcObjects 开放的特定接口编写能够嵌入 ArcGIS Desktop 的 DLL 文件;使用 ArcObjects 包含的可视化控件 MapControl 和 PageLayoutControl 控件开发具有独立界面的 GIS 应用程序。这 3 种开发方式都要求客户端必须安装一定级别的 ArcGIS Desktop 产品,因此产品的部署成本非常高昂。

由于 GIS 行业的特殊性,最终用户一般都希望使用与自己业务逻辑相适应的自定义界面 GIS 系统而不是商业软件成品,因此 GIS 行业从一开始对于定制业务的需求就非常迫切。ArcGIS Engine 之前普遍使用的二次开发组件包括 ESRI 的 MapObjects 和 MapInfo 公司的 MapX 等产品,它们也可以让程序员们使用不同的程序语言和开发环境,建构具有独立界面的 GIS 程序。

由于 MapObjects 本身只是一个 ActiveX 控件,与 ESRI ArcGIS 的核心库 ArcObjects 不存在任何联系,因此 ArcGIS 中的许多高级 GIS 功能无法在 MapObjects 中实现。为了改变这种情况,ESRI 将 ArcObjects 中的一部分组件重新包装后命名为 ArcGIS Engine 发布,这个产品取代 MapObjects 进入嵌入式 GIS 开发领域,同时,MapObjects 在 3.2 版后已经退出了市场,ESRI 不会再为这个产品开发下一个版本。

ArcGIS 产品框架 ArcGIS 是一个可伸缩的 GIS 平台,可以运行在桌面端、服务器端和移动设备上。它包含了一套建设完整 GIS 系统的应用软件,这些软件可以互相独立或集成配合使用,为不同需求的用户提供完善的解决之道。

借助 ArcGIS,可以实现下列功能:

①显示多图层的地图,如道路、河流和边界。

②地图的漫游和缩放。

③在地图上识别要素。

④在地图上查询要素。

⑤显示航片或卫片。

⑥绘制图形要素,如点、线、圆和多边形。

⑦绘制描述性文本。

⑧以线、选择框、区域、多边形和圆来选择要素。

⑨以要素缓冲区进行选择。

⑩以结构化查询语句(SQL)查找和选择要素。

⑪以专题符号化方法显示要素,如独立值图、分类图和点密度图。

⑫动态显示实时或时序数据。

⑬从街道地址或交叉点寻找位置。

⑭转换地图数据的坐标系统。

⑮对要素进行几何操作，生成缓冲区、计算不同部分、寻找交叉点、合并等。

⑯修改要素形状或旋转地图。

⑰新建和更新要素的几何形状和属性。

⑱操作个人和企业级 GeoDataBase。

10.3.3.3　ArcSDE GeoDataBase 技术

ArcSDE，即数据通路，是 ArcGIS 的空间数据引擎，它是在关系数据库管理系统中存储和管理多用户空间数据库的通路。从空间数据管理的角度看，ArcSDE 是一个连续的空间数据模型，借助这一空间数据模型，可以实现用 RDBMS 管理空间数据库。在 RDBMS 中融入空间数据后，ArcSDE 可以提供空间和非空间数据进行高效率操作的数据库服务。ArcSDE 采用的是客户/服务器体系结构，所以众多用户可以同时并发访问和操作同一数据。ArcSDE 还提供了应用程序接口，软件开发人员可将空间数据检索和分析功能集成到自己的应用工程中去。

（1）高性能的 DBMS 通道

ArcSDE 是多种 DBMS 的通道。它本身并非一个关系数据库或数据存储模型。它是一个能在多种 DBMS 平台上提供高级的、高性能的 GIS 数据管理的接口。

（2）开放的 DBMS 支持

ArcSDE 允许用户在多种 DBMS 中管理地理信息：Oracle，Oracle with Spatial or Locator，Microsoft SQL Server，Informix，以及 IBM DB2。

（3）多用户

ArcSDE 为用户提供大型空间数据库支持，并且支持多用户编辑。

（4）连续、可伸缩的数据库

ArcSDE 可以支持海量的空间数据库和任意数量的用户，直至 DBMS 的上限。

（5）GIS 工作流和长事务处理

GIS 中的数据管理工作流，例如多用户编辑、历史数据管理、check-out/check-in 以及松散耦合的数据复制等都依赖于长事务处理和版本管理。ArcSDE 为 DBMS 提供了这种支持。

（6）丰富的地理信息数据模型

ArcSDE 保证了存储于 DBMS 中的矢量和栅格几何数据的高度完整性。这些数据包括矢量和栅格几何图形，支持 (x, y, z) 和 (x, y, z, m) 的坐标、曲线、立体、多行栅格、拓扑、网络、注记、元数据、空间处理模型、地图、图层等。

（7）灵活的配置

ArcSDE 通道可以让用户在客户端应用程序内跨网络或跨计算机地对应用服务器进行多种多层结构的配置。ArcSDE 支持 Windows、UNIX、Linux 等多种操作系统。

10.4 整编系统实现

通过对河道地形测量信息获取工作流的优化分析，确定外业数据采集处理、内业数据处理及成果资料合理性分析 3 个功能边界。其中，外业数据的采集处理采用 Android app 的形式设计研发。内业数据处理软件基于 GIS 技术实现多源数据转化为空间数据进行导入融合、数据预处理（入库前质控）、数据编辑、处理及更新、导出标准统一的图表数据。河道勘测资料整编软件遵循 GIS 软件的标准工作流，具备河道地形图测点及等高线赋值检查、拓扑检查、测点精度检查、DEM 精度检查等合理性检查分析功能，通过空间叠加分析确定岸线变迁、护岸冲刷坑变化、深泓线平面变化等是否具备合理性；在监测河段的特征部位提取断面成果，通过在基础地理底图上进行空间叠加分析及统计专题套合图等方式确定典型断面变化；通过断面地形法、网格地形法及输沙量平衡法计算河流冲淤量，进而分析其合理性。下面分别从外业数据采集梳理、内业数据处理及成果资料合理性分析 3 个方面阐述相应软件系统的设计及实现。

10.4.1 河道监测数据采集记录系统实现

通过对河道测绘信息获取工作流的分析，认为其基本工作流程为外业数据采集记录、计算检核；内业数据预处理、入库、数据处理、成果图表的制作及合理性分析。外业数据采集记录及计算检核是河道测绘工作流的第一环节，是整个工作的基础。记录计算的速度直接影响着测量的速度，记录计算的质量也会对测量成果的质量产生直接影响。

针对河道测绘实际情况，基于 Android 电子平板或智能手机，采用目前较为成熟和先进的 Android Studio 开发平台，依据现行的国家标准和行业规范，以河道水准测量为例，详细阐述了河道监测移动终端软件的功能结构设计与开发过程，以及系统实现的一些关键技术，包括利用 RSA 加密算法实现观测数据的加密；通过调用限差库实现观测数据的自动检核；通过调用 Excel 组件对象模型实现报表的自动化计算输出，并根据工程实际数据对系统进行了测试，取得了较好的效果。

（1）系统的功能设计

对河道测绘前端数据采集的实际情况做好充分的现状分析，对数据的来源进行分类，了解并熟悉河道测绘各项外业观测的过程、内业数据处理作业流程及特点，理清关键工作节点，确定软件的功能需求、各种数据项及其衍生数据项，从而设计出系统的功能、数据结构（字段属性及其表现形式、字段类型、文件结构）、数据输入输出形式等。

河道监测移动终端系统软件目前的功能主要包括光学水准测量数据采集记录模块、三角高程水位接测模块、高程导线测量模块、工作照片空间属性数据采集模块、水下地形测量记录模块、水位观测记录模块、陆上地形测量记录模块、GNSS静态测量记录模块等，各个模块按测量等级和观测方法又划分为多个模块，下面以光学水准测量数据采集记录为例来说明模块所遵循的相同的工作流程。

①新建测量，主要完成水准测量基本信息的录入、数据的记录、测站自动计算检核、数据加密存储。基本信息包括项目名称、文件路径、测区、起点名称、终点名称、仪器名称、标尺常数、标尺编号、天气情况、成像质量、测量时间、观测者、记簿者、测量等级方法等。在外业测量数据记录计算过程中，各测站根据属性的不同自动完成视距、视距差、累计视距差、黑红面读数差、黑红面高差之差、间歇点检测高差之差、短跨距跨河水准高差之差及单程双转转点差等限差检核，检核合格即对数据进行加密存储，不符合限差要求即进行消息框提示，重新观测，并对数据质量进行实时判断。

②仪器检校，对 i 角检校等仪器检校项目进行观测步骤指导和提示、观测记录、自动计算检核，符合要求即加密存储。

③参数设置，限差库的设定，测量员可根据作业要求对限差值在 UI 上进行动态修改，无需修改底层代码。

④质量控制，主要完成录入和计算数据的查询，测段和路线闭合差的检验。

⑤成果输出，通过调用 Excel 组件对象模型实现记录和成果整理报表的自动化计算输出，并进行精度统计。

软件的主要功能模块见图 10.4-1。

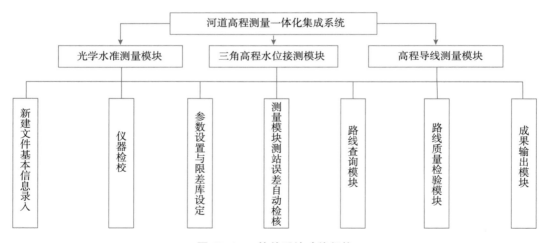

图 10.4-1　软件系统功能架构

（2）系统的机构设计

河道高程测量一体化集成系统以加密文本的形式存储数据，数据隐蔽性强，可充分保证数据的原始性、唯一性及安全性。同时对文本文件的数据结构块进行设计，数据结构设计的优劣,直接关系到数据使用效率的高低。良好的模型既可减少数据冗余又能提高查询速度。下面以光学水准测量模块的数据结构设计为例来说明。根据测量等级和观测方法的不同来设计数据结构块,共建立了 i 角检校基本信息块、i 角检校数据记录计算块、测量基本信息块、符合水准数据记录计算块、单程双转点水准数据记录计算块 5 个数据结构块,见表 10.4-1。

表 10.4-1　　　　　　　　　　　　水准测量数据结构块设计

i 角检校基本信息块	i 角检校数据记录计算块	测量基本信息块	符合水准数据记录计算块	单程双转点水准数据记录计算块
仪器型号	仪器距近标尺距离	项目名称	测站编号	测站编号
成像质量	仪器距远标尺距离	文件路径	后尺上丝	后视距
A 尺编号	A 尺读数 a1	测区	后尺下丝	前视距
B 尺编号	B 尺读数 b1	起点名称	后尺视距	视距差
检查日期	A 尺读数 a2	终点名称	前尺上丝	累计视距差
检查方法	B 尺读数 b2	仪器名称	前尺下丝	后视黑面
	读数中数	标尺常数	前尺视距	后视红面
	高差	标尺编号	视距差	后视 k＋黑—红
	dta 值	天气情况	视距累计差	前视黑面
	i 角值	成像质量	后尺黑面	前视红面
		测量时间	后尺红面	前视 k＋黑—红
		观测者	后尺 k＋黑—红	黑面高差
		记簿者	前尺黑面	红面高差
		测量等级	前尺红面	平均高差
		观测方法	前尺 k＋黑—红	累计高差
			黑面高差	是否为短跨距跨河水准
			红面高差	是否为作废测站
			平均高差	备注
			累计高差	
			后尺点名	
			前尺点名	
			是否为短跨距跨河水准	
			此站是否作废	
			备注	

(3)系统实现的关键技术

本书系统实现的关键技术为:记录计算数据的存储采用 RSA 加密算法以实现对观测数

据的加密；在测站和路线测量的过程中，通过调用可定制的限差库实现对观测数据质量的自动实时检核；通过调用 Excel 组件对象模型实现报表的自动化计算输出。

1）RSA 加密解密算法

在测量数据采集的数字化阶段，虽然外业测量的数据可通过仪器或随机手簿内存进行简单的存储，但多为明文文本的形式，观测数据容易被刻意破坏和篡改。因此，很多河道测绘生产单位在从事控制（含水位控制）等重要的测量生产中仍采用纸质记录的方式来从根源上控制成果质量，作业质量和效率很低。本书采用 RSA 加密算法实现对记录计算数据块的加密，很好地解决了这一问题，真正实现了内外业一体化。

RSA 公钥加密算法是 1977 年由 Ron Rivest、Adi Shamirh 和 Len Adleman 在美国麻省理工学院开发的。RSA 取名来自三位作者的名字。RSA 是目前最有影响力的公钥加密算法，它能够抵抗到目前为止已知的所有密码攻击，已被 ISO 推荐为公钥数据加密标准。RSA 算法基于一个十分简单的数论事实：将两个大素数相乘十分容易，但那时想要对其乘积进行因式分解却极其困难，因此可以将乘积公开作为加密密钥。RSA 算法是第一个能同时用于加密和数字签名的算法，也易于理解和操作。

RSA 加密算法实现对观测数据加密见图 10.4-2。

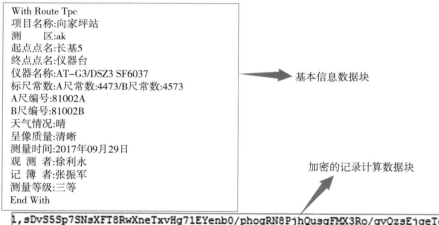

图 10.4-2　RSA 加密后的存储文件

2）观测数据的自动计算检核

本系统的重要特征之一就是通过调用可定制的限差库实现观测数据计算检核的实时化，节省外业作业时间，降低外业工作强度，避免人工计算带来的错误及内业的二次计算，从而实现河道测绘内外业的一体化。以光学水准测量为例，观测数据自动计算检核的 UI 实现见图 10.4-3。

图 10.4-3　数据质量实时检核

3）自动化报表输出

通过点击用户界面上成果输出模块的相应命令按钮，即可调用 Excel 组件对象模型实现仪器检校报表、外业观测记录表、测量成果整理表、精度统计表以及接口数据的自动化计算输出。以三等水准测量为例，输出的三等水准测量的记录表和成果整理表见图 10.4-4。

险工监测　三等水准观测记录表

水准仪：AT-G3/DSZ3 SF6037　　水准尺尺号：81002A（A尺）　81002B（B尺）　　K值：A尺 4473m　B尺 4573m

路线：长基5～仪器台　　　天气：晴　呈像：清晰　　　日期：2017年09月29日　始：16时17分　终：16时21分

站号及尺号	后上丝后下丝视距差	前上丝前下丝视距差	后视距前视距视距差	累计视距差累计距离	中丝读数 黑面 黑高差	中丝读数 红面 红高差	K+黑－红	平均高差累计高差	备注
1 A/B	0499 0395 10.4	1749 1641 10.8	10.4 39.8 -0.4	-0.4 21.2	0447 1695 -1.248	4919 6268 -1.349	1 0 1	-1.2485 -1.2485	长基5
2 B/A	1699 1311 38.8	1810 1412 39.8	38.8 39.8 -1.0	-1.4 99.8	1503 1610 -0.107	6077 6082 -0.005	-1 -1 -2	-0.1060 -1.3545	
3 A/B	1394 1333 6.1	1235 1173 6.2	-0.1	-1.5 112.1	1363 1203 0.160	5836 5776 0.060		0.1600 -1.1945	
4 B/A	2053 1972 8.1	2558 2471 8.7	8.1 8.7 -0.6	-2.1 128.9	2012 2514 -0.502	6586 6987 -0.401	-1 0 -1	-0.5015 -1.6960	
5 A/B	1313 1261 5.2	1336 1298 3.8	5.2 3.8 1.4	-0.7 137.9	1287 1317 -0.030	5759 5890 -0.131	1 1 1	-0.0305 -1.7265	
6 B/A	1475 1443 3.2	1545 1514 3.1	3.2 3.1 0.1	-0.6 144.2	1458 1530 -0.072	6031 6002 0.029	0 1 -1	-0.0715 -1.7980	长基3

险工监测三等水准测量成果整理表

测量日期：2017年 02 月 16 日　　长基V～流起桩～长校8～仪器台　　（1985国家高程基准）

测点编号	距离（Km） 往测	距离（Km） 返测	距离（Km） 平均	高差（m） 往测	高差（m） 返测	高差（m） 平均	闭合差（m） 实测	闭合差（m） 允许	是否符合要求
流起桩	0.16	0.14	0.2	-4.0305	4.0295	-4.030	0.001	±0.012	符合要求
长校8	0.17	0.18	0.2	-7.7590	7.7565	-7.758	0.002	±0.012	符合要求
仪器台	0.64	0.62	0.6	0.4045	-0.4115	0.408	-0.007	±0.012	符合要求

成果整理	测点编号	测得高程m	去年采用高程m	本年采用高程m	测点编号	测得高程m	去年采用高程m	本年采用高程m	备注
	流起桩	202.***	202.***	202.***					
	长校8	198.***	198.***	198.***					
	仪器台	206.***	206.***	206.***					

注：允许闭合差＝±12 $\sqrt{L}$
（L—往返平均距离，不到1km时按1km计算）

引据点高程：206.***　m

图 10.4-4　记录表和成果整理表

（4）系统的实现

针对河道测绘实际情况，基于 Android 电子平板或智能手机，采用目前较为成熟和先进的 Android Studio 开发平台,依据现行的国家标准和行业规范,构建了包含光学水准测量数据采集记录、三角高程水位接测、高程导线测量、工作照片空间属性数据采集模块、水下地形测量记录模块、水位观测记录模块、陆上地形测量记录模块、GNSS 静态测量记录模块等的河道监测移动终端软件系统。作为交互式的平板电脑软件,典型的模式是采用消息机制,即对各类动作如点击按钮、触摸屏幕等进行监听,从而对相应事件做出反应。此次设计中每一个界面均设置有监听对象,可以完成当前页面所承担的相应的功能。系统工作流见图 10.4-5。

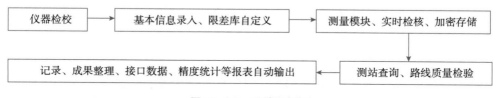

图 10.4-5　系统工作流

（5）系统测试

除了开发者在系统软件开发的过程中进行大量的测试外,在软件开发完成后,本单位下属的 4 个生产单位利用现有的观测数据进行了系统的整体测试,同时分别组织了外业测试,测试结论为：

系统在外业的操作过程中,操作方便,界面之间的切换比较灵活;限差库的定制灵活,在 UI 上即可完成规范规定限差的设置;对存储文件的加密处理效果良好,用户必须通过自动化报表输出功能解密才能有效识别,充分保证原始数据的隐蔽性、唯一性、安全性;能够对每一测站的数据和整条路线的数据进行实时检核,能够有效触发各项限差;计算小数位的取位严格遵循四舍六入的修约规则;成果输出完整、规范、统一。

10.4.2　河道监测数据处理系统实现

河道勘测的基本工作流程为测前数据准备,外业数据采集记录、计算检核,内业数据预处理、入库、数据处理、成果图表的制作及合理性分析。目前,此工作流程基本实现了数字化、自动化,但是依然存在以下问题。①多数河道勘测数据处理软件不能实现原始数据、中间计算统计数据及成果数据的结构化存储,无法实现任意条件的查询、检索和统计,不能很好地获取数据在业务逻辑流程中的状态,并充分保证信息获取、加工的质量。②在某些技术环节中,内、外业工序边界依然存在,有必要通过技术手段进行改进优化。③多数软件的自动化质量检核功能较弱,人工干预多,作业效率低,差错率高。有时因过程检查不到位,出现的错误未及时发现,会出现返工现象,甚至造成重大的经济损失。④多数软件在数据处理和成果合理化分析环节可视化程度较差,不利于成果质量的保证和提高。

基于 GIS 技术,按照河道勘测业务的作业逻辑流程进行工作流优化设计,在此基础上,依据现行的国家标准和行业规范，进行了系统的功能设计和数据库表结构设计。应用限差库实现观测数据的实时或准实时质量检核、GeoDataBase 空间数据和属性数据一体化存储、可视化数据处理和成果合理化分析、GIS 空间分析辅助数据处理等技术，设计开发了河道勘测地理信息处理系统软件，这对规范河道勘测数据处理作业程序，提高成果质量和保证工作效率具有十分重要的现实意义。

（1）**系统功能设计**

河道勘测数据处理系统基于 GIS 技术，结合计算机编程技术、数据库技术，按照河道勘测业务的逻辑流程，优化工作流设计，进而进行系统功能设计。对工作流进行分解，本系统的主要功能模块如下。

①测前数据准备：本系统设计了河道勘测项目的人员配置、仪器设备配置、项目设置等信息的录入，以及测区历史断面成果、基本控制点数据、固定断面控制线等数据的导入，水下测量的计划线设计等功能，完成河道勘测项目测前的数据准备工作。

②外业数据采集入库：对河道勘测的数据源进行分类分析，设计了河道勘测外业采集的陆上测点（含 RTK、全站仪等）、水下测点、水位接测站点、水尺读数、床沙采样点、声速测量记录、外业多媒体文件等信息录入和导入空间数据库的功能。

③数据预处理：在项目设置功能模块中，可以对限差库进行设置，通过调用限差库信息，对该项目外业采集录入的数据进行预处理，以便对外业勘测数据进行预检查功能。

④数据处理：该功能重点对项目已进行预处理并已入库的数据，结合 GIS 可视化地图、空间分析、空间查询、属性查询、属性编辑、数据选择集等功能，对数据进行标准化处理，并将标准化处理的结果存储为数据库表。

⑤数据合理性分析：该功能模块结合 GIS 可视化地图、空间叠置等功能，可添加现势性较强的遥感影像数据对处理后的结果进行合理性检查，并进行编辑。

⑥输出：把中间数据、成果数据从空间数据库导出至文件的过程，用户可以根据自定义数据格式进行输出，以及统计表格的输出等。

部分功能见图 10.4-6。

（2）**系统数据库表结构设计**

空间数据库是 GIS 系统的核心组成部分，应用 GeoDataBase 空间数据模型进行地理数据库表结构设计。GeoDataBase 是为了更好地管理和使用地理要素数据而按照一定的模型和规则组合起来的地理要素数据集（Feature datasets）。GeoDataBase 是按照层次型的数据对象来组织地理数据的。这些数据对象包括对象类（Objects）、要素类（Feature classes）和要素数据集。GeoDataBase 对地理要素类和要素类之间的相互关系、地理要素类几何网络、要素属性表对象等进行有效管理，并支持对要素数据集、关系以及几何网络进行建立、删除、修改及更新操作。GeoDataBase 空间数据库数据模型见图 10.4-7。

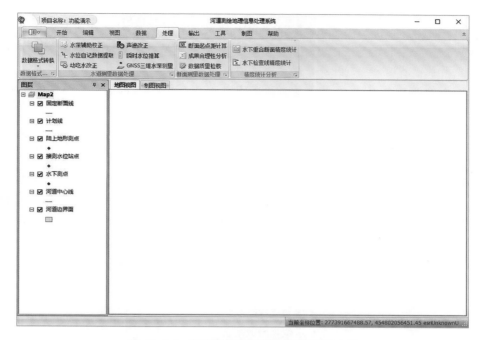

图 10.4-6　河道勘测地理信息处理系统功能

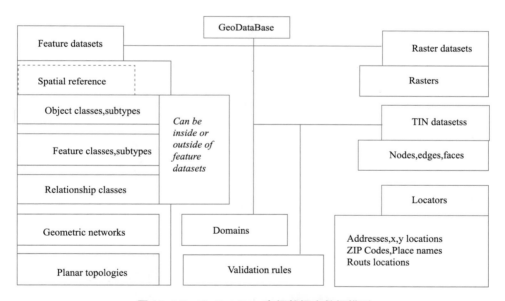

图 10.4-7　GeoDataBase 空间数据库数据模型

　　河道勘测数据处理系统是基于 GIS 的河道勘测信息获取中间端,需要在空间数据结构设计中,兼顾前端、管理分析两大模块的数据衔接和共用,实现数据之间的共享与转换。通过对河道勘测数据源进行分析分类,将系统空间数据库表共分为 4 个要素数据集以及多个属性表对象,要素数据集分别为控制数据、碎部采集数据、底图文件、辅助计算数据。系统空间数据库表框架见表 10.4-2。

表 10.4-2 系统空间数据库表框架（＊标记为下文示例数据）

数据类型	要素数据集	名称	特性	图层名称/表名称
空间数据	控制数据	测区控制数据	点 P	控制点
		断面控制文件	线 L	＊固定断面线
		计划线数据	线 L	计划线
	碎部采集数据	陆上地形坐标	点 P	＊陆上地形测点
		水下数据表	点 P	＊水下测点
		水位接测统计表	点 P	＊接测水位站点
		同时水面线测量成果表	点 P	同时水面线测点
		河床质采样记载表	点 P	河床质采样点
	辅助计算数据	河道测量范围面	面 R	河道边界面
		河道中心线	线 L	河道中心线
属性数据	属性表	RTK 外业观测数据表	表 T	RTKPOINT
		声速外业观测数据表	表 T	VSINFO
		水位观测数据表	表 T	＊LSSWZ
		断面起点距数据表	表 T	＊GDDMQDJ
		投入仪器表	表 T	YQINFO
		投入人力资源表	表 T	PINFO
		项目设置信息表	表 T	PROINFO
	统计表	GNSS RTK 比测精度统计表	表 T	RTKBC
		RTK 重点检测精度统计表	表 T	RTKCD
		全站仪重点检测精度统计表	表 T	QZYCD
		RTK 图根控制二次观测成果统计表	表 T	RTKTG
		回声测深仪比测精度统计表	表 T	HSYBC
文件	文件/底图层	原始数据/底图数据	文件/ （dwg、mxd、tif）	/

　　空间数据库存储跟空间位置有关的数据，例如陆上地形测点、水下测点、水位接测站点等，GIS 的一个基本原则是在一个数据框内的地图图层必须基于相同坐标系，因此空间数据须进行坐标转换到同一坐标系。在存储方面，空间数据不仅可以存储空间位置，还可以存储位置之间的拓扑关系和相关属性。

　　属性数据库存储跟空间数据有关，但是并不含位置信息的数据，或者用于处理中间数据、结果数据等不含位置信息的数据，例如水尺读数、人员配置、仪器配置、多媒体文件等。

　　系统采用 Personal GeoDataBase 数据库可实现同时对空间数据和属性数据的存储，可以通过 ACCESS 打开，方便用户查看数据内部信息。根据系统空间数据库表总体框架，对每一个图层、表进行详细结构设计，部分表结构见表 10.4-3、表 10.4-4、表 10.4-5、表 10.4-6、

表 10. 4-7。

表 10. 4-3   **水下测点表结构设计(空间数据)**

字段名称	变量定义	数据类型	说明
水下测点序号	SX_ID	string	唯一(整个项目)
水下测点点名	SX_CDName	string	
目录文件序号	SX_DSDIRID	string	
测线名称	SX_CXName	string	
测线序号	SX_CXID	int	唯一(整个项目)
北坐标	SX_X	decimal	
东坐标	SX_Y	decimal	
原水深	SX_SS	decimal	
工作声速	SX_SV	decimal	声速改正需要后处理时
⋮	⋮	⋮	⋮

(3)系统实现

本系统采用 Microsoft Visual Studio 2010 集成开发环境,应用 C♯ 开发语言,结合 ArcGIS Engine 10. 1 开发组件,基于 Personal GeoDataBase 数据库,完成系统的设计实现, 下面为系统实现的部分功能。

1)基于 GIS 技术实现河道勘测数据可视化处理

河道外业勘测通过全站仪、GNSS RTK、测深仪等仪器设备采集的陆上测点、水下测点、 水位接测站点等空间数据,基于 Personal GeoDataBase 空间数据模型进行空间数据和属性 数据同一记录的结构化存储,在系统的地图视图中能可视化地显示。同时,系统地图视图实 现对 dwg 文件、mxd 文件、影像 img/tif 文件等底图文件的添加,能够在河道勘测数据处理 过程中,结合测区范围内现势性较强的遥感影像作为参考,实现数据处理与地图的全过程 联动。

系统可实现在地图视图中对已入库河道勘测空间数据的属性信息查看、编辑,为数据处 理过程提供参考,见图 10. 4-8。

2)GIS 空间分析辅助河道勘测数据处理

系统应用 GIS 空间分析功能能够有效提高河道勘测数据处理的质量与效率,下面以固 定断面数据处理为例来说明。系统基于 GIS 缓冲区分析功能,根据一定的距离限差,可快速 选择该范围内的水下测点、陆上测点,提高以往对应固定断面测点的查询选择效率,见 图 10. 4-9(缓冲区距离设置为 20m,选择 dk23 断面附近的各类测点)。

图 10.4-8　系统属性信息查看编辑

图 10.4-9　GIS 缓冲区选择用于固定断面测点选择

　　另一方面，应用空间数据的可叠加显示特性，在地理底图的基础上，叠加陆上测点、水下测点的空间数据图层，并应用空间数据库表的起点距、高程数据生成曲线图，套合历史固定断面成果，实现空间测点、属性数据（含起点距、高程、偏距、测点备注等），套合曲线图的三方同步联动，完成对河道固定断面测量成果的合理性分析（图 10.4-10）。

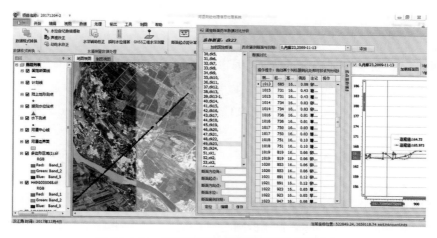

图 10.4-10　河道固定断面测量成果合理性分析

3) GIS 辅助河道水位推算

系统基于 Personal GeoDataBase 空间数据模型,将外业采集的水位接测站点、水下测点、水尺读数数据导入空间数据库中,采用河道水位单站、双站的推算方法对河道勘测外业采集的水深数据进行河底高程改算。一方面,基于 GIS 地图视图,选择河道中心线,以及对水下测点进行合理性选择,推算结果具有可靠性;另一方面,系统通过数据库空间查询的方式,有效提高了数据的查询效率。水位推算界面见图 10.4-11。

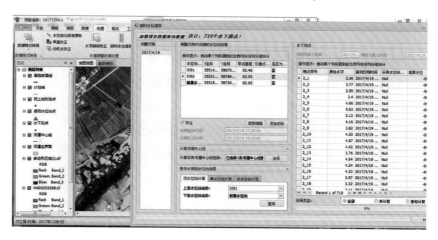

图 10.4-11　水位推算界面

10.4.3　河道监测资料分析系统实现

(1)系统功能设计

河道勘测资料分析遵循 GIS 软件的标准工作流,即多源数据转化为空间数据进行导入融合、数据预处理(入库前质控)、数据入库、数据编辑、处理及更新、资料合理性分析、导出标准统一的图表数据。结合河道地形资料整编内容及要求，河道监测资料分析系统应具备如下功能。

①数据导入。资料考证数据的入库、编辑及更新，河道地形资料考证数据包括河段考证、平面控制及高程控制的考证，平面及高程基准转换模型考证、水尺考证等，为表格数据；河道地形图的入库，为 AutoCAD 的 dwg 文件或清华山维 EPS 软件的 edb 文件。具备多源异构数据以空间数据的方式集成能力。

②数据预处理（入库前质控）。

③数据编辑、处理及更新。

④具备河道地形图测点及等高线赋值检查、拓扑检查、测点精度检查、DEM 精度检查等合理性检查分析功能，通过空间叠加分析确定岸线变迁、护岸冲刷坑变化、深泓线平面变化等是否具备合理性；针对固定断面成果，通过在基础地理底图上进行空间叠加分析及统计专题套合图等方式确定典型断面变化；通过断面地形法、网格地形法及输沙量平衡法计算河流冲淤量，进而分析其合理性。

⑤数据导出（标准统一的图表）。

（2）系统数据库表结构详细设计

河道地形资料整编开始的第一项工作为资料考证，资料考证的数据多为无工业标准结构的表格数据，因此需要根据考证的内容设计数据库表结构。

1）河段位置考证

①观测河段所属的行政区域及地名：不论何时整编一律填写当年观测时间所属行政区域及地名，但改划行政区域后所属的行政区域及地名，应在备注栏中注明。

②起讫经纬度：以测区范围西南角点和东北角点地理坐标构成的长方形面结构确定河段空间位置。其值可从地图中直接量取。

③距河口距离：为观测河段下端至上一级河流汇合点的距离。

④河段长度：按固定断面累计间距或纵比降推算距离，如无此两项资料，亦可从水道地形图上沿几何轴线量其长度。

⑤观测河段的起讫地名：须在备注栏中注明。

在分汊或多汊河段，距河口的距离、河段的长度以及观测河段的起讫地名 3 个项目，都以主槽为准填写。

2）河段概况

从技术总结、技术要求、分析报告、土壤钻探成果各项资料中按下述几个要点用明确简单的文字叙述出来。

①河道形态：包括河道外形、重要的洲滩分布、分流、支流、浅滩等位置。

②水工建筑物：包括分布情况、形式、结构、高程、位置、长度、修建时间及其对河床、水流的作用。

③河床卵石层高程及两岸土壤分布情况:根据土壤钻探或勘查调查资料填写。如无资料,该项可不填写。

④河床主要演变情况:如切滩、撇弯、自然裁直及主要沙滩的变迁等。

3)河段沿革

从历年的任务书、年度计划、年度技术总结等材料综合摘要说明下述情况。

①观测目的、观测范围及观测项目等变动情况。

②观测河段的设立、停测、恢复的时间及原因。

③观测单位的变动情况。

④历次观测布置、观测项目、测验方法及观测仪器(如水下测点定位方法、泥沙分析仪器)、技术要求等。

4)资料整编年份的观测布置情况

①观测目的:根据年度任务书中所列观测目的填写。

②观测项目:根据年度任务书及实际完成的观测项目,逐项填写。

③观测情况:根据年度任务书和年度技术总结,简单说明测次分布、观测方法和观测仪器设备等情况。

河段考证数据库表结构设计见表 10.4-4。

表 10.4-4　　　　　　　　　　河段考证数据库表结构设计

序号	字段名	变量定义	数据类型	是否允许空值	计量单位	主键序号
1	河段名称	river Name	String	否		1
2	所属行政区及地名		String			
3	测区范围西南角点经度		Decimal	否	十进制度	
4	测区范围西南角点纬度		Decimal	否	十进制度	
5	测区范围东北角点经度		Decimal	否	十进制度	

平面及高程控制考证数据库表结构设计见表 10.4-5。

表 10.4-5　　　　　　　　平面及高程控制考证数据库表结构设计

序号	字段名	变量定义	数据类型	是否允许空值	计量单位	主键序号
1	序号	serial Number	Int			
2	点名		String			
3	标型		String			
4	平面系统		String			
5	平面等级		String			
6	纬度 B		Decimal		十进制度	
7	经度 L		Decimal		十进制度	

序号	字段名	变量定义	数据类型	是否允许空值	计量单位	主键序号
8	平面施测时间		Date			
9	高程等级		String			
10	大地高		Decimal		m	
11	高程施测时间		Date			
12	平面系统		String			
13	平面等级		String			
14	纵坐标 x		Decimal		m	
15	横坐标 y		Decimal		m	
16	高程系统		String			
17	高程等级		String			
18	正常高		Decimal		m	
19	备注	Note	string			
⋮	⋮	⋮	⋮	⋮		

河段水尺考证数据库表结构设计见表 10.4-6。

表 10.4-6 河段水尺考证数据库表结构设计

序号	字段名	变量定义	数据类型	是否允许空值	计量单位	主键序号
1	水尺编号	water Gauge Number	Int	否		1
2	水尺位置		String	否		
3	水尺岸别		String			
4	引据点名称		String	否		
5	引据点等级	citation Point Level	String	否		

断面位置考证数据库表结构设计见表 10.4-7。

表 10.4-7 断面位置考证数据库表结构设计

序号	字段名	变量定义	数据类型	是否允许空值	计量单位	主键序号
1	断面名称	name of Section	String	否		
2	起点名称	starting pt Name	String	否		
3	起点纵坐标 x	starting or dinateX	decimal	否	m	
4	起点横坐标 y		decimal	否	m	
5	起点高程 h		decimal		m	
6	方向点名称		String	否		

序号	字段名	变量定义	数据类型	是否允许空值	计量单位	主键序号
7	方向点纵坐标 x		Decimal	否	m	
8	方向点横坐标 y		Decimal	否	m	
⋮		⋮		⋮		

10.5　小结

本书针对河道测绘工作流存在的问题，对原始数据加密算法、观测数据的实时计算检核及报表输出的自动化等关键技术进行了深入的研究，基于 Android 电子平板，采用目前较为成熟和先进的 Android Studio 开发平台，依据现行的国家标准和行业规范，构建了河道监测移动终端软件系统，可以实现高效记录、数据实时检核、成果报表自动化输出和隐蔽数据并且会为后续流程提供友好的数据接口。为实现河道测绘的无缝工作流打下了坚实的基础，在一定程度上解决了河道测绘内外业分离的困局，有效提升了外业测量的工作效率，降低了测量员的工作强度，切实提高了成果质量。

按照河道勘测业务的作业逻辑流程进行工作流优化设计，即测前数据准备、外业测量（以实时质量控制为目标）、数据预处理（调用限差库）、数据入库、数据处理（可视化）、成果合理性分析（可视化）、成果输出。依据现行的国家标准和行业规范，进行了功能设计和数据库表结构设计。应用 Personal GeoDataBase 实现原始数据、中间计算统计数据及成果数据等空间数据和属性数据的结构化存储，可以对上述数据进行任意条件查询、检索和统计，包含空间查询、属性查询、空间数据和属性数据互查询等，更好地获取数据在业务逻辑流程中的状态，充分保证信息获取、加工的质量；应用限差库实现观测数据的质量检核；应用 GIS 可视化技术实现数据处理及成果合理性分析的可视化；应用 GIS 空间分析技术辅助河道勘测的数据处理。此系统的设计开发对规范河道勘测信息获取作业程序，提高成果质量和保证工作效率具有十分重要的现实意义。

第 11 章　监测数据管理及分析系统研发与实现

11.1　需求分析

长江中下游防洪河道动态监测项目及长江泥沙观测项目历经多年的观测，加上历史已有数据形成了海量的数据。据不完全统计，目前已收集 200 亿条水文泥沙监测数据和 6 万余幅地形图。这些数据具有多源、多类、多量、多时态和多主题的特点，除少部分由各类不同的数据库系统进行管理外，绝大部分都是以图形、影像等孤立的电子文档形式存在，这些宝贵的数据和资料急需妥善地存储和最大限度地用于服务社会。另外，长江水利工作整体上离数字化仍存在一定差距，需要新思想、新观念、新技术、新方法和新设备来推动水利行业的信息化和水文泥沙信息的社会化。

长江水文泥沙分析信息管理系统的研发目标是真实、准确、实时地搜集并分析长江流域河道水文泥沙及河道变化信息，快速、高效地处理大量的历史数据和实时动态监测数据，并结合现代水文泥沙分析计算和预测模型来进行科学的分析和处理，真实地再现长江河道三维地形景观，实时、动态、准确地反映长江干流水沙特征及其变化规律。该系统的建成，可为长江水文河道泥沙信息科学管理和永久保存提供条件，实现长江水文泥沙及河道原型观测和分析信息的三维可视化、数字化管理，有效保证长江水文泥沙信息管理的统一性、科学性、实时性、实用性和高效性，为实现数字长江打下基础。

系统按照信息流程分为信息采集与传输、计算机网络、数据库管理与信息服务等 4 个主要部分，其中信息服务包括长江河道数据矢量化、长江水文泥沙实时分析计算、河道演变分析、信息查询及成果输出、三维模拟显示和长江网络信息发布系统等（图 11.1-1）。

归纳起来，长江水文泥沙信息系统的研发与建立，有如下重要作用。

①有利于长江水文泥沙数据的科学管理和永久保存，并将大大提高各种数据处理、分析、储存和查询的速度和效率，提高其信息化程度。

②能够及时搜集和分析长江水文泥沙资料和河道地形资料，动态反映长江水沙状况及河道演变情况，为航运调度提供基本信息和决策依据。

③能够实时反映洪水淹没情况和防洪形势变化等，为堤防岸坡维护、水利工程建设、长江防洪抗洪等提供决策依据和信息技术支撑。

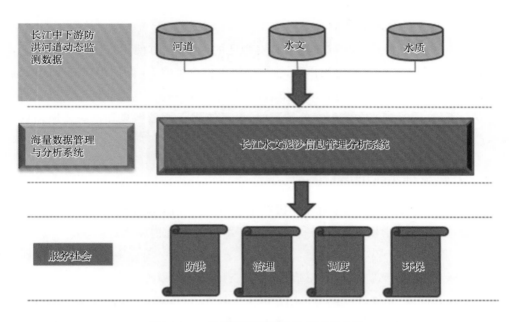

图 11.1-1　海量数据管理与使用系统架构

④能够实现长江水文泥沙及河道原型观测和分析的三维可视化,为长江重大问题的研究和观测规划、方案的制定与修改提供直观的决策依据。

⑤能有效保证长江水文泥沙信息管理的统一性、科学性、实时性、实用性和高效性,填补国内大型河流水文泥沙信息管理系统的空白。

11.2　系统开发的思路

11.2.1　分析管理系统的设计理念

本系统的界面和功能设计都遵循以人为本的基本设计理念。以人为本,是指在设计中将人的利益和需求作为考虑问题最基本的出发点,并以此作为衡量活动结果的尺度。在需求分析的基础上,以用户为本,设计有行业特色、适合用户个性化、高性能的管理系统。简单来说,就是在系统需求的基础上,设计出对用户来说简单可靠、易操作的友好界面,让用户仅使用简单的操作步骤就可以完成系统复杂的专业功能。

(1)以用户为本的使用理念

以人为本,首先要注重系统的使用功能设计。除了实现系统专业的功能外,还需要秉承用户需求,针对用户群的使用特点,设计可靠耐用、界面友好、简单、易操作、适合用户的专业系统软件,使用户只需简单几步就可以实现复杂的专业功能运算。从用户需求出发,需要把专业功能封装在简单、美观、友好的系统界面中,设计出应用面广的实用系统,消除用户和系统之间的隔阂,使无论什么知识背景的用户都能够快速上手操作软件。

（2）以人为本的安全理念

根据用户使用群，设计出高可靠性和高安全性的系统，在方便用户使用的基础上，实现系统的高可靠性管理。针对特定用户群，设定适当的安全策略，在保护用户安全的基础上抵挡外来威胁。安全对系统来说总是第一位的，系统设计要在提供高性能保障之外，保证系统的运行安全可靠；同时能够在发生意外情况时，对系统进行故障修复和系统还原，将损失减到最小。

11.2.2 分析管理系统的设计原则

分析管理系统是一个充分利用计算机技术（CS）、管理信息系统（MIS）、地理信息系统（GIS）、数据库技术、数学模型和算法等一系列高新技术的规模庞大、涉及面广的大型软件工程。

系统将以实用、创新、高新技术相结合的方式开展研制，以充分利用当今科学技术的进步成果。系统的构成、软硬件配置均采用目前国内外先进、成熟、可靠的技术成果，以实现二维、三维相融合，因地制宜，做到可靠、实用、经济、先进，具有较强的扩展余地和兼容性。系统采用人机交互式的处理方式，从业务和性能角度出发，应遵循以下设计原则。

（1）遵循开放、先进、标准的设计原则

系统的开放性是系统生命力的表现，只有开放的系统才有兼容性，才能保证前期投资持续有效，保证系统可以分期逐步发展，实现整个系统的日益完善。系统在运行环境的软件、硬件平台选择上要符合工业标准，具有良好的兼容性和可扩充性，能够轻松实现系统的升级和扩充，从而达到保护初期阶段投资的目标。

系统采用的技术解决方案包括计算机系统、网络方案、操作平台、数据库管理系统以及自行开发的软件和模型，力求技术方向的高起点和先进性，特别是针对水文泥沙数据的实时监测、管理等需求，广泛采用成熟高效的 GIS 技术和遥感影像处理技术，保证水文泥沙信息提取的高效性和先进性。

标准化是系统建设的基础，也是系统与其他系统兼容和进一步扩充的根本保证。因此，对于一个信息系统来说，系统设计和数据的规范性以及标准化工作是极其重要的，这是系统各模块之间可以正常运行的保证，也是系统开放性和数据共享的要求。由于系统复杂庞大，应在总体结构的思路下开展系统的通用化规范与标准研究，系统开发应遵循全面设计、分步实施、逐步完善的原则，根据项目的总体进度安排，在完成系统初步设计之后，尽快建立一个"原型"系统，提交用户初步试用；再进一步扩充系统功能、充实数据库内容，最终全面完成系统的开发。

（2）模块化

模块是数据说明、可执行语句等程序对象的集合，模块是单独命名的，而且可以通过名字来访问，如过程、函数、子程序、宏等都可以作为模块。模块化就是将程序划分成若干个模块,每个模块完成一个子功能,将这些模块集汇总起来组成一个整体,可以完成指定功能,满足解决问题的要求。模块化是为了使一个复杂的大型程序能被人的智力所管理,如果一个大型程序仅由一个模块组成,它将很难被人们所理解。

（3）信息隐蔽和局部化

信息隐蔽原理是指模块的设计应使得每一个模块内包含的信息对于不需要这些信息的模块来说是不能访问的。局部化的概念和信息隐蔽是密切相关的,在模块中使用局部数据元素就是局部化的一个例子,局部化有利于实现信息屏蔽。

（4）模块独立

模块独立是模块信息隐蔽和局部化的直接结果。模块独立有两个定性度量标准,分别是耦合与内聚。耦合衡量不同模块之间彼此依赖的紧密程度;内聚衡量一个模块内部各个元素彼此结合的紧密程度,模块的设计要尽可能做到低耦合、高内聚。

（5）兼容性和可扩充性

系统应具有兼容性,提供通用的访问接口,方便与相关的信息分析管理系统进行交互。系统应具有可扩充性,容易扩展,能够根据不同的需求提供不同的功能和处理能力,对数据、功能、网络结构的扩充应方便简单。同时,系统的兼容性和可扩充性应该可以应用到各个层次,便于给其他系统提供共享应用和服务。

本系统在设计阶段就考虑到长江的河道、水文、水质、生态等多方面的业务需求,力争将系统建立成多元数据管理分析系统。

（6）可靠性和稳定性

可靠性由系统的坚固性和容错性决定。"多病"软件不仅影响使用,而且会对所建信息系统的基础数据造成无法挽回的损失。系统的可靠性是系统性能的重要指标。稳定性是指系统的正确性、健壮性两个方面:一方面应保证系统长期的正常运转;另一方面,系统必须具有足够的健壮性,在发生意外的软件、硬件故障等情况下,能够很好地处理故障,及时进行修复,减少不必要的损失,并给出错误报告。

（7）实用性和易操作。

实用性是指能够最大限度地满足实际工作要求,是水文泥沙信息管理系统在建设过程中所必须考虑的一项重要原则。系统建设要充分考虑用户当前各业务层次、各环节管理中数据处理的便利性和可行性,将满足用户业务需要作为系统开发建设的第一要素进行考虑。在系统建设过程中,人机操作设计应充分考虑不同的用户需求,用户接口的界面要充分考虑人体结构特征及视觉特征进行优化设计,界面尽可能美观大方,操作简便实用。

（8）安全性和可操作性

安全性是一个优秀系统的必要特征,系统的安全要求有:未经授权,用户不得对系统和数据进行访问,用户不能对数据进行修改;授权用户一旦对数据进行了修改,就不能事后否认。

（9）按人机系统工程学和软件工程方法设计系统

从全系统的总体要求出发，按照人机之间的信息传递、信息加工和信息控制等作用方式，形成一个相互关联、相互作用、相互影响、相互制约的系统。按人机系统工程的方法，合理地安排系统布局，以获得处理系统的整体最优效益。

（10）充分利用已有成果和技术积累

在深入分析和借鉴现有的、在建中的各种相关系统状况的基础上，吸取前面各个相关处理系统建设的经验和教训，更好地指导本系统设计和建设。

充分利用现有的技术积累，在统一领导、规划、协调下进行系统建设，最大限度地利用已有的系统资源，包括技术和成果，同时最大限度地实现资源共享，避免造成各种资源的浪费。对现有系统进行充分的利用，包括数据资源、处理算法、程序模块重用等。

11.2.3 分析管理系统的设计依据

系统确定数据格式和进行开发的技术标准、规范及其他依据主要包括：

①《水文基本术语和符号标准》（GB/T 50095—2014）；

②《水文数据库表结构及标识符》（SL/T 324—2019）；

③《水利水电工程技术术语》（SL 26—2012）；

④《地理空间数据交换格式》（GB/T 17798—2007）；

⑤《基础地理信息要素分类与代码》（GB/T 13923—2022）；

⑥《国家基本比例尺地形图分幅和编号》（GB/T 13989—2012）；

⑦《基础地理信息数字成果 数据组织及文件命名规则》（CH/T 9012—2011）；

⑧《基础地理信息数字产品元数据》（CH/T 1007—2001）；

⑨《计算机软件文档编制规范》（GB/T 8567—2006）；

⑩《中国河流代码》（SL 249—2012）；

⑪《水利对象分类与编码总则》（SL/T 213—2020）；

⑫《水文数据 GIS 分类编码标准》（SL 385—2007）。

11.2.4 分析管理系统开发的设计思路

长江泥沙信息分析管理系统基于先进的分布式点源信息系统的设计思路，遵循科学性、实时性、实用性、开放性和安全性相结合的开发原则，以三维可视化地学信息系统——GeoView 为平台，充分利用先进的计算机数据管理技术、空间分析技术、空间查询技术、计算模拟技术和网络技术，建立数据采集、管理、分析、处理、显示和应用为一体的水文泥沙信息系统。使系统既具备数据接收、整理、加工、输入、存储和管理能力，又具备强大的数据综合分析能力和图件编绘能力；既具备数据的科学分类管理、快速检索和联机查询的功能，又能够提供面向防洪、发电、泥沙调度等决策的主题信息服务,能够充分发挥水文泥沙信息资源的作用。系统的逻辑结构见图 11.2-1。

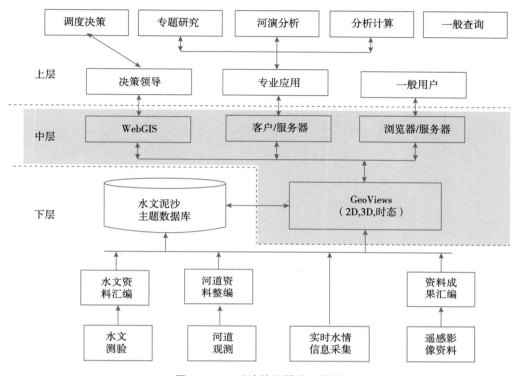

图 11.2-1　系统的逻辑分层结构

11.3　分析管理系统的总体结构

分析管理系统采用基于 Intranet 技术的企业局域网模式。Intranet 将企业范围内的网络、计算、处理、存储等连接在一起,以实现企业内部的资源共享、便捷通信,允许相关用户查询相应信息并具有安全措施。从目前国内外信息系统开发的技术成熟程度来看,客户机/服务器(C/S)体系结构应用于企业内部局域网的技术相对完善,在国内有着广泛的应用基础;浏览器/服务器(B/S)模式是目前流行的体系结构。

本系统的设计开发采取 B/S 结构和 C/S 结构混合开发模式;同时结合适用于网络开发的数据库系统及前端开发工具,实施本系统的开发。具体应用模式见图 11.3-1。

系统的硬件结构自上而下分为核心层和应用层两个层次。核心层即网络主干,是网络系统通信和互联的中枢,由服务器、交换机、路由器等主干设备组成,其主要作用是管理和监控整个网络的运行,管理数据库实体和各用户之间的信息交换。网络交换模式采用技术成熟、价格合理的快速交换式以太网技术,系统的软件体系结构采用以数据库为技术核心、地理信息系统为支持的 C/S 和 B/S 模式,即在系统软件和支撑软件的基础上,建立应用软件层/信息处理层/数据支撑层的多层结构，见图11.3-2。

不同的服务层具有不同的应用特点，在处理系统建设中也具有不同程度的复用和更新。其中数据层和组件层的通信采用数据库适配器技术，支持多源异构数据库的读取和存储。业务层通过对组件层的细粒度服务进行封装，提供简洁实用的业务操作服务。表现层以二维、三维、统计图标等形式表现，提供可视化的操作方式。

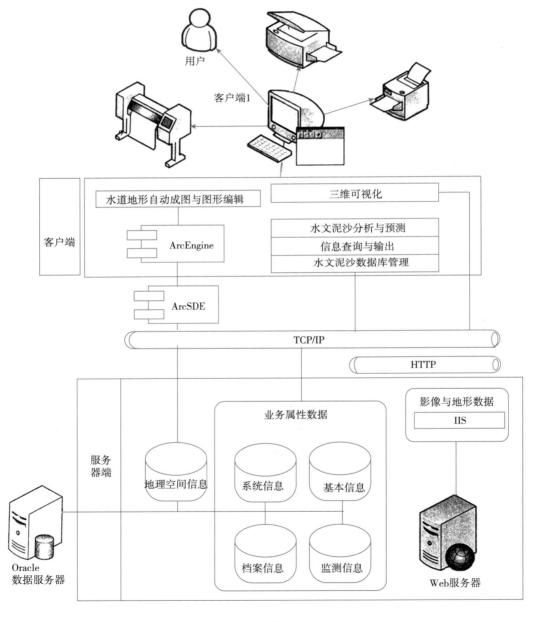

图 11.3-1　应用模式

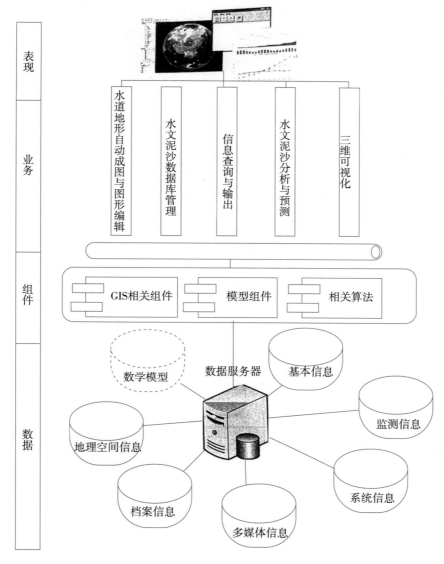

图 11. 3-2　系统体系结构

　　①数据层:主要提供整个系统的数据以及各种基础数据的存储和管理。这一层的服务是整个系统运行的基础,尽管需求会随着业务模式在未来的变换而有所变化,但主要部分或模块在未来的处理系统中可以进行复用。

　　②组件层:主要提供业务层使用的相关组件,包括相关的模型和算法,是一种细粒度的服务。其中的各种算法会随着应用的深入不断完善,而且在未来升级时可以进行完全重用。

　　③业务层:业务层主要提供面向用户使用的各类服务,其内容包括水道地形自动成图与图形编辑子系统、信息查询与输出子系统等。这个服务层主要依赖于用户的需求,在需求基本固定的情况下,该服务层具有一定的通用性。

④表现层:表现层主要包括人机交互服务和输出服务等。这一层次的服务和其他服务都有一定的相关性,但也具有很好的复用性,可以根据操作需求、设备需求的变化进行升级改造。

长江水文泥沙信息分析管理系统按照信息流程划分为数据转换与接收、计算机网络、数据库管理、信息服务 4 个组成部分(图 11.3-3)。

图 11. 3-3　系统组成

长江水文泥沙信息分析管理系统总体上划分为:图形矢量化与编辑子系统、对象关系数据库管理子系统、水文泥沙专业计算子系统、水文泥沙信息可视化分析子系统、长江水沙信息综合查询子系统、长江河道演变分析子系统、长江三维可视化子系统、水文泥沙信息网络发布子系统等 8 个子系统(图 11.3-4),其中后 6 个系统属于信息服务部分。

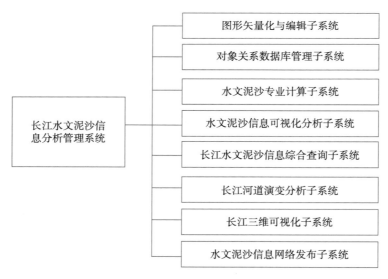

图 11. 3-4　系统总体结构

11.4　分析管理系统功能的实现

11.4.1　图形矢量化与编辑子系统

11.4.1.1　子系统概述

长江水文泥沙信息系统的图形矢量化与编辑子系统,直接使用了 GeoView 平台软件的一个模块——GeoView2D。GeoView2D 软件是一个集图形、图像、数据管理、空间分析、查询等功能于一体的,具有多"S"集成特征的地学信息处理软件系统。

11.4.1.2　图形编辑

图形编辑功能是本子系统的主要功能之一,主要包括点图元、文本标注、曲线、多边形区域对象的创建、移动、属性编辑;线上点的增加、删除、移动功能;线对象的连接、剪断;区域的叠加、交集、并集运算;标注字体的修改、旋转、平移;图层的显示、隐藏、添加、删除、存储、移动;属性表结构的编辑、修改;线图层自动拓扑成区;图幅的显示、删除、存储管理、自动和半自动接边;多种方便灵活的图元选取方式;任意多次的 UNDO、REDO 功能。

11.4.1.3　图形矢量化

旧有图件的矢量化是本系统空间数据的主要来源之一。本系统针对一般图形矢量化作业中把空间数据和属性数据分离输入的弊端,通过对象模板管理技术,实现了对不同行业矢量化、数据录入标准的编辑和支持功能,使得图形输入人员在进行矢量化操作的同时能够录入相关的属性信息,从总体上提高了系统数据采集的效率和质量。系统通过功能键来控制矢量化的交互过程,与导航图、属性输入界面相互配合使用,操作方便快捷,较好地实现了空间数据和属性数据的一次性录入。

11.4.1.4　数据转换

系统提供了多种图像文件格式(BMP、JPG、TIF、PCX、PNG、TGA、GIF 等)的存储和相互之间的转换功能;实现了系统文件与 DBF、MDB 等数据库文件的直接交换功能;实现了对 AcrInfo、MapGIS、AutoCAD 等系统文件格式的导入导出支持和对 VCT 文件的格式支持;并提供多级文件目录自动搜索和文件格式转换批处理功能。它还可以进行矢量、栅格数据的相互转换,以及多源数据的叠加显示和统一存储管理。

11.4.1.5　图像处理

图像处理是图像矢量化的基础。系统支持二进制裸数据导入及波段组合功能,支持多种图像文件格式,包括 BMP、JPG、TIF、PCX、TGA 等格式图像数据的处理功能,这些处理主要包括几何变换(平移、旋转、缩放、镜像、椭圆变换等),图像正交变换,图像增强(阈值变换、边缘增强、锐化、线性变换等),图像形态变换(开、闭运算,细化等),直方图变换,频道拆分,边缘轮廓处理,图像校正等。

11.4.1.6 多源数据管理

多源数据管理负责对空间数据对象、图像对象和属性对象的存取管理。GeoView2D 可以使用文件系统来存储和管理空间几何数据、属性数据和栅格图像数据，也可以使用关系型数据库来存储和管理空间几何数据、属性数据和栅格图像数据，以适应不同用户、不同应用的需求。属性数据可以由系统内置的数据库进行管理，也可以采用后台的关系数据库服务器来进行管理，通过 OLE DB 连接，能支持多种类型的大型商用 RDBMS（Oracle、SQL Server 等），支持客户/服务器体系结构、大型数据管理以及在网络环境中对多用户并发数据访问。在大型关系数据库管理系统支持下，系统提供了用户权限管理和高效的空间数据索引机制，优化了数据查询性能和数据更新机制。

11.4.1.7 投影变换与坐标转换

系统实现了我国和世界上目前常用的高斯—克吕格投影、通用横轴墨卡托（UTM）、兰勃特、墨卡托等投影。本系统的投影方式涉及方位、圆锥、圆柱、伪方位、伪圆锥、伪圆柱、等角、等积、等距、正轴、横轴、斜轴、切、割等多种投影类型，并支持用户采用自定义参数进行投影运算。允许用户自定义任意旋转椭球体；能够进行各种投影的正反算和实时运算功能；能够实现地理坐标系与各投影坐标系间及各投影坐标系相互之间的坐标变换及实时转换功能。

11.4.1.8 空间分析、查询

空间分析提供点、线、面缓冲区生成，单侧、双侧缓冲区生成，点面叠置，线面叠置，面面叠置，以及叠置的交、差、并选择等功能。系统提供了多种查询方式，选择查询包括点选查询、矩形查询、圆查询、多边形查询，拓扑关系查询包括包含查询、落入查询、穿越查询、邻接查询，此外，系统还实现了缓冲区域查询，几何量算及模糊条件查询等功能。

11.4.1.9 制图与符号设计管理

符号是地图可视化表现的基础之一，系统提供工具实现线型、子图、填充符号库的添加、编辑、入库、存储功能。

此外，系统提供矩形区域的图幅裁剪功能和图层调节功能，用于实现各种专题图件的生成与绘制。

11.4.1.10 后台数据库管理

系统在有后台数据库服务器支持的情况下，可以对后台数据库方案、安全、存储等信息进行编辑和管理。

11.4.2 对象关系型数据库管理子系统

数据库管理子系统是整个系统的核心，是其他子系统的数据提供者和最终数据的接收和管理者。数据库管理子系统的基本功能是：系统数据库构建、属性数据和空间数据导入、

安全策略及用户管理、数据库备份与恢复、数据库表监控、空间数据调度和数据输出等。具体包括：①负责外部数据提取、转换并存入本系统的主题式数据库；②负责系统所有原始数据的存储、管理、备份和维护；③承担系统数据的输出和对外服务；④负责对数据库中数据的安全性、完整性、一致性进行维护。

数据库开发的关键是根据系统信息管理分析的功能需求，对系统数据进行分析、组织和规范化，建立科学、合理的分类管理体制。本系统中的数据类型和应用特点，要求数据库管理系统必须能同时体现关系数据库和面向对象数据库的性能优势。关系数据库的优势在于具有成熟的理论和技术支持，能够实现对海量属性数据进行存储、管理和快速的检索访问。面向对象数据库是近几年随着面向对象技术逐步成熟而发展起来的数据库技术，其性能优势在于能够实现对复杂数据对象的导航式访问，可以与面向对象编程语言紧密结合。由于纯粹关系数据库和面向对象数据库系统各自的缺陷，我们在系统的开发中采用了对象—关系型数据库管理系统的设计思路与方法。

对象—关系型数据库管理子系统的主要特性是实现对矢量数据、栅格数据和属性数据的统一存储、管理、查询和检索，实现对系统中各种数据的预处理、安全管理、输入输出和必要的维护。对象关系型数据库管理系统有多种实现途径，鉴于目前成熟的商用数据库多是关系数据库管理系统，且 ORACLE 等成熟的商用数据库也都逐渐在进行面向对象方面的拓展，本系统的实现采用 O—O—Layer 方法，即在一个现成的 RDB 引擎（Engine）上增加一层"包装"，使之在形式上表现为一个 OODB，以使对象关系型数据库管理子系统能适应空间数据、属性数据统一管理的要求。本章将阐述对象—关系型数据库管理子系统的逻辑结构、功能设计和数据库结构。

长江水文泥沙观测形成的水文基本数据库、泥沙资料数据库、河道资料整编数据库及河道地形数据、部分成果文件都由该子系统进行综合管理，并经由网络实时发布。

11. 4. 2. 1　子系统研制方案

在对象—关系型数据库管理子系统的研究开发中，主要采用面向对象的分析与设计，基于统一建模语言（UML）的统一软件开发过程，快速实现与原型相结合（图 11.4-1）。首先，通过用户调查、现有系统的分析考察及现有多源空间数据的现状研究，分析总结出二维空间对象模型，在此模型的基础上建立空间数据库结构，设计出系统的原型；然后由 Rose 映射成 C++代码实现的原型框架，并测试原型是否符合要求，若不符合，则返回进行系统原型修正，直到系统达到预期要求，完成系统开发，使系统具有适应性和可扩充性。

在对象—关系型空间数据库管理系统的分析、设计中拟采用面向对象的统一建模语言，使用 Rational Rose2000 作为软件系统分析工具，使用 Visual C++ 6.0 作为系统实现开发工具，使用 Oracle 作为关系数据库后台服务器，使用 InstallShield 6.32 作为系统安装集成工具。由于 Rational Rose2000 与 Visual C++开发环境结合紧密，能很好地实现设计模型与实现代码的相互转换，为系统的反复分析、设计、实现、测试提供了良好的开发环境。

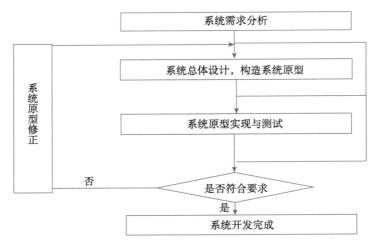

图 11.4-1　研究方法

11.4.2.2　数据分类及组成分析

本系统需要存储管理的数据种类繁多，其原始数据主要有：测量控制成果、矢量地图数据、河道地形数据、断面测量数据、断面考证信息、测站属性信息、水文测验数据、泥沙测验数据、水文整编成果、遥感影像数据、文档资料数据、视频片段、录音片段等多媒体数据等。上述数据可以分为空间数据和属性数据两大类。空间数据采用的平面坐标系为 1954 年北京坐标系，高斯正形 3 度带投影或 3 度带投影（河口局采用 6 度带投影），高程系统为 1985 国家高程基准，部分水位数据采用的是冻结基面、黄海高程、吴淞冻结、吴淞资用等基面。空间数据又分为矢量和栅格两种数据形式。

11.4.2.3　系统结构设计

（1）系统的层次结构

本系统的对象—关系型数据库管理子系统的结构分为 3 个层次：最底层是由商用关系数据库管理系统、前端关系数据库管理程序、自定义格式的空间数据和属性数据的管理程序构成的数据服务层；中间层是基于 OLE DB 结构体系的空间、属性数据统一提供程序；上层是基于提供程序的一系列工具程序和应用程序，主要包括数据录入、数据输出、查询检索、文件交换、用户管理、监控维护等（图 11.4-2）。

（2）系统数据服务层

系统数据服务层由商用关系数据库管理系统、前端关系数据库管理程序、自定义格式的空间数据和属性数据的管理程序构成；主要功能是对系统的内置空间数据库（包括矢量图形库和栅格影像库）、属性数据库和外挂的基于关系数据库管理系统的数据库进行管理。

外挂数据库管理程序是一个基于后台数据库服务器（如常用的 ORACLE、SYSBASE、MS SQL SERVER 等）的前端数据库应用程序；主要通过相应的后台数据库系统的连接程序（如 ODBC、OLE DB 等），调用服务器上的相应存储过程，完成对后台数据库的常规管理功能；并直接监控、维护数据库服务器上的属性数据库、栅格影像数据库和矢量图形数据库。空间属性数据统一管理程序是在外挂数据库管理程序的基础上实现的一个包裹程序，它是对来自上层的数据访问进行分类，再提交外挂数据库管理程序或数据库服务器进行相应的数据处理操作。

空间数据文件集合指自定义的矢量图形文件（GeoView 格式）、其他图形处理系统（如 AutoCAD、Arc/Info、MapGIS 等）的矢量成果图形文件以及各种格式的栅格图像文件（如 BMP、JPG、TIFF、TGA、PCX 等）。空间数据文件管理程序主要实现对系统中这些以一定格式存在的空间数据文件进行存储调度管理，提供基于文件级别的查询检索，实现外部系统格式与本身系统文件格式的数据转化功能，并实现与提供程序的接口，使这些数据文件中的信息能以一定的结构存储到商用关系数据库服务器中。

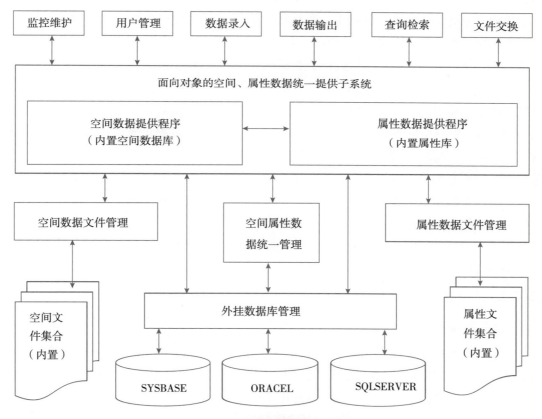

图 11.4-2　对象关系型数据库管理系统结构

属性数据文件集合是指自定义格式的属性数据文件以及常用的 DBF 格式文件、MDB 格式文件。属性数据文件管理程序主要实现对这 3 种格式的数据文件的存储、查询管理，实现这 3 种文件格式的相互转换，并实现与上层提供程序的接口，使这些数据文件能以关系模式存储到后台数据库中，并能将数据库中的相关信息逆向存储。

（3）系统数据提供层

系统数据提供层由内置空间数据提供程序、内置属性数据提供程序以及空间属性数据统一提供程序等3个数据提供程序构成，其实现基础是其下层的数据服务层。

内置空间数据提供程序，主要实现以 OLE DB 方式和自定义 API 方式，通过空间数据文件管理程序对内置数据库中的空间数据文件和通过后台数据库上的空间属性数据管理程序对后台数据库的属性库、图像库、图形库进行访问。

内置属性数据提供程序，主要实现以 OLE DB 方式和自定义 API 方式对自定义 ATT 格式的属性数据文件的访问，并通过外挂数据库管理程序包中的相应的动态库对外接的关系数据库进行访问，实现内置属性库与外挂的关系数据库的数据交换功能，将常用的数据以自定义格式存储，以此来实现数据缓存，减少直接对后台数据库服务器的访问频率。属性数据提供程序是在属性文件管理的基础上实现的。

面向对象的空间—属性数据统一管理模块，将系统的各种空间数据和属性数据存储在关系数据库和内置数据库中的功能模块，主要功能有：①通过外挂数据库管理程序在关系数据库上建立存放空间数据和属性数据的数据库、数据表和相关的存储过程、触发器；②将系统中以对象形式存在的图幅、图层、空间实体、图像和属性分解为相应的数据字段，存放到关系数据库服务器上；③将关系数据库中的空间数据和属性数据提取出来，根据提取的数据反向创建图幅、图层、空间对象、图像和相关的属性；④在关系数据库中查询符合特定条件的空间对象集合；⑤对存放在关系数据库中的空间对象进行添加、删除、编辑；⑥按要求销毁关系数据库上的所有相关的空间数据和属性数据，并销毁相应的所有数据库对象；⑦以面向对象的统一的标准接口的形式为数据应用层提供系统中涉及的各种数据的存储管理，对用户屏蔽所有的下层数据操作功能。

系统所有外在功能的实现都以系统数据服务层和系统数据提供层为基础。对于系统的常规用户，这两个层次是完全隐藏的；而对于二次开发用户，数据提供层是可用的。

11.4.2.4　数据库设计

（1）数据组织

长江水文泥沙系统的数据库涉及水文整编资料、河道观测资料、水下地形图等图形资料，具体的建库资料以长江水文整编数据和长江河道测量成果为主，包含上述的其他数据，数据结构极为复杂。系统的数据组织与总体结构设计的好坏直接影响系统的总体功能、开发思路、维护模式。根据长江水文泥沙观测资料的特点与服务对象，数据库管理模块数据组织设计按如下原则设计。

①使系统易于开发。长江水文泥沙信息管理系统的数据库是个规模大、数据结构复杂、管理功能多样的综合性数据库。因此，需进行合理有效的划分，降低长江水文泥沙信息管理系统数据库的复杂性。

②使数据库易于维护。如果使用环境和需求发生变化，必须对数据库进行维护以适应

要求,并保持总体结构和其他功能不受影响,使得系统的维护工作量尽可能小。

③能满足用户对数据库功能的总体需求。

④充分考虑数据库的可扩充性。

按照以上的原则要求,长江水文泥沙数据库设计的关键是根据系统信息管理的功能对系统数据进行分析和组织,建立合理的逻辑结构,构建数据库表。

本系统的原始数据组织框图见图 11.4-3。

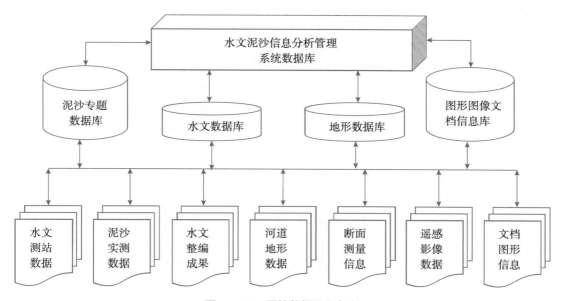

图 11.4-3 原始数据组织框架

(2)数据库表设计

1)表结构设计的原则

①一般原则。

数据库表结构设计是整个数据库系统设计中的关键,通常系统集成失败的主要原因不是技术上的问题,而是数据匹配问题。不具有外部引用或外键的特定应用代码表经常是导致这种情况的根源。数据库表结构设计是数据类型定义的整体标准以及对表及列的命名。为确保标准编码规范的使用,借鉴同行业机构在别处所做的工作,或者使用适合的标准化组织认可的代码表。为了确保长江水文泥沙信息分析管理系统的开放性、兼容性,各类库结构的设计都力求布局合理、冗余较少、易于维护和数据更新;数据库表设计将充分考虑用户及专业需求、信息完整性原则和系统运行性能,并遵循实用、标准、规范、一致和实践优化原则。

②表结构内容。

每个表结构中描述的内容包括以下几个方面:中文表名、表标识、表编号、表体、字段描述。其中表体以表格的形式列出表中的每个字段以及每个字段的字段名、数据的类型及长度、有无空值、主键和在主索引中的次序号等。

③数据类型及精度。

表结构中使用的数据类型有字符、数值和时间3种,分述如下:

a. 字符数据类型。字符数据类型的描述格式是C(d)。其中,C为类型标识,固定用来描述字符类型;()为括号,固定不变;d为十进制数,用来描述字段可能的最大字符串长度。

字符数据类型主要用来描述非数值型的数据,它所描述的数据不能进行一般意义上的数学计算,只有描述意义。

b. 数值数据类型。数值数据类型的描述格式是N(D[.d])。其中,N为类型标识,固定用来描述数值类型;()为括号,固定不变;[]为小数位描述,可选;D为描述数值型数据的总数位(不包括小数点);d为描述数值型数据的小数数位。

数值数据类型用来描述两种数据,一种是带小数的浮点数,一种是整数。因此描述的数据长度都是十进制数的数据位数。

c. 时间数据类型。时间数据类型用来描述与时间有关的数据字段。所有时间数据类型采用的标准为公元纪年的北京时间,如2002年11月6日9:50。对于只需描述年月日的时间,统一采用公元纪年的北京时间的零点,如1999年12月31日用1999年12月31日0:00表示,时间数据类型的描述用"D"表示。

上述数据的精度取决于观测要求,对同一项目采取的比例尺不同,要求精度不同,数据精度也会有所不同,因此字段描述中难以对每个项目的数据精度作出界定,所以在使用数据库表结构时,应根据实际情况选取合适的数据精度。

④数据字典。

数据字典用来描述数据库中字段名和标识符之间的对应关系以及字段的意义。

2)表结构分类设计

各类数据库表结构独立设计,能够降低开发难度,实现维护更改的"局部化",同时各类数据库的扩充相对独立,对系统的总体结构影响较小,从而保证了系统的总体扩充性能。

①水文整编成果表结构设计。

考虑到通用性和可扩充性,水文整编数据库表结构采用了现有《全国分布式水文数据库系统表结构方案》,并结合系统编制的实际情况进行适当的增补和调整。

②空间信息数据库表结构设计。

空间数据库和属性数据库的表结构设计应遵循稳定性、可扩充性、通用性和易读性原则。

③多媒体文档信息表结构设计。

为确保多媒体文档信息的科学化、数字化和信息化管理,文档信息表结构设计参考图书档案管理系统,设计出相应的表结构。

④其他信息数据库表结构设计。

其他信息数据库有防汛类数据库等,应遵循实用、标准、规范、一致和实践优化原则,初步确定表结构。

(3)数据库逻辑设计

数据库逻辑设计是根据数据库的设计要领和数据库管理系统的特征导出数据库的逻辑结构。也就是通过设计要领和需求分析的结果进行设计,并通过完整的设计方法产生数据库管理系统可以处理的、规范化的、优化的数据库逻辑模式和子模式,并相应地定义逻辑模式上的完整性约束、安全性约束、函数依赖关系和操作任务对应关系。逻辑设计是数据库设计过程中非常重要的步骤,它的设计结果将直接影响到最终形成的物理数据库及系统的好坏。

在逻辑设计过程中,要用到许多数据库设计理论和设计方法。长江水文泥沙信息数据库的逻辑设计,首先从关系的定义开始进行,然后通过概念设计结果的实体联系图进行关系模式的转换。关系模式的转换包括实体的转换和实体间联系的转换。

对转换后的关系模式,需要进行规范化处理。规范化处理首先通过确定函数的依赖关系,对每个关系进行范式检查,然后对范式比较低而且对数据库操作不方便的关系进行分解,使分解出的多个关系达到更高的范式,并且使数据库的数据基本操作不会产生数据冗余、更新异常、插入异常及删除异常等现象。再对系统的关系进行统一整理,并且进行优化处理,最后形成完整的比较规范的关系定义表。

对已经形成的关系模式,首先根据需求分析中的数据定义字典,分别进行完整性约束定义、函数依赖定义、安全性定义等;再通过需求分析中的信息定义和 IPO 定义,形成关系和操作任务定义。

最近十年出现的最重要的工具是数据库管理系统(DBMS)提供的可靠、方便存储、恢复和更新数据的方法。随着 DBMS 的发展,数据模型化和设计数据库的新逻辑设计方法已出现,最重要的和广泛使用的方法为实体—关系模型,即 ER 模型。ER 模型提供查看数据的高级"逻辑",在 ER 模型下,有 3 个主要的数据模型:关系模型、层次模型和网状模型。ER 模型适用于这 3 种模型,但最适用于关系模型。在基于关系模型的 DBMS 中,所有数据存储在二维表格中;层次和网状模型使用明确的物理指针结构来编码关系;关系模型用共享值来隐含编码关系;Erwin 使用的 ER 方法是使用共享键表示关系,这是关系系统的特点。

从上面的数据源分类分析来看,长江水文泥沙信息数据库中水文整编成果、水质整编成果已有标准的数据库表结构,河道数据库也已有确定的表结构。其他的信息如空间数据、文档信息的逻辑设计过程均按照需求分析,关系产生定义,函数依赖定义,关系规范化处理,关系优化处理,产生完整的关系定义表,关系的安全性、完整性及操作任务定义,建立数据库逻辑模型,子模式定义的流程进行设计和实现。

(4)数据库编码规则

采用编码技术可以实现逻辑名称与物理名称的无关性,增强系统的可扩充能力。系统沿用了全国水文数据库技术标准,对与观测项目有关的水文水位站、固定断面、水尺断面进行编码。编码技术显示名称而存储代码,占用空间少、效率和安全性高,迁移数据和存储数据都只针对代码。例如,当名称出错时,只需修改父表名称即可,子表不变,也不涉及级联操作。这种编码技术适用于大型系统。

(5)地形图要素分类与编码方案

数据的规范化和标准化方案是系统开发、实施的重要内容,其中首要的部分就是要素信息的分类与编码方案。长江河道地形图要素可分为:测量控制点、首曲线、计曲线、等高线、居民地及垣栅、工矿建筑物及其他设施、交通及附属设施、水系及附属设施、植被、地貌和土质、图廓层、图幅四角点坐标层、境界层、管线及附属设施、基础地理注记层、陡坎层、断面线层、深泓线层、洲滩、岸线层、动画层、流态层、实测点层、水文测站层、水边线层、水边线数据层、水体层、堤线层、水文注记层共 29 类。

在进行长江水文泥沙信息分析管理系统的地形图要素分类与基础地理信息特征要素编码时主要考虑如下因素。

①科学性:本方案力求体现科学性,采用区段码、从属码编码结构,以适应计算机的存储和管理的技术要求,便于系统的快速查询与更新。

②系统性:本方案包括水域划分、定位、各类信息的分类与编码构建等一系列技术与方法,可有效地保证信息系统建设的实施。

③唯一性:本方案制定的分类与编码必须保证其唯一性,保证要素信息的明确划分。

④可扩展性:水利信息的分类和编码还必须不断地发展与完善,本方案力求有扩展余地,便于以后的扩展。

⑤灵活性和实用性:分类与编码的目的是应用,因此水利信息的分类和编码必须灵活、实用。

⑥相对稳定性:分类体系与编码方案以各类信息中最稳定的属性和特征为基础,保证在较长时间内不发生变更。

⑦兼容性:本方案力求最大限度地与已有国家、行业标准或地方标准保持一致,尽可能包容和兼容各类标准。

根据以上原则,参照国标《基础地理信息要素分类与代码》(GB/T 13923—2022)编码方案,结合长江河道地形图特征要素,本系统采用 5 位编码方案。该编码方案全面、系统、层次清晰。编码结构如下:

$$XX \quad X \quad X \quad X$$

其中前两位为大类编码,第三位为小类编码,第四位为一级代码、第五位为二级代码。

(6)系统功能实现

数据库管理子系统所提供的功能,包括系统数据库构建、数据录入、安全策略及用户管理、备份与恢复、表空间监控、数据输出等。数据库安全由网络管理员及数据库系统管理员（DBA）负责。数据库管理模块的总体功能应满足如下需求：

①总体结构须有较高的灵活性、可扩展性和可维护性；

②保证数据的可靠性、有效性、独立性、完整性和安全性；

③充分满足科学计算、图形显示、查询输出等应用要求，实现常规报表生成输出；

④力求设计先进、结构合理、功能齐全，操作灵活方便，能满足不同层次的需要；

⑤采用网络数据库技术，支持客户/服务器和浏览器/服务器运行模式，满足多用户共享需求；

⑥提供各级用户的分级口令及操作权限管理，确保系统的安全；

⑦提供备份管理，以便在系统软、硬件故障及操作失误造成破坏时恢复数据库；

⑧提供必要的数据监控功能。

数据库管理子系统的主要功能包括：①用户管理；②数据库监控；③数据库维护；④数据录入；⑤数据输出。对象关系型数据库管理模块的功能框图见图 11.4-4。

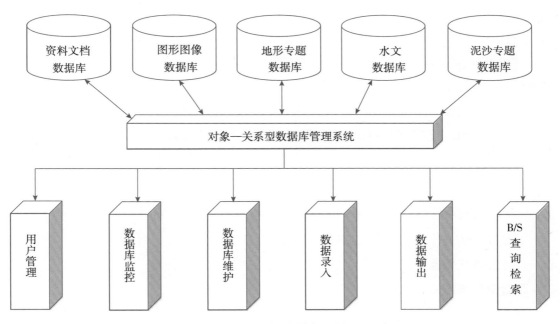

图 11.4-4　对象—关系型数据库管理模块的功能

11.4.3　水文泥沙专业计算子系统

该子系统提供各种与水文泥沙相关的计算功能，实现水沙信息和河道形态以及各种计算结果的图形可视化。主要计算水文泥沙各项特征值及河道的槽蓄量、冲淤量、冲淤厚度等，还计算和显示长江河道的泥沙淤积和平面分布情况，可供分析河道内的水沙运动情况及其对泥沙冲淤演变的影响。

　　该子系统是长江泥沙可视化分析的基础模块。系统分为两种实现方式：一种是以基础函数库的方式提供给其他模块调用，完成水沙专业计算功能；另一种是针对一定分析目的，提供给用户直接的计算界面，由用户通过交互定制计算参数，运行并显示计算结果。

　　为了保证水沙计算的结果是基于准确的原始整编数据，本子系统的所有计算数据都是直接从原始数据库中实时提取的。这样做的好处是：①保证每次计算都是使用原始的观测数据，不会由中间数据处理的途径不同，导致计算结果不同；②没有必要保存大量的中间计算结果，节省了存储空间，避免了可能的中间计算结果偏差的问题；③做到程序与数据相互独立，计算程序不会因为数据库中数据的增加或减少而要重新编写计算程序；④做到数据库中数据变，计算结果就变，保证计算的准确性和现势性等。计算中使用到的主要数据包括各水文站和固定断面的水位、流量、含沙量，实测地形和断面数据，泥沙级配数据，推移质、河床质数据，河道泥沙专项观测数据等。

　　系统实现的功能有两个方面：数据专业计算功能，结果分析及图形可视化。具体的计算功能包括：进行各种水文泥沙因子的计算，包括断面水位、水深、流量、断面流速分布、含沙量、推移质输沙率、悬沙级配、推移质级配、河床组成特征等测试数据的计算；并提供各种实时计算成果，包括断面面积、水面线、冲淤量、冲淤厚度等。本子系统的分析计算功能，可以基本满足长江水文泥沙计算、分析、信息查询及成果整编等工作的需要。

　　计算中断面数据高程采用黄海基面（或国家85基准面），水文断面水位采用冻结吴淞基面。在计算断面、河道有关数据时统一到国家85基准面；在计算水文测站（断面）水面比降时采用冻结吴淞基面。并针对不同的水文测站，采用相应的基准面换算功能，计算参数作为模型库保存在数据库中供调用。

11.4.3.1　子系统功能与结构

　　系统功能的设计主要包括以下两个方面：

　　①水沙特征数据专业计算；

　　②计算结果图形可视化。

　　子系统结构见图11.4-5。

　　由图11.4-5可以看出，水文泥沙专业计算功能又分为：水力因子计算、断面水面宽计算、断面面积计算、断面平均水深计算、水面纵比降计算、水面横比降计算、水量计算（径流量计算、多年平均径流量计算、水量平衡计算）、沙量计算（输沙量计算、多年平均输沙量计算、沙量平衡计算）、河道槽蓄量计算、冲淤量计算、冲淤厚度计算（河段冲淤厚度计算、绝对冲淤厚度计算）。其中水力因子计算、绝对冲淤厚度计算等的结果可以实现可视化。

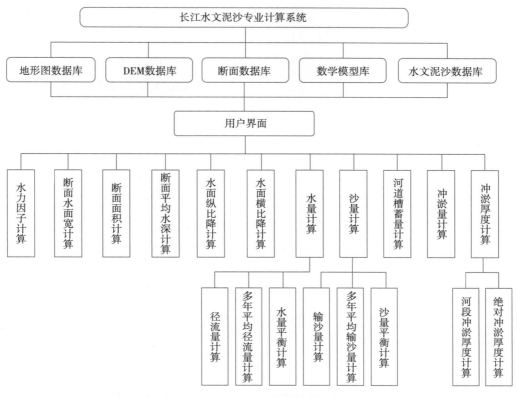

图 11.4-5 长江水文泥沙专题计算系统结构

11.4.3.2 水力因子计算

水力因子计算包括：断面水深、过水面积、水面宽、水面纵比降、水面横比降等专业计算功能。

水力因子计算提供两种形式：一种是菜单调用界面；另一种是函数形式。

界面菜单调用形式的水力因子计算，功能初始化时查询数据库，自动将库中的断面名称以及其断面编码用下拉框列出，由用户交互选择计算断面，根据用户选择的不同断面自动更新其断面测次（年、月、日）用下拉列表框列出供计算者选择，还提供一个编辑框由用户输入计算水位高程。根据选择和输入的结果，系统从数据库中提取断面数据计算，并把结果显示在对话框中，同时显示其图形。

函数形式仅为一个接口函数，不需要界面交互输入参数，由其他程序传来参数，接收传入的计算参数，计算后传出结果给调用程序。

11.4.3.3 断面水面宽计算

断面水面宽计算功能通过直接调用数据库中断面实测的地形数据，计算长江河道各断面在各级水位高程下的水面宽度。

断面水面宽计算初始化时查询数据库，自动将库中的断面名称以及其断面编码用下拉框列出，由用户交互选择计算断面，根据用户选择的不同断面自动更新其断面测次（年、月、日）用下拉列表框列出供计算者选择，还提供一个编辑框由用户输入计算水位高程。根据选择和输入的结果，系统从数据库中提取断面数据绘制出实测的起点距、河底高程，拟合出河底地形线（断面纵剖面），然后用输入的水位高程线切割河底地形线，分别计算交点间的距离，如果遇到心滩，分段处理。算法为：

$$B_{i,k} = \sum_{j=1}^{N_i-1} B_{i,j,k} = \sum_{j=1}^{N_i-1} (l_{i,j+1} - l_{i,j})$$ （11.4-1）

如果 $Zbij$，$Zb(i+1)j > Zik$，则 i 与 $i+1$ 点间的宽度记零，否则在 i 与 $i+1$ 点间直线内插高程值为 Zik 的点，然后参加计算。

计算方法为：根据断面起点距、相应高程、水位，以直线插值法计算（图 11.4-6）。

①当某水位下过水断面为单式（图中 EF 线）时，根据水位值（Z），用插值法计算 E、F 点起点距 LE、LF，两起点距差值（$LF-LE$）即为该水位时水面宽；

②当某水位下过水断面为复式（图中 AD 线）时，用插值法分别计算 A、B、C、D 点起点距（LA、LB、LC、LD），A、B 起点距差值（$LB-LA$）与 C、D 起点距差值（$LD-LC$）之和为该水位时水面宽。

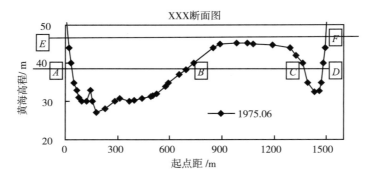

图 11.4-6　断面水面宽计算

断面水面宽计算功能提供窗口选择断面名称、断面测次和计算水位（统一到国家 1985 基准面）。计算结果数据显示在对话框的一个编辑框中，图形显示在图形区，可以屏幕查询河段各断面任意水位下的断面宽。

界面方式计算断面水面宽的水力因子计算对话框见图 11.4-7，系统最初自动列出长江水文泥沙数据库中的所有断面以供用户计算选择，根据用户选择的断面的不同，更新此断面的各个测次（以年、月、日的形式标出），用户可以选择计算断面的日期，点"绘图"按钮可以查看断面的河底地形线（断面纵剖面）；在"计算高程"输入框中输入要计算的高程值，点击"计算"按钮，系统计算出水面宽、断面面积以及平均水深。至于函数方式，主要是提供给长江水文泥沙管理信息系统的其他子系统的有关计算。

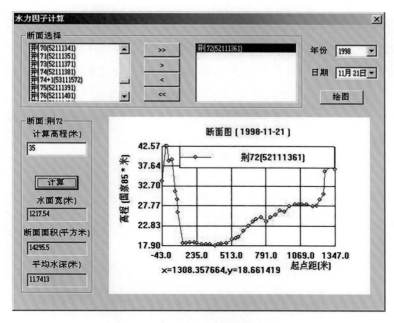

图 11.4-7　水力因子计算对话框

11.4.3.4　断面面积计算

本系统中断面面积计算直接调用系统中断面水深和水面宽计算数据,可提供计算长江河段中断面在各级水位高程下过水面积的功能。

设 $l_{i,j}$ 为 j 级水位第 i 个采样点起点距;$l_{i,j+1}$ 为 $j+1$ 级水位第 i 个采样点起点距;h 为相邻两级水位 $j,j+1$ 的差值;$A_{j,j+1}$ 为相邻两分级水位 $j,j+1$ 间的面积,简称分层面积。分层面积计算公式为:

$$A_{j,j+1} = \frac{h}{2}(\sum_{i=1}^{n-1}(l_{i+1,j}-l_{i,j}) + \sum_{i=1}^{n-1}(l_{i+1,j+1}-l_{i,j+1})) \tag{11.4-2}$$

如果第 $i,i+1$ 个采样点高程高于 j 级水位,则 i 与 $i+1$ 点间的宽度记零,否则在 i 与 $i+1$ 点间直线内插高程值为 j 级水位的点,然后参加计算。其计算最低水位与断面最低高程相同。各分级水位之间面积之和即为断面面积。

11.4.3.5　断面平均水深计算

各断面平均水深计算功能根据某水位下断面面积、断面宽计算断面平均水深。

11.4.3.6　水面纵比降计算

水面纵比降计算提供任意两水位站之间水面比降计算的功能。

根据上、下水文断面同一时刻的水位($Z_上$、$Z_下$,m)及上下断面间距(ΔL,km)计算水面比降($J,\times10^{-4}$)。计算方法为:

$$J = 10 \times (|Z_上 - Z_下|)/\Delta L \tag{11.4-3}$$

11.4.3.7 水面横比降计算

水面横比降计算功能提供断面的左右岸之间的水面比降。

系统实现了两种形式，一种是界面菜单调用，另一种是函数形式。计算断面水面横比降方法为：

$$J = 10 \times (\mid Z_左 - Z_右 \mid)/B \tag{11.4-4}$$

11.4.3.8 水量计算

（1）径流量计算

计算方法为：根据任意时段内逐日平均流量（Q，$\mathrm{m^3/s}$）、时段内天数 T，计算测站任意时段内径流量（W，亿 $\mathrm{m^3}$，图 11.4-8）。计算公式为：

$$W = Q \times T \times 86400/10^8 \tag{11.4-5}$$

图 11.4-8 径流量计算对话框

函数形式，仅实现为一个接口函数，不需要界面交互输入参数，由其他程序传来参数，计算后返回结果给调用程序。

（2）多年平均径流量计算

多年平均径流量计算功能提供长江各水文测站的多年平均径流量。径流量计算参数包括水文测站和计算时段。

$$\overline{W} = \frac{1}{n} \sum_{i=1}^{n} W_i \tag{11.4-6}$$

式中，W_i——历年同一时段的径流量，亿 $\mathrm{m^3}$；

n——计算时段的年数。

如果某些年份没有数据，则不参与计算计算结果用一个编辑框显示（图 11.4-9）。

图 11.4-9 多年平均径流量计算对话框

（3）水量平衡计算

水量平衡计算根据水量平衡方程式,提供长江固定河段或者任两个固定断面间的水量平衡计算功能。计算公式为:

$$\frac{1}{2}(Q_{入,t}+Q_{入,t+\triangle})\triangle t-\frac{1}{2}(Q_{出,t}+Q_{出,t+\triangle})\triangle t=V_{t+\triangle}-V_t \qquad (11.4\text{-}7)$$

式中,$\triangle t$——计算时段长度;

$Q_{入,t}$、$Q_{入,t+\triangle}$——时段初、末入库流量;

$Q_{出,t}$、$Q_{出,t+\triangle}$——时段初、末出库流量;

V_t、$V_{t+\triangle}$——时段初、末河段蓄水量。

水量平衡计算参数包括水文站编码、起止时间。水量平衡计算通过计算断面过水量、出入库总水量及蓄水变量实现(图 11.4-10,图 11.4-11)。

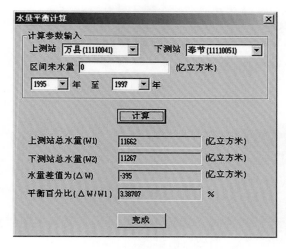

图 11.4-10 水量平衡计算对话框

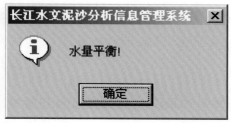

图 11.4-11 水量平衡计算结果信息提示框

函数形式,仅实现为一个接口函数,不需要界面交互输入参数,由其他程序传来参数,计算后返回结果给调用程序。

11.4.3.9 沙量计算

（1）输沙量计算

输沙量计算功能提供固定断面输沙量及泥沙监测断面控制区域内泥沙量的。输沙量计算参数包括测站编码、数据测次(时间)。

根据式(11.4-8)计算测站任意时段内的输沙量的大小。

$$W_s = Q_s \times T \times 86400/10^7 \tag{11.4-8}$$

式中,W_s——输沙量,万 t;

$\qquad Q_s$——逐日平均输沙率,kg/s;

$\qquad T$——时段内天数。

计算的结果用一个编辑框显示出来(图 11.4-12)。

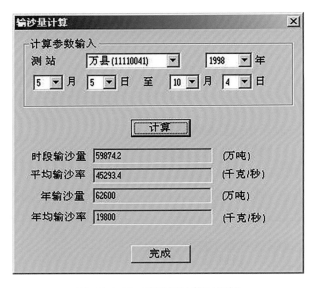

图 11.4-12　输沙量计算对话框

（2）多年平均输沙量计算

多年平均输沙量计算功能提供长江各水文测站的多年平均输沙量。多年平均输沙量计算参数包括水文站编码、数据测次、观测年段。

$$\overline{W}_s = \frac{1}{n}\sum_{i=1}^{n} W_{s_i} \tag{11.4-9}$$

计算结果显示在对话框中标识为"多年平均输沙率"的编辑框里;另一种是直接把年输沙量求和,显示在对话框的标识为"多年平均输沙量"的编辑框里(图 11.4-13)。

函数形式,仅实现为一个接口函数,不需要界面交互输入参数,由其他程序传来参数,计算后返回结果给调用程序。

图 11.4-13　多年平均输沙量计算对话框

（3）沙量平衡计算

沙量平衡计算功能提供长江各具有泥沙监测断面的河段的沙量平衡结果。

系统根据选择的目标测站和时段，在表中分别检索上、下测站年输沙量值，保存在数组中，求和得到 $W_{s_下}$ 和 $W_{s_上}$，$W_{s_区}$ 用一个编辑框由用户输入，默认值为 0，注意 $W_{s_区}$ 汇沙为＋，分沙为－，然后通过式（11.4-10）计算。

$$\Delta W_s = (\mid W_{s_下} - W_{s_上} - W_{s_区} \mid) / W_{s_上} \qquad (11.4-10)$$

计算结果用一个编辑框显示出来（图 11.4-14）。并且根据 ΔWS 给出输沙量是否平衡的提示：当 $\Delta WS < 5\%$ 时为沙量平衡，否则不平衡（图 11.4-15）。

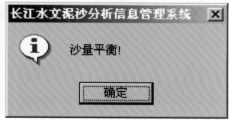

图 11.4-14　沙量平衡计算对话框　　　　图 11.4-15　量平衡计算结果信息提示框

11.4.3.10　河道槽蓄量计算

河道槽蓄量计算功能提供断面间分级槽蓄量。河道槽蓄量可以分别采用地形法（数字高程模型法）和断面法进行计算。用地形法计算，是基于河道地形的矢量化成果（河道地形图）；用断面法计算，是基于数据库中河道各断面地形观测数据。

（1）地形法（数字高程模型法）

根据所需计算的矢量数据生成的河道数字高程模型，累积计算 DEM 在每个小区域上的槽蓄量，即为河道的总槽蓄量。

如图 11.4-16 中，设三角形的三个顶点为 A、B、C，顶点三维坐标为 (x_a, y_a, z_a)、(x_b, y_b, z_b)、(x_c, y_c, z_c)，且 $z_a \geqslant z_b \geqslant z_c$，可以通过排序得到这样的假设。

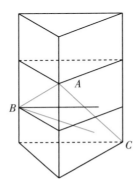

图 11.4-16　三角形区域上的槽蓄量计算

设计算高程面为 z，三角形内角 A、C 的正弦值分别为 $\sin A$、$\sin C$，AB、BC、CA 边长分别为 c、a、b，CA 边高为 bh，则槽蓄量 vol、接触表面积 area 计算公式为：

如果 $z \leqslant z_c$，则 area $=0$，vol $=0$；

如果 $z_c \leqslant z \leqslant z_b$，则

$$\begin{cases} \text{area} = \dfrac{1}{2} \times a \times b \times \dfrac{(z-z_c) \times (z-z_c)}{(z_b-z_c) \times (z_a-z_c)} \times \sin C \\ \text{vol} = \dfrac{1}{3} \times \text{area} \times (z-z_c) \end{cases} \quad (11.4\text{-}11)$$

如果 $z_b \leqslant z \leqslant z_a$，则

$$\begin{cases} \text{area} = \dfrac{1}{2} \times b \times c \times \left[1 - \dfrac{(z_a-z) \times (z_a-z)}{(z_a-z_b) \times (z_a-z_c)}\right] \times \sin A \\ \text{vol} = \dfrac{1}{6} \times \left[2 \times \text{area} \times (z-z_b) + b \times \dfrac{(z-z_c)}{(z_a-z_c)} \times (z-z_c) \times bh\right] \end{cases} \quad (11.4\text{-}12)$$

如果 $z \geqslant z_a$，则

$$\begin{cases} \text{area} = \dfrac{1}{2} \times b \times c \times \sin A \\ \text{vol} = \text{area} \times \left[(z-z_a) + \dfrac{1}{3} \times (z_a - z_b + z_a - z_c)\right] \end{cases} \quad (11.4\text{-}13)$$

如果数字高程模型为 TIN(不规则三角网)模型,则直接采用上面的计算公式计算各三角形区域的槽蓄量,然后累加即为河道槽蓄量。如果数字高程模型为规则格网,则把每个格网分作两个三角形也可采用上面的计算公式计算槽蓄量。计算结果见图 11.4-17。

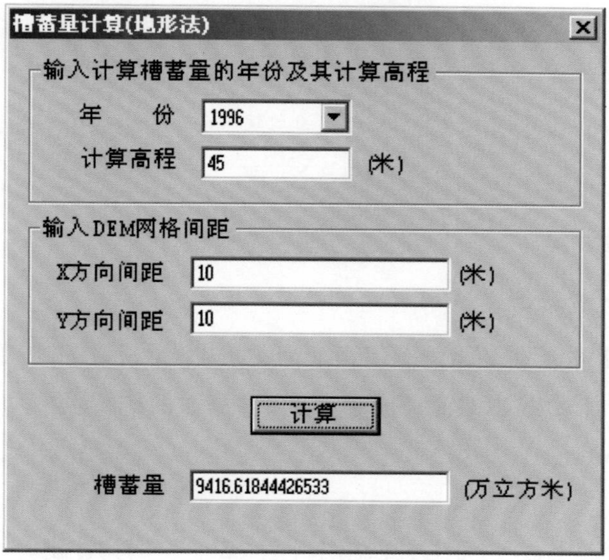

图 11.4-17　地形法计算槽蓄量对话框

(2)断面法

根据某水面线下沿程断面面积(A_i、A_j)、断面间距(L_{ij})计算两断面间槽蓄量 ΔV_i,各断面间槽蓄量之和即为河段槽蓄量 V(万 m^3)(图 11.4-18)。

图 11.4-18　断面法计算槽蓄量对话框

计算过程如下。

①形公式：

$$\Delta V_i = (A_i + A_j) \times L_{ij}/2/10000 \qquad (11.4-14)$$

②截锥公式：

$$\Delta V_i = (A_i + A_j + \sqrt{A_i \times A_j}) \times L_{ij}/3/10000 \qquad (11.4-15)$$

注：截锥公式在 $A_i > A_j$ 且 $(A_i - A_j)/A_i > 0.40$ 时使用。

$$V = \sum \Delta V_i \qquad (11.4-16)$$

11.4.3.11 冲淤量计算

（1）断面法冲淤量计算

冲淤量计算功能可调用数据库中的断面地形实测数据、水沙实测数据计算河段泥沙冲淤量。计算方法：根据某水位（高程）下同一河段两测次的槽蓄量 V_1、V_2，计算河段冲淤量 ΔV。计算公式见式（11.4-17）。

$$\Delta V = V_1 - V_2 \qquad (11.4-17)$$

当 $\Delta V > 0$ 时为淤积，$\Delta V = 0$ 时冲淤基本平衡，$\Delta V < 0$ 时为冲刷。

计算结果以文本形式通过屏幕显示数值大小及单位（万 m^3），见图 11.4-19。

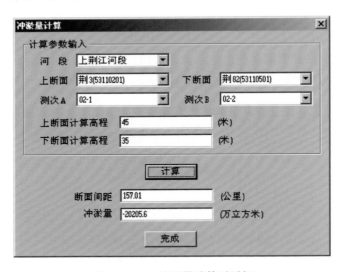

图 11.4-19 冲淤量计算对话框

（2）地形法冲淤量计算

计算方法为：在指定河段不同时段（至少有间隔的两个时间点）的河道的地形图上，圈定计算冲淤量的范围，然后系统根据不同时段的河段的河道地形数据生成 DEM 模型，将所得到的两个模型相减，一般用当前河道对应的 DEM 减以前河道的 DEM，然后用对应格网数据计算,当计算结果>0 时为淤,当计算结果<0 时为冲。最终的结果为数值。

计算河段绝对冲淤量时,系统提供菜单窗口选择河段名称(编码)、计算时段,以及屏幕查询河段绝对冲淤量值,并且可以以 DEM 数据文件的形式保存绝对冲淤厚度数据文件,在三维可视化系统中可以显示三维的冲淤情况(图 11.4-20)。

计算结果以文本形式通过屏幕显示数值大小及单位(万 m³)。

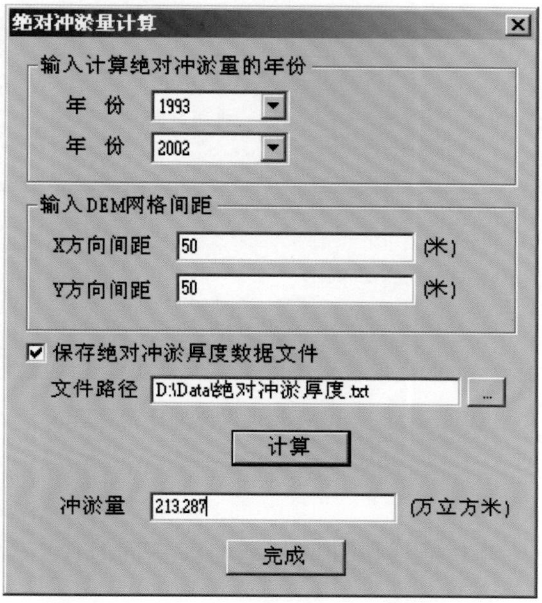

图 11.4-20　绝对冲淤量计算对话框

11.4.3.12　冲淤厚度计算

冲淤厚度计算功能提供河段冲淤厚度计算和绝对冲淤厚度计算两项。

(1)河段冲淤厚度计算

河段冲淤厚度计算功能分别提供断面平均冲淤厚度计算和河段平均冲淤厚度计算。

1)断面平均冲淤厚度计算

断面平均冲淤厚度计算可以计算任意断面不同时段(测次)间的平均冲淤厚度,计算方法为:根据某水面线下同一断面两测次的过水面积差 $\Delta A(\mathrm{m}^2)$、断面平均水面宽 $\overline{B}(\mathrm{m})$ 计算断面平均冲淤厚度 $\Delta\overline{H}(\mathrm{m})$。计算公式为:

$$\Delta\overline{H} = \frac{\Delta A}{\overline{B}} \tag{11.4-18}$$

其中平均水面宽 $\overline{B}$ 为断面两测次水面宽 B_i 的算术平均值。

系统提供窗口选择断面名称或编码、计算时段和计算水位。

计算结果以文本形式通过屏幕显示，见图 11.4-21。

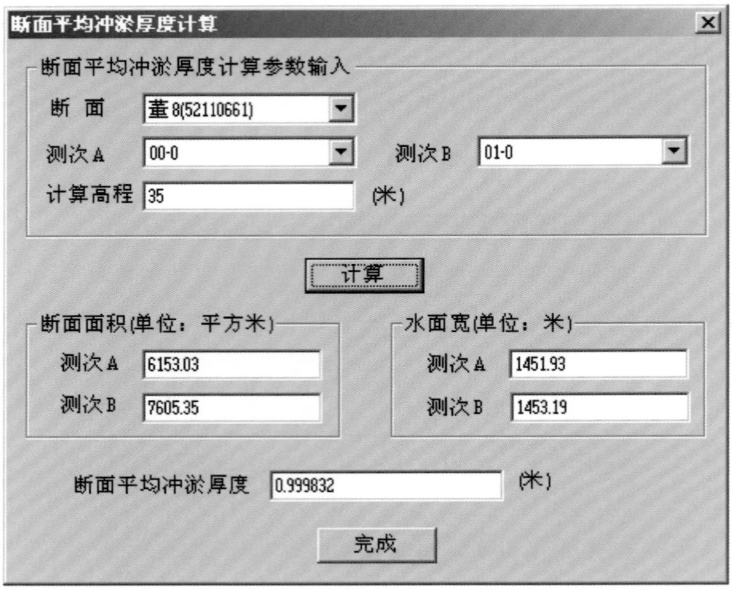

图 11.4-21　断面平均冲淤厚度计算对话框

2）河段平均冲淤厚度计算

河段平均冲淤厚度计算功能提供计算任意河段不同时段（测次）的平均冲淤厚度的计算。

计算方法为根据某水面线下同一河段两测次的冲淤量 $\Delta V/（万~m^3）$、河段长度 $L（m）$、河段平均水面宽 $\overline{B}（m）$ 计算河段平均冲淤厚度 $\Delta\overline{H}（m）$。计算公式为：

$$\Delta\overline{H} = \frac{10^4 \times \Delta V'}{L \times \overline{B}}$$ 　　(11.4-19)

其中平均水面宽 $\overline{B}$ 为河段内各断面水面宽 B_i 的算术平均值。系统考虑了水面比降因素，通过提供给用户输入上断面计算高程和下断面计算高程的接口，用户可以根据不同河段或断面的比降情况输入计算参数。如果上断面计算高程和下断面计算高程输入值相等，表示忽略比降，计算值为不带比降的冲淤厚度；如果上断面计算高程和下断面计算高程输入值不相等，表示要考虑比降因素，系统自动把输入的高程平均分摊到计算的沿程断面上，计算结果为带比降的冲淤厚度。

系统提供窗口选择河段名称（或起始断面名称、编码）、计算时段和计算水位。

计算结果以文本形式通过屏幕显示，见图 11.4-22。

（2）绝对冲淤厚度计算

绝对冲淤厚度计算提供计算河段一定范围的绝对冲淤厚度。计算方法为：系统首先打开不同测次的河道地形图,由用户在上面圈定需要计算的目标范围,系统根据圈定的河段实时生成数字高程模型(DEM),即将河道划分成不同空间距离的矩形或三角形网格,采用直线插值或算术平均方法计算各网格点的河床高程。不同测次对应网格点河床高程之间的差值即为绝对冲淤厚度。两个时段下河段的 DEM 模型对应相减所得的新的 DEM 模型即为该河段的绝对冲淤厚度分布状况,系统提供窗口选择河段名称、测次和网格类型及大小(图 11.4-23)。

图 11.4-22　河段平均冲淤厚度计算对话框　　　**图 11.4-23　绝对冲淤厚度计算对话框**

计算结果可直接保存成数据文件(包括各网格坐标、绝对冲淤厚度值),见图 11.4-24。该文件可以在三维可视化系统中打开,显示三维的河段冲淤情况(图 11.4-25)。

图 11.4-24　保存绝对冲淤厚度结果的数据文件

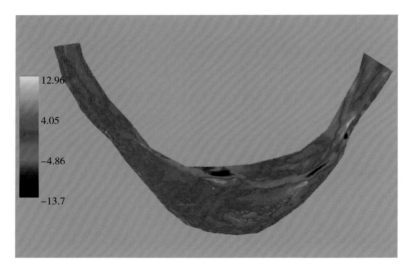

图 11.4-25　在三维可视化系统中显示三维的绝对冲淤厚度分布图

11.4.4　水文泥沙信息可视化分析子系统

该子系统提供各种水文泥沙数据、断面数据、河段地形数据，并显示各种计算结果的图形。该子系统可以为水文专业研究人员提供强大直观的可视化分析工具，把复杂的水文数据用图形、表格的方式表达出来，揭示蕴藏在复杂数据下的规律。分析结果不仅可以作为专业问题研究的成果表达方式，而且可以作为领导决策的依据，部分结果还可以发布到网络上为公众提供直观的水文信息服务。

该子系统的可视化分析功能可以面对如下几类数据：水文泥沙过程线数据、水文泥沙沿程变化数据、水文泥沙年内年际变化关系数据、水文泥沙综合关系数据等。各类图件编绘功能中都包含有多种条件的组合套绘功能。所使用的数据都是从原始的水文泥沙数据中提取和筛选的，经过专业计算后编绘成专业的水文图件。

11.4.4.1　子系统结构与功能

子系统提供的水沙可视化分析功能，包括实时编绘水文泥沙过程线图、水文泥沙沿程变化图、水文泥沙年内年际变化关系图；水文泥沙综合关系图等，以满足水文泥沙分析、信息查询及成果整编等工作的需要。

子系统的结构与功能见图 11.4-26。

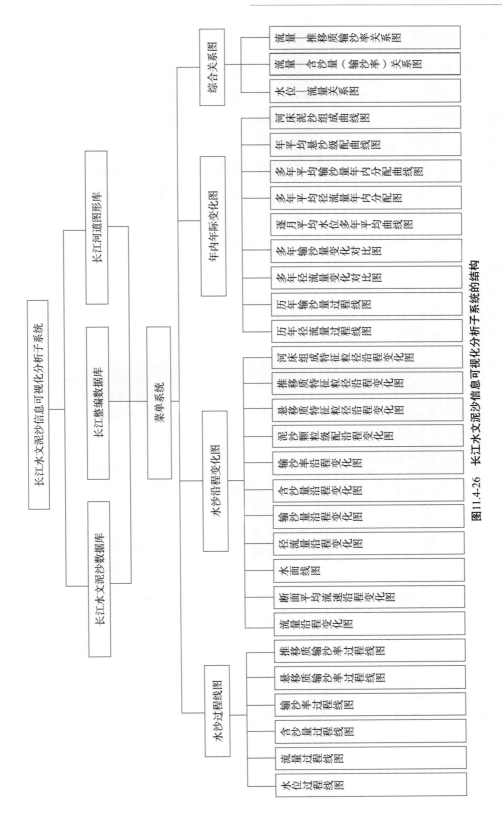

图11.4-26 长江水文泥沙信息可视化分析子系统的结构

11.4.4.2 过程线图

（1）水位过程线图

水位过程线图根据各测站水位监测数据绘制，反映水位变化与时间的关系。水位过程线图按时间序列绘制显示，绘制参数包括测站编码、观测时段（测次）等。

①界面设计和绘制方法：提供对话框界面接收用户交互输入的参数，功能在初始化时查询数据库，把库中表 DZ 的站码及对应名称和年份分别用两个下拉列表框列出，年份时段的选择结果显示在右边的列表框中，然后根据选择的目标测站和年份到数据库中表 DZ 的 Z_i 字段中提取日平均水位值，连同日期累加值存放到一个二维数组中，用于绘图。图形以 X 轴表示时间（天），以月为间隔累加显示；以 Y 轴表示水位，单位为 m。操作界面上提供基面的选择和是否进行多年平均水位过程线绘制的选择，绘图结果中注明了计算所采用的基准面类型。系统还实现了多测站、任意年份水位过程线图的联合套绘功能，其结果可以用做对比研究。绘图结果窗口具有显示绘图数据、打印图形、保存图形的功能。

②操作界面：见图 11.4-27。

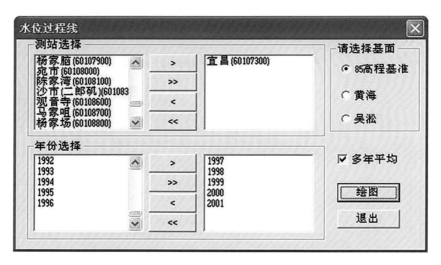

图 11.4-27　水位过程线图绘制操作界面

（2）流量过程线图

流量过程线图绘制功能根据流量测站监测的流量数据绘制，反映流量变化与时间的关系。流量过程线图按时间序列绘制显示。流量过程线图绘制参数包括测站编码、观测时段（测次）。操作界面见图 11.4-28。

图 11.4-28　流量过程线图绘制操作界面

（3）含沙量过程线图

含沙量过程线图绘制功能提供根据长江上各泥沙实测断面获取含沙量数据、绘制含沙量过程线图、反映各断面含沙量随时间变化的功能。含沙量过程线图绘制参数包括测站编码、实时含沙量、观测时段(测次)等。操作界面见图 11.4-29。

图 11.4-29　含沙量过程线图绘制操作界面

（4）输沙率过程线图（包括推移质和悬移质）

输沙率过程线图绘制功能是时间与推移质（或悬移质）输沙率关系的绘制，反映推移质（或悬移质）输沙率随时间变化的情况。输沙率过程线图按时间序列绘制显示，分为沙质推移质、卵石推移质输沙率过程线图和悬移质输沙率过程线图。输沙率过程线图绘制参数包括测站编码、输沙率、观测时段（测次）。操作界面见图 11.4-30。

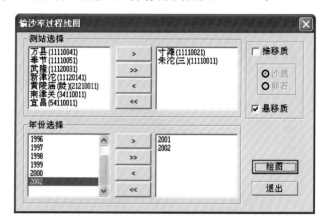

图 11.4-30　输沙率过程线图绘制操作界面

11.4.4.3　水沙沿程变化图

水沙沿程变化图包括：流量沿程变化图、断面平均流速沿程变化图、水面线图、径流量沿程变化图、输沙量沿程变化图、含沙量沿程变化图、输沙率沿程变化图、泥沙颗粒级配沿程变化图、悬移质特征粒径沿程变化图、推移质特征粒径沿程变化图、床沙组成特征粒径沿程变化图等。

（1）流量沿程变化图

流量沿程变化图根据流量测验成果及距坝里程绘制，反映流量沿程变化情况。流量沿程曲线图提供屏幕查询流量和距坝里程的功能。流量沿程曲线图绘制参数包括测站、观测时段（测次）、流量监测数据、距坝里程等。操作界面见图 11.4-31。

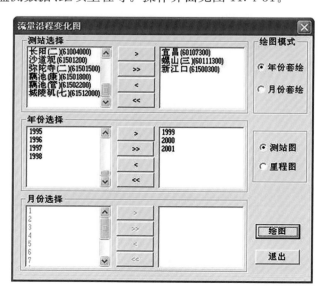

图 11.4-31　流量沿程变化图绘制操作界面

（2）断面平均流速沿程变化图

断面平均流速沿程变化图根据时间与沿程断面平均流速绘制，反映某时间断面平均流速沿程变化的情况。断面平均流速沿程变化图根据选定的时间显示沿程各个断面的流速情况。其绘制参数包括测站编码、数据时间（时段）。操作界面见图 11.4-32。

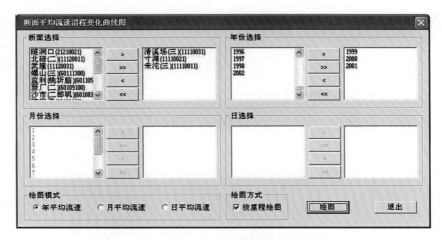

图 11.4-32　断面平均流速沿程变化图绘制操作界面

（3）径流量沿程变化图

该图根据沿程各测站多年平均或某一年份月、年平均径流量成果，以图表或曲线的形式输出，图件反映了沿程各站或者各里程值对应河道位置的径流量变化规律。径流量沿程变化图绘制参数包括测站编码、年份、月份、距河口距离等。操作界面见图 11.4-33。

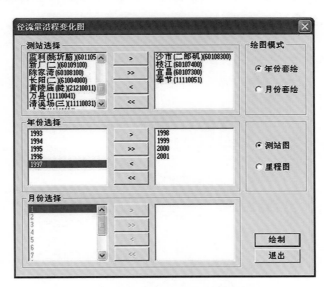

图 11.4-33　径流量沿程变化图绘制操作界面

（4）输沙量沿程变化图

输沙量沿程变化图根据沿程各站或各点距河口里程值位置处的多年平均或某一年份，月、年平均输沙量成果绘制，图件反映了沿程各站或者各里程值位置处的输沙量变化规律。输沙量沿程变化图绘制参数包括测站编码、年份、月份、距河口距离等。操作界面见图 10.4-34。

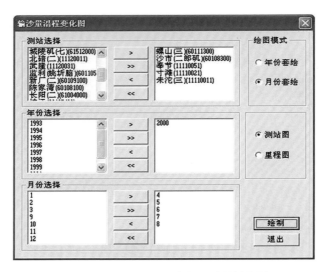

图 11.4-34 输沙量沿程变化图绘制操作界面

（5）含沙量沿程变化图

含沙量沿程变化图根据沿程各站或各里程值位置处多年平均或多年月、年平均含沙量成果，以图表或曲线的形式输出，图件反映含沙量沿程变化的情况。含沙量沿程变化图绘制参数包括测站编码、绘制类型、年份、月份、距坝里程等。操作界面见图 11.4-35。

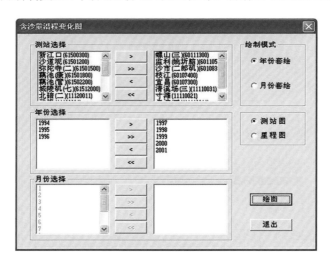

图 11.4-35 含沙量沿程变化图绘制操作界面

(6)输沙率沿程变化图

输沙率沿程变化图根据沿程各站或各里程值位置的多年平均或多年月平均、年平均输沙率成果，以图表或曲线的形式输出，反映含沙量沿程变化的情况。输沙率沿程变化图绘制参数包括推沙类型、测站编码、绘制类型、年份、月份、距河口距离等。操作界面见图 11.4-36。

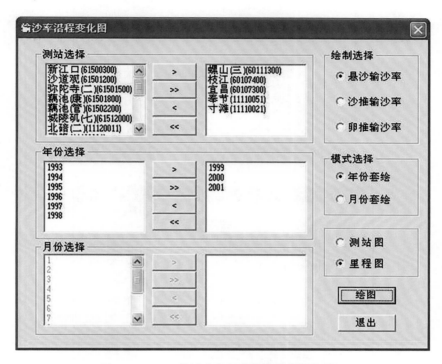

图 11. 4-36　　输沙率沿程变化图绘制操作界面

(7)泥沙颗粒级配沿程变化图

泥沙颗粒级配沿程变化图根据沿程各站多年平均或某一年份月、年颗粒级配观测结果，以图表或曲线的形式输出，反映了某测站某种颗粒的粒径百分比的关系。系统提供了床沙、悬沙两种泥沙颗粒级配沿程变化图。床沙级别又细分为沙推和卵推。泥沙颗粒级配沿程变化图提供颗粒的粒径百分比的关系。泥沙颗粒级配沿程变化图绘制参数包括测站编码、年份、月份等。操作界面见图 11.4-37。

(8)悬移质特征粒径沿程变化图

悬移质特征粒径沿程变化图根据沿程各站或各里程值对应位置处多年平均或某年份月、年平均的中值、平均、最大粒径的观测数据成果，以图形的形式输出。反映沿程各测站或各里程值位置处的悬移质特征粒径变化规律。操作界面见图 11.4-38。

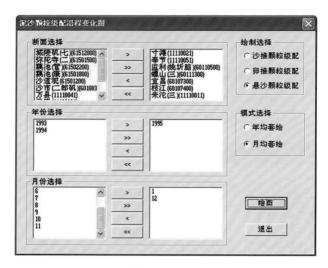

图 11.4-37　泥沙颗粒级配沿程变化图绘制操作界面

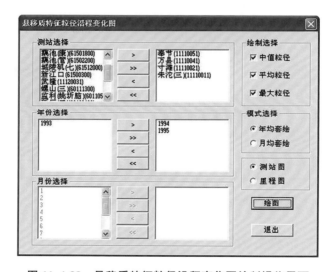

图 11.4-38　悬移质特征粒径沿程变化图绘制操作界面

(9)推移质特征粒径沿程变化图

推移质特征粒径沿程变化图根据沿程各站或各对应里程值处推移质多年平均或某一年份月、年平均的中值、平均、最大粒径的观测数据成果，以图表的形式输出，反映沿程各站或者各里程值位置处的推移质特征粒径变化规律。推移质特征粒径沿程变化图绘制参数包括测站编码、绘制类型、粒径级、年份、月份。操作界面见图 11.4-39。

(10)床沙组成特征粒径沿程变化图

床沙组成特征粒径沿程变化线图根据沿程各断面或各对应里程值处及其床沙多年平均或某一测次的中值、平均、最大粒径的观测数据成果，以图表形式输出，反映某时间床沙组成特征粒径沿程变化的情况。床沙组成特征粒径沿程变化图绘制功能提供屏幕查询粒径和距大坝里程值位置的粒径统计功能。床沙组成特征粒径沿程变化图绘制参数包括断面编码、粒径级、绘制类型、年份、月份、距大坝里程等。操作界面见图 11.4-40。

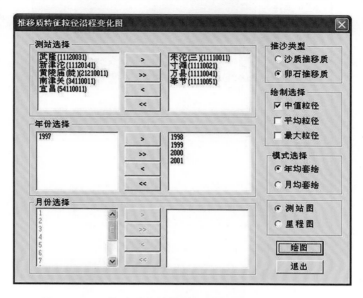

图 11.4-39 推移质特征粒径沿程变化图绘制操作界面

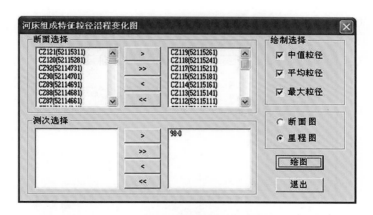

图 11.4-40 床河组成特征粒径沿程变化图绘制操作界面

11.4.4.4 水沙年内年际变化图

水沙年内年际变化图包括:历年径流量过程线图、历年输沙量过程线图、多年径流量变化对比图、多年输沙量变化对比图、多年平均逐月平均水位曲线图、多年平均径流量年内分配图、多年平均输沙量年内分配图、多年平均悬沙级配曲线图、河床泥沙组成曲线图等。

(1)历年径流量过程线图

历年径流量过程线图根据年份与选择测站的径流量绘制,反映历年径流量的变化情况。

操作界面见图 11.4-41。

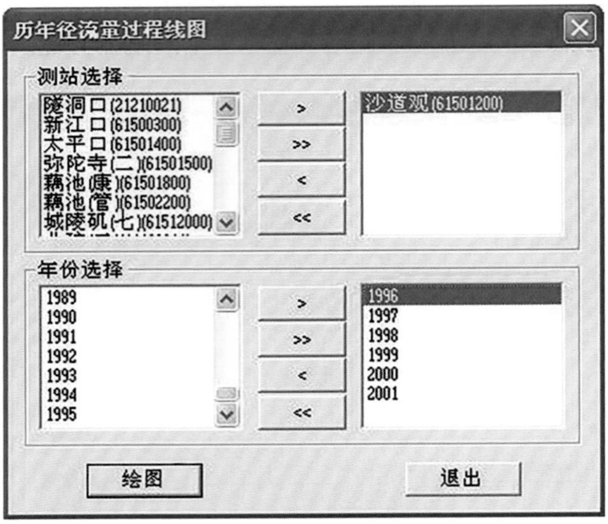

图 11.4-41　历年径流量过程线图绘制操作界面

（2）历年输沙量过程线图

历年输沙量过程线图根据年份与测站的输沙量绘制，反映历年输沙量的变化情况。操作界面见图 11.4-42。

图 11.4-42　历年输沙量过程线图操绘制作界面

（3）多年径流量变化对比图

根据多年平均径流量和年径流量成果，制作成图形，反映多年径流量变化情况。其绘制参数包括测站编码、数据类型、数据时间（时段）。操作界面见图 11.4-43。

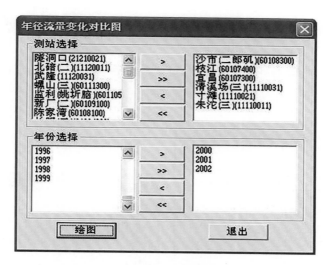

图 11.4-43　多年径流量变化对比图绘制操作界面

（4）多年输沙量变化对比图

多年输沙量变化对比图提供根据多年平均输沙量和年输沙量成果绘制的图形，反映多年平均输沙量变化情况。其绘制参数包括测站编码、数据类型、数据时间（时段）等。操作界面见图 11.4-44。

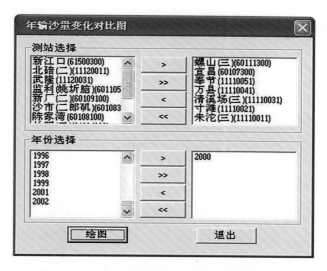

图 11.4-44　多年输沙量变化对比图绘制操作界面

（5）逐月平均水位多年平均曲线图

逐月平均水位多年平均曲线图对逐月平均水位数据进行算术平均，得到多年平均逐月平均水位并绘制成曲线,反映河段逐月平均水位的多年平均变化情况。操作界面见图 11.4-45。

（6）多年平均径流量年内分配图

对逐月平均径流量数据进行算术平均,得到多年平均逐月平均径流量并绘制成曲线,反映河段逐月平均径流量变化情况。操作界面见图 11.4-46。

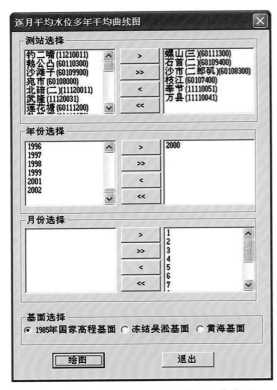

图 11.4-45　逐月平均水位多年平均曲线图
绘制操作界面

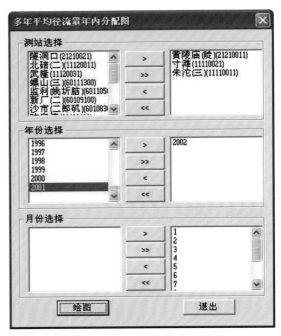

图 11.4-46　多年平均径流量年内分配图
绘制操作界面

（7）多年平均输沙量年内分配曲线图

多年平均输沙量年内分配曲线图根据沿程各站位置处多年平均或某一年份的逐月平均输沙量,对逐月平均输沙量数据进行算术平均,得到多年平均的逐月平均输沙量,绘成图形,反映输沙量沿程变化的情况。多年平均输沙量年内分配曲线图提供屏幕查询逐月平均输沙量功能。多年平均输沙量年内分配曲线图绘制参数包括测站编码、年份、月份等。操作界面见图 11.4-47。

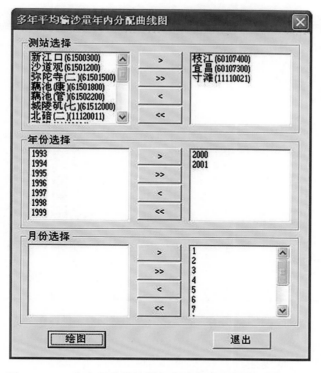

图 11.4-47　多年平均输沙量年内分配曲线图绘制操作界面

（8）多年平均悬沙级配曲线图

多年平均悬沙级配曲线图将各站多年平均或某一年份、单月或多个月的泥沙级配数据绘成曲线的形式，反映测站的单年或多年、单月或多月的悬沙级配变化。图件提供屏幕查询某粒径百分比的功能。绘制参数包括测站编码、年份、月份。采用半对数坐标，X 轴表示粒径为对数；Y 轴表示百分比，为正常坐标。

$$\overline{\Delta p_j} = \frac{\sum_{i=1}^{n}(W_{s_i} \times \Delta p_{ij})}{\sum_{i=1}^{n} W_{s_i}} \tag{11.4-20}$$

式中，n——统计年份数；

　　　W_{s_i}——第 i 年的输沙量；

　　　Δp_i、$\overline{\Delta p_j}$——对应于某粒径 d_j 的第 i 年和多年平均的沙重百分数。

对逐年平均泥沙级配数据进行加权算术平均，形成其多年平均的泥沙级配并绘制成曲线。操作界面见图 11.4-48。

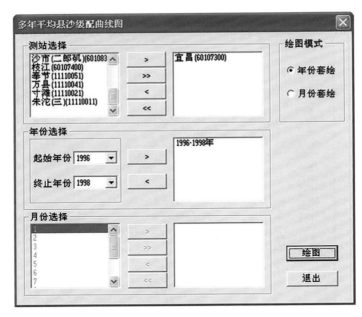

图 11.4-48　多年平均悬沙级配曲线图绘制操作界面

（9）河床泥沙组成曲线图

河床泥沙组成曲线图根据河床泥沙组成与所占权重比例绘制，反映河床泥沙组成的变化情况。表现形式与多年平均悬沙级配曲线图相同。操作界面见图 11.4-49。

图 11.4-49　河床泥沙组成曲线图绘制操作界面

11.4.4.5 水沙综合关系图

（1）水位—流量关系图

水位—流量关系图根据水位、流量监测数据绘制，反映各水位级下流量变化的关系。水位—流量关系图绘制参数包括测站编码、观测时段（测次）等。操作界面见图 11.4-50。

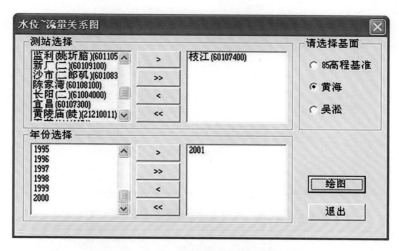

图 11.4-50 水位—流量关系图绘制操作界面

（2）流量—含沙量（输沙率）关系图

流量—含沙量（输沙率）关系图根据沿程各站含沙量（输沙率）、流量成果，以散点的形式绘制，反映各测站的流量—含沙量（输沙率）变化规律。系统提供菜单窗口选择测站名称（编码）、年份、流量—含沙量（输沙率）关系图类型（年均、月均和日均 3 种），以及屏幕查询沿程测站流量、含沙量（输沙率）的功能。其中：年均流量—含沙量（输沙率）关系图系以年均流量和年均含沙量（输沙率）为参数；月均流量—含沙量（输沙率）关系图系以各年月均流量和月均含沙量（输沙率）为参数；日均流量—含沙量（输沙率）关系图系以各年日均流量和日均含沙量（输沙率）为参数。流量—含沙量（输沙率）变化图提供屏幕查询测站的流量—含沙量（输沙率）变化规律以及流量—含沙量（输沙率）关系统计功能。绘制参数包括测站编码、年份、月份等。操作界面见图 11.4-51。

（3）流量—推移质输沙率关系图

流量—推移质输沙率关系图根据沿程各站推移质输沙率、流量成果，以散点的形式绘制。反映推移质输沙率与流量关系变化的情况，包括年均、月均和日均 3 种流量—推移质输沙率关系图。其中：年均流量—推移质输沙率关系图系以年均流量和年均推移质输沙率为参数；月均流量—推移质输沙率关系图系以各年各月平均流量和平均输沙率为参数；日均流量—推移质输沙率关系图系以各年日均流量和日均输沙率为参数。流量—推移质输沙率关系图绘制参数包括测站编码、年份、月份等。操作界面见图 11.4-52。

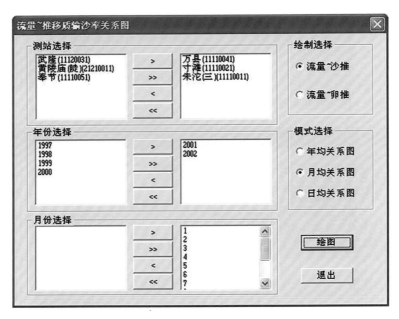

图 11.4-51　流量—含沙量(输沙率)关系图绘制操作界面

图 11.4-52　流量—推移质输沙率关系图绘制操作界面

11.4.5　水文泥沙信息查询子系统

　　一般来说,各级领导、水文专家和水文技术人员及其他用户所需进行的信息查询,主要包括以下几个方面:

　　①水文泥沙基本属性信息查询;

②空间对象检索（图形信息）查询；

③三维信息查询；

④水文泥沙专业信息查询；

⑤其他信息组合查询；

⑥水沙信息网络查询。

针对这些查询需求，系统分别实现了多种查询方式，用于满足不同用户的需求。

11.4.5.1　系统结构

长江水文泥沙信息查询子系统的功能结构见图 11.4-53。

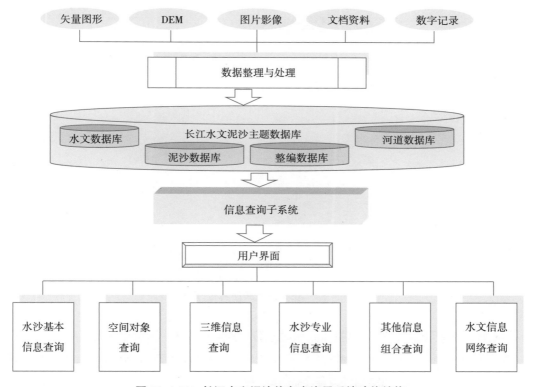

图 11.4-53　长江水文泥沙信息查询子系统功能结构

11.4.5.2　系统功能

为了满足以上需求，本子系统实现的信息查询功能包括：水沙基本信息查询、图形对象查询检索、三维信息查询、水沙专业信息查询和水文信息网络查询等。根据需要分别采用 C/S 和 B/S 模式实现。

（1）水文基本信息查询

水文基本信息包括：水文（位）站基本资料、断面分布和雨量蒸发资料等。

其中，水文（位）站基本资料包括：水文（位）站、水文（位）站沿革、水文水位断面及设施、水准点沿革情况、水尺水位观测设备沿革情况、集水面积与距河口距离、水文（位）站以上主要水利工程情况和水文水位特征值等。断面查询是查询与固定断面相关的信息。查询内容包括断面标志考证、断面布置图、断面实测成果、断面图及多次套绘图、断面特征值、断面深泓点及深泓曲线等。其中，断面标志考证包括断面名称、标点名、起点距、断面间距、坐标、高程、标型、方位角、变动情况等信息。

断面布置图（图 11.4-54）显示河流中固定断面分布情况，可局部放大。

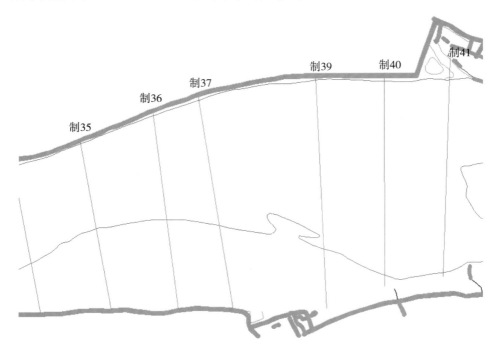

图 11.4-54　长江河道断面布置（局部）

断面成果包括断面名称、施测时间、测时水位、起点距、高程、测点说明等。

断面图显示断面曲线、测时水位及水面线、施测时间、最低河底高程（图 11.4-55）。也可以将多测次数据套绘在一张图上，以便进行分析对比。

断面特征值指断面高程、面积、水面宽、平均水深、宽深比等信息。

断面深泓点指固定断面的最深点，以起点距、高程的形式给出。结合断面布置图，在相应断面上绘制深泓点，连接查询到的所有断面深泓点即得到断面深泓曲线。断面图的查询策略由程序定制，包括基于河流编号、河流名称、测次、断面编码、断面名称等的查询路径与方式。

雨量蒸发资料查询可查询基本雨量、蒸发资料和特征数据，包括测站情况查询、实测资料查询、分析计算资料查询、特征数据查询等。查询策略由程序定制，包括基于测站编码、测站名称、河流编码等。

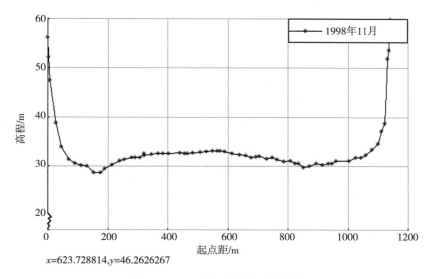

x=623.728814,y=46.2626267

图 11.4-55　长江某河段实测断面

（2）图形对象查询检索

本系统的对象查询检索功能包括：在各种地图上查询各类图元的颜色、线形、名称、坐标等基本属性，在长江流域底图上查询测站、河段信息，在河道地形图上查询测量控制点、首曲线、计曲线、等高线、居民地及垣栅、工矿建筑物及其他设施、交通及附属设施、水系及附属设施、植被、地貌和土质、图廓层、图幅四角点坐标、境界、管线及附属设施、基础地理注记、陡坎、断面线、深泓线、洲滩、岸线、动画、流态、实测点、水文测站、水边线、水边线数据、水体、堤线、水文注记等信息。本系统的空间查询功能是利用 GIS 应用平台来实现的，主要针对矢量数据进行地形、水文要素等的拓扑、叠置等操作，灵活地获取数据与要素之间的关系，并且提供开展缓冲区分析、叠置分析和空间量算等常规空间分析功能。

（3）水文专业信息查询

在水文泥沙计算子系统、水文泥沙信息可视化分析子系统、长江河道演变分析子系统、长江三维可视化子系统、水文泥沙发布子系统等相关子系统中，用户可以查询各类水沙计算结果：水力因子计算结果、断面水面宽计算结果、断面面积计算结果、断面平均水深计算结果、水面比降计算结果、水面纵比降计算结果、水面横比降计算结果、径流量计算结果、多年平均径流量计算结果、水量平衡计算结果、沙量计算结果、输沙量计算结果、多年平均输沙量计算结果、沙量平衡计算结果、河道槽蓄量计算结果、冲淤量计算结果、绝对冲淤量计算结果、冲淤厚度计算结果、河段平均冲淤厚度计算结果、断面平均冲淤厚度计算结果、绝对冲淤厚度计算结果等。可以查询各类水沙可视化分析结果：水位过程线图、流量过程线图、含沙量过程线图、输沙率过程线图、悬移质输沙率过程线图、推移质输沙率过程线图、流量沿程变化图、断面平均流速沿程变化图、水面线图、径流量沿程变化图、输沙量沿程变化图、含沙量沿程变化图、输沙率沿程变化图、泥沙颗粒级配沿程变化图、悬移质特征粒径沿程变化图、推移质特征粒径沿程变化图、河床组成特征粒径沿程变化图、历年径流量过程线图、历年输沙量过程线图、多年径流量变化对比图、多年输沙量变化对比图、逐月平均水位多年平均曲线图、多年平均径流量年内分配图、多年平均输沙量年内分配曲线图、多年平均悬沙级配曲线图、河床泥沙组成曲线图、水位—流量关系图、流量—含沙量（输沙率）关系图、流量—推移质输沙率关系图等。可以进行属性与空间信息的双向联动式查询，也容许用户采用浏览器以随机检索方式和组合条件方式进行查询。查询结果可以在屏幕上显示，也可以用数据表和文字形式打印输出。

（4）三维信息查询

三维信息查询功能包括：在三维对象中查询重点目标如大坝、船闸、淤积三角洲、险工、浅滩、礁盘、漏斗、塌岸等；查询基本地形因子分析计算结果，如坡度坡向计算结果、距离量算结果、面积量算结果、体积量算结果、剖面计算结果等；还可以查询洪水水淹结果，水库容量计算结果，开挖分析结果等。

11.4.5.3 高级查询

提供灵活的设计、组合数据库查询语句，实现针对各种不同类型的查询要求。

子系统以 Web 风格的操作界面实现各项功能，以表单形式向系统提供查询条件。以网页的形式显示查询结果，同时在服务器端生成一表格，如果用户选择输出到文件或打印，则从服务器下载到本地计算机保存或打印。

11.4.6 长江河道演变分析子系统

河道演变是水沙运动和相互作用的必然结果。长江河道演变分析子系统提供长江河道演变参数计算、河道演变分析及其结果可视化的功能，为领导和专业研究人员提供分析决策强有力的工具。

11.4.6.1 系统结构

长江河道演变分析子系统的结构见图 11.4-56。

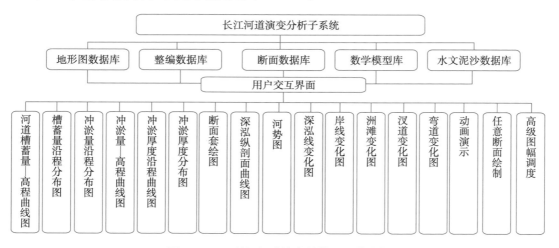

图 11.4-56 长江河道演变计算子系统结构

11.4.6.2　槽蓄量及库容计算与显示

槽蓄量及库容计算与显示功能包括：河道槽蓄量—高程曲线图编绘和槽蓄量（库容）沿程分布图编绘。

（1）河道槽蓄量—高程曲线图

该功能根据槽蓄量与高程的数据绘制，反映河段槽蓄量与高程的对应关系。可以分为两种计算方法：一种是断面法，另一种是数字高程模型法。

1）断面法

界面设计和绘制方法：系统提供一个对话框接收用户交互输入的参数。根据绘图目标不同，分别实现河段绘图和断面绘图两种方式。河段绘图初始化时查询河段模型表，提取所有河段，用树形控件列出，供计算者选择，选定一个河段后在列表框中列出该河段对应的起止断面，在列表框中列出对应起止断面的公共测次供选择，根据河段的起止断面和测次，自动到数据库中搜索介于起止断面间的断面，调用槽蓄量计算函数计算槽蓄量；断面绘图初始化时查询断面表，列出所有的断面，计算者可以选择任意两个断面作为计算的起止断面，在列表框中列出对应起止断面的公共测次供选择，根据选定的起止断面和测次，自动到数据库中搜索介于起止断面间的断面，调用槽蓄量计算函数计算槽蓄量；根据槽蓄量与高程数据绘图。系统还提供基面选择和起止断面高程和分级高程的选择。图形 Y 轴表示计算高程（m）；X 轴表示槽蓄量（万 m^3）。

操作界面见图 11.4-57。

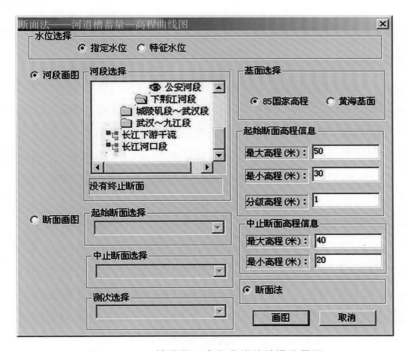

图 11.4-57　槽蓄量—高程曲线编绘操作界面

2）数字高程模型法

界面设计和绘制方法：根据分级高程下槽蓄量计算成果绘制槽蓄量—分级高程曲线，直观显示槽蓄量与分级高程的关系。通过 DEM 网格间距信息的设置和年份的选择，在实际的底图上进行范围的选择。选定范围所使用的边界即为计算的边界，把该范围内含高程信息的河道数据（即实测点、首曲线和计曲线）提取出来，用于生成 DEM 模型，作为计算的底面，然后将各分级高程对应的高程连成一个曲面作为顶面，两个曲面和边界所围限的空间体积就是该高程下河段的槽蓄量。根据各分级高程下计算出来的槽蓄量，绘制成曲线。

操作界面见图 11.4-58。

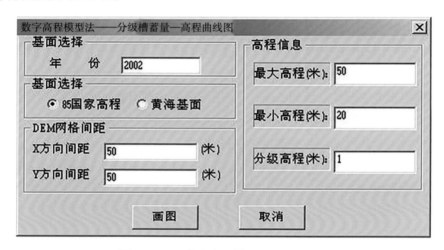

图 11.4-58　数字高程模型法对话框界面

（2）槽蓄量沿程分布图

槽蓄量沿程分布图根据槽蓄量与河段位置绘制，反映某测次槽蓄量沿程变化的情况。

系统提供列表窗口选择河段名称（编码）、水面线（计算高程）、测次，以及屏幕查询沿程测站槽蓄量变化的功能，其中测次与选择河段实现了联动。

界面设计和绘制方法：提供对话框界面接收用户交互输入的参数，对话框中提供河段选择（河段依照从上游到下游排序），测次选择（测次根据选择的河段的改变而相应改变），计算水面高程的输入。可绘制单个河段或多个河段、单测次或多测次的沿程槽蓄量分布图。

对话框初始化时查询数据库，把库中表 KD_HDINDEX 的河段按 HDLEVER 字段排序提取出来，用一个列表框列出；然后根据选择的河段名称提出相应的起始断面名称，再由起始断面名称从 XSHD 表中的 XSCD 字段取出相应的断面码；再通过断面码从 XSGGPA 表中的 MSNO 字段来确定测次，并求起止断面的测次的交集，将这个测次的交集用列表框列出；最后通过起止断面码、测次、水面计算高程，调用水沙计算子系统中的槽蓄量计算功能函数，依次求得槽蓄量，用于绘图。图形 Y 轴表示槽蓄量（单位：万 m^3）；X 轴表示河段。

11.4.6.3　河道冲淤计算及显示

河道冲淤计算及显示功能包括：冲淤量沿程分布图、冲淤量—高程曲线图、冲淤厚度分布图、冲淤厚度沿程曲线图、断面套绘图、深泓纵剖面曲线图等的编绘。

(1)冲淤量沿程分布图

根据断面间冲淤量计算成果和断面绘制冲淤量沿程分布直方图，反映冲淤沿程分布情况。直方图高度表示河段或断面间冲淤量(单位：万 m^3，冲刷为负值，淤积为正值)；X 轴为河段名称或起始断面名称；Y 轴表示冲淤量大小。河段冲淤量计算见水沙计算子系统。

界面设计及绘图方法：冲淤量沿程分布图分别实现了按河段计算和按断面计算的功能。按河段计算时，系统到河段模型库中搜索河段对应的起止断面及其公共测次。对起止断面的高程可以指定，如果指定为相等，则没有考虑比降；如果指定为不等，则考虑了河道沿程比降，比降分摊到沿程各个断面参加计算。按断面计算时，系统搜索所有断面排列在列表框中供选择，选定河段起止断面及其公共测次后，对起止断面的高程可以指定，如果指定为相等，则没有考虑比降；如果指定为不等，则考虑了沿程比降，将比降分摊到沿程各个断面参加计算。

操作界面见图 11.4-59。

图 11.4-59　冲淤量沿程分布图操作界面

(2)冲淤量—高程曲线图

冲淤量—高程曲线图主要的计算方法有断面法。

界面设计和绘制方法：根据分级高程下冲淤量计算成果绘制冲淤量—高程曲线，直观显示冲淤量与分级高程的关系。Y 轴表示计算水位或分级高程（注明基准面）；X 轴表示冲淤量（单位：万 m^3，冲刷为负值，淤积为正值）。同时提供多测次冲淤量—高程曲线功能。

操作界面见图 11.4-60。

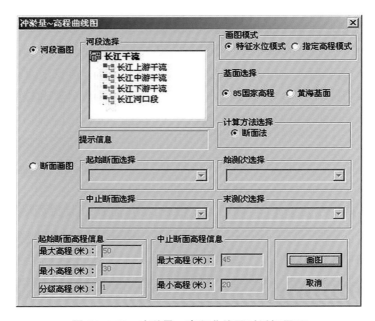

图 11.4-60　冲淤量—高程曲线图对话框界面

（3）冲淤厚度分布图

采取直线内插等方法计算并绘制冲淤厚度分布图，反映冲淤厚度平面分布情况。冲淤厚度详细计算方法见水沙计算子系统冲淤厚度计算功能。冲淤厚度分布图具有两种表现形式：①等值线图，即通过河段各网格点冲淤厚度数值进行处理，生成等值线图，并对各等值线进行标记（如冲淤变化较大时，以 1.0m 或 0.5m 为间隔；冲淤变化不大时，则以 0.2m 或 0.5m 为间隔）；②冲淤厚度分布彩色显示图，即以不同的颜色来定义不同的冲淤厚度，并提供相应的色标图例说明。

绘制操作界面见图 11.4-61。

（4）断面套绘图

断面套绘图根据沿程各断面多测次的高程曲线图，以曲线的形式绘制，图件反映断面各测点在不同时间的高程变化规律。断面套绘图提供屏幕查询起点距和高程查询功能。

界面设计和绘制方法：对话框界面接收用户交互输入的参数，对话框中提供断面选择，以及联动的测次选择以绘制断面套绘图。

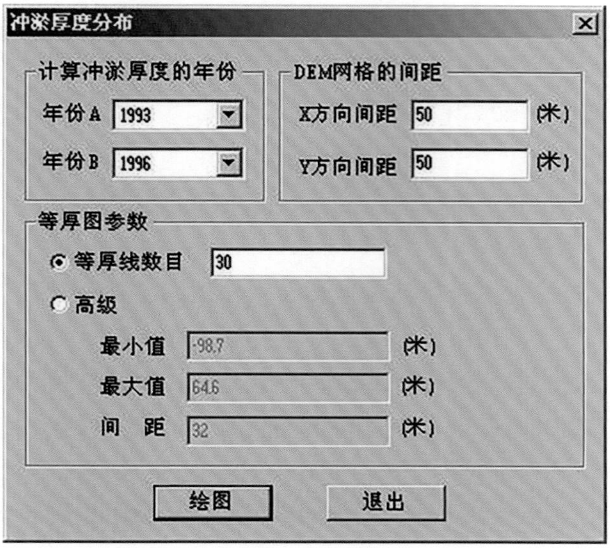

图 11.4-61 冲淤厚度分布图参数输入对话框

（5）深泓纵剖面曲线图

深泓纵剖面曲线图是以某一断面为起始断面,对河道内顺水流方向断面最深点进行搜索（断面间距量算以其中心轴线为准）,绘制最深点的分布图,并与多年的沿程深泓点位置图进行套绘。可根据多年的各断面上的最深点搜索绘制,形成沿程的深泓点纵剖面变化图。深泓纵剖面曲线图提供屏幕查询深泓点高程（85 国家高程基面,单位:m）以及距大坝里程值位置深泓点高程的动态显示。

界面设计和绘制方法:对话框界面接收用户交互输入的参数,对话框中提供断面选择,以及联动的测次选择以绘制断面套绘图。通过菜单窗口选择多断面、单多测次。绘制图形时,同一年内每个断面最深点不超过一个,不同年份的深泓点数据用不同颜色区别。

11.4.6.4 河演专题图编绘

河演专题图是由原始河道地形图中提取相关的几个图层中的图形要素,组成一个新的忠于原始河道地形图的一个专门说明某种河道演变问题的图。河演专题图比原始河道地形图更集中于一个或几个方面的要素,因此更能说明某方面的问题,更清楚地反映特定河段的平面形状及其变化,为进一步的深入研究提供方便。由于河演专题图是在原始河道地形图基础上生成的新的图形,因此对其的修改及整理,不会影响原始河道地形图的数据,从而达到对原始数据的管理、保存及校对的完整统一,也为参与河道演变、水文泥沙研究的每个团队间及团队内部的交流提供了便利。

（1）河势图

河势图绘制功能基于原始河道地形图,完成提取和绘制河势图任务。河势图是河道演变分析中一类重要的图件,是根据最近测次河道地形资料成果编制的,能反映河段特定时间平面形态。其中主要的图形要素包括一定河段一定年份中的岸线、洲（滩）线、深泓线、断面线、水边线、堤线等，图形能够反映一定时间特定河段的平面形态。绘图的依据是相应年份的原始河道地形图，因此要编绘该类图件，首先需要在系统地图上圈定绘图范围（或者使用特殊图幅调度功能指定范围），并指定绘图时间，从图形库中提取相应河段的矢量图作为编绘底图基础，由于该图只反映一个年份的河道形状，绘图时图形工作工程中应该有且只有一年的河道地形图。

　　功能的具体实现方法：把工程中河道地形图中水边线层、断面线层、深泓线层、岸线层、堤线层、水文注记层等 6 个图层中满足编绘河势图条件的图形对象搜索出来，写入一个专题图图幅中。其中线形保持与原始地形图完全一致，颜色按赤、橙、黄、绿、蓝、靛、紫的顺序来进行处理，并且根据河段和时间信息等，在专题图图幅中生成相应的图名、图例，这种编绘方式是完全忠于原始图的。系统提供了用户交互编辑河势图的功能，在编辑过程中，用户还可以将原始河道地形图作为编辑的参考，使用工具对生成的专题图进行修改，以满足需要。例如在显示原始河道地形图后，对比其中与专题图中相应的图元的位置、形状关系，使用移动点来调整专题图中图元的位置及形状，当图中部分线段分离时，可使用连接线工具来进行同类型线段的连接，见图 11.4-62。

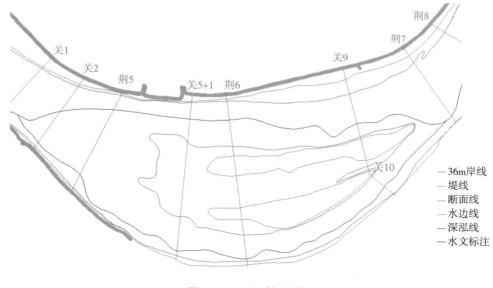

图 11.4-62　河势（局部）

（2）深泓线变化图

　　深泓线变化图绘制功能可完成在原始河道地形图上搜索和编制深泓线变化图的任务。深泓线变化图是河道演变分析中一类重要的图件，是根据最近测次河道地形资料成果编制的，能反映河段在指定年份中的深泓线变化情况。其中主要的图形要素包括一定河段一定年份中的岸线、洲（滩）线、深泓线、断面线、水边线、堤线等，图形能够反映绘制时段内，河道深泓点的变化规律。绘图的依据是相应年份的原始河道地形图,因此要编绘该类图件,首先需要在系统地图上圈定绘图范围或者使用特殊图幅调度功能指定范围,并指定绘图时间,从图形库中提取相应河段的矢量图作为编绘基础。由于该图反映多年的深泓变化,绘图时图形工作工程中应该有多年的河道地形图。

功能的具体实现方法:把工程中河道地形图中水边线层、断面线层、深泓线层、岸线层、堤线层、水文注记层等 6 个图层中满足编绘深泓线变化图条件的图形对象取出,写入一个专题图图幅中,线型保持与原始地形图的完全一致,颜色按赤、橙、黄、绿、蓝、靛、紫的顺序进行处理,并且根据河段、时间、绘图类型信息等在专题图图幅中生成相应的图名、图例(可编辑),这种编绘方式是完全忠于原始图的。系统提供了用户交互编辑深泓线变化图的功能,在编辑过程中,用户还可以将原始河道地形图作为编辑的参考,使用工具对生成的专题图进行修改,以满足需要。例如在显示原始河道地形图后,对比其中与专题图中相应的图元的位置、形状关系,使用移动点来调整专题图中图元的位置及形状,当图中部分线段分离时,可使用连接线工具来进行同类型线段的连接(图 11.4-63)。

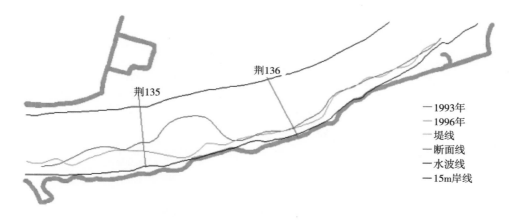

图 11.4-63 多年份深泓线变化(局部)

(3)岸线变化图

岸线变化图绘制功能可实现在原始河道地形图上提取和编绘岸线变化图。岸线变化图是河道演变分析中一类重要的图件,是根据指定测次河道地形资料成果编制的,能反映一定河段一定时段内岸线的平面变化情况。其中主要的图形要素包括一定河段一定年份中的岸线(可以任意指定)、洲(滩)线、断面线、水边线、堤线等,图形能够反映一定时间内特定河段的岸线平面形态。绘图的依据是相应年份的原始河道地形图,因此要编绘该类图件,首先需要在系统地图上圈定绘图范围或者使用特殊图幅调度功能指定范围,并指定绘图时间,从图形库中提取相应河段的矢量图作为编绘基础,由于该图反映多年的河道形状,绘图时图形工作工程中应该有多年的河道地形图。

功能的具体实现方法：把工程中河道地形图中的水边线层、断面线层、岸线层、堤线层、水文注记层等5个图层中满足编绘岸线变化图条件的图形对象取出，重新写入一个新专题图图幅中，线形保持与原始地形图完全一致，岸线的颜色依照年份的不同，依次按赤、橙、黄、绿、蓝、靛、紫的顺序来进行区别处理，系统根据河段和时间信息等，在专题图图幅中生成相应的图名、图例（可编辑）。系统提供了用户交互编辑岸线变化图的功能，在编辑过程中，用户可以将原始河道地形图作为编辑的参考，使用工具对生成的专题图进行修改，以满足需要。例如在显示原始河道地形图后，对比其中与专题图中相应的图元的位置、形状关系，使用移动点来调整专题图中图元的位置及形状，当图中部分线段分离时，可使用连接线工具来进行同类型线段的连接（图11.4-64）。

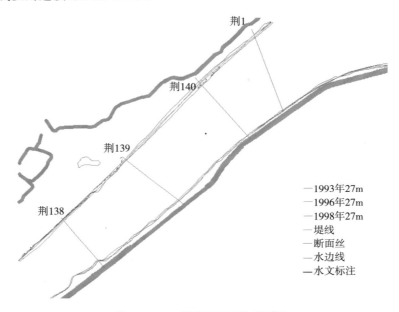

图11.4-64　岸线平面变化（局部）

（4）洲滩变化图

洲滩变化图绘制功能可执行在原始河道地形图上提取和绘制洲滩变化图的任务。洲滩变化图是河道演变分析中一类重要的图件，是根据一定测次河道地形资料成果编制的，能反映河段中洲滩平面形状的变化。其中主要的图形要素包括一定河段、一定年份中的岸线、洲（滩）、断面线、水边线、堤线等，图形能够反映一定时间内特定河段的平面形态。绘图的依据是相应年份的原始河道地形图，因此要编绘该类图件，首先需要在系统地图上圈定绘图范围或者使用特殊图幅调度功能指定范围，并指定绘图时间，从图形库中提取相应河段的矢量图作为编绘基础，由于该图只反映一个年份的河道形状，绘图时图形工作工程中应该有多年的长程河道地形图。

功能的具体实现方法：把工程中河道地形图中水边线层、断面线层、岸线层、堤线层、水文注记层等 5 个图层中满足编绘河势图条件的图形对象取出,写入一个专题图图幅中,线型保持与原始地形图的完全一致,颜色按赤、橙、黄、绿、蓝、靛、紫的顺序来进行处理,并且根据河段和时间信息等在专题图图幅中生成相应的图名、图例,这种编绘方式是完全忠于原始图的。系统提供了用户交互编辑河势图的功能,在编辑过程中,用户还可以将原始河道地形图作为编辑的参考,使用工具对生成的专题图进行修改,以满足需要。例如在显示原始河道地形图后,对比其中与专题图中相应的图元的位置、形状关系,使用移动点来调整专题图中图元的位置及形状,当图中部分线段分离时,可使用连接线工具来进行同类型线段的连接(图 11.4-65)。

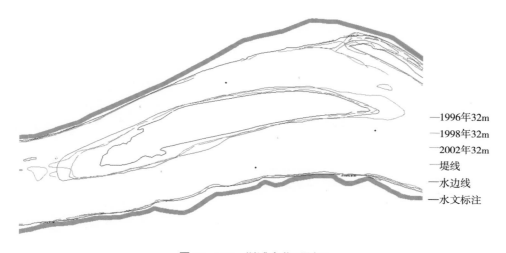

—1996年32m
—1998年32m
—2002年32m
—堤线
—水边线
—水文标注

图 11.4-65　洲滩变化(局部)

(5)汊道变化图

汊道变化图绘制功能可执行在原始河道地形图上提取和绘制汊道变化图的任务。汊道变化图是河道演变分析中一类重要的图件,是根据最近测次河道地形资料成果编制的,能反映分汊河段多年的平面形状变化情况。其中主要的图形要素包括一定汊道河段、一定年份的岸线、洲(滩)、断面线、水边线、堤线等。绘图的依据是多个年份的原始河道地形图,因此要编绘该类图件,首先需要在系统地图上圈定绘图范围(或者使用特殊图幅调度功能,指定范围),并指定绘图时间段,从图形库中提取相应河段的矢量图作为编绘基础,由于该图反映多个年份的河道形状,绘图时图形工程中应该有多年的河道地形图。

功能的具体实现方法:把当前工程中多幅河道地形图中水边线层、断面线层、堤线层、岸线层、水文注记层等 5 个图层中满足编绘汊道变化图条件的对象取出,写入一个新的专题图图幅中,线形保持与原始地形图的完全一致,颜色按赤、橙、黄、绿、蓝、靛、紫的顺序来进行处理,并根据河段和时间等信息在专题图图幅中生成相应的图名、图例,这种编绘方式是完全忠于原始图的。系统提供了用户交互编辑汊道变化图的功能,在编辑过程中,用户还可以将原始河道地形图作为编辑的参考,使用工具对生成的专题图进行修改和编辑,以满足实际需要。例如可以显示原始河道地形图,对比其中与专题图中相应的图元的位置、形状、高程关系。可以使用移动点来调整专题图中图元的位置及形状,当图中部分线段分离时,可使用连接线工具来进行同类型线段的连接(图 11.4-66)。

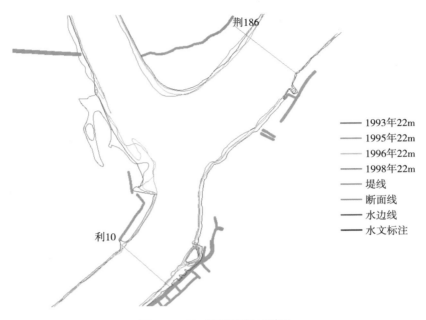

图 11.4-66　汉道变化(局部)

（6）弯道变化图

弯道变化图绘制功能可完成在原始河道地形图上提取和绘制弯道变化图的任务,弯道变化图是河道演变分析中一类重要的图件,是根据最近测次河道地形资料成果编制的,能反映河段中弯道变化的平面形状。其中主要的图形要素包括一定河段、一定年份中的岸线、洲(滩)、断面线、水边线、堤线等,图形能够反映一定时间特定河段的平面形态。绘图的依据是相应年份的原始河道地形图,因此要编绘该类图件,首先需要在系统地图上圈定绘图范围或者使用特殊图幅调度功能指定范围,并指定绘图时间,从图形库中提取相应河段的矢量图作为编绘基础,由于该图只反映一个年份的河道形状,绘图时图形工程中应该有多年的长程河道地形图。

功能的具体实现方法是:把工程中河道地形图中的水边线层、断面线层、堤线层、岸线层、水文注记层等 5 个图层中满足编绘河势图条件的图形对象取出,写入一个专题图图幅中,线型保持与原始地形图的完全一致,颜色按赤、橙、黄、绿、蓝、靛、紫的顺序来进行处理,并且根据河段和时间信息等在专题图图幅中生成相应的图名、图例,这种编绘方式是完全忠于原始图的。系统提供了用户交互编辑河势图的功能,在编辑过程中,用户还可以显示原始河道地形图作为编辑的参考,使用工具对生成的专题图进行修改,以满足需要。例如在显示原始河道地形图后,对比其中与专题图中相应的图元的位置、形状关系,使用移动点来调整专题图中图元的位置及形状,当图中部分线段分离时,可使用连接线工具来进行同类型线段的连接(图 11.4-67)。

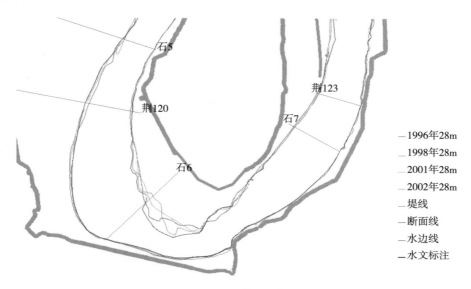

石5

荆120

荆123

石7

石6

—1996年28m
—1998年28m
—2001年28m
—2002年28m
—堤线
—断面线
—水边线
—水文标注

图 11.4-67　弯道变化(局部)

11.4.7　长江三维可视化子系统

地表可视化系统采用面向对象的方法,将组件对象模型(COM)、DIRECTX、三维可视化技术、虚拟现实技术和 GIS 技术等先进技术进行了完美结合,运用了 DEM 金字塔管理与调度技术。本产品基于 Windows 平台,集三维建模、交互式操作、大场景数据管理以及模型驱动、特殊效果引擎和 GIS 属性数据管理查询于一身,为实时三维场景漫游、虚拟现实和视景仿真提供了全面的解决方案。长江三维可视化子系统功能见图 11.4-68,为三维场景中进行土石方开挖计算见图 11.4-69。

11.4.8　水文泥沙信息网络发布子系统

子系统的目的是提供各种水文泥沙信息的万维网络查询功能;在 Internet 上实现各种水文泥沙数据的可视化分析和表达;同时实现 Internet 网络上的三维显示功能和对数据资料的管理。

水文信息 Web 发布与查询功能主要分为 4 个部分:水文基本信息查询、空间查询、图形可视化查询、河道演变分析成果图查询等。基于网络发布的水下地形三维显示见图 11.4-70。

网络发布分为外网和内网，为了资料安全，外网用户在信息利用方面受到一定的限制；内网用户又按照不同的权限受到限制，高级用户可以查询所有信息，以供防洪决策和科学研究使用。

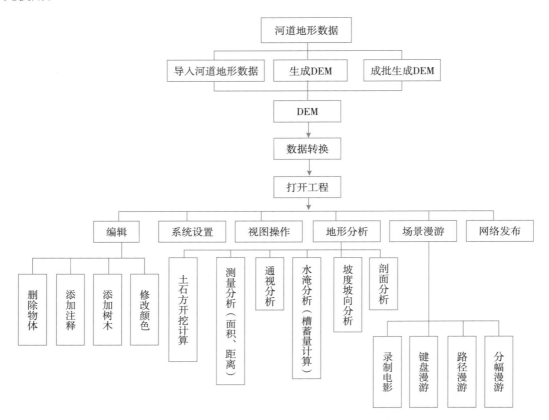

图 11.4-68　长江三维可视化子系统结构功能

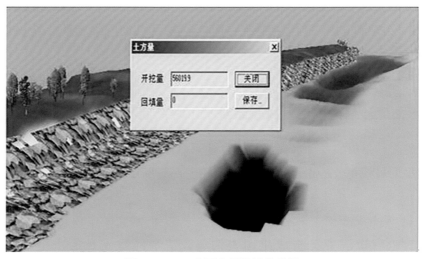

图 11.4-69　土石方开挖计算结果

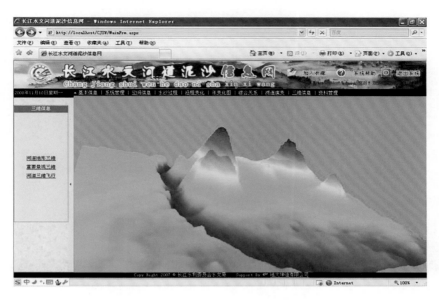

图 11.4-70　河道水下地形三维显示

11.5　小结

　　本章系统地介绍了如何将长江中下游防洪河道动态监测及长江泥沙观测海量空间数据与矢量数据进行组织,为数据管理和各类功能提供快速、合理的存储方式,并进行二维、三维联合查询与表达,实现了长江水沙信息综合分析与管理、专题图制作、工程管理、河床演变分析、泥沙预测模拟与仿真显示等功能。

　　水文泥沙信息分析管理系统在技术路线与开发过程中采用了多项先进技术,主要体现在二维与三维一体化的 GIS 技术,灵活可扩展的跨平台集成技术、功能强大的河床演变综合分析技术、基于 Web Services 的模型库水沙模型管理与调度技术、权限模块化管理模式等方面。通过长江水文泥沙信息分析管理系统的应用,长江水利委员会水文局已建立起多年河道地形及水文泥沙数据库,并在一个集成的网络计算环境中完成几乎所有水文泥沙专业计算和数据处理工作,大大提高了日常工作效率,并且提高了计算分析的精度。通过使用该系统,能够方便高效地为长江流域开发、防洪调度和河道治理服务,还通过网络发布信息,提供了水文泥沙信息的共享和社会化服务能力。

第 12 章　防洪河道电子图研发关键技术及实现

12.1　概述

防洪河道电子图属于典型的专题地图（Thematic Map），是一种着重表示河道防洪形势及相关自然要素或社会经济现象的专题地图。每幅专题地图都由两个主要的要素组成：地理基础和专题要素。地理基础是用以标明专题要素空间位置与地理背景的普通地图内容，主要有经纬网、水系、境界、政区、居民地等。专题要素是图上突出表示的自然或社会经济现象及其有关特征，采用数学方法和统计方法进行预处理，根据河道防洪需求，确定相应的数学模型，在此基础上，连接相应的专题符号库，实现专题叠加。随着数字制图原理、过程和方法的研究不断深入，防洪河道电子图编制的自动化和智能化取得了长足的进步。

12.2　河道防洪底图编绘方案设计

河道防洪底图的内容是通过它的特殊艺术形式表达出来的，这些均体现在河道防洪底图符号设计、色彩设计、图表设计、整饰和图面配置之中。由于涉及的领域非常广，表现的专题内容千差万别，因此除了极少数的图种有统一的符号和色彩系统外，大多数图种在符号、色彩设计方面没有统一的规定，而是针对具体的内容进行设计，这在河道防洪底图的设计上表现得尤为突出。

12.2.1　符号设计

图例是地图上所使用全部地图符号的说明，图例系统的科学性主要在于设计出的专题内容具有科学体系，如各要素的层次及相互关系、指标的分类分级、转换成图例系统的顺序位置、明确标出质量概念及其所代表的数值、单位等。在用色阶表现数量差异时，按惯例应从左到右或从上到下，分级数据顺序应从小到大。符号要设计得简洁、明确，具有系统性，样式要易读（图 12.2-1、图 12.2-2）。堤防、岸线、城市、防洪设施、水系、水利监测站网、险工险段等重要的河道及防洪要素均应设计专业的符号（图 12.2-1、图 12.2-2）。

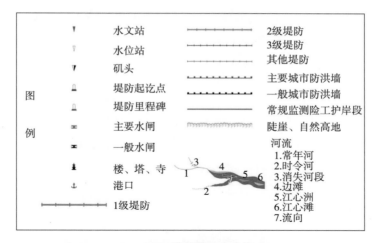

图 12.2-1 河道防洪底图部分要素符号设计(一)

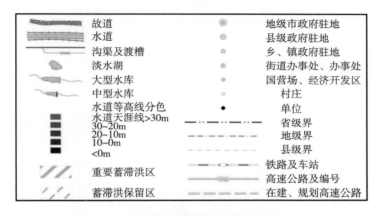

图 12.2-2 河道防洪底图部分要素符号设计(二)

12.2.2 色彩设计

关于河道防洪底图的色彩设计,可分为地图上各类点状、线状和面状 3 种符号的色彩设计。

(1)点状符号的色彩设计

用于表示专题现象类别时,点状符号的色彩多采用对比色。它利用不同色相反映数量的增减或数量级别的变化;利用色彩的渐变表示专题现象的动态发展变化;点状色彩的设计应尽量与实物的固有色相似,以引起读者的联想。如图 12.2-2 中各级城市等符号较好地体现了点状要素的设计特点。

(2)线状符号的色彩设计

河道防洪底图上线状符号的色彩设计也有其特点,如对各类实界限的色彩设计,由于其为一种非实体的界线，需要根据图的性质、用途确定图中界线的主次关系，如图 12.2-2 中各级行政界线的表示方法；另一种是对于各类实体线状物体在图上的主次关系，可利用色彩对比表达主、次关系，以达到图面层次明晰的目的，如图 12.2-1 中各等级堤防符号的设计。

（3）面状色彩的设色要求

面状色彩在专题地图上大致可分为显示现象质量特征的面状色彩、表示现象数量指标的面状色彩、用以显示各区域分布的面状色彩，以及起衬托作用的底色。分洪区则由粉色的底色（公安县行政区划颜色）配上斜条纹来表达（图 12.2-3）。

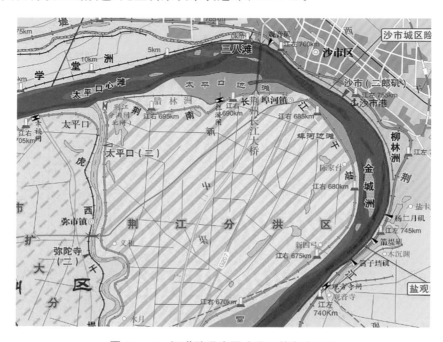

图 12.2-3　河道防洪底图分洪区的色彩设计

12.2.3　纹理设计

纹理设计要符合人们对所表述河道防洪专题内容在认知上的习惯或要能获得合理的解释，相关内容要能通过色彩的表达反映其逻辑上的联系。河道可以通过不同深度蓝色表达水深，形成"河道水深深浅不一"的渲染视觉效果（图 12.2-4）。

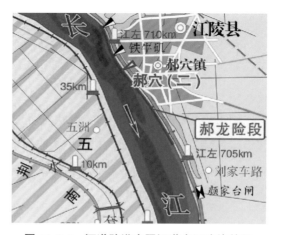

图 12.2-4　河道防洪底图河道水深渲染效果

12.2.4 图表设计

图表设计应灵活、生动、可读性强，图廓、标题、字体、整体色彩等内容的整饰设计，要能使地图体现丰富的层次感，使读者产生舒适、和谐的阅读感受；图面配置则要将本图表达的主体内容置于图面的视觉中心，并使主体及非主体内容重轻配置、烘托关系安置得妥帖恰当（图 12.2-5）。

沿 江 重 要 城 市 防 汛 特 征 值 表

河　名	站　名	警戒水位（米）	保证水位（米）	堤顶高程（米）	实测最高水位		实测最大流量	
					水位（米）	时间	流量（立方米/秒）	时间
长 江	宜 昌	53.00	55.73	54.50	55.92	1896.9.4	71100	1896.9.4
长 江	枝 城	49.00	51.75	51.80	50.75	1981.7.19	71900	1954.8
长 江	沙 市	43.00	45.00	46.50	45.22	1998.8.17	54600	1981.7.20

蓄 滞 洪 区 特 性 表

蓄滞洪区名称	面积（平方千米）	设计蓄洪水位（米）	有效蓄洪容积（亿立方米）	蓄滞洪区分类
荆江分洪区	921.34	42.00	54.00	重要蓄滞洪区
涴市扩大分洪区	96.00	43.00	2.00	保留蓄滞洪区
虎西备蓄区	86.00	42.00	3.80	保留蓄滞洪区
人民大垸蓄滞洪区	362.00	38.50	11.80	保留蓄滞洪区

图 12.2-5　河道防洪底图表格设计效果

12.2.5 附图设计

河道防洪底图构图也因内容表达的特殊性而更为多样，一些附图、局部扩大图可能会穿插于主图区间，对一些关键区域进行详细、着重的表达，见图 12.2-6。

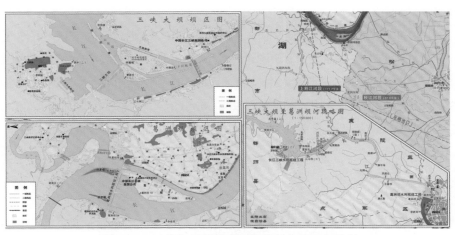

图 12.2-6　附图、局部扩大图穿插于主图区间样例

12.3 河道底图数据处理

首先在 MAPGIS 软件中将 1∶25 万基础地理要素数据进行拼接（地理经纬度坐标），制作为一个完整的长江河道带状数据（范围为东经 111°～122.5°）。并对 1∶25 万基础地理要素数据进行更新，添加河道专题要素，对专题要素进行分层。按照制图范围和图幅内图廓设计尺寸的要求，在保证 10mm 重叠区域的前提下，制作自由分幅图框。用分幅图框对拼接数据进行分幅裁剪，并选择合适的中央经线进行投影（111°，117°，123°）。将裁切好的数据通过 MAPGIS 导入 CorelDraw 制图软件中，进行编辑和符号化，并最终成图。整个作业流程中，在基础数据与专题要素拼接好后，需要进行核查检校，通过后才能编辑成图。

12.3.1 数据导入

MAPGIS 数据导入 CorelDraw 有两种途径：一是将 MAPGIS 数据中的 Wt（点）、Wl（线）、Wp（面）文件转换成 ∗.dxf 格式，经 Auto CAD 软件，导入 CorelDraw 软件。二是将 MAPGIS 软件中的底图数据导出 EPS 文件，导入 CorelDraw 软件。MAPGIS 软件在输出时提供了多种格式，在制作地理底图的过程中，首先应当对底图数据进行相应的整理，按照点、线、面进行归类。其次要特别注意各要素间的压盖顺序，确保正确无误。最后按照点、线、面的顺序依次导出相应的 EPS 文件。为了确保导入 CorelDraw 后，点、线、面各要素层之间能够精确套合，可利用 MAPGIS 进行底图编辑的过程中为所有工程文件添加一个共同的外框。

12.3.2 做好底图数据的比例变换

制作专题地图时，往往需要对现有数据进行比例变换，之后才能为专题地图所用。地理底图准备的过程中，首先应当依据专题地图幅面大小，结合所需表达的范围确定比例尺，根据比例尺在 MAPGIS 中对底图数据进行相应的比例变换。虽然文件扩展名为 dxf、PS 或 EPS 的 3 种文件格式均可在 CorelDraw 软件中打开，但把 PS 和 EPS 文件直接导入 CorelDraw 软件中的方法优点是可以带线形、符号，维持地图原貌，例如，河流粗细变化均维持 MAPGIS 软件中的原样；缺点是数据量极大，所有文字和符号、绝大多数线型均成碎末，修编起来极不方便。而对于利用 dxf 格式导入 CorelDraw 软件的方法而言，最大的优点是文字不会变成曲线，缺点是不能带线型，符号必须替换；但 dxf 的数据量比 PS、EPS 小得多，修改图形较容易。

12.3.3 底图综合

数据综合前应先对缩编区域的要素特征进行认真分析，按照要求进行缩编综合。各要素缩编时应遵循先主要，后次要；先高级，后低级的原则。对于每种要素，应先取舍，再概括。

其中水系、地貌、交通等相互关系密切的要素,可以相互对照、穿插缩编。要确保缩编后的图上内容主次明确、逻辑正确、图幅负载合理,能正确反映出该河段河势特征,符合实际需要。

在数据库中创建底图层与综合层。综合前,将大比例尺状态下的地图要素全设置为底图层,先建立底图层对应的综合层框架,将底图层上的目标拷贝到综合层上,并在综合层上有选择地实施简化、合并等操作,在要素符号化后调整其空间叠置冲突关系。最后由底图层向综合层有选择地选取目标。

交互式地图综合实施遵循以下原则:①只有位于综合层上的目标可以实施简化、合并等综合操作;②综合操作只对单一要素类目标进行;③目标在底图层与综合层之间可多次选取与删除;④综合指标规则控制,对综合结果即可产生影响;⑤综合操作可反复进行,当对结果不满意时,删除其综合结果,重新从底图层选取目标,进行综合;⑥综合层跨层间的冲突关系处理具有操作的优先级;⑦进行简单的综合评价分析功能,最终决策由人判断。

12.3.4 专题要素添加

12.3.4.1 符号的绘制、建库和使用

专题地图中各种符号的应用非常广泛,CorelDraw 中虽然自带了很多符号,但它不是专业的制图软件,大多数情况下都不能为制图所用,因此用户创建自己的符号库就显得十分必要。自己绘制符号并建库的方法如下:选中所绘制的符号,单击"编辑"中的"符号"弹出菜单,选中"新建符号",输入符号名称,确定后新绘制的符号便会自动存入符号库中,按照以上方法可以完成其他符号的创建。建库成功后,使用过程中只需将符号库列表中的符号拖拽至页面上相应位置,即可完成符号的添加。符号创建好后,可以导出符号库文件 * . CSL,如此一来,便实现了不同工程之间符号库的统一与共享。

12.3.4.2 编辑工具的使用

地图编辑整饰的过程中,添加专题要素时,经常会遇到诸如经纬度注记摆放不合理这样的问题,通常情况下,注记距离图廓边的尺寸是统一的。在 MAPGIS 中制图人员可以通过构造图廓边线的平行线来规范注记的摆放,而在 CorelDraw 中可以借助辅助线工具更为便捷地完成此项工作,方法如下:将鼠标移动至页面上方或左侧标尺处,按左键,向页面内相应位置拖动,松开鼠标即可完成辅助线的放置。CorelDraw 中辅助线工具的最大优点是操作简便,且生成的辅助线均自动放置在主页面中,在不需要的时候可以关闭显示,管理起来十分方便。此外,还可借助软件的对象捕捉功能,轻松、准确地实现各种要素的放置操作。

12.3.4.3 图层管理

专题地图的制作通常是逐层进行的。如同 MAPGIS 一样,CorelDraw 中对于图层的管理和操作十分方便。打开对象管理器,通过点击图层符号左侧的标志可以轻松控制图层的状态:是否可见、是否参与打印、是否锁住当前编辑图层。还可以通过拖动图层文件,调整图层间的压盖顺序。在图层内部通过互操作实现要素之间的快速群组。与 MAPGIS 相同的

是 CorelDraw 中图层之间也是按照点、线、面的叠置顺序依次排列的，值得注意的是 MAPGIS 中由上而下依次是面、线、点，而 CorelDraw 中恰好与其相反，对象管理器中自上而下依次为点、线、面。

12.3.5 特殊问题的处理

①MAPGIS 中的线文件生成 .EPS 文件并导入 CorelDraw 后，绝大多数线型都被打散成碎末，唯有 1 号线型进入 CorelDraw 后是完整且连贯的。因此，为了便于在 CorelDraw 中修改，可以将 MAPGIS 数据中的河流、水涯线、居民地边线等要素统改为 1 号线型。

②MAPGIS 中线文件生成的 .EPS 文件，在进入 CorelDraw 前必须通过 Illustrator CS2 转存（仍旧为 .EPS 格式），否则所有直接导入 CorelDraw 中的线划均无法正常显示。

③带有河流渐变的 MAPGIS 数据生成 .EPS 文件、导入 CorelDraw 后，如果在 CorelDraw 中直接出图打印，河流渐变效果就无法正常显现。此时通过 CorelDraw 再次导出 .EPS 文件，进入 Illustrator 中打印出图，河流渐变方可正常显示。

④由于 CorelDraw 并非专业的制图软件，因此对于要素属性的操作就不如 MAPGIS 那样便利，但是 CorelDraw 中提供了对象查找和替换功能，我们可以根据颜色、尺寸等某些特性来实现要素属性的统改。

⑤CorelDraw 中双击某一目标，当四周出现箭头时，便可以通过旋转对其角度进行调整。制图过程中，当需要添加诸如道路符号一类由图元和注记组合而成的要素时，用户可以在 CorelDraw 中将其制作成符号并入库，以便放置和调整角度。比起在 MAPGIS 中先输入图元，再键入数字并分别进行位置、角度调整，这种方法操作更为方便。

12.4 河道底图编制

为更好地了解长江中下游河道总体情况，进一步开发和利用长江资源，给长江流域河道决策、管理、规划和技术工作提供参考依据，2011—2013 年，长江水利委员会水文局联合湖北省地图院编制《长江中下游河道形势图》（以下简称《河道底图》），作为河道防洪底图。

编制西自长江干流三峡大坝，东至长江出海口，含洞庭湖、荆江三口洪道、鄱阳湖等与长江连通的水系在内的共计 1893km 的河道形势专题带状地图。河道底图采用正北矩形自由分幅，共 9 幅图。图幅尺寸为 1168mm×850mm，图幅比例尺前 8 幅为 1∶15 万，第 9 幅为 1∶21 万。以 1∶25 万公开版地图作为基础地理底图，重点表示与长江河道相关的专题内容。

12.4.1 主要技术指标设计

（1）数学基础

地图采用高斯—克吕格投影，6°分带，平面坐标采用 1980 年西安坐标系，1985 国家高程基准。

（2）底图分幅

按照制图范围的要求，《河道底图》共涉及 1∶25 万标准图幅 27 幅，图幅接图表见图 12.4-1。

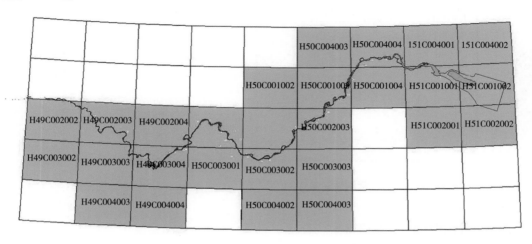

图 12.4-1　《河道底图》1∶25 万标准分幅接图表

在分幅地图规定的成品尺寸和比例尺要求下，按照河道带状分布特征，从中游至下游制作自由分幅图框。在保证至少有 10mm 重叠区域的前提下，遵循正北方向的地图分幅原则，结合横竖版面分幅方案，按照分幅数量最少，将《河道底图》共分为 9 幅地图，其中分幅 2，3，5，7 为竖版地图，分幅方案见图 12.4-2。

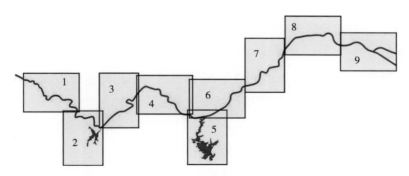

图 12.4-2　《河道底图》分幅方案

（3）图幅大小和图面配置

地图成品尺寸为 1168 mm×850mm，分横、竖两种形式（图 12.4-3、图 12.4-4）。分幅图名为"长江××──××河段河道形势图"，右下角为地图制作单位和编制日期，横版地图 1168mm×850mm 图面配置，内图廓尺寸为 1095mm×775mm，见图 12.4-3；竖版地图 850mm×1168mm 图面配置，内图廓尺寸为 775mm×1095mm，见图 12.4-4。

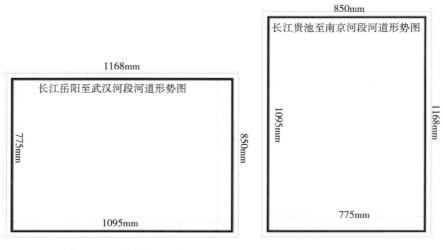

图 12.4-3　横版地图图框　　　　　　图 12.4-4　竖版地图图框

　　图例框在内图廓中按照河道形状合理配置具体位置，在图例框中添加比例尺、分幅略图，接图表等整饰内容。

12.4.2　地图比例尺及表示内容

　　《河道底图》比例尺前 8 幅为 1∶15 万，第 9 幅为 1∶21 万，地图内容包括地理底图数据、专题要素数据和文字、照片及附图附表主要内容。

　　（1）地理底图数据

　　①居民地：以真形表示县级及以上等级居民地，选取表示乡镇级居民地，表示沿江对河道有重要意义的节点。

　　②交通及附属设施：表示县级以上道路，全部铁路；国道、高速公路、铁路要表示名称或编号；表示长江及周边重要的桥梁、民用机场等交通附属设施。

　　③水系：按照 1∶25 万水系密度表示全部的河流、渠道、湖泊、水库等。

　　④境界：表示县级以上等级的界线。

　　⑤其他地理要素：表示与河道有关的其他重要地理要素，如山峰等。

　　（2）专题要素数据

　　①等深线：表示河道等深线。

　　②干线堤防、涵闸等防洪设施：表示干线一、二、三级及其他堤防、城市主要防洪墙，重要涵闸等防洪设施，堤防起讫点、里程碑。

　　③水文、水位站网：表示全部水文站和重要水位站。

　　④长江上险工、险段、洲滩、故道、重要矶头、港口、过江电缆：表示长江上险工、险段、洲滩、故道、重要矶头、港口、过江电缆，有名称的要标注名称。

⑤蓄滞洪区:表示沿江重要的蓄滞洪区、一般蓄滞洪区、蓄滞洪区保留区。

⑥标志物:表示长江上的重要标志物及名称,如江边重要楼、塔,沿江城镇及重要河段划分地名。

(3)文字、照片及附图附表主要内容

①文字:用文字介绍河道基本情况。

②照片:表示河道典型区域照片、重要标志物等照片。

③附图附表:通过图表表示沿江重要城镇的警戒水位、保证水位,重要城镇防洪标准等。

12.4.3　资料使用和分析

12.4.3.1　专题资料收集

编图前,广泛收集现有长江中下游河道专题要素资料,主要包括:

①2011 年 6 月编制的长江中下游河道基础比例尺 1∶20 万河势图;

②长江科学院委托湖北省地图院编制的《长江中下游河道航空影像图集》;

③2010—2011 年最新长江中下游河道航空影像;

④湖北省水利厅和湖北省地图院联合编制的《湖北省防汛抗旱图集》《湖北省防洪形势图》;

⑤2008 年长江三峡工程坝下游宜昌至湖口 1∶10000 水道测量地形;

⑥2006 年长江中下游长程水道地形图(长江水利委员会水文局);

⑦2008 年两坝间 1∶2000 水道测量地形;

⑧洞庭湖、鄱阳湖最新测次 1∶10000 地形图;

⑨长江水利委员会水文局编制的《长江中下游河道基本特征》中所附河势图。

12.4.3.2　专题资料分析

①长江中下游河道基础比例尺 1∶20 万河势图是长江水利委员会水文局 2011 年 6 月完成的基础比例尺河势图,比例尺与《河道底图》的成图比例尺接近经更新后,可作为本项目的主要专题资料。专题要素的选取指标、名称、类别、级别以该资料为主。

②长江科学院委托湖北省地图院编制的《长江中下游河道航空影像图集》采用长江河道的航拍影像,该影像是 2008 年航摄,影像非常清晰,专题要素齐全,港口、堤防非常清晰,可作为参考资料,见图 12.4-5。

③最新卫星影像,由于现势性强,覆盖范围大,可用来核对河道形态,补充完善堤防走向(河势图堤防是缓冲区条带状,堤防不完整),更新地理底图要素等,见图 12.4-6。

④湖北省水利厅和湖北省地图院联合编制的《湖北省防汛抗旱图集》《湖北省防洪形势图》是 2010 年编制的,资料权威、现势性强,可作为长江河道湖北段专题要素的主要资料。

⑤其他资料作为本项目专题要素的补充、参考资料。

图 12.4-5　《长江中下游河道航空影像图集》影像

图 12.4-6　上海崇明岛
长江河道卫星影像

12.4.3.3　地理底图资料

（1）地理底图资料及分析

基础底图资料采用国家测绘地理信息局更新的全国 1∶25 万基础地理信息数据库。该数据库由国家基础地理信息中心组织 4 个直属局，利用最新的勘界资料、地名数据、卫星影像、SRTM 数据以及水利、交通、国土等专业资料进行更新，同时补充增加了土质植被要素层，解决了生僻字问题，现势性良好，可以作为《河道底图》的基础底图资料。

（2）地理底图的更新

全国 1∶25 万基础地理信息数据库作为基础地理底图，虽然可以满足《河道底图》的项目需求，但该数据库完成时间为 2009 年，对居民地、交通等变化较快的要素现势性较差，如安徽巢湖市的撤销，很多高速公路、高速铁路已建成通车，因此需收集长江中下游沿江各省市最新的行政区划地图、交通地图、卫星影像、行政区划资料等进行基础地理底图的更新。

12.4.4　底图编制

12.4.4.1　编制流程概述

底图编制流程见图 12.4-7。

12.4.4.2　制图软件和数据格式

（1）制图软件

采用 ArcMap 软件进行标准图幅拼接和更新、河道专题要素套合、分幅和裁切、投影转换；采用 AutoCAD Map2008 进行格式转换；采用 CorelDraw 软件进行地图编制符号化和出版印刷工作。

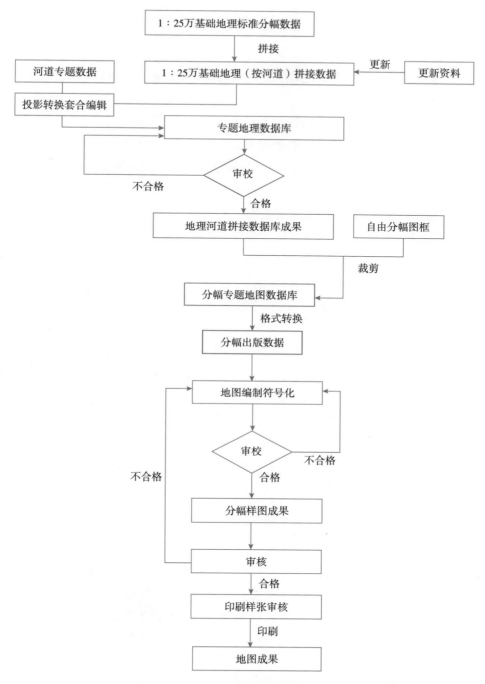

图 12.4-7　底图编制流程

(2)数据格式和命名

地图成图数据格式为 .cdr,数据命名为"××—××河段分幅×.cdr"。如:"三峡大坝—江陵河段分幅 1.cdr"

12.4.4.3　地图编制要点

（1）地理要素编绘要点

①水系：表示河流、沟渠、湖泊、水库、海洋及其他水系要素和附属设施等，按照1∶25万地理要素的编绘标准。需对照河道1∶20万河势图核对长江的河道变化情况，如有变化需对照更新。

②居民地：按照1∶25万的居民地密度表示乡镇及以上等级的各级政府驻地及国营场等，村委会、自然村、企事业单位不表示，但对于河道河段划分有重要意义的村庄等地名应予以表示。要求正确表示居民地的位置，反映居民地分布特点和密度对比，正确表示居民地的行政等级和名称，处理好居民地与其他要素的关系。市、州、县、区、乡、镇注全称。

③交通及附属设施：按1∶25万现势资料表示所有的铁路、高速公路、国道、省道、县道，县道以下等级道路不予表示，道路端点必须有居民地相连；表示国道和高速公路的编号，编号在图上每25cm左右标注一个；铁路、高速公路沿路一侧每隔25cm左右注出一组线路名称；表示双线河及湖泊水面上有路相通的人渡、车渡、人行桥、车行桥；长江上的桥梁需注出桥梁名称；表示长江上所有的港口；表示重要的民用机场。

④境界：表示县级及其以上等级的境界，飞地注记注为"属＊＊县（市）、属＊＊省（市）"。

⑤地貌要素：等高线不表示，只表示重要山峰。山脉名称按1∶25万基本底图资料全部表示。

⑥其他：其他未提及的地理要素均不表示，如植被等。

（2）专题要素处理要点

以1∶20万长江中下游河势图为专题要素的基本资料，结合最新收集的专题资料和卫星影像资料，进行地图专题要素的更新编制工作。专题要素过于密集而无法全部表示时，可选取表示。

（3）水系专题要素处理要点

利用长江中下游河道基础1∶20万河势图和最新卫星影像核对更新1∶25万地理数据库河流、沟渠、湖泊、水库、海洋及其他水系要素等，当卫星影像或由测时水边线（或水涯线）、水深点构成的河道基本形势及岛屿、洲滩、深泓线等与1∶25万水系要素明显不同时，按照更新资料予以更新。表示所有重要的涵闸、水利水电设施等，以及相应的河名、滩名、闸名等。

（4）堤线专题要素处理要点

表示1∶20万河势图上所有的堤防堤线、护岸、重要矶头、崩岸及相应名称；里程碑及堤顶高程等。重点表示长江大堤、大堤、民垸子堤。对于超出河势图范围的堤线、民垸子堤，应对照最新卫星影像确定其走向，且应保持封闭性、完整性。

（5）水文站网要点

表示所有的水文站、水位站、雨量站及其他科学观测站以及相应名称，水位站因数量众多，可依据情况选取表示。站点位置根据 WGS84 坐标确定。

12.4.4.4　印刷

《河道底图》采用丝绸印刷，印刷质量执行《地图印刷规范》(GB/T 14511—93)的规定要求，其印刷的套印误差应<0.2mm；网点要求清晰，比例和角度正确，不出重影；线条光滑饱满，粗细一致，无虚线；墨色符合规定色标和彩色样张的设色要求。油墨印刷色序依次为黄、品、青、黑。成品见图 12.4-8。

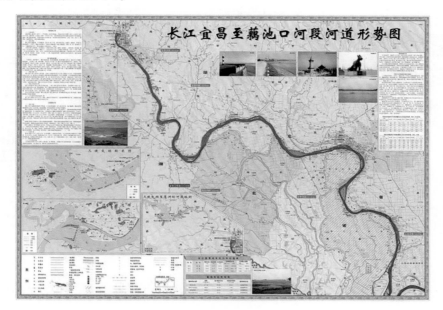

图 12.4-8　印制的成品

12.4.4.5　包装

印制成品采用纸盒包装，纸盒外覆丝绸，印有图名、接图表等。每幅图折叠后用无纺布袋装好，全江 9 幅为 1 套，装入纸盒中。

12.5　多源电子图数据处理

12.5.1　河道电子图 GIS 数据类型

GIS 研究的数据是地理空间数据，这是其区别于其他系统的根本原因。栅格数据与矢量数据是地理信息系统中空间数据组织的两种最基本的方式。

12.5.1.1　栅格数据

基于栅格模型的数据结构简称为栅格数据结构，是指将空间分割成有规则的网格，在各个网格上给出相应的属性值来表示地理实体的一种数据组织形式；而矢量数据结构是基于矢量模型，利用欧几里得（EUCLID）几何学中的点、线、面及其组合体来表示地理实体的空间分布。对于空间数据而言，栅格数据（图 12.5-1）包括各种遥感数据、航测数据、航空雷达数据、各种摄影的图像数据，以及通过网格化的地图图像数据如地质图、地形图和其他专业图像数据。从类型上看，又分为二值图、灰度图、256 色索引和分类图（单字节图）、64K 的高彩图（索引图、分类图和整数专业数据）（双字节图）、RGB 真彩色图（3 字节图）、RGBP 透明真彩色叠加图等。常用的数据格式有 tiff、jpeg、bmp、pcx、gif 等。栅格数据结构是以规则的像元阵列（Cell）来表示空间地物或现象分布的数据结构，其栅格阵列（Cell）中的每个数据表示地物或现象的属性特征（Value），因此栅格数据有属性明显，定位隐含的特点。

 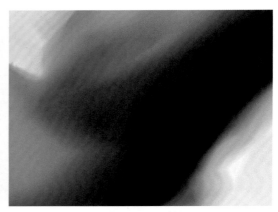

（a）影像数据　　　　　　　　　　　　　（b）栅格 DEM 数据

图 12.5-1　栅格数据

在数字制图中和 GIS 工程中，经常用到不同来源、不同精度、不同内容的栅格图像数据进行复合而生成新的栅格图像。目前使用的各种多源图像处理与分析系统为栅格型地理信息系统的实现开辟了一条新途径，可实现栅格数据的各种融合。而在数字制图中，多源栅格图像数据之间的融合已经非常普遍。

在数字制图中，图像融合涉及色彩、光学等领域，主要是通过图像处理的方式透明地叠加显示各个图层的栅格图。一般要经过图像配准、图像调整、图像复合等环节。具体过程如下。

①图像配准。由于各种不同原因，各种图像会产生几何失真，为了使两幅或多幅图像所对应的地物吻合，分辨率一致，在融合之前，需要对图像数据进行几何精度纠正和配准，这是图像数据融合的前提。

②图像调整。为了增强融合后的图像效果和某种特定内容的需要，进行一些必要的处理，如为改善图像清晰度而做的对比度、亮度的改变，为了突出图像中的边缘或某些特定部分而做的边缘增强（锐化）或反差增强，改变图像某部分的颜色而进行的色彩变化等。

③图像复合。对于两幅或多幅普通栅格图像数据的叠加，需要对上层图像做透明处理，

才能显示各个图层的图像,透明度就具体情况而定。在遥感图像的处理中,由于其图像的特殊性,他们之间的复合方式相对复杂而且多样化,其中效果最明显、应用最多的是进行彩色合成。

在实际应用中,栅格图像数据之间的融合目前有以下几个最常用的方面。

①遥感图像之间的融合。主要包括不同传感器遥感数据的融合和不同时相遥感数据的融合。来自不同传感器的遥感数据有不同的特点,如用 TM 与 SPOT 遥感数据进行融合既可提高新图像的分辨率又可保持丰富的光谱信息;不同时相遥感数据的融合对于动态监测有很重要的实用意义,如洪水监测、气象监测等。

②遥感图像与地图图像的融合。这是当前应用较多的一种方法,其优点一是遥感图像与栅格化的 DEM 融合生成立体的三维景观图像,显现逼真的现实效果;二是借助遥感图像的信息周期动态性和丰富性,经过与各种地图图像融合,可以从遥感图像的快速变化中发现变化的区域,进行数据的更新和各种动态分析。

③地图图像之间的融合。为了更加了解该范围的地形地貌情况,或者更全面地比较分析该地区各种资源的相互关系,对该地区不同内容的多种地图图像数据进行融合。如河道地形图可与各种专业图像如地质图、土地利用图、地籍图、林业资源状况图等融合,作为防洪决策支撑数据。

12.5.1.2 矢量数据

矢量数据是 GIS 和数字制图中最重要的数据源。目前很多 GIS 软件都有自身的数据格式,每种软件都有自身特定的数据模型,而正是这些软件的多样性,导致矢量数据存储格式和结构不同。要进行各系统的数据共享,必须对多源数据进行融合。矢量数据之间的融合是应用最广泛的空间数据融合形式,也是空间数据融合研究的重点。目前对矢量数据的融合方法有多种,其中最主要的、应用最广泛的是先进行数据格式的转换即空间数据模型的融合,然后是几何位置纠正,最后是重新对地图数据各要素进行分类组合、统一定义。

矢量数据结构是利用点、线、面的形式来表达现实世界,具有定位明显,属性隐含的特点(图 12.5-2)。由于矢量数据具有数据结构紧凑,冗余度低,并有空间实体的拓扑信息,容易定义和操作单个空间实体,图形质量好,便于网络分析,且矢量数据的精度高等特点,因而在GIS 中得到广泛的应用,特别在小区域(大比例尺)制图中充分发挥了它精度高的优点。

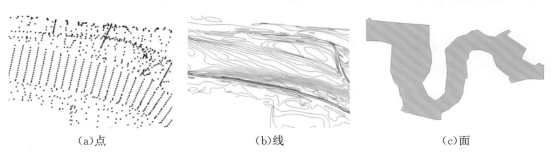

(a)点   (b)线   (c)面

图 12.5-2 河道矢量数据类型(点、线、面)

12.5.1.3 数据融合

但是，RS 的广泛应用，以及数据压缩技术、计算机性能的提高克服了栅格数据的数据量大等缺点，栅格数据将发挥更大的作用。栅格数据的大规模应用，将会占据主导地位。主要基于以下优点。

①随着 RS 技术的发展，以及大规模的应用，栅格数据的使用将促使 RS、GIS 一体化发展。RS 成为空间数据动态更新的重要数据源。遥感影像是以像元为单元的栅格结构存储的，图像处理技术极大地提高了栅格数据的前期处理能力。这些数据可以直接生成或转换为 GIS 的栅格数据。

②栅格数据可以极大地提高 GIS 的时空数据分析能力，栅格数据在图像的代数运算、空间统计分析等中具有广泛的应用，可以促成 GIS 模型的建立。ArcGIS 软件的高版本在这一方面已以有较突出的表现。

③三维可视化成为动态模拟现实世界的一个新的发展趋势。栅格数据是利用二维图像来模拟地理实体的，因此可基于栅格数据通过提高维数来实现三维可视化。

④栅格数据具有结构简单、真实感强等特点，可以为大多数程序设计人员和用户所理解和使用。特别是图像共享标准（如 GIF）的建立，有利于 GIS 的栅格数据的共享。

由于各种数据格式有各自的数据模型，格式转换就是把其他格式的数据经过专门的数据转换程序进行转换，变成本系统的数据格式，这是当前 GIS 软件系统共享数据的主要办法。如 Arc/Info 和 MapInfo 之间的融合需要经过格式转换，统一到其中的一种空间数据模型。该方法一般要通过交换格式进行。许多 GIS 软件为了实现与其他软件交换数据，制定了明码的交换格式，如 Arc/Info 的 E00 格式、ArcView 的 Shape 格式、MapInfo 的 Mif 格式等，通过交换格式可以实现不同软件之间的数据转换。在这种模式下，其他数据格式经专门的数据转换程序进行格式转换后，复制到当前系统的数据中。目前得到公认的几种重要的比较常用的空间数据格式有：ESRI 公司的 Arc/Info Coverage、ArcShape Files、E00 格式；AutoCAD 的 dxf 格式和 dwg 格式；MapInfo 的 MIF 格式；Intergraph 的 dgn 格式等。

（1）几何位置纠正

对于相同坐标系统和比例尺的数据而言，由于技术、人为或者经频繁的数据转换甚至是不同软件的因素，数据的精度会有差别。在融合过程中，需要进行几何位置的统一。如为了提高工作效率，对精度要求不高的数据，在允许范围内应该以当前系统的数据精度为准，对另一种或几种数据的几何位置进行纠正。如为了获得较高的精度，应以精度高的数据为准，对精度低的数据进行纠正。

（2）融合后的空间矢量数据定义

融合后的空间矢量数据，应重新对要素分层、编码、符号系统、要素取舍等问题进行综合整理，统一定义

①统一分类分层、编码。对于空间数据，一般都按地图要素进行分层，如水系、交通、地

形地貌、注记等,而每层又可根据需要分为点、线、面 3 类,并采用编码的方式来表述其属性。对融合到当前系统的数据,应根据地图要素或具体需要,以当前数据为标准或重新制定统一的要素层和要素编码。

②统一符号系统。这是目前矢量数据转换的一个难点,由于各 GIS 软件对符号的定义不同,在符号的生成机制上可能差别很大,经转换后的数据在符号的统一上有一定难度,而且在符号的准确性上可能与原数据有差距。

③数据的综合取舍。同一区域不同格式的空间矢量数据,当涉及相同要素的重复表示问题时,应综合取舍。一般有以下原则:详细的取代简略的,精度高的取代精度低的,新的取代旧的等,但有时为了突出某种专题要素,或为了适应某种需要,应视具体情况综合取舍。

(3)矢量数据和栅格数据的融合

空间数据的栅格结构和矢量结构是模拟地理信息的截然不同的两种方法。过去人们普遍认为这两种结构互不相容。其原因是栅格数据结构需要大量的计算机内存来存储和处理,才能达到或接近与矢量数据结构相同的空间分辨率,而矢量结构在某些特定形式的处理中,很多技术问题又很难解决。栅格数据结构进行空间分析很容易,但输出的地图精确度稍差;相反矢量数据结构数据量小,且能够输出精美的地图,但空间分析相当困难等。目前两种格式数据的融合已变得可能而且被广泛应用。在 GIS 工程中,很多的 GIS 系统已经集成化,能够对矢量和栅格结构的空间数据进行统一管理。而在数字制图中,两种数据结构的融合也在广泛应用。

(4)线划矢量图融合

这是两种结构数据简单的叠加,是 GIS 里数据融合的最低层次。如遥感栅格影像与线划矢量图叠加,遥感栅格影像或航空数字正射影像作为复合图的底层。线划矢量图可全部叠加,也可根据需要部分叠加,如水系边线、交通主干线、行政界线、注记要素等。这种融合涉及两个问题:一是如何在内存中同时显示栅格影像和矢量数据,并且要能够同比例尺缩放和漫游;二是如何进行几何定位纠正,才能使栅格影像上和线划矢量图中的同名点线相互套合。如果线划矢量图的数据是从该栅格影像上采集得到,相互之间的套合不成问题;如果线划矢量图数据由其他来源数字化得到,栅格影像和矢量线划就难以完全重合。这种地图具有一定的数学基础,既有丰富的光谱信息和几何信息,又有行政界线和其他属性信息,可视化效果很好。如目前的核心要素 DLG 与 DOM 套合的复合图已逐渐成为一种主流的数字地图。

(5)遥感图像与 DEM 的融合

这是目前生产数字正射影像地图 DOM 常用的一种方法。在 JX4A、VIRTUOZO 等数字摄影测量系统中,利用已有的或经影像定向建模获取的 DEM,对遥感图像进行几何纠正和配准。因为 DEM 代表精确的地形信息,用它来对遥感、航空影像进行各种精度纠正,可以消除遥感图像因地形起伏造成的图像的像元位移,提高遥感图像的定位精度;DEM 还可以参与遥感图像的分类,在分类过程中,要收集与分析地面参考信息有关的数据,为了提高分类精度,同样需要用 DEM 对数字图像进行辐射校正和几何纠正。

在电子图制图中,栅格图像之间的融合已经在各种部门得到广泛的应用,特别是在遥感图像的处理上,其技术手段也比较成熟;栅格图像与矢量图形的融合在目前也相对比较简单,而且在各种 GIS 软件中都比较容易解决。主要应从应用的角度去丰富它们的融合方式,拓展它们的应用领域。而结构复杂、对软硬件都有很高要求的各种格式的矢量数据之间的融合是目前 GIS 的难点,也是主要的研究方向。

由于 GIS 处理的数据对象是空间对象,有很强的时空特性,周期短、变化快,具有动态性,而获取数据的手段也复杂多样,这就形成多种格式的原始数据,再加上 GIS 应用系统很长一段时间处于以具体项目为中心孤立发展状态中,很多 GIS 软件都有自己的数据格式,造成 GIS 在基础图形数据的共享与标准化方面严重滞后,这是制约 GIS 发展的一个主要瓶颈。以目前的发展水平来看,各种空间数据的融合是 GIS 降低建设成本最重要的一种办法,但其中很多技术问题还需要解决和进一步深入研究。

12.5.2 地形图数据检查

地形图的质量是保障地形图正常使用的前提,特别是现在地理数据广泛应用到不同的领域和行业,因此对地形图进行质量检测是一项很重要的工作。

河道地形图的等高线主要有以下 3 个特征:

①同一条等高线上的各个数据点高程值相等;

②等高线为连续的曲线,一个拓扑节点最多只能连接两条高程值相同的等高线,高程值不等的等高线不能相接,不能相交;

③相邻等高线的变化应是渐进的,并适应实地坡形变化的规律。

河道地形图中的等高线空间位置错误类型主要分为:

①拓扑错误:错误的悬挂线、两条等高线相交、同一等高线应该连接处未能相连(图 12.5-3)。

②赋值错误:首尾相连两条等高线高程值不等、相邻等高线高程值赋值错误(图 12.5-4)。

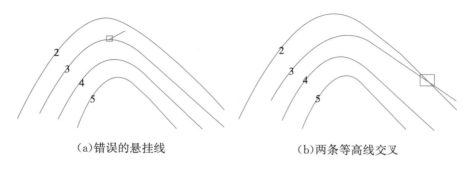

(a)错误的悬挂线　　　　　　　　(b)两条等高线交叉

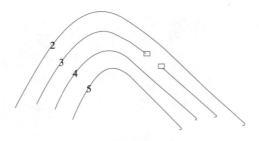

（c）同一等高线应连接处未连接

图 12.5-3　等高线拓扑错误

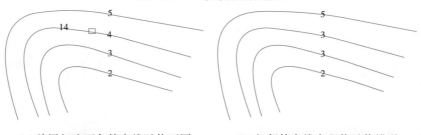

（a）首尾相连两条等高线赋值不同　　　　（b）相邻等高线高程值赋值错误

图 12.5-4　等高线赋值错误

基于 GIS 技术进行地形图检查，需要将 CAD 文件（dwg 文件格式，图 12.5-5）转换为 GIS 文件（shp 文件格式，图 12.5-6），才能参与 GIS 的分析计算。

根据图层对 CAD 样式的地形图进行图层的选择与分类，选择河道电子图需要的地形要素（高程点及等高线）。

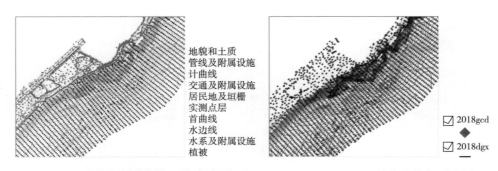

图 12.5-5　CAD 文件格式的河道地形图样式　　**图 12.5-6　GIS 文件格式的点、线样式**

根据高程点、等高线以及构建计算面，创建河道不规则三角网（TIN），根据地形分层设色的颜色变化来判断哪些等高线、高程点赋值有误。通过 TIN/Raster 的高程变化来判断是否有等高线存在高程值赋值错误的情况；通过拓扑关系检查是否存在等高线交叉的情况。见图 12.5-7 和图 12.5-8。

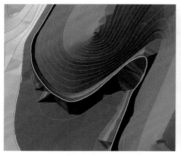
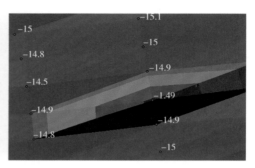

（a）TIN 显示等高线赋值错误　　　　（b）TIN 显示高程点异常高程值

图 12.5-7　TIN 显示等高线及高程点高程值有误

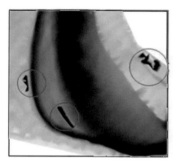

图 12.5-8　栅格 DEM 显示高程值赋值有误

采用 ArcGIS 对新建的拓扑要素，设置拓扑规则，针对河道地形的等高线拓扑关系，主要为等高线的交叉与重叠（图 12.5-9）。

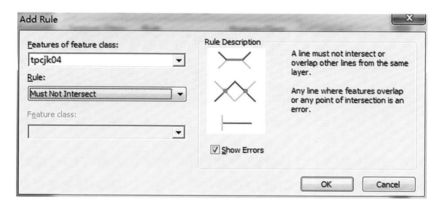

图 12.5-9　设置拓扑规则

经过拓扑分析，可显示出等高线检查与重叠的位置（图 12.5-10）。

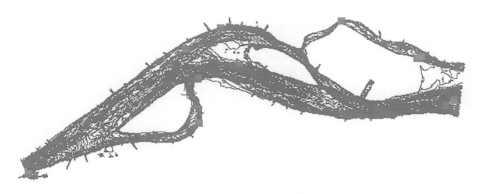

图 12.5-10　拓扑有误的位置

12.5.3　电子图数据转换

　　GIS 软件具有强大的查询统计功能和空间分析能力,在数字产品的管理与应用方面明显优于 CAD 软件。虽然大部分 GIS 软件都提供了数据格式转换功能,但由于 CAD 软件在数据存储、图元定义、管理风格等方面同 GIS 软件存在差别,其转换的效果不尽如人意。因此,要解决的核心问题是:CAD 数据进入 GIS,要如何进行数据转换和质量控制等。

　　CAD 到 GIS 数据的转换应该包括两个方面的内容:一是数据从现有的 CAD 格式数据转换到选定的 GIS 格式数据,其几何要素应一致;二是数据从现有的标准和成图方式,包括数据的分层、编码、封闭、接边和符号显示等,应无损地转换为新的分层结构标准和成图方式,并按 GIS 管理和分析的要求增加数据的属性结构和内容。因此,CAD 到 GIS 的数据转换需要解决数据组织、拓扑关系、属性符号及坐标系统等方面的问题。

12.5.3.1　数据组织

　　CAD 数据组织方式松散,点、线、面定义及分层、编码没有严格的关系校验,一个 dwg 或 dxf 文件可以包含多个图层,一个图层可以包含许多专题的内容。而 GIS 空间数据具有严格的点、线、面及分层、编码定义域数据校验,并按专题分类、分层显示。因此,在将 CAD 图形数据转化为 GIS 数据之前,需要对 CAD 格式的图形数据进行重新组织,把 CAD 图形元素(点、线、多义线、圆、弧、块、文字等)按专题性质分类分层,以便使 CAD 图形中的一类专题对应于 GIS 中的一个图层。

　　CAD 数据是以各种符号和注记来表示实物的,它着重于各实物间的视觉表示,即几何位置、形状及大小等。而 GIS 强调对空间数据的分析,不仅有几何坐标,而且元素间的拓扑关系是不可缺少的内容。CAD 到 GIS 数据转换的主要内容就是建立 CAD 几何元素的拓扑关系。

12.5.3.2　数据转换的流程

　　CAD 数据直接转换成 GIS 软件格式的数据,会造成许多重要的数据信息丢失,在转换过程中,我们利用南方 CASS、ArcGIS 对 CAD 数据处理加工,再转换为 GIS 数据。转换流程见图 12.5-11。

外业补测或成图过程中的不规范或错误导致 CAD 图中存在大量的图形数据问题，主要表现在数据冗余或者缺失、线状要素碎化、要素描述错误、数据间的空间关系错误等问题，需要在经过地形图检查后，将地形图数据或 CAD 数据，通过空间转换接口转换为 shp 格式，再经过图形编辑模块编辑加工，录入至系统的空间数据库中。

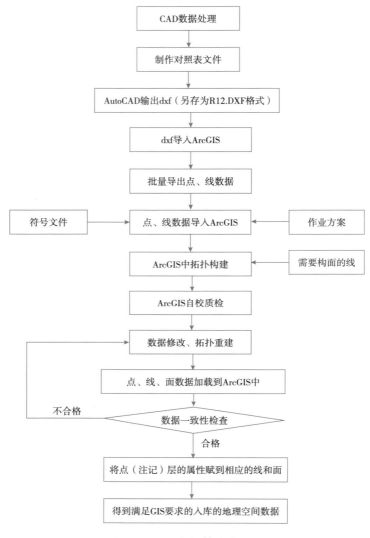

图 12.5-11 数据转换的流程

12.6 河道电子图框架

12.6.1 电子图开发框架

长江中下游防洪河道电子图开发工作主要分为系统基础数据采集、加工、处理以及电子地图展示、查询、分析、计算等两大主要部分。

长江中下游防洪河道电子图空间数据具有非结构化、字长不固定等数据特性,同时需要用 GIS 软件实现空间数据具体操作功能,如:二三维展示、查询、量算、设计、输出等操作,因此电子图空间数据采用数据库进行数据存储、管理与维护。

长江中下游防洪河道电子图开发框架见图 12.6-1。

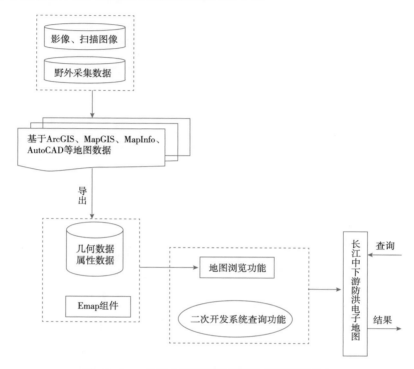

图 12.6-1 长江中下游防洪河道电子图开发框架

12.6.2 电子图功能框架

长江中下游防洪河道电子图主要用来对长江中下游河道地形数据进行系统管理,并以电子地图的形式进行展示,方便用户实现区域内基本信息浏览和专题信息查询、量算、分析等。该电子地图分别进行了 PC 桌面端和移动端两种设计,其中桌面客户端具有 360°全景影像、二维矢量地图、三维 DOM、三维 DEM 以及三维模型展示及构建模块;移动端具有全景影像展示、二维地图展示以及案件上报、案件管理等模块。其中全景影像包括影像浏览、影像定位、影像标注等;二维地图包括地图浏览、地图选择、地物标注、地图量算、目标点查询、业务数据管理与查询、地图定位跟踪等;三维地图包括三维场景浏览、三维模型展示、地图定位、地图量测以及横纵剖面分析等。长江中下游河道防洪电子图主要功能框架见图 12.6-2。

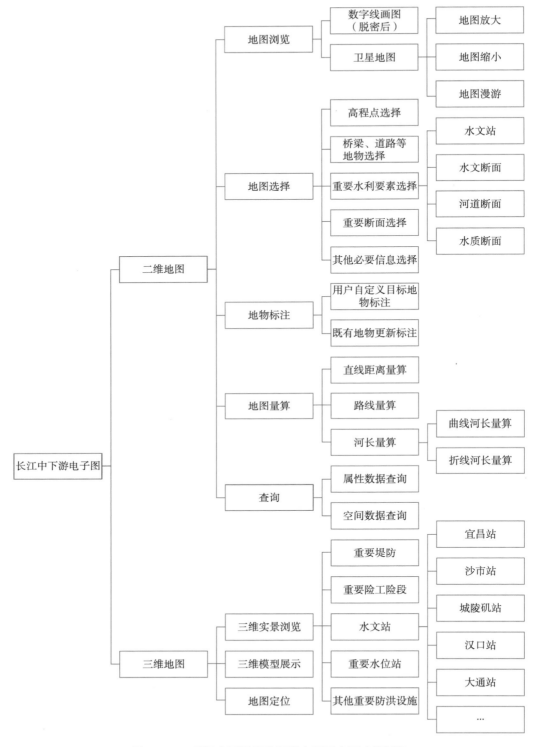

图 12.6-2　长江中下游防洪河道电子图主要功能框架

12.7　河道电子图设计与实现

12.7.1　总体设计方案

12.7.1.1　总体逻辑架构设计

本书以 TrueMap Globe 空天地多源数据一体化平台作为基础框架来实现,大体分为数据、服务和应用 3 个部分,河道电子图设计框架见图 12.7-1。

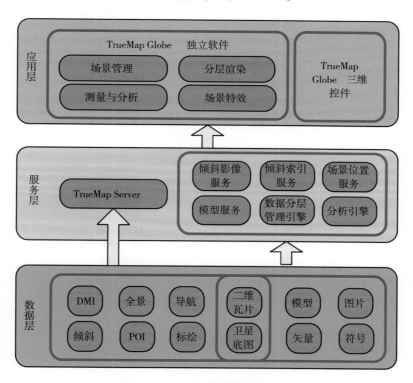

图 12.7-1　河道电子图设计框架

12.7.1.2　性能指标

①卫星图片、DEM 等最多支持 20 级显示。

②支持 EB 级实景影像、瓦片地图数据的管理。

③同时在线人数:并发访问在 100,受制于硬件及网络环境。

④影像定位请求响应时间≤0.3s。

⑤单位瓦片地图请求响应时间≤0.05s。

⑥可支持服务器集群规模:最少 100 台。

⑦最大处理并发请求个数:12 个/CPU(8 核)。

⑧请求平均等待时间：0.1s/CPU（8 核）。

12.7.1.3　数据结构及数据流

矢量瓦片数据、正射影像瓦片数据、倾斜影像数据、影像索引数据、全景影像数据等数据资源采用大文件物理格式存储。

POI 数据、测站、导航等其他数据使用 SQL Server（或 Oracle）等关系型数据表存储，并建立关键字（全文）索引。

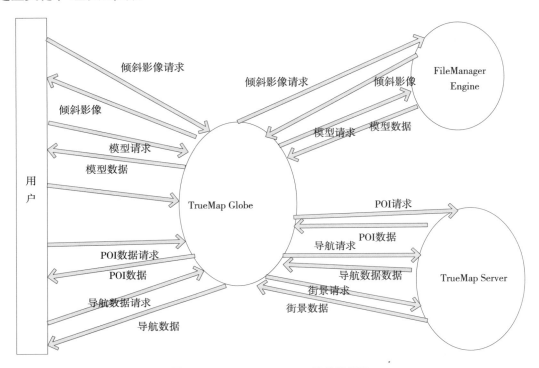

图 12.7-2　TrueMap Globe 总体数据流

12.7.1.4　开发环境

（1）操作系统

操作系统为 Windows Server 2008 企业版（64 位）。

（2）开发工具

开发工具有 Microsoft Visual Studio 2012；Microsoft SQL Server 2008 或者 Oracle 11g；Adobe Flash Builder 4.6；Android Studio 2.3.3；Sqlite Expert Personal 4。

（3）测试工具

测试工具为禅道 7.3。

（4）源代码管理工具

源代码管理工具为 TortoiseSVN-1.9.0.26652-x64

12.7.1.5 部署环境

本平台建立在 IT 标准架构上，完全支持开放技术，遵循 IT 标准，各组件模块之间通过标准的接口（或协议）互联互通，便于功能模块扩展与维护。其部署方案见图 12.7-3。

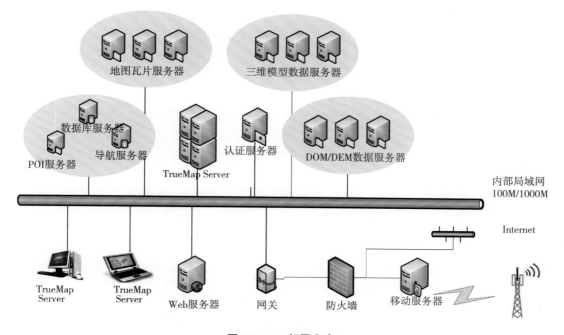

图 12.7-3 部署方案

（1）服务端

1）硬件

CPU：Core2 2 核 2.4GHz 及其以上。

内存：8G DDR RAM 及其以上。

硬盘：500GB HD（根据实际情况扩展）。

带宽：网络环境下 100MB 以上。

2）操作系统

Microsoft Windows Server 2008 x64。

3）支持软件

Dot NET Framework4.0 以上。

（2）**客户端**

1）硬件

CPU：Core2 4 核 3GHz 及其以上。

内存：16G DDR RAM 及其以上。

硬盘：80GB HD 以上。

显卡：GeForce 2G 显存及以上，GPU 1GHz 以上。

带宽：网络环境下 100MB 以上。

2）操作系统

Windows7（×86 or ×64）及以上操作系统，Dot NET Framework 4.0 以上，Direct3D 9.0c。

（3）**移动端**

1）硬件

内存：2G 及以上。

存储卡：16GB 及以上。

2）操作系统

Android4.0 及以上。

12.7.2 总体功能设计

12.7.2.1 模块划分

多源数据一体化综合应用平台分为桌面端和移动端两部分。其中，桌面端软件概要划分为三大功能模块，包括实景影像、二维地图和三维场景。细分来说则包含 5 个模块：360°全景影像、二维矢量地图、三维 DOM、三维 DEM 以及三维模型（图 12.7-4）。移动端 APP 的建设则包含以下功能模块：实景影像、二维地图和案件管理（图 12.7-5）。

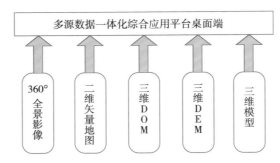

图 12.7-4 桌面端软件功能模块划分

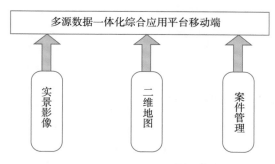

图 12.7-5　移动端 APP 功能模块划分

12.7.2.2　功能列表

桌面端软件的功能见表 12.7-1，移动端 APP 的功能见表 12.7-2。

表 12.7-1　　　　　　　　　　　　　　桌面端软件功能明细

系统	模块	功能类别	功能点
多源数据一体化综合应用平台桌面端软件	360°全景影像	影像浏览	影像放大
			影像缩小
			影像拖动
			上一帧
			下一帧
			左向旋转
			右向旋转
			向前播放
			向后播放
			停止播放
			全屏模式
		影像标注	添加标注符号
			删除标注符号
			添加标注
			删除标注
			修改标注
			根据标注名称查询标注
			根据影像名查询标注
			根据标注类别查询标注
			标注反投影像
			设置标注可见性
		影像定位	根据位置定位到影像

续表

系统	模块	功能类别	功能点
多源数据一体化综合应用平台桌面端软件	二维矢量地图	地图浏览	二维瓦片底图显示
			前一视图和后一视图
			放大、缩小、平移和全图
			当前鼠标点坐标和地图比例尺显示
		地图选择	点选择
			矩形拉框选择
			多边形选择
		地图标注	添加标注
			删除标注
			修改标注
			设置标注的显示与隐藏（图层控制）
		地图测量	长度测量
			面积测量
		地图 POI 查询	点查询
			矩形查询
			多边形查询
		业务数据查询与应用	水文站实时信息展示
		地图定位跟踪	坐标定位
			实时显示实景影像当前显示的位置
	三维场景	三维场景浏览	放大
			缩小
			平移
			旋转
			当前场景属性显示（坐标、海拔视场角等）
		三维模型展示	手工模型展示
			倾斜模型展示
		定位	根据坐标定位
			根据模型名称定位
		测量	测量空间距离
		剖面分析	对指定区域进行三维地形剖面分析

表 12.7-2　　　　　　　　　　　　　　移动端 APP 功能明细

系统	模块	功能类别	功能点
多源数据一体化综合应用平台移动端 APP	实景模块	影像定位	根据坐标定位影像
		影像浏览	影像放大
			影像缩小
			上一帧
			下一帧
			左向旋转
			右向旋转
			全屏模式
	二维地图	地图浏览	放大
			缩小
			平移
			比例尺显示
		地图测量	测点
			测线
			测面
		地图标注	添加标注
			删除标注
	案件管理	案件上报	上报案件名称、联系人电话、案件描述、案件地址及图片
		案件查询	根据案件名称模糊查询

12.7.2.3　非功能需求列表

非功能需求见表 12.7-3。

表 12.7-3　　　　　　　　　　　　　非功能需求设计决策表

编号	约束	软件质量属性 （运行期开发）	新增需求/架构考虑
1	复用已有成熟框架，统一平台	可靠性,易理解,可重用,可维护	统一接口,多界面之间调度与切换
2	界面美观,使用方便	可操作性	界面采用简约设计风格
3	适用于多种行业	可扩展性	界面独立设计； 数据库访问独立设计； 增加界面配置项

续表

编号	约束	软件质量属性 （运行期开发）	新增需求/架构考虑
4	系统满足 3×24h 压力测试要求	安全可靠性	运行环境依赖项监测； 状态实时显示； 完善的日志系统
5	安装方便	可维护性	安装界面友好，简便； 能够自动安装并提示对安装环境的 要求
6	集成与被集成的能力	可扩展性，可伸缩性	选择开放成熟的框架； 各个模块采用组件式设计

12.7.3　界面原型设计

12.7.3.1　桌面端主界面及其布局

桌面端主界面及其布局见图 12.7-6。

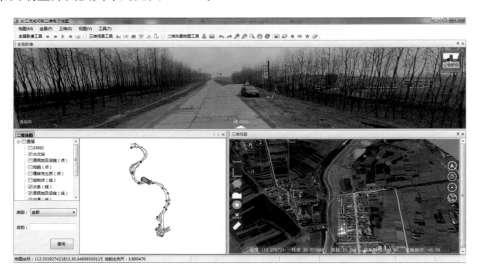

图 12.7-6　桌面端主界面及其布局

12.7.3.2　360°全景影像界面

360°全景影像界面见图 12.7-7。

图 12.7-7　360°全景影像界面

12.7.3.3　全地图模式界面

全地图模式下的系统界面见图 12.7-8,系统只展示二维矢量地图瓦片及其关联的业务图层 POI 数据。

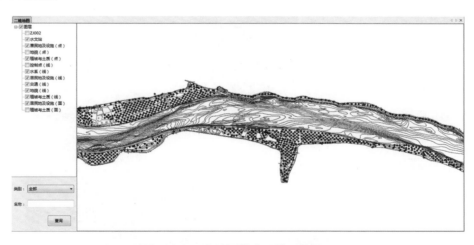

图 12.7-8　全地图模式下的系统界面

12.7.3.4　三维场景界面

三维场景下的系统界面见图 12.7-9。

图 12.7-9　三维场景下的系统界面

12.7.3.5　移动端影像界面

移动端实景影像界面见图 12.7-10。

12.7.3.6　移动端影像二维图模式界面

移动端影像二维图模式下的系统界面见图 12.7-11，系统呈现实景影像数据与二维地图交互模式。

图 12.7-10　移动端实景影像界面

图 12.7-11　移动端影像二维图模式下的系统界面

12.7.3.7 移动端地图测量界面

移动端、地图测量模式下的系统界面见图 12.7-12 至图 12.7-14。

图 12.7-12　移动端地图测点　　图 12.7-13　移动端地图测线　　图 12.7-14　移动端地图测面
　　模式下的系统界面　　　　　　模式下的系统界面　　　　　　模式下的系统界面

12.7.3.8 移动端案件上报和搜索界面

移动端案件上报和搜索的系统界面见图 12.7-15 至图 12.7-17。

图 12.7-15　移动端案件上报　　图 12.7-16　移动端案件　　图 12.7-17　移动端案件详情的
　　的系统界面　　　　　　　　搜索的系统界面　　　　　　　系统界面

12.7.4　接口设计

12.7.4.1　内部接口

（1）基于 HTTP 协议的各种数据访问接口，格式为 XML 或者 JSON

①取实景影像接口；

②获取实景标注接口；

③获取实景查询结果接口；

④三维场景配置接口；

⑤其他接口。

（2）平台所调用控件的各种 API 接口

①全景控件接口；

②三维场景接口；

③二维地图接口。

12.7.4.2　外部接口

①标准 SQL 数据库；

②标准 OBJ 数据；

③标准 3ds Max 模型；

④shp 格式；

⑤标准 TIFF 高程影像文件；

⑥基本图片格式（jpg，bmp，gif）；

⑦网络数据源 http 接口。

12.7.5　系统安全设计

对于系统的安全运行，需要多种策略的综合运用，需要多项对策和措施协调与合作，构成一个有机的安全防范体系。其中安全技术是保障、安全法规是根本、安全管理是基础，有效利用安全防护技术和安全产品保障系统可更好地保障系统安全。系统建成后，如果系统的信息不能确保安全，系统将处于高度风险的威胁之中。系统的安全风险与网络结构和系统的应用等因素密切相关，安全风险分为物理安全、网络安全、主机安全、应用安全及管理安全，涉及机房、网络、计算机系统、应用系统、数据的安全存储与传输、用户的安全认证和管理规章制度等方面的内容。

12.7.5.1　设计目标

对大数据中心进行全方位的安全防范，确保其系统安全，同时保证系统的稳定运行。安全系统设计目标主要包括以下几个方面：

①保护网络系统的可用性；

②保护系统服务的连续性；

③防范网络资源的非法访问及非授权访问；

④防范入侵者的恶意攻击与破坏；

⑤保护网络信息在存储、处理、传输等过程环节上的机密性、完整性；

⑥防范病毒的侵害；

⑦实现网络的安全管理。

12.7.5.2　设计原则

根据本项目建设的要求，系统安全体系设计必须遵守以下原则：

①可扩展性原则：安全体系的设计必须考虑到未来发展的需要，具有良好的可扩展性和良好的可升级性。

②实用性原则：安全体系能最大限度满足大数据中心的需求，结合现有网络的实际情况，在对系统进行设计和优化的基础上进行设计。

③安全性原则：使用的信息安全产品和技术方案在设计和实现的全过程中有具体的措施来充分保证其安全性。

④物理隔离原则：必须使用物理隔离设备。

⑤可靠性原则：对项目实施过程实现严格的技术管理和设备的冗余配置，保证系统的可靠性。

⑥先进性原则：具体技术和技术方案应保证整个系统具有技术领先性和持续发展性。

⑦可管理性原则：所有安全系统都应具备在线式的安全监控和管理模式。

12.7.5.3　网络安全防范体系设计

作为全方位的、整体的网络安全防范体系也是分层次的，不同层次反映了不同的安全问题，根据网络的应用现状情况和结构，将安全防范体系的层次划分为物理层安全、网络层安全、应用层安全、系统层安全和管理层安全。

（1）物理层安全设计

主要从以下两个方面设计物理层面上的安全。一是加强机房的安全建设；二是加强设备的安全保障。

机房的安全建设包括采用 UPS 不间断电源保护等，机房安全要求符合安全数据机房要求。

在设备安全性方面，主要采用了以下措施：固定探头采用具有高稳定性、可靠性的产品，避免系统不受工作环境的影响；机箱的设计及安装要考虑防盗、自动报警、2 级防雷等功能。

（2）网络层安全设计

根据系统安全需求和实际情况分析，在网络安全设计中，重点考虑了访问控制、防火墙、入侵防御系统、安全隔离网闸等安全措施。

1）访问控制

从网络安全应用的特点以及网络安全的长远规划来看，将整个网络结构划分为不同的安全区域，同时还可再对每个安全区域进行细分。

2）防火墙

利用防火墙对服务器访问数据流进行基本 L2—L4 层安全防护功能，保证服务器基本安全。

3）入侵防御系统

除了防火墙提供对数据报文基本安全防护外，还需要部署入侵防御系统模块，提供可靠的安全防护功能，并可以和防火墙一起提供访问数据流的 L2—L7 层的全面安全防护。

4）安全隔离网闸

利用安全隔离网闸实现物理隔离，为用户提供高强度的安全保护，防止信息泄露和外部病毒、黑客程序的侵入。

（3）应用层安全设计

我们主要从以下几个方面设计应用层面上的安全。

1）无线终端安全

充分考虑无线网络传输特点和手机终端使用特点，针对业务应用需求，对无线终端采取以下安全策略：

①无线接入，降低网络传输安全隐患；

②多重身份验证，杜绝非法用户接入；

③功能限制，减少病毒入侵可能，提高终端专业性能；

④无线终端只能读取责任范围内的地图资源和专题信息资源，提高数据访问和使用的安全性；

⑤丢失保护，防止机密信息外泄。

2）Web 站点访问安全设计

Web 网站的信息安全、数据安全通过布置防篡改安全产品实现。要求防篡改安全产品为国产，软件或软硬结合的产品均可，产品需通过中华人民共和国公安部相关机构的检测，具备以下资质：

①公安部公共信息网络安全监察局《计算机信息安全系统专用产品销售许可证》；

②中国信息安全产品测评认证中心《国家信息安全认证产品型号证书》；

③国家保密局《涉密信息系统产品检测证书》；

④国家版权局《计算机软件著作权登记证书》。

3）统一用户管理

用户信息、资源信息、角色信息、权限信息，需要由单一的系统存储和管理，并为这些系统提供身份认证和访问控制服务。

通过统一用户管理，可以实现：建立统一用户管理资料库，设定安全的用户账户及密码；实现系统使用的用户账户的密码与其他系统相关的重要信息与源代码分离；提供身份认证和访问控制服务，有效保证各个子系统的安全。

（4）系统层安全设计

系统层安全设计主要从用户登录权限、日志、管理等角度考虑，为每个子系统的系统安全做周密的部署（表 12.7-4）。

表 12.7-4　　　　　　　　　　　　　　　　系统层安全设计

分类	主要安全措施
账户及密码管理	系统的登录要设定用户账户及密码； 系统使用的用户账户的密码与其他系统相关的重要信息要从源代码分离，为不能进行首次识别的密码化的形态； 系统用户至少 1 个月更改 1 次用户账户密码
访问控制	开发系统时把可以跟各用户或是群组访问的工作权限做分类，并使之可以做分类、控制
日志管理	开发系统时，设置专门的日志表，对系统数据的任何操作均记录到日志中； 系统安全负责人周期性分析系统使用日志信息，利用日志信息跟踪用户的行为，预防非法访问及篡改资料
系统管理	系统的版本管理要维持源程序和实施程序版本的一贯性； 开发程序的复制要在负责人的了解和认可下实施； 系统的添加、删除或是变更要获得相关部门负责人的许可后由系统负责人实施； 运营中的系统没有可安装的源代码程序

（5）管理层安全设计

安全管理包括安全技术和设备的管理、安全管理制度、部门与人员的组织规则等。管理的制度化极大程度地影响着整个网络的安全，严格的安全管理制度、明确的部门安全职责划分、合理的人员角色配置都可以在很大程度上降低其他层次的安全漏洞。

12.7.5.4　其他安全设计

（1）数据库安全设计

数据是整个大数据中心的核心，任何的数据丢失或损坏都将影响到系统正常、稳定的运行。因此，数据安全成了系统安全的主要内容。

数据库安全从两个方面考虑，一个是数据库系统本身的安全性设计，另外一个是应用系统对数据的保护措施。针对数据层出现的风险，大数据中心通过以下 3 个方面保障数据层的安全。

1）数据库设计安全

容错设计：关键数据库服务器、存储网络采用冗余设计。

2）数据库安全加固

①安装所有安全补丁：访问厂商的主页，下载并安装数据库安全补丁。

②设置数据库安全参数：设置特定的数据库参数，增强安全性。

③设置安全的账号策略：设置安全的认证模式，防止管理员权限的账号泛滥，审核重要角色的授予情况，删除或锁定不必要的测试用户或默认用户，设置用户使用复杂的口令。

④设置数据库的网络监听端口：尽可能不要使用默认安装时的网络监听端口，以减少被探测攻击的可能性。

⑤加强数据库的日志和审计策略：设定产生详细的日志信息并定期审核，查看是否有可疑的活动和行为。

⑥设定数据库的备份策略：确保当数据库系统发生故障，数据库数据存储媒体被破坏以及当数据库用户误操作时，数据库数据信息不至于丢失。

3）大数据中心的数据保护措施

大数据中心开发时，采用保证数据安全的措施见表 12.7-5。

表 12.7-5　　　　　　　　　　　　数据保护措施

分类	主要安全措施
维持数据库的完整性	只有被认可的人才能修改数据库； 数据能够免于物理方面破坏的问题，如掉电、火灾等，从物理上保证数据的完整性； 为了维持数据库的完整性，要实施周期性的备份步骤
维持元素完整性	用户输入错误值时警告，保证每个数据的元素数据的完整性； 经常进行数据库的完整性检查
用户认证	为了做用户检查记录和访问许可，用户要正确识别； 根据各业务领域赋予账户，要在得到相关用户认证之后登录； 数据库的用户认证要与系统的用户认证不同
访问控制	DBA 要定义好用户访问相关的域、记录、元素的权限； 要定义好具有数据库添加、删除、变更权限的程序和用户； 数据库的数据以应用才能访问为原则
安全审计	通过对应用形成的记录能够分析、生成报表，应涵盖用户登录情况、系统功能执行以及系统资源使用情况； 通过安全审计中心接收各子系统日志记录

（2）存储安全设计

存储安全需要从三个方面考虑，一是磁盘阵列，二是存储网络，三是存储系统安全。具体措施见表 12.7-6。

表 12.7-6　　　　　　　　　　　　　　　　　存储安全设计

分类	主要安全措施
磁盘阵列	采用 RAID5 或 RAID6 方式,避免硬盘的单点故障带来数据损失,冗余控制器、电源和风扇,避免部件的单点故障
存储网络	SAN 交换机、存储系统、服务器之间用冗余线路进行连接,确保存储系统、服务器之间的任何一个光纤通道发生故障,都不会影响到数据的传输,保证系统的可靠性; 存储网络划分 zooning,只允许相同 zooning 名称的链路可通信,保证数据访问的高效和可靠性; 数据采取可靠的机制进行数据复制,保证数据基本不丢失
存储系统安全	设计访问口令; 强制口令长度安全; 审计并监督使用者的操作步骤及内容; 限制不同身份用户具有不同的访问权限

（3）备份安全设计

存放在备份磁带中的数据的重要性是不言而喻的。因此,不仅要防止因环境、人为等因素对磁带磁盘上数据造成损坏,还要防止人为泄密等,并需要对备份磁带磁盘进行有效的安全保护。备份系统管理者应随时将磁带库/虚拟磁带库上锁,同时,在可能的情况下防止非有关人员接触备份系统。备份系统管理者还应该严密保存备份系统管理者的口令,以防止有人无意或恶意对备份系统及备份数据进行破坏。对于磁带磁盘上备份数据应该提供定期对长期保存的备份数据进行自动校验功能,以防止在需要时备份数据不可用的情况发生。

（4）入侵检测系统

利用防火墙技术,经过仔细的配置,通常能够在内外网之间提供安全的网络保护,降低了网络安全风险。但是,仅仅使用防火墙,网络安全还远远不够,因为:

①入侵者可寻找防火墙背后可能敞开的后门;

②入侵者可能就在防火墙内;

③由于性能的限制,防火墙通常不能提供实时的入侵检测能力。

入侵检测系统的目的是提供实时的入侵检测及采取相应的防护手段,如记录证据用于跟踪和恢复、断开网络连接等。实时入侵检测能力之所以重要,首先在于它能够对付来自内部网络的攻击,其次在于它能够缩短响应黑客入侵的时间。

与现在流行的产品和扫描器类似,主要识别手段是通过一个攻击数据库来分析。它监控主机或网络中流动的数据,标准或非标准的日志系统的变化和记录,分析已有的特征码,识别可能的攻击尝试。

按照采用的数据来源不同,入侵检测系统的形式可分为基于网络和基于主机的入侵检测系统。

基于网络数据包分析在网络通信中寻找符合网络入侵模板的数据包，并立即作出相应反应；基于主机在宿主系统审计日志文件中寻找攻击特征，然后给出统计分析报告。

①基于主机的入侵检测系统：用于保护关键应用的服务器，实时监视可疑的连接、系统日志检查、非法访问的闯入等，并且提供对典型应用进行监视功能，如 Web 服务器应用。

②基于网络的入侵监测系统：用于实时监控网络关键路径的信息。

部署方式一般有两种，基于网络和基于主机。基于网络的入侵检测产品放置在比较重要的网段内，不停地监视网段中的各种数据包。对每一个数据包或可疑的数据包进行特征分析。如果数据包与产品内置的某些规则吻合，入侵检测系统就会发出警报甚至直接切断网络连接。基于主机的入侵检测产品通常是安装在被重点检测的主机之上，主要是对该主机的网络实时连接以及系统审计日志进行智能分析和判断。如果其中主体活动十分可疑（特征或违反统计规律），入侵监测系统就会采取相应措施。

入侵检测的技术要求如下：

①事件分析功能采用高级模式匹配及先进的协议分析技术对网络数据包进行分析。协议覆盖面广，事件库完备，能够对扫描、溢出、拒绝服务、Web、EMAIL 等各种攻击行为进行检测。

②具备碎片重组、TCP 流重组、统计分析能力；具备分析采用躲避入侵检测技术的通信数据的能力，从而有效地检测针对 IDS 进行的躲避行为；具有网络蠕虫病毒检测功能。

③具有用户自定义事件功能。具备完备、开放的特征库，支持用户对网络安全事件自定义和定制功能，允许修改或定义特定事件，生成自己的事件库，对非通用入侵行为进行定义检测；支持向导式的自定义事件方式。

④提供动态策略调整功能，对一些频繁出现的低风险事件，自动调整其响应方式。

⑤每秒维持会话连接数＞1200000，支持新建 TCP 连接能力＞60000/s，支持新建 HTTP 连接能力＞40000/s。

⑥网络入侵检测安全功能对授权用户根据角色进行授权管理，提供用户登录身份鉴别和多次鉴别失败处理；可以严格按权限来进行管理。

⑦对用户分级，并能够调整对不同用户具体权限，提供不同的操作。对各级权限的用户行为进行审计。对控制台与探测引擎之间的数据通信及存储进行加密、完整性检查和身份鉴别处理；网络探测引擎采用固化模块（包含软硬件）、专有操作系统、探测引擎无 IP 地址，在网络中实现自身隐藏及带外管理。

（5）防病毒系统

网络是病毒传播最好、最快的途径之一。病毒程序可以通过网上下载、电子邮件、使用盗版光盘或软盘、人为投放等传播途径潜入内部网。因此，病毒的危害不可以轻视。网络中一旦有一台主机受病毒感染，病毒程序就完全可能在极短的时间内迅速扩散，传播到网络上的所有主机，可能造成信息泄漏、文件丢失、机器死机等不安全因素。

病毒的攻击是造成网络损失的重要原因。从单机用户到网络用户和互联网用户都应制定病毒防护策略。保护当前各种网络免遭不断增长的计算机病毒和恶意代码的威胁绝非一项简单的工作。因此从服务器到桌面,全面部署防病毒系统对网络系统进行全面的保护,是非常重要的。

操作系统及应用程序的多样性造就了计算机病毒机理的多样性;网络的发展,又为计算机病毒提供了更加简便快捷的传播方式。鉴于此,当今防病毒技术必须具有一系列诸如以实时监控性、支持多平台及各类服务应用程序之类技术为基础,对新型病毒进行不间断监控、快速防治与控制的功能,这样才能为当今互联网时代提供真正的全方位的防病毒产品及技术。

防病毒系统应满足以下要求:

①能够在中心控制台上向多个目标系统分发新版杀毒软件;

②能够在中心控制台上对多个目标系统监视病毒防治情况;

③支持多种平台的病毒防范;

④能够识别广泛的已知和未知病毒,包括宏病毒;

⑤支持对服务器的病毒防治,能够阻止恶意的小程序破坏;

⑥支持对电子邮件附件的病毒防治,包括 WORD/EXCEL 中的宏病毒;

⑦支持对压缩文件的病毒检测;

⑧支持广泛的病毒处理选项,如实时杀毒、移出、删除、重新命名等;

⑨支持病毒隔离,当客户机试图下载染毒文件时,服务器可自动关闭对该工作站的连接;

⑩提供对病毒特征信息和检测引擎的定期在线更新服务;

⑪支持日志记录功能。

12.8 小结

本章阐述了防洪河道底图绘制技术,通过对河道底图编绘方案进行设计、关键数据进行数据处理,为河道底图编制提供了基础;通过对底图编制中的整体布局和各项细节进行把控,实现了河道底图相关信息的准确和精细呈现;更为关键的是,河道底图编制技术的准确把握为河道电子图研发奠定了基础。

同时,本章对河道电子图研发的各项关键技术进行了阐述。所研发的长江防洪河道电子图除具备电子地图基本功能外,融入 GIS 概念,充分利用 GIS 平台空间查询、分析功能,在流域的防洪减灾、规划设计、工程管理、防汛指挥等方面展示了使用电子地图的美好前景,随着数据的不断充实、水利分析模型的接入和功能的进一步完善,长江中下游防洪电子图将为水利部门提供更可靠的基础信息。

第 13 章 防洪河道动态监测成果分析

13.1 概述

河势一般指一条河流或一个河段的基本流势,有时也称基本流路。长江中下游的冲积平原河道是在挟沙水流与河床相互作用的漫长过程中逐渐形成的,并具有一定的几何形态和演变规律。

三峡水库蓄水前近 50 年来,长江中游河道平面形态总体变化不大,但河床冲淤变化较明显。其中,宜昌至枝城段河岸与河床比较稳定,岸线顺直,但葛洲坝水利枢纽建成后河床冲刷较大;荆江河段局部主泓摆动频繁,洲滩时有冲刷切割,河床冲淤变化较大;城陵矶至湖口段的分汊河道主支汊易位现象时有发生;湖口至大通段历史上沙洲散乱,支汊众多,历史演变的主要特征是心滩淤积,洲滩合并,支汊不断淤积萎缩;大通至江阴段沙洲众多,汊道纵横,变迁频繁;澄通河段河道宽阔,江中沙体多达十余个,水流分散,河道演变主要表现在沙洲并岸(或合并成岛)、主流摆动幅度减小;长江口河段总体河道演变表现为主流南偏、沙岛并岸、河宽缩窄、河口向东南方向延伸。

三峡工程运用后改变了坝下游的来水来沙条件,水库下泄水流挟带的泥沙大量减少,颗粒变细;洪峰消减,中水流量持续时间增加。来水来沙条件的改变导致长江中下游干流河道将经历较长时间的调整。近期实测资料表明,长江中下游河道平面形态仍保持总体稳定,但河床冲刷处于不断发展的状态,河床冲刷调整过程中也出现了一些新的特点,局部河势出现调整,崩岸塌岸现象时有发生。

本章主要依据长江中下游近几十年来的水沙、河道地形等资料,分析了长江中下游水沙变化特征,包括干流的水沙输移特征,枯、洪水位变化特征,江湖关系,以及作为河床边界条件变化的河床冲淤特征。对长江中下游河道演变,特别是近期演变较为剧烈的典型河段进行分析研究,主要包括:河道平面变形(包括岸线、深泓)、纵向变形(深泓纵剖面及其形态)、洲滩、深槽及分布格局变化,重点汊道段主、支汊河床冲淤特性与分流分沙变化,河床冲淤与断面形态变化,河型出现的变化等。根据长江中游险工护岸段近岸河床地形、固定断面观测资料,对典型险工护岸段和重要崩岸险情段进行分析研究,主要包括:上、下游河势变化,近岸深泓、河床冲淤、局部冲刷坑年际、年内变化特点,岸坡变化及其对河道崩岸、护岸工程的影响等。

13.2　长江中下游水沙特性

水、沙作为塑造河床形态的动力条件和物质条件，是河床冲淤调整最为关键的两个控制因素。长江中下游属于大型冲积型平原河流，河床本身具有很强的自适应性调整能力，来水来沙条件的变化必然会引起一系列的河床调整现象，从而最终外化表现为整体或局部河势条件的变化。

13.2.1　干流径流量及输沙量

13.2.1.1　径流量

1950—2002 年，坝下游宜昌、汉口、大通站多年平均径流量分别为 4369 亿 m³、7111 亿 m³、9052 亿 m³。三峡水库蓄水运用后，由于长江上游来水偏枯，除监利站偏丰 4％外，长江中下游径流量总体偏少。2003—2018 年宜昌、汉口、大通站多年平均径流量分别为 4092 亿 m³、6800 亿 m³、8597 亿 m³，较蓄水前分别偏枯 6％、4％和 5％。

13.2.1.2　输沙量

（1）悬移质

三峡水库蓄水运用前，长江流域悬移质泥沙大多来自上游地区。宜昌站年均输沙量为 4.92 亿 t/a，进入中下游平原后，因河谷展宽，河床比降变缓，长江中下游河道、通江湖泊的沉积，输沙量沿程变小，至大通站年均输沙量则减小为 4.27 亿 t/a。从含沙量沿程变化来看，由于荆江分流分沙，以及其他含沙量较小的支流如洞庭湖水系、汉江、鄱阳湖水系的进一步稀释，含沙量沿程降低幅度更大，由宜昌站的 1.13kg/m³ 沿程减小至汉口站的 0.560kg/m³，大通站仅为 0.472kg/m³。

三峡水库蓄水后，由于水库的拦沙作用，长江中下游干流输沙量大幅减小，各站输沙量沿程减小，减幅在 67％～92％之间，且减幅沿程递减。2003—2018 年，坝下游宜昌、汉口、大通站多年平均输沙量分别为 0.358 亿 t、0.996 亿 t、1.34 亿 t，与蓄水前均值相比，减幅分别为 93％、75％和 69％，见表 13.2-1、图 13.2-1 和图 13.2-2。从含沙量沿程变化来看，由于河道沿程冲刷，大量泥沙被携带起来，含沙量沿程增加，由宜昌站的 0.0875kg/m³ 沿程增大至汉口站的 0.146kg/m³，大通站为 0.156kg/m³。

表 13.2-1　　　　　长江中下游主要水文站径流量和输沙量与多年平均对比

项目		宜昌	枝城	沙市	监利	螺山	汉口	大通
径流量/ （亿 m³）	2002 年前	4369	4450	3942	3576	6460	7111	9052
	2003—2018 年	4092	4188	3831	3709	6067	6800	8597
径流量变化率/％		—6	—6	—3	4	—6	—4	—5

项目		宜昌	枝城	沙市	监利	螺山	汉口	大通
输沙量/ （万 t）	2002 年前	49200	50000	43400	35800	40900	39800	42700
	2003—2018 年	3580	4330	5380	6960	8570	9960	13400
输沙量变化率/%		−93	−91	−88	−81	−79	−75	−69
含沙量/ （kg/m³）	2002 年前	1.13	1.12	1.1	1	0.633	0.56	0.472
	2003—2018 年	0.0875	0.103	0.14	0.188	0.141	0.146	0.156
含沙量变化率/%		−92	−91	−87	−81	−78	−74	−67

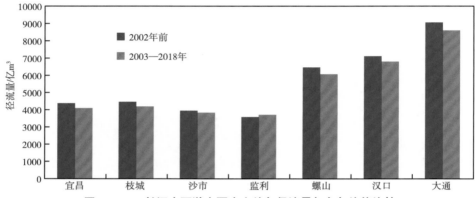

图 13.2-1　长江中下游主要水文站年径流量与多年均值比较

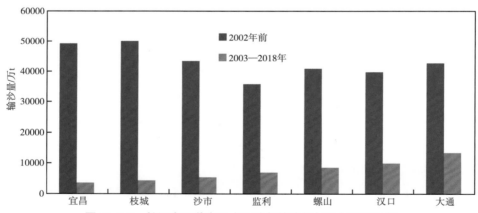

图 13.2-2　长江中下游主要水文站年输沙量与多年均值比较

（2）推移质

1）砾卵石推移质

葛洲坝水利枢纽建成前，1974—1979 年宜昌站年推移质输沙量为 30.8 万～226.9 万 t，年平均为 81 万 t。葛洲坝水利枢纽建成后宜昌站推移质输沙量明显减小，1981—2002 年宜昌站砾卵石推移质输沙量减小至 17.46 万 t，减幅为 78.4%。

2003 年后，坝下游砾卵石推移质泥沙大幅减小。2003—2009 年宜昌站砾卵石推移质输沙量减小至 4.4 万 t,较 1974—2002 年均值减小了 60.4%。

2010—2018 年,宜昌站除 2012 年、2014 年、2018 年的砾卵石推移质输沙量分别为 4.2 万 t、0.21 万 t、0.41 万 t 外,其他年份均未测到砾卵石推移质输沙量;枝城站仅 2012 年测到砾卵石推移质输沙量为 2.2 万 t,2011 年,2013—2018 年均未测到砾卵石推移质输沙量。

2)沙质推移质

葛洲坝水利枢纽建成前,1973—1979 年宜昌站断面沙质推移质年输沙量为 950 万～1230 万 t,平均为 1057 万 t。葛洲坝水利枢纽建成后推移质输沙量明显减小,1981—2002 年宜昌站沙质推移质年均输沙量减小至 137 万 t,减幅达 87%。

2003 年 6 月三峡水库蓄水运用后,坝下游推移质泥沙大幅减小。2003—2018 年宜昌站沙质推移质年均输沙量减小至 10.3 万 t,较 1981—2002 年均值减小了 92%(图 13.2-3)。此外,2003—2018 年枝城、沙市、监利、螺山、汉口和九江站沙质推移质年均输沙量分别为 215 万 t、235 万 t、312 万 t(2008—2018 年)、145 万 t(2009—2018 年)、156 万 t(2009—2018 年)和 33.8 万 t(2009—2018 年)(图 13.2-4)。

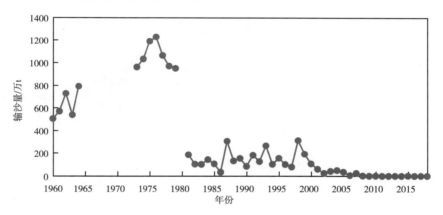

图 13.2-3 宜昌站历年沙质推移量变化

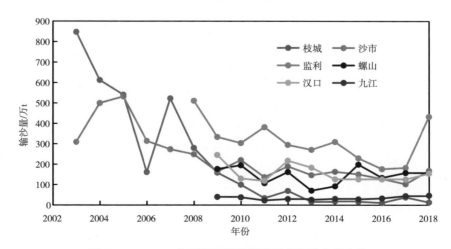

图 13.2-4 2003 年后坝下游沙质推移质年输移量变化

（3）悬移质泥沙颗粒级配

长江中下游宜昌、枝城、沙市、监利、螺山、汉口、大通各站悬沙级配和悬沙中值粒径变化见表 13.2-2，各站悬沙级配曲线见图 13.2-5。由表 13.2-2 可见，2003 年前，宜昌站悬沙多年平均中值粒径为 0.009mm，至螺山站悬沙多年平均中值粒径变粗为 0.012mm，宜昌站粒径大于 0.125mm 的泥沙含量由 9.0%增大至 13.5%；大通站悬沙中值粒径变细为 0.009mm，粒径大于 0.125mm 的泥沙含量也减少至 7.8%。

2003 年三峡水库蓄水后，首先，大部分粗颗粒泥沙被拦截在库内，2003—2018 年宜昌站悬沙中值粒径为 0.006mm，与蓄水前的 0.009mm 相比，出库泥沙粒径明显偏细；其次，坝下游水流含沙量大幅度减小，河床沿程冲刷，干流各站悬沙明显变粗，粗颗粒泥沙含量明显增多（除大通站变化不大外），其中尤以监利站最为明显，2003—2018 年其中值粒径由蓄水前的 0.009mm 变粗为 0.045mm，粒径大于 0.125mm 的沙重比例也由 9.6%增多至 37.1%；最后，虽然近年来由于长江上游来沙大幅减小加之三峡水库的拦沙作用，宜昌以下各站输沙量大幅减小，但河床沿程冲刷，导致除大通站外的各站粒径大于 0.125mm 的沙量减少幅度明显小于全沙。

表 13.2-2　　　　　　　长江中下游主要控制站不同粒径级沙重百分数对比

粒径范围	项目	沙重百分数/%							
		黄陵庙	宜昌	枝城	沙市	监利	螺山	汉口	大通
$d \le 0.031$ mm	多年平均	/	73.9	74.5	68.8	71.2	67.5	73.9	73.0
	2003—2018 年	88.4	86.6	74.4	60.3	46.2	63.9	62.4	73.3
$0.031mm < d \le 0.125mm$	多年平均	/	17.1	18.6	21.4	19.2	19.0	18.3	19.3
	2003—2018 年	8.6	8.2	11.3	13.1	16.7	14.6	17.4	18.3
$d > 0.125$ mm	多年平均	/	9.0	6.9	9.8	9.6	13.5	7.8	7.8
	2003—2018 年	3.0	5.2	14.4	26.7	37.1	21.5	20.2	8.4
粒径中值	多年平均	/	0.009	0.009	0.012	0.009	0.012	0.010	0.009
	2003—2018 年	0.006	0.006	0.009	0.016	0.045	0.014	0.015	0.011

注：1. 宜昌、监利站多年平均统计年份为 1986—2002 年；枝城站多年平均统计年份为 1992—2002 年；沙市站多年平均统计年份为 1991—2002 年；螺山、汉口、大通站多年平均统计年份为 1987—2002 年。

2. 2010—2018 年长江干流各主要测站的悬移质泥沙颗粒分析均采用激光粒度仪。

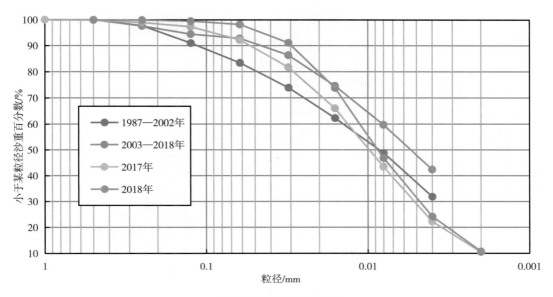

（a）宜昌站悬沙级配曲线

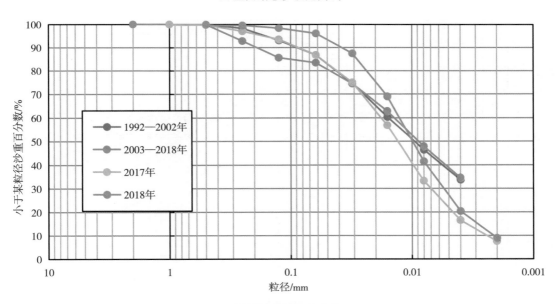

（b）枝城站悬沙级配曲线

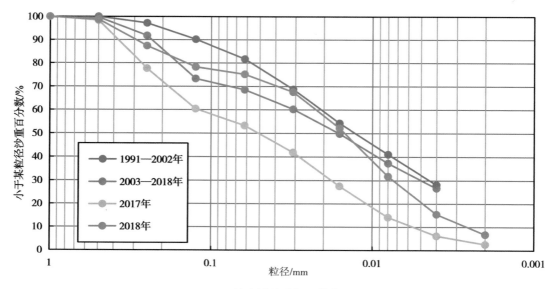

（c）沙市站悬沙级配曲线

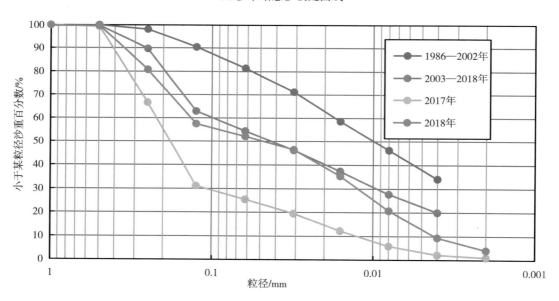

（d）监利站悬沙级配曲线

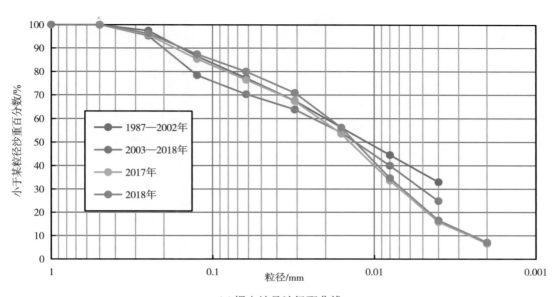

(e)螺山站悬沙级配曲线

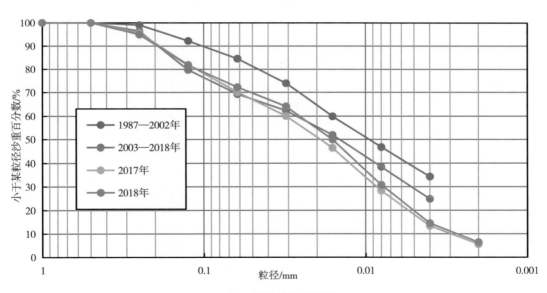

(f)汉口站悬沙级配曲线

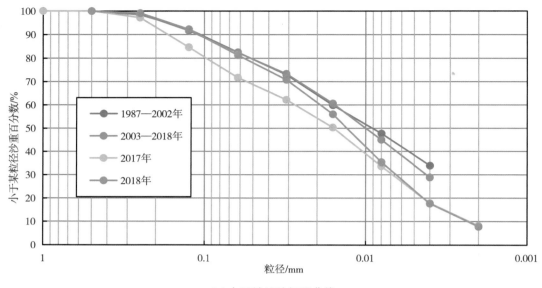

（g）大通站悬沙级配曲线

图 13.2-5　各站悬沙级配曲线

13.2.2　长江中下游水位变化特征分析

（1）宜昌站

宜昌站各典型洪水年水位流量关系见图 13.2-6。由图 13.2-6 可知，受河床冲刷的影响，中低水位下（水位 47m）水位流量关系线明显右偏，48m 以上逐步靠近多年关系综合线。

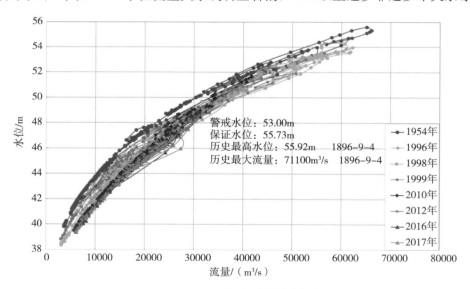

图 13.2-6　宜昌站水位流量关系

与 1973 年比较,各年水位降幅见表 13.2-3。

表 13.2-3　　　　宜昌站不同时期汛后枯水水位流量关系(冻结基面,m)

年份	$Q=5500\text{m}^3/\text{s}$		$Q=6000\text{m}^3/\text{s}$		$Q=6500\text{m}^3/\text{s}$		$Q=7000\text{m}^3/\text{s}$	
	水位/m	水位累积下降值/m	水位/m	水位累积下降值/m	水位/m	水位累积下降值/m	水位/m	水位累积下降值/m
1973	41	0	41.34	0	41.65	0	41.97	0
1997	39.8	−1.2	40.1	−1.24	40.37	−1.28	40.65	−1.32
1998	40.49	−0.51	40.85	−0.49	41.19	−0.46	41.52	−0.45
2002	39.7	−1.3	40.03	−1.31	40.33	−1.32	40.68	−1.29
2003	39.8	−1.2	40.1	−1.24	40.39	−1.26	40.68	−1.29
2004	39.7	−1.3	40.03	−1.31	40.33	−1.32	40.63	−1.34
2005	39.65	−1.35	39.93	−1.41	40.21	−1.44	40.49	−1.48
2006	39.6	−1.4	39.88	−1.46	40.12	−1.53	40.36	−1.61
2007	39.61	−1.39	39.9	−1.44	40.14	−1.51	40.4	−1.57
2008	39.6	−1.4	39.88	−1.46	40.12	−1.53	40.39	−1.58
2009	39.37	−1.63	39.71	−1.63	40.01	−1.64	40.31	−1.66
2010	39.36	−1.64	39.68	−1.66	39.96	−1.69	40.28	−1.69
2011	39.24	−1.76	39.52	−1.82	39.8	−1.85	40.08	−1.89
2012	39.24	−1.76	39.51	−1.83	39.75	−1.90	39.99	−1.98
2013	39.2	−1.8	39.48	−1.86	39.71	−1.94	39.99	−1.98
2014	—	—	39.43	−1.91	39.67	−1.98	39.89	−2.08
2015	—	—	39.36	−1.98	39.59	−2.06	39.83	−2.14
2016	—	—	39.36	−1.98	39.59	−2.06	39.83	−2.14
2017	—	—	39.45	−1.89	39.67	−1.98	39.92	−2.05
2018	—	—	39.38	−1.96	39.62	−2.03	39.86	−2.11

注:宜昌站基面换算关系,冻结基面−吴淞基面=0.364m;冻结基面−85 基准=2.070m。

(2)沙市站

沙市站测验河段位于沙市柳林洲,其顺直段长约 4km,河槽呈偏 U 型。中高水主槽宽约 1170m。测流断面上游约 3km 是三八洲尾,下游约 3.5km 是金城洲,两洲消长及汊道变动对本断面主泓摆动和冲淤影响较大,断面上游约 17.4km 处有沮漳河入汇。

沙市站水位—流量关系主要受洪水涨落影响,中高水位级水位—流量关系曲线为绳套曲线,低水以下基本可单一线定线。各典型年水位流量关系见图 13.2-7。受三峡清水下泄对沙市站河床冲刷的影响,沙市站中低水位部分(38m 以下),水位流量关系轴线逐年右偏,水位 39m 以上中高水部分,逐渐向多年流量综合线靠近。

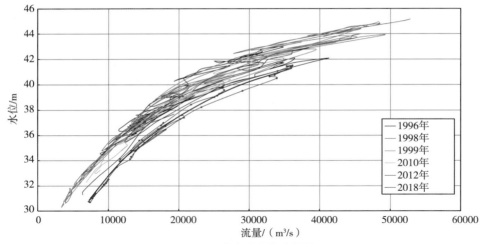

图 13.2-7 沙市站水位流量关系

与 2003 年比较，各年中低水位降幅见表 13.2-4。随着流量增大，水位降幅逐渐收窄。

（3）螺山站

螺山站是荆江、洞庭湖来水汇合后的重要控制站，上距洞庭湖出口七里山站 34km，下距右岸陆水河出口 47km，左岸距汉江出口 208km。由于螺山站来水众多，河段内江湖交错，当下游支流陆水和汉江来水较大时，还将受其顶托影响，水位流量关系呈现复杂绳套，且绳套线年内变化急剧。

绘制螺山站各典型洪水年水位流量关系见图 13.2-8。可以看出，螺山站水位流量关系线年际变化大，但年内绳套带宽较大。中高水时同水位下流量变幅可达 10000m³/s 左右（1954 年受分洪溃垸等影响，高水时流量变幅近 30000m³/s），同流量下水位变幅一般可达 1～2m。

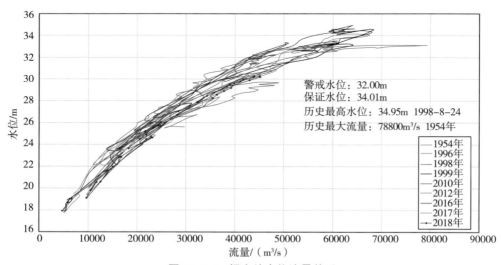

图 13.2-8 螺山站水位流量关系

与 2003 年比较，各年中低水位降幅见表 13.2-5。

表 13.2-4

沙市站同流量下枯水水位变化

流量 /(m³/s)	不同年份与 2003 年水位比较/m														
	2004 年	2005 年	2006 年	2007 年	2008 年	2009 年	2010 年	2011 年	2012 年	2013 年	2014 年	2015 年	2016 年	2017 年	2018 年
5000	−0.32	−0.34	−0.53	−0.59	−0.5	−0.76	−1.01	−1.28	−1.3	−1.5	−1.6	−1.74	−2.01	−2.30	−2.47
6000	−0.31	−0.31	−0.44	−0.48	−0.43	−0.73	−0.82	−1.15	−1.2	−1.34	−1.43	−1.64	−1.93	−2.23	−2.43
7000	−0.32	−0.31	−0.4	−0.44	−0.36	−0.66	−0.69	−0.99	−1.09	−1.11	−1.28	−1.47	−1.70	−1.99	−2.21
10000	−0.34	−0.23	−0.3	−0.38	−0.28	−0.38	−0.42	−0.65	−0.75	−0.84	−0.95	−1.14	−1.06	−1.49	−1.77
14000	−0.25	0.16	0.04	0.02	−0.23										

注："—"表示降低。

表 13.2-5

螺山站同流量下枯水水位变化

流量 /(m³/s)	不同年份与 2003 年水位比较/m														
	2004 年	2005 年	2006 年	2007 年	2008 年	2009 年	2010 年	2011 年	2012 年	2013 年	2014 年	2015 年	2016 年	2017 年	2018 年
8000	−0.42	−0.29	−0.47	−0.47	−0.52	−0.54	−0.57	−0.59	−0.73	−0.79	−0.99	−0.98	−1.21	−1.48	−1.64
10000	−0.44	−0.3	−0.47	−0.47	−0.42	−0.42	−0.47	−0.67	−0.79	−0.81	−0.99	−0.91	−1.05	−1.32	−1.48
14000	−0.55	−0.43	−0.43	−0.43	−0.5	−0.58	−0.6	−0.81	−0.81	−0.82	−1.02	−0.74	−1.01	−1.28	−1.41
16000	−0.59	−0.54	−0.51	−0.51	−0.58	−0.65	−0.66	−0.89	−0.83	−0.84	−1.06	−0.73			
18000	−0.53	−0.52	−0.45	−0.45	−0.61	−0.69	−0.71	−0.92	−0.75	−0.79	−1.01	−0.69	−0.96	−1.23	−1.29

注："—"表示降低。

（4）汉口站

汉口站上游承荆江、洞庭湖和汉江来水，下游有鄂东北各支流汇入，距下游鄱阳湖口299.7km。汉口站不仅受上游螺山和汉江来水影响，还受下游九江及鄂东北倒、举、巴、滠等支流来水的顶托影响。水位流量关系受洪水涨落、断面冲淤及变动回水顶托影响，变化剧烈，呈复式绳套。

汉口站各典型洪水年水位流量关系见图 13.2-9。汉口站各典型大水年水位流量关系线带宽较大，同水位下流量最大变幅可达 15000m³/s，同流量下水位最大变幅近 3.0m。

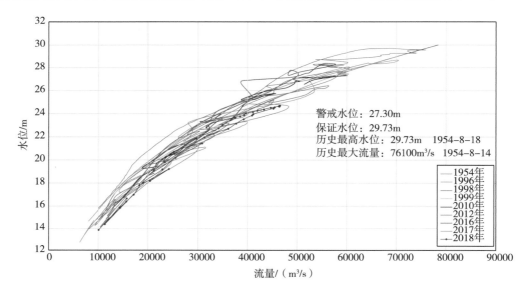

图 13.2-9　汉口站水位流量关系

汉口站历年低水下水位流量关系基本为单一线，2003 年三峡工程蓄水运行以来，汉口站枯水位有所下降，见表 13.2-6。

（5）大通站

大通站是长江下游干流重要控制站，下距支流九华河入长江口 1km 左右，距淮河入长江口 339km，距长江入东海口 642km。该站以下为长江感潮河段，全年水位受东海潮汐影响而呈波动状态。东海潮汐对该站中、高水位和流量基本无影响。大通站测流断面历年变化较小。水位流量关系虽受洪水涨落影响，但绳套不大。

大通站典型洪水年水位流量关系见图 13.2-10。大通站水位流量关系线带宽相对不大，同水位下流量最大变幅为 7000m³/s 左右，同流量下水位最大变幅为 1m 左右，1954 年水位流量关系线基本上在最左侧（受分洪溃口等影响）。

表 13.2-6

汉口站同流量水位变化

流量 /(m³/s)	不同年份与 2003 年水位比较/m														
	2004 年	2005 年	2006 年	2007 年	2008 年	2009 年	2010 年	2011 年	2012 年	2013 年	2014 年	2015 年	2016 年	2017 年	2018 年
10000	−0.17	−0.25	−0.35	−0.35	−0.53	−0.66	−0.63	−0.90	−1.11	−1.18	−1.05	−1.10	−0.98	−1.21	−1.35
15000	−0.51	−0.52	−0.52	−0.59	−0.61	−0.71	−0.50	−0.96	−0.98	−1.00	−1.05	−0.95	−0.87	−1.15	−1.33
20000	−0.63	−0.55	−0.55	−0.58	−0.57	−0.69	−0.31	−0.89	−0.78	−0.87	−0.91	−0.71	−0.69	−1.05	−1.23
25000	−0.49	−0.33	−0.33	−0.33	−0.33	−0.45	−0.21	−0.62	−0.29	−0.51	−0.68	−0.44	−0.43	−0.77	−0.83

注："−"表示降低。

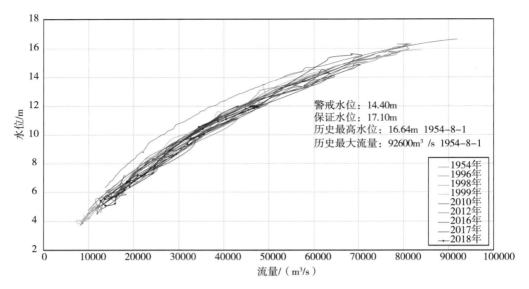

图 13.2-10　大通站洪水位流量关系

2003—2018 年大通站低水水位流量关系见图 13.2-11。从图 13.2-11 可以看出，各年水位流量关系基本上为单一曲线。历年水位流量关系点据呈带状分布，无系统偏移，表明三峡水库蓄水对大通站低水水位流量关系目前暂无影响。

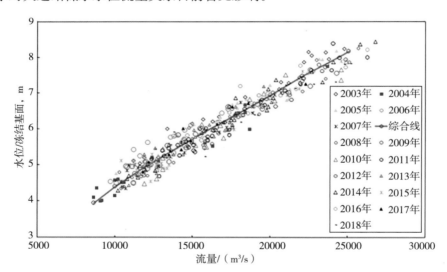

图 13.2-11　大通站 2003—2018 年低水水位流量关系

13.2.3　洞庭湖水沙分析

洞庭湖为我国第二大淡水湖，湖区内水系复杂，河网密布，洞庭湖西南有湘江、资水、沅江、澧水 4 条较大支流入汇，周边还有汨罗江、新墙河等中、小河流直接入湖，又通过荆江松滋、太平、藕池三口(以前为四口,1959 年调弦口建闸)接纳长江分泄的水沙。荆江三口与湖南四水的水沙通过洞庭湖调蓄后,由城陵矶注入长江,形成了复杂的江湖关系。

13.2.3.1　荆江三口分流分沙变化特征分析

荆江三口(以前为荆江四口),包括松滋口、太平口、藕池口(1959 年调弦口封堵)分泄长江水沙进入洞庭湖,松滋河进口东、西两支控制站分别为沙道观站、新江口站;虎渡河进口控制站为弥陀寺站;藕池河进口东、西两支控制站分别为藕池(管家铺)站、藕池(康家铺)站,以下分别简称"藕池(管)站""藕池(康)站"。

(1)年际变化

20 世纪 50 年代以来,受下荆江裁弯、葛洲坝水利枢纽和三峡水库的兴建等因素影响,荆江三口分流分沙能力总体处于衰减之中(图 13.2-12、图 13.2-13、表 13.2-7、表 13.2-8、表 13.2-9)。1956—1966 年荆江三口分流比基本稳定在 29.5％左右;在 1967—1972 年下荆江系统裁弯期间,荆江河床冲刷,三口分流比减小;裁弯后的 1973—1980 年,荆江河床继续大幅冲刷,三口分流能力衰减速度有所加大;1981 年葛洲坝水利枢纽修建后,衰减速率则有所减缓。1999—2002 年,荆江三口年均分流量和分沙量分别为 625.3 亿 m³ 和 5670 万 t,与 1956—1966 年的 1331.6 亿 m³ 和 19590 万 t 相比,分流、分沙量分别减小了 53％、71％;其分流分沙比也分别由 1956—1966 年的 29％、35％减小至 14％、16％。

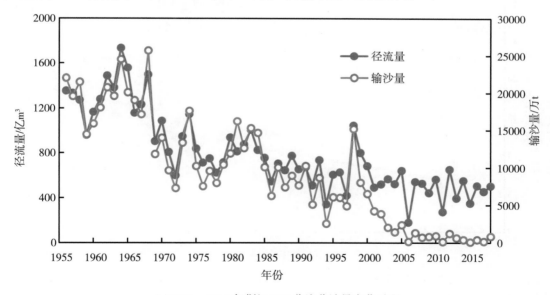

(a)1956—2018 年荆江三口分流分沙量变化过程

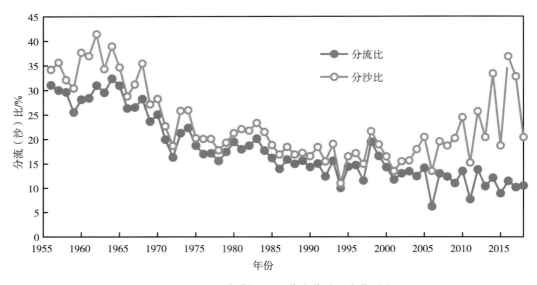

（b）1956—2018 年荆江三口分流分沙比变化过程

图 13. 2-12　1956—2018 年荆江三口分流分沙变化过程

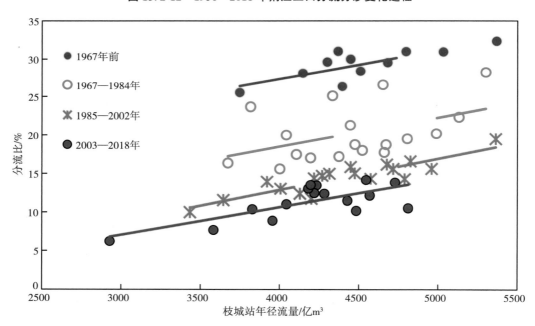

图 13. 2-13　不同时段荆江三口年均分流比与枝城站年径流量关系变化

表 13. 2-7　　　　　　　　各站分时段多年平均径流量与三口分流比对比

时段	多年平均径流量/亿 m³						三口分流比/%
	枝城	新江口	沙道观	弥陀寺	康家岗	管家铺	三口合计	
1956—1966	4515	322.6	162.5	209.7	48.8	588	1331.6	29

续表

| 时段 | 多年平均径流量/亿 m³ | | | | | | | 三口分流比/% |
	枝城	新江口	沙道观	弥陀寺	康家岗	管家铺	三口合计	
1967—1972	4302	321.5	123.9	185.8	21.4	368.8	1021.4	24
1973—1980	4441	322.7	104.8	159.9	11.3	235.6	834.3	19
1981—1998	4438	294.9	81.7	133.4	10.3	178.3	698.6	16
1999—2002	4454	277.7	67.2	125.6	8.7	146.1	625.3	14
2003—2018	4188	240.8	52.91	82.31	3.624	101.8	481.4	11

表 13.2-8　　　　　　　各站分时段多年平均输沙量与三口分沙比对比

| 时段 | 多年平均径流量/亿 m³ | | | | | | | 三口分沙比/% |
	枝城	新江口	沙道观	弥陀寺	康家岗	管家铺	三口合计	
1956—1966	55300	3450	1900	2400	1070	10800	19590	35
1967—1972	50400	3330	1510	2130	460	6760	14190	28
1973—1980	51300	3420	1290	1940	220	4220	11090	22
1981—1998	49100	3370	1050	1640	180	3060	9300	19
1999—2002	34600	2280	570	1020	110	1690	5670	16
2003—2018	4330	360	107	119	11.2	269	866	20

表 13.2-9　　　　　　　　　　荆江三口分流比变化统计

时段	年均分流比/%	分流比减小值/%	分流比年均减小值/%
1956—1966	27.2		
1967—1972	21.5	−5.7	−0.82
1973—1980	16.3	−5.2	−0.64
1981—2002	13.3	−3.0	−0.14
2003—2018	11.7	−1.6	−0.11

（2）年内变化

1956—2002 年，荆江三口分流比的减小主要集中在 5—10 月（表 13.2-10 和图 13.2-14）。特别是下荆江裁弯后的 1973—1980 年与 1956—1966 年相比，流量越大，分流比减小幅度就越大；如当枝城站月均流量分别为 10000m³/s、20000m³/s、25000m³/s 时，1973—1980 年荆江三口月均分流比分别为 9.3%、19.6%、23.9%，较 1956—1966 年分别减小了 9.4、12.0、12.7 个百分点；之后减幅逐渐减小。

表13.2-10　不同时段三口各月平均分流比与枝城站平均流量对比

	月份	1月	2月	3月	4月	5月	6月	7月	8月	9月	10月	11月	12月
枝城站平均流量/(m³/s)	1956—1966年	4380	3850	4470	6530	12000	18100	30900	29700	25900	18600	10600	6180
	1967—1972年	4220	3900	4860	7630	13900	18100	28200	23400	24200	18300	10400	5760
	1973—1980年	4050	3690	4020	7090	12700	20500	27700	26500	27000	19400	9940	5710
	1981—1998年	4400	4110	4700	7070	11500	18300	32600	27400	25100	17700	9570	5800
	1999—2002年	4760	4440	4810	6630	11500	21200	30400	27200	24100	17100	10500	6130
	2003—2018年	6170	6023	6570	8620	13131	17521	27333	23401	20790	13134	9469	6528
三口分流比/%	1956—1966年	3.0	1.5	3.5	10.5	23.1	29.7	38.5	37.7	36.7	31.0	20.5	9.3
	1967—1972年	1.6	1.3	4.0	10.1	20.6	25.7	33.4	30.4	29.1	25.1	14.5	5.5
	1973—1980年	0.5	0.2	0.7	5.9	13.7	20.7	25.8	24.8	24.4	19.4	9.2	2.5
	1981—1998年	0.2	0.2	0.4	2.9	8.4	15.6	23.8	22.6	20.5	14.5	5.8	1.1
	1999—2002年	0.1	0.1	0.2	1.6	7.9	14.9	22.1	19.7	18.4	12.9	6.2	0.9
	2003—2018年	0.8	0.7	1.0	3.1	8.2	13.1	19.5	17.7	15.7	8.7	4.6	1.0

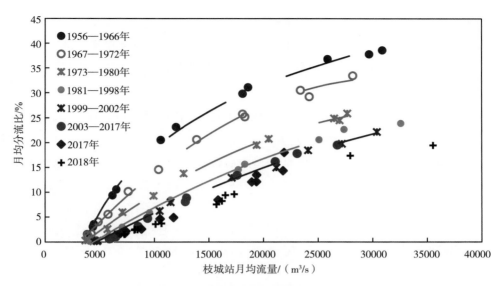

图 13.2-14 不同时段枝城站月均流量与三口分流比关系变化

2003 年三峡工程蓄水运用后,2003—2018 年与 1999—2002 年相比,枯水期 12 月至次年 4 月三口分流比较小,分流比基本在 0.0%~3.1% 之间且变化不大;5 月枝城站平均流量略有增加,增幅为 14%,三口分流比增加了 0.3 个百分点;6—9 月三口分流比则减小 1.8~2.6 个百分点;10 月则为三峡水库主要蓄水期,下泄流量有所减小,三口分流比减小了 4.2 个百分点;11 月减小了 1.6 个百分点。

2003 年三峡工程蓄水运用后,因荆江河道发生冲刷,三口分流比和分流量继续保持下降趋势。初期蓄水运用后,2007 年和 2008 年荆江三口分流比分别为 13.0% 和 12.4%,分沙比分别为 19.6% 和 18.7%。试验性蓄水后,2009 年和 2010 年荆江三口分流比分别为 11.0% 和 13.5%,分沙比分别为 20.2% 和 24.5%;2018 年,荆江三口分流、分沙量分别为 505.3 亿 m^3、850 万 t,分流、分沙比分别为 11%、20%。

2003—2018 年与 1999—2002 年相比,长江干流枝城站水量减少了 266 亿 m^3,偏少幅度为 6%;三口分流量减小了 143.9 亿 m^3,减幅为 23%,分流比也由 14% 减小至 11%。其中,分流量减幅最大的为太平口,其分流量减少了 44 亿 m^3,减幅为 34%,其分流比则由 2.8% 减小至 2.0%;分流量减少最多的为松滋口,其分流量减少了 51 亿 m^3,减幅为 15%,其分流比则由 7.7% 分别减小至 7.0%;藕池口分流量减少了 49 亿 m^3,减幅为 32%,其分流比则由 3.5% 减小至 2.5%。

此外,由表 13.2-9 可见,1956—1998 年,在枝城站年径流量为 4000 亿 m^3 条件下,1956—1966 年、1967—1972 年、1973—1980 年、1981—1998 年荆江三口年均分流比分别为 27.2%、21.5%、16.3%、13.3%,与 1956—1966 年相比,分流比年均递减率分别为 0.82、0.64、0.14 个百分点。2003—2018 年与 1999—2002 年相比在枝城站同径流量下,三口分流比无明显变化,与 1981—1998 年相比三口分流比年均递减率则为 0.11 个百分点。由此可知，与 1999—2002 年相比，三峡工程蓄水运用后三口分流能力尚无明显变化。

2003—2018 年，荆江三口年均分沙量为 866 万 t，较 1999—2002 年年均值（5670 万 t）偏少了 85%，受枝城站沙量减少，以及荆江河段沿程冲刷的影响，分沙比由 16% 增加为 20%。

（3）三口断流时间变化

多年以来，三口洪道以及三口口门段的逐渐淤积萎缩造成了三口通流水位抬高，加之上游来流过程的影响，松滋口东支沙道观、太平口弥陀寺、藕池（管）、藕池（康）4 站连续多年出现断流，且年断流天数增加。三峡水库蓄水运用后，随着分流比的减小，三口断流时间也有所增加。如松滋河东支沙道观 1981—2002 年的平均年断流天数为 171 天，蓄水后（2003—2018 年）增加到 188 天，见表 13.2-11 和图 13.2-15。

在三峡水库主要蓄水期（9—10 月），沙道观、弥陀寺、藕池（管）、藕池（康）站 9—10 月平均断流天数分别由 1999—2002 年的 6 天、0 天、4 天、25 天增多至 2003—2018 年的 11 天、2 天、9 天、40 天，见表 13.2-12。

表 13.2-11　　　　　　　　不同时段三口控制站年断流天数统计

时段	三口站分时段多年平均年断流天数/d				各站断流时枝城相应流量/(m³/s)			
	沙道观	弥陀寺	藕池（管）	藕池（康）	沙道观	弥陀寺	藕池（管）	藕池（康）
1956—1966	0	35	17	213	/	4290	3930	13100
1967—1972	0	3	80	241	/	3470	4960	16000
1973—1980	71	70	145	258	5330	5180	8050	18900
1981—1998	167	152	161	251	8590	7680	8290	17600
1999—2002	189	170	192	235	10300	7650	10300	16500
2003—2018	188	137	180	273	9883	7219	9132	15913

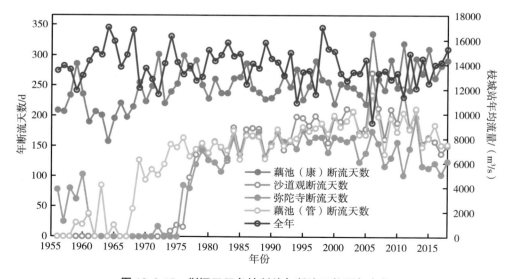

图 13.2-15　荆江三口各控制站年断流天数历年变化

表 13.2-12 不同时段蓄水期(9—10 月)三口控制站年断流天数统计

时段	三口站分时段多年平均年断流天数/d			
	沙道观	弥陀寺	藕池(管)	藕池(康)
1956—1966	0	0	0	7
1967—1972	0	0	0	20
1973—1980	0	0	0	25
1981—1998	1	0	1	21
1999—2002	6	0	4	25
2003—2018	11	2	9	40

总体而言,三峡工程蓄水后,荆江三口的分沙量明显减少,有利于减缓洞庭湖区的泥沙淤积。目前,三口的分流比仍保持在 12% 左右,比 20 世纪 50—60 年代减少将近一半,对于三口分流比和分沙比的发展趋势,今后还应继续注意观测和研究。

13.2.3.2 入、出湖水沙变化

三峡工程蓄水运用后,伴随着上游水利枢纽工程的建设运用和水土保持工程的实施,湖南四水(湘江、资水、沅水、澧水)输入洞庭湖的水量略有减少、沙量大幅减少。2003—2018年,湖南四水的年均入湖径流量和输沙量分别为 1604 亿 m^3 和 813 万 t,较 1981—2002 年均值分别减少 7% 和 62%,与 1956—1980 年均值相比,径流量仅减少了 2%,输沙量则减少 76%,见表 13.2-13。

表 13.2-13 洞庭湖入、出湖水沙量时段变化统计

项目		荆江三口	湘江	资水	沅水	澧水	湖南四水	入湖	出湖城陵矶
径流量/亿 m^3	1956—1980 年	1100	622.0	218.0	639.9	149.0	1629	2729	2983
	1981—2002 年	685.3	698.7	240.1	640.0	144.9	1724	2409	2738
	2003—2018 年	481.4	631.5	207.4	623.2	141.6	1604	2085	2400
输沙量/万 t	1956—1980 年	15600	1070	229	1450	677	3430	19000	5070
	1981—2002 年	8660	865	149	664	453	2130	10800	2780
	2003—2018 年	866	469	52.3	130	162	813	1680	1860

2003—2018 年,荆江三口和湖南四水入洞庭湖的年均水沙量分别为 2085 亿 m^3 和 1680 万 t,较 1981—2002 年均值分别减少 13% 和 84%,较 1956—1980 年均值分别减少 24% 和 91%。由于三峡水库的拦沙作用,荆江三口入湖沙量占比由 1981—2002 年的 80% 下降至 2003—2018 年的 50% 左右。在三口、四水入湖水沙量减少的同时,城陵矶出湖的水沙量也

大幅减少,2003—2018 年城陵矶出洞庭湖的年平均水沙量分别为 2400 亿 m³ 和 1860 万 t,比 1981—2002 年分别减少了 12％和 33％。

三峡水库蓄水运用前,湖区泥沙沉积率无明显增大或减小的趋势,均值保持在 71％左右(年均沉积泥沙约 1.11 亿 t)。三峡水库蓄水运用后,2003—2018 年荆江三口、湖南四水入湖沙量均大幅减少,湖区泥沙淤积量和沉积率都呈明显减小趋势,湖区泥沙沉积总量下降为 180 万 t。

洞庭湖入、出湖年水、沙量变化过程分别见图 13.2-16 和图 13.2-17。

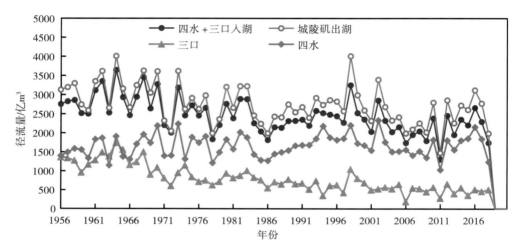

图 13.2-16   洞庭湖入、出湖年水量变化过程

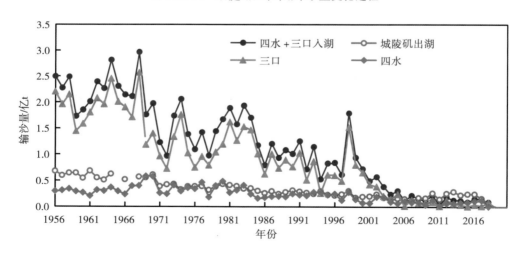

图 13.2-17   洞庭湖入、出湖年沙量变化过程

13.2.3.3   湖区水位变化

2003 年以后,洞庭湖区各站 8—11 月水位均有所降低,其中城陵矶站降幅最大,降幅往上游总体呈减小趋势。2003—2018 年,城陵矶站 7—12 月平均水位与三峡水库蓄水运用前相比,降幅在 0.82~2.08m,各个月中以 10 月降幅最大,见图 13.2-18。

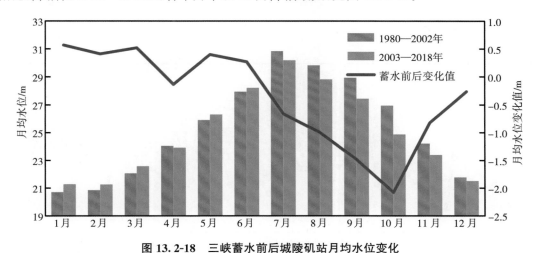

图 13.2-18 三峡蓄水前后城陵矶站月均水位变化

13.2.4 鄱阳湖水沙分析

鄱阳湖是我国最大的淡水湖,它承纳江西赣江、抚河、饶河、信江和修水等五河的来水,经调蓄后由湖口注入长江,且湖区泥沙绝大部分来源于赣江,其他诸河所占比重较小。

三峡水库蓄水运用前,1956—2002 年五河年均入鄱阳湖水沙量分别为 1098 亿 m³ 和 1420 万 t,湖口出湖年均水沙量分为 1476 亿 m³ 和 938 万 t,湖区年平均淤积泥沙为 482 万 t,淤积主要集中在五河尾闾和入湖三角洲;三峡水库蓄水运用后,2003—2018 年五河年平均入鄱阳湖水沙量分别为 1060 亿 m³ 和 563 万 t,较蓄水前分别减少了 3% 和 60%,湖口出湖年均水沙量分为 1480 亿 m³ 和 1120 万 t,径流量与蓄水前持平,输沙量较蓄水前减少了 19%,湖区年平均冲刷泥沙量为 557 万 t,出湖沙量增大主要与湖区大规模采砂等有关,见表 13.2-13,鄱阳湖入、出湖年水沙量变化过程见图 13.2-19 和图 13.2-20。

表 13.2-14 鄱阳湖入、出湖水沙量时段变化统计

项目		赣江	抚河	信江	饶河	修水	江西五河	湖口
径流量	1956—2002 年	685	127.3	179	71.28	35.29	1098	1476
/亿 m³	2003—2018 年	664	115.1	177.8	67.76	35.11	1060	1480
输沙量	1956—2002 年	955	150	221	59.5	38.4	1420	938
/万 t	2003—2018 年	246	99.6	102	91.2	23.7	563	1120

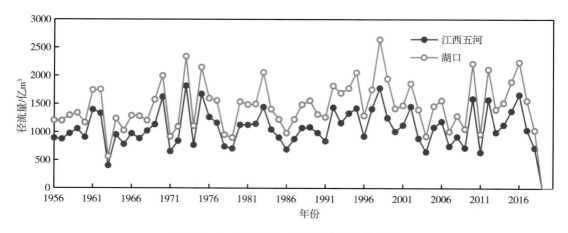

图 13.2-19　鄱阳湖入、出湖年水量变化过程

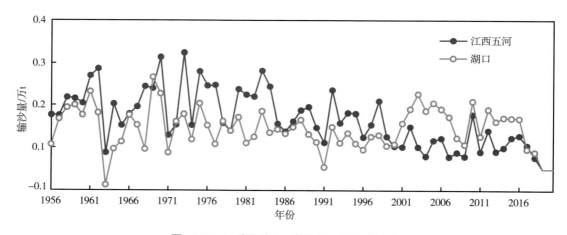

图 13.2-20　鄱阳湖入、出湖年沙量变化过程

2003 年以后，鄱阳湖各站 8—11 月平均水位有所降低，从湖区各站点变化幅度来看，最上游的康山站变化幅度相对较小，星子、都昌、吴城、湖口站降幅都较大。2003—2018 年与三峡水库蓄水运用前比，湖口站 8—11 月平均水位下降幅度在 1.33～2.44m，其中 10 月降幅最大，8 月降幅相对较小，见图 13.2-21。

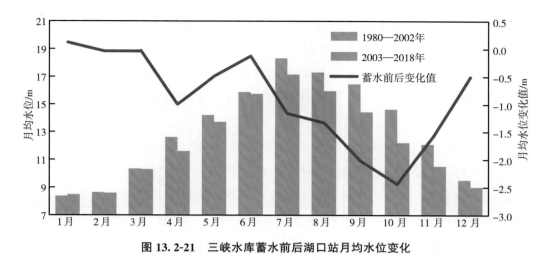

图 13.2-21　三峡水库蓄水前后湖口站月均水位变化

13.3　长江中下游河段冲淤特征分析

水沙条件变化后，河床调整最直接的现象就是有冲有淤，冲淤量及其分布特征则在总体上能够反映各个区域河床在不同水沙条件下的自适应调整强度。

13.3.1　宜昌至湖口河段

三峡大坝下游宜昌至鄱阳湖口为长江中游，长 955km，沿江两岸汇入的支流主要有清江、洞庭湖水系、汉江、倒水、举水、巴河、浠水、鄱阳湖水系等。荆江南岸有松滋、太平、藕池、调弦四口分流入洞庭湖（调弦口于 1959 年建闸封堵），河势见图 13.3-1。

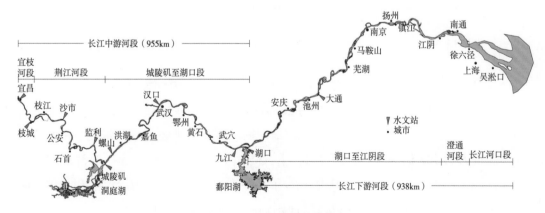

图 13.3-1　长江中下游干流河势

在三峡工程修建前的数十年中，长江中游河床冲淤变化较为频繁，1975—1996 年宜昌至湖口河段总体表现为淤积，平滩河槽总淤积量为 1.793 亿 m^3，年均淤积量为

0.0854 亿 m³；1998 年大水期间，长江中下游高水位持续时间长，宜昌至湖口河段总体表现为淤积，1996—1998 年淤积量为 1.987 亿 m³，其中除上荆江和城陵矶至汉口段有冲刷外，其他各河段泥沙淤积较为明显；1998 年大水后，宜昌以下河段河床冲刷较为剧烈，1998—2002 年（城陵矶至湖口河段为 1998—2001 年），宜昌至湖口河段冲刷量为 5.47 亿 m³，年均冲刷量达 1.562 亿 m³（表 13.3-1）。

2003 年三峡工程蓄水运用后，上述情况有所改变（图 13.3-2）。2002 年 10 月—2018 年 10 月，宜昌至湖口河段（城陵矶至湖口河段为 2001 年 10 月—2018 年 10 月）平滩河槽总冲刷量约为 24.06 亿 m³，年均冲刷量约 1.46 亿 m³，年均冲刷强度 15.3 万 m³/(km·a)，冲刷主要集中在枯水河槽，占总冲刷量的 91%。从冲刷量沿程分布来看，宜昌至城陵矶河段河床冲刷较为剧烈，平滩河槽冲刷量为 13.06 亿 m³，占总冲刷量的 54%；城陵矶至汉口、汉口至湖口河段平滩河槽冲刷量分别为 4.69 亿 m³、6.31 亿 m³，分别占总冲刷量的 20%、26%。

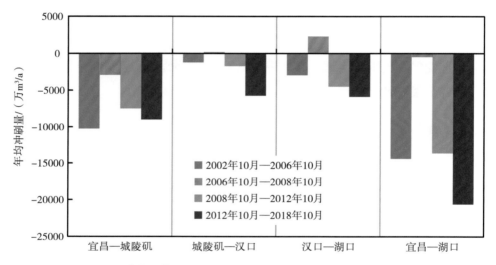

图 13.3-2　三峡水库蓄水后宜昌至湖口河段年均泥沙冲刷量对比（平滩河槽）

从冲刷量沿时分布来看，2002 年 10 月—2005 年 10 月平滩河槽冲刷量为 6.01 亿 m³，占三峡水库蓄水以来平滩河槽总冲刷量的 29%，年均冲刷量为 1.82 亿 m³；之后冲刷强度有所减弱，2005 年 10 月—2006 年 10 月平滩河槽冲刷泥沙 0.154 亿 m³（主要集中在城陵矶以上，其冲刷量为 0.267 亿 m³）。2006 年 10 月—2008 年 10 月（三峡工程初期蓄水期），宜昌至湖口河段平滩河槽冲刷泥沙 0.091 亿 m³，年均冲刷泥沙为 0.046 亿 m³。2008 年三峡工程 175m 试验性蓄水后，宜昌至湖口河段冲刷强度又有所增大，2008 年 10 月—2018 年 10 月，平滩河槽冲刷泥沙 17.80 亿 m³，占蓄水以来平滩河槽总冲刷量的 74%，年均冲刷泥沙 1.78 亿 m³。

表 13.3-1　不同时期三峡大坝下游宜昌至湖口河段冲淤量对比（平滩河槽）

河段		宜昌—枝城	上荆江	下荆江	荆江	城陵矶—汉口	汉口—湖口	城陵矶—湖口	宜昌—湖口
河段长度/km		60.8	171.7	175.5	347.2	251	295.4	546.4	954.4
总冲淤量/万 m³	1975—1996 年	-13498	-23770	3410	-20360	27380	24408	51788	17930
	1996—1998 年	3448	-2558	3303	745	-9960	25632	15672	19865
	1998—2002 年	-4350	-8352	-1837	-10189	-6694	-33433	-40127	-54666
	2002 年 10 月至 2006 年 10 月	-8138	-11683	-21147	-32830	-5990	-14679	-20669	-61637
	2006 年 10 月至 2008 年 10 月	-2230	-4247	678	-3569	197	4693	4890	-909
	2008 年 10 月至 2018 年 10 月	-6324	-51989	-25426	-77415	-41134	-53132	-94266	-178005
	2002 年 10 月至 2018 年 10 月	-16692	-67919	-45895	-113814	-46927	-63118	-110045	-240551
年均冲淤量/(万 m³/a)	1975—1996 年	-643	-1132	162	-970	1304	1162	2466	853
	1996—1998 年	1724	-1279	1652	373	-4980	12816	7836	9933
	1998—2002 年	-1088	-2088	-459	-2547	-2231	-11144	-13375	-17010
	2002 年 10 月至 2006 年 10 月	-2035	-2921	-5287	-8208	-1198	-2936	-4134	-14377
	2006 年 10 月至 2008 年 10 月	-1115	-2124	339	-1785	99	2347	2446	-454
	2008 年 10 月至 2018 年 10 月	-632	-5199	-2543	-7742	-4113	-5313	-9426	-17800
	2002 年 10 月至 2018 年 10 月	-1043	-4245	-2868	-7113	-2760	-3713	-6473	-14629

续表

河段	宜昌—枝城	上荆江	下荆江	荆江	城陵矶—汉口	汉口—湖口	城陵矶—湖口	宜昌—湖口
河段长度/km	60.8	171.7	175.5	347.2	251	295.4	546.4	954.4
年均冲淤强度/（万 m³/（km·a）） 1975—1996年	−10.6	−6.6	0.9	−2.8	5.2	3.9	4.5	0.9
1996—1998年	28.4	−7.4	9.4	1.1	−19.8	43.4	14.3	10.4
1998—2002年	−17.9	−12.2	−2.6	−7.3	−8.9	−37.7	−24.5	−17.8
2002年10月至2006年10月	−33.5	−17	−30.1	−23.6	−4.8	−9.9	−7.6	−15.1
2006年10月至2008年10月	−18.3	−12.4	1.9	−5.1	0.4	7.9	4.5	−0.5
2008年10月至2018年10月	−10.4	−30.3	−14.5	−22.3	−16.4	−18	−17.3	−18.7
2002年10月至2018年10月	−17.2	−24.7	−16.3	−20.5	−11	−12.6	−11.8	−15.3

（1）宜昌至枝城河段

三峡工程蓄水运用后,宜昌至枝城河段(以下简称"宜枝河段")河床冲刷剧烈,深泓冲刷下切、床沙粗化现象均较明显。

①三峡水库建成前,宜枝河段整体呈冲刷状态,累计冲刷泥沙 1.44 亿 m^3。其中,1975—1996 年冲刷泥沙 1.35 亿 m^3,年均冲刷量为 0.0643 万 m^3;1996—1998 年则以淤积为主,其淤积量为 0.345 亿 m^3,年均淤积泥沙 0.173 亿 m^3;1998 年大水后,宜枝河段冲刷剧烈,1998—2002 年冲刷量为 0.435 亿 m^3,年均冲刷量 0.109 亿 m^3,见表 13.3-1。

②三峡工程蓄水运用以来,2002 年 9 月至 2018 年 11 月,宜枝河段平滩河槽累计冲刷泥沙 1.67 亿 m^3,冲刷主要位于宜都河段,其冲刷量占河段总冲刷量的 88%(表 13.3-1)。河段冲刷垂向分布特征主要表现为以枯水河槽冲刷为主,冲刷量为 1.54 亿 m^3,占平滩河槽总冲刷量的 92%。河段平滩河槽年均冲刷量为 0.10 亿 m^3/a,大于葛洲坝水利枢纽建成后 1975—1986 年的 0.069 亿 m^3/a(其中还包括建筑骨料的开采),也大于三峡工程蓄水前 1975—2002 年的 0.053 亿 m^3/a。

从冲淤量沿时分布来看,河床冲刷主要集中在三峡水库蓄水运用后的前 4 年(2002 年 10 月至 2006 年 10 月),其冲刷量占总冲刷量的 49%,平滩河槽年均冲刷强度为 33.5 万 m^3/(km·a);三峡水库初期运行期内河段冲刷强度较弱,2006 年 10 月至 2008 年 10 月河段平滩河槽累计冲刷泥沙 0.223 亿 m^3,年均冲刷强度为 18.3 万 m^3/(km·a);之后,三峡水库进入 175m 试验性蓄水阶段,河段冲刷强度进一步减弱,2008 年 10 月至 2018 年 10 月河段平滩河槽年均冲刷强度为 10.8 万 m^3/(km·a),见表 13.3-1、图 13.3-3。河段冲淤变化表明:随着水库蓄水运行,近坝段宜枝河段冲刷强度逐渐减弱,冲刷将进一步向下游发展。

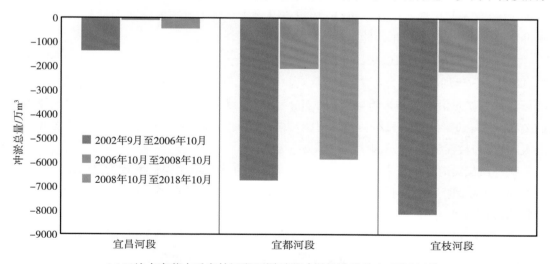

（a）三峡水库蓄水后宜枝河段不同时段冲淤量沿程分布（平滩河槽）

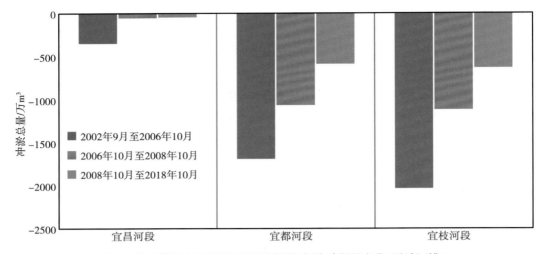

（b）三峡水库蓄水后宜枝河段不同时段年均冲淤量变化（平滩河槽）

图 13.3-3　三峡水库蓄水后宜枝河段不同时段冲淤量变化

（2）荆江河段

①三峡工程建成前,荆江河床冲淤变化频繁。下荆江裁弯期及裁弯后,荆江河床一直呈持续冲刷状态,1966—1981 年累计冲刷泥沙 3.46 亿 m^3,年均冲刷量为 0.231 亿 m^3;1981年葛洲坝水利枢纽建成后,荆江河床总体表现为冲刷,其中:1981—1986 年冲刷泥沙1.72 亿 m^3,年均冲刷量为 0.344 亿 m^3;1986—1996 年以淤积为主,淤积量为 1.19 亿 m^3,年均淤积泥沙 0.119 亿 m^3;1998 年大水期间,长江中下游高水位持续时间长,荆江河床"冲槽淤滩"现象明显,1996—1998 年枯水河槽冲刷泥沙 0.541 亿 m^3,但枯水位以上河床则淤积泥沙 1.39 亿 m^3,主要集中在下荆江;1998 年大水后,荆江河床冲刷较为剧烈,1998－2002年冲刷量为 1.02 亿 m^3,年均冲刷量 0.255 亿 m^3。

②三峡工程蓄水运用以来,2002 年 10 月至 2018 年 10 月,荆江河段平滩河槽累计冲刷11.38 亿 m^3,年均冲刷量为 0.71 亿 m^3。其中,上、下荆江冲刷量分别占总冲刷量的 60%、40%。从冲淤量沿程分布来看,枝江、沙市、公安、石首、监利河段冲刷量分别占荆江冲刷量的 20%、25%、15%、22%、18%,年均河床冲刷强度则仍以沙市河段的 34.0 万 m^3/km·a 为最大,其次为枝江河段的 24.4 万 m^3/(km·a)。

从冲淤量沿时分布来看,三峡工程蓄水运用后的前 3 年冲刷强度较大,2002 年 10 月至2005 年 10 月,荆江平滩河槽冲刷量为 3.02 亿 m^3,占蓄水以来平滩河槽总冲刷量的 27%,其年均冲刷强度为 29.0 万 m^3/(km·a)。随后,荆江河段河床冲刷强度有所减弱,2005 年10 月至 2006 年 10 月、2006 年 10 月至 2008 年 10 月河床冲刷强度则分别下降至 7.7万 m^3/(km·a)、5.1 万 m^3/(km·a);三峡水库进入 175m 试验性蓄水阶段以来(2008 年 10月至 2018 年 10 月),河床冲刷又有所加剧,河段平滩河槽冲刷量为 7.74 亿 m^3,占蓄水以来平滩河槽总冲刷量的 68%,冲刷强度为 22.3 万 m^3/(km·a),其中,位于起始段的枝江河段和沙市河段的冲刷强度分别达到 31.5 万 m^3/(km·a),43.0 万 m^3/(km·a),均超过水库蓄水之初 2002 年 10 月至 2005 年 10 月的时段均值。荆江各河段分时段冲淤变化见图 13.3-4。

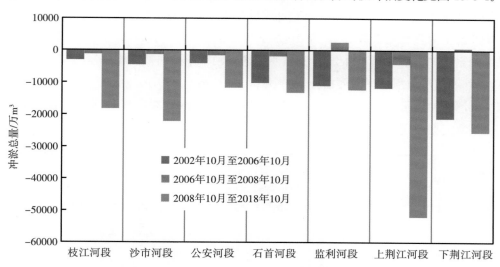

（a）三峡蓄水后荆江河段不同时段冲淤量沿程分布（平滩河槽）

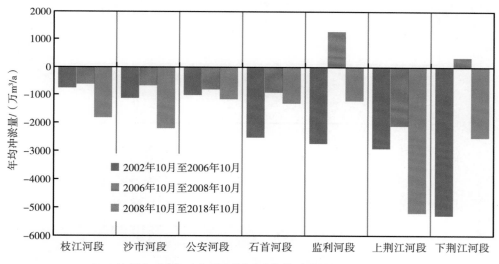

（b）三峡蓄水后荆江各河段不同时段年均冲淤量变化（平滩河槽）

图 13.3-4　三峡水库蓄水后荆江河段不同时段冲淤量变化

（3）城陵矶至汉口河段

①三峡工程建成前，城陵矶至汉口河段（以下简称"城汉河段"）河床冲淤大致可以分两个大的阶段：第一阶段为 1975—1996 年，河床持续淤积，累计淤积泥沙 2.738 亿 m³，年均淤积量为 0.13 亿 m³；第二阶段为 1996—2001 年，河床则表现为持续冲刷，累计冲刷泥沙 1.665 亿 m³，年均冲刷量为 0.333 亿 m³，见表 13.3-1。

②三峡工程蓄水运用后，城汉河段年际间河床有冲有淤，总体表现为冲刷。2001 年 10 月—2018 年 11 月平滩河槽总冲刷量为 4.69 亿 m³，其中，枯水河槽冲刷量为 4.39 亿 m³，占

比 94%，枯水河槽以上略有冲刷。河床冲刷较大的时段主要为 2013 年 10 月至 2014 年 10 月和 2015 年 11 月至 2016 年 11 月，其平滩河槽冲刷量分别为 1.41 亿 m³ 和 2.19 亿 m³，见表 13.3-1。

从冲淤量沿程变化来看，2001 年 10 月至 2018 年 11 月，陆溪口以上河段（长约 97.1km）平滩河槽累计冲刷量为 1.40 亿 m³，占蓄水以来该河段平滩河槽冲刷总量的 30%。其中，白螺矶、界牌和陆溪口河段平滩河槽分别冲刷 0.12 亿 m³、0.89 亿 m³、0.39 亿 m³，嘉鱼以下河床平滩河槽冲刷量为 3.29 亿 m³，占全河段冲刷总量的 70%。其中，嘉鱼、簰洲和武汉河段上段平滩河槽分别冲刷 0.66 亿 m³、1.40 亿 m³、1.24 亿 m³，见图 13.3-5。

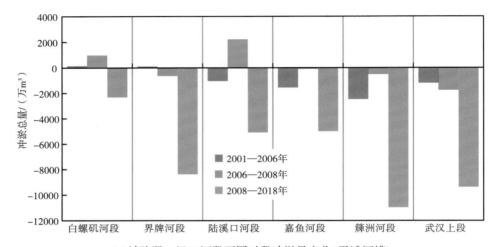

（a）城陵矶—汉口河段不同时段冲淤量变化（平滩河槽）

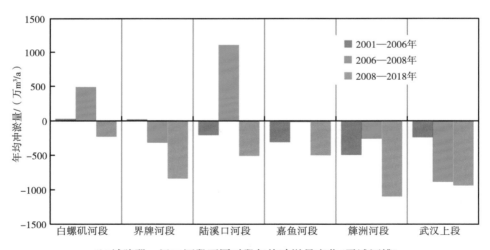

（b）城陵矶—汉口河段不同时段年均冲淤量变化（平滩河槽）

图 13.3-5　城陵矶—汉口河段不同时期冲淤量变化

（4）汉口至湖口河段

①三峡工程建成前，汉口至湖口河段河床冲淤也大致可以分两个阶段：第一阶段为 1975—1998 年，河床持续淤积，累计淤积泥沙 5.00 亿 m³，年均淤积量为 0.217 亿 m³；第二阶

段为 1998—2001 年,河床大幅冲刷,冲刷量 3.343 亿 m³,年均冲刷量为 1.114 亿 m³,见表 13.3-1。

②三峡工程蓄水运用后,2001 年 10 月至 2018 年 10 月,汉口至湖口河段河床年际间有冲有淤,总体表现为滩槽均冲,平滩河槽总冲刷量为 6.31 亿 m³,其中枯水河槽冲刷 5.83 亿 m³(表 13.3-1),其冲刷量占平滩河槽总冲刷量的 92%。分时段来看,2001 年 10 月至 2006 年 11 月,汉口至湖口段河床冲刷量为 1.47 亿 m³,2006 年 10 月至 2008 年 10 月,该河段出现淤积,淤积量为 0.4693 亿 m³,2008 年后,三峡水库进入试验性蓄水阶段,该河段冲刷强度进一步加大,2008 年 10 月至 2018 年 10 月,河段平滩河槽冲刷量达到 5.31 亿 m³,占冲刷总量的 84%。

从沿程分布来看,河床冲刷主要集中在九江—湖口河段(包括九江河段,大树下—锁江楼,长约 20.1km 和张家洲河段,锁江楼—八里江口,干流长约 31km),其平滩河槽冲刷量约为 1.40 亿 m³,占河段总冲刷量的 22%,见图 13.3-6。

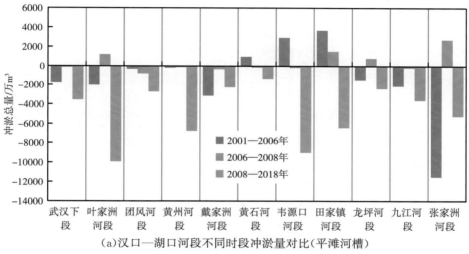

(a)汉口—湖口河段不同时段冲淤量对比(平滩河槽)

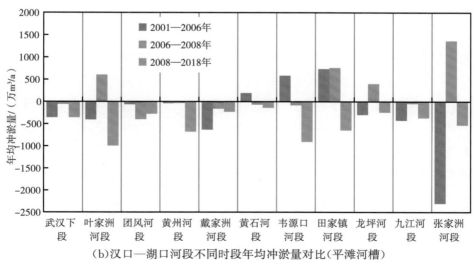

(b)汉口—湖口河段不同时段年均冲淤量对比(平滩河槽)

图 13.3-6　汉口—湖口河段不同时段冲淤量变化

13.3.2 湖口至河口河段河道冲淤变化

（1）湖口至江阴河段

湖口至江阴河段长 659.4km，为宽窄相间、江心洲发育、汊道众多的藕节状分汊型河段。

①三峡工程建成前，湖口至江阴河段河床冲淤可分两个阶段：1975—1998 年冲淤变化较小，平滩河槽累计淤积 2.06 亿 m^3，年均淤积量为 0.090 亿 m^3/a；1998—2001 年平滩河槽则以冲刷为主，冲刷量 0.79 亿 m^3，年均冲刷量为 0.263 亿 m^3/a，见表 13.3-2。

表 13.3-2　　　不同时期三峡水库坝下游湖口至江阴河段冲淤量对比（平滩河槽）

项目	时段	湖口—大通 228.0km	大通—江阴 431.4km	湖口—江阴 659.4km
总冲淤量 /万 m^3	1975—1998 年	−13109	7500	20609
	1998—2001 年	4773	−12654	−7881
	2001 年 10 月至 2006 年 10 月	−7986	−15087	−23073
	2006 年 10 月至 2011 年 10 月	−7611	−38150	−45761
	2011 年 10 月至 2016 年 10 月	−21569	−27109	−48678
	2001 年 10 月至 2016 年 10 月	−37166	−80346	−117512
年均冲淤量 /（万 m^3/a）	1975—1981 年	570	326	896
	1998—2001 年	1591	−4218	−2627
	2001 年 10 月至 2006 年 10 月	−1597	−3017	−4615
	2006 年 10 月至 2011 年 10 月	−1522	−7630	−9152
	2011 年 10 月至 2016 年 10 月	−4314	−5422	−9736
	2001 年 10 月至 2016 年 10 月	−2478	−5356	−7834

②三峡工程蓄水运用后，2001—2016 年，湖口至江阴河段平滩河槽冲刷泥沙 11.75 亿 m^3，其中：湖口至大通河段冲刷量为 3.72 亿 m^3，占总冲刷量的 32%，冲刷强度为 10.9 万 $m^3/(km \cdot a)$；大通至江阴河段冲刷量为 8.03 亿 m^3，占总冲刷量的 68%，冲刷强度为 12.4 万 $m^3/(km \cdot a)$。由于各分汊河段的河型和河床边界组成各不相同，不同河段的冲淤变化有所不同。湖口至大通河段在平滩水位下除太子矶河段年均淤积 25 万 m^3/a 外，其他河段均出现冲刷，冲刷量最大的是贵池河段，年均冲刷量为 656 万 m^3/a。大通至江阴河段在平滩水位下除马鞍山河段年均淤积 527 万 m^3 外，其他河段均出现冲刷，冲刷量最大的是扬中河段，年均冲刷量为 2547 万 m^3/a，见图 13.3-7。

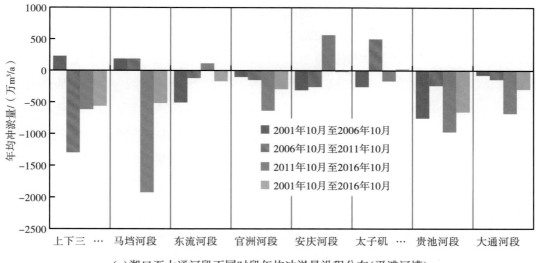

（a）湖口至大通河段不同时段年均冲淤量沿程分布（平滩河槽）

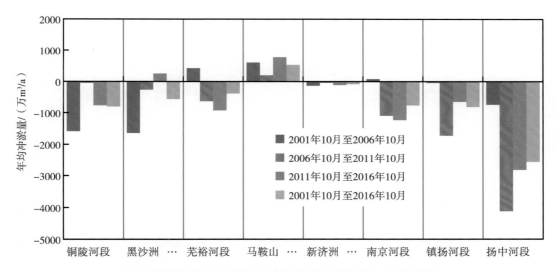

（b）大通至江阴河段不同时段年均冲淤量沿程分布（平滩河槽）

图 13.3-7　湖口至江阴河段不同时段冲淤量变化

从冲淤量沿程分布来看，三峡工程蓄水运用后冲刷增加，2001—2006 年平滩河槽冲刷量为 2.31 亿 m^3，年均冲刷量增加为 4615 万 m^3/a，2006 年后，该河段冲刷强度进一步加大，2006—2011 年和 2011—2016 年，河段平滩河槽冲刷量分别达到了 4.58 亿 m^3 和 4.87 亿 m^3，年均冲刷量分别增加为 9152 万 m^3/a 和 9736 万 m^3/a。

（2）江阴至徐六泾河段

江阴至徐六泾即澄通河段，属近河口段，河道全长约 96.8km。整个河段由福姜沙汊道、如皋沙群汊道和通州沙汊道组成，属弯曲分汊型河道。

①三峡工程蓄水前，澄通河段总体表现为淤积，1983—2001 年 0m 以下河槽淤积泥沙

2190 万 m³，—5m 以下深槽冲刷泥沙 1390 万 m³。

②三峡工程蓄水运用后，澄通河段转为冲刷。2011—2016 年，澄通河段 0m 高程以下河槽冲刷量为 4.74 亿 m³，年均冲刷量为 3162 万 m³/a，见表 13.3-3。从河床冲淤变化沿程分布看，除南汊（旺桥港—老沙标）淤积 298 万 m³ 外，其余大部分河段均为冲刷。从冲淤量沿时程分布来看，2001—2006 年江阴至徐六泾 0m 高程以下河槽冲刷量为 0.865 亿 m³，年均冲刷量为 1730 万 m³/a，2006 年后，该河段冲刷强度开始加大，2006—2011 年和 2011—2016 年河段冲刷量分别达到了 2.41 亿 m³ 和 1.47 亿 m³，年均冲刷量分别增加到 4813 万 m³/a 和 2941 万 m³/a，见表 13.3-3。

表 13.3-3　　　　　　　　　不同时期澄通河段和河口河段冲淤量对比（0m 以下河槽）

项目	时段	澄通河段 8.7km	北支河段 7.7km	南支河段 4.9km
总冲淤量 /万 m³	2001 年 10 月至 2006 年 10 月	−8651	10227	−14633
	2006 年 10 月至 2011 年 10 月	−24066	844	−14777
	2011 年 10 月至 2016 年 10 月	−14706	9899	−5336
	2001 年 10 月至 2016 年 10 月	−47423	20970	−34746
年均冲淤量 /（万 m³/a）	2001 年 10 月至 2006 年 10 月	−1730	2045	−2927
	2006 年 10 月至 2011 年 10 月	−4813	169	−2955
	2011 年 10 月至 2016 年 10 月	−2941	1980	−1067
	2001 年 10 月至 2016 年 10 月	−3162	1398	−2316

（3）长江河口段

长江河口段为徐六泾至河口外原 50 号灯标，全长约 181.8km。长江河口为陆海双相河口，呈喇叭形三级分汊。第一级徐六泾以下，崇明岛将长江分为南支和北支；第二级是南支在吴淞口由长兴岛和横沙岛分为南港和北港；第三级是南港在横沙岛尾由九段沙分为南槽和北槽，形成北支、北港、北槽、南槽四口入海之势。

①三峡工程蓄水前，长江口河段整体表现为冲刷，1984—2001 年 0m 以下河槽冲刷泥沙 2.60 亿 m³。其中，南支河段冲刷 4.42 亿 m³，河床冲刷主要集中在 1992—1998 年，1998 年大水后河床略有冲刷，0m 以下河槽冲刷泥沙 2600 万 m³；北支河段则淤积 1.82 亿 m³，1998 年大水后，河床总体冲淤基本平衡。

②三峡工程蓄水运用后，2001—2016 年长江口的南支 0m 以下河槽累积冲刷泥沙 3.47 亿 m³，北支段 0m 以下河槽则淤积泥沙 2.10 亿 m³。南支、北支段冲淤趋势未发生变化，南支由三峡水库蓄水前的年平均冲淤量 2594 万 m³/a 降至蓄水后的 2316 万 m³/a，北支由三峡水库蓄水前的年平均冲淤量 1071m³/a 略增为 1398 万 m³/a，见表 13.3-3。

13.4　长江中下游河床演变分析

长江中下游河道流经广阔的冲积平原,沿程各河段水文泥沙条件和河床边界条件不同,形成的河型也不同。从总体上看,中下游河道分为顺直型、弯曲型、分汊型三大类。其中以分汊型为主,其长度约占总长的60%。分汊河道越往下游越多,弯曲型河道主要集中在下荆江。长江中下游干流河道按边界条件及河型特点不同大体可分为五大段,分别为宜昌至枝城段、枝城至城陵矶段、城陵矶至湖口段、湖口至徐六泾段、河口段。

13.4.1　宜枝河段

宜昌至枝城段河道全长约60.8km,以古老背为界,分为宜昌、宜都两个河段,是山区性河流转化为冲积平原河流的过渡段。云池以上河道顺直单一,云池以下河道弯曲分汊。宜枝河段两岸抗冲性较强,河道横向变形较小,河势多年来较稳定。三峡工程运用后,宜枝河段主流平面位置、滩槽格局未发生明显改变,但由于来水来沙条件的改变,河床冲刷较剧烈。

(1)深泓线平面变化

宜昌河段深泓线平面随不同水文年汛、枯水位变化,在基本稳定的前提下,多出现周期性摆动,未表现出趋势性的发展,反映出该段河势长期稳定少变的态势(图13.4-1(a))。

宜都河段自三峡水库蓄水运行以来,深泓线在弯道段稳定地贴走凹岸,在南阳碛分汊段长期走主槽,仅在转向过渡段如宜52—宜54段、宜64—宜68段、宜75—枝2段有所摆动,但深泓线多呈周期性的摆动,未表现出明显的趋势性发展,说明宜都段河势保持长期稳定少变的态势未改变(图13.4-1(b))。

(2)洲滩变化

宜枝河段内从上至下洲滩有胭脂坝、南阳碛、向家溪边滩、曾家溪边滩以及外河坝边滩。受到上游来水来沙、河床边界及河床形态、整治工程、人工采砂等影响,2002年以来宜枝河段洲滩均有不同程度的冲刷,洲滩面积多呈减小态势,见表13.4-1。

表 13.4-1　　　　　　　　宜枝河段洲滩面积特征值统计　　　　　　（单位:km²）

时间/(年-月)	宜昌河段	宜都河段	
	胭脂坝(39m)	南阳碛(33m)	外河坝(35m)
2002-10	1.89	0.82	0.52
2006-10	1.81	0.30	0.30
2008-10	1.83	0.28	0.25
2011-10	1.83	0.31	0.26
2013-10	1.83	0.33	0.21
2016-11	1.79	0.28	0.26

续表

时间/(年-月)	宜昌河段	宜都河段	
	胭脂坝(39m)	南阳碛(33m)	外河坝(35m)
2017-05	1.71	0.27	—
变化率/%	−10	−67	−50

注：变化率为不同时间的值与2002年值的相对变化。

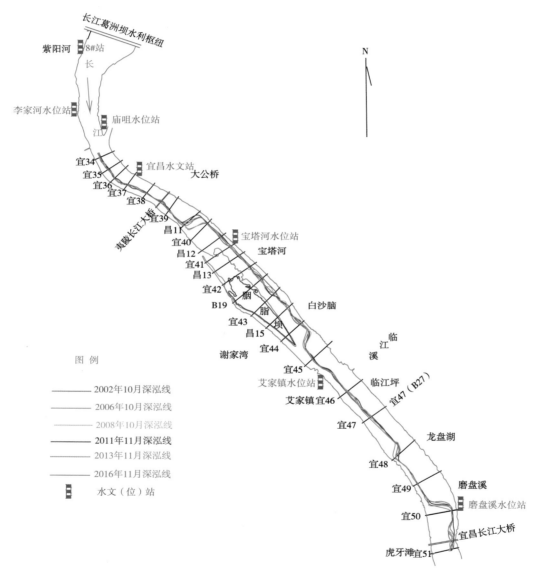

（a）宜昌河段深泓线平面变化

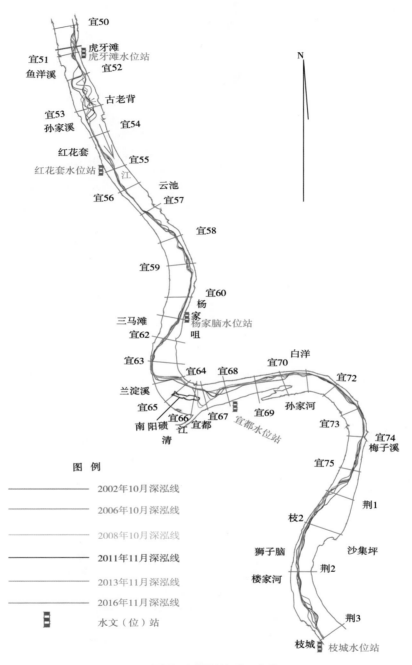

（b）宜都河段深泓线平面变化

图 13.4-1 不同河段深泓线平面变化

近年来，胭脂坝洲体头部未再出现冲刷萎缩的现象；南阳碛江心洲、向家溪边滩、外河坝洲滩基本保持稳定，下游的曾家溪边滩在三峡水库蓄水运行后就处于持续的萎缩状态，至2012 年该边滩已经基本消失（图 13.4-2）。

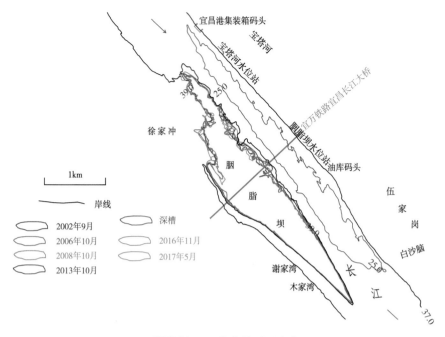

（a）胭脂坝 39m 等高线平面变化

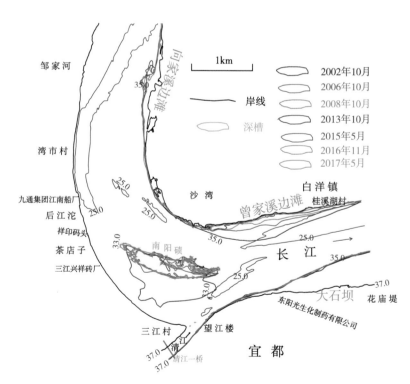

（b）南阳碛洲滩及附近边滩平面变化

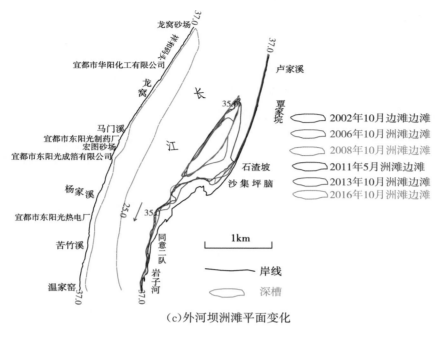

（c）外河坝洲滩平面变化

图 13.4-2　平面变化

（3）深槽变化

自三峡水库蓄水运行以来,宜枝河段典型段深槽总体呈冲刷状态。其中,胭脂坝河段深槽面积扩大 2 倍,主要冲刷扩张时期在 2006 年前,此后在左汊深槽区域陆续的护底工程的防护下,深槽冲刷明显减弱;外河坝河段深槽因冲刷面积扩大约 6 倍,槽底高程从 0.4m 降低至 −3.3m,呈逐年持续累积性的冲刷,目前仍未稳定;宜都弯道段深槽面积总体扩大 3 倍,主要扩张区域在南阳碛的上游深槽,受弯道的影响,水流从上游左岸转向右岸进入弯道后顶冲凹岸,导致深槽贴凹岸扩张发展,见表 13.4-2。

表 13.4-2　　　　　　　　　　宜枝河段深槽面积特征值统计

时间 /(年-月)	胭脂坝深槽		宜都弯道深槽		外河坝深槽	
	25m 等高线 面积/km²	最深点 /m	25m 等高线 面积/km²	最深点 /m	15m 等高线 面积/km²	最深点 /m
2002-10	0.665	15.0	0.964	13.5	0.279	0.4
2003-10	1.314	14.2	1.260	11.3	0.419	12.8
2006-06	1.336	15.2	2.130	10.0	0.693	−2.2
2008-10	1.359	12.4	2.500	10.4	1.030	−0.7
2011-11	1.402	12.2	2.510	6.9	1.490	−3.4
2013-11	1.395	12.6	2.440	8.7	1.510	−1.4
2016-10	1.383	11.2	2.480	9.5	1.683	−3.3
2017-05	1.367	11.0	2.570	8.8	/	/

（4）典型断面变化

宜枝河段左岸为阶地，大多修建有护岸工程，右岸多为基岩、山体控制，河段横断面横向展宽受到制约。三峡水库蓄水以来，河道横断面的冲淤变化主要表现为中枯水位以下河床的冲淤变化。其中，宜昌河段局部主河槽有轻微的冲淤变化，边滩变化均不明显，河段枯水控制节点断面变化较小，其中宜40、宜45、宜50断面的深泓基本稳定，略有淤高；宜都河段古老背河段代表断面宜53中部区域有冲刷扩展，该区域最大冲深为5.2m，深槽向左侧扩展约30m，外河坝代表断面枝2，主槽区域继续向纵深方向扩展，主槽区域最大冲深达25m，宜都河段沿程横断面的边坡均保持稳定，见图13.4-3。

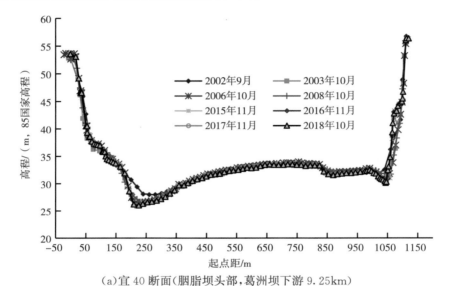

（a）宜40断面（胭脂坝头部，葛洲坝下游9.25km）

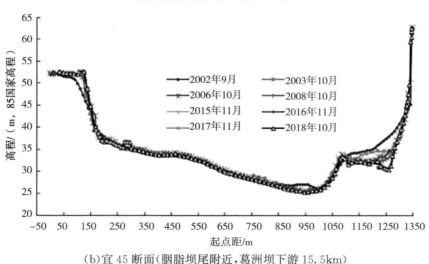

（b）宜45断面（胭脂坝尾附近，葛洲坝下游15.5km）

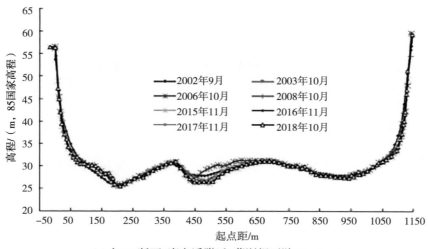

（c）宜 50 断面（磨盘溪附近，葛洲坝下游 24.4km）

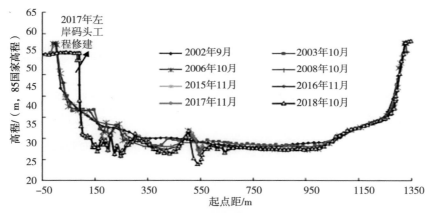

（d）宜 53 断面（古老背附近，葛洲坝下游 27.2km）

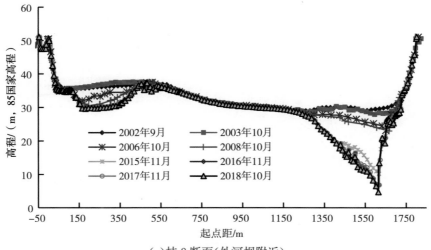

（e）枝 2 断面（外河坝附近）

图 13.4-3　宜枝河段断面变化

（5）河演小结

受河势控制工程及历年护岸工程的作用，宜枝河段河道平面形态的变化受到一定限制，总体格局基本不变，冲淤变化主要表现为局部区域。虽然河道横向变形受到制约，但局部河段主泓呈周期性的摆动，弯道段凹岸河床冲刷明显。

13.4.2 荆江河段

荆江河段为枝城至洞庭湖口的城陵矶，全长 347.2km。南岸有松滋河、虎渡河、藕池河、华容河分别自松滋口、太平口、藕池口和调弦口（1959 年建闸控制）分流至洞庭湖，与湘、资、沅、澧四水汇合后，于城陵矶复注长江。荆江以藕池口为界分为上、下荆江：上荆江为枝城至藕池口，长 171.7km，为弯曲分汊型河道，河道内自上而下分布有关洲、董市洲、柳条洲、火箭洲、马羊洲、三八滩、突起洲等洲滩；下荆江为藕池口至城陵矶，长 175.5km，为典型的蜿蜒型河道，河床演变剧烈，多处弯道发生裁弯、切滩、撇弯等现象。

（1）深泓线平面变化

1）枝江河段

多年来，上游关洲汊道段主流走右汊较稳定，芦家河浅滩段主流汛期走石泓、枯季走沙泓较规律。主流过渡段如董3—董5段、荆14—荆15段、荆18—荆20段深泓线有所摆动。总体上看，枝江河段深泓线随不同水文年汛枯水位变化，在总体稳定的前提下，多出现周期性摆动，反映出该段河势长期稳定少变的态势，见图13.4-4。

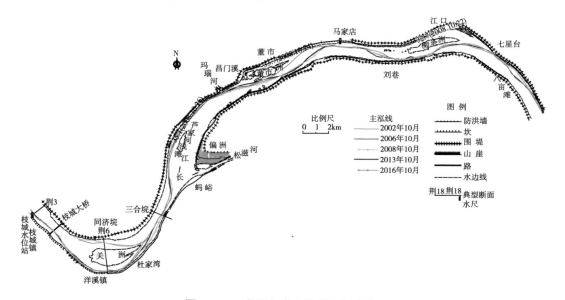

图 13.4-4 枝江河段深泓线平面变化

2)沙市河段

多年来,除三八滩汊道外,沙市河段深泓平面变化相对稳定,见图13.4-5。上段大埠街至浣市段深泓有所摆幅,相对稳定;浣市至太平口过渡段,自1998年以来至今,该段深泓线常年贴右岸下行;变化较大的主要是三八滩微弯分汊段(荆36—荆43),洲头上部深泓线摆幅较大,最大摆幅达1km。近期多数年份主流走左汊,少数年份枯水期走右汊。左汊槽位稳定,右汊槽位变化较大;下游过渡段及金城洲分汊段,2002年以来深泓线偏靠左岸为主,摆幅在300～600m。

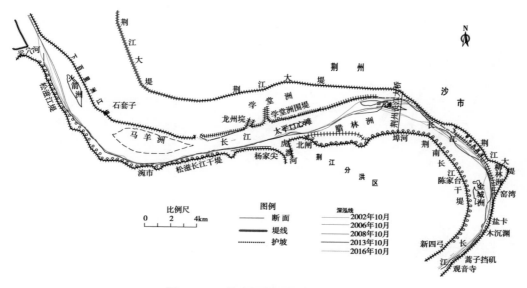

图13.4-5　沙市河段深泓线平面变化

3)公安河段

2002年以来,公安河段深泓线年际平面变化相对稳定。观音寺至马家咀上过渡段摆幅有所缩窄,摆幅约300m;突起洲分汊段主流常年稳定走右汊;2002—2013年,突起洲尾至陡湖堤段深泓线逐年北移,由顺右岸逐渐摆向偏左岸,2016年又回到靠右岸,深泓摆幅相对较大,约600m;陡湖堤河湾段及下游郝穴弯道段深泓走势相对稳定,摆幅在300m以内(图13.4-6)。

4)石首河段

2002年以来石首河湾段上过渡段主流摆动频繁,左右摆幅近1km。2006年周天航道整治工程实施后,河湾上游茅林口附近主泓稳定在河道的右半侧,在天星洲洲头过渡至焦家铺后,深泓贴弯道左岸下行。不同年份季节,弯顶过渡到北门口的顶冲点出现上提或下移,弯道上下游深泓摆幅在400m以内。河湾下游北碾子湾、寡妇家、金鱼沟等处主流顶冲点相应也发生上提或下移,过渡段深泓摆幅在400m左右。调关弯道段主流,2002年以来有所撇弯,2002—2016年莲心垸(石6)附近主流最大摆幅达800m。调关弯道下游深泓走势相对稳定,鹅公凹过渡段附近深泓最大摆幅为 420m；塔市驿（荆 136 附近）深泓最大摆幅为 200m（图 13.4-7）。石首河湾近期的河势格局不会发生大的变化,但不同地段年内的冲淤调整幅度相对较大。

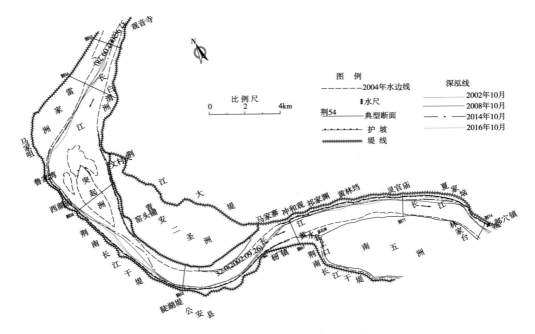

图 13.4-6　公安河段深泓线平面变化

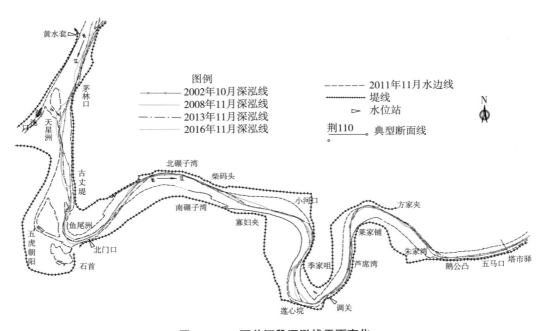

图 13.4-7　石首河段深泓线平面变化

5）监利河段

监利河段深泓线变化符合蜿蜒形河段特征,过渡段深泓线及弯道段深泓线变化较大,如乌龟洲汉道和荆江门、七弓岭弯道段,见图 13.4-8 和图 13.4-9。

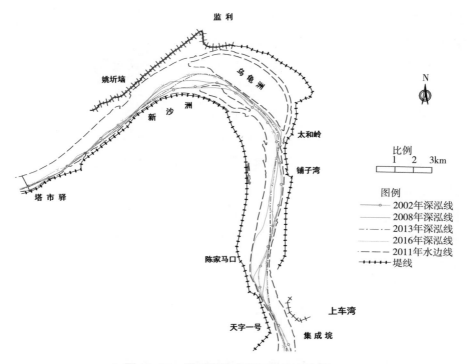

图 13.4-8　监利河段上段深泓线平面变化

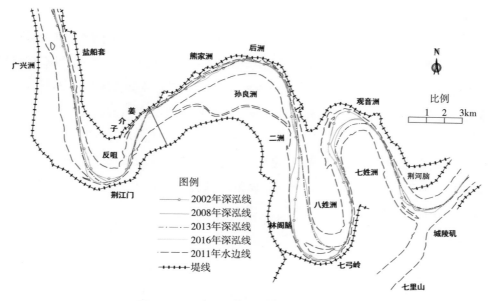

图 13.4-9　监利河段下段深泓线平面变化

2002—2007 年初期乌龟洲右缘和洲尾大幅崩退、右汊不断展宽，以及新沙洲凸岸边滩冲刷，右汊河床宽浅化，年内主流摆幅增大。2011 年乌龟洲右缘实施了航道整治守护工程，其后主流稳定在乌龟洲右汊沿洲体右缘下行，主流顶冲点上移至太和岭，铺子湾下段则出现淤积。2016 年铺子湾至天字一号长过渡段深泓由靠左岸摆向顺右岸，顶冲点由天字一号上移至陈家马口附近，上移近 3km，使得天字一号近岸贴流范围延长。深泓摆幅较大的位置有：①监利河湾进口乌龟洲洲头附近，最大摆幅达 450m；②下游过渡段陈家马口附近，最大摆幅近 900m。

下游荆江门弯道段，2002 年以来弯道顶冲点逐年上提，2016 年主流贴凹岸段距离有所增长，弯道凹岸顶端深泓最大摆幅近 400m。熊家洲至城陵矶段属下荆江尾闾，全长约 47km，由熊家洲、七弓岭、观音洲 3 个连续弯道组成。2002 年以来近期河势变化主要表现为：凹岸不断崩退、凸岸不断淤长、弯顶逐渐下移，整个弯道向下游蠕动。2002—2011 年，八姓洲弯道进口河湾主流由右岸摆向左岸，摆幅达 1km，使得八姓洲凹岸边滩撒弯切滩，弯道凹岸顶冲点大幅下移，约 6km。2011—2016 年顶冲点又有所上提，上提约 1km。七弓岭弯顶处深泓平面最大摆幅 1200m。下游观音洲弯道段同时段，七姓洲凸岸边滩也出现一定程度的撒弯切滩，使得该弯道顶冲点较大幅度下移，2016 年又略有上移。观音洲弯顶处最大摆幅达 900m，下游荆河脑附近最大摆幅近 500m。

(2) 洲滩变化

上荆江洲滩多以江心滩的形态出现。一方面受到上游来水来沙、河床边界及河床形态的影响，另一方面受到人工采砂、航道疏浚等影响。2002 年以来，上荆江洲滩均有不同程度的冲刷，洲滩面积多呈减小态势，见表 13.4-3。

下荆江的洲滩一般以边滩傍岸的形态出现。过渡段边滩如南碾子湾边滩、姚圻垴边滩和新沙洲边滩等呈现淤积；弯顶凸岸边滩因主流撒弯多数向下游蠕动，滩头冲刷下移滩尾淤展，如反咀边滩、八姓洲和七姓洲边滩。石首河段的高滩江心滩如天星洲心滩、五虎朝阳心滩总体呈现淤积，监利河段的乌龟洲和孙良洲总体呈现冲刷，见表 13.4-4。

近年来，护坡及航道整治工程实施后，河势相对稳定的有偏洲、董市洲、柳条洲、江口洲、突起洲、蛟子渊心滩、天星洲、乌龟洲、孙良洲等。受局部河段河势调整影响较大的或尚处于显著调整之中的有沙市河湾的三八滩、金城洲，关洲汊道段，七弓岭段等，见图 13.4-10、图 13.4-11 和图 13.4-12。

表 13.4-3　　　　　上荆江洲滩面积特征值统计

（单位：km²）

时　间/（年-月）	枝江河段面积						沙市河段面积				公安河段面积	
	关洲 35m	芦家河 35m	董市洲 35m	柳条洲 35m	江口洲 35m	火箭洲 35m	马羊洲 40m	太平口心滩 30m	三八滩 30m	金城洲 30m	突起洲 30m	蛟子渊心滩 30m
2002-10	4.87	0.67	1.15	1.45	0.124	1.72	7.12	0.85	2.05	4.32	6.79	2.52
2006-06	4.75	0.68	1.16	1.21	0.068	1.61	7.06	1.65	1.93	3.31	6.93	2.74
2008-10	4.50	0.76	0.98	1.24	0.050	1.53	7.08	2.13	1.24	2.35	7.67	2.71
2011-11	4.15	0.51	1.06	1.17	0.047	1.52	7.05	1.84	0.78	1.46	7.79	2.43
2013-11	3.24	0.46	0.97	0.95	0.030	1.36	7.04	1.33	0.95	1.39	8.25	2.25
2016-10	3.04	0.13	0.93	0.99	0.030	1.26	7.02	0.64	0.83	0.64	8.03	2.26
变化率/%	-38	-80	-19	-32	-76	-26	-1.4	-24	-60	-85	18	-10

注：变化率为不同时间的值与 2002 年值的相对变化。

917

表 13.4-4　　　　　　　　　　下荆江洲滩面积特征值统计　　　　　　　　　（单位：km²）

时间 /（年-月）	石首河段面积		监利河段面积	
	天星洲心滩 30m	五虎朝阳心滩 30m	乌龟洲 25m	孙良洲 25m
2002-10	1.08	3.63	8.97	7.94
2006-06	1.54	3.66	8.27	7.69
2008-10	1.91	4.46	8.18	7.90
2011-11	2.60	5.01	7.84	7.74
2013-11	2.52	4.97	7.86	7.86
2016-10	2.77	5.01	7.96	7.83

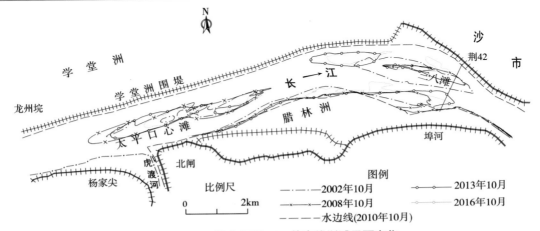

图 13.4-10　沙市河湾 35m 等高线洲滩平面变化

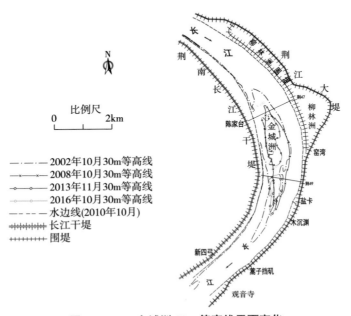

图 13.4-11　金城洲 30m 等高线平面变化

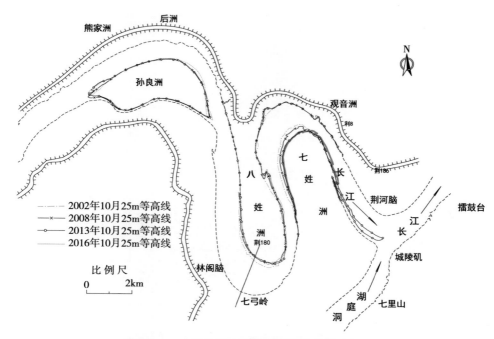

图 13.4-12 熊家洲—城陵矶河段洲滩平面变化

（3）深槽变化

2002 年以来,荆江河段典型段深槽总体呈现冲刷状态,见表 13.4-5 和图 13.4-13。上荆江关洲汊道段,因人工大量采砂,左汊深槽持续扩展,但进口处深槽变化不明显;汊道右汊为主汊,格局基本稳定。沙市河湾段 2016 年右汊 20m 等高线深槽冲刷扩展,上下游延展较明显,右汊发展;公安斗湖堤深槽、石首弯顶深槽 2016 年冲深、缩窄;调关弯顶深槽 2016 年扩展明显;荆江门弯道深槽近期有所回淤;随主流顶冲点的下移或上提,七弓岭观音洲深槽以冲刷向上下游扩展为主,没有单向刷深。随着两弯道主流的撒弯,观音洲原弯顶凹岸深槽向凸岸位移。

表 13.4-5   **上荆江深槽特征值统计**

时间 /（年-月）	关洲汊道深槽		沙市河湾深槽				陡湖堤深槽		
	15m /m²	最深点 /m	20m /m²	15m /m²	10m /m²	最深点 /m	15m /m²	10m /m²	最深点 /m
2002-10	113000	5.3	1874000	32660	/	10.5	2206200	757089	0.4
2006-06	229500	7.7	2343000	52100	9200	4.0	2015500	768667	−2.2
2008-10	317800	8.1	3281000	285400	23430	4.4	2361200	782301	−0.7
2011-11	503800	7.6	4167000	268400	24530	2.0	1628520	934090	−3.4
2013-11	743780	4.3	3356230	397618	58872	4.2	1697000	894000	−1.4
2016-10	1112260	3.9	7049100	911170	2880	6.7	1750500	891350	−3.3

表 13.4-6　下荆江典型深槽特征值统计

时间/(年-月)	石首弯顶深槽			调关弯道深槽			荆江门深槽			七弓岭深槽		观音洲	
	−5m等高线/m²	0m等高线/m²	最深点/m	0m等高线/m²	−10m等高线/m²	最深点/m	0m等高线/m²	−10m等高线/m²	最深点/m	−5m等高线/m²	最深点/m	−5m等高线/m²	最深点/m
2002-10	60470	157130	−15.3	272500	18800	−17.4	489200	93400	−18.4	98670	−10	189000	−12.2
2006-06	39940	162700	−6.7	260500	28200	−16.3	234200	9500	−13.2	3270	−6.7	152760	−13.3
2008-10	75550	231300	−13.2	249000	38140	−14.8	411400	59870	−19.1	82870	−13.2	163860	−12.1
2011-11	35970	218100	−12.7	203000	10600	−14.0	298300	18470	−17.8	89030	−9.9	111770	−12.1
2013-11	105350	292100	−13.5	260000	18100	−17.1	400180	59600	−16.3	211460	−12.8	111600	−12.4
2016-10	103100	242950	−16.2	259930	93200	−16.8	357650	26530	−16.4	159470	−12.3	101000	−12.1

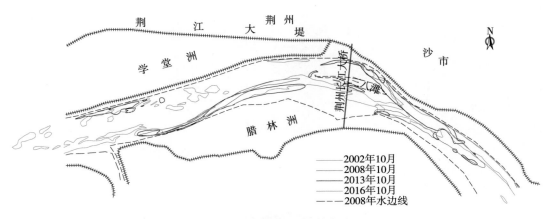

(a)沙市河湾深槽(20m 等高线)

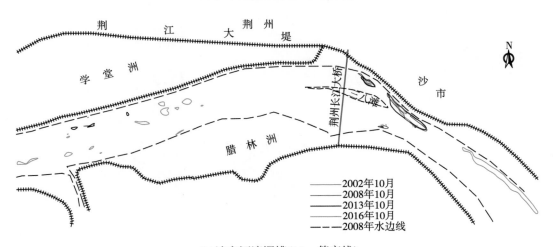

(b)沙市河湾深槽(15m 等高线)

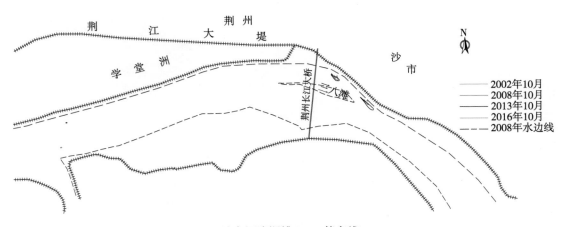

(c)沙市河湾深槽(10m 等高线)

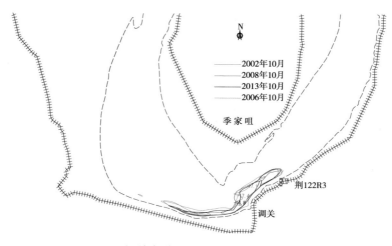

(d)调关弯道近岸深槽（0m 等高线）

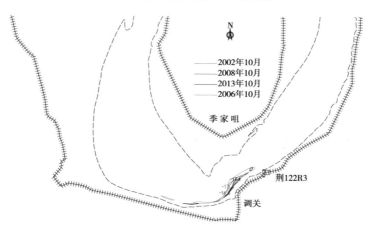

(e)调关弯道近岸深槽（－10m 等高线）

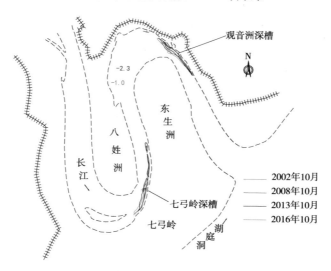

(f)七弓岭弯道近岸深槽（－5m 等高线）

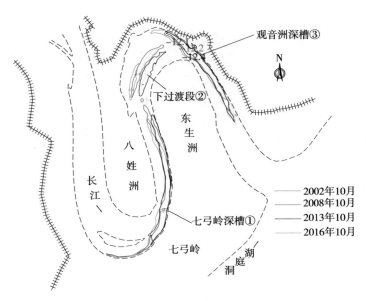

（g）七弓岭弯道近岸深槽（5m 等高线）

图 13.4-13 典型段深槽平面变化

（4）典型断面变化

荆江河段进口段枝城至松滋口两岸多为基岩、山体控制；松滋口以下河段两岸建有堤防，两岸迎流顶冲区段建有护岸工程，河段横断面横向展宽受到制约。自三峡水库蓄水运行以来，除极少量崩岸段略展宽外，河道横断面冲淤变化主要表现在中枯水位以下的河床冲淤变化。

典型断面的总体变化表现为：枝江河段断面形态基本稳定，冲淤变化较小；顺直过渡段断面变化相对洲滩段及弯道段小；三八滩、金城洲、石首弯道、乌龟洲等段滩槽交替冲淤变化较大。选取荆江河段 10 个典型横断面作简要分析，见图 13.4-14 至图 13.4-23。

关洲汊道进口断面（荆 6）变化主要表现在左汊（砂质河床）在三峡水库蓄水前 5 年小幅冲刷，2010 年后大规模采砂导致断面面积大幅增大，河床整体下降约 10m。靠右岸深槽，因河床表层为卵石组成，且河岸为基岩抗冲性强，河床变化不大，仅洲体右缘 2006 年前小幅冲刷，其后趋于稳定（图 13.4-14）。

芦家河浅滩中部断面（董 5）变化主要表现在左汊（沙泓）在三峡水库蓄水前 5 年大幅冲刷，其后趋于稳定；中部碛坝和右汊石泓冲淤相间，没有趋势性变化；右岸百里洲因 2008—2013 年发生过崩岸，岸线后退约 100m（图 13.4-5）。

沙市三八滩尾部断面（荆 42）变化主要表现在 1998—2000 年原三八滩冲失后河床剧烈变化。近 15 年以来，除两岸岸坡和右汊基本稳定外，主河槽冲淤厚度超过 10m，深泓横向摆幅达数百米（图 13.4-16）。

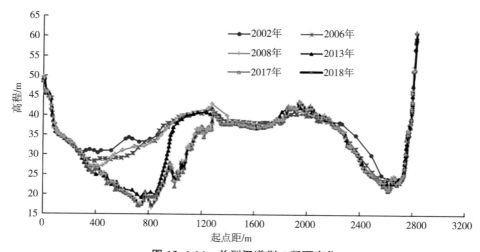

图 13.4-14 关洲汊道荆 6 断面变化

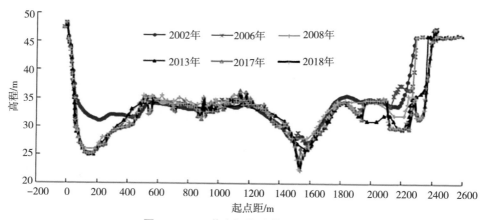

图 13.4-15 芦家河浅滩董 5 断面变化

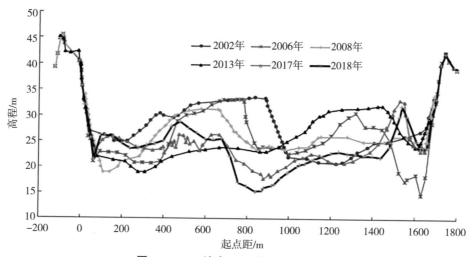

图 13.4-16 沙市三八滩荆 42 断面变化

沙市金城洲中部断面(荆 49)变化主要表现在三峡水库蓄水后前 10 年右汊大幅冲深, 2014 年荆江航道整治工程实施潜坝工程后回淤;洲体大部分冲失,高程大幅降低;左汊冲淤反复;因两岸建有护岸工程,岸坡变化不大(图 13.4-17)。

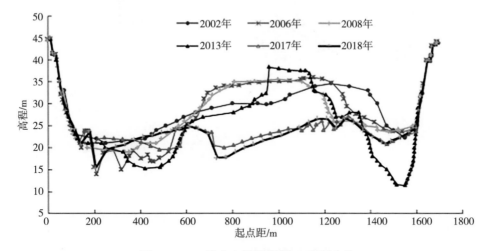

图 13.4-17　沙市金城洲段荆 49 断面变化

公安河段突起洲中部断面(荆 56)变化主要表现在 2002—2008 年左汊大幅冲深,引起了 2002 年和 2005 年春文村夹段发生崩岸险情;右汊蓄水后累积性冲深,洲体右缘崩退(图 13.4-18)。

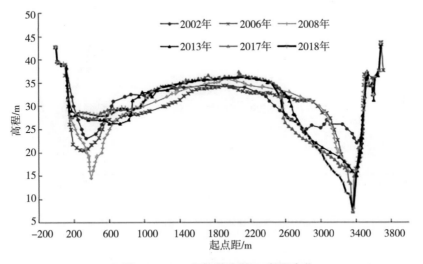

图 13.4-18　突起洲头荆 56 断面变化

石首河湾进口断面(荆 90,左岸向家洲)变化主要表现在向家洲近岸河床冲刷,岸坡变陡;中部新生滩左侧崩塌后退,右侧小幅淤积;右槽小幅冲刷;断面过水面积增大(图 13.4-19)。

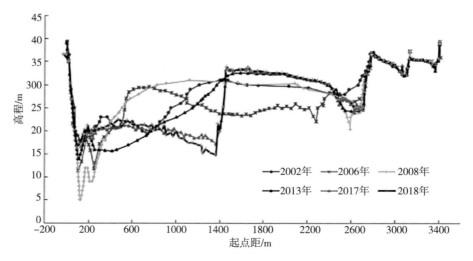

图 13.4-19　石首弯道段进口荆 90 断面变化

石首河湾出口断面（荆 95，右岸北门口崩岸段）为石首弯道主流顶冲点，断面形态呈不对称"V"形。右岸岸线受护岸工程守护，多年来稳定少变；左岸为向家洲凸咀边滩，年际间有冲有淤，总体呈现冲刷；断面深槽多年来冲淤相间，总体呈现冲刷下切，并向右岸靠拢，水下坡比变陡，2017 年底部深槽发育最大，2018 年则有所回淤变窄（图 13.4-20）。

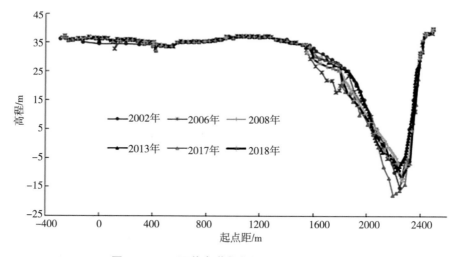

图 13.4-20　石首弯道段北门口荆 95 断面变化

调关河湾湾顶段断面（荆 122）变化主要表现在 2016 年前深槽小幅冲刷，近两年左岸边滩和深泓大幅淤积，右岸岸坡变陡（图 13.4-21）。

监利河湾中部断面（荆 145）变化主要表现在 2008 年后左汊冲刷，未实施洲滩守护工程的 2008 年前乌龟洲右缘大幅后退，右汊累积性冲深和新沙洲边滩淤积（图 13.4-22）。

监利河段八姓洲断面（荆 178）变化主要表现在三峡水库蓄水以来狭颈处河床持续冲深，

岸坡变陡,岸线累计崩退约百米;右岸累积性淤积,断面向窄深方向发展(图 13.4-23)。

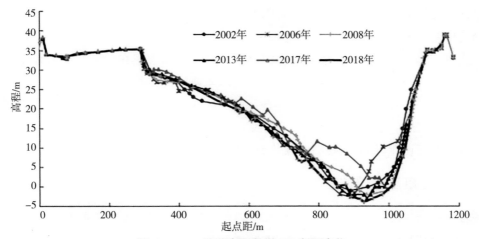

图 13.4-21 调关弯顶段荆 122 断面变化

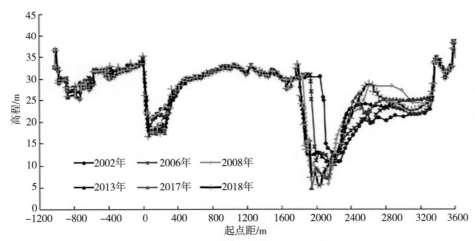

图 13.4-22 监利河段乌龟洲荆 145 断面变化

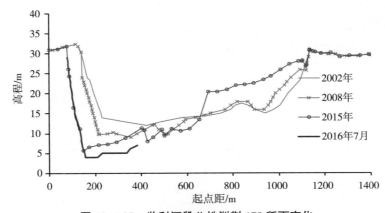

图 13.4-23 监利河段八姓洲荆 178 断面变化

（5）河演小结

荆江河道平面形态的变化受到一定限制，总体格局基本不变，变化主要表现为局部性。虽然河道横向变形受到制约，但局部河段主泓摆动频繁，洲滩时有切割、合并，河床冲淤变化较大。上荆江部分洲滩冲刷萎缩，滩槽交替变化频繁，主要表现在关洲左汊大幅刷深、分流比增大，沙市三八滩汊道深泓横向频繁摆动，三八滩滩体冲淤往复，下游金城洲滩体萎缩明显，文村夹汊道段主流摆动等。近年来，石首河段的北门口下端边滩不断崩退，主流贴岸距离延长。下荆江尾闾七弓岭弯道段及下游观音洲弯道段，随着主流大幅南移，凹岸边滩出现不同程度的撇弯切滩，目前八姓洲西侧及观音洲下段仍有崩塌发生。

13.4.3 城陵矶至湖口河段

城陵矶至湖口段长547.0km，为宽窄相间的藕节状分汊型河道。河段上承荆江和洞庭湖来水，下受鄱阳湖顶托，河道两岸分布有疏密不等的节点控制着总体河势。据统计，本段分汊型、弯曲型、顺直微弯型3种河型分别占总河长的63%、25%、12%。

河段上段城陵矶至汉口河段，北部主要是冲淤平原和湖泊，南岸是低山丘陵阶地和少数湖泊，受地质构造影响，河道走向为东北向。下段汉口至湖口河段，汉口至武穴段两岸山矶密布，河道束窄，如田家镇附近河宽仅700m，对水流的阻力增大，成为长江中游泄洪的狭颈河段；武穴至九江河段河谷开阔，北岸为广阔的河漫滩平原，支流、湖泊较多，南岸多为山地、丘陵和阶地。

城陵矶至湖口河段，由于地质构造的断裂和升降活动，沿江分布许多由基岩断层露头所形成的山矶，突出江边，成为对河势起重要控制作用的节点。许多节点在两岸互相对峙，形成天然屏障与卡口，长江穿越其间而长期无变化，这样的对峙节有20多对，如武汉河段的龟山、蛇山，素以"龟蛇锁大江"而著称，一些城市如岳阳、武汉、九江等，在历史时期都一直位于江边线不远，说明总体河势基本上是稳定的。由于沿程山岳节点与平原相间的不均匀分布，上、下节点之间河道展宽，泥沙落淤成为江心洲，河床宽浅，节点处河道束窄，河床深切，形成单一段与汊道段相连接的藕节状分汊河道，其中分汊段长度占河道总长度的64%。随着人类活动影响的不断增强，开发利用沿江与河床内的洲滩，沿江一些与江岸距离较近的江心洲靠岸，江心一些较小的洲群则合并成较大的江心洲，从而使河道汊道数量逐步减少，江面束窄。

13.4.3.1 深泓线平面变化

（1）城螺河段

在城陵矶—白螺矶（道仁矶）对峙节点以上河段，多年来深泓线平面变化较小，受上游弯道环流作用的影响，主流自上而下始终紧贴右岸下行，且深泓线互有交错。这主要是由于河段上游进口河段为洞庭湖与下荆江来水的汇流区，洞庭湖来水平稳进入本河段，下荆江来水则基本垂直从左岸进入本河段，逼向右岸的城陵矶，而本河段由于右岸地质条件良好，多年以来没有大的改变,致使主流的平面位置多年来都没有太大的变化。在道仁矶与杨林山河段之间,由于有南阳洲的存在,导致河道分汊,右汊为主航道。南阳洲左汊进口处深泓线平面变动较大,1998—2013 年主泓左摆幅度最大近 600m,且分流点上、下移动,而南阳洲右汊深泓线摆动较小,呈现较为稳定的态势;在此期间,南阳洲左、右汊深泓线汇流点均位于杨林山—龙头山一带,没有太明显的变化。杨林山—螺山段 1998 年以后深泓变化基本稳定。

从整体上来说,由于该河段具有较好的边界条件,近年来本河段主流线的平面位置基本保持相对稳定态势,只是在南阳洲左汊局部深泓线变化较为明显(图 13.4-24)。

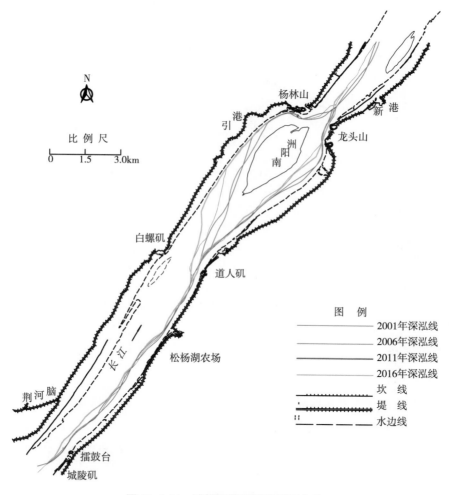

图 13.4-24　城螺河段深泓线平面变化

(2)嘉鱼河段

三峡水库蓄水后,本河段深泓变化主要发生在柏家墩下游和燕窝镇附近。柏家墩下游约 2km 处深泓线逐渐右移,最大摆动幅度约 630m;燕窝镇处深泓线在 2007—2008 年向左岸摆动后,在 2011—2013 年再次向右岸移动,最大摆动幅度约 550m。除此之外,河段单一段深泓线相对稳定，尤其是石矶头附近历年深泓线较为集中，主流稳定少变。

近年来，本河段主流平面位置基本呈相对稳定态势；受上游来水来沙作用以及洲滩消长影响，局部深泓线摆移幅度较大，平面变化较为明显（图13.4-25）。

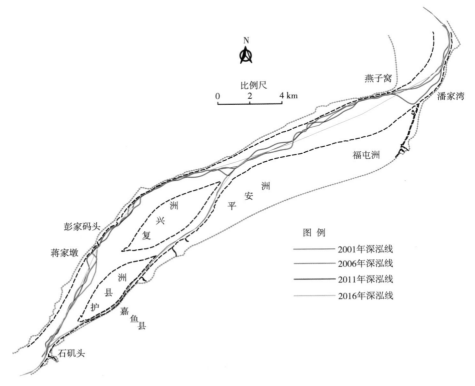

图13.4-25　嘉鱼河段深泓线平面变化

(3)武汉河段

1) 三十七码头至天兴洲洲头段

总体上，该段历年深泓线偏靠右岸，平面摆动较小。在河道分汊及过渡段，深泓线变化较大，其变化规律与天兴洲洲头的淤积发展或冲刷回缩相关。1998年以后，天兴洲洲头护岸工程的逐步完成，加强了对河势的控制，洲头部位河床冲淤变化较小，左右汊分汊点位置基本稳定在丹水池附近。

2) 天兴洲分汊段

天兴洲左汊系弯曲汊道，历史上处于主汊地位，目前为支汊。左汊深泓线自进口至出口紧贴左岸，符合弯道水流运动规律。多年来深泓线基本稳定，但由于近40年来左汊淤积萎缩，河床升高，原有的深槽淤积成为浅段，流路不集中，导致深泓局部摆动。

天兴洲右汊原为支汊，现已演变为主汊。深泓线在主、支汊易位前后的走向变化不大。天兴洲右汊深泓线在青山附近左右变化相对较大。1998年前主流贴右岸下行；由于1998年遭遇特大洪水的冲击,天兴洲右缘发生冲刷,主流向天兴洲方向摆动约 200m;1998 年后,水流又摆至右岸一侧贴岸下行。

3)汇流出口段

与分汊段变化情况相似,天兴洲左右汊深泓汇合位置随着洲尾的冲淤而发生上提、下移变化,但变化幅度明显小于洲头分汊段。1998—2015 年,左右汊深泓线汇合位置稳定在距阳逻电塔以上 3.0～4.5km 的区域。

天兴洲左右汊汇合后,深泓进入阳逻深槽贴左岸下行,历年来比较稳定,平面摆动不大(图 13.4-26)。

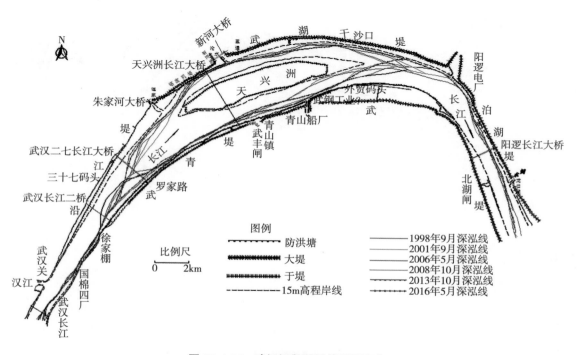

图 13.4-26　武汉河段深泓线平面变化

(4)团风河段

本河段深泓自泥矶附近分流后,左汊深泓线至向家湾附近,贴左岸下行,在大埠街附近深泓线局部有较大摆动,表明在此河床有所冲淤;右汊深泓则自泥矶过渡至东槽洲右缘,沿其右缘而下,与左汊汇合后贴左岸出团风河段。

多年来,河段深泓线整体平面变化不大。东槽洲分汊段主要表现为分汊点的上移和下冲:1993—2008 年,深泓贴岸下行,稳定少变;2016 年实测资料显示,深泓贴右岸下行。其他河段深泓线冲淤变化不大,仅在临江乡附近略有摆动,最大摆动幅度约 650m(图 13.4-27)。

(5)韦源口河段

在本河段中,河道深泓线的横向变化不大,在顺直或窄深处基本保持不变,在弯道段,水流顶冲点随水位上升而下挫。多年来受蕲州潜洲的影响,蕲州一带水流被逼近左岸,深泓线贴左岸而行,之后主流随弯道略呈右摆,顺势而下,河道平面形态多年较为稳定,深泓线平面摆动不大,见图 13.4-28。

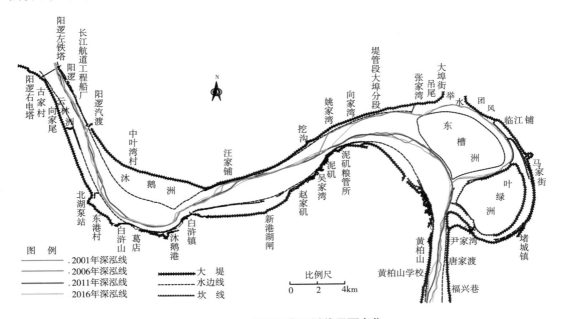

图 13.4-27　团风河段深泓线平面变化

13.4.3.2　洲滩变化

（1）城螺河段

南阳洲位于道仁矶—白螺矶与杨林山—龙头山两节点之间,其形成特点有两方面:一方面在道仁矶—白螺矶节点下游,河道展宽,造成水流挟沙力降低;另一方面又在杨林山—龙头山节点的上游,节点的卡口作用使得水流流速变缓,二者综合作用导致泥沙落淤形成江心洲。

历年来南阳洲平面位置较为稳定,虽有所淤长,但淤长速度较为缓慢,其洲体的变化主要表现在洲头和洲体北缘的冲淤交替,而其南缘则相对稳定,对本河段河势影响有限。至2001 年,洲体整体略有下移,且其面积再次增大。此后至 2006 年,南阳洲最大洲宽有所增大,洲体面积持续增长,2006 年其面积达到近年来的最大值,为 4.36km^2;到 2016 年,南阳洲最大洲长及洲宽均有所增大,洲体面积达到近年来最大,为 5.27km^2;2008—2014 年,南阳洲最大洲长、洲宽、洲体面积基本一致(表 13.4-7)。

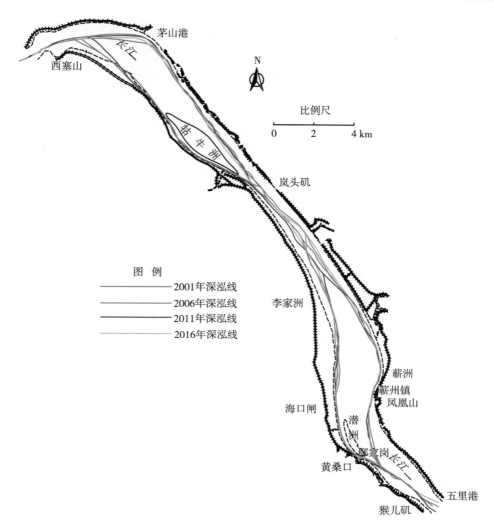

图 13.4-28 韦源口河段深泓线平面变化

表 13.4-7 南阳洲(20m等高线)历年变化

年份	最大洲长/m	最大洲宽/m	面积/km²
2001	4069	1406	3.84
2006	4053	1634	4.36
2008	4730	1778	5.23
2011	4699	1642	5.22
2014	4713	1724	5.23
2016	4818	1659	5.27

(2)嘉鱼河段

多年来,本河段形成了 3 个大的江心洲,从上至下依次为护县洲、白沙洲、复兴洲,三洲呈"品"字形排列,其中复兴洲最大。近年来复兴洲右汊已完全淤积堵塞,复兴洲已逐渐演变成为边滩式江心洲,洲体发育较为缓慢,基本保持相对稳定状态。护县洲、白沙洲历年 20m 等高线洲滩特征统计见表 13.4-8。

表 13.4-8 护县洲、白沙洲特征统计

洲名	年份	最大长度/m	平均宽度/m	面积/km²
护县洲	2001	6580	990	6.49
	2007	6280	1014	6.37
	2008	6371	995	6.34
	2011	6371	994	6.33
	2013	6332	998	6.32
	2016	6451	983	6.34
白沙洲	2001	7492	1332	9.98
	2007	8460	1189	10.06
	2008	7645	1288	9.85
	2011	8014	1238	9.92
	2013	7561	1283	9.70
	2016	7610	1276	9.71

护县洲位于石矶头下游约 2km,靠近河道右侧,白沙洲位于护县洲下游,其洲头紧邻护县洲洲尾左侧,两洲历年平面位置较为稳定,随着上游来水来沙的不同,两洲的洲头与洲尾局部发生上提下移,多年变化幅度不大,两洲洲体左、右缘 20m 等高线冲淤变化不大,较为稳定。

(3)武汉河段

武汉河段内洲滩甚为发育,有汉口边滩以及天兴洲江心洲。

1)汉口边滩

汉口边滩位于长江北岸武汉关至谌家矶沧水河口附近,长约 10km。1858—1880 年已有汉口边滩雏形,与武昌深槽同时并存,多年来边滩有冲有淤、冲淤往复。

1998 年大洪水后,武汉长江二桥上下游边滩均遭遇冲刷,尤其是下游边滩冲幅较大,2001 年较 1998 年边滩下延约 1.6km。近年来,通过对汉口边滩的综合治理,边滩变化较小,基本趋于稳定。分析表明,汉口边滩多年冲淤交替变化,其变化与上游来水来沙密切相关,一般地,枯水年后边滩淤长发展,丰水年后边滩则冲刷缩小。

2)天兴洲变化

天兴洲是 19 世纪随着长江主流左摆,江面展宽,右岸边滩不断发育到一定程度时,水流切割边滩而形成的江心洲。多年来,天兴洲左汊衰退,右汊发展,使得左汊由主汊变为支汊,

而右汊由支汊演变为主汊。左衰右兴是近几十年来天兴洲汊道变化的主要特征。1998—2008 年,天兴洲洲头洲尾变化均不大,总长度和面积分别稳定在 11.9km、18km² 左右,天兴洲左右缘基本稳定;2008 年后,天兴洲洲体面积有所增大(表 13.4-9)。

表 13.4-9　　　　　　　　　天兴洲洲滩特征统计(15m 等高线)

时间/(年-月)	最大长度/km	最大宽度/km	面积/km²
1998-09	12.97	2.35	19.48
2001-09	11.83	2.36	17.98
2004-03	11.87	2.40	18.35
2008-10	11.96	2.58	17.92
2013-10	14.34	2.46	20.27
2015-03	14.37	2.46	20.31

(4)团风河段

本河段较大的江心洲有东槽洲,其 15m 等高线特征值统计见表 13.4-10。东槽洲洲体的冲淤变化主要表现在洲头的上提和下移,1998—2016 年,洲体变化趋于稳定,洲体特征值变化均不大。

表 13.4-10　　　　　　　　　东槽洲洲滩特征统计(15m 等高线)

时间/(年-月)	最大长度/km	最大宽度/km	面积/km²
1998-09	7.34	5.05	22.54+0.72
2001-09	7.24	4.97	22.52
2008-10	7.10	4.88	22.86
2016-10	7.23	4.98	23.56

(5)田家镇河段

本河段内有牯牛洲和蕲州潜洲,多年来,洲滩受水流作用有冲有淤,但冲淤幅度不大。

1)牯牛洲

该洲偏靠右岸,受上游来水来沙作用,牯牛洲历年冲淤交替,由最初的边滩形式演变为现在的江心洲。2001—2016 年,洲体呈淤积趋势,其变化主要发生在洲头部位,洲头历年淤积上提,上移幅度达 4.6km,洲尾变化较小,洲滩平面位置较为稳定,洲长有所增长,洲宽变化较小(表 13.4-11)。

表 13.4-11　　　　　　　　　牯牛洲特征统计(15m 等高线)

年份	洲长/km	洲宽/km	洲顶高程/m
2001	4.42	1.02	22.7

年份	洲长/km	洲宽/km	洲顶高程/m
2006	4.84	1.06	21.9
2008	6.28	1.03	22.7
2011	6.72	1.06	22.7
2016	7.12	1.04	22.8

2）蕲州潜洲

蕲州潜洲洲尾附近有黄颡口天然节点控制，洲尾平面位置基本未变，多年较为稳定。1998年大洪水后，潜洲左汊过水能力增强，洲体左缘冲刷，右缘淤长，潜洲逐渐移向右岸发展为边滩；至2001年边滩长度达10km；2008年边滩淤积，其面积增大，边滩平面形态有所右摆，洲宽略有增加；2011—2016年，边滩略有冲刷，滩宽有所缩窄，面积相应减小。总之，潜洲上部冲淤变化较大，且逐渐右移演变为边滩，洲尾历年变化相对稳定（表13.4-12）。

表13.4-12　　　　　　　　　　蕲州潜洲特征统计（8m等高线）

年份	最大洲长/m	平均洲宽/m	洲面积/km²
2001	10044	435	4.37
2006	9620	437	4.20
2008	11357	460	5.22
2011	11348	417	4.74
2016	11254	405	4.65

注：潜洲平均洲宽为洲面积除以最大洲长。

13.4.3.3　深槽变化

（1）城螺河段

多年来，本河段右岸城陵矶、道仁矶及左岸杨林山三处附近形成了较大的深槽，见图13.4-29。2001—2006年，深槽减小，最大长度约400m，面积仅为0.22km²，总体来说此处深槽不是太明显；2006—2011年，深槽较为稳定。本河段中，由于杨林山、龙头山对峙节点的作用，使得该处河道大幅度变窄，河床向窄深方向发展，故在杨林山附近形成较大的深槽。2001—2006年，深槽面积持续减小，最明显的变化是深槽个数由两个增为三个，最深点高程再次大幅抬升；到2008年，深槽合三为一，面积为1.38km²，最深点水深为21.1m；2008—2011年，深槽位置、面积变化发展不大，但最深点水深有所增加。

受上游来水来沙的影响，河段深槽的变化主要表现在深槽的分合上，汛期冲刷扩宽，枯季淤积还原；中、小水年淤积缩窄，大水年则冲刷发展。多年来河段深槽的平面位置保持稳定，其规模呈减小的趋势。

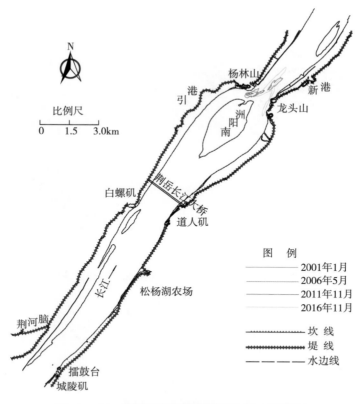

图 13.4-29　城螺河段深槽平面变化(0m 等高线)

（2）嘉鱼河段

多年来,本河段进口石矶头附近形成深槽,从 5m 等高线变化看,2007 年,深槽继续发展,长度增加为 8.7km,槽首部位变化相对较小;2008 年,深槽淤积,槽首淤积回缩 683m;2011 年,深槽继续淤积,槽首淤积回缩 383m,深槽左缘基本稳定而右缘淤积回缩约 55m;2013 年深槽发展,长度增加 337m,槽首向上游发展约 190m;到 2016 年,深槽继续向上游发展,范围进一步扩大,见图 13.4-30。

受边界条件控制,近年来 5m 深槽平面位置相对稳定;受上游来水来沙影响,深槽历年冲淤交替,槽首、槽尾年际变幅较大。

（3）武汉河段

本河段分别在长江二桥和武昌附近有两个深槽(不明显),河段历年 3m 等高线变化见图 13.4-31。总体来说,本河段不同的水文年会引起不同的河床冲淤变化,深槽左缘变化幅度较大,而右缘变幅相对较小。1998 年大洪水后,局部河床冲刷,深槽范围扩大,1998—2001 年,深槽左缘发展至 1993 年状态;2001—2004 年,局部河床冲淤变化相对较小,深槽变化不大;2004—2007 年,深槽横向变化较大,深槽范围有所萎缩;2007—2013 年,河床冲刷幅度较大,深槽范围又进一步扩大。

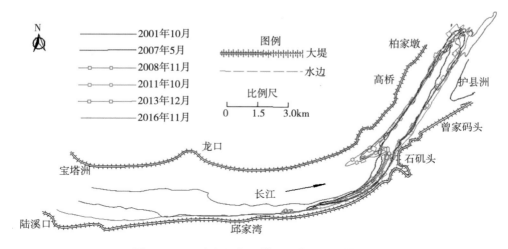

图 13.4-30　嘉鱼河段深槽平面变化（5m 等高线）

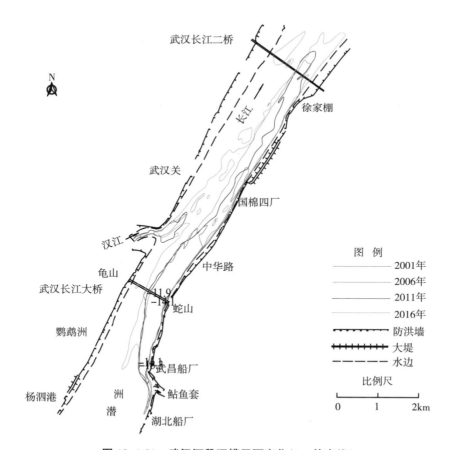

图 13.4-31　武汉河段深槽平面变化（3m 等高线）

(4)韦源口河段

本河段深槽位于牯牛洲左汊，−12m 等高线变化见图 13.4-32。总体上，受上游水沙作用，深槽范围有冲有淤、冲淤往复，历年深槽位置向右岸偏移，最深点高程升降交替。1998年大洪水后，2001 年深槽扩大，槽首上延，最深点高程刷深为−16.6m；2006 年河床大幅淤积，−12m 深槽几乎消失；2008 年河床略有冲刷；2011 年河床略有淤积，最深点高程−12.4m 有所抬升；2016 年河床冲刷，形成了 3 个较大范围深槽，其中最大的长超过3.6km，宽 343m，最深点高程−16.3m。

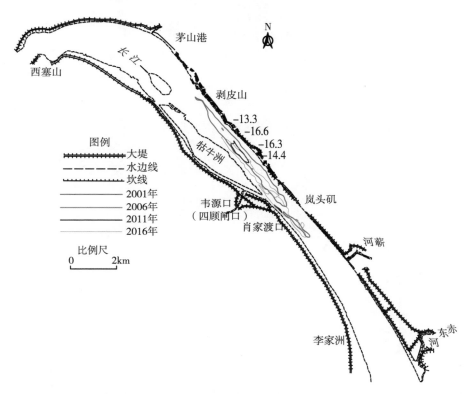

图 13.4-32　韦源口河段深槽平面变化(−12m 等高线)

13.4.3.4　典型断面变化

城螺河段"CZ01"断面系单一河床，断面主槽靠右，断面冲淤变化部位在左侧。2001—2018 年，断面右岸岸坡较陡，较为稳定，主河槽冲淤变化较小。2015—2016 年，左岸局部河床冲刷较为明显。总体上，本断面历年左岸冲淤幅度较大，而右岸相对稳定(图 13.4-33)。

嘉鱼河段为微弯分汊河段，"CZ20"断面位于嘉鱼河段护县洲洲头，为复式断面。护县洲洲头将河道分为左右两汊，左汊为主汊。在水流作用下，断面变化主要发生在主槽，呈左冲右淤或左淤右冲状态，变化幅度不大。2001—2003 年，主汊左淤右冲，冲刷幅度(2～5m)

大于淤积；支汊左侧稳定，右侧冲刷至 1998 年状态。2015—2018 年，主河槽河床呈持续冲刷下切趋势，河床最大下切近 5m（图 13.4-34）。

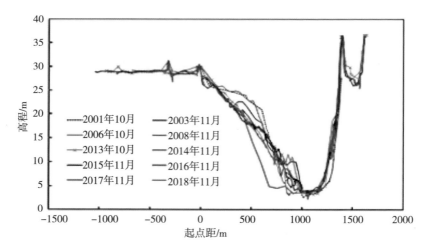

图 13.4-33　城螺河段 CZ01 断面变化

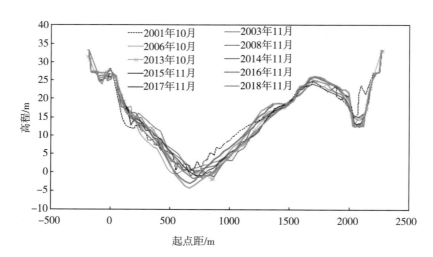

图 13.4-34　嘉鱼河段 CZ20 断面变化

武汉（上）河段"HL13"断面位于武汉二桥下游三十七码头附近，断面略呈偏"U"形。近年来断面主河槽河床冲淤变化较为明显，右岸岸坡较为稳定。2001—2006 年，断面主河槽河床略有淤高；2006—2015 年，断面主河槽河床持续冲刷下切，河床最大下切近 10m。2015—2018 年，主河槽河床呈持续淤高趋势（图 13.4-35）。

武汉（下）河段"HL17-0"断面位于天兴洲洲尾，呈复式断面，主流位于河床右侧。近年来，断面左右岸岸坡相对较为稳定，冲淤变化主要发生在主河槽。2001—2018 年，主河槽河床最大下切近 10m（图 13.4-36）。

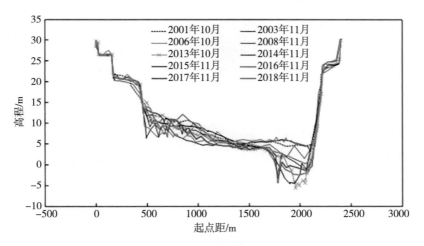

图 13.4-35　武汉(上)河段 HL13 断面变化

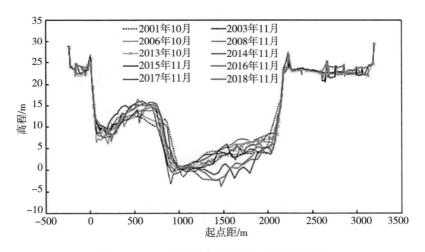

图 13.4-36　武汉(下)河段 HL17-0 断面变化

团风河段"CZ63"断面位于东槽洲洲头,为复式断面,历年断面冲淤变化较大,年冲淤变化表现为冲槽淤滩或淤槽冲滩变化趋势,其中河槽最大冲淤幅度约为 8m,洲滩最大冲淤幅度约为 5m(图 13.4-37)。

韦源口河段为微弯分汊河段,河段内有牯牛洲,河道冲淤变化较大。"CZ92"断面位于牯牛洲下游,受水流作用,断面河槽冲淤交替变化,河岸两侧较为稳定,河槽最大冲淤变幅约 6m,2001—2018 年,断面总体呈淤积趋势。断面两岸河床较为稳定,主河槽河床局部冲淤交替,河床最大变幅近 5m(图 13.4-38)。

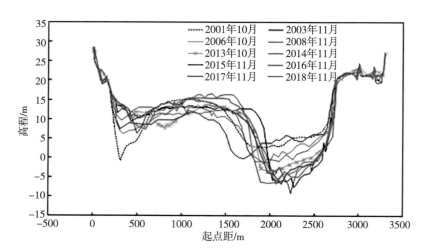

图 13.4-37　团风河段 CZ63 断面变化

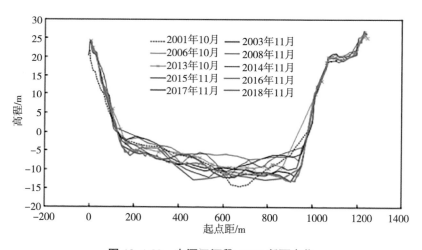

图 13.4-38　韦源口河段 CZ92 断面变化

　　龙坪河段为微弯分汊河段,内有鹅头洲新洲,受洲滩变化影响,河段冲淤变化较大。"CZ113"断面位于新洲洲尾,断面呈冲槽淤滩或冲滩淤槽变化,历年新洲洲尾总体左缘淤积,右缘冲刷,淤积幅度大于冲刷,2001—2018 年,近左岸河床有所淤高,而近右侧河床则呈冲刷趋势,断面河床最大冲淤变化近 10m(图 13.4-39)。

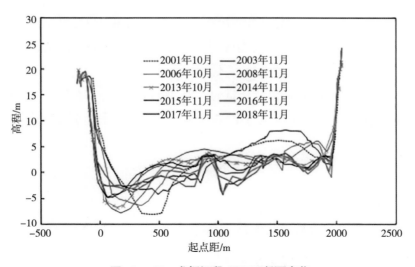

图 13.4-39　龙坪河段 CZ113 断面变化

13.4.3.5　河演小结

近年来,受长江产输沙环境变化和三峡水库蓄水拦沙等影响,城陵矶至湖口河段水沙情势和河道泥沙冲淤特性发生明显变化。主要表现为:洪水流量减小,中水时间延长,汛后退水时间缩短、枯水期提前;同流量下枯水水位下降,三峡工程 175m 试验性蓄水后汛前枯水期对下游补水效益显著,但受河床冲刷下切影响,枯期平均水位仍有所降低;坝下游输沙量大幅减少,干流河床原有的冲淤相对平衡状态被打破,河床沿程冲刷强度明显增大,且逐步向下游发展,2008 年以来城陵矶以下部分分汊河段出现"塞支强干"现象。

因此,随着三峡水库蓄水运行时间的推移,以及长江上游一些大型水利水电工程如溪洛渡、向家坝等逐渐投入运用,对城陵矶至湖口河段的水情特性、河床演变等方面将带来更为深刻的影响。

13.4.4　湖口至徐六泾河段

湖口至徐六泾段长 756.2km,为宽窄相间、江心洲发育、汊道众多的藕节状分汊型河道,流经江西、安徽和江苏 3 省和上海市。按节点或束窄段或特定的支流河口分成 18 个河段,自上而下分别为张家洲、上下三号、马垱、东流、官洲、安庆、太子矶、贵池、大通、铜陵、黑沙洲、芜湖、马鞍山、南京、镇扬、扬中、澄通和徐六泾河段。河段河型分为分汊型、弯曲型、顺直微弯型 3 种。

两岸入汇的主要支流有江西省湖口入汇的鄱阳湖水系(赣江、抚河、信江、饶河、修水等);安徽省的华阳河、皖河、滁河、青弋江、水阳江、后河、秋浦河等;江苏省暨南京市的有淮河入江水道及大运河、秦淮河等。

长江下游两岸湖泊星罗棋布,江西省境内有鄱阳湖;安徽省境内左岸有龙感湖、官湖、黄湖、泊湖、武昌湖、菜子湖、巢湖、白湖等，右岸有黄溢湖、东西湖、丹阳湖、南漪湖等；江苏省境内左岸有洪泽湖、高邮湖、邵伯湖、白马湖等，右岸有固城湖、石臼湖、滆湖、洮湖等。两岸湖泊总面积 6722 余平方公里，相应蓄水量 99 亿 m^3。

上述湖泊起着调蓄洪水、削减洪峰流量的作用，如江西的鄱阳湖，同时它对江西省赣江、抚河、信江、饶河和修水入流起到蓄洪作用，有些湖泊与长江干流洪水没有直接的分洪关系，如巢湖等。

13.4.4.1 深泓线变化

（1）上下三号河段

张家洲两股水流（右汊含鄱阳湖水）自八里江口汇流后，自河道中部的汇流点平顺过渡到右岸一侧，贴右岸深槽下行然后平顺进入上三号洲右汊，在 SXR02 断面附近分流，一支平顺进入上三号洲左汊，一支进入下三号洲右汊。1959—1982 年，包公山以上变化不大，略有右移，由于左汊口门淤塞壅水，致使右岸流速加大，在上三号洲头附近冲深 2~7m，包公山以下深泓右摆幅度大于上段，最大右移 340m。1982—1987 年包公山以上深泓线继续略有右移，以下则左移回到 1959 年时的状态，1987—2016 年则变化较小，基本稳定。上下三号河段深泓线历年变化见图 13.4-40。

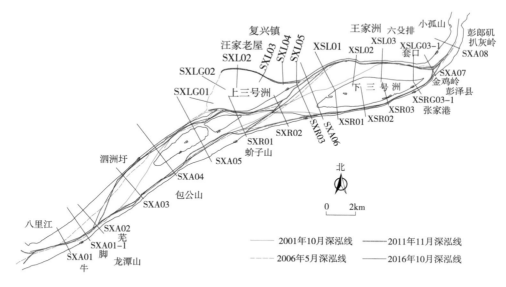

图 13.4-40　上下三号河段深泓线历年变化

进口段深泓在 SXR02 断面附近平顺进入上三号洲右汊，在 SXR02 断面附近居中分左右两支分别进入左右汊，多年来下三号洲的分流点在 SXR01 与 SXR02 断面间上下移动，分流点的横向摆动幅度不大，说明下三号洲汊道目前处于相对稳定状态。深泓居中进入左汊，沿左岸王家洲弯顶贴岸下行，弯顶处曾出现过崩岸，1959—1982 年深泓弯顶下挫 1160m，

1982—1987 年又下挫 700m,1987—1998 年下挫基本停滞,1998—2016 年深泓略向右移弯顶半径变小,但岸坡依然较陡。

汇流段深泓由下三号左汊的套口过渡到右岸的彭泽县城,紧贴右岸下行,由于下三号左汊的发展,水流动力增强,深泓大幅度右移,因此增强了彭泽县弯顶的冲刷强度。目前抛石护岸成为控制水流重要导流岸壁。

(2)马垱河段

马垱河段分汊前干流段(小孤山—搁排洲洲头)进口处有小孤山—彭郎矶一对天然节点,主流受节点及彭郎矶挑流作用,平面形态自上而下展宽。

干流段深槽向下向右的发展在很大程度上造成了下游汊道多年来左衰右兴的局面,另外,左汊长度大于右汊,阻力也大于右汊,也是左衰右兴的重要原因。一方面左汊凹岸多受冲刷,凸岸多为淤积;另一方面河床抬高,过流面积减小,反映了左汊处于缓慢衰退之中。

上游深泓过马垱矶后开始分流,分左右两支分别进入瓜字号洲左右汊,两汊深泓在牛矶附近居中偏左汇合后逐渐向右岸过渡,至凌家咀后靠右岸下行。2011—2016 年重点段深泓除在瓜字号洲右汊进口段杨柳湖附近和汇流点以下至凌家咀深泓摆动幅度稍大外,其他江段变化不大,基本稳定。河段深泓线历年变化见图 13.4-41。

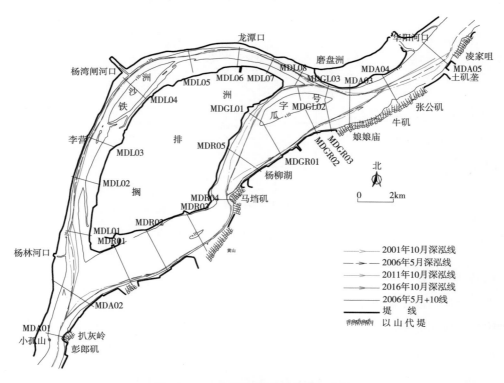

图 13.4-41 马垱河段深泓线历年变化

（3）安庆河段

深泓自上而下紧贴右岸杨家套一带经小闸口节点挑流后进入安庆段，并向左岸皖河口以下的石化厂弯顶过渡，在 AQA04 断面附近分为两支，一支趋左紧靠左岸于任家店下行；另一支在 AQA05 断面附近又分为两支，其中一支沿鹅眉洲头左缘进入中汊，另一支进入江心洲右汊。20 世纪 60 年代后期，上游官洲河段各汊水流分配发生变化，小闸口节点的挑流作用减弱，石化厂凹岸的导流作用也相应减弱，进入下游河道的分流点逐渐下移，以后基本在 AQA04～AQA05 断面随不同水文年份呈一定幅度的移动，但范围有限，横向摆动的幅度不大，安庆长江大桥建成后，干流段大桥附近深泓趋中，横向摆动的幅度更加趋小。

1998 年长江大洪水后，崩塌区得到抛石守护，中右汊的分流点下移基本停滞，2001 年后随着鹅眉洲头停滞崩退，中右汊分流点有所上移。但是江心洲头及左缘大部分区域仍右移，相应地−5m 高程线不断后退。本河段汇流区较短，约为 1km。上游分汊段所发生的变化均位于汊道的上段，洲滩下段的平面形态相对稳定，出流的走向变化不大，加之两岸护岸工程的作用，本段多年来无论是深泓线走向、深槽的位置及两岸岸线都变化不大，处于相对稳定状态。安庆河段深泓线历年变化见图 13.4-42。

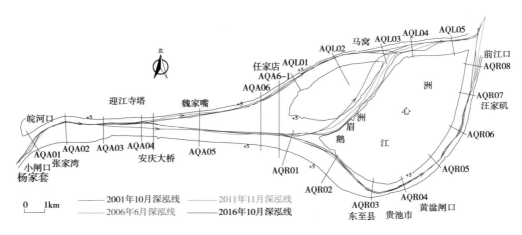

图 13.4-42　安庆河段深泓线历年变化

（4）铜陵河段

上游大通河段和悦洲左右汊主泓靠右岸在羊山矶束窄段汇合后，进入分汊前干流段，在横港附近分成两股水流分别进入成德洲左右汊。多年来分流点始终在横港附近变化不大，其分流点（横港）以上 1976—2006 年累计左移约 200m，2006 年后该段深泓变化不大，略有回摆；分流点（横港）以下由于右岸边界条件较好，2011—2016 年右支深泓摆动较小，最大摆幅在 190m 左右；左支深泓由于江面开阔而有一定的摆动，最大摆幅在 470m 左右，2001 年后总体变化较小。1959—2006 年，成德洲左汊上段深泓横向摆动频繁，主要原因是分汊前干流段主流的走向、分流区左支深槽的冲淤变化，都会引起深泓的横向摆动。1986 年以前上段深泓线左右摆动，摆动最大的区域为北埂附近，左摆了 480m；1986—2001 年上段深泓呈单向性右摆，最大累计右摆 620m；2001—2006 年深泓线左摆，最大左偏约 600m，基本回到了 1986 年时的状态，2006—2016 年左汊上段深泓线趋于基本稳定。成德洲右汊（TCR01～TCR06 断面）长约 17km，上半段河道为宽浅型，下半段呈窄深型，整个汊道平均河宽不足 1km，属弯曲型支汊。由于右岸新沟以上沿江有牛帽山、十里长山等山地丘陵控制，河道相对较窄，深泓没有较大的摆动空间，因此多年来右汊深泓位置保持相对稳定。

荻港水道自金牛渡尾至荻港镇，全长 13.3km，为单一弯曲型河道，与上游太阳洲弯道在平面形态上形成反"S"形水流，凹岸在南岸，凸岸在北岸，荻港水道深槽贴右岸，深泓傍河道右岸下行，至板子矶以下分流进入黑沙洲汊道，弯顶位于荻港镇上游。该段其断面形态呈深槽在右的偏"V"字形，荻港水道虽然为弯曲型河道，但其右岸（1962 年以来陆续实施金牛渡—黄公庙抛石护岸工程）具有良好的抗冲性边界条件，岸线冲淤变化相对较小（图 13.4-43）。

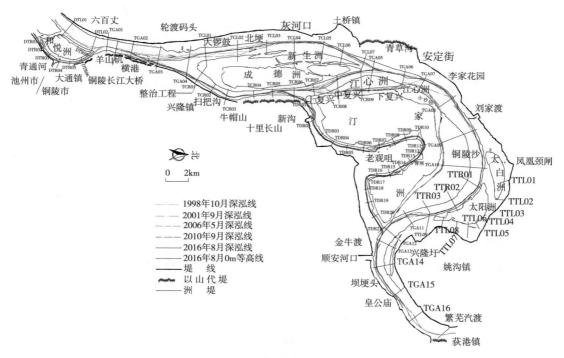

图 13.4-43　铜陵河段深泓线历年变化

（5）芜湖河段

芜湖河段上段为大拐段，深泓线的走向主要分 3 段，上、下段分别紧靠高安圩和大拐弯顶深槽，随着上、下段崩岸的发展而内移，其历年横向变幅一般在 150m 左右，由于护岸工程的不断实施，深泓线走向渐趋稳定。

中段过渡段深泓线的走向主要受鲫鱼洲的变迁而变化，1965—1976 年，中段深泓线在 WYA03 断面附近分流，分左右两支分别进入鲫鱼洲左右汊，主流走鲫鱼洲的右侧，主流顶冲洲头及右缘，洲体逐渐冲刷缩小，与此同时，左右支深泓线均为右移。至 1986 年，右汊展宽淤积心滩，分流点下移，主流走心滩的左侧，1986—1991 年随着心滩的向上发展，左右支深泓线表现为逐渐左摆，1998 年大水，心滩和边滩连为一体，主流右摆，心滩右槽几乎断流，1998 年以后主流线渐趋稳定，但年际变化幅度仍大于上下游。至 2011 年心滩与右岸之间的分流有所加大，到 2016 年测图深泓线仍紧靠左岸下行。芜湖河段大拐段深泓线历年变化见图 13.4-44。

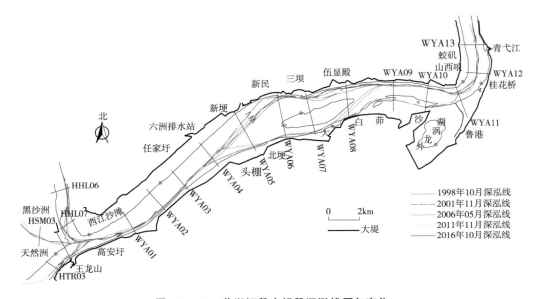

图 13.4-44　芜湖河段大拐段深泓线历年变化

芜湖河段下段为裕溪分汊段，主流过大拐后开始由左岸向右岸过渡进入芜湖段，顶冲桂花桥、芜湖港区一带，以后主流一直傍右岸下行，由于河道展宽，从 WYA14 断面以下水流开始分汊。

水流分汊前深泓，1965—1986 年左右摆动不大，1986—2006 年芜湖港区附近深泓向左摆动 150m 左右，2006 年后该段深泓摆动较小。而弋矶山附近的分流点，1998 年后在弋矶山附近的 700m 内呈上提下挫的变化。过弋矶山后深泓线分为两支，受展宽段水流分散的影响，进入汊道前的两支深泓线左右摆动，1998 年后进入汊道前的左支深泓总体向右摆动，右支深泓右摆幅度较小，左摆动的幅度大于右支。靠近曹姑洲头断面左支的深泓线摆动变化范围在 800m 左右，因此引起左汊河床及洲头滩槽冲淤变化频繁，受到上游深泓影响，陈家洲右缘仍有一定幅度冲刷。芜湖河段裕溪分汊段深泓线历年变化见图 13.4-45。

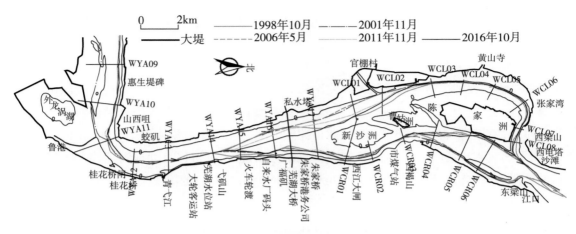

图 13.4-45 芜湖河段裕溪分汊段深泓线历年变化

（6）南京河段

南京河段上起和尚港、下至三江口，长约 85.1km，分为以下几段来说明。

1）新济洲段

本段分流区深泓分为两支分别进入左右汊道，其中右侧一支紧贴右岸慈湖河口一带指向新生洲头右缘，另一支沿着大黄洲近岸进入新生洲左汊道，由于在不同水位下分流段水流指向和强弱的不同，以及洲头头部的高低，形成不同的分流比局面。进入左汊的水流顶冲新济州与新生洲洲体的左缘。近些年来，分流区深泓横向摆动不大，左汊的右侧深泓逼近右岸，右汊由于立山矶头等挑流以及铜井段护岸工程保护，河床出现一定程度的下切。深泓线变化见图 13.4-46。

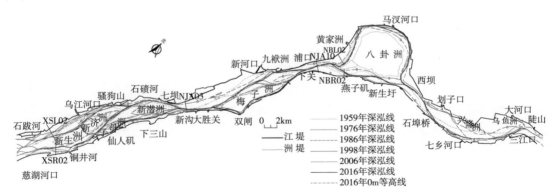

图 13.4-46 南京河段深泓线平面变化

新济洲汊道左右汊深泓线过两汊后汇合，沿着左岸林山圩到七坝一线下行，同时新济洲右汊分一支进入新潜州右汊，与左汊汇合后进入大胜关单一段。

2）梅子洲汊道段

1971 年开始对左岸七坝岸线、右岸大胜关岸线陆续进行了抛石维护，控制深泓的摆动。

七坝段深泓左移幅度逐渐减小，由左岸七坝向右岸大胜关过渡段的深泓摆幅也逐渐减小，已基本上控制了水流动力轴线的走向。1998—2016 年除过渡段深泓略有右摆外，进入大胜关段贴岸深泓平面变化总体平稳。

梅子洲左汊的进口深泓线随大胜关深泓的变化而变化，1965—1976 年进口段深泓大幅右移；20 世纪 70 年代梅子洲头及左缘进行了抛石维护，上游大胜关深泓变动趋缓后。受上游深泓顶冲点下移、右偏的影响，九袱洲顶冲点下移；到 2008 年顶冲点基本在 NML05-1 断面（梅子洲左汊）附近变化。因九袱洲顶冲点的移动，梅子洲进口至九袱洲顶冲点之间过渡段的深泓有所摆动。出口段 NML06（九袱洲）—NJA07（浦口）的深泓 1965—1976 年向左摆动较大，20 世纪 80 年代以来深泓的摆幅较小。

梅子洲右汊全长约 13.2km，多年来分流比维持在 5% 左右，河道平面形态窄而弯曲，全汊基本上可分为 4 个弯道段，河道深槽均位于 4 个弯顶附近，各弯顶间为过渡段，主流左右穿插，弯曲下行，−5m 槽基本贯通全汊，长期保持基本稳定。

梅子洲左汊为主汊，主流顶冲左岸棉麻码头附近后，贴左岸下行，往下游深泓由左岸逐渐向右岸下关一侧过渡，直到逼近右岸，汇合右汊水流后，经下关右岸导流，于长江大桥 5、6 号桥孔下泄，进入八卦洲汊道分流区，本段深泓保持相对稳定。

3）八卦洲汊道段

1952 年八卦洲汊道分流区上游下关有新生洲，主泓靠左岸，往下游主泓由左岸逐渐向右岸下关一侧过渡，直到逼近右岸，此时分流前−20m 高程深槽与八卦洲右汊贯通。1958 年新生洲被冲失，分汊前干流段深泓左移。1965 年原与八卦洲右汊贯通的−20m 高程槽在洲头附近断开。随着深泓的左移，深槽左移并且槽尾指向八卦洲左汊，1985 年以后，深泓基本趋于稳定。

八卦洲左汊进口段的左岸为黄家洲边滩，右岸（洲头的左缘）为深槽。该段深泓线傍靠右岸，随着分流点的下移而右移。岸线左淤右冲，1986 年洲头及其左右缘护岸工程后，右岸冲刷得到遏制，深泓线紧贴着洲头左缘下行，深槽河床转为垂向冲刷下切，平面形态趋于稳定。南化弯道段的南化弯顶在 1956 年时就进行了沉排护岸，之后又陆续进行抛石加固，因而，该段弯顶附近并未发生大的崩坍。马汊河浅滩段为南化弯道与皇厂弯道的过渡段，河道宽浅，水流分散，深泓曾经摆动频繁，1985 年后摆动减小，目前深泓居中偏右。皇厂弯道段深泓贴左岸下行，由于该段左岸有良好的抗冲边界条件，因此深泓横向左移受到限制。出口段深泓线由左岸向右岸过渡，顶冲出口段的右岸。除顶冲点上游过渡段深泓摆幅较大外，弯顶及下游深泓摆动幅度较小。

4）龙潭水道

主流走向自八卦洲尾汇流后紧贴左岸西坝至拐头凸咀，经拐头凸咀挑流过渡到右岸石埠桥附近，然后进入龙潭弯道。拐头人工挑流节点下游为划子口边滩，拐头对岸是乌龙山边滩。1959 年，因八卦洲右汊不断发展，分流比增加，出口段深泓线大幅度右摆，因而导致洲尾汇流点右摆，主流导向左岸西坝一带，由于 1970 年代初西坝至拐头凸咀间进行了抛石护岸工程,并进行了逐步加固,八卦洲汇流段至拐头过渡主流呈基本稳定,到 2016 年,顶冲点的位置依然在以往变化范围内。

龙潭水道下弯道在 1985 年前相对较为剧烈,当时河道平面变形主要是左冲右淤,深泓线大幅度右移,紧贴右岸一侧下行并冲刷右岸,在陆续整治工程实施以后,贴近右岸的深泓线走向也不是很平顺,早先间隔抛石留下的水下石堆,在龙潭港码头建设中以及陆续护岸工程加固后,深泓线横向摆动幅度减小。

(7)扬中河段

1)太平洲头—三江营段

太平洲头至三江营是嘶马弯道的入流段,也是太平洲汊道分流区的深泓过渡段,同时又是落成洲汊道的分流区。

大港水道主泓沿右岸山矶逐渐向左岸过渡,进入太平洲左汊,紧贴左岸下行,进入嘶马弯道。随着嘶马弯道的发展,顶冲点不断下移,过渡段深泓线也随之右摆趋中,至 1998 年摆到历年过渡段深泓线的最右侧,与此同时,左岸主流顶冲点下移到三江营河口附近,2006—2011 年该段深泓继续向右摆动,总体来看过渡段深泓 1969—1998 年呈不断右摆,1998—2001 年有所左摆,2011 年后右摆最大,2016 年有所左摆,见图 13.4-47。

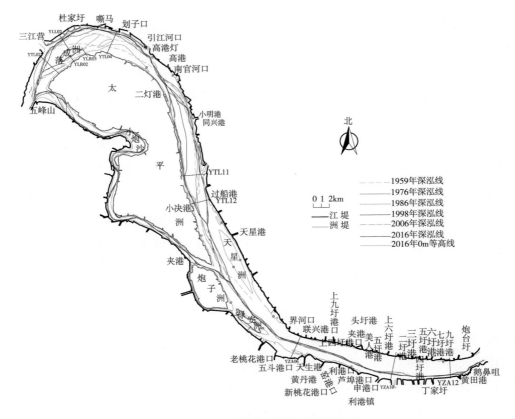

图 13.4-47　扬中河段深泓线平面变化

2）嘶马弯道段

上游主流贴右岸下行进入扬中河段，经五峰山挑流，在太平洲头向左岸过渡，顶冲左岸三江营一带。1981年前，过渡段深泓顶冲点在三江营（淮河入江口）上游约2.3km处，至1998年顶冲点位置已下移到淮河入江口下游约1.2km处。在顶冲点不断下移的同时，分流段主泓也随之右偏趋中，至1998年摆到历年的最右侧，1966—1998年，最大右移幅度约1000m。2001年，分流段主流线又坐弯向左摆，顶冲点又上移到淮河入江口附近，2001年以后顶冲点位置基本稳定，深泓线摆动较小。2001—2016年三益桥—三江营一带主泓右移，最大幅度约300m，2016年深泓线又左摆到2006年深泓线位置附近。

随着嘶马弯道的发展，杜家圩至高港灯段主泓也随之大幅度左摆，1959—1998年弯划子口至高港灯段平均左摆370m。1998—2016年，杜家圩至高港灯段主泓摆动幅度在250m以内，其中2016年汛后嘶马和划子口局部深泓仍有左摆现象。

3）小明港—太平洲尾

上游深泓线自高港灯凸咀过渡到右岸二墩港附近后经心滩分成左、右两支。汇合深泓线顶冲右岸的小决港附近，靠右岸进入太平洲汇流段。近期演变过程中的主要变化是：心滩以上分流点上提、下挫，左、右两支深泓线摆幅较大。1959—1991年，分流点下移3500m，并逐渐右偏，1991—1998年又上移4600m，2001年以后分流点变化不大。随着分流点的上提、下移，左支深泓线的顶冲点下移，1959—1991年下移4000m。与此同时，小明港以下深泓线同步左摆约170m，因而导致小明港以下至过船港一带江岸崩退，至1992年才渐趋稳定。但北沙洲以下深泓线仍有左摆现象。1998—2016年，小明港以下同兴港附近深泓线仍有左移现象，过船港以下深泓线走向基本稳定。

右支深泓线自1959—2016年左、右摆幅约250m，1998年和2016年大水摆动稍大，1998年向左大幅摆动950m（YTL09断面附近），2016年在进口段二墩港附近左摆250m。心滩汇流点1959—2001年下移3600m，心滩汇流点在1991年前基本稳定在YTL12（小决港附近）断面下游，1998年大水汇流点下移并左移，1998年后基本稳定在YTL13（小决港下游3km处）断面附近，以后呈小幅上提下挫变化，除2016年外，左偏已经不明显。1986年以后，心滩左槽发展，汇合后深泓在本段出现左移。1998—2016年该段深泓仍有一定摆动。

4）太平洲右汊

其平面形态上下段相对顺直，中段主要由4个小河湾组成，分别为大路河湾、兴隆河湾、姚桥河湾和九曲河湾组成。上段主流进入右汊小夹江，贴左岸一侧下行，到新港河口过渡到右岸，顶冲大路镇孙家场一带江岸。下段的上半段深泓贴近左岸后趋中，下半段深泓在沙家港附近贴近左岸，之后折向右岸冲刷砲子洲头，在浦河附近贴右岸下行，进入大江。中段的大路河湾主流紧靠右岸一侧，顶冲点在南港下的西夹边；兴隆河湾左汊为主汊，弯曲成鹅头状，主流经大路河湾右岸顶冲导流趋左，进入分流区，贴左岸下行，经约180°的右转，与右汊支汊汇流进入姚桥河弯段;姚桥河湾段呈近 90°的弯曲,主流贴近右岸一侧下行,过顶冲区后转左,冲刷左岸长旺一带江岸;九曲河湾主流沿右岸近岸下行,大约在罗家弯断面逐渐向左岸一侧过渡。

5)江阴水道

太平洲左右汊出流汇合后深泓贴砲子洲、录安洲左缘下行,自界河口至上天生港受节点和边界控制的影响,深泓基本居中,过天生港以后,深泓逐渐向南岸靠近,利港以下深泓紧贴岸边下行直至鹅鼻咀。

本段深泓历年来在天生港以上受天星洲洲体不断扩大的影响而变化较大,由于天星洲在 20 世纪 80 年代初期以前变化较大,洲头上移,洲尾下延,洲体面积扩大,深泓也随之发生左移,1966—1986 年,深泓左移最大幅度达 1600m,并在录安洲左缘形成深泓弯顶;1986 年在砲子洲尾和录安洲头护岸守护以后天星洲尾的下延逐渐停止,深泓的摆动也逐渐趋小。天生港以下深泓靠右岸下行,历年间沿程变化不论是平面还是高程都较小,1966 年以来平面摆动幅度最大的位置在 YZA10(高港)断面下游约 1.2km 处,高程变化的最大幅度除鹅鼻咀外为 4.3m。

13.4.4.2　洲滩变化

(1)上下三号河段

本河段洲滩主要有 3 处,上三号洲、上三号洲头浅滩和下三号洲。以 10m 高程等高线统计上下三号洲洲体和浅滩的平面形态变化见表 13.4-13。

表 13.4-13　　　　　　　　　　上下三号河段洲、滩体形态特征统计

洲滩名称	年份	面积/km²	洲长/m	洲宽/m
上三号洲	1986	12.7	7117	3409
	1992	12.3	6962	3377
	1998			
	2001		堵坝	
	2006			
上三号洲浅滩	1986	3.1	3540	1424
	1992	1.7	4203	1035
	1998	4.1	5315	1205
	2001	3.9	4249	1227
	2006	0.3	1463	300
	2011	2.0	2720	985
	2016	1.9	2650	910

洲滩名称	年份	面积/km²	洲长/m	洲宽/m
下三号洲	1986	5.2	6121	1638
	1992	4.5	6434	1440
	1998	8.3	6661	1899
	2001	7.6	6709	1778
	2006	8.3	7153	1819
	2011	8.5	7690	1905
	2016	8.4	7350	1890

上三号洲洲体的变化主要在洲头及左汊道,总体是洲头及右缘崩退,洲尾下延,以及洲头上游浅滩的发展。1959—1987年,上三号洲洲头及右缘崩退幅度相对大些,原来进入左汊的部分水流经浅滩和上三号洲间的夹江下泄,进一步减小左汊道进口的入流条件,左汊内洲体侧淤积展宽,形成洲体长度减小,宽度增大的过程。1966—1992年上三号洲洲头后退共1770m。1998年在上三号洲左汊道上中部实施了锁坝工程,上半部基本与左岸边滩淤连。

上三号洲头浅滩变化较为复杂,1959年时,浅滩尚未形成,左汊道是上三号洲头的一部分,到1966年左汊道进一步萎缩,洲头后退,到1986年洲头上游形成10m的浅滩体,平面尺寸为3540m×1424m(长×宽);1986—1998年,浅滩体缓慢发展变大,滩体尾部下移,后退变化主要在洲头及其右缘。1998年10m浅滩体平面尺寸为5315m×1205m(长×宽)。1998年以来,10m的浅滩体有所减小,滩体整体下移,到2011年后洲体略有扩大。

下三号洲洲体自1959年以来,洲头崩塌,尾部右缘下延。1986年以来下三号洲洲头及右缘向右侧淤长,于1998年与原下三号洲上段心滩淤连,10m洲体宽度达到1899m,到2011年,下三号洲洲体平面尺寸增大到7690m×1905m(长×宽),增大的部分主要在下三号洲洲体右缘;到2016年,洲体变小为7530m×1890m(长×宽)。

（2）马垱河段

马垱河段洲滩主要有3处,搁排洲、顺字号和瓜字号洲。搁排洲洲体总体来看,平面形态变化不大,10m高程等高线洲长由1966年的14959m增长到2006年15288m,洲头上伸约120m,洲尾下延约200m;洲体面积由64.3km²增大为67.4km²,其变化主要表现在洲头两缘冲刷后退,洲体左缘中部铁沙洲淤连,洲尾左摆下移。到1977年搁排洲基本成型,以后淤积增大,到2006年与搁排洲间的夹江依然存在,10m水位时槽体能够过水。1966—1987年,洲体左缘淤积展宽,最大达到550m,之后又冲刷后退,到2006年测图洲体左缘又淤积展宽,一般来看,发生大水年份后,河床普遍有淤积的现象,但在汊道上段出现淤积,对汊道过流是不利的。搁排洲右缘在1987年前冲刷后退,1987年后微冲微淤。江中的顺字号洲受

1998 年大水作用,冲刷较为剧烈,10m 高程等高线的平面尺寸在 2400m×530m(长×宽),到 1998 年后仅剩下 920m×170m(长×宽),主要原因仍然是大水年作用。

瓜字号洲在 1959 年时 10m 高程等高线长度为 3924m,面积为 2.5km²,受上游河势调整的影响,特别是马垱矶头的挑流作用,在马垱矶头以下河道渐展宽,不同水沙年份里洲头下冲上延,总体趋势以下移和左移为主,到 1970 年形态和面积最大,10m 高程等高线长度为 4424m,面积 4.8km²,到 2016 年洲体规模为 3780m×1150m(长×宽);滩尾呈小幅度下延,其幅度明显小于洲头的后退幅度。与此同时,瓜字号洲左汊缓慢冲刷扩大,搁排洲尾部右缘冲刷(表 13.4-14)。

表 13.4-14　　　　　　　　马垱河段洲、滩体特征统计

洲滩名称	年份	面积/km²	洲长/m	洲宽/m
搁排洲	1987	65.8	15741	6725
	1992	65.7	15430	6727
	1998	65.6	15247	6724
	2001	70.2	15644	7092
	2006	67.4	15288	6772
	2011	68.4	15800	6800
	2016	66.7	15700	5810
瓜字号	1987	3.9	4034	1167
	1992	3.6	3949	1074
	1998	3.4	3795	1205
	2001	3.4	3812	1159
	2006	3.2	3710	1136
	2011	3.3	3740	1145
	2016	3.4	3780	1150

(3)安庆河段

安庆河段的江心洲筑有洲堤,堤高与两岸大堤高程相同,洲体基本相对稳定;而同属江心洲的鹅眉洲未建洲堤,1986 年并入江心洲时,其江心洲洲体最大,尔后随着鹅眉洲洲头及左缘的崩退,其江心洲洲体呈缩小的趋势,2006 年面积为 28.33km²。到 2016 年面积减小为 27.58 km²。而 20 世纪 90 年代形成的新潜洲目前处于天然状态,并且在中高水期淹没,故洲体在增大,2006 年面积为 3.88km²,滩顶高程为 12.5m。随着安庆河段航道治理,对浅滩进行固滩治理,新沙洲的体型有所减小。安庆河段的洲滩形态特征见表 13.4-15。

表 13.4-15　　　　　　　　　安庆河段洲滩形态特征统计（水位 8m）

洲滩名称	年份	面积 /km²	最大 洲长/m	最大 洲宽/m
江心洲	1986	35.40	9564	5589
	1991	34.70	9280	5420
	1998	31.00	8430	5030
	2001	29.90	8290	4944
	2006	28.30	8332	4770
	2011	28.10	8350	4660
	2016	27.60	8340	4590
鹅眉洲	1981	9.00	3926	2300
	1986	与江心洲合并		
	1991	与江心洲合并		
	1998	与江心洲合并		
	2016	与江心洲合并		
新沙洲	1991	未生成		
	1998	2.16	3415	890
	2001	3.30	3516	1354
	2006	3.90	4074	1443
	2011	3.80	4315	1358
	2016	3.70	4235	1395

（4）铜陵河段

铜陵河段内有 7 个成型的洲滩，其中面积最大的是汀家洲，其次为成德洲。另外 1976 年的堵汊工程，使太白洲与太阳洲合并成一体，汊道内不过流。表 13.4-16 为铜陵河段洲滩现状统计表。

多年来，成德洲的上半部和汀家洲平面变形相对不大，成德洲尾部受大洪水冲刷，滩尾被切割形成新洲（天心洲），在 1976 年左右形成 4.8km×0.7km（长×宽）（6m 水位）的洲体，1981 年以来，洲体与原成德洲之间中汊发展，新生洲有向右靠拢并连汀家洲的趋势，目前依然存在一定宽度的串沟，具有过水能力。成德洲尾部左缘的新生洲于 1959 年已经产生，洲体的大小随不同水沙年份变化，主要以淤积为主，这些洲滩的变化形成铜官山河段错综复杂的河相关系，也是本河段来水来沙与河床长期作用的结果。

表 13.4-16　　　　　　　　　　铜陵河段洲滩现状统计(水位 6m)

洲滩名称	位置	面积/m²	洲长/m		洲宽/m		洲顶高程/m	形态
			最大	平均	最大	平均		
天心洲		2.27	4853	3043	746	468	12.8	
成德洲		26.50	14191	9161	2896	1869	10.0	江心洲
新生洲	成德洲尾右缘一侧	1.57	3313	2240	701	474		
太阳洲		17.90	9784	7392	2423	1831	10.9	江心洲
太白洲	与太阳洲合并							
汀家洲		68.40	13483	14456	4733	5075	9.3	江心洲
铜陵沙		19.20	9877	7490	2558	1940	11.7	江心洲

(5)芜湖河段

芜湖河段自上而下有曹姑洲、陈家洲。裕溪汊道的曹姑洲、陈家洲较早年代就已形成。该河段内还曾出现过鲫鱼洲及多个无名沙洲,现基本都已冲失或兼并洲滩靠岸。各洲形态历年间的变化见表 13.4-17、表 13.4-18。

表 13.4-17　　　　　　　　　　曹姑洲洲滩形态特征统计

年份	等高线/m	面积/km²	洲长/m	洲宽/m	洲顶高程/m
1986	3	2.8	3640	1124	7.7
1991	5	2.1	3130	1050	7.7
1998	5	1.8	3243	930	10.1
2001	5	2.1	3431	941	8.7
2006	5	1.7	2860	850	9.9
2011	5	1.0	2540	750	8.5
2016	5	0.9	2340	650	8.6

表 13.4-18　　　　　　　　　　芜湖河段陈家洲洲滩形态特征统计

年份	等高线/m	面积/km²	洲长/m	洲宽/m	洲顶高程/m
1986	5	10.7	6530	2073	9.8
1991	3	10.1	6120	2120	9.8
1998	5	9.8	5498	2220	9.8
2001	5	9.6	5325	2245	10.6
2006	5	10.2	5515	2320	9.8
2011	5	10.0	5530	2330	9.8
2016	5	9.8	5490	2280	9.9

由表 13.4-17、表 13.4-18 可以看出，总体上，1981—2006 年曹姑洲洲体面积及最大洲长、洲宽均有不同程度的减小（等高线为 5m）。洲体面积由 1981 年的 2.76km² 减小到 1998年的 1.8km²，减小了 34％，1998—2001 年洲长、洲宽则有所增加，2001—2006 年则又减小。由此可以看出，1981—1998 年、2001—2006 年曹姑洲受冲刷，1998—2001 年则为淤积，2001—2016 年则为微冲微淤。曹姑洲头河床的冲淤受上游芜湖段来水来沙的影响，芜湖港区的深泓过弋矶山后分成两路进入分汊段，受展宽段水流分散的影响，进入汊道前的两支深泓线左右摆动，因此引起左汊河床及曹姑洲洲头滩槽冲淤变化频繁。

（6）南京河段

南京河段自上而下分别由新生洲、新济洲、子母洲、新潜洲、梅子洲、潜洲和八卦洲汊道组成（原兴隆洲左汊人工堵塞）。其中新生洲和新济洲中汊于 2015 年人工堵汊。

1）新生洲段

1959—2001 年，小黄洲尾呈现逐步下延的趋势，而新生洲头随着分流段主流的左右摆动，冲淤交替，小黄洲尾与新生洲头之间的距离逐步缩小，1998 年，两洲水下—5m 高程等高线连为一体，同时，大黄洲岸线的崩退使得小黄洲左汊由弯曲型转化为顺直型，小黄洲左汊内深槽大幅度向下游发展，至 2006 年，小黄洲左汊、新生洲左汊—10m 高程深槽连为一体。1959—1976 年左汊处在发展阶段，1976 年以后，左汊逐渐衰退，至 1991 年左汊流量分配从1976 年的 64％下降到 50％，—10m 高程槽淤断，同时口门出现一个长 2.1km 的 0m 高程心滩，到 1998 年左汊流量分配下降到 43％。新生洲头 0m 高程线迅速上延，分流段的—10m高程左深槽下延至左汊口门，槽尾则与新济洲—10m 高程槽相连，到 2016 年新生洲头冲退1170m，新生洲左缘上段至尾部仍有冲刷，冲退幅度从上至下逐渐增大，尾部局部出现小的崩窝；而石跋河下游边滩向外向下淤长，边滩向外淤长，边滩尾部已和心滩交错。

右汊的右岸由于立山矶头等挑流作用以及铜井段护岸工程保护，平面变化较小，随着右汊分流比的增加，近岸河床出现一定程度的下切。

2）子母洲

子母洲位于上游新济洲右汊末端的河道内，即烈山下游仙人矶附近，和新济洲下端并列靠右岸一侧，洲体右缘和右岸形成夹江，子母洲右汊—5m 高程线始终未贯通，目前只有—1m 高程线贯通全汊，多年来右汊分流比在 2.8％左右，左汊为主流区。

3）新潜洲

1970 年新潜洲形成时 0m 高程洲体长约 1km，平均宽 200m，1982 年后，洲头略有冲退，但洲尾仍大幅度淤积下延，至 1997 年洲尾又下延 1.87km，洲头崩退 430m，2001 年洲尾继续下延近 500m，已接近相对较窄的下三山附近，其下延速度趋缓。从表 13.4-19 可知，新潜洲平面形态尺度在 1998 年以来变化不大。

表 13.4-19　　　　　　　　　　新潜洲平面形态变化(0m)

时间(年-月)	洲长/m	最宽/m	面积/km²	洲最高点/m
1986-10	4830	1355	4.3	7.0
1991-10	5466	1422	5.2	7.0
1998-10	6083	1567	6.0	6.3
2001-10	5834	1664	6.1	8.3
2007-05	6067	1590	5.9	
2008-03	6071	1596	6.1	6.7
2013-06	5650	1425	5.8	7.2
2015-06	5850	1406	5.8	

4)梅子洲

梅子洲长约 12km,洲头距大胜关 2.9km,洲尾距下关 2.8km,左汊宽深、顺直,最大河宽约 2.4km,出现潜洲二级分汊,潜洲长约 3.6km,洲头在梅子洲尾上游 1.9km,潜洲尾在梅子洲尾下游 1.7km,因此两洲呈交错并列分布。梅子洲左汊 1959 年以来一直为主汊,且分流比较为稳定,最大变幅在 4% 以内。20 世纪 70 年代开始及时对七坝节点、大胜关—梅子洲头进行了护岸,使大胜关与梅子洲左缘成为衔接较顺的导流岸壁,迫使主流沿导流壁顺利进入左汊,入流的稳定,促使左汊的分流比趋向稳定。

5)潜洲

潜洲由西江口边滩切割形成,以后逐渐下移而淤成。1959 年测图上有 3 块心滩。在现潜洲位置的范围为 1750m×420m(长×宽),1959—1975 年随着深泓在九袱洲弯顶左移弯曲,深槽大幅刷深;且弯顶以下深泓左移。1975—1981 年因潜洲上游过渡段深泓右移,潜洲头冲退 801m,洲尾上移。1998—2011 年洲头冲退 150m,1991 年因滩尾进入下关浦口束窄段,难以下延,2006 年以来基本稳定,近些年来,洲体左缘出现一些冲刷,应当引起必要的关注。

6)八卦洲

在 1952—1965 年因上游河势变化,八卦洲汊道分流点呈下移的趋势。1979—1983 年分流点平均每年下移 35m;1985 年后洲头经抛石守护,分流点呈上提下挫变化,下移速度减缓,在一定范围内变动,基本趋于稳定。八卦洲左汊属支汊,河宽束窄,河床淤积,边滩淤长,浅滩碍航。20 世纪 80 年代后,衰退速度减缓,河势逐渐相对稳定。其中进口段、马汊河浅滩段、出口段淤积幅度相对于南化弯道段、皇厂弯道段要大。八卦洲右汊为顺直河型,全长约 10.6km,其演变遵循顺直河道演变的一般规律,即深泓自上而下蠕动,滩槽亦随之缓慢向下发展蠕动。整治工程后,河势逐渐趋于相对稳定。

（7）扬中河段

1）落成洲及下游边滩

落成洲在 1959 年时平面尺寸约为 4400m×1100m（长×宽），是紧靠太平洲左缘的一个小洲，将太平洲左汊分成两汊。随着过渡段深泓线的摆动及嘶马弯道的发展，近 50 年来，落成洲洲头在水流的冲刷下，总体呈现后退的趋势，而洲尾淤长、下延。1991 年以后，由于长江频发大洪水，洲头大幅后退，1986—2006 年，洲头 0m 高程等高线后退约 900m；同时，落成洲洲尾下延约 920m 并左摆，左摆约 900m，洲体面积扩大至 5.2km²；2006—2016 年，洲头及洲体平面位置变化不大，但洲尾仍有淤长，洲尾略有右摆。

落成洲右汊分流比的增加，在一定程度上减小了嘶马弯道上段（三江营至杜家圩）的顶冲压力，对维护这一带岸线及护岸工程的稳定是有利的，但对于嘶马港至引江河段一带岸线需加强守护。

落成洲下游边滩在左岸嘶马港至引江河口段岸线崩退的同时，下游陆家港边滩淤长扩大。1966—1998 年嘶马港至引江河口段岸线累积崩退约 500m，目前边滩顺水流长 6.8km，最大宽度约 1.7km（0m 高程线）。落成洲右汊 1966 年以后一直处于缓慢发展的态势，1981 年，边滩被切割，切割体长 1500m、宽 410m，使落成洲右汊出口又形成了新的分汊水流。切割体形成后呈现下移、向左扩大趋势。1998 年以后，左岸嘶马港至引江河口段岸线的崩退基本得到遏制，陆家港边滩向外淤长减缓，边滩向下发展，切割体左摆扩大，汊道内最深点高程由 1981 年的 −7.7m 冲深至 2011 年的 −13.7m，到 2016 年为 −13.6m。

2）鳗鱼沙心滩

1959 年以来，鳗鱼沙心滩经历了"形成—发展—萎缩—恢复—调整"周期性变化，见表 13.4-20。

表 13.4-20　　　　　　　　　鳗鱼沙−10m 高程心滩的变化统计

年份	面积/km²	长×宽/(m×m)	心滩个数/个
1985	4.2	8380×600	2
1991	5.7	8590×810	4
1998	5.0	6760×820	2
2001	3.2	4830×875	1
2006	4.6	7440×742	2
2011	1.8	2374×383、3224×664	多个
2016	1.1	3700×450	1

−10m 高程心滩的变化为：在 1959 年时，小明港对岸靠右有一个 845m×70m（长×宽）的心滩，在下游过船港至天星港前沿有大片的边滩和心滩，与左岸时连时断，至 1969 年，小

明港对岸-10m 小心滩消失,并列中泓又出现一个小心滩,即小明港心滩,与此同时,右岸小决港上游也出现一个小心滩,即小决港心滩,到 1985 年,上、下两心滩同时淤展合并成约 8380m×600m(长×宽)的大心滩,即鳗鱼沙。1985—1991 年,鳗鱼沙头部淤长 600m,并右移 670m,尾部淤展下延 750m。1991—1998 年,长江连续大水,鳗鱼沙头部冲退约 3.9km,尾部向下延伸 2.1km,小明港对岸的-10m 心滩逐渐发展成-10m 边滩,1998—2001 年,小明港前沿及对岸的心(边)滩冲失,鳗鱼沙头部继续下移 240m,尾部平面位置处于相对稳定状态;随着深水航道鳗鱼沙整治工程的实施,2011—2016 年上沙体急剧减小后有所恢复,上沙体贯通,面积约为 10.93km²(3700m×450m,长×宽),下沙体基本消失。

3)天星洲汊道

随着河道主流的右移,天星洲洲体发育壮大,天星洲尾部焦土港以下边滩淤长;1998 年大洪水以后,天星洲头及左缘后退,尾部上缩(表 13.4-21)。

天星洲于 20 世纪 50 年代淤成(当时也称五圩洲),0m 高程线洲体在 1966 年长约 6.1km,宽约 1.0km,洲头位于天星港附近,洲尾位于焦土港附近,之后随着大江主流的右移,洲体不断的扩大,洲头向上延伸,洲尾淤长,与此同时,天星洲尾部左岸焦土港—九圩港一带缓流区逐渐形成了向外凸出的大边滩。1998 年大洪水,天星洲头部受冲下移,1998—2006 年随着太平洲尾、录安洲左缘护岸工程实施和发挥作用,天星洲洲体右缘由淤转冲,洲头冲幅减小,洲尾有所上缩。目前天星洲已发展为长约 9300m、宽约 1350m、滩面高程在 2~3m、面积约 8km² 的大沙洲。

随着上游鳗鱼沙心滩的形成,江水进入天星洲右汊,主泓右移,河道右岸太平洲尾、砲子洲、录安洲(又称禄安洲)左缘冲刷后退,定兴洲、学一洲冲失;近年来,录安洲右汊近期略呈发展趋势。

表 13.4-21　　　　　　　　　　　天星洲洲体特征变化

年份	长度/m	宽度/m	面积/km²
1966	6070	1000	3.7
1969	6800	1100	4.9
1986	9650	1190	7.6
1991	9570	1250	8.1
1998	9090	1450	8.3
2001	8900	1440	8.2
2009	8628	1415	8.1
2011	8583	1397	7.8
2016	9300	1345	7.9

录安洲是扬中河段排列南岸一侧的最下游的一个江中沙洲,长约 5km,宽约 1.3km。它

与南岸之间隔一夹江，夹江长约 6.0km，0m 高程线河宽 300～600m，出口区河宽略大，自 1976—1981 年学一洲、定兴洲相继被冲消失后，大江水流直接贴靠录安洲左缘。

1966—1986 年，随着鳗鱼沙心滩的形成，心滩左右槽水流汇合后基本偏靠右岸下行，与太平洲右汊汇流后，顶冲砲子洲和录安洲左缘。由于天星洲汊道主流偏靠太平洲—砲子洲—录安洲左缘一线，三洲左缘岸线在未实施护岸工程以前均呈后退趋势，太平洲尾、砲子洲及录安洲左缘 0m 高程线最大后退幅度分别为 170m、140m、240m。太平洲尾左缘直到 1970 年实施护岸工程后才逐渐稳定下来，而砲子洲、录安洲左缘直到 1985 年后才稳定下来。

砲子洲：深泓沿左缘下行，冲刷录安洲洲头及其左缘，20 世纪 80 年代初开始在洲头及其左缘实施护岸工程，90 年代又进一步实施节点控制工程，共修建 5 条丁坝。护岸工程实施后，近岸河床抗冲能力大为提高，录安洲人工节点初步形成，河势渐趋稳定。由于进口砲子洲左缘的崩退和深泓的右移，录安洲右汊自 1998 年以来，进流条件改善，汊道内的河床普遍冲深 5～10m，汊道呈发展趋势，其分流比也由 1996 年的 5% 左右上升到目前的 10% 左右。

13.4.4.3 深槽变化

（1）上下三号河段

1959 年时进口段八里江附近的—10m 高程槽与上游—10m 高程槽贯通，从上游河段居中进入本河段后靠右岸槽首在龙江口附近，1959—1981 年略有右移，1987 年后和上游断开，1998 年大水又与上游贯通，2001 年又断开，2006 年又冲刷贯通，2001—2006 年略有右移。1959 年包公山（SXA03～SXA04 断面）附近—10m 高程槽当时只有 2200m×280m（长×宽）大小，到 1987 年包公山附近的—10m 高程槽继续下延和下游向左移的—10m 高程槽合并，并在此槽下方又出现个零星的—10m 高程小槽体，到 2001 年—10m 高程槽首始终变化不大，槽尾缩窄，2001—2006 年该—10m 高程槽槽尾扩大。而靠近上三号洲右缘—10m 小槽，1987—1998 年扩大并向下延伸，1998—2001 年又萎缩左移，至 2006 年淤积消失。

下三号洲汊道左汊王家洲弯顶近岸—20m 槽在 1959 年已存在，长度约为 1500m，1982 年略有扩大，到 1987 年与下游汇流段的—20m 槽贯通，1987—1992 年又淤积缩窄，并在套口附近淤断。1992—1998 年长江大水—20m 高程槽体冲刷又上下贯通并扩大。弯顶近岸最深点高程 1959 年为—27m 高程，1987 年为—26m 高程，1998 年—26.3m 高程，1992 年后，随着下三号洲左汊的发展，深槽转为横向扩宽，到 2001 年由于隐蔽工程的实施，—20m 高程槽槽首向上延伸 180m，王家洲弯顶附近—20m 高程槽体变化不大，槽体下游靠近洲尾的左侧略有扩大。2001—2006 年—20m 高程槽淤积与游汇流段的—20m 高程槽断开，并萎缩至六圩排附近，只有 1090m×110m（长×宽），最深点高程只有—23.4m。这和 2003 年分流比下降有一定的关系，上下三号河段—20m 高程槽变化见图 13.4-48。

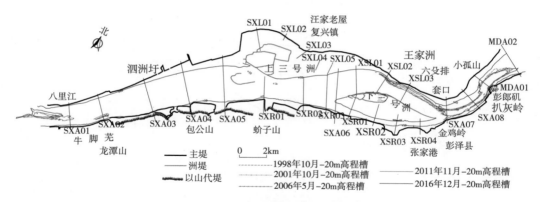

图 13.4-48　上下三号河段－20m 高程槽变化

（2）马垱河段

①搁排洲左汊：左汊－10m 高程深槽零星分布在杨湾闸—龙潭口段，总体变化趋势是萎缩减小，特别是 1998 年以来，基本消失，也反映了搁排洲汊道呈缓慢左衰右兴的现实。

②搁排洲右汊：右汊始终为主汊，但－10m 高程槽始终没有贯通，深槽区主要分布在马垱矶节点附近和瓜字号左汊道内，另外，瓜字号右汊杨柳湖也存在－10m 高程小闭合圈。马垱矶节点附近－10m 高程槽始终变化较小，1998 年大洪水后，－10m 高程槽尾出现下移，下移幅度达到 640m，目前基本稳定。瓜字号左汊道内－10m 高程槽，1966 年以来缓慢扩大发展，未与汇流段的－10m 高程槽连通，但到 1998 年测图，－10m 高程槽基本连通，以后又断开。说明本河道的造床作用主要是长江洪水，特别是大洪水的作用。

③汇流段：－10m 高程深槽始终贯通本段，槽尾在老虎岗附近，宽度约为 470m。多年来，－10m 高程深槽槽体变化不大，特别是槽体右缘张公矶—何家垅段，其主要原因是：右岸边界由耐抗冲的山体和阶地组成，河床可动性较小；槽体左缘相对可动性大，在不同水沙年呈一定幅度的冲淤，对整体河道的稳定影响不大。

－20m 高程深槽主要分布在右岸黄山、马垱矶、瓜字号下游汇流处及牛矶—张公矶一带。其中马垱矶近岸的槽体长期较为稳定。汇流段的深槽多年来的变化表现为向左摆动，1966—2001 年累计摆动约 200m，深槽的范围在缩小，深槽河床受瓜字号不断下延的影响而有所淤积，1966 年深槽长约 1800m，宽约 170m，至 2001 年深槽长约 280m，宽约 50m。牛矶前沿的－20m 高程深槽其范围多年来相对稳定，下游张公矶前沿的－20m 高程深槽自 1970 年形成以来至 1992 年逐渐扩大，长度达 1200m，1992 年以后迅速淤积，1998 年以后－20m 高程槽淤失，2001—2016 年断断续续出现，这主要是由于上游洲尾深槽左移，下游深槽相应左移并扩大（图 13.4-49）。

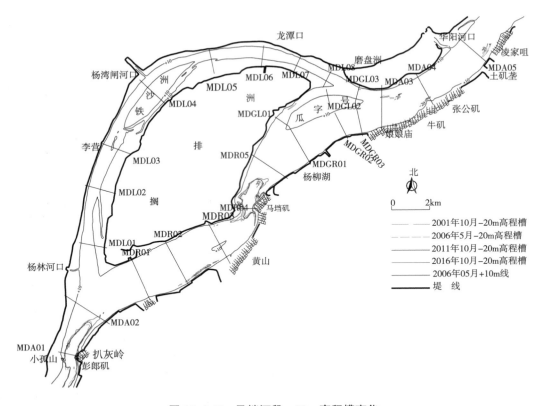

图 13.4-49　马垱河段－20m 高程槽变化

（3）安庆河段

多年来，安庆干流段－5m、－10m 高程深槽始终与上游贯通，并且其平面位置和两缘均变化不大，－10m 高程深槽槽尾在展宽段与下游断开。－5m 高程深槽槽尾与下游中、右汊的－5m 高程深槽断开，有一支在 2001 年与左汊道的－5m 高程深槽部分连通，以后又断开。1998 年大水后，干流段的－5m 高程槽尾有所下延，－10m 槽尾变化不大，－20m 高程槽尾也有一定的下延，其中指向鹅眉洲头的－5m 高程槽尾，在 1991—1998 年下延 1500m，到 2006 年又上提约 510m，说明干流段河道的变迁相对较小。

左汊深槽区处于任家店—马窝—前江咀近岸，其中马窝附近是历年以来的险工段，左汊和中汊水流汇合后，指向马窝附近，水流冲刷较强，实施险工段守护以来，岸线后退减缓，深槽以纵向冲深为主。1998—2001 年，左汊深槽右缘扩大，－10m 高程槽向中汊延伸，2001 年已延伸接近峨眉洲头，最深点刷深较为明显，到 2006 年－10m 高程槽在中汊出汊口门断开。而－20m 高程深槽区在 1991 年前范围有限，1998—2001 年不断冲刷扩大下延几乎与汇流段的－20m 高程深槽连通，到 2006 年与汇流段的－20m 高程深槽连通，－20m 高程槽首右移向江心洲左缘下段拐弯处靠近，指向中汊。

右汊－5m 高程槽槽首 1998 年前在 AQR02 断面附近，1959—1991 年右移萎缩，槽尾和汇流段贯通，1998 年大水，－5m 高程槽槽首萎缩至 AQR02～AQR03 断面，槽尾在汇流段断开,同时在江心洲头冲刷出一个 1000m×130m(长×宽)的－5m 高程槽,2001 年又向下扩大,2001—2006 年变化不大。右汊－10m 高程深槽区一处在洲头右缘,2006 年－10m 高程槽长约 790m,宽只有 70m,1998 以来其范围变化不大,首尾有所上伸和下延;另一处－10m 高程槽首在 AQR02～AQR03 断面,槽尾在右汊出口附近,2006 年与汇流段相距约 1.7km,近些年来槽尾变化不大,1998 年以来呈萎缩,显然与进入右汊的分流减少有关。从多年变化来看,深槽的变化与上游不同水文年的来水来沙关系密切,1998 年大洪水,鹅眉洲洲头冲退后,中汊分流比增加,中汊发展,右汊分流比减小,右汊－10m 高程深槽萎缩。1998 年后由于鹅眉洲头进行了护岸,洲头的冲退减小,中汊的发展得到缓解,－10m 高程槽变化较小,同时,航道部门在该段进行护滩整治。这说明鹅眉洲洲头及左缘的进一步维护和加固对控制右汊的衰退是非常必要的(图 13.4-50)

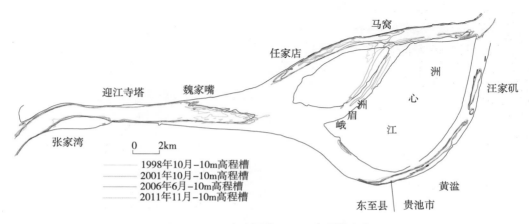

图 13.4-50　安庆河段－10m 高程槽变化

(4)铜陵河段

铜陵河段河长较长,进口段右岸是羊山矶节点,深槽位于江面较窄处。1991 年开始建设(1995 年建成)的铜陵长江大桥对局部河床产生冲刷。从变化过程来看,1959—1986 年,建桥段－10m、－20m、－30m 高程槽体处于自然演变中,变化幅度不大。1991—1994 年建桥过程中,桥墩附近的－10m、－20m、－30m 高程槽左侧冲刷扩大。据统计 1986—1998 年－10m、－30m 高程槽左侧最大左移 230m、280m 和 100m 高程,影响长度分别为 3.2km、2.1km、1.1km,以后变化不大,槽体右缘至右岸变化较小。大桥建成后桥墩附近冲刷坑随着河床自动调整,基本稳定,但桥墩附近由冲刷引起的岸坡边陡,应密切关注。

成德洲左汊在 1959 年,安定街附近深槽是本段最深地段。1959 年后,最深地段扩展到太阳洲中部,在两个主流急剧转向的地区出现最大水深,一个是刘家渡以上 3km,最深点达到－36.8m 高程;另一个是太阳洲头下 2km,最深点达到－36m 高程。到 2001 年,安定街—刘家渡近岸深槽转为回淤区,最深槽下移到太阳洲头—中部,近岸形成较窄深的水道,最深点仍在－36m 以下。从－30m 高程槽的横向变化来看,刘家渡以上的－30m 高程槽在 1976—1986 年间冲淤变化不大,太阳洲头的－30m 高程槽大幅左移扩大;1986—1998 年,刘家渡以上的－30m高程槽淤浅缩小为几个闭合圈，太阳洲头的－30m高程槽继续左移扩大，槽尾下延。1998年后，刘家渡以上的－30m高程槽基本淤浅消失，太阳洲头的－30m高程槽左移趋小，槽体基本稳定下来。因此，河道整治工程的实施，对控导河势起到很大的作用。

汀家洲右汊深槽位于弯道弯顶和急转处，由于本汊道分流量小（5%），一般床面高程在0～－5m，局部出现－20m高程深潭，平面变形不大，对基本稳定的汀家洲右汊河势影响不大。

获港水道的－10m、－20m、－30m高程槽贴近右岸。－10m高程槽与上游的刘家渡—太阳洲深槽及下游的深槽贯通，－20m高程槽贯通获港水道。－30m高程槽在本段分为两处，其中一处（上深槽）目前槽首位于TGA11上游，槽尾延伸至顺安河口附近；另一处（下深槽）槽首在TGA14断面上游，其槽尾在铜陵长江二桥桥轴线以下约360m。从历年变化来看，1959年，－20m高程槽槽首在TGA12断面上游1.5km，到1976年后，槽首上提了0.8km，槽身整体右移30～50m。以后，随着凹岸的崩退，到1986年－20m高程槽首又上提620m，槽身局部区域稍有向右小幅位移。槽体的扩展受限，河床通过下切和首尾的延伸来自我调整。－30m高程槽上深槽1959—1993年间槽首上延2.3km，至1998年槽首下挫约1.1km，1998年后槽首又大幅上提约2km，2001—2011年其深槽槽首基本稳定在TGA11断面上游附近。铜陵河段－10m高程槽变化见图13.4-51。

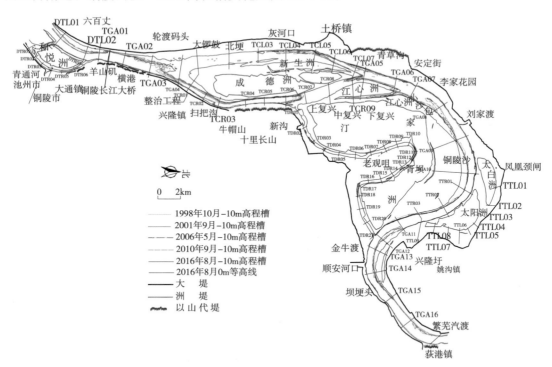

图13.4-51　铜陵河段－10m高程槽变化

（5）芜湖河段

①大拐段：以－20m等高线作为大拐段的代表深槽，则分别为上、下两个弯顶深槽，即高安圩与大拐深槽，近期变化如下。

高安圩深槽紧靠黑沙洲汊道汇流段右岸，1965年与黑沙洲左汊出口段相连，向下延伸至WYA03断面附近，成为一个封闭的深槽。近期演变的主要特征：一是延伸到黑沙洲左汊的槽头逐渐缓慢向汇流段萎退；二是随着天然洲右汊的缓慢发展，－20m高程槽逐渐向右汊出口段扩展、逼近，1991—2001年－20m高程槽向右汊出口段逼近2.8km，2001—2006年－20m高程槽进入天然洲右汊长度达5.4km；三是通过1998年大洪水冲刷，－20m高程槽大幅度向左展宽，后经过河床自动调整，又束窄到原状，右岸抛石护岸后，抗冲能力增强，故较稳定；四是－20m高程槽尾1965—2006年累计下延达1.8km，2006—2016年－20m高程槽尾变化不大。

分析表明：高安圩－20m高程深槽的变化主要发生在槽头和槽尾，逐渐缓慢向上、下扩展，但槽身基本稳定，这是护岸整治的效果。

大拐深槽－20m高程深槽，自伍显殿至山西咀，下连芜湖段深槽。近期演变的主要特征：一是由于大拐段的强烈崩岸，导致－20m高程深槽轴线1965—1976年左摆318m（WYA09断面），横向摆距相当于－20m高程槽宽。与此同时，槽头向下萎退3.3km。1976年后，随着大拐护岸工程的实施，槽身渐趋稳定。二是由于原鲫鱼洲左汊的发展，1976—1986年三坝附近原－20m高程孤立小槽大幅度发展，上游一直延伸到新民村附近的WYA06断面，经过1998年大洪水的冲刷，上、下槽贯通。三是河床呈左冲右淤，其冲淤幅度在10~20m，1986年后冲淤幅度减小，基本上呈冲淤交替，渐趋稳定。

上述情况表明：大拐深槽的主要变化是随着大拐江岸的强烈崩退，河床发生大幅度左冲右淤，深槽逼进，向上、下发展，护岸工程后，渐趋于稳定。

②芜湖段及裕溪汊道段：本段深槽一直靠右岸，－20m高程深槽基本贯通，芜湖大桥以上1991年前深槽位置、深泓高程变化不大，断面形态基本稳定。1998—2006年WYA13~WYA15断面深槽向左扩大冲深；芜湖大桥以下－20m高程深槽位置变化不大，但由于河道展宽率增大，因此河床冲淤变化自下而上渐渐增大，特别是1991—1998年，－20m高程深槽冲刷较为明显，深泓高程变化较大。可见，芜湖大桥以下虽然两岸岸线冲淤变化不大，但河床冲淤调整变化较大，特别是近几年深槽冲刷扩大（图13.4-52、图13.4-53）。

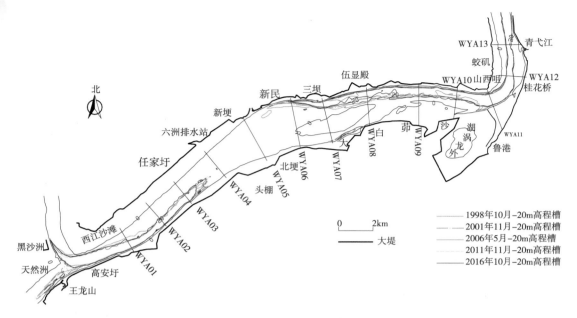

图 13.4-52　芜湖河段－20m 高程槽变化

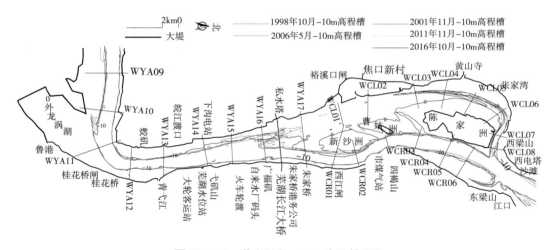

图 13.4-53　芜湖河段－10m 高程槽变化

（6）南京河段

1）新济洲段

1959—2001 年，小黄洲尾呈现逐步下延的趋势，而新生洲头随着分流段主流的左右摆动。至 2006 年，小黄洲左汊、新生洲左汊－10m 高程深槽连为一体。而 1993 年，由于新生洲汊道主支汊的移位，小黄洲右汊与新生洲右汊－10m 高程深槽就已贯通。左汊－10m 槽在 2006 年由于冲刷上下贯通，至 2016 年左汊－10m 高程槽主要在左汊上段有所冲刷扩大，在新济洲尾向左有所位移，左汊主流弯顶在左岸陈山顶子附近，目前陈山顶子弯顶附近顶冲点略有下移,陈山顶子—林山圩段冲刷压力增大。南京河段－30m 高程槽变化见图 13.4-54。

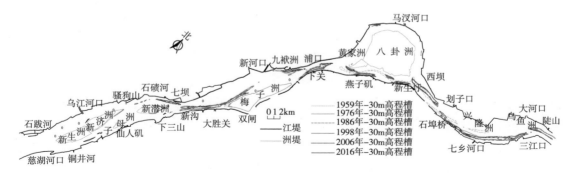

图 13.4-54　南京河段－30m 高程槽平面变化

而右汊 1998—2010 年樊家矶以上－10m 高程槽左缘左冲,最大冲刷在新生洲头右缘,冲刷约 100m,2010—2016 年－10m 高程槽在新生洲头右缘附近仍持续冲刷,新生洲头右缘崩退;新生洲尾右缘－10m 高程线则微冲微淤交替,在中汊出口处略有淤积,新济洲右缘－10m 高程线变化不大。右岸最大变化在樊家矶以上,1998—2016 年受新生洲头右缘崩退的影响,慈湖河口—樊家矶右岸－10m 高程线为淤积,樊家矶以下－10m 高程槽右缘冲淤变化不大。

新潜洲段自 20 世纪 70 年代开始护岸治理,在 1998 年后又上延到林山圩一带,总体岸线基本稳定。本段深槽位于左岸的七坝一带,其中－20m 高程槽与下游大胜关的－20m 槽贯通。2013 年 4 月石碛河口下游 660m 处发生江岸崩塌险情,之后实施了浦口区联合圩江岸崩塌应急抢险工程,工程效果良好,窝崩处已基本稳定,变化不大。该处外侧相继出现高程－40m、－45m 急剧冲刷的深坑,虽然后来部分消失,但仍应加强密切监测与分析。

2)大胜关段

在 1959 年时,－30m 高程槽仅为 2600m×480m(长×宽),靠右岸,到 1976 年原－30m 高程槽断开为上下 2 个深槽,1976—1986 年上深槽槽首萎退 1.4km,槽尾大幅下移,并和下深槽连通,槽尾在 NJA05(大胜关)断面附近。1986—1991 年在深泓过渡位置出现－30m 高程槽,下深槽整体呈下移的趋势。1991—1995 年深泓过渡段－30m 高程槽向下游移动与下深槽贯通,成为一个大的－30m 高程槽。2001—2010 年大胜关－30m 高程槽槽首上移和七坝左岸深槽贯通,槽尾在 NML03 断面附近,需要加以关注。

3)梅子洲汊道段

左汊－10m 高程槽 1976 年全线贯通,1983 年 1 月后 NML03(西江口)断面以上－10m 深槽变化较小,但其断面以下则表现为右缘不断冲刷,左缘淤长,特别是梅子洲下半段—潜洲头,1998 年后左淤右冲的态势减缓,－10m 高程槽基本稳定。

梅子洲左汊还存在上、下两个－30m 高程深槽,上深槽傍梅子洲左缘,下深槽傍九袄洲以下的左岸。上深槽 1965 年为 500m×100m（长×宽），基本处于河道中央，1976 年随着深泓线的右移，−30m 高程槽也随之右摆至紧靠梅子洲左缘，20 世纪 70 年代初期由于梅子洲头护岸工程的实施，制约了河道的横向冲刷；1998 年大水槽首向上发展，槽尾向右靠，至 2001 年槽首已与上游大胜关深槽贯通，槽尾缓慢向左下方延伸且略有拓宽，槽体两缘基本稳定。下深槽 1965 年范围为 2230m×220m（长×宽），1965—1985 年深槽向下游移动，其中，1976—1985 年 −30m 高程槽向下游平均移动 580m，槽身有所萎缩。1998 年后槽首平面位置变化不大，槽尾总体呈萎缩上移的趋势，至 2006 年槽尾上移 1160m，2016 年下深槽又向下位移 160m，见图 13.4-54。

下关—浦口段人工束窄相对较早，新中国成立以后就实施沉排工程，以后陆续进行了整治工程。目前，本段河道深泓摆动幅度趋小，两岸岸线基本保持稳定，河床冲淤幅度较小，深槽的横向变化也较小，但岸坡相对较陡，对已做护岸工程的依赖性较大。

4）八卦洲汊道段

1965 年南京长江大桥下游深泓沿程平均左移 558m，原与八卦洲右汊贯通的 −20m 高程槽在洲头附近断开。随着深泓的左移，深槽左移并且槽尾指向八卦洲左汊。1985 年以后，深泓趋于稳定，但 −20m 高程槽尾向下冲刷延伸，1997 年起至今干流段 −20m 高程槽又与八卦洲右汊贯通。近几年分流区 −20m 高程槽表现为下延，与左汊进口段的 −20m 高程槽槽首相距不远。到 2016 年 −20m 高程槽槽体两缘变化不大，但是指向左汊口门的槽尾略有右偏和上提，同时，右汊口门附近的 −20m 高程槽槽头略有下移，但没有大的偏离。

1959 年原贯通的 −10m 高程深槽因马汊河浅滩淤积，分为上、下两个 −10m 高程深槽。因左汊口门附近拦门沙淤积抬高，1975 年上 −10m 高程槽在口门附近淤断，20 世纪 90 年代的连续几次大水年，使左汊进口拦门沙冲刷，也可能与扬子专用航道的疏浚有关，分流区 −10m 高程槽又与左汊上 −10m 高程槽相连。多年来上 −10m 高程槽除在进汊口门附近变化外，南化弯顶以上 −10m 高程槽随右岸的冲退而向右岸进逼，槽尾上提，1985—1998 年下 −10m 高程槽与汇流区槽在左汊出口段断开，1998 年后下 −10m 高程槽又与汇流区 −10m 高程槽贯通，此时 −10m 高程槽的变化与扬子专用航道长期疏浚维护有关，总体来看，1998 年后下 −10m 高程槽左右缘冲淤变化不大，槽体趋于相对稳定。

1959 年 −30m 高程槽贯穿整个右汊与汇流槽相连，槽首基本与洲头相平，1975 年有洲头、燕子矶、天河口、新生圩 4 个 −30m 高程槽。2001 年洲头深槽与燕子矶深槽贯通，最窄处也有近 90m，槽体左缘扩大 60～80m 不等，尾部向右摆动。天河口深槽的主要变化为1965—1981 年槽轴线左摆 150m，槽首在 1981—1998 年下移 310m，1998—2003 年又下移近100m，形态变化不大。新生圩 −30m 高程深槽 1975 年以来槽右缘向右岸略有扩展，槽首、尾在一定幅度内变化，基本稳定。

5）龙潭水道段

1959 年上弯道段 −30m 高程槽槽首分别伸入八卦洲左右汊，随着左汊分流比的减小及右汊的发展，−30m 高程槽首向右摆动，槽身至槽尾逐渐左摆，而且槽尾下延 652m，左移

60m。—40m 高程槽的变化格局类同于—30m 高程槽。1970—1985 年槽首变化不大,受弯道水流及右汊发展的影响,槽尾下移。到 2016 年槽尾下移基本停滞,但 NJA13(西坝)断面附近尾部指向略有左偏。

至 1975 年,河道大幅度右移,下弯道深槽区也大幅度右移。1972 年开始岸线守护工程后,深槽区的平面位置趋于基本稳定。1985—1992 年实施全面整治工程后,深槽区的平面位置基本稳定。其中具有代表性的—30m 高程槽分布在便民河口上一处,长约 3km,宽约 320m;便民河口下一处,长约 9.7km,宽 230～540m,最宽处在龙潭河口下游附近江宽最窄处。1985 年以来上下—30m 高程槽槽头部和尾部仍有一定程度的上伸和下移,槽体的左缘有一定程度的冲淤。

(7)扬中河段

1)嘶马弯道段

嘶马弯道在发展过程中近岸出现多处—30m 高程深槽,其中弯道进口段的杜家圩—30m 高程深槽在 1959 年分上下两个,当时在下深槽的上下有顶高为—15m 高程左右的土埂,斜向伸入江中,如淹没型下挑丁坝,将下层主流沿坝身导向江心,产生强大水下回流,因此形成—30m 高程上深槽和坝下根部—30m 高程下深槽。1959—1991 年,上、下深槽冲刷下移,而土埂经过 1983 年大水的冲刷,至 1985 年也基本消失。1991—1998 年,杜家圩上下深槽下移与下游嘶马弯顶深槽贯通,槽尾上缩至 YTL04(划子口附近)断面。至 2001 年,槽首大幅度萎缩下移达 1100m,并与弯顶深槽分割。到 2006 年,封闭小深槽消失,弯顶深槽略有萎缩。扬湾—高港—30m 高程深槽位于扬湾港区至高港凸咀间,1959 年,在引江河口及高港灯凸咀前沿分别有两个—30m 高程小槽,至 1998 年,两槽冲刷贯通,深槽大幅度冲刷扩大,而且出现新的分割封闭槽。至 2011 年,上下深槽贯通,仅在杜家圩附近断开,槽尾在高港灯(YTL06 断面)以下 1.0km 左右,并在划子口附近向右扩大,见图 13.4-55。

弯道进口段—30m 高程槽总体呈下移趋势,1998 年弯道进口段和杜家圩至划子口段—30m 高程槽冲刷贯通,并向右扩大,至 2006 年—30m 高程槽槽首已下移至杜家圩,2015 年弯道杜家圩至高港灯段—30m 高程槽全线冲刷贯通,2016 年汛后槽体比 2015 年进一步扩大,槽首由杜家圩上移至三江营附近,是历年最大。弯道进口段深槽的下移、右扩有利于落成洲右汊的发展。

2)小明港—太平洲尾

20 世纪 50 年代,小明港至太平洲尾在过船港以上存在南—15m 高程槽和北—15m 槽高程,过船港以下存在一个—15m 高程下深槽。北槽靠北岸(左岸),是主槽,与上游连通,平均槽宽约 780m,槽尾在过船港。南槽靠南岸(太平洲),是上下断开的孤立的窄长槽,最大槽宽约 350m。下深槽靠南岸(太平洲),平均槽宽约 900m。下深槽在过船港一带与北槽槽尾交错(相距 350m),靠南岸上延的槽首与南槽槽尾相距 800m。

到 1991 年,南槽、北槽萎缩,槽首均在小明港与上游居中的—15m 槽槽尾断开,北槽槽尾则下延 1.3km 到达过船港。1998 年长江大洪水后,致使该段的－15m 高程槽发生大变,上游－15m 高程槽槽尾居中向下 3km;北槽槽首下移 3.7km,槽尾过过船港达 4.6km;南槽断裂成若干孤槽,下深槽槽首后退接近天星洲。至 2006 年,上游－15m 高程槽尾上提 2.9km;北槽槽首上伸 5.4km;南槽发展,槽首上伸 6.6km,与上游－15m 高程槽相距 1.2km。至 2011 年,北槽和上游－15m 槽贯通,南北槽槽尾在汇流段贯通,与此同时,上游－15m 高程槽尾下延 640m,南槽高程首上伸 360m,2016 年汛后槽体有所减小(图 13.4-55)。

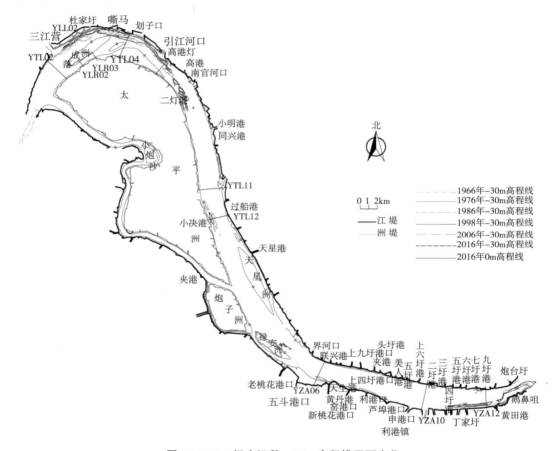

图 13.4-55　扬中河段－30m 高程槽平面变化

20 世纪 50—80 年代,是北槽萎缩、南槽发展的阶段。这一阶段的变化,主要与上游水流的走向以及分配有关,一是进入北槽的水流减少,进入南槽水流增加,从而造成北槽淤积缩窄,南槽冲刷扩大;二是主泓右摆,导致左岸顶冲点下移,右岸顶冲点上提,从而造成北槽槽首后退,南槽槽首上伸与上游深槽连通。

20 世纪 80 年代至 90 年代初,是北槽继续萎缩、南槽萎缩的阶段。这一阶段,长江多为中偏小的水沙年,故造成河道淤积,两槽与上游深槽断开,而北槽槽尾则下延。这一变化一直延续到 1998 年的长江大洪水,由于长江大洪水(大水中沙年),水流居中冲刷,加剧了北槽后退下移,即槽首后退槽尾下延;南槽也淤积断裂。

1998 年后,长江水量多为中偏小,特别是 2003 年三峡水库蓄水后,长江下游沙量明显偏小,水流归槽,挟沙能力偏强,故南北槽及下深槽又进入三峡水库蓄水后的调整期;随着 2011 年 6 月鳗鱼沙航道整治工程的竣工,2011 年,北槽和上游−15m 高程槽首次贯通,目前虽有所缩小,但相对稳定。

3)江阴水道

2014 年前江阴水道河段内自录安洲洲头开始往下有−20m 高程深槽,在申港附近断开;经过 2016 年小沙大水后,−20m 高程深槽已在申港处上下贯通。上深槽在天生港至利港附近槽底宽度在 500～900m,而且较为平整,槽底高程在−25m 左右,多年来变化不大。2006—2011 年深槽向左呈扩大趋势,冲刷主要在上四圩港—上六圩港,下深槽自申港至鹅鼻咀以下靠右岸,槽体逐渐放宽且高程不断降低,最深处为鹅鼻咀附近,目前鹅鼻咀附近最深处为−55m 高程。下深槽平面形态靠右岸一侧多年来保持了较好的稳定性,而靠左岸一侧七圩港—炮台圩变化相对较大,该江段左右岸都存在−20m 高程槽,形成复式河槽,靠左岸一侧深槽平面形态不规则,深槽长度、宽度历年间变化较大,2011 年平面形态基本呈靠右岸的单式河槽发展。

13.4.4.4　典型断面变化

(1)上下三号河段

上下三号河段的变化特征为:上三号汊道左淤右冲,而下三号汊道则以左冲右淤为主。下三号洲左汊进口附近代表断面为 XSL01 断面,该断面又是三号汊道左汊进口断面,断面形态呈"U"形,右侧是下三号洲洲头,长期以来断面呈扩大冲刷状态,冲淤部位随上游来水主流变迁变动,总体来看,两侧河床冲淤幅度相对较大,最深点维持在−8m 高程,属于宽浅型断面。

下三号洲左汊中部险工段代表断面为 XSL03 断面,多年以来下三号汊道以左冲右淤为主,过水能力不断增加,断面形态呈偏左的"V"形,在左岸王家洲近岸工程护岸实施以来,断面左移冲刷趋势受到一定遏制,断面转而下切为主。1998 年以来,最深点高程降低至−22m,岸坡较陡峻,局部坡比接近经验值 1∶2(图 13.4-56)。

(2)马垱河段

马垱矶至瓜字号洲头分流区代表断面为 MDR05,分流区断面多年来变化主要在靠右岸的深槽及深槽右侧,2006—2016 年以冲刷为主,而深槽左侧河床变化较小。其中,2011—2016 年断面深槽左侧边滩变化较小,靠右侧深槽略有冲深,冲深 3.5m,深槽右岸有一定的冲退,冲退约 70m。断面特征变化不大,其变化幅度一般在 5%以内(图 13.4-57)。

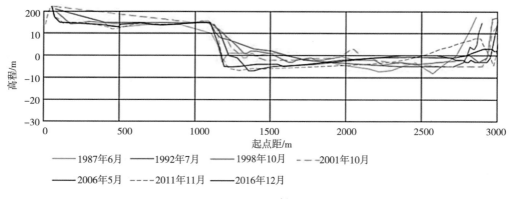

（a）XSL01 断面

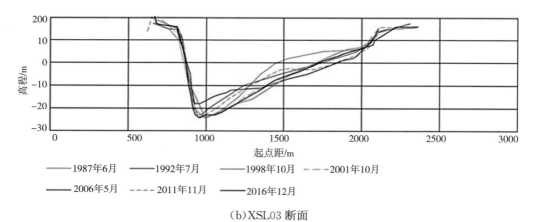

（b）XSL03 断面

图 13.4-56　上下三号河段典型断面

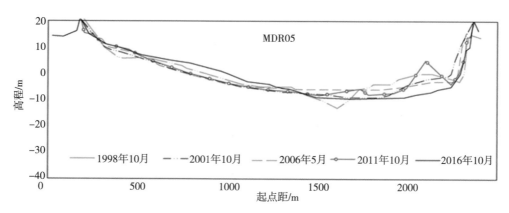

图 13.4-57　马垱河段典型断面

（3）安庆河段

1998—2016 年，安庆河段进口段断面（AQA01、AQA02 等）深槽及槽右侧冲刷，槽左侧不同程度淤积。该段属主泓过渡段及石化厂弯顶，其断面变化说明小闸口挑流和石化厂弯顶导流作用减弱。

左汊断面变化大的是左汊上段,上段为复式断面,断面中部为潜洲,分断面为左槽和中槽。近几年来,左汊上段断面(如 AQL02)表现为左岸及左槽变化不大,而中槽明显右移,即左岸(潜洲右缘)淤积扩展和右岸(鹅眉洲左缘)冲刷崩退。从 AQL02 断面看,中汊最深点 1998—2001 年右移 300m,2001—2006 年右移 365m;10m 高程河宽(含潜洲及中汊)从 1998 年的 2245m 扩大到 2006 年的 2912m;潜洲顶高 2006 年达 12.5m。2006 年以来断面形态变化不大,左汊下段的断面变化不大。

安庆河段右汊进口段的断面变化较大,从 AQR02 断面变化看,1991 年以来,进口段的左岸江心洲一侧明显冲深,到 2001 年达到最深,2006 年断面深槽又淤高。右汊进口段江心洲一侧河床的变化是水流顶冲所致。右汊河道的其他断面变化不大,安庆河段典型断面见图 13.4-58。

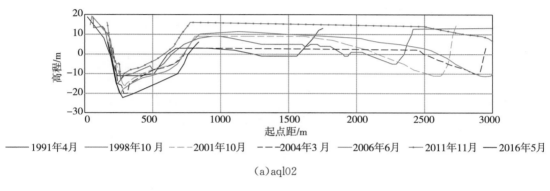

(a)aql02

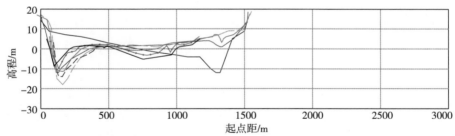

(b)aqr02

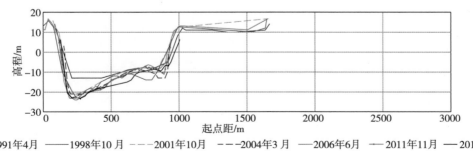

(c)aql05

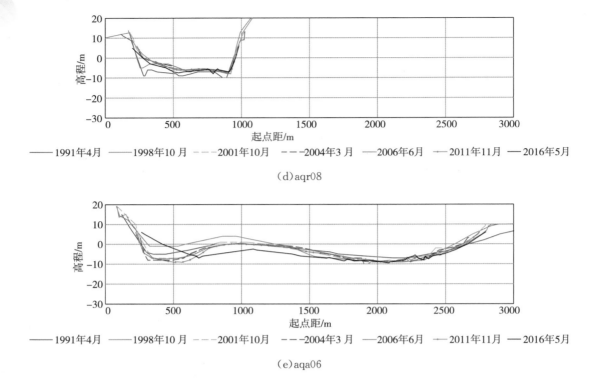

—— 1991年4月 —— 1998年10月 ---- 2001年10月 --- 2004年3月 —— 2006年6月 —— 2011年11月 —— 2016年5月

(d) aqr08

—— 1991年4月 —— 1998年10月 ---- 2001年10月 --- 2004年3月 —— 2006年6月 —— 2011年11月 —— 2016年5月

(e) aqa06

图 13.4-58　安庆河段典型断面

（4）铜陵河段

铜陵河段分汊前干流段自羊山矶—成德洲头，它既是上游的汇流段，也是下游河段的分流段。该段长约 7.6km，平面形态由窄逐渐展宽，横断面形态由窄深的偏"V"形向宽浅的"W"形演变。上游大通河段出口段主流进入本河段后，经羊山矶偏右下行，至横港上下被成德洲分为左右两汊。该段水道微弯，平均水深 20.1m，最深点高程－34.5m，B/H 平均为 2.2。

典型断面见图 13.4-59，断面形态呈宽浅的"W"形，右岸一侧边界抗冲性相对较强，断面的变化主要发生在中泓和左侧一岸，断面存在左右两处深槽区，左侧高程一般在－10m 左右，右侧维持在－11m。

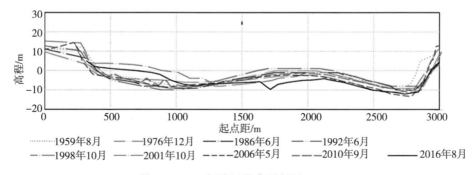

.... 1959年8月 —— 1976年12月 —— 1986年6月 —— 1992年6月
--- 1998年10月 —— 2001年10月 ---- 2006年5月 --- 2010年9月 —— 2016年8月

图 13.4-59　铜陵河段典型断面 TGA04

成德洲右汊蜿蜒弯曲、河道较长,其横断面形态由浅"U"形向"V"字形演变。1959—1986 年右汊河槽基本呈微冲;1986—1998 年右汊上弯段及出口段深槽部位冲深幅度相对较大,最大冲深达 7m;1998 年由于长江隐蔽工程的实施与作用的发挥,右汊河槽冲淤幅度趋小;但 2006 年时右汊进口段、老观嘴、胥坝段及出口处河槽仍出现了不同程度的冲刷,河床冲幅最大的区域为右汊出口处深槽,纵向下切约 5m;2006—2016 年右汊局部段河槽呈微冲微淤状态。

典型断面 TCR02 河床横向变化不大,由于特殊的边界条件,特别是右岸一侧抗冲性较强的阶地,断面横向变化受到抑制,河床变化表现为在不同水沙年份河床通过调节中泓床面高程,来适应过水流量。除 1998 年由于大洪水作用河床变化较大外,其他年份河床左右侧变化较小,深槽变化相对较大。最深点高程随上游来水量大小发生变化,见图 13.4-60。1976—1998 年 TCR02 断面最深点高程基本在 −13～−10m 之间,1998—2016 年 TCR02 断面最深点普遍刷深,到 2016 年断面累计平均冲深 5～8m。由以上统计可以看出,本段最深点的变化与长江来水来沙的条件关系密切。

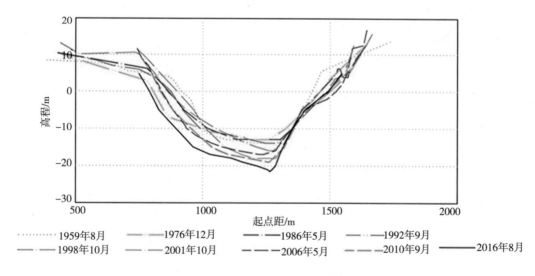

图 13.4-60　铜陵河段典型断面 TCR02

(5)芜湖河段

1)大拐段

由于此段有高安圩与桂花桥上、下两深槽,因此该段断面形态呈偏右"V"形向偏左"V"形过渡。上深槽段断面(WYA01～WYA04)深槽偏靠右岸,深泓高程在 −28～−35m 间。1965—1976 年深槽右侧冲刷,左侧则淤积;1976—1991 年断面冲淤变化较小,1998 年由于长江大洪水,河槽 −20m 高程以下冲刷扩大,WYA01 断面冲刷尤为明显,2001 年后断面冲淤幅度减小。由此可知:除 1998 年外,历年过水面积冲淤调整量不大,即断面特征值无明显变化。上深槽段断面形态基本稳定,右岸崩坍主要发生在1981年以前,2001年以后,总体冲淤变化不大,说明抛石护岸工程后,该段河床基本稳定。

2)芜湖段

横断面形态自上而下从偏"V"形(WYA12)逐渐向不对称的"W"形(WYA17)过渡,深槽一直靠右岸,−20m高程深槽基本贯通,即深泓高程一般低于−20m。芜湖大桥以上1991年以前深槽位置、深泓高程变化不大,断面形态基本稳定,河势相对稳定。1998年WYA13～WYA14之间深槽向左扩大冲深,而近左岸河床则淤积,1998—2006年近岸河床淤积;其余断面变化相对较小。芜湖大桥以下深槽位置变化不大,但由于河道展宽率增大,河宽均大于2000m,到西江大闸段河宽已超过3000m(5m水位下),因此河床冲淤变化自下而上渐渐增大。近几年来,深槽冲刷较为明显,深泓高程变化较大,可见,芜湖大桥以下虽然两岸岸线冲淤变化不大,但河床冲淤调整变化较大,特别是近几年深槽冲刷扩大(图13.4-61)。

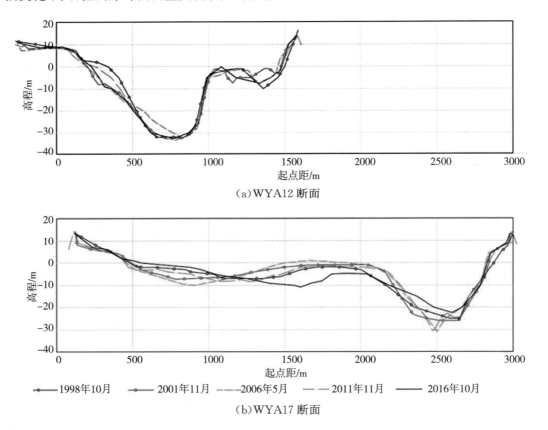

（a）WYA12断面

（b）WYA17断面

图13.4-61　芜湖河段典型断面

（6）南京河段

1)新济洲河段

小黄洲尾汇流段和新生洲分流区代表为MAA05(小黄洲尾部)断面和XJA01(新生洲

头)断面,断面形态在 1959 年时呈偏"V"形,深槽靠左岸,1959—1969 年断面左侧深槽淤积抬高,1986 年后随着大黄洲的崩退,断面左岸崩退,深槽左移,小黄洲洲尾淤长下移,至 1998 年左岸崩退达到最大,崩退了近 1.0km,断面形态也由"V"形发展为"W"形。2001 年后断面变化较小,岸线相对稳定。

XJA02(新生洲中部)断面位于中汊的上游新洲的中部,1959 年断面形态为"W"形,中间高出的部分为新济洲洲头分水鱼嘴,1959—1976 年新生洲洲尾向下大幅淤积,鱼嘴冲失,断面形态呈"U"形,1976—1991 年新生洲左缘冲刷后退,断面河宽增大,水深略有淤高,左岸出现石跋河—5m 高程边滩。1991—1998 年大水,上游心滩下移至该断面靠左岸并扩大成洲,新生洲左缘大幅崩退,深泓深槽右移,并大幅冲深,断面形态又呈"W"形,目前,夹江最深点高程在—10m 左右。2006—2016 年断面变化较小,基本稳定。

XSL02 为新生洲左汊进口断面,1959 年时断面形态呈宽浅型,1959—1991 年随着新生洲头左缘的不断崩退,河床中泓淤长,1998 年大水,石跋河边滩前移,新生洲头左缘淤长左移,至 2001 年石跋河边滩进一步前移,平滩水位下面积减小,由 1959 年的 20659m^2 减少到 2016 年的 14319m^2,平均河宽也由于新洲的滋长出现减少,表明左汊河床的冲淤主要反映在汊道内的滩槽变化。

XSR02 为新生洲右汊进口断面,1959 年时断面形态呈偏"V"形,深槽靠右岸,1959—1991 年,随着新生洲洲头及右缘的崩退,深槽逐步居中偏左位移,1998 年大水,右汊进口两岸略有淤积前移,1998 年以后,新生洲右缘又有小幅冲退,右岸略有淤积前移。

左汊代表断面 XSL02 过水面积不断减小,平均水深增加,宽深比减小;而右汊的 XSR02 断面过水面积不断增加,平均水深增加,宽深比减小,几十年来左汊衰退右汊发展的趋势明显,见图 13.4-62。

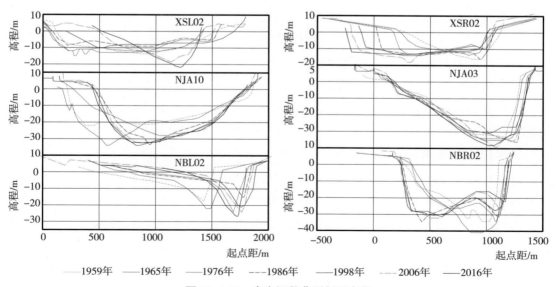

图 13.4-62　南京河段典型断面变化

新潜洲汊道段横断面形态由于新潜洲的存在上段呈"W"形复式河槽,下段为"U"形。1959年到实施七坝护岸工程前,左侧岸线大幅度冲退。1976年以后,断面左侧河床趋向稳定,在岸线后退停滞后,新潜洲滩面大幅度淤积抬高;1998年以后,滩面仍有不同程度的淤积。近些年来,右汊口门有些淤积。

2）梅子洲汊道段

梅子洲左汊左岸中段为西江口边滩,因此左汊的断面形态沿程由偏"V"形过渡到左侧为浅滩的"U"字形,最后发展成河床中部凸出的"W"形复式断面。1976年以前左汊断面西江口边滩为淤长,梅子洲左缘崩退,20世纪70年代开始对梅子洲洲头及左缘进行了抛石维护,1985年以后,两岸岸线的横向变化趋小,左汊河床冲淤幅度也随之减小,断面形态基本稳定。

3）八卦洲汊道段

随着左汊的衰退,左汊的断面总体淤积减小。左汊平均过水面积和河宽在1985年以后,减小的趋势减缓。断面变化较大的是进口段（NBL01～NBL06）、南化弯道段（NBL09～NBL10）。左汊进口段经过护岸抛石后,断面变形已明显变小,并趋于稳定,但局部变化仍然存在,最深点高程下降。

4）龙潭水道

西坝汇流段横断面形态自上而下呈深泓在左的偏"V"形,深槽紧贴河床左岸一侧。横断面冲淤主要发生在1975年以前,1975年以后两岸仍存在冲淤,但冲淤幅度减小,1985年后工程段两端横断面趋于稳定,但中部仍有一定的冲淤,如局部区域近岸出现崩窝,使左岸岸线受冲刷,经1998年抛石抢险加固,局部受冲断面基本稳定下来,下面分两段进行分析。

上段（典型NJA12（西坝上段）断面）随着八卦洲左汊出流的减少和右汊出流的增加,1959—1975年横断面总体呈左淤右冲,变化幅度自上而下沿程有所减小;1975—1985年NJA12断面呈小幅回淤,1985年后,上游八卦洲汊道河势基本稳定下来,右汊新生圩深泓线摆动趋缓,该段河势进一步转好,NJA12断面附近主要冲淤发生在高程−20m线以下河床,两岸近岸河床则为左冲右淤,幅度相对较小。

下段典型断面为NJA14（西坝下段）断面。该段左岸处于西坝顶冲区内,目前顶冲点在NJA13断面附近。本段在20世纪60—70年代曾发生强烈的崩塌,崩退强度自上而下逐渐增强,与此同时右岸则大幅度淤长,即断面形态呈左冲右淤状态,1972年开始对西坝险工段进行了抛石护岸,随着护岸工程作用发挥,岸线左移受限,该段断面左淤右冲的幅度明显减小,河床最深点高程变化也不大。1985年以后,险工段陆续得到加固和延长,经河床的自我调整,近岸岸线及横断面形态趋于相对稳定。历经1996—1998年长江大洪水,左岸个别断面出现崩窝,崩窝除−30m高程以上岸线崩退外,其他断面基本保持相对稳定,1998年大水后,对崩窝进行抢险抛石,崩窝内出现回淤,拐头一带是控导河势的人工节点,其上游岸线为水流顶冲区,局部水流复杂,由于护岸段近岸抛石量较大,1985年以来岸线变化不大。

下弯道横断面形态自上而下由偏右的"V"形,转为右侧偏深的"W"形,再到偏右侧的

"V"形,1959—1975 年随着河道的大幅度向右摆动,工程段断面床面均呈不同程度的右移,右岸江岸冲退。1985 年兴隆洲左汊堵汊以后,原分流进入左汊的支流沿左岸形成贴岸付流,冲刷兴隆洲右缘及左岸边滩,逐渐形成了付槽。1985—1991 年以后工程段横断面的变化主要发生在左侧深槽和心滩滩面一侧,右岸冲退值趋小,1991—1998 年付槽发展扩大,在龙潭一期集装箱码头附近(心滩两股水流汇合区)的深槽左缘有所扩大,断面形态基本稳定少变,但近岸岸坡较为陡峻。

(7)扬中河段

1)嘶马弯道段

从断面河床变化过程来看,1985 年前,过渡段左岸冲刷后退,左半侧近岸深槽以缓慢淤高为主,靠右侧滩面淤幅达到最高;1985—1998 年,本段床面左半侧近岸深槽略有淤高,靠右侧滩面冲刷,最深部位床面接近河道的中泓附近。1998—2006 年,过渡段左岸近岸深槽冲刷,右侧滩面略有淤高;至 2011 年本段床面左淤右冲。1959—1998 年,嘶马弯道发生强烈崩岸,断面左岸崩退,深槽向左冲刷扩大,右岸落成洲淤长;1998—2016 年断面左岸基本稳定,断面深槽有向下发展趋势,特别是落成洲汊道汇合后的断面深槽刷深幅度较大,如 YTL04(嘶马弯道)断面冲深约 10m。

2)落成洲汊道

从落成洲汊道左、右汊横断面图看,1966 年以后左汊为左冲右淤,右汊深泓则右移并刷深,落成洲右汊出现发展。1998 年以后,因嘶马弯道顶冲区相对稳定下来,水流顶冲位置下移到扬湾高港一带,左汊岸线后退已基本停滞,深槽略有淤高;同时,落成洲右汊水流加强,右汊深槽仍呈扩大趋势。至 2016 年左汊断面变化幅度减小,右汊断面深槽左侧(落成洲右缘)仍有一定幅度的冲刷,航道部门在右缘进行护滩治理工程,未来右汊分流比增加趋势将趋缓,典型断面见图 13.4-63。

13.4.4.5　河演小结

长江下游河道受到地质条件的控制,形成汊道众多的藕节状分汊河型,束窄段一般在一岸或两岸均有裸露的基岩或人工守护的节点,河道宽窄相间、江心洲发育。总体来看,随着河道整治工程陆续实施和发挥作用,凡进行护岸和治理的岸段,其岸线变迁相对趋小,主泓线横向摆动范围减小,河床演变主要发生在洲滩和汊道内局部岸段。

未经过治理的分汊河道内,鹅头型汊道主汊分流比仍有增加趋势,宽浅分汊段分流比变化依然存在不确定性,因此河道治理措施中应关注洲头以及两缘的稳定。

随着三峡水库蓄水运行,以及长江上游一些大型水利水电工程等逐渐投入运用,坝下游河道的来水来沙及其过程发生变化,长江下游河道河床演变产生一些新的变化,体现为河床深槽部位微冲,浅滩微冲微淤,特大洪水造床作用的影响减弱。

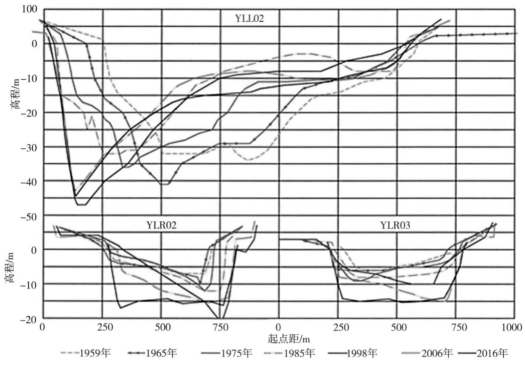

图 13.4-63　扬中河段典型断面变化

13.4.5　河口段

徐六泾以下的河口段长 181.8km，起始端徐六泾河宽仅 4.8km，出口宽约 90km。长江河口为陆海双相河口，在径流和潮流双重作用下，形成了目前三级分汊、四口入海的形势。长江口河段自徐六泾节点以下分为南支、北支两个河段，其中南支又分为白茆沙汊道段和南支主槽段。

（1）深泓线变化

1）南支白茆沙汊道段

白茆沙汊道段为双汊河型，上起白茆河口，下至七丫口，全长约 22km。江心洲—白茆沙整体呈菱形，滩顶高程在 1.0m 以上。白茆沙南水道为主汊，分流比约占 70%，北水道为支汊。

受长江来水量大小及出徐六泾节点段的落潮主流方向的影响，白茆沙汊道段深泓变化有下列主要特点：①分流点纵向变化幅度大，横向变化幅度小。②汇流点 2006 年以前同样纵向变化幅度大，横向变化幅度小。③白茆沙北水道深泓持续左移，南水道深泓变化较小。深泓线变化见图 13.4-64。

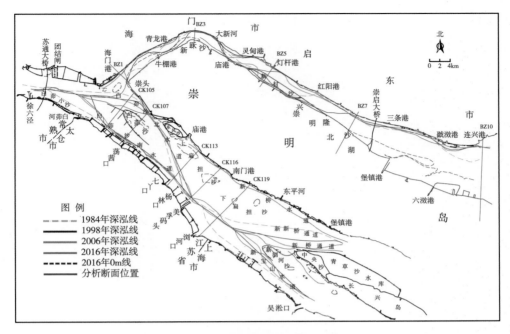

图 13.4-64　河口段南支和北支深泓线变化

2）南支主槽段

南支主槽段位于白茆沙汊道汇流点和下游南北港分流点之间，近 30 年来在七丫口至新川沙河之间上下摆动（新川沙河位于江苏上海交界处下游附近），由南支主槽、扁担沙及新桥水道组成。

南支主槽段深泓纵、横向变化均较大：①白茆沙南、北水道的汇流点在七丫口—美孚码头间上下约 5.8km 的范围内移动变化，速度先快后慢，1984—2006 年持续下移了约 5.8km，2006—2016 年上提了约 3.3km。②与上述情况类似，南、北港分流点 1984—2006 年持续下移了约 9.1km，2006—2016 年上提了约 1.4km。③受深槽冲淤变化的影响，该段深泓左右摆动较大，最大在 1.1km 左右。

3）北支河段

北支上段深泓摆动频繁；近期北支河道绝大部分深泓线都偏靠左岸；总体上，随着河宽大幅度缩窄，北支河段深泓线趋于稳定。

（2）洲滩变化

1）南支河段

白茆沙：现状白茆沙是 20 世纪 60 年代初逐渐形成的。1998 年长江大洪水，沙头向上淤长，而沙尾有所上提，主沙体 −5m 等高线以上面积增加了 3.4km²，体积增大了 21.8%。2001—2013 年期间白茆沙则是逐年冲刷。2012 年 9 月—2014 年 5 月，长江南京以下 12.5m 深水航道白茆沙整治工程实施后，白茆沙淤长，沙头上提，沙头向白茆沙南水道淤长，沙尾轻微下延，白茆沙沙体面积、长度、高程 −5m 线以上体积均呈增大趋势，见表 13.4-22 和图 13.4-65。

表 13.4-22　　　　　　　　　白茆沙沙体特征值统计

年份	面积/km²	长度/km	-5m 以上主沙体体积/亿方 m³	沙头后退/km	沙尾至七丫口断面距离/km	滩顶高程/m	沙体个数/个
1984	7.3	—	—	-2.12	4.1	-0.8	7
1992	33.8	17.85	0.54	1.34	1.9	0	4
1997	26.8	13.5	0.55	-0.24	4.2.2	-0.8	3
1998	30.23	13.33	0.67	0.95	5.5	0.5	2
2001	28.34	12.13	0.74	0.89	5.4	0.4	2
2006	21.65	10.87	0.65	0.89	6.8	0.7	2
2011	21.7	9.09	0.66	0.32	7.4	1.3	1
2013	21	9.2	0.63	0.16	7.1	0.9	1
2016	23.3	10.03	0.71	-1.3	7.1	0.8	1

注：表内沙头后退栏，负值表示沙头上提。

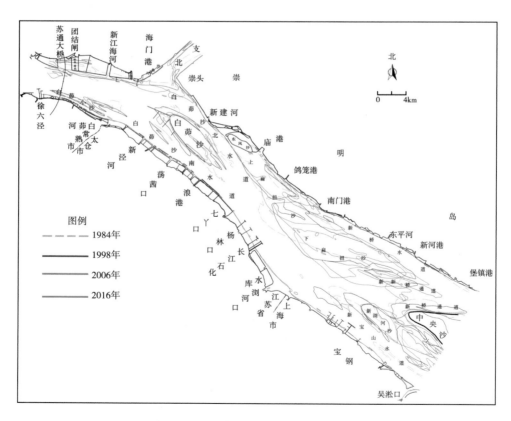

图 13.4-65　南支河段-5m 等高线变化

扁担沙：扁担沙位于南支河段左侧，是形成南支主槽左边界和新桥水道右边界的巨大江心洲，头尾窄，中间宽，总体呈长条形，与白茆沙交错排列，洲头上接已圈围的东风沙，洲尾是北港进口段的上边界，介于新河港和堡镇港之间。以崇明南门港为界，以西称上扁担沙，以东称下扁担沙。按－5m 高程计算，2006 年沙体总长 33.5km，最大宽度 6.6km，占河道一半以上，滩面自上游向下游倾伏。扁担沙近期面积变化见表 13.4-23。

表 13.4-23　　　　　　　　　　扁担沙面积变化（－5m 等高线）

年份	1978	1984	1992	1997
面积/km²	76.0	100.5	105.3	101
年份	1998	2001	2006	2011
面积/km²	97.0	98.1	99.1	94.8
年份	2013	2016		
面积/km²	87.6	102.5		

2）北支河段

20 世纪 90 年代之前，北支两岸有着丰富的滩涂资源。经过多年的圈围，北支河段的江心沙、圩角沙、永隆沙、黄瓜沙（新隆沙）、灵甸沙等先后并岸。北支河段 0m 等高线洲滩演变见图 13.4-66。

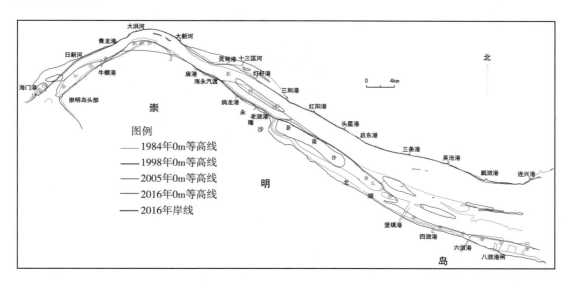

图 13.4-66　北支河段 0m 等高线变化

①新村沙。

1984—1991 年灵甸港下游附近的左边滩被水流冲开，江中沙体称作新村沙，面积约 2.9km²，河道在此分为左、右两汊，右汊仍然为主汊。新村沙形成后，沙体迅速淤长并右移，右汊不断萎缩。2011 年 11 月启动的新村沙综合整治工程实施以后，其沙体右部大部分被圈围成陆地,而整治工程北堤左缘的沙体依据"占补基本平衡"的原则进行了疏挖,以尽量减小整治工程对河道过流能力的影响。新村沙沙体特征值见表 13.4-24。

表 13.4-24 新村沙形态特征统计(0m 等高线)

年份	面积 /km²	洲长/m		洲宽/m		洲顶 高程/m	沙体 个数/个
		最大	平均	最大	平均		
1991	2.885	6791	3963	728	425	1.1	2
1998	0.164	503	373	440	326	0.4	1
2001	5.379	7560	4803	1120	712	1.8	2
2005	6.525	8507	6941	940	767	1	1
2011	7.225	8042	5927	1219	898	2.8	2

注:2012 年 9 月,新村沙整治工程围堤完成,此后新村沙并入崇明岛。

②新跃沙。

新跃沙位于大洪河对岸,是依附于右岸的边滩,1978 年以来一直存在。该处正好是北支由东北方向向东南方向的转折处,为河道的凸岸。近期,新跃沙边滩冲淤互现,变化较小。该沙体位置曾经历过多次圈围。

③崇头边滩。

1998 年大洪水之后,北支进口右侧崇头—牛棚港段内边滩淤长,至 2001 年生成了一个长约 6.4km、面积达 4.2km² 的舌状堆积体。之后,崇头—新跃沙边滩迅速淤长、扩大。近期该边滩面积在 12.2km² 左右,呈冲淤互现状态,变化较小。

④崇明北缘边滩。

崇明北缘边滩是指新隆沙和黄瓜二沙并岸后下游所形成的沙体,2003 年以来,该沙体呈持续淤长、扩大之势。

(3)深槽变化

1)南支河段

南支河段—15m、—20m 等高线变化见图 13.4-67 和图 13.4-68。

白茆沙汊道段,总体维持主泓在南水道、北水道为支汊的双分汊格局,近期白茆沙水道南(水道)强北(水道)弱的分流形势进一步加强;南水道—15m、—20m 高程深槽不断冲刷、发展,而北水道有所萎缩。

南支主槽段,近期深槽总体稳定;局部区域河床冲淤变化较为剧烈,表现为北冲南淤,深槽向北拓展。

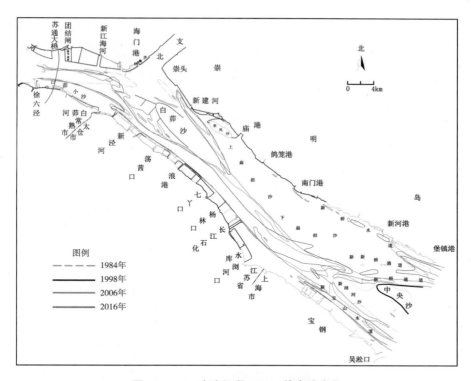

图 13.4-67 南支河段－15m 等高线变化

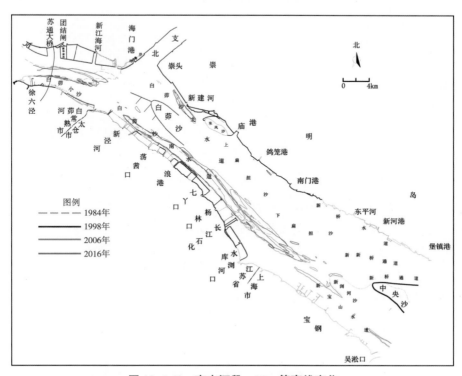

图 13.4-68 南支河段－20m 等高线变化

2）北支河段

北支为宽浅型河道。以−5m等高线变化为例，见图13.4-69，近期北支−5m等高线已由原来的上、下断续状态演变至2016年10月的上、下贯通状态，深槽有所发展，表明近期北支水流动力条件与河床边界条件组合较好，形成了目前良好的水深条件。

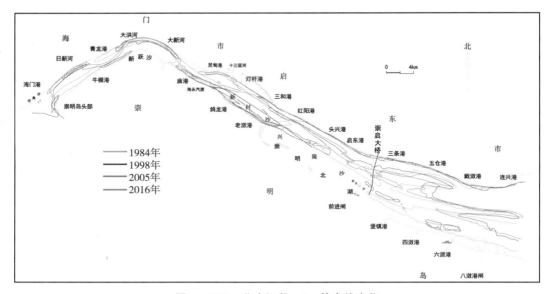

图13.4-69 北支河段−5m等高线变化

（4）典型断面变化

1）南支河段

总体来看，本河段各断面变化频繁，河床活动性大。

①白茆沙水道。

白茆沙南、北水道河槽断面形态及其尺度一直处于变化之中，槽宽的变化与过水断面面积的增减并不相应。

近年来，进口北水道与南水道断面面积比有明显的变化。1992年为北水道的鼎盛期，此后，南、北水道虽然各有发展，但面积比却单向变化，2011年为73.1∶26.9，显示白茆沙汊道南（水道）强北（水道）弱的格局呈逐步加强的趋势。中段，1984—1992年为北水道发展期，北水道过水面积所占比例持续增大，1998年以后，南水道面积除2001年占77%较大外，其余测次在70%上下波动，较为稳定；2006—2016年，北水道深泓刷深了约8m，南水道高程−20m以下呈北淤、南冲的态势。典型断面图见图13.4-70。

就河相关系来看，白茆沙水道进口断面，南北水道均处于易冲刷状态，而白茆沙中断面则相对较为稳定。

②南支主槽。

七丫口断面（CK113）于白茆沙南、北水道汇流位置附近，河道断面宽度相对较窄，对下游河床变化能起一定的控制作用。本断面面积曾经于 1992 年达到一个较大值,1998 年大洪水造成本断面河槽淤积,此后随着主槽左侧扁担沙右缘的冲刷,−10m 高程以下过水面积又逐渐增大至 2016 年的最大值。断面上最深点历年来摆动幅度达 1.1km。

长江石化码头断面(CK116)位于本河段的中部。1984—2016 年右岸−5m 高程以上的边滩基本稳定。2006 年后,主槽中部出现纵向沙埂,河槽分化,左深槽在断面中的权重大于右深槽,断面形态由"V"形向相对较宽浅的"W"形发展。

浏河口断面(CK119)位于本河段下段,靠近南北港分流段,河床在水流的分离、交汇等复杂动力作用下,常常发生剧烈变化,形成多个汊道。1984—2016 年断面呈犬齿交错状,显示出多种流态的水流共同强烈作用的结果。

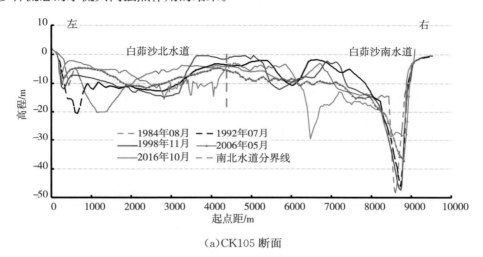

(a)CK105 断面

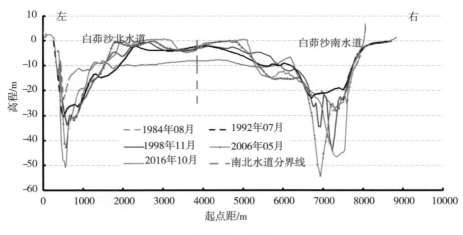

(b)CK107 断面

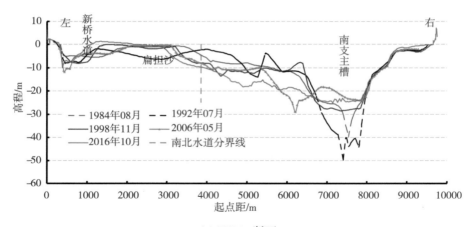

（c）CK113 断面

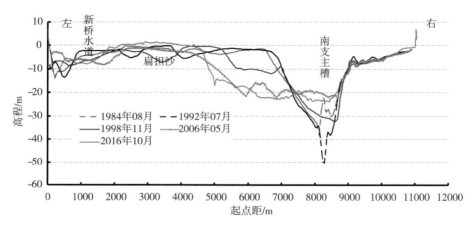

（d）CK116 断面

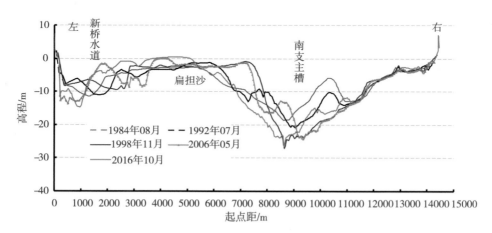

（e）CK119 断面

图 13.4-70　南支典型断面变化

2)北支河段

北支除弯道断面(BZ3)形态属偏"V"形外,其余位置横断面基本形态均属宽浅型复式断面。近年来各断面演变的主要特点是淤浅、缩窄,岸滩圈围对断面缩窄的影响显著。

20 世纪 80 年代以前,北支河段断面普遍有不同程度的左移,随着左岸部分河段的圈围以及护岸工程的不断加强,断面左移受到了限制。近期,河道宽度(0m 等高线计)均有不同程度的缩窄,缩窄率在 20%～59%之间,变幅最大和最小的断面分别为进、出口断面。典型断面见图 13.4-71。

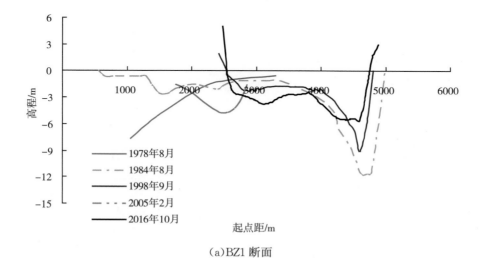

(a)BZ1 断面

(b)BZ3 断面

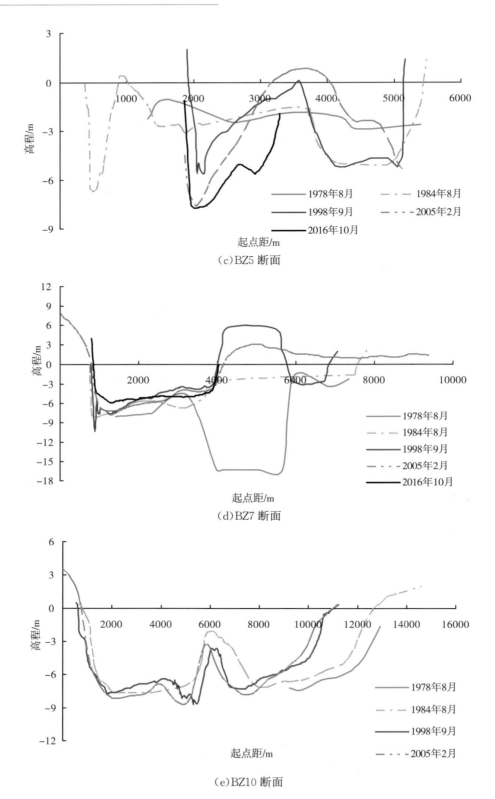

（c）BZ5 断面

（d）BZ7 断面

（e）BZ10 断面

图 13.4-71　北支典型断面变化

由于海门港附近圩角沙的围垦和崇头边滩的不断淤积,北支进口断面(BZ1)不断向河道内收缩,且深槽淤浅。1984—2001 年,主流靠崇头一侧进入北支,深槽位于南岸;2001—2008 年,落潮主槽由南岸移至北岸,崇头边滩大幅度向外淤长;2008—2016 年,主流又由北岸摆动至南岸。

在保滩护岸工程的守护下,弯道处(BZ3)左岸较为稳定,右岸不断左移,该段深槽贴左岸。20 世纪 90 年代初期河槽冲淤幅度较大,近期有所趋缓。2011 年 12 月以来,断面深槽冲淤互现,但以刷深为主,−5m、−10m 高程河槽展宽。

灵甸港—灯杆港河段左岸为北支近年来圈围面积较大区域,灯杆港断面(BZ5)左侧表现为大幅度右移。1984—2011 年,河道内新村沙不断淤高,滩顶高程达 2.8m,河道被新村沙分为左、右两汊,左汊发展,右汊淤积萎缩。2011 年 11 月以后,断面呈北淤、南冲态势,且主槽由偏"V"形向偏"U"形演变。该断面位置正是最近北岸−5m 高程槽与南岸−5m 高程槽贯通位置。目前,断面左汊两岸堤线间宽度在 1900m 左右。

受新隆沙、黄瓜沙圈围并崇明北岸的影响,启东港断面(BZ7)右侧汊道消失,历年数据显示,该段左侧主河槽较为稳定。

随着堡镇北港北闸上游一系列的圈围、促淤工程的实施,下游河道内黄瓜沙群不断生成及向下游淤积延伸,图 13.4-71(e)表现为南岸边坡不断左移;北支出口北主槽及心滩沙脊线位置相对稳定,南副槽呈淤积之势。

(5)河演小结

①白茆沙沙头冲刷后退趋势得到遏制。白茆沙形成后迅速淤长发展,至 1992 年沙体面积达到最大值,1992 年以后,白茆沙总体呈冲刷态势,沙体面积减小,沙头后退,沙尾上提。近期沙体的变化趋缓。

②白茆沙河段总体维持主泓在南水道、北水道为支汊的双分汊格局,近期白茆沙水道南(水道)强北(水道)弱的分流形势进一步加强。

③南支主槽段河势总体稳定,局部河床特别是深槽区域河床冲淤变化较为强烈,近年来北冲南淤,主槽向北拓展,深泓水深变浅,河床断面形态逐步由窄深向宽浅发展。

④扁担沙左缘南门港以上以淤积为主,右缘 2001 年以前上段冲刷后退,下段淤长南扩,2001 年以后呈整体冲刷后退之势。上、下扁担沙之间的南门通道经历了发育、发展和逐渐转淤积萎缩的过程,2011 年以后新南门通道生成并逐渐发展。

⑤北支已成为涨潮流动力占优势的河段,进流条件的恶化以及涨潮流占优势的水沙特性决定了北支总体演变方向以淤积萎缩为主。目前北支的洪季进潮量仍占长江口总进潮量的 20% 左右,−2m 等高线以下的河槽容积仍有近 8.0 亿 m³;北支主流线反复多变、滩槽变化频繁,局部河床时常出现冲刷现象。北支总体淤积萎缩状况将会持续较长时期。

13.5　长江中下游重点险工护岸段分析

近岸河床冲淤变化不仅与水流条件、上下游河势密切相关,也受到该河段主流线摆动、洲滩变化等的影响,反过来它也影响到局部河势的变化。局部河段水流顶冲点的上移、下挫或贴岸冲刷,致使原有的护岸工程淤废或破坏,同时又产生新的崩岸。考虑到险工段稳定性关系到局部,乃至整体河势的稳定性,本章采用近年来1:2000半江水道地形观测资料,对长江中下游河段主要险工段近岸河床开展演变分析,一方面为及时掌握河势变化,以便及时采取应对措施,确保防洪安全;另一方面为河道崩岸预警提供技术支撑,分析的内容包括近岸深泓线、近岸冲刷坑、近岸典型断面等多个方面。

13.5.1 沙市盐观险工段

沙市盐观险工段位于沙市河湾尾端,金城洲汊道左岸,堤防桩号 741+400～760+000间,共计 4.6km,盐观险工段上段位于金城洲汊道左汊出口处上游约 1.3km 处,下段位于金城洲汊道左汊出口处下游约 2.2km 处。该段迎流顶冲,是荆江大堤的重点险段之一。

（1）近岸深泓线变化

沙市盐观险工段年内深泓变幅较小,杨二月矶下游近岸深泓摆幅相对较大,最大变幅亦不超过 50m。杨二月矶下腮（桩号 745+700～744+800）段深泓汛前内靠,汛期和汛后外移。经过多年的整险加固,盐观险工段总体岸线趋于稳定,见图 13.5-1。

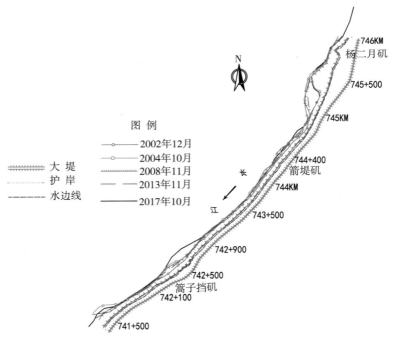

图 13.5-1 荆江大堤盐观段护岸段深泓线平面变化

（2）近岸冲刷坑变化

2015 年 8 月—2017 年 10 月,险工段（杨二月矶）近岸冲刷坑有所淤积,5m 等高线所围冲刷坑面积由 8835m^2 缩至 6396m^2,最深点由 3.4m 降低至 3.2m,最深点变化不大,见

图 13.5-2(a)和表 13.5-1；险工段(箭堤矶)近岸冲刷坑有所冲刷，10m 等高线所围冲刷坑面积由 5823m² 扩至 47500m²，最深点由 8.9m 降低至 6.1m，见图 13.5-2(b)和表 13.5-2。

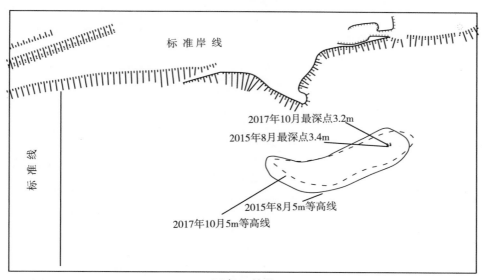

（a）杨二月矶

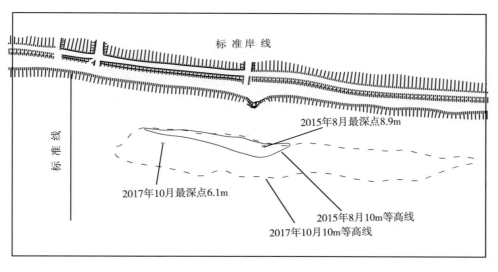

（b）箭堤矶

图 13.5-2　盐观险工段冲刷坑平面变化

表 13.5-1　　　　　　　盐观险工段(杨二月矶)冲刷坑特征值统计

施测时间/(年-月)	水位/m	冲刷坑				最深点		
		等高线	长/m	宽/m	面积/m²	高程/m	距标准线距离/m	距标准岸线距离/m
2015-08	33.0	5m	196	55	8835	3.4	281	113
2017-10	35.1	5m	194	41	6396	3.2	289	103

表 13.5-2　　　　　　　盐观险工段(箭堤矶)冲刷坑特征值统计

施测时间/(年-月)	水位/m	冲刷坑				最深点		
		等高线	长/m	宽/m	面积/m²	高程/m	距标准线距离/m	距标准岸线距离/m
2015-08	33.0	10m	296	32	5823	8.9	下 149	134
2017-10	35.1	10m	742	88	47500	6.1	下 94	150

（3）典型断面变化

杨二月矶(745＋619)断面最深点高程变化不大,位置略有外移,岸坡相对稳定,见图 13.5-3。箭堤矶(744＋273)断面位于金城洲分汊段的左汊,近年来该断面最深点回淤并有所内移,岸坡趋陡,见图 13.5-4。篙子挡矶(742＋183)断面自三峡水库蓄水以来冲刷较大,近期深槽相对稳定,见图 13.5-5。

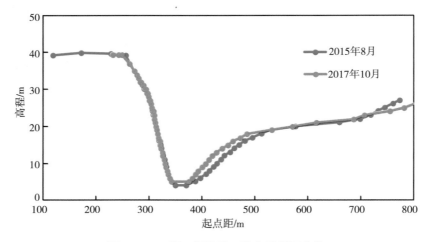

图 13.5-3　杨二月矶险工段典型断面变化

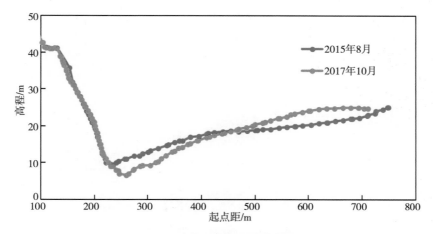

图 13.5-4 箭堤矶险工段典型断面变化

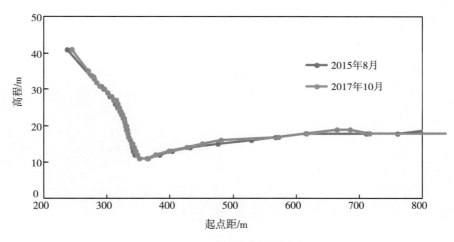

图 13.5-5 篙子垱矶险工段典型断面变化

13.5.2 石首北门口险工段

石首河湾段为急弯型河段,上起新厂,下迄南碾子湾,全长约31km。1994年6月石首弯道向家洲发生切滩撇弯后,位于石首弯道凹岸(右岸)北门口岸段(桩号6+000~12+000)河道深泓逼岸,且受主流顶冲,一直处于崩退过程中,其中桩号6+000~11+000段2014年实施应急工程,对该段岸坡进行了加固改造,险情位置见图13.5-6。随着主流顶冲点下延,北门口下游未护段岸坡发生持续崩塌后退。2002—2017年下游未护段岸线累计最大崩退达330m,崩岸起点为新守护段尾,止点在荆99断面上游约850m。自2015年北门口新守护段修建以来,未加固段逐渐崩塌,从2016年开始崩岸强度逐渐加剧,崩岸长度约1400m,最大崩宽约90m,2018汛前崩岸巡查时,该段局部仍有窝崩发展,崩岸现场情况见图13.5-7。

图 13.5-6　北门口崩岸段位置

(a)2007 年汛前　　　　　　　　　　　　　　(b)2018 年汛前

图 13.5-7　北门口段大规模崩退

（1）近岸深泓线变化

石首河湾近年来总体河势相对稳定，局部仍有调整。河湾段上过渡段主流摆动频繁，左右摆幅近 1km。2006 年周天航道整治工程实施后，河湾上游茅林口附近主泓稳定在河道的右半河床，在天星洲洲头过渡至焦家铺深泓贴弯道左岸下行。不同年份季节，弯顶过渡到北门口的顶冲点出现上提下移，弯道上下游深泓摆幅在 400m 以内（图 13.5-8 和图 13.5-9）。随着北门口下游主流顶冲贴岸段向下游延伸，北门口下游未护段岸坡发生持续崩塌后退，2002—2017 年北 1 附近累计最大崩退达 450m。

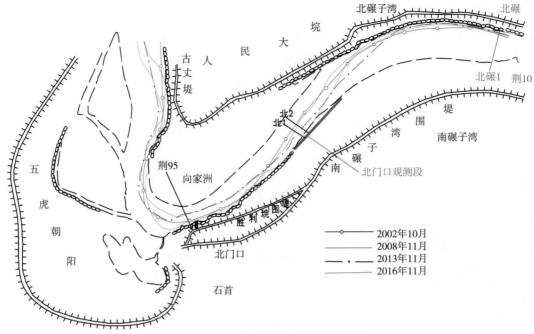

图 13.5-8　石首河湾段深泓线平面变化

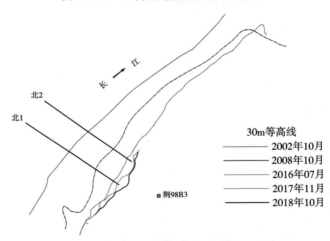

图 13.5-9　石首河湾北门口下段右岸岸线平面变化

（2）近岸冲刷坑变化

北门口下游未护段，随着北门口下游主流顶冲贴岸段向下游延伸，近岸深槽冲刷扩展上伸下延并向近岸方向靠拢，险工段附近 10m 等高线深槽面积逐渐增加为 82830m^2，最深点的位置随之向近岸移动，最深点由 10.6m 高程降低至 3.9m，见图 13.5-10 和表 13.5-3。

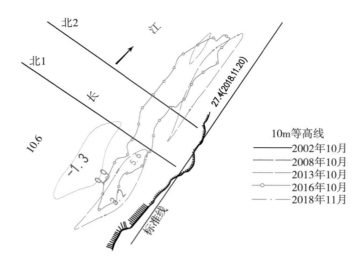

图 13.5-10　北门口出险段深槽(10m 等高线)平面变化

表 13.5-3　　　　　　　　　　　北门口崩岸段近岸冲刷坑特征值变化

施测时间/(年-月)	测时水位/m	最深点变化				冲刷坑面积(10m 等高线)/m²	北 2 附近水下坡比
		最深点高程/m	相对位置/m				
			纵向(北 2)	距标准线	距岸线		
2002.10	28.87	10.6	上 436	582	511	0	1∶6.9
2013.10	26.70	9.9	上 418	243	180	68	1∶4.7
2016.10	26.90	5.6	上 272	180	120	80216	1∶3.5
2018.11	27.50	3.9	上 438	170	109	82830	1∶3.5

（3）典型断面变化

北门口段位于石首河段弯顶下游右岸，近年来深泓稳定贴岸，近岸河床受到冲刷，岸线不断崩退，至 2018 年岸坡累计最大崩退达 450m，岸坡较陡，坡比常年大于 1∶2.50（图 13.5-11）。

（4）险情初步分析

①1980 年代以来，位于坝下游的荆江河段呈现持续冲刷状态，1980—2018 年石首河段全河段冲刷 8486 万 m^3，且以冲刷低水主河槽为主。荆江冲刷态势还将延续。

②受石首河湾河势调整的影响，向家洲切滩撇弯之后，弯道顶冲点大幅下移并下延，北门口弯道水流长距离贴岸环流，淘刷作用较强，易导致岸坡失稳，产生崩岸险情。

③该段岸坡上部粉质黏土层单薄，下部以河床相细砂为主，河岸抗冲能力很弱，易发生

崩岸险情;河床主泓基本位于砂层之内,水下未抛石边坡坡脚遇主流贴岸易淘刷变陡,已护岸坡也易失稳发生坍塌。

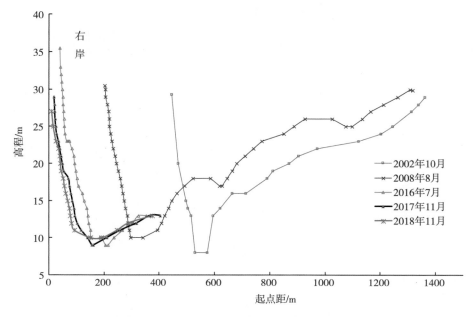

图 13.5-11 北门口出险段北 1 断面河床变化

13.5.3 洪湖燕窝险工段

燕窝险段位于湖北省洪湖市长江簰洲湾弯道进口段左岸,该段滩宽 40~60m,滩面高程 26~27m,主流贴岸(图 13.5-12)。近年来河床冲刷下切、岸坡变陡,加之该段为沙基岸段,地质条件差,抗冲能力弱,故而引发崩岸。其中燕窝虾子沟段 2017 年 4 月发生严重崩岸,崩长 75m,崩宽 22m,吊坎高 6m,距堤脚最近 14m;10 月 27 日再次发生崩岸险情,位于汛前的崩岸下游 420m 处,崩长 105m,崩宽 17m,吊坎高约 6m,距离堤脚最近 80m,见图 13.5-13。崩岸险情的发生,严重危及洪湖长江干堤的度汛安全。

(1)岸线变化

从各测次岸线变化来看,2008—2016 年,险工段附近岸线较为平顺,平面摆动幅度较小。2017 年 4 月 19 日,险工段发生崩岸。从抢险工程完成前后测图来看,抢险施工完成后,崩岸处 15m 等高线明显右移,最大摆动距离达 5m,表明抢险应急工程对局部河势控制起到了较好的效果;而从 11 月测图来看,局部地区岸线向岸侧摆动 3m,见图 13.5-14。

(2)近岸冲刷坑变化

从险段附近-10m 高程冲刷坑变化(图 13.5-15)来看,河床最低点高程由 2016 年 11 月的−10.4m 下切至 2017 年 4 月的−15.8m；冲刷坑范围明显扩大，−10m 高程冲刷坑面积由 2016 年 10 月的 1.14 万 m² 扩大至 2017 年 4 月的 9.32 万 m²，且位置明显内靠，严重影响岸坡安全。2017 年 4—11 月，冲刷坑化整为零，由 1 个较大冲刷坑分解为 5 个小的冲刷坑，其位置向岸边靠近，面积由 9.32 万 m² 减小至 1.64 万 m²，河床最低点高程由−15.8m 抬升至−11.8m，见表 13.5-4。

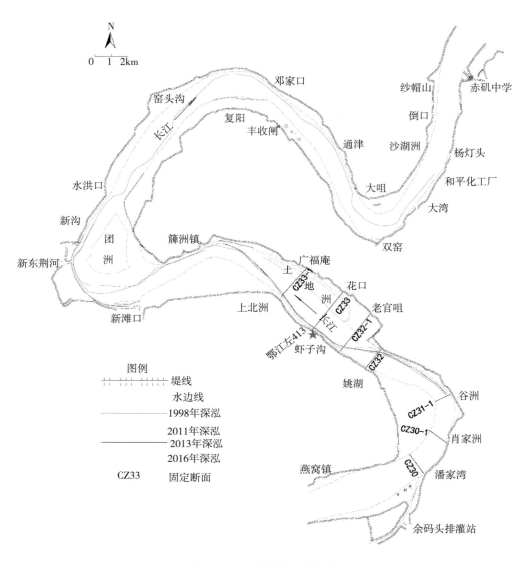

图 13.5-12　簰洲湾河段河势

（a）照片 1

（b）照片 2

图 13.5-13　燕窝虾子沟崩岸情况

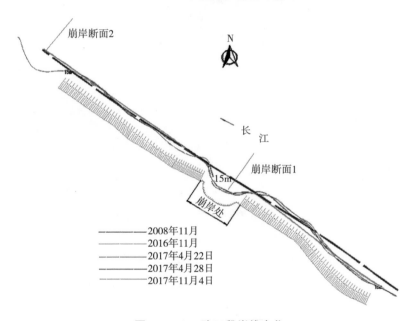

图 13.5-14　险工段岸线变化

表 13.5-4　　　　　　　　崩岸附近－10m 高程冲刷坑最低高程及面积变化统计

时间/（年-月）	冲刷坑最低高程/m	冲刷坑面积/万 m²
2016-11	－10.4	1.14
2017-04	－15.8	9.32
2017-11	－11.8	1.64（0.76＋0.05＋0.26＋0.09＋0.48）
2018-04	－13.2	6.18（1.42＋1.68＋1.85＋1.23）

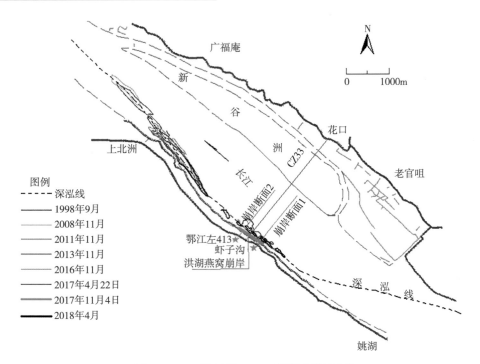

图 13.5-15　险工段−10m 高程冲刷坑变化

（3）典型断面变化

从图 13.5-16 来看，多年来，本断面左岸岸坡相对较陡，深泓贴近左岸。2012—2018 年，左岸岸坡有所冲刷后退，主河槽受冲刷趋势较为明显，2013 年主河槽最低点高程为−4.3m，2017 年，主河槽最低点高程下切至−12.8m，可见期间主河槽冲刷较为明显。

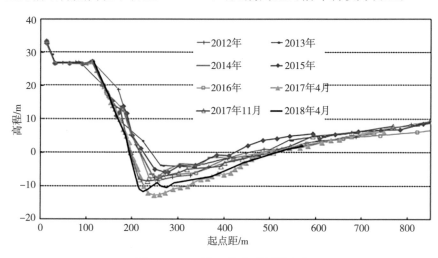

图 13.5-16　险工段典型断面变化

（4）险情初步分析

经初步分析，出险原因主要有以下几点。

①岸坡土体结构抗冲性差。该段岸坡土体地质为典型二元结构，上部为6～8m厚的壤土、沙壤土，下部为粉细沙层，层厚超过20m。粉细沙抗冲刷能力极差，一旦迎流顶冲，极易冲毁，引起坡脚悬空、上部土体失稳崩塌。

②河势条件不利岸坡稳定。出险河段位于簰洲湾弯道进口段左岸，主流贴岸。1998年大洪水后，河床有冲有淤，但总体处于冲刷状态。特别是2013年后河床冲刷有所加剧，且2016年汛后至2017年汛前崩岸段河床继续冲刷下切，危及岸坡稳定。

③水下地形变化不利于岸坡稳定。水下测图对比表明：2016年汛后至2017年汛前崩岸段近岸河床冲刷坑范围明显扩大，岸坡变陡。2017年汛期河底冲坑有所回淤，但2017年10月12日后又呈冲刷状态。

④2017年的秋汛历时长、相比历史同期水位高，长期浸泡后退水期不利于岸坡稳定。

13.5.4 团林岸险段

团林岸险段位于湖北省浠水县长江左岸，长江中游韦源口河段进口段，对应桩号茅山干堤148＋850～148＋950，河段内深泓线靠右岸，深槽亦靠近右岸。2016年7月22日上午6时许，黄冈长江干堤茅山堤团林岸（148＋850～148＋950）堤外距堤脚约20m处有白杨树倒伏，发生了水下崩岸险情。据现场目测，崩岸呈弧形，长约100m，宽约20m，距堤脚最近距离约20m，出险时滩面水深0.5～4.5m，险情地理位置见图13.5-17，崩岸现场情况见图13.5-18。

图 13.5-17 团林崩岸险情位置

图 13.5-18 团林崩岸现场情况

（1）深泓线、岸线变化

该段近年来总体河势基本稳定，河床纵向冲刷下切，深泓平面走向除西塞山下游局部放宽段摆幅较大外，出险段深泓居中且较为稳定，受西塞山节点挑流的影响，茅山港以下深泓贴靠左岸（图13.5-19）；10m（黄海高程）等高线近年来冲淤交替（图13.5-20）。

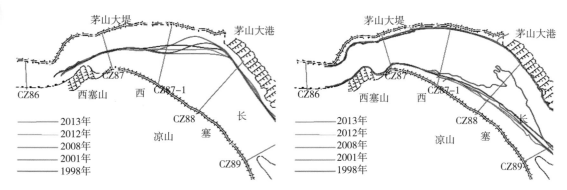

图 13.5-19　崩岸出险段附近深泓线平面变化	图 13.5-20　崩岸出险段附近 10m 等高线平面变化

（2）典型断面变化

出险段岸坡上部较陡，且近年来坡脚处河床冲刷下切，坡度变陡（图 13.5-21）。

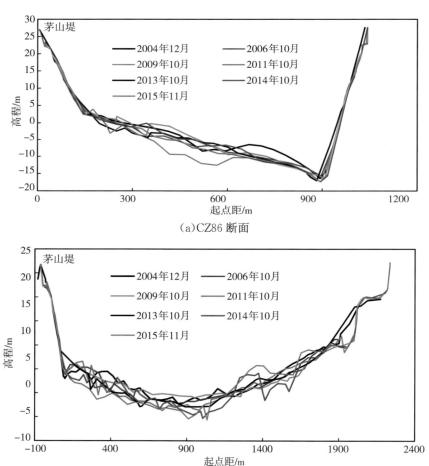

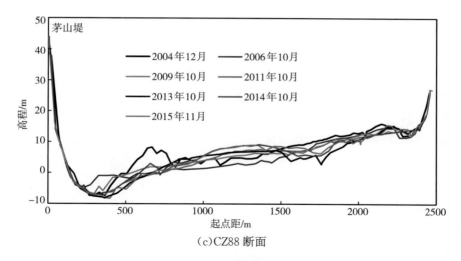

图 13.5-21 险工段典型断面变化

（3）险情初步分析

本次崩岸发生在黄冈长江干堤茅山堤桩号 148＋850～148＋950 处。初步分析崩岸主要原因为：

①该段岸坡上部为砂壤土，中下部为粉质壤土、粉质黏土及黏土，与砂壤土及粉细砂呈互层或夹层透镜状，岸坡抗冲能力弱，易发生崩岸险情。

②受右岸西塞山挑流作用的影响，主流由右岸向左岸过渡，弯道水流作用明显，在崩岸所在区域形成回流区，流态紊乱，水流淘刷作用较强，易导致岸坡崩塌。同时近年来滩唇平面形态变化较大，呈犬牙状，导致水流更加紊乱，边坡淘刷严重，岸坡变陡，易失稳。

③近期河道水位高，岸坡长时间受洪水浸泡，水流流速较大，回流淘刷作用增强，引发岸坡失稳，产生崩岸险情。

13.5.5 六圩弯道险工段

六圩弯道险工段位于长江镇扬河段六圩弯道的左岸，靠近六圩河口。险工段位于弯道凹岸，受水流顶冲影响较大，深槽逼近岸壁，是长江下游著名的险工段。六圩弯道上起瓜洲，下迄沙头河，长约 13.5km，是世业洲汊道与和畅洲汊道的连接段，北岸六圩河口为京杭大运河穿江口门，南岸有被征润洲包围的镇江老港区。

自 20 世纪 80 年代初集资整治工程实施以来，六圩弯道的河床演变已由自然状态转为人工控制状态，总体河势向趋于稳定的方向发展，但局部河床仍处在调整之中，几次大洪水对河床的调整也产生了一定的影响。根据 2016 年、2017 年及 2018 年 1∶2000 测图资料进行对比分析。

（1）岸线变化

在自然演变时期，本段岸线受水流顶冲影响大幅度崩退，形成数处崩窝；后经抢险整治工程,逐步趋于稳定,但岸线走势仍呈锯齿状。在测区范围内,目前还遗留三处大型崩窝的形态,部分崩窝内部出现一定回淤,崩窝外侧河床依然较为陡峻。

①0m 等高线变化:对比 2017 年和 2018 年两次测图(图 13.5-22),险工段 0m 等高线变化较大处分别为 LW02 断面上游、LW04 断面处(扬州远扬集装箱码头内侧)以及 LW08 断面上游(老崩窝),共 3 处。这 3 处等高位置 0m 线均为冲刷,冲刷幅度在 30～50m 之间。其余位置 0m 等高线基本稳定,以微冲微淤为主。

②-10m 等高线变化:对比近 2 次测图,险工段-10m 等高线在 LW01 断面处(扬州港码头)冲刷 30m,在 LW05 断面处生成了一个新的-10m 等高槽(135m×40m,长×宽)。其余位置 0m 等高线以微冲微淤为主。

总体来看,本段岸线因崩塌形成弯曲状,虽然崩窝和崩岸得到一定的治理,部分地段受应急抛石抢险,崩势得到减缓,但岸线形态依然不平顺,深槽逼近岸边,需要进行加固护理和系统的护岸整治,以确保上下游设施的安全运行和宏观河势的稳定。

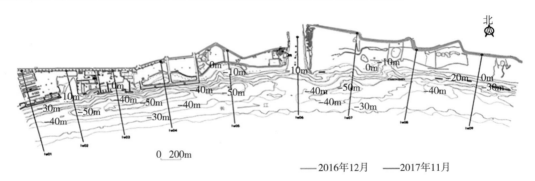

（a）2016—2017 年

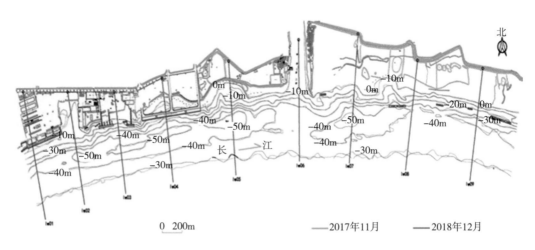

（b）2017—2018 年

图 13.5-22　六圩弯道段平面比较

（2）深槽变化

对比 2017 年和 2018 年两次测图，以 LW06 断面为界（京杭运河口）：上游 3 个−50m 高程深槽基本保持稳定，槽体变化不大；下游在 LW07 断面处生成了一个新的−50m 高程深槽（235m×110m，长×宽），槽体上窄下宽，形状不规则。

（3）横断面变化

2017—2018 年，险工段横断面总体保持基本稳定，冲淤变化不明显。仅部分断面右岸有局部冲刷（LW07、LW08），且冲刷幅度均较小（不超过 2.5m），见图 13.5-23。

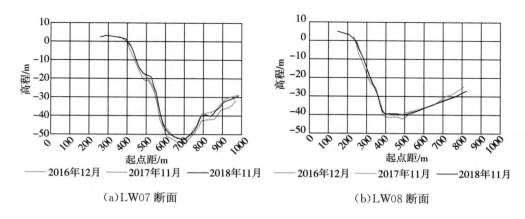

（a）LW07 断面　　　　　　　　　　　　（b）LW08 断面

图 13.5-23　六圩弯道段断面比较

（4）边坡变化

根据 2017 年和 2018 年 1：2000 测图，分别对高程 0～−10m、−10～−20m 和 −20m～−40m 河床之间岸坡比进行了统计，见表 13.5-5。

由表 13.5-5 可见，险工段 2018 年的 0～−10m 高程岸坡比在 1：3.2～1：20.1 之间，−10m～−20m 高程岸坡比在 1：2.4～1：8.4 之间，−20m～−40m 高程岸坡比在 1：2.2～1：4.3 之间。总体来看，险工段 2018 年岸坡较 2017 年变化不大，虽然存在局部变陡的情况，但仍小于长江下游岸坡稳定临界值。

表 13.5-5　　　　　　　　　　　六圩护岸段近岸岸坡比统计

断面名称	2017 年			2018 年		
	0～−10m	−10～−20m	−20～−40m	0～−10m	−10～−20m	−20～−40m
LW01	1：5.4	1：4.6	1：3.9		1：7.1	1：3.9
LW02	1：21.2	1：4.1	1：2.5	1：20.1	1：3.6	1：2.4
LW03	1：3.3	1：2.7	1：4.2	1：3.5	1：3.1	1：4.3
LW04			1：2.4			1：2.2
LW05	1：4.5	1：2.7	1：2.6	1：3.5	1：2.9	1：2.3

断面名称	2017年			2018年		
	0～−10m	−10～−20m	−20～−40m	0～−10m	−10～−20m	−20～−40m
LW06		1：3.6			1：3.7	
LW07	1：4.1	1：6.1	1：3.3	1：4.5	1：8.4	1：2.3
LW08	1：3.7	1：3.2	1：3.9	1：4.1	1：3.6	
LW09	1：2.7	1：3.1	1：3.4	1：3.2	1：2.4	1：2.9

（5）小结

总体来看，2018年镇扬河段六圩险工段以微冲微淤为主，这说明在护岸工程的守护下，本处河势能保持总体的稳定。但近岸局部区域仍发生明显冲刷，且险工段深槽贴岸，左岸岸坡较陡的情势依然存在，受治理规模和整治难度的影响，目前本险工段仍然存在一定的隐患。本险工段处于河道弯曲的顶冲位置，加上部分岸线得到开发利用，布置有船厂、码头、加油服务区等设施，更应当加强监测，必要时采取措施，进行护岸抛石和岸坡加固等工程，以利于河势稳定和涉水工程的安全运行。

13.5.6 扬中指南村险工段

2017年11月8日5时左右，扬中市三茅街道指南村长江江岸发生崩岸险情，形成了岸线崩长约540m、最大坍进尺度约190m的崩窝，致使440m长江干堤和9户民房坍失，坍失干堤内外土地约101亩（图13.5-24）。

图13.5-24 扬中市江堤崩岸现场

扬中河段是长江中下游重点河段之一，上游与镇扬河段相接于五峰山，下游与澄通河段交界于江阴鹅鼻嘴，干流全长91.7km。扬中河段按形态及水流特性可分为上、下两个特征河段，界河口以上为太平洲汊道段，其间包含了太平洲、落成洲、天星洲、禄安洲、砲子洲等江心洲；界河口以下至鹅鼻嘴为江阴水道，为单一顺直微弯型河段。江阴水道河床高程一般在

−10～−20m,最深点在鹅鼻嘴附近,高程为−66m;河道右岸河床低于左岸河床,全长 24km 左右。

(1)深泓线变化

指南村崩岸段处于左岸主流过渡到右岸的顶冲位置,其下右支深泓线沿着右岸一侧下行,在二墩港附近深泓线距离 0m 岸边一般保持在约 650m,在崩岸附近约 300m,到泰州大桥附近,距离 0m 岸边较近,一般在 200m 左右,比较历年来的深泓线走向,在 2011 年前本段深泓出现右摆,以后略有回摆。总体来看,在普通水文年年份横向摆动不大,在出现大洪水年(如 1998 年)时,下游鳗鱼沙心滩头部冲刷下移,分流点也下移,右支深泓线出现左摆趋势。随着 2011 年鳗鱼沙洲头守护工程、2015 年深水航道工程的实施,以及 2012 年结构为 2×1080m 三塔双跨钢箱梁悬索桥的泰州大桥的建成,在大洪水年水情下,心滩头部下移受阻,分流点下移停滞,相对增强了崩岸段附近近岸水流动力,近岸深槽得以持续发展。

(2)近岸平面变化

该段近岸等高线贴岸下行,在崩窝段及泰州大桥段近岸等高线较为密集,水深较深,崩窝段−20m 等高线距离岸边约 60m,泰州大桥段近岸−20m 线距离岸边不足 100m。半年来,近岸等高线摆幅微小,局部−40m 线以下深槽平面位置及尺度相对稳定。崩岸段采用大粒径块石抛护,窝塘内等高线走势由崩窝初期锯齿状,转为光滑平顺,且半年来略有淤积,−10m 以下等高线淤积外移明显,窝顶部位 0m 等高线有所逼近岸边,可能是近岸抛石沉降所致。

(3)横断面变化

该段上游 TPZL−CS19+50 断面处为沉船位置,近岸断面地形呈锯齿突兀于泥面之上约 15m,形成水下分流隔断,近岸侧夹槽坡陡,高差超过 20m。

TPZL−CS19+450 断面为崩窝中心断面,目前看崩窝近岸坡度适中;崩窝下游侧由于抛石工程断面起伏不平顺;至 TPZL−CS19+950 断面,断面线光滑平顺,近岸坡度虽陡,但高差小于上段。2018 年汛后,断面形态保持相对稳定,近岸水下陡坡以微淤为主,沉船部位鼓包基本变化微小。

(4)岸坡比变化

根据本次汛前、汛后实测断面统计,该段陡坡段主要在−10m 等高线以上近岸区,崩窝内仍存在局部坡陡高差大现象(表 13.5-6)。其中坡陡超过 1∶2.0,坡高达到 10m 的有 TPZL−CS27+850、TPZL−CS26+950、TPZL−CS19+50、TPZL−CS18+470 断面。这些断面位置处于相对不稳定状态,汛后无明显好转,其中 TPZL−CS26+950 断面处陡过 1∶2.0 的坡高甚至达到 15m,该断面为本段最易失稳区域,应予以高度重视。

表 13.5-6 左汉中段局部险工段近岸岸坡比统计

断面名	高程 0～-5m		高程-5～-10m		高程-10～-15m		高程-15m～深槽	
	2018-04	2018-11	2018-04	2018-11	2018-04	2018-11	2018-04	2018-11
TPZL-CS29+660	1：2.8	1：2.3	1：1.8	1：2.0	1：5.9	1：6.0	1：3.2	1：5.3
TPZL-CS28+860	1：3.5	1：3.5	1：4.3	1：3.6	1：1.5	1：2.0	1：5.0	1：8.5
TPZL-CS27+850	1：1.6	1：1.9	1：1.6	1：2.2	1：4.1	1：3.7	1：4.5	1：7.3
TPZL-CS29+950	1：2.1	1：1.9	1：1.6	1：1.8	1：1.9	1：1.7	1：11.3	1：26.8
TPZL-CS29+670	1：5.1	1：4.6	1：1.6	1：1.7	1：1.4	1：1.6	1：4.3	1：4.9
TPZL-CS29+870	1：2.8	1：2.8	1：1.7	1：1.8	1：2.2	1：2.6	1：3.3	1：5.0
TPZL-CS29+430	1：2.3	1：2.0	1：2.3	1：2.1	1：2.0	1：1.6	1：4.9	1：10.6
TPZL-CS24+30	1：2.0	1：2.2	1：2.0	1：2.2	1：1.8	1：2.1	1：2.6	1：3.2
TPZL-CS23+330	1：2.3	1：2.4	1：2.2	1：1.6	1：7.7	1：7.8	1：9.8	1：24.1
TPZL-CS29+430	1：2.5	1：3.1	1：6.9	1：6.9	1：4.3	1：4.4	1：35.0	1：36.9
TPZL-CS21+930	1：2.2	1：2.6	1：3.4	1：3.2	1：14.4	1：8.4	1：7.9	1：14.3
TPZL-CS21+200	1：4.6	1：4.2	1：3.3	1：3.4	1：5.2	1：5.2	1：13.3	1：12.7
TPZL-CS20+780	1：1.7	1：2.2	1：2.3	1：4.9	1：8.3	1：5.4	1：9.6	1：8.7
TPZL-CS19+950	1：2.7	1：2.6	1：3.2	1：4.2	1：9.8	1：11.7	1：11.6	1：9.7
TPZL-CS19+650	1：2.8	1：5.2	1：8.7	1：5.0	1：3.6	1：2.9	1：4.5	/
TPZL-CS19+450	1：3.0	1：3.1	1：3.6	1：3.5	1：5.9	1：6.1	1：4.0	1：14.2
TPZL-CS19+250	1：2.7	1：2.2	1：2.5	1：3.2	1：6.4	1：4.7	1：10.5	1：18.0

（5）小结

二墩港以下水流分左右槽下行,2011 年以来河道主泓由以往的大水趋中、小水分边逐渐演变成以靠扬中侧右槽为主的格局,指南村崩岸段前沿水流动力增强,崩岸段上下游 4km 范围内河槽扩大刷深,并向岸边逼近,窝崩前沿河床出现近高程-60m 的局部冲刷坑,大桥下游侧槽尾也呈单向性下延。

由于崩岸险工段的情况处于动态变化中,监测及预警分析应作为常规工作于每年度汛前、汛中、汛后开展,对长期处于预警的险工段进行适当加固和防护。

13.5.7　太仓新太海汽渡—七丫口险工段

新太海汽渡—七丫口险段位于长江口河段南支右岸(图 13.5-25),江苏省太仓市境内,堤防桩号 362+000～380+000 间,长度约 18km,为新生险工段。

（1）近岸深泓线变化

近期长江口南支白茆沙南水道新太海汽渡—七丫口段深泓明显南移,且靠各码头前沿而行。2011 年 11 月至 2016 年 10 月,协鑫、万方、武港和华能港务码头前沿深泓线分别南移了约 130m、90m、200m 和 440m。目前,各码头中,华能港务码头上游段前沿距离深泓线(河床最低点高程在−50.0m 左右)最近,距离在 50m 左右。

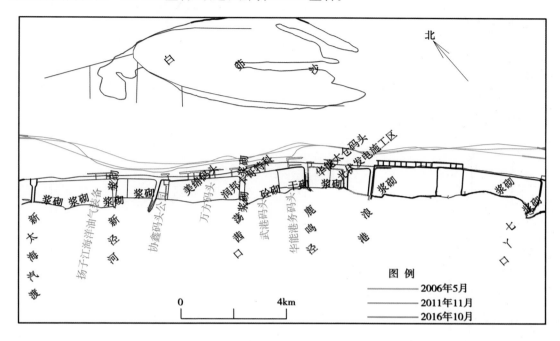

图 13.5-25 南支新太海汽渡—七丫口段深泓线变化

(2)近岸冲刷坑变化

近期南支太仓新泾河—美孚码头段存在−20m 高程槽,新泾河—中远集装箱码头上游段存在−30m 高程槽,老太海汽渡(协鑫码头)—鹿鸣泾存在−45m 高程槽,见图 13.5-26。上述各槽南侧边线均靠岸而行,其中−20m、−30m 高程线紧贴区间大部分码头前沿;特别是在华能港务码头前沿,2016 年 10 月测图显示,−45m 高程槽末端下移明显,目前码头上游段前沿最近距离−45m 高程线已在 26m 左右;从华能港务码头前沿 10m 水域平均水深看,自 2016 年 3 月以来该码头前沿河床呈加速刷深态势(图 13.5-27)。

(3)典型断面变化

新太海汽渡—七丫口段分析断面布置见图 13.5-28,断面变化见图 13.5-29,断面坡比见表 13.5-7、表 13.5-8。该段深槽近岸,近年来,深泓右移,岸坡呈侵蚀态势。从断面坡比上看,−10～−20m 高程处坡度较为陡峭。其中荡茜口下游太仓华能港务码头附近的 CK108 断面表现尤为明显,坡比由 2015 年的 1:2.1 变为 2017 年的 1:1.3,极为陡峭,河槽最深点高程达−56m,并持续向右岸移动,附近岸段涉水工程发生坍塌可能性极大。目前,南支太仓新泾河—浪港段近岸河床持续冲刷态势给沿岸各码头的安全稳定带来了巨大的隐患,需引起有关部门足够的重视。

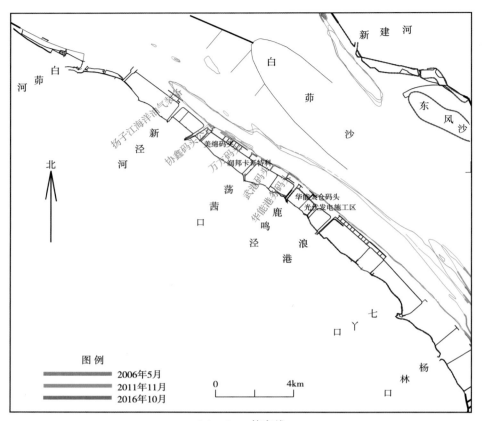

（a）－20m等高线

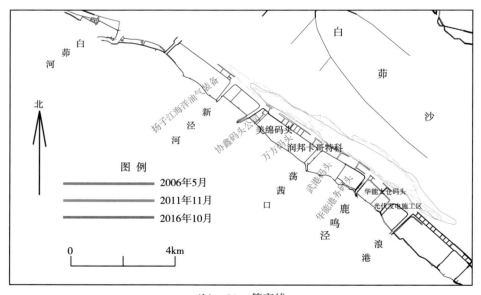

（b）－30m等高线

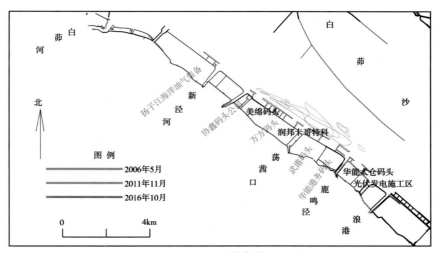

（c）−45m 等高线

图 13.5-26　南支新太海汽渡—七丫口段变化

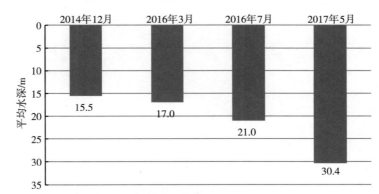

图 13.5-27　华能港务码头前沿 10m 水域平均水深统计

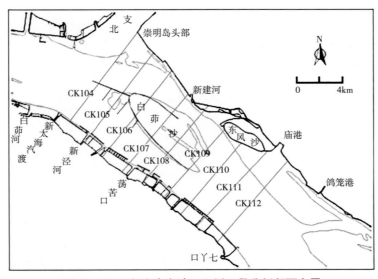

图 13.5-28　新太海汽渡—七丫口段分析断面布置

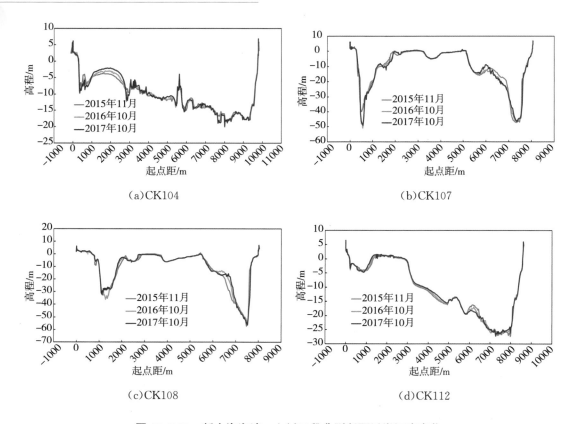

（a）CK104 （b）CK107

（c）CK108 （d）CK112

图 13.5-29　新太海汽渡—七丫口段典型断面近岸河床变化

表 13.5-7　　　　　　　　太海汽渡—七丫口险工段(0～−10m)岸坡比统计

时间/(年-月)	CK104	CK105	CK106	CK107	CK108	CK109	CK110	CK111	CK112
2015-11	1：19.3	1：10.8	1：6.9	1：11.1	1：5.2	1：15.5	1：15.6	1：14.7	1：20
2016-10	1：18.7	1：9.6	1：7.5	1：14.4	1：6.3	1：19.3	1：15.0	1：14.2	1：20.8
2017-10	1：18.1	1：10.2	1：5.2	1：10.8	1：5.7	1：19.0	1：15.5	1：15.5	1：19.9

表 13.5-8　　　　　　　新太海汽渡—七丫口段(−10～−20m)岸坡比统计

时间/(年-月)	CK104	CK105	CK106	CK107	CK108	CK109	CK110	CK111	CK112
2015-11	1：44	1：2.9	1：5.2	1：18	1：2.1	1：16.5	1：8.3	1：14.2	1：27
2016-10	1：40	1：2.6	1：5.1	1：8	1：2.4	1：13.9	1：6.5	1：14.6	1：27
2017-10	1：32	1：2.9	1：6.0	1：6.5	1：1.3	1：13.4	1：6.1	1：9.3	1：25.8

13.6　小结

（1）三峡水库蓄水后，长江中下游年径流总量变化不大，输沙量大幅度减少，出库悬移质泥沙级配细化，坝下游床沙粗化使得沿程粗颗粒输移至监利站基本恢复；

推移质输沙量大幅减小

2003—2018 年长江中下游各站除监利站水量比蓄水前偏多 4％外,其他各站水量偏枯 3％～6％,输沙量沿程减小幅度则在 93％～69％之间,且减幅沿程递减。与此同时,三峡水库蓄水后,绝大部分粗颗粒泥沙被拦截在库内,出库泥沙粒径明显偏细;坝下游河床沿程冲刷导致悬沙明显变粗,粗颗粒泥沙含量明显增多,监利站粗颗粒输沙量已基本恢复到蓄水前的水平。

宜昌站 2003—2009 年卵石推移质输沙量仅为 4.4 万 t,2010—2018 年,长江干流宜昌站除 2012 年、2014 年、2018 年的砾卵石推移质输沙量为 4.2 万 t、0.21 万 t、0.41 万 t 外,其他年份均未测到;枝城站卵石推移量很小,仅 2012 年测到为 2.2 万 t。2003—2018 年宜昌站沙质推移质输沙量减小至 10.3 万 t,较 1981—2002 年均值减小了 92％。

(2)三峡水库蓄水运用后,荆江三口分流分沙比略有减小,减小的主要原因在于上游来水,尤其是高水径流量偏少

三峡水库蓄水后 2003—2018 年与 1999—2002 年相比,长江干流枝城站水量减少了 266 亿 m³,偏少幅度为 6％;三口分流量减小了 143.9 亿 m³,减幅为 23％,分流比也由 14％减小至 11％。与 1999—2002 年相比,在枝城站同径流量下,三口分流比无明显变化,出现分流量、分流比明显减小的原因主要是枝城站径流量偏小。

2003—2018 年,荆江三口年均分沙量为 866 万 t,较 1999—2002 年均值(5670 万 t)偏少了 85％,受枝城站沙量减少,以及荆江河段沿程冲刷的影响,分沙比由 16％增加为 20％。

(3)三峡水库蓄水后,长江中下游主要水文站枯水期同流量下水位除大通站无明显变化外,其他各站均有不同程度的降低,但洪水位尚无明显变化

三峡水库蓄水运用后,坝下游河床沿程冲刷,冲刷导致河床下切、过水断面面积增大,长江中下游主要水文站枯水期同流量下水位除大通站无明显变化外,其他各站均有不同程度的降低,但洪水位尚无明显变化。与 2003 年相比,2018 年汛后宜昌、枝城、沙市、螺山、汉口站水位分别下降了 0.72m(6000m³/s)、0.61m(7000m³/s)、2.47m(7000m³/s)、1.64m (10000m³/s)、1.35m(10000m³/s),大通站则没有发生明显的变化。

(4)三峡水库蓄水运用后,坝下游河道总体冲刷剧烈,强烈冲刷带呈从上至下逐渐推移发展的态势

2002 年 10 月至 2018 年 10 月,宜昌至湖口河段平滩河槽冲刷 24.06 亿 m³,年均冲刷量 1.46 亿 m³,明显大于水库蓄水前 1966—2002 年的 0.011 亿 m³。其中,宜昌至城陵矶河段河床冲刷较为剧烈,平滩河槽冲刷量为 13.06 亿 m³,占总冲刷量的 54％;城陵矶至汉口、汉口至湖口河段平滩河槽冲刷量分别为 4.69 亿 m³、6.31 亿 m³,分别占总冲刷量的 20％、26％。

三峡水库运用以来,特别是近年来城陵矶以下河段河床冲刷有所加剧,湖口以下至长江口都出现了不同程度的冲刷。2001—2016 年,湖口至江阴河段平滩河槽冲刷泥沙

11.75 亿 m³，江阴至徐六泾河段 0m 高程以下河槽冲刷量为 4.74 亿 m³，徐六泾以下河口段冲刷明显。

（5）三峡水库蓄水后，坝下游河道河势总体稳定，在河床冲淤演变的同时，局部河段河势也发生了一些新的变化，同时崩岸塌岸现象时有发生

三峡水库蓄水运用以来，长江中下游河道河势总体基本稳定，河道冲刷总体呈现从上游向下游推进的发展态势，受入、出库沙量减少和河道采砂等的影响，坝下游河道冲刷的速度较快，范围较大。长江中下游冲淤演变与河势变化主要表现为：枯水河槽普遍冲刷，深槽范围扩大，深泓下切；边滩与心滩普遍冲刷，有的被切割成为串沟，有的形成倒套，不易冲刷的高滩、凸岸边滩也发生冲刷。目前中下游汊道基本呈现短汊分流占优或趋向发育格局，表现了原分汊河段演变的特性，遵循江心洲并岸、江心洲年际横向和纵向平移周期性变化、双汊河段单向冲淤兴衰变化、洲头切割成心滩及上游动力轴线变化影响等规律。

在河床冲淤演变的同时，局部河段河势也发生了一些切滩撇弯、塞支强干的新变化和新现象。随着河势的调整，崩岸塌岸现象时有发生，局部河势出现调整，但岸坡及护岸工程总体基本保持稳定。

第 14 章　总结与展望

14.1　总结

14.1.1　河道监测工作实施与管理

新中国成立以来,长江水利委员会水文局开展了大量且类别广泛的河道监测资料收集与分析研究工作,建立健全了防洪河道观测组织管理体系,也积累了丰富的观测资料。长江中下游防洪河道动态监测工作主要由长程水道地形测量、重点河段河道演变观测、险工险段观测与应急监测构成。至 2021 年,长江水利委员会水文局先后开展了 15 次长程水道地形测量工作,监测险工险段 800 余段次。监测成果包括多种比例尺水道地形图、断面成果、水文泥沙成果及相关分析报告等。这些成果是宏观了解长江、汉江中下游河道总体河势演变情况,定量掌握长江、汉江中下游年际、年内的河床冲淤变化,及时掌握局部河段和险工险段年际、年内变化的重要基础支撑。

长江中下游防洪河道监测工作涉及水文泥沙、河道、计算机与网络通信等多个专业,且具有线长面广、项目内容多、时效要求高的特点。尤其是 2000 年以来,为优质、高效开展相关勘测工作,长江水利委员会水文局专门设立项目部,并按区域设置项目分部。项目分部下设项目组,项目组织结构框图见图 14.1-1,实行项目部、项目分部、项目组 3 级负责制。项目部通过周密策划、精心组织、科学管理,充分发挥多学科相互融合、集成的优势,为监测工作顺利开展提供了有力保障。

为保证项目实施的成果质量,长江水利委员会水文局首次将"ISO 质量管理体系"引入长江中下游防洪河道动态监测这种大型的河道观测研究项目中,实行规范管理,采取"事先指导、中间检查、产品校审"三环节为重点的全过程产品生产工序管理方式,严格遵循"预防为主、防检结合、质量第一"的管理原则,实行对影响质量诸因素的全过程控制。从项目的准备、实施、技术问题处理、质量控制到成果归档与提交,实施质量保证体系规定的程序文件和作业文件,保证观测工作符合任务书、技术设计书、相关规范与规定及用户要求。2000—2022 年在项目实施过程中,项目质量未出现较大事故,项目成果优良率保持在 97％以上。长系列、高质量的水文泥沙和地形资料为中下游防洪体系建设、河道治理、流域规划以及三峡工程水文泥沙研究、工程设计及数学模型验证提供了重要基础,是检验设计的重要标准,是工程运行调度的基本依据。项目质量保证体系运行框图见图14.1-2。

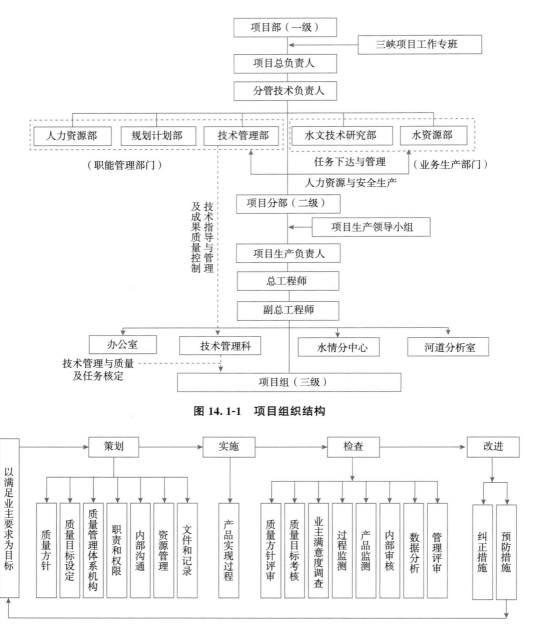

图 14.1-1　项目组织结构

图 14.1-2　项目质量保证体系运行

在项目实施的过程中,长江水利委员会水文局根据年度任务内容,编制水文泥沙观测与研究实施方案。内容包括监测与研究目的、编制依据与原则、技术标准、控制系统及基准、工作范围与内容、勘测时机、技术路线、工作进度、组织与管理、质量保证措施等。方案由长江水利委员会水文局策划设计,并经项目管理单位组织专家论证评审。项目分部制定详细作业技术文件,包括基本情况、引用文件、技术指标与规格、设计方案(软件与硬件配置要求、作业技术路线及流程、技术要求、提交成果及归档、质量保证措施和要求)和进度安排等,作业技术文件项目部审批执行。

各测次在编制作业技术文件时所依据的原则,执行的质量管理体系,采用的技术标准、控制系统、基准,工作范围与内容相同,勘测时机均选择在汛前、汛后,所用的技术路线、组织与管理、资料处理与归档、质量保证措施均基本一致,由此保证了原型观测资料的连续性与一致性。

14.1.2 多项关键技术研究取得突破

在开展长江中下游防洪河道动态监测的同时,针对监测中出现的难点问题,开展针对性的研究工作,在"动态河床广域水陆地形一体化高精度快速获取技术研究与应用""水情复杂河段河道演变观测数据保证""形态多变河道水边线准确获取""河道高植被覆盖洲滩地形快速精确获取""大时空尺度下的水沙要素快速获取及处理""海量数据的管理、维护与使用技术研发与应用"等专题,取得了一系列研究成果,主要包括以下几方面。

14.1.2.1 水陆地形一体化高精度快速获取技术研究与应用

船载多传感器陆上水下一体化测量技术是测绘领域的一项高新技术,目前正在蓬勃发展。利用该技术可同步获取陆上、水下地形的三维空间数据,并实现"无缝"拼接,在崩岸监测、险工险段测量、堰塞湖等应急抢险测量、水工建筑监测和海洋岛礁测绘等领域具有广泛的应用前景。

①建立了船载多传感器陆上水下一体化测量系统,实现陆上水下地形数据同步采集,并对采集的 RTK 数据、IMU 数据、三维激光扫描的陆上数据、多波束水下测量数据进行"无缝"拼接,突破水上、水下点云信息的融合难题,实现了水下和岸上地形信息的高效获取。

②对船载多传感器陆上水下一体化测量系统组成进行了详细分析,研究了多传感器的误差来源,分析了误差的特点及其对成果精度的影响,并为消除系统误差提供了可靠的理论依据和措施,进一步提高了测量精度和效率,并通过实地检测,证明了系统具有较高的精度及可靠性。

14.1.2.2 形态多变河道水边线准确获取关键技术研究

针对河道水边线人工获取费时费力等问题,提出机载雷达一体化水边测量方法、多源运动平台下三维激光扫描仪水边测量方法及多源数据融合方法,研制了多系统检测平台,解决了多源数据融合难题,实现了形态多变河道水边线准确获取。

雷达一体化水边测量与三维激光扫描仪水边测量都属于无接触施测水边界测量技术,无论雷达还是激光扫描应用到河道水边界测量工作中,都具有传统测量手段无可比拟的优势。这两项技术的应用,能够真实、准确、实时反映长江河道水边界,提高水下地形水边测量的时效性和准确性。从精度上分析,三维激光扫描高于雷达施测水边界的精度,但设备的投入经费也高,而雷达则是水文测船的必配设备,施测水边线的工作可以在施测水深的同时完成,时效性高于三维激光扫描,施测的水边线以连续图像边界形式表示,并实时保存在计算机中,能真实反映水边线的变化。测量成果精度满足《水道观测规范》(SL 257—2000)的1:10000 地形测量要求。可节省2/3 的人员和设备,工效提高 2 倍。不仅提高了工效,加快了测量进度,还降低了消耗,提高了经济效益。

因雷达一体化水边测量集成系统采用非接触方式进行水边的测量,避免了测量人员直接接触疫水,降低了血吸虫病的感染概率,对测量人员的劳动健康保护起到了积极的作用。

14.1.2.3 高植被覆盖区洲滩地形的快速精确获取技术

在长江河道两岸滩地形测绘过程中,大片树林、芦苇、灌木、草地等植被密集覆盖区,由于存在视线严重遮挡、信号屏蔽、测量人员难以到达的特点,观测难度很大,通过研究,取得如下成果:

①针对高植被覆盖区的洲滩特点,结合低空 LiDAR 和无人机摄影测量技术的最新进展,建立了低空机载 LiDAR 测图详细的数据采集技术解决方案。

②从误差理论出发,研究了作业模式、测量环境及设备对测量精度的影响,给出了误差估计模型,提出了适合高植被覆盖区的机载 LiDAR 洲滩测量作业模式。

③针对长江岸滩植被高覆盖、高遮挡区的地形测绘的特殊性和复杂性的特点,在对该种特殊区域 LiDAR 点云特点进行深入分析的基础上,研究了低空 LiDAR 点云数据与无人机摄影测量数据处理的关键技术与方法,建立了一套完整的长江岸滩植被高覆盖、高遮挡区的地形测绘技术方法体系。

④针对现有软件无法满足长江岸滩植被高覆盖、高遮挡区的地形测绘专业化需求的现状,底层研发了"植被高覆盖区高遮挡区岸滩地形低空测绘系统"软件,为项目研究成果在生产中进一步推广应用提供了保障。

14.1.3 取得了多项创新成果

以长江中下游防洪河道动态监测为工作基础,以服务于长江中下游河道监测工作为目的,总结了长系列、大范围、多类别的河道监测经验,先后主编了国家标准《水位观测标准》(GB/T 50138)、《水道观测规范》(SL 256)等多部标准,形成了较为全面规范的河道监测标准规范体系,在全流域乃至全国的河道监测工作中发挥着重要的指导作用。

长江中下游河道变化呈现动态、复杂的特点,要在巨大的时空跨度内准确开展海量基础地理信息和水文泥沙专题信息采集,并深入研究揭示其变化规律是一项艰巨的工作。长江水利委员会水文局以水利前期项目(长江中下游河道水道地形测量、长江三峡工程杨家脑以下河段水文泥沙观测)、财政预算项目(堤防险工护岸监测和汊道分流分沙监测)、三峡后续规划项目(三峡后续工作长江中下游河势及岸坡影响处理河道观测)等项目为依托,历时多年,突破了广域范围多覆盖度岸滩高精度获取、大时空尺度下的水沙要素快速获取等难题,研究并提出成套观测方法和技术,并通过河道海量数据管理及分析系统研发,实现各类河道基础地理信息与水文泥沙资料的融合分析,成功构建了长江中下游河道防洪动态监测技术体系,体系架构见图 14.1-3。

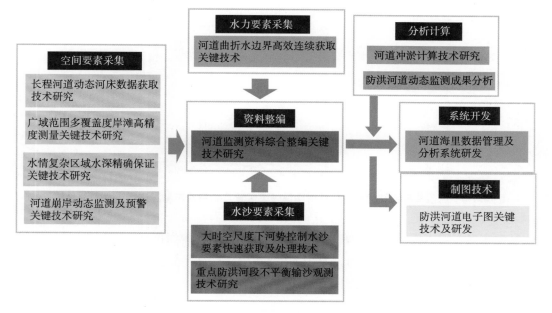

图 14.1-3　长江中下游河道防洪动态监测技术体系架构

成果具有明显的自主创新特色,取得了多个方面的创新性成果。

(1)创新成果一

开展了系统的长程河道动态河床数据获取技术研究,从大水深测量校正、声线跟踪水深测量等方面系统提出了测深系统安置、校准以及水深数据改正方法;并基于河床底泥容重准确界定了河床实际边界,采用无验潮测深技术,解决水体表面高程实时高精度测量技术难题。

①针对水深精确测量影响因素多的问题,研发了自带校准系统的一体化精密测深安装装置及其系统(实用新型专利:ZL201720312762.4),见图 14.1-4;一种适用于船底安装的测深装置(实用新型专利受理:ZL201822102869.3)以及利用回声测深进行大水深测量的校正方法(发明专利:ZL201510047775.9)。取得了回声测深模拟信号智能校正软件(登记号2015SR053921)、三维水深测量动态后处理技术系统(登记号 2015SR052586)等两个软件著作权,解决了精密水深测量测深设备安装、校正的问题。

②针对长江中下游水深较大区域,综合考虑水深测量受水温、矿含(咸潮区域)、压力等因素综合影响,特别是受水温跃层影响水体的深度测量,提出了基于声线跟踪的深水水深测量方法,并取得发明专利(发明专利:ZL201510061895.4),解决了受水温影响的复杂声速场水域精确测深问题。

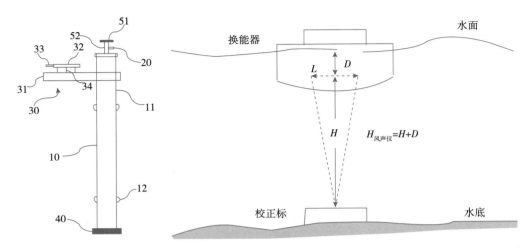

图 14.1-4 自带校准系统的一体化精密测深安装装置及利用回声测深进行大水深测量校正

③河床底实际边界的界定受测深设备影响大，不同频率测深仪声波穿透性不同，通过研发插管式干容重采样器（发明专利：ZL201210583913.1），直接分析底泥容重，可精确界定河床边界，为精确测深提供依据，见图 14.1-5。

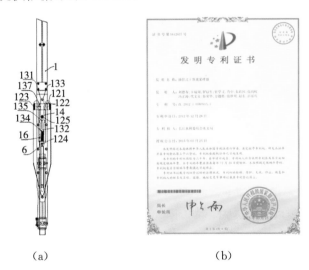

（a） （b）

图 14.1-5 插管式干容重采样器及其专利证书

（2）创新成果二

融合低空机载 LiDAR 技术和无人机摄影测量技术，研究了针对长江中下游岸滩植被高覆盖、高遮挡区地形数据采集方法、点云数据特征提取、植被分离、地形复原等关键技术研究，构建了一套全新的岸滩地形观测技术方法。

①针对长江岸滩植被高覆盖、高遮挡区地形测绘的特殊性，融合低空机载 LiDAR 新技术和无人机摄影测量新技术，提出了基于密度、坡度等多特征的两栖点云数据分类算法。针

对局部坡度、密度等特征,引入贝叶斯定理,建立高程、坡度、密度等隶属度函数,通过水陆点云样本的 t 检验,确定隶属度函数自适应的权重,得到多元特征分类模型,底层研发了植被高覆盖区高遮挡区岸滩地形低空测绘系统,实现了点云数据分类(图 14.1-6),研发了 DOM 与 LiDAR 点云综合测图系统(登记号 2017SR196673)、植被高覆盖区高遮挡区岸滩地形低空测绘系统(登记号 2017SR196667)等两个软件,获得软件著作权,其系统框架结构见图 14.1-7。

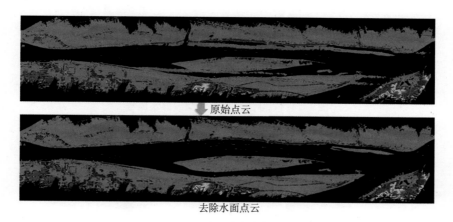

原始点云

去除水面点云

图 14.1-6 水陆点云及水面点滤除效果

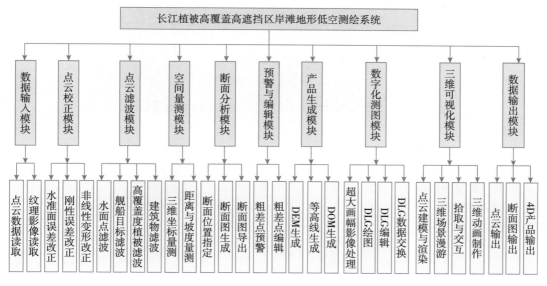

图 14.1-7 长江植被高覆盖区高遮挡区岸滩地形低空测绘系统框架结构

②针对乔木、芦苇、灌木、草地等多层次、高密集植被覆盖情形,针对现有的 LiDAR 点云滤波算法的不足,提出了渐进网格腐蚀滤波方法和移动曲面拟合法两种新的植被滤波算法,见图 14.1-8 和图 14.1-9。并通过实验验证了算法的可靠性。

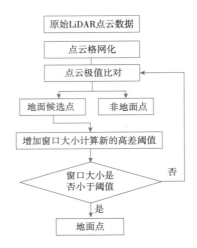

图14.1-8　渐进格网腐蚀滤波算法流程

1.陆地点云平均密度统计

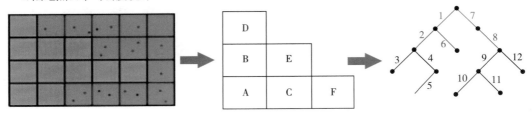

2.点云网格索引重建

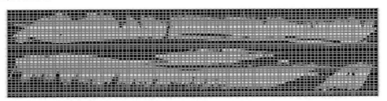

3.逐网格腐蚀

$$(f\ominus g)(i,j)=Z(i,j)=\min_{Z(s,t)\in w}(Z(s,t))$$

4.逐网格过滤

高差阈值：$\Delta h=S\times W$

5.渐地格网滤波　　$W_i=2i+1$

6.原始点云滤波

$$\bigtriangledown F=\frac{\partial F}{\partial x}i+\frac{\partial F}{\partial Y}j \quad s=\sqrt{[\frac{\partial F}{\partial x}]^2+[\frac{\partial F}{\partial Y}]^2}$$

$$dht=s\times SC+EH$$

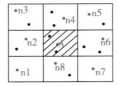

图14.1-9　渐进格网腐蚀滤波算法模型

（3）创新成果三

开展了长江中下游河道崩岸动态监测及预警关键技术研究,构建多维度、多时相河道崩岸监测技术框架,提出了低空崩岸巡查→崩岸水陆多维度、多时相监测→崩岸监测成果质量控制→崩岸预警的全流程崩岸监测技术体系。

①崩岸低空巡查系统(图 5.5-4)。基于旋翼无人机平台快速影像获取技术,实现对重点崩岸的巡查,其巡查技术被纳入《水道观测规范》(SL 257—2017)标准化体系(图 14.1-10)。

②多维度、多时相水陆崩岸监测技术。利用测船搭载多波束、三维激光扫描仪、惯导系统、相机等,实现大尺度崩岸水陆数据快速获取和处理,结合局部崩岸影像点云匹配监测技术(图 14.1-11),有效补充船载崩岸监测系统空白区,形成完

图 14.1-10　水道观测规范

整的崩岸多时相监测数据,实现对崩岸的监测与预警(图 14.1-12,图 14.1-13)。申请发明专利"一种应用于河道岸坡监测的模块化多波束测深移动平台"(专利号:CN201811491475)。

③顾及多元量测数据,提出了一种崩岸安全综合分析和评估模型构建方法,丰富了现有安全综合分析和评估理论和方法;给出了适合不同类量测系统的崩岸安全最优预报模型和警报参数;研发了《堤防工程安全监测综合处理系统》(图 14.1-14),并获得 2013 年度江苏省测绘科技进步一等奖,见图 14.1-15。

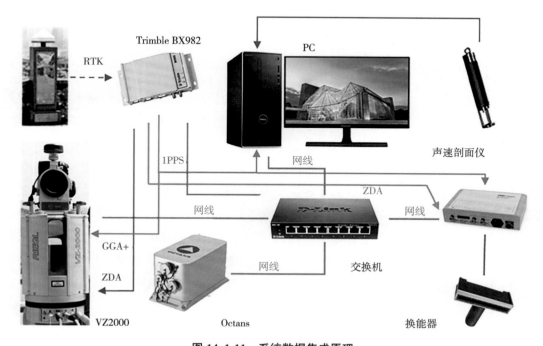

图 14.1-11　系统数据集成原理

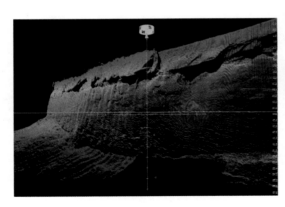

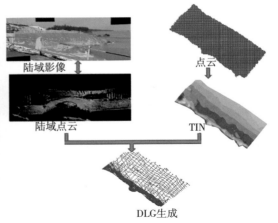

陆域影像

点云

陆域点云

TIN

DLG生成

图 14.1-12　多时相崩岸监测分析成果　　**图 14.1-13　崩岸影像点云匹配监测技术流程**

图 14.1-14　0546610 号软著证书　　**图 14.1-15　堤防安全监测综合处理系统获奖证书**

（4）创新成果四

针对长江中下游水位变动频繁，水边界形态复杂的特点，基于现代船载厘米波雷达及影像获取设备，研发了河道水体表面边界自动化提取方法，解决了水体表面边界确定的难题，提高了水体表面边界测量的精度和效率。

①主要针对长江中下游河道，采用船载民用雷达结合罗经测量水体表面边界时，遇到多源数据非连续性、各传感器高速运动中定位定姿误差较大等技术难题，通过采用影像、雷达等多源数据的融合，实现了雷达数据与数码影像的全自动化采集，以及与 GNSS 卫星罗经导航数据的自动配准，提出了雷达影像结合法（发明专利：一种船基雷达水边界自动测量方法 201810480952.6），研发的"利用雷达结合 GPS 罗经测量河道水边界的集成技术研究"，获得了 2020 年水利部长江水利委员会科技进步二等奖（图 14.1-16，图 14.1-17）。

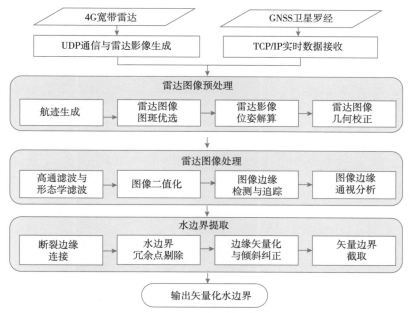

图 14.1-16 雷达数据处理流程

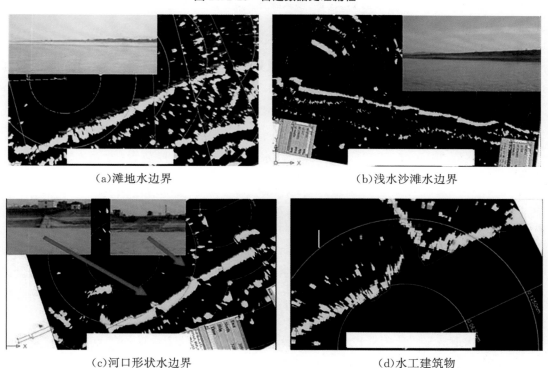

图 14.1-17 雷达水边界观测数据

②提出了雷达扫描与摄影测量水边界对向融合算法,高度集成了雷达水边界与摄影测量水边界软件提取模块,优化陡坡、高植被覆盖水边界提取模型、海量数码影像自动化空三模型,实现雷达水边界与数码影像自动复核(图14.1-18),大幅提高水边界提取的自动化程

度和效率,解决了雷达水边界的验证和复杂水边界提取的难题。出版专著《内陆水体边界测量原理与方法》,内陆水体边界测量成套技术获得 2015 年湖北省科技进步一等奖。

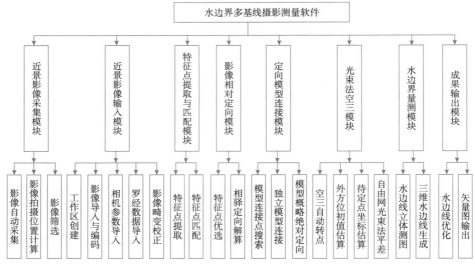

图 14.1-18　多基线摄影测量软件架构

（5）创新成果五

开展大时空尺度下的水沙要素快速获取及处理等一系列研究工作,研发了适用于长江中下游的水、沙要素在线监测技术(图 14.1-19),为长江河道防洪提供技术支撑。

①建立了声学多普勒流速剖面仪(ADCP)多元自动流量监测平台。建立长江下游干流水平式 ADCP 和定点垂向 ADCP 两种自动监测设备相结合的流量在线监测平台(实用新型专利,专利号:ZL201720518582),研制了一种水文测验设备联控装置(发明专利,专利号:201720262321.8),综合运用了多元线性回归和 BP 神经网络模型,计算断面平均流速,实现流量实时报汛及年度资料整编(软著:ADCP 流量在线监测 Web 查询系统 V1.0,证书号:软著登字第 0959235 号;ADCP 数据后处理软件,登记号:2014SR162370 等技术)。

②提出了利用落差综合改正因素将复杂水位流量关系进行单值化处理的理论和数学模型,研发了一种多潮位站海道地形测量潮位控制的水位自记仪固定装置,开发了水位流量关系数学模型处理系统,实现了流量测次的大幅度精简,为后续开展水文巡测奠定了基础,编写了《中美水文测验比较研究》专著。

③动床水道流量多传感器校正技术。针对长江中下游动床水道的特点,提出了 GNSS 及罗经等多传感器集成 ADCP 的施测流量监测技术,以及动床下多传感器的安装与校正方法,使得集成系统施测流量精度达到规范要求(图 14.1-20)。

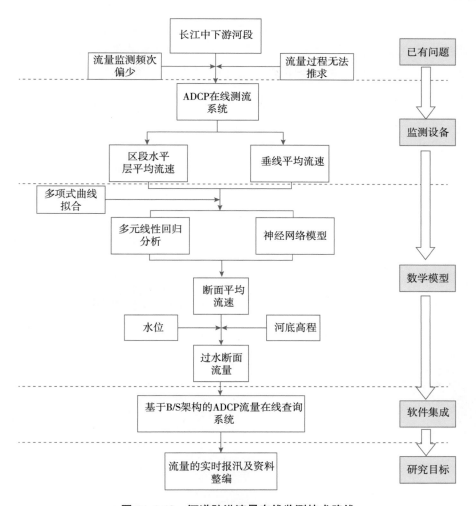

图 14.1-19 河道防洪流量在线监测技术路线

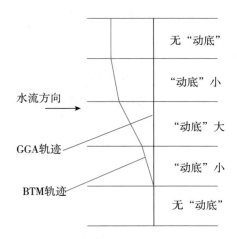

图 14.1-20 底跟踪和 GNSS(GGA 或 VTG)模式断面校正轨迹

④发明了新型水文绞车，实用新型专利，授权号 ZL201620437305.3)，并被 2018 年水利先进实用技术重点推广指导目录收录。研制了 OBS 浊度计安装架（实用新型专利，授权号 ZL201620437295.3)，强化了对 OBS 浊度计的保护，避免出现滑落，可一次性安装 8 个 OBS 同时用于比测和率定，有效地减少了比测和率定的次数，提高了效率。

（6）创新成果六

研发了防洪异源监测数据整编及分析系统，系统由水文资料整编系统、河道监测数据移动采集终端、河道地理信息整编平台、长江中下游水沙在线监测分析系统等多个子系统构成，成功实现了异源海量数据的快速获取、即时检核、无缝耦合、标准化整编和在线分析等功能，实现了防洪海量异源监测数据的即时整编与分析（图 14.1-21)。

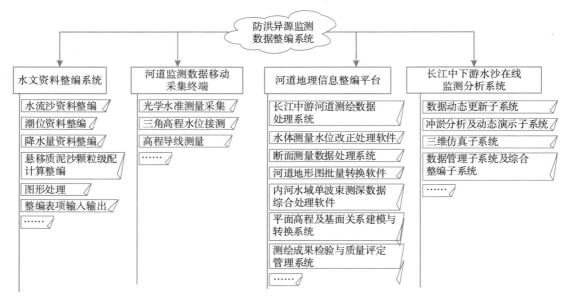

图 14.1-21　防洪异源监测数据整编系统

①水文资料整编系统（图 14.1-22）具备原始整编数据录入、水流沙资料整编、降水量整编、潮位资料整编、颗粒级配分析计算整编、床沙颗粒级配分析计算整编、单值数据计算处理、洪水特征值统计计算和水位降水固贮数据处理等功能，可实现水文资料数据标准化整编数据库，有效提高实时水流沙等整编数据的时效性。取得成果：《水文资料整编系统》。

②河道监测数据移动采集终端，目前的功能主要包括光学水准测量数据采集记录、三角高程水位接测和高程导线测量三大模块，通过实现质量检核，并为河道地理信息整编平台提供数据接口，实现内外业一体化，实现外业采集报表输出等功能，见图 14.1-23。取得成果有《河道监测数据移动采集终端》。

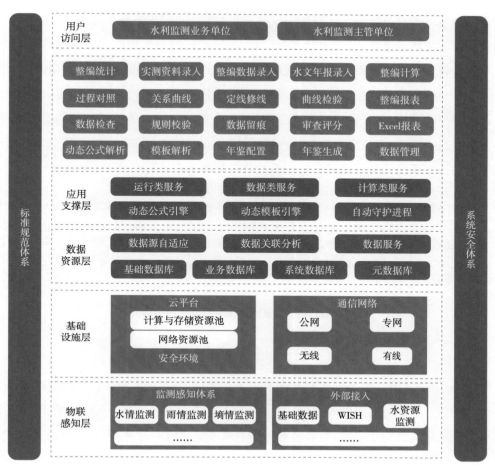

图 14.1-22　水文资料整编系统

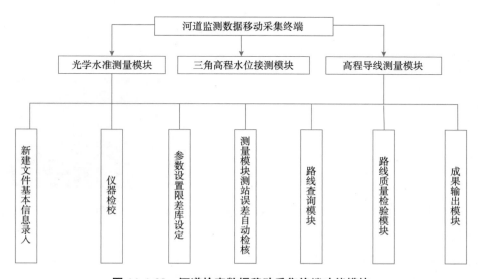

图 14.1-23　河道检查数据移动采集终端功能模块

③河道地理信息整编平台。整编平台由长江中游河道测绘数据处理系统,平面、高程及基面关系建模与转换系统,断面测量数据处理系统,水体测量水位改正处理软件,测绘成果检验与质量评定管理系统等多个子系统构成(图 14.1-24)。实现了河道地理信息原始数据的录入检核与可视化、数据元的标准化重构入库、异源数据的融合处理与输出、成果检验与质量评定管理等功能,各子系统接口无缝衔接,构建集成一体化的河道地理信息整编平台。主要成果有《长江中游河道测绘数据处理系统》《断面测量数据处理系统》《平面、高程及基面关系建模与转换系统》《测绘成果检验与质量评定管理系统》等。

图 14.1-24   河道地理信息整编平台架构

（7）创新成果七

基于 JavaEE、Html 生态框架搭建平台,自主研发了长江中下游水沙在线监测分析系统。该系统包含数据动态更新子系统、冲淤分析及动态演示子系统、三维仿真子系统、数据管理子系统及综合整编子系统,可实现远程多点水沙信息的实时更新交互、动态河床冲淤分析,形成完整统一的水文泥沙整编数据库与实时水沙数据库,有效提高实时水沙监测数据及相关业务的时效性,与水沙预测分析模块无缝衔接,并在超高分辨率三维仿真模拟场景下以泥沙冲淤变化场景再现模式,动态演示不同流量级下的冲淤过程,建立了完整的长江中下游水文泥沙在线监测分析体系(河道尺度变化及冲淤计算统计软件,图 14.1-25);长江水沙分析管理系统。

完成了以长江中下游河道监测工作为重点核心的河道监测专著《内陆水体测量原理与方法》,并在 SCI、EI 以及全国核心期刊发表论文 60 余篇。

2011—2016 年,长江水利委员会水文局组织多位业内专家总结数十年长江河道监测工作经验,该专著是对长江水利委员会水文局数十年来河道监测技术的全面总结,是长江水利委员会水文局几代科技人员研究成果的结晶。该专

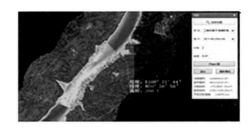

图 14.1-25   河道地形冲淤厚度计算

著着重讲述了内陆水体边界测量的基本理论、方法和勘测技术,并根据山区河流、平原河流、

感潮河段、湖泊、水库及特殊类型水体边界不同特点,结合典型工程的测量实践,对水体边界测量的技术与方法、河床组成勘测调查技术与分析方法、数据处理及信息管理方法,以及内陆水域边界测量技术展望等内容作了详细的介绍。该专著对生产、科研与科技研发的经验、知识和成果的一次全面总结和提炼,于 2018 年 11 月由中国水利水电出版社正式出版。

14.1.4 社会效益、生态效益和经济效益

(1)为长江流域防洪工作提供重要技术支撑

防洪河道监测技术为长江流域防洪监测、预报工作发挥提供了重要的技术支撑作用,以此为基础建立并不断完善了长江中下游动态防洪河道监测体系。

(2)在全国山洪灾害调查、预警及评价工作中起到关键技术支撑作用

山洪灾害是全球最主要的灾害之一,其评价及预警是世界公认的难题。以长江中下游防洪河道监测技术为基础,构建的山洪灾害调查评价技术体系在四川、云南、贵州、湖北等多个省份的山洪灾害调查工作中发挥了重要作用。该体系建立了降雨时空模式不均匀性判别模型,提出了山洪灾害暴雨时空模式耦合差异修正的动态预警方法,有效减少了预警漏报和误报,建立了山洪灾害危险区划点云数据算法的高程校准模型,解决了资料短缺地区危险区范围确定和危险等级划分的难题。

(3)为长江中下游崩岸监测技术发展夯实了基础

三峡工程运行以后,清水下泄,为长江中下游崩岸监测技术发展夯实了基础。近几年在扬中河段、燕窝虾子沟先后发生了崩岸险情。长江中下游防洪监测技术广泛应用于崩岸监测工作,在快速获取崩岸地形、崩岸的应急处置中发挥了重要作用。

(4)项目技术应用于唐家山、白格堰塞湖应急处置工作

堰塞湖作为一种重大灾害,具有堰塞体方量大、蓄水量大、对人民群众生命财产安全威胁大等特点。当前长江上游及西南诸河流域是我国堰塞湖险情发生最为频繁的区域,如唐家山堰塞湖、金沙江上游白格堰塞湖等,在险情发生后如何快速获取堰塞湖详细信息,并以此为依据快速做出相关决策一直是应急管理部门关注的重点,长江水利委员会水文局应用防洪河道有关技术,在上述险情发生后,第一时间赶往现场,成功并快速准确地开展了相关监测工作,为险情后续处置赢得了宝贵时间,提供了重要的技术支撑。

(5)应对突发事件作用凸显

2015 年 6 月 1 日,隶属于重庆东方轮船公司的东方之星客轮,在长江中游湖北监利河段沉没;2018 年 10 月 28 日,重庆万州区长江二桥发生一起交通事故,一辆大巴车冲破护栏掉入长江。以上突发事故发生后,长江水利委员会水文局第一时间赶往事故发生现场,以长江

河道防洪监测技术为基础,快速获取事故现场河床地形、水流状态、水文信息,尤其利用多波束精扫技术在万州水域迅速获取公交车准确位置,为后续打捞和应急处置都发挥了重要作用。

(6)在三峡工程、金沙江水文泥沙监测以及西部湖泊测量中得到广泛应用

研究成果也广泛应用在三峡水库和金沙江水电工程中,提高了大水深环境下测深精度,通过开展一系列水文泥沙观测,为长江上游水电工程的施工、运行调度提供了强有力的技术支撑;2011年以后,长江水利委员会水文局在水利部统一部署安排下,先后开展了青海湖、纳木错、当惹雍错、色林错等8个湖泊的容积测量工作,防洪河道监测技术中的大水深测深技术方法以及多个发明专利和资料整编软件,在相关工作中发挥了重要技术支撑作用。

14.2　展望

经过60多年的治理,长江中下游河道防洪减灾能力逐步提高,为保障人民生命财产和经济社会发展安全发挥了巨大作用。但随着人口的聚集和财富不断积累,以及极端气候现象频发,造成洪灾风险增加,对长江经济带绿色发展的防洪保安提出更新、更高的要求。作为长江防洪体系建设不可或缺的工作基础,长江中下游河道监测成果将发挥越来越重要的作用。

14.2.1　增加监测频次、扩大监测范围、丰富观测形式

长江中下游干流河道河势调整频繁,特别是三峡及其上游干支流水库建成运用对长江中下游河道来水来沙条件的改变,加剧了局部河段的河势调整;江、湖泥沙分配与冲淤格局发生变化调整,形成了新的江湖关系;这些变化对岸线利用、防洪安全、用水安全、航运安全以及生态环境均带来显著影响。现阶段,长江中下游河段国民经济的发展不仅需要掌握河段年际的冲淤等宏观变化,还需要掌握年内及局部重点河段微观变化。然而,目前长江中下游河观测布局以掌握宏观河势变化为主,干流河道长程水道地形观测频次仅为5年1次,固定断面观测1～2年1次,汉江中下游河段及洞庭湖地形观测更是长达10多年1次,不能完全满足长江中下游综合治理、险工崩岸监测及岸线规划利用等工作的需要。

近年来,随着上游来水来沙条件的改变,长江中下游河道强烈冲刷带逐渐下移,城陵矶以下河段冲刷逐渐加剧,全程冲刷已发展至长江口。长江中下游崩岸险情仍较严重,据不完全统计,还有约840km崩岸险段需要进行防护,而纳入监测范围的险工及崩岸段仅有200多千米,观测范围有限,难以全面掌握长江中下游河道崩岸的总体情况,形势极为严峻。

另外,长江中下游河道观测工作多限于长程水道地形、固定断面等原型观测工作,主要是针对宏观掌握总体河势变化而制定的,只能从大尺度掌握河道泥沙变化的年际总体情况,

与之配套的床沙取样分析、水面线观测、河床勘测组成调查、汊道分流分沙观测、护岸巡查等专题观测不完备,并未达到河道地形因子与水沙因子配套的全要素观测标准。针对重点河段及时、快速、准确的监测体系不健全,不能满足河势及崩岸快速监测的需要,给长江中下游河道的综合治理带来了极为不利的影响。

14.2.2　加强河道观测基本设施及能力建设

自 20 世纪 50 年代以来,长江水利委员会水文局在长江河道干流主要河段就开始了河道勘测工作,然而,受测量手段、自然条件以及经费的限制,多年来未系统地开展河道观测基本设施建设。每逢国家公布河道观测项目,在观测河段,都要提前半年左右耗时费力地"打补丁"式进行控制引测及加密工作,严重影响整个河道测量工作的进度和时间节点的控制。

同时沿江布设的河道基础设施,如三角点、GNSS 点、水准点等受沿江经济建设过程中的人为破坏严重。另外,大量的历史资料是基于此类基本设施为基准进行观测的,急需对现存的标石进行复测、复建,以保证成果的延续性;加之沿江基础设施埋设位置更靠近江边,受人为因素、水毁以及大地不均匀沉降的影响较大,需要及时复建及整顿,以确保长江河道观测工作能顺利开展。

由于河道形态在时空维度上呈现多变的特征,在观测范围广,观测环境恶劣的情况下用单一平台和方法实施难度很大,因此成体系的河道装备的建设至关重要,而一套平台加上激光扫描系统价值上百万,耗资巨大,单纯靠"购置"方法,经费缺口大,难以大量装备并快速形成生产能力,因此在顶层设计时应制定整体的河道装备建设规划,从多种渠道筹措资金,灵活采用"购置、租借、购买服务"等手段,快速提升河道观测能力。

14.2.3　提升监测工作信息化能力

长江中下游河道监测工作战线长、工作量大,内容繁杂,由于当前的监测工作尚未建立全江的综合型监测管理系统,因此该项工作的组织开展以及成果存储利用尚缺乏统一性和系统性,不利于监测工作的统一部署和管理,也不利于监测成果的进一步分析和研究。今后应借助信息化手段,对监测工作开展精细化管理。

14.2.4　深入开展关键技术研究工作

14.2.4.1　继续加强广域动态河床水陆地形一体化高精度快速获取技术研究

船载多传感器陆上水下一体化测量系统实现了陆地水下三维地形数据快速采集,提高了工作效率,但是在保障数据精度、点云数据的后处理软件等方面还需要继续进一步深化研究。主要有:

①进一步详细分析系统误差及其产生机制，全面系统地析出各种误差的影响机理，建立误差估计模型，提高点云空间位置精度。

②进一步完善软件的设计开发，完善外业数据采集软件的功能，优化内业后处理数据的采集，对于整个船载多传感器融合测量系统而言，需要陆上水下数据的同步采集存储。因此，有必要设计一套统一的陆上激光扫描仪、水下多波束的一体化数据存储格式。

③进一步探讨 GNSS 系统在卫星失锁和未失锁两种情况下，POS 提升定位、定姿精度的方法。

14.2.4.2　继续深化形态多变河道水边线准确获取关键技术研究

采用雷达一体化水边测量集成系统进行水边线测量，施测水边时可与水深测量同步进行，施测的水边线以连续图像边界形式表示，并实时保存在计算机中，较常规测量方法的效率有很大的提高，能真实反映水边线的变化。测量成果精度基本满足《水道观测规范》（SL 257—2000）中关于 1∶10000 比例尺地形测图精度要求，但仍需加强以下研究工作，以进一步提高精度，从而满足 1∶2000 及以上比例测图的精度要求。

①由于雷达一体化水边测量集成系统一般安装在测船上，测船航行、拐弯、掉头时受水流阻力以及波浪影响，船体会产生横摇、纵摇，势必会对测量精度产生影响，特别是观测距离较大时，误差更大。因此加装惯性导航单元 IMU 用于精确测定传感器平台的空间姿态角，以提高测量精度。

②利用雷达一体化水边测量集成系统测量时，由于无法从雷达的反射波判定反射物的属性，如水中的渔网、树林、灌木、水工建筑、水边停船以及自然岸边等，不同反射物属性的测量要求以及表现形式也不同，因此应在系统中引进影像设备，并与测量集成系统共用同一个POS 系统（DGNSS 和 IMU），进一步研究雷达的回波数据与影像资料的深度融合，同时将收集的数码影像资料作为判定水边界属性的依据。

③进一步完善软件系统，加强对各模块的集成，完善软件系统功能，实现软件系统与现有地形图生成流程及现有地形图生成软件平台的无缝对接。

14.2.4.3　继续加强高植被覆盖区地形的快速精确获取关键技术研究

通过本次研究的成果可知，现有的 LiDAR 技术和无人机摄影测量技术，能满足长江岸滩植被高覆盖、高遮挡区的地形测绘的精度要求，并有望大幅提高这类特殊区域地形测绘生产的效率。本次研究的成果，将在各种河滩、海岸带、林区等植被覆盖区地形测绘领域具有良好的推广应用价值。但还需对下述工作加强研究。

①健全基于低空 LiDAR 的"4D"产品生成质量检查体系。对数据采集、数据处理的各个环节建立更加完整的质量评价体系，保证测绘成果质量满足要求。

②测绘数据与成果的有效管理。需要进一步研究数据及成果的数据管理办法,借助GIS 与空间数据库技术,实现对海量数据的高效管理。

③软件系统完善。加强对各模块的集成,完善软件系统功能,通过进一步测试,对软件系统进行优化,并实现软件系统与现有地形图生成流程及现有地形图成图软件的无缝对接。

④进一步加强实践验证,推进研究成果在生产中的实际应用。

参考文献

［1］ 唐峰,李发政,渠庚,等. 长江城陵矶汇流河段水流运动特性试验研究［J］. 人民长江,
2011,42(7):43-46.

［2］ Kironoto B A, Graf W H. Turbulence characteristics in rough uniform open-channel
flow［J］. ICE Proceedings Water Maritime and Energy, 1994, 112(4):336-348.

［3］ 董曾南,陈长植,李新宇. 明槽均匀紊流的水力特性［J］. 水动力学研究与进展（A 辑）,
1994(1):8-22.

［4］ Torrey V H, Dunbar J B, Peterson R W. Retrogressive Failures in Sand Deposits of
the Miss is sippi River. Report 1. Field Investigations,Laboratory Studies and Analysis
of the Hypothesized Failure Mechanism［J］. Technical Report Archive & Image
Library, 1988.

［5］ 陈引川,彭海鹰. 长江下游大窝崩的发生及防护［C］//长江中下游护岸论文集. 武汉:长
江水利水电科学研究院,1985:112-117.

［6］ 张岱峰. 从人民滩窝崩事件看长江窝崩的演变特性［J］. 镇江水利,(2):37-43.

［7］ 钱宁. 河床演变学［M］. 北京:科学出版社,1987.

［8］ 余文畴,卢金友. 长江河道演变与治理［M］. 北京:中国水利水电出版社,2005.

［9］ 夏军强,宗全利. 长江荆江段崩岸机理及其数值模拟［M］. 北京:科学出版社,2015.

［10］ 吴天蛟,杨汉波,李哲,等. 基于 MIKE11 的三峡库区洪水演进模拟［J］. 水力发电学报,
2014,33(2):51—57.

［11］ Xia J Q, Zhou M R, Lin F F,et al. Variation in reach-scale bankfull discharge of the
Jingjiang Reach undergoing upstream and downstream boundary controls［J］. Journal
of Hydrology, 2017, 547:534-543.

［12］ 赵建虎,周丰年,张红梅. 船载 GPS 水位测量方法研究［J］. 测绘通报,2001(S1):1-3.

［13］ 赵建虎,刘经南,周丰年. GPS 测定船体姿态方法研究［J］. 武汉测绘科技大学学报,
2000(4):353-357.

［14］ 李矩海,李良雄,万大斌. 一种船舶姿态模型的确定方法［J］. 测绘通报,2001(6):22-24.